“十三五”国家重点出版物出版规划项目
卓越工程能力培养与工程教育专业认证系列规划教材
(电气工程及其自动化、自动化专业)

电　磁　场

叶齐政　陈德智　编

机 械 工 业 出 版 社

本书根据电磁场理论的特点、工程电磁场的需求和学科发展的趋势，针对电气工程专业学生学习的需要编写而成。在保持系统性、逻辑性的前提下，章节内容的安排更多地体现了现代教学的特点。为了培养学生的抽象思维能力，本书强调逻辑分析的训练，同时也提供大量场分布图形；为了培养学生的实际电磁分析能力，本书注重对电磁场模型与方法的介绍，将工程应用融入理论讲解中。全书共分 9 章，分别是绪论、矢量分析与场论基础、静电场、恒定电场、恒定磁场、静态场的边值问题、时变电磁场基本方程、低频电磁场——准静态场、高频电磁场——电磁波。除第 1 章外的每章后附有习题，书后有部分习题答案。

本书可作为高等学校电气信息类专业电磁场课程的教材或教学参考书，教学内容全部讲授约需 52 学时，如做适当删减，也可满足 48 学时的要求。本书还可供有关工程技术人员参考。

图书在版编目（CIP）数据

电磁场/ 叶齐政，陈德智编. —北京：机械工业出版社，2019.3（2024.6 重印）
“十三五”国家重点出版物出版规划项目　卓越工程能力培养与工程教育专业认证系列规划教材. 电气工程及其自动化、自动化专业
ISBN 978-7-111-62341-0

Ⅰ. ①电…　Ⅱ. ①叶…　②陈…　Ⅲ. ①电磁场-高等学校-教材　Ⅳ. ①O441.4

中国版本图书馆 CIP 数据核字（2019）第 055739 号

机械工业出版社（北京市百万庄大街 22 号　邮政编码 100037）
策划编辑：王雅新　　责任编辑：王雅新　路乙达
责任校对：刘志文　　封面设计：鞠　杨
责任印制：张　博
北京雁林吉兆印刷有限公司印刷
2024 年 6 月第 1 版第 4 次印刷
184mm×260mm・22.5 印张・558 千字
标准书号：ISBN 978-7-111-62341-0
定价：56.00 元

凡购本书，如有缺页、倒页、脱页，由本社发行部调换

电话服务
客服电话：010-88361066
　　　　　010-88379833
　　　　　010-68326294

网络服务
机 工 官 网：www.cmpbook.com
机 工 官 博：weibo.com/cmp1952
金 书 网：www.golden-book.com
教育服务网：www.cmpedu.com

“十三五”国家重点出版物出版规划项目

卓越工程能力培养与工程教育专业认证系列规划教材

（电气工程及其自动化、自动化专业）

编审委员会

序

工程教育在我国高等教育中占有重要地位，高素质工程科技人才是支撑产业转型升级、实施国家重大发展战略的重要保障。当前，世界范围内新一轮科技革命和产业变革加速进行，以新技术、新业态、新产业、新模式为特点的新经济蓬勃发展，迫切需要培养、造就一大批多样化、创新型卓越工程科技人才。目前，我国高等工程教育规模世界第一。我国工科本科在校生约占我国本科在校生总数的1/3，近年来我国每年工科本科毕业生约占世界总数的1/3以上。如何保证和提高高等工程教育质量，如何适应国家战略需求和企业需要，一直受到教育界、工程界和社会各方面的关注。多年以来，我国一直致力于提高高等教育的质量，组织并实施了多项重大工程，包括卓越工程师教育培养计划(以下简称卓越计划)、工程教育专业认证和新工科建设等。

卓越计划的主要任务是探索建立高校与行业企业联合培养人才的新机制，创新工程教育人才培养模式，建设高水平工程教育教师队伍，扩大工程教育的对外开放。计划实施以来，各相关部门建立了协同育人机制。卓越计划要求试点专业要大力改革课程体系和教学形式，依据卓越计划培养标准，遵循工程的集成与创新特征，以强化工程实践能力、工程设计能力与工程创新能力为核心，重构课程体系和教学内容；加强跨专业、跨学科的复合型人才培养；着力推动基于问题的学习、基于项目的学习、基于案例的学习等多种研究性学习方法，加强学生创新能力训练，“真刀真枪”做毕业设计。卓越计划实施以来，培养了一批获得行业认可、具备很好的国际视野和创新能力、适应经济社会发展需要的各类型高质量人才，教育培养模式改革创新取得突破，教师队伍建设初见成效，为卓越计划的后续实施和最终目标的达成奠定了坚实基础。各高校以卓越计划为突破口，逐渐形成各具特色的人才培养模式。

2016年6月2日，我国正式成为工程教育“华盛顿协议”第18个成员，标志着我国工程教育真正融入世界工程教育，人才培养质量开始与其他成员达到了实质等效，同时，也为以后我国参加国际工程师认证奠定了基础，为我国工程师走向世界创造了条件。专业认证把以学生为中心、以产出为导向和持续改进作为三大基本理念，与传统的内容驱动、重视投入的教育形成了鲜明对比，是一种教育范式的革新。通过专业认证，把先进的教育理念引入了我国工程教育，有力地推动了我国工程教育专业教学改革，逐步引导我国高等工程教育实现从课程导向向产出导向转变、从以教师为中心向以学生为中心转变、从质量监控向持续改进转变。

在实施卓越计划和开展工程教育专业认证过程中，许多高校的电气工程及其自动化、自动化专业结合自身的办学特色，引入先进的教育理念，在专业建设、人才培养模式、教学内容、教学方法、课程建设等方面积极开展教学改革，取得了较好的效果，建设了一大批优质课程。为了将这些优秀的教学改革经验和教学内容推广给广大高校，中国工程教育专业认证协会电子信息与电气工程类专业认证分委员会、教育部高等学校电气类专业教学指导委员会、教育部高等学校自动化类专业教学指导委员会、中国机械工业教育协会自动化学科教学委员会、中国机械工业教育协会电气工程及其自动化学科教学委员会联合组织规划了“卓越工程能力培养与工程教育专业认证系列规划教材(电气工程及其自动化、自动化专业)”。本套教材通过国家新闻出版广电总局的评审，入选了“十三五”国家重点图书。本套教材密切联系行业和市场需求，以学生工程能力培养为主线，以教育培养优秀工程师为目标，突出对学生工程理念、工程思维和工程能力的培养。本套教材在广泛吸纳相关学校在“卓越工程师教育培养计划”实施和工程教育专业认证过程中的经验和成果的基础上，针对目前同类教材存在的内容滞后、与工程脱节等问题，紧密结合工程应用和行业企业需求，突出实际工程案例，强化对学生工程能力的教育培养，积极进行教材内容、结构、体系和展现形式的改革。

经过全体教材编审委员会委员和编者的努力，本套教材陆续跟读者见面了。由于时间紧迫，各校相关专业教学改革推进的程度不同，本套教材还存在许多问题。希望各位老师对本套教材多提宝贵意见，以使教材内容不断完善提高。也希望通过本套教材在高校的推广使用，促进我国高等工程教育教学质量的提高，为实现高等教育的内涵式发展贡献一份力量。

卓越工程能力培养与工程教育专业认证系列规划教材

（电气工程及其自动化、自动化专业）

编审委员会

前　　言

本书作者结合多年的教学实践，在华中科技大学已有的几本《电磁场》教材基础上，重新编写而成。

本书的教学内容全部讲授约需 52 学时(不算实验 4 学时)，若做适当删减，也可满足 48 学时的要求。特别指出的是，第 1 章的教学可以以自学为主，放在静态场、时变场讲完后断续进行，不占用课时，希望学生在反复思考中有所总结和体会，以期在新的高度上认识和掌握电磁场理论。第 2 章数学方面的内容，既可以一开始讲授，如果课时紧张，也可以穿插在其他章节中进行，不影响教学体系的完整，实际上我们也有老师这样尝试多年，也比较符合学生的学习心理。另外，本书并不仅针对“强电”专业，对“弱电”专业也同样适用。

本书由叶齐政、陈德智编写。第 1、2、7、8 和 9 章由叶齐政编写，第 3、4、5 和 6 章由陈德智编写。

在编写过程中，华中科技大学电气与电子工程学院全体教师历年积累的教学经验和教学方法，对本书的编写起了很大的作用，本书也反映了长期以来他们对课程建设所付出的劳动和心血。教学相长，在多年来的教学实践中，一批批认真的学生也使我们不断反思教学的次序、提法和讲法。他们的“反应”，是我们不断改进的起点和动力。

因学识和经验有限，书中难免有错误和不妥之处，恳请同行和读者指正。

编　者

目　录

第1章 绪论

1.1 概述

电气科学与工程领域的核心问题是电磁场与物质的相互作用，无论是电能传输、转换还是各种电磁现象都离不开电磁场理论对它们的分析计算，作为电气科学与工程的两大基础理论(电磁场理论与电路理论)之一的电磁场理论也一直是电类专业的重要技术基础课。实际上电路理论也是研究电磁系统的理论，不过是用积分量描述特定模型(例如准静态)的理论，而且“场”是“路”的基础，因此掌握好电磁场理论对人们深入理解和探索各种电磁现象、正确分析和认识各种电磁过程具有重要意义。

电磁场理论的应用有两个方面，一方面由于它本身已经发展到非常成熟的阶段，大部分时候是作为电气工程定量分析的基础，分析和计算实际工程中的电磁问题，如电机电磁场、高压传输线电磁场、电磁干扰等。因此将一个实际问题“转化”或“简化”为一个物理模型，进而利用数学方程快速、有效地计算(解析、近似解析或数值求解)是“电磁场”这门课重要的教学内容。另一方面，随着高新技术的发展，该学科的主题也不仅仅局限于电力系统、微波、光学和等离子体等，也逐渐增加了生物电磁学、半导体装置设计、微制造加工、机器人、磁记忆系统、新材料等，同时各种超微对象、超快或超强过程、非线性现象也对电磁理论的分析和计算提出了新的挑战。分析和探索这些来源于工程实际和交叉学科中的新电磁现象的变化规律(抑或是新的电磁变化规律)，已成为电磁场理论和应用的一个重要创新源头。因此，电磁场理论本身也有发展的要求，反映在教学上，也就要求学生掌握电磁场理论是如何建立它的基本模型、基本概念和基本规律的，以使得未来能够在更高的层次上发展和应用电磁场理论，进而推动电气科学与工程的进步。

基于计算、分析和探索新规律的需要，“电磁场”和“大学物理”中的电磁学比较起来也就有很大不同，它的理论性更强。从数学的角度来说，它以微分形式为主，需要更多的高等数学知识；从物理的角度来说，它以更本质、更一般的规律为基础，需要更强的抽象思维能力；从联系实际来说，它有更多的工程问题需要建模和计算。

下面以大学物理中的电磁学为出发点，简单描述电磁场理论体系，以期大家对整门课程内容有一个基本的了解，在学习中能够更多地关注一些核心问题(如物理模型的建立、近似方法的应用等)和事物之间的有机联系(如体系的来龙去脉、近似取舍的根据等)。

1.2 电磁场理论的模型、方法和体系

1.2.1 基本模型

1. 电荷模型和电流模型

首先回顾一下两个最基本的模型，电荷模型和电流模型。通常认为，电荷是物质的一种基本

属性，是带电粒子(例如原子或电子)和带电体(介质或导体)等所带电的量，用以描述物体是否因带电而产生相互作用。带电粒子不是本门课程的教学内容，带电体(介质或导体)涉及的宏观电磁现象才是重点。物体带电后为了方便计算分析，存在如何描述这个带电体的模型化过程，因此将“电荷”理解为一个模型要更恰当一些。先来看一个点电荷的模型是如何建立的。图 1-2-1a 表示了不同带电实体演变成一个点电荷模型(一个没有体积的电荷模型)的过程。显然，只有“站”得足够远，才能将这三个电磁实体“看”成是一个点，这也说明此时不能无限接近这三个带电体，也不能无限接近这个点电荷模型，因此点电荷是一种纯用于理论分析的模型。除了足够远以外，如果这三个带电体足够小，它们也可以“看”成是一个点。这种足够远、足够小，就是模型化的一个要求。点电荷模型其实在工程实际中并无多大意义，“足够远”“足够小”也无法进行定量操作，我们无法讨论一个点电荷附近的电场大小，因为“附近”如果足够近，电场强度可以很大，以至结果荒唐。因此，对带电体的电场分析需要引入定量化的数学手段，在点电荷模型 q 的基础上，借助微分概念引入**微元电荷模型** $\mathrm{d}q$。微元电荷和点电荷一样也没有体积，但由于它的“没有体积”是一个极限逼近的无限小体积，因此对一个连续分布的电荷来说，利用积分就可以定量描述带电体。可用体电荷、面电荷和线电荷模型描述具有不同特点的微元电荷：

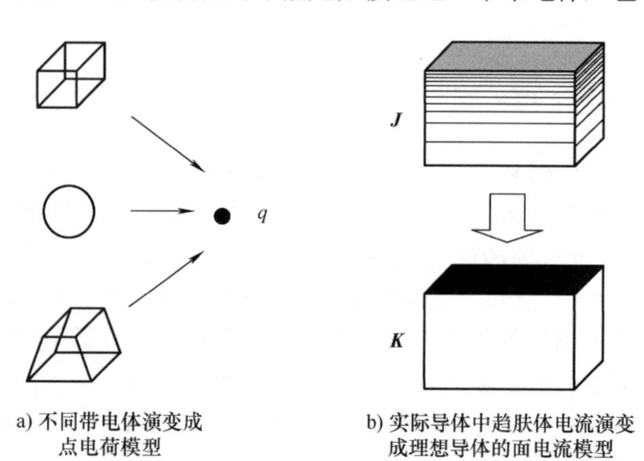

a) 不同带电体演变成点电荷模型　　b) 实际导体中趋肤体电流演变成理想导体的面电流模型

图 1-2-1　电磁实体的建模过程

$$\mathrm{d}q=\rho\mathrm{d}V=\sigma\mathrm{d}S=\tau\mathrm{d}l \tag{1-2-1}$$

其中，ρ、σ和τ分别为体电荷密度、面电荷密度和线电荷密度。工程实践中的带电体就是这些体、面和线微元的叠加或积分。显然微分和积分就是我们必须采用的工具，一个令我们烦恼也会使我们着迷的工具。

同样，运动的电荷——电流也有**微元电流模型** $\mathrm{d}q\boldsymbol{v}$，工程实践中可以有体电流、面电流、线电流模型，它们也是用来描述观察到的真实载流体：

$$\mathrm{d}q\boldsymbol{v}=\boldsymbol{J}\mathrm{d}V=\boldsymbol{K}\mathrm{d}S=I\mathrm{d}\boldsymbol{l} \tag{1-2-2}$$

其中，$\boldsymbol{J}$、$\boldsymbol{K}$ 和 I 分别为体电流密度、面电流密度和线电流密度。我们在中学和大学物理中学习过线电流，而体电流基本上是一个最接近实际的电流模型，这些都好理解。但是面电流密度却是一个新模型，它是导体中的高频电流由于趋肤效应而形成的一种简化近似，一种理想的模型，图 1-2-1b 表示了这种演变，在理想导体(电导率为无穷大)中只存在面电流。

由此可以发现，电磁场理论的基本工作就包括如何将一个实际带电体用一个合适的点、线、面、体及其叠加模型来描述和计算。借助于微积分，一个合适和漂亮的模型，不但是方便的，也会令大家乐于采用。

2. 电偶极子模型和磁偶极子模型

电磁场存在于真空和实物中，它与物质的相互作用可以通过两个理想模型——电偶极子模型和磁偶极子模型来体现。两个同量异号电荷组成的一个系统，如果只关心离它们较远处的电场，就可以用一个电偶极子模型代替这样的系统；一个环行电流组成的载流体，如果只关心离它较远处的磁场，就可以用一个磁偶极子模型代替这样的系统。组成物质的分子和原子在电磁场中的宏观电磁特性就可以用这两个模型来描述。需要指出的是，我们不关心单个分子和原子的模型，只关心大量的分子和原子的统计表现。

电子绕原子核运动，在外电场作用下电子云的中心将相对原子核发生偏移，它可以看作是一对正负电荷形成的电偶极子，图 1-2-2a 显示了这种“电子位移极化”类型的模型化过程。另一方面，电子绕原子核运动，也可以看作是一个电流环(原子核相对电子来说不动)，本身就可以看作是一个磁偶极子，在外磁场作用下磁偶极子会发生偏转，图 1-2-2b 显示了这种“电子轨道磁化”类型的模型化过程。同一个原子，竟然形成了不同的模型，这似乎是“盲人摸象”，不同的“角度”看到事物不同的一面。其实，人类哪一次科学新认识又不是根据自己的需要进行“盲人摸象”呢？我们总在探寻未知的一面。进一步，如果知道电场和磁场本身是有关系的，将一个原子有时候看作是电偶极子，有时候又看作是磁偶极子也就不难理解了。一般来说，一种物质的极化和磁化(也包括传导)特性是同时存在的。

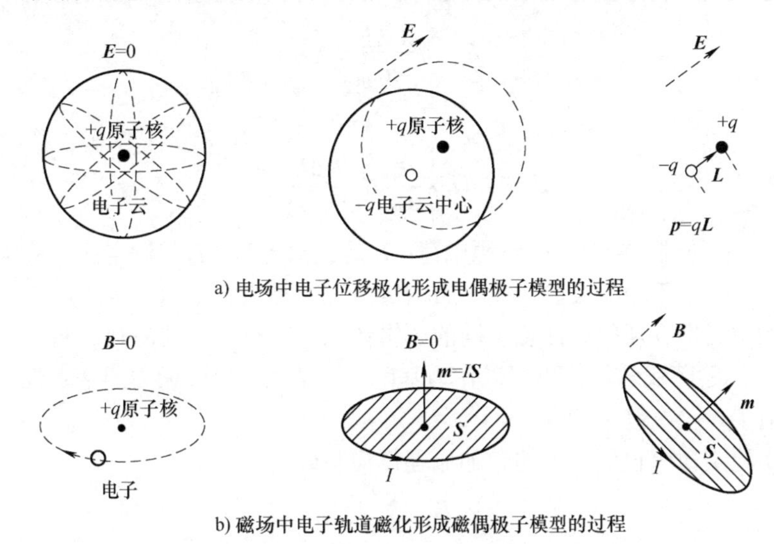

a) 电场中电子位移极化形成电偶极子模型的过程

b) 磁场中电子轨道磁化形成磁偶极子模型的过程

图 1-2-2　场中原子经典模型演变过程

对电场中的介质来说，很多个电偶极子在外电场作用下的统计表现就反映了介质宏观的介电特性；对磁场中的媒质(介质)来说，很多个磁偶极子在外磁场中的统计表现就反映了媒质宏观的磁化特性。但是，如果深入到材料内部分子附近，上述模型就有很大问题，所谓“统计”就失去意义。因此必须知道，极化强度是电偶极矩的宏观统计量 $\boldsymbol{P}=\lim_{\Delta V\to 0}\sum \boldsymbol{p}_i/\Delta V$ 。虽然这是一个“点”的场函数，但这个点，微观上是很大的，必须包括足够多的偶极子，它和电场强度这样的场函数还是有区别的。分子是否还能用一个偶极子代表？其余偶极子是否有干扰作用？这些已经超出本书的范围，此处不做介绍。

总之，从电荷、电流、电偶极子、磁偶极子这些基本模型的建立过程中，可以看到一种抓住物理本质，大胆近似的思想和方法。由此出发，可以了解电磁场与物质相互作用的基本概念(电场强度、电位移矢量；磁感应强度、磁场强度)，进一步掌握描述电磁现象的基本规律，同时也可以认识描述电磁装置的基本参数。

1.2.2　静态场的理论体系

初学电磁场，可以看到很多定理和数学公式，不免生出畏难情绪，但是如果把它们用某种逻辑体系联系起来，会发现电磁场理论体系是非常严格的，一环套一环，容不得半点马虎。用逻辑体系看电磁场理论，一切就都云开雾散，同时也能训练我们的逻辑思维能力，这也是这门课程一个重要的学习目标。当然，这里介绍的理论逻辑体系并非唯一。

学习总是从最简单的情况开始，下面先来看静态场。它包括静电场、恒定电流场和恒定磁场。电荷建立的静电场、电流建立的恒定磁场的理论体系，如图 1-2-3 和图 1-2-4 所示。它由实验定律、定义模型和数学理论组成[⊖]，整个理论体系的起源来自于实验，然后将一些属性，如电荷、电流模型化后，给予定义，再依靠数学定理，得到我们过去学过的一系列物理定理，下面分述其意义。

1. 实验基础

由于受力是人们最初感受和观察的对象，因此，将理论体系建立在库仑定律：

$$\boldsymbol{F} = q\frac{Q}{4\pi\varepsilon_0 r^2}\boldsymbol{e}_r \tag{1-2-3}$$

和安培力定律：

$$\boldsymbol{F} = I_1\mathrm{d}\boldsymbol{l}_1 \times \frac{\mu_0}{4\pi}\oint_{l_2}\frac{I_2\mathrm{d}\boldsymbol{l}_2 \times \boldsymbol{e}_r}{r^2} \tag{1-2-4}$$

的基础上。其中，q 是试探电荷；Q 是源电荷；I_1 是试探电流；I_2 是源电流，并认为库仑定律和安培力定律是两个关于力的实验定律。所谓实验定律是指它来源于实践，实践决定理论体系也是符合唯物主义世界观的。注意不同的逻辑体系可以有不同的基础，例如从历史理论建立的顺序来看，毕奥-萨伐尔定律也可以作为基础，只是在这里强调力的基础性，因此将安培定律的位置提前了。

另外，在实验定律中也引入力的叠加原理作为基础：

$$\boldsymbol{F} = \sum \boldsymbol{F}_i \tag{1-2-5}$$

理由有两点：首先，力的叠加原理不可能从其他定律中推出，它是来源于实践并被证明是正确的原理，所以将其归属于实验定律。其次，叠加原理是集团电荷(连续或非连续分布电荷)作用力的基础，引入数学处理方法，也可以得到线分布、面分布、体分布电荷的物理模型。

关于力的实验定律和叠加原理相配合，原则上可以解决静态场的所有问题。

2. 定义和模型

有了力的实验定律和叠加原理，通过引入一些定义和模型就可以建立理论体系。任何理论都离不开对概念的定义，没有定义就没有描述，就没有定量，电磁场基本规律就只能用现象学的语言描述。提炼实验现象中具有实质意义的关系，并赋予这些关系一定的物理意义，是构造一切理论的基础。电场强度的定义：

$$\boldsymbol{E} = \frac{\boldsymbol{F}}{q} \tag{1-2-6}$$

就是抓住了库仑定律中力与电荷成正比的关系，提炼出电场强度这个概念。

⊖ 在本书中，将来源于实验、第一性、公理性质的电磁场规律称为定律，而将由定律推导出的规律称为定理。

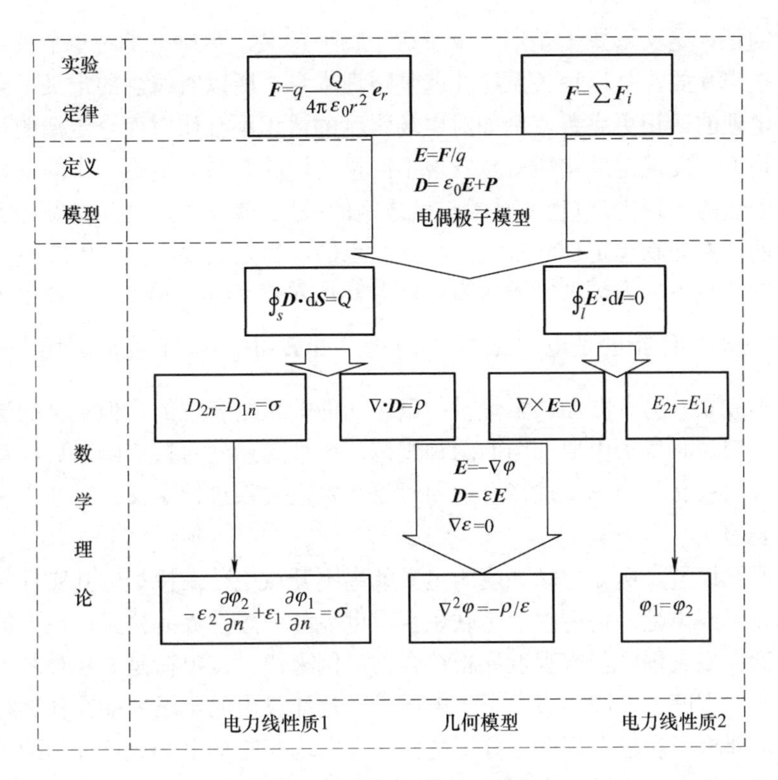

图 1-2-3　静电场理论逻辑关系图

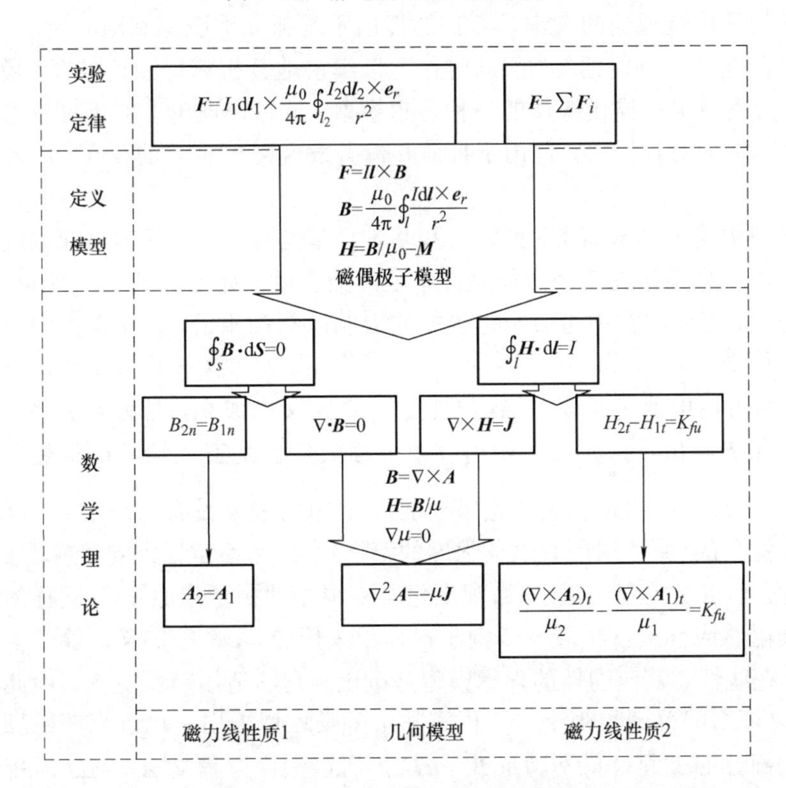

图 1-2-4　恒定磁场理论逻辑关系图

应该明确的是：定义形式上是给一个量赋予物理意义，实质上是对一个关系进行描述，也就是说定义是交互的，且这种关系往往就是定理本身，所以**对概念的定义不会比对作为它们依据的物理定理的认识更完善**。例如对电场强度的认识不会比对库仑定律的认识更完善。反过来，也就是说，发现定理实质就是发现不同量之间的关系。更进一步的认识，一方面，我们已经习惯于认为物理定理(也就是量与量之间的关系)就是“真理”，如果一旦被确立，就是不能被违背的，然而物理定理和定义是相互联系的，当定义要扩大范围或改变时，物理定理必须修正。例如将电场力扩展到磁场力，则要修正为 $\boldsymbol{F}=q\boldsymbol{E}+q\boldsymbol{v}\times\boldsymbol{B}$；静电场中的电位定义为 $\varphi=\int_P^{P_0}\boldsymbol{E}\cdot\mathrm{d}\boldsymbol{l}$，实际指的是电场的“环路定理” $\oint_l\boldsymbol{E}\cdot\mathrm{d}\boldsymbol{l}=0$，它在时变场中不成立，对电位的定义也就不成立。另一方面，虽然量与量之间的关系是客观的，但定义的选择仍然具有一定的随意性，例如时变场中要介绍的两种规范，这种随意性直接影响了后继理论和计算的繁易程度与本身的意义。因此，选择合适的对象和本质关系进行定义，对建立一个完善的理论也是非常重要的。

定义也离不开模型，例如电场强度的定义就离不开点电荷的模型。其实任何理论对客观世界的描述都离不开模型，构造模型是联系客观世界与理想世界的桥梁，模型的好坏直接决定了构造的理论在多大程度与客观世界相符合。举例来说，点电荷是一种最基本的模型，点电荷的模型在什么程度上能够代表一个带电体，理论计算出的电场就能在什么程度上反映实际电场。另外电偶极子和磁偶极子也分别是描述在电场和磁场下物质特性的两种基本模型，这里不讨论真空下的电、磁场，因而将这两种模型的一般关系作为这个逻辑体系的基础。

定义和模型是构造理论的关键，它们的提出不是孤立地臆测和随心所欲地胡思乱想，而需要细致地衡量各种可能的解释，同时伴之以缜密地分析和严谨地推理，最后还需要实践的支持。磁荷模型也是描述媒质的一种理想模型，虽然在理论上似乎可以给我们带来更多想要的东西，例如对称性等，但由于目前并没有发现磁单极子的存在，因此无法得到广泛认可。

定义和模型构筑了基本概念，把定义和基本模型结合起来，就容易深刻理解基本概念后面的东西，而不会错误的应用。如果简单理解概念就是定义，而去“死记硬背”，大概考试后就会忘记，工程实践中也会忘记模型的限制而频频犯错，科学探索中也就基本丧失了创造新概念的能力。例如，电位移矢量的一般定义 $\boldsymbol{D}=\varepsilon_0\boldsymbol{E}+\boldsymbol{P}$ 是建立在电偶极子模型的基础上，凡是可用电偶极子模型描述的物质，该定义都成立，且因为极化强度是电偶极矩的宏观统计量 $\boldsymbol{P}=\lim\limits_{\Delta V\to 0}\sum\boldsymbol{p}_i/\Delta V$，所以电位移矢量也是宏观量，在微观上是没有意义的(讨论一个原子周围的电位移矢量是错误的)，而电场强度没有这个限制，因此电场强度在微观上是有意义的(原子周围有电场强度的概念)。当然不是说宏观量就不是“点”位置的函数，而是这个点是宏观无限小(微观上包含有很多偶极子或原子)。同样的道理也适用于磁场强度和磁感应强度。再看一个例子，如果采用 $\boldsymbol{D}=\varepsilon\boldsymbol{E}$ 的定义，除了上面的限制以外，还是建立在线性、各向同性的理想模型基础上，它的适用范围更小，由此导致泊松方程 $\nabla^2\varphi=-\rho/\varepsilon$ 适用的范围也缩小，工程实际中多是近似采用，这一点在磁场中表现得更突出，因为大部分的工程材料不满足 $\boldsymbol{B}=\mu\boldsymbol{H}$，所以泊松方程 $\nabla^2\boldsymbol{A}=-\mu\boldsymbol{J}$ 适用范围更小。但也许正是因为用多了(包括例题、作业题以及一些工程计算)，就忽视了这种“天生”的缺陷，而科学研究中是不能信奉“走的人多了就成了路”这样准则的。需要指出的是，高斯定理和环路定理并不要求线性、各向同性，也就是说它们比泊松方程处理问题的范围要广一些。

3. 反比平方关系和线性的原则

首先，库仑定律和安培力定律都满足反比平方关系(与万有引力定律类似)，这是整个理论体系的关键，也是后续数学理论的一个基础，任何对反比平方关系的偏离都会颠覆整个理论体系。

其次，$F \propto Q$，$F \propto I_1 \mathrm{d}L_1$。正比即是线性的关系，这种关系既是实际的一种反映，也符合构造理论的唯美追求——简洁。叠加原理则是线性原则在空间的体现，这两者保持了内在一致性。

物质的特性也涉及线性的原则，即$\boldsymbol{D}=\varepsilon\boldsymbol{E}$，$\boldsymbol{B}=\mu\boldsymbol{H}$，这是一种在电偶极子和磁偶极子模型的基础上更进一步理想化的处理方法或者近似处理方法，$\boldsymbol{J}=\gamma\boldsymbol{E}$也是一种线性化的处理方法。虽然它们适用的范围非常有限，但它们有助于建立简单明了的理论体系。

还有准静态近似其实是一阶近似的结果，也是一种线性化的处理方法，当然它必须结合物理条件来做取舍。

大部分经典理论的特点是尽可能使用线性的框架来处理问题，这是排除干扰，抓住主要矛盾(也许它本身就是线性的)，揭示自然规律的一种有效方法。然而令人遗憾的是，大部分自然现象都不是线性的，当线性化失效以后，就充满了数学上的困难和概念上的困难，实验中甚至可能出现与理论计算相差几个数量级的差异，对此必须有清楚的认识。第一，抓事物本质，线性化是最好、最简单的办法，“简单就是美”；第二，非线性是工程中的常态，这也许是事物的本质，也许是不满足适用条件的结果，“美的未必是真的”。这两点相辅相成，学习、工作中认真领会，善加利用往往会获得更好的成果。

4. 边界条件与等效方法

从中学到大学，我们接触的电磁场问题，多半是例题和习题，出于简洁性，它们都离工程实际很远。举例来说，对于两个孤立的带电导体球，都可以画出如图1-2-5a所示的电位分布，无论这两个球的电位是10kV对0kV，还是5kV对−5kV，其周围的电位分布都是这样对称，没有人怀疑。然而，这只是“纸上谈兵”的结果，实际情况是这两个球不可能孤立地悬在那里。例如这两个球靠近接地的墙和大地时，其电位分布就明显不同，如图1-2-5b所示。这个例子告诉我们：第一，周围的条件，也就是所谓的边界条件起了很重要的作用，物理情况就是如此；它的数学基础是唯一性定理，在区域内部电磁结构确定以后，边界条件实际是定解条件，所有的电磁场计算方法都与此有关。第二，在靠近接地墙和大地时，这两个球的电位如果是5kV对−5kV，电位分布还会发生变化。按照过去的理解，电位是相对的，只要差值不变，电场也不变，而现在的结果显示电场明显发生不对称的变化，原因是“边界”的改变，边界和这两个球的电位差在两种情况下是不一样的。第三，若将球移到离墙和大地很远处，边界的影响就很小，特别在一些区域，例如两球之间的区域，这除了说明真实边界的影响有一个程度以外，还带来计算中的一些近似处理方法和条件。边界条件的学习贯穿本课程，必须给予足够的重视。

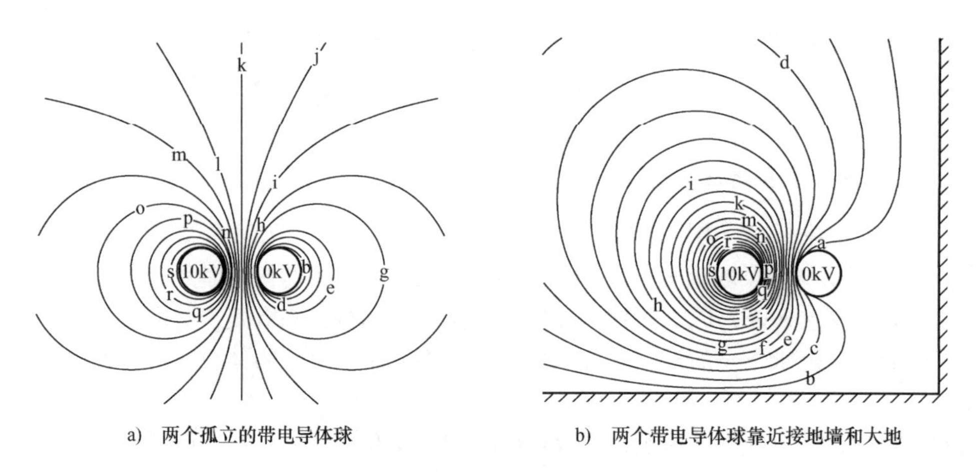

a） 两个孤立的带电导体球　　b） 两个带电导体球靠近接地墙和大地

图 1-2-5　两个带电导体球周围的电位分布

唯一性定理这个数学基础还带来和边界条件有关的等效计算方法，例如镜像法、电轴法等，这些方法未必能解决实际工程问题，但引出的一些思想和思路却是有益的。例如在一些条件下，工程中往往将分布在长直导体表面的电荷等效为位于轴心的线电荷，这一点在部分电容的计算，甚至时变场中三相输电线的电场计算中都得以体现，这实际是一种近似解析方法。至于数值计算方法，本书只做简单介绍。

5. *数学理论*

在逻辑图中，将一些定理归之为数学理论，一方面是因为它们本身是可以通过数学公式互相推导的，当然有时要引入一些简化和近似，例如线性、各向同性的物质特性；另一方面也是因为在力场、流场等其他学科中这些定理也会出现。用数学工具精确地描述理论是学科发展的要求，也是一门学科成熟的标志，只有定量化的数学描述才能经得起实践检验。用数学理论来描述物理现象的另外一个好处是简洁。**所谓的电磁场理论实际上是通过合适的定义和模型、合适的数学工具，定量和简洁地反映及预测实验现象**。

（1）关于积分方程和微分方程　在大学物理中学到的定理基本是积分形式，例如电场的高斯定理和“环路定理”

$$\oint_S \boldsymbol{D}\cdot \mathrm{d}\boldsymbol{S}=q \tag{1-2-7}$$

$$\oint_l \boldsymbol{E}\cdot \mathrm{d}\boldsymbol{l}=0 \tag{1-2-8}$$

磁场的“高斯定理”和安培环路定理

$$\oint_S \boldsymbol{B}\cdot \mathrm{d}\boldsymbol{S}=0 \tag{1-2-9}$$

$$\oint_l \boldsymbol{H}\cdot \mathrm{d}\boldsymbol{l}=I \tag{1-2-10}$$

它们只能处理一些场具有高度对称性的简单问题，或者说积分量是直接可以拿到积分号外，积分比较容易的问题。在大学物理阶段，我们可能会觉得计算电场时高斯定理用得多，而环路定理用得少，在计算磁场时正好相反。其实两个定理必须同时用，才有解，用得少的定理隐含在求解过程中，例如确定对称性电场的特定分布时需要用到电力线不构成闭合曲线的特性，这实际上就是环路定理的几何含义(电力线)，磁场也如此。

在本课程中，这些定理的微分形式用得要多一些。这是因为它们对处理复杂问题具有较好的实用性，有很多数值计算的方法是以微分方程为基础的。应该强调的是，积分方程处理的是宏观量，微分方程处理的也是宏观量，不能因为它叫微分方程就认为是处理微观“点”。在逻辑关系图中，还看到微分方程是从积分方程中推导出来的，而且还发现积分方程可以推出分界面上的边界条件，这从原则上说明积分方程比微分方程适用的范围要广。微分方程只适合媒质物理性质不发生突变的区域，它必须结合边界条件才能与积分方程等价。也就是说积分方程可决定特解，而微分方程只能决定通解，需要借助边界条件确定特解。**分界面上的边界条件实际上是分界面上的场方程，通过它既可以将分界面两侧的场变量联系起来，也可以将物理边界条件转化为待求场域的定解条件。**

(2) 关于散度和旋度　从积分形式看，静电场和恒定磁场都有高斯定理和环路定理，它们的微分方程形式就具有散度$\nabla\cdot\boldsymbol{D},\nabla\cdot\boldsymbol{B}$和旋度$\nabla\times\boldsymbol{E},\nabla\times\boldsymbol{H}$。从数学上说，要想确定一个量，必须知道它的散度、旋度和边界上的量(亥姆霍兹定理)，因此知道这两个定理，理论体系就完备了。另外，如果说积分方程是一个区域的结果，则微分方程就是一个“逐点”的结果，虽然它反映了某一宏观点和其临近区域的变化规律，但终究是一个点的度量。由于磁场既可以在有电流的区域存在，也可以在没有电流的区域存在，一个积分方程$\oint_l \boldsymbol{H}\cdot\mathrm{d}\boldsymbol{l}=I$可以描述这样一个问题的两个区域，但微分方程必须分区域描述，有电流的地方用$\nabla\times\boldsymbol{H}=\boldsymbol{J}$，无电流的地方用$\nabla\times\boldsymbol{H}=0$，这种“逐点”的特性可以帮助理解很多相关问题，包括数值计算中场域离散的思想。

(3) 关于位函数　在静电场和恒定电(流)场中引入位函数φ，在恒定磁场中引入矢量磁位$\boldsymbol{A}$，归根到底是一种数学处理的技巧，都试图将关于两个物理量的微分方程，例如$\nabla\cdot\boldsymbol{D}=\rho$，$\nabla\times\boldsymbol{E}=0$，变化为关于一个辅助物理量的微分方程，例如$\nabla^2\varphi=-\rho/\varepsilon$，使求解计算方便，当然也要付出代价，微分方程由一阶变成二阶。对恒定磁场，还可以引入标量磁位。因为这些位函数只是辅助物理量，所以它们有一定的任意性，需要确定零位，真正的物理量是唯一确定的。

(4) 关于几何模型　几何模型就是力线模型，也是一种近似描述电、磁场分布的方法。例如电力线发自正电荷，终于负电荷，无电荷处不中断；电力线不构成闭合曲线。磁力线既要绕电流，又要闭合等。力线的两个性质分别对应的是高斯定理和环路定理。力线一方面形象地反映了场量的分布，另一方面在一定程度上还可辅助计算，是一种在历史上曾起过较大作用的工具。随着计算机技术的发展，在工程实际中，有时候借助力线可以很快地分析和解释一些问题。

6. 能量

上面是从力出发，建立一个逻辑体系，实际上也可以像牛顿力学一样，从能量出发建立一个逻辑体系，即从哈密顿原理出发，可以推出泊松方程，然后再反推上去。当然这超出了本课程的范围，但这说明，一个理论体系是可以有多种逻辑结构的。

7. 常数和量级

电磁场中接触到最多的两个常数是ε_0和μ_0，最初它们也许是乏味的，然而当我们在静态场中通过前后对比的学习，会发现以自由空间为背景的双传输线电容和电感的乘积为$LC=\mu_0\varepsilon_0$，这是巧合吗？同样的几何结构，居然有不同的电性能，电和磁还能分开吗？当我们学到空气中电磁波的速度等于光速时($v=1/\sqrt{\mu_0\varepsilon_0}=c=3\times10^8\text{m/s}$)，它既意味着电磁场是波，也意味着光是电磁波，更重要的是电场和磁场可能是同样的东西，这一点在后续的学习中需要注意。

如果去翻看以前的教材，可以发现国际单位制下的库仑定律$\boldsymbol{F}=qQ/(4\pi\varepsilon_0 r^2)\boldsymbol{e}_r$，而在高斯单位制下的库仑定律是另外一种形式$\boldsymbol{F}=qQ/r^2\boldsymbol{e}_r$，这里真空中的介电常数消失了，因此常数$\varepsilon_0$其实只是单位制的问题，并非真空中也存在极化。此外，真空的磁导率μ_0在高斯单位制下也是1。

判断物理量的基本大小(量级)也是分析问题的一个重要途径，一个计算结果的对错从量级上就可以判断。然而，对量级的认识是学习电磁场理论时容易忽视的一个地方。例如，相距1m各带1C电荷的两个点电荷之间的作用力约为900kT，已非一般的材料能够控制它们不动，显然C是一个非常大的数量级，实际工程中常用的是mC；10nm的金属球上有一个电子时，它周围的电场强度可能达到140kV/cm，已远远超过大气压下空气的击穿场强30kV/cm，它带来的却是纳米科学中所谓的库仑阻塞效应(阻止后一个电子进入)；地球磁场在10^{-4}T数量级，普通线圈产生的磁场约在10^{-3}T数量级，目前的脉冲磁场也不过产生低于100T的磁场，因此T也是一个比较大的数量级，一般用mT。

1.2.3 时变电磁场的理论体系

在静态场中，电场和磁场具有一定的相似性，并且我们可能隐约感觉到二者具有一定的关系；在时变电磁场中，变化的电场可以产生磁场，变化的磁场也可以产生电场，电场和磁场成为一种互为因果的关系。实际上在爱因斯坦的相对论中，电场和磁场是同一种物质，电场和磁场已经统一。

基于电场和磁场是同一种物质的认识，就能从能量守恒定律和电荷守恒定律这样两个最基本的实验定律出发来看麦克斯韦(Maxwell)方程组，如图1-2-6所示。其意义分述如下。

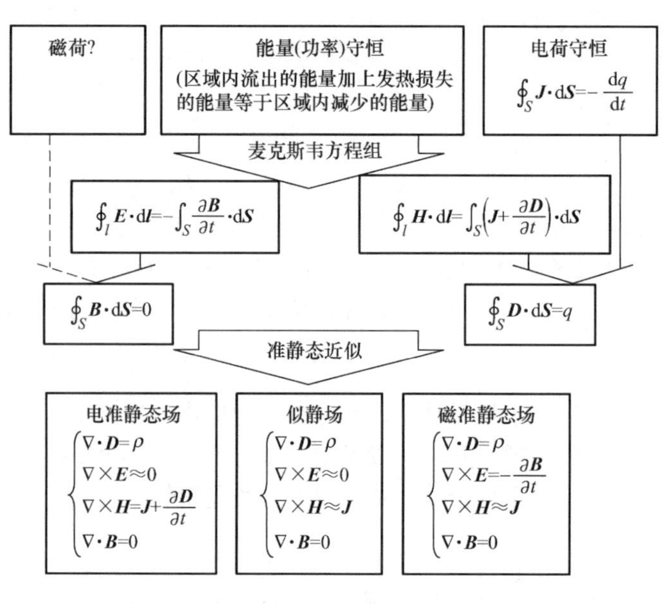

图1-2-6 时变电磁场理论逻辑关系图

1. 守恒的意义

从能量守恒和电荷守恒出发导出时变电磁场方程组具有更一般的意义，它和自然科学理论体系的基本思想是一致的，没有理由怀疑这个坚实的、来自于实践的基础。能量守恒这里指的是坡印廷定律，它原意是描述能量传输过程中的功率平衡现象，本质上是能量守恒。电荷守恒是大家都熟悉的定律，但我们应该掌握它的数学表达式：

$$\oint_S \boldsymbol{J}\cdot \mathrm{d}\boldsymbol{S}=-\frac{\mathrm{d}q}{\mathrm{d}t} \quad 或 \quad \nabla\cdot\boldsymbol{J}=-\frac{\partial\rho}{\partial t} \tag{1-2-11}$$

它还有一个比较有趣的解释：电荷不是在空间上变化，就是在时间上变化；空间上增加了，时间上就要减少，反之，在空间上减少了，在时间上就要增加。

2. 磁荷存在的理论意义

在逻辑关系图中，可以看到磁荷在理论上有存在的可能性。如果存在，也不违背现有的理论体系，同时也使方程结构更具有对称性。磁荷是否存在的问题还在继续研究，其中一个重要的原因也是人们对对称性的追求，这也是一个方法论的问题。

3. 麦克斯韦方程组的限定性

麦克斯韦方程组是研究电磁现象的基础，需要指出的是，它只适合宏观的电磁现象，对微观领域，如电子、原子等的电磁现象必须使用量子电动力学理论。由四个方程组成的麦克斯韦方程组实际上每个方程的地位不一样，两个具有散度性质的方程(电场的高斯定理和磁场的“高斯定理”)是非限定的(可导出的)：

$$\oint_S \boldsymbol{D}\cdot \mathrm{d}\boldsymbol{S}=q \quad 或 \quad \nabla\cdot\boldsymbol{D}=\rho \tag{1-2-12}$$

$$\oint_S \boldsymbol{B}\cdot \mathrm{d}\boldsymbol{S}=0 \quad 或 \quad \nabla\cdot\boldsymbol{B}=0 \tag{1-2-13}$$

两个限定性麦克斯韦方程(电磁感应定律和全电流定律)组成具有基础地位的限定性方程：

$$\oint_l \boldsymbol{E}\cdot \mathrm{d}\boldsymbol{l}=-\int_S \frac{\partial \boldsymbol{B}}{\partial t}\cdot\mathrm{d}\boldsymbol{S} \quad 或 \quad \nabla\times\boldsymbol{E}=-\frac{\partial\boldsymbol{B}}{\partial t} \tag{1-2-14}$$

$$\oint_l \boldsymbol{H}\cdot \mathrm{d}\boldsymbol{l}=\int_S \left(\boldsymbol{J}+\frac{\partial \boldsymbol{D}}{\partial t}\right)\cdot\mathrm{d}\boldsymbol{S} \quad 或 \quad \nabla\times\boldsymbol{H}=\boldsymbol{J}+\frac{\partial\boldsymbol{D}}{\partial t} \tag{1-2-15}$$

由它们和电荷守恒定律可以导出前面的两个高斯定理。

麦克斯韦方程组奠定了电磁场理论的基础，其对波的预言也被赫兹实验所证明，更重要的是“场”的概念得以建立。这里需要对“场”的概念多说两句，历史上证明“场”的存在可以说历经千辛万苦，但对我们而言，似乎一切都是顺理成章的，因为我们从初中就开始接触这个概念，以致“熟视无睹”，不能说出个所以然来。通过本课程的学习，我们会接触到扎扎实实的“场”。第一，场有能量，可以产生用库仑定理无法说明，甚至无法理解的电场力，这在 3.6.4 节虚位移法中会介绍；第二，电磁场有推迟项，电磁波传播是需要时间的，不需要传播时间的超距作用不存在，这在 7.4 节位函数表示的电磁场方程一节中有展示；第三，输电线中电能的传输不是通过输电线的电荷，而是通过输电线周围的空间，也就是场中的能流完成，导线并不传输能量这一点是震撼性的，会颠覆过去很多的认识，这在 7.5 节电磁场能量守恒定律中有例子。

4. *准静态场是时变场在缓慢变化条件下的近似*

准静态场是本课程的一个重点教学内容，它同样体现了建立近似物理模型的基本思想。在研究范围内，当电磁场从这一边传播到那一边的时间远小于电磁场发生变化的时间，也就是传播时间可以忽略时，研究范围内任何一点都和激励源同时变化，这样的电磁场就像静态场(无推迟作用)，因此叫准静态场，其方程见图 1-2-6 的下部。满足这种准静态近似的条件也可以表示成：电磁场研究的尺度范围远小于电磁场的波长，准静态场几乎涉及过去“强电”专业全部的研究内容，因为“强电”电源的频率是工频，也就是 50Hz，它的波长是 6000km，如果研究的设备只有几米，显然是准静态场。

当一个时变电磁场是准静态场时，带来的最大好处就是，能用熟悉的静态场的方程来解决问题，而不必去解麦克斯韦方程组。令人惊讶的是，我们熟悉的电路理论居然只是准静态近似的结果。电容、电感和电阻三个电路元件竟然只是同一个电磁装置的近似“表示”。图 1-2-7 表示了时变电压源激励的开路平行板及电路模型，如果激励源变化很慢，在一阶近似下可以等效为电容和电感的串联；如果更慢，或者精度要求更低，它可以等效为一个电容。这说明，一个电容元件显然不会在所有频率范围都是一个电容元件。这个发现让我们站在一个新的高度来看待电磁场理论和电路理论，这种“一览众山小”的感觉是畅快淋漓的。

对准静态近似的掌握还应该体现在应用上。图 1-2-8a 是一个环形谐振腔及其等效电路图，可以根据其不同区域的特点近似画出主要电磁场分布，如图 1-2-8b 所示；然后用一个简单的谐振电路进行等效，如图 1-2-8c 所示，这样就容易观察它的特性。将一个复杂的电磁装置快速地等效成大家熟悉的电路网络，也是一种重要的能力。

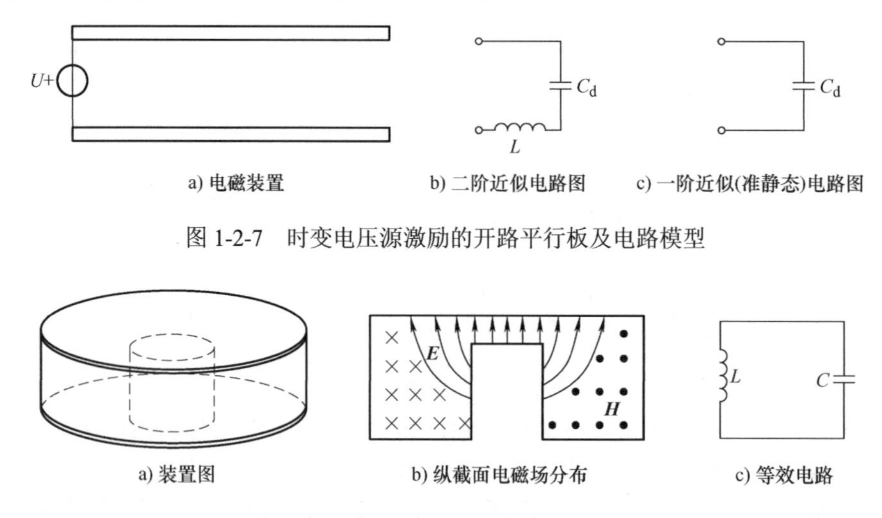

a) 电磁装置　　b) 二阶近似电路图　　c) 一阶近似(准静态)电路图

图 1-2-7　时变电压源激励的开路平行板及电路模型

a) 装置图　　b) 纵截面电磁场分布　　c) 等效电路

图 1-2-8　环形谐振腔及其等效电路图

1.2.4　理论的学习

理论的学习，重点在于概念和方法，难点在于数学。必须指出，掌握必要的数学知识不仅是深刻理解和娴熟应用电磁场理论的基础，而且也是欣赏这一经典理论的基本素养；另一方面它也会帮助我们很快进入其他领域。然而，不可否认的是，除了对数学本身有特殊兴趣的同学以外，大部分同学学习的困难也正在于对数学的畏难情绪，而这些困难也由于课时的减少显得更加突出。考虑到最根本的任务仍然是对一个具体的工程问题、选择合适的模型、进行正确的分析和计算，因此建议大部分同学学习时注意将抽象的数学符号和具体的物理意义联系起来，而不必太在意数学本身的严谨性(我们不得不做出这样无奈的选择)，另外只是需要稍多一点的耐心，毕竟基本的数学并不是太多。比如关于散度，可以理解为力线是否有净发出或净流入(有源无源)；关于旋度，可以理解为力线是否闭合(有旋无旋)，而不必追究它们原始的定义和掌握它们之间的各种相互运算(公式可以查表)。数学中的高斯定理和斯托克斯定理是联系积分方程和微分方程的关键，记住这些定理也就能够娴熟地转换微分形式和积分形式。这些令人头疼的数学符号也就仅仅是符号而已。除了这些，没有什么困难能够阻碍一个认真的学生去掌握这样一个经典的、能够受益终身的基础理论。

电磁场这门课虽说是一门专业基础课，重点也是理论学习，但理论的学习必须接触实际。空泛的学习，只是“纸上谈兵”，其后果有两个，一是无用，只能“敬畏”或“膜拜”，时间长了，只能说“想当年了”；二是无趣，电磁场理论再美，再深刻，也不能天天把玩。所谓接触实际，第一当然是足够的练习，没有一定量的练习，基本概念的理解会有问题、基本方法就不易掌握；第二就是接触实验现象和工程问题，即使简单的实验现象也考验着我们对基本概念掌握的程度，而工程问题则可以检验我们学习的水平。接触实际可以将我们学到的知识转化为我们的能力。“纸上得来终觉浅，绝知此事要躬行”。

第 2 章 矢量分析与场论基础

反映宏观电磁场基本规律的麦克斯韦(Maxwell)方程组，可以表示为积分形式和微分形式。一般来说，积分形式的场方程在具有对称性的问题分析中有较多的应用，有助于初学者对物理概念和定律的理解，由积分形式的方程可方便地导出微分形式的方程。然而，对大多数工程电磁场问题，使用微分形式的方程来分析更为方便。

研究场的数学理论称为场论。场论的核心在于对矢量的微分运算，而微分的核心在于无限小的极限过程和对空间是线性的认识。无限小的极限过程是一个数学概念，要求场分布是连续的，这对具有解析解的简单电磁场是容易理解的，在计算复杂电磁场的空间分布时实际是采用一个有限大小的点，点与点之间也不是连续的而是离散的，这也导致微分方程变为有限差分方程；空间是线性的认识来源于物理量的空间改变量和微分量的关系，即 $\Delta E = E'(x)\cdot\Delta x + o'(\Delta x)$，第二项代表高阶无穷小，也就是说微分 $\mathrm{d}E = E'(x)\cdot\Delta x$ 忽略了高阶无穷小，是关于自变量增长 Δx 的线性函数，其实就是认为场空间是线性的，或者采用的方法本质就是线性近似。因此我们学习的场论知识在工程电磁场实际应用时，既有来自极限过程被有限量代替的问题，也有本质上就是线性近似的问题。

在工程实际中，根据具体物理模型和边界条件，若不依赖数学解而能先大致将场图勾画出来，对问题的定性分析及对计算结果的判断都是有益的。反过来，如果能够根据数学方程和边界条件，大概想象出场的分布，对训练自己的抽象思维能力也有很大帮助。电磁场课程的“难”，即在数学的抽象上，电磁场的“妙”却在跳出数学的物理具象上，当然首先必须在数学里面学习。

需要说明的是，我们在初学阶段不一定能完全领会以上思想，但在学习过程中，不妨多思考，这将有助于我们提高对数学工具的认识。

本章中将讨论场的空间导数的相关概念，即标量场的梯度、矢量场的散度、旋度，它们贯穿于电磁场理论的始终。本章还将介绍场论中常用的哈密顿算子（∇）、拉普拉斯算子（∇^2），以及常用的数学公式和定理，如散度定理、斯托克斯定理以及矢量场中的一个重要定理——亥姆霍兹定理。

2.1 标量场和矢量场

很多物理量是空间分布量，同时又随时间变化，将这些物理量统称为场量，简称为场。数学中，常用 $\boldsymbol{r}$ 表示坐标原点到空间某点(称为场点)的矢量，场是以空间坐标及时间为变量的函数，如温度 $T(\boldsymbol{r},t)$、速度 $\boldsymbol{v}(\boldsymbol{r},t)$、电势 $\varphi(\boldsymbol{r},t)$、电场强度 $\boldsymbol{E}(\boldsymbol{r},t)$、磁感应强度 $\boldsymbol{B}(\boldsymbol{r},t)$ 等。物理量为标量的称为标量场，如温度 $T(\boldsymbol{r},t)$、电势 $\varphi(\boldsymbol{r},t)$；物理量为矢量的称为矢量场，如速度 $\boldsymbol{v}(\boldsymbol{r},t)$、电场强度 $\boldsymbol{E}(\boldsymbol{r},t)$。随时间变化的场称为时变场，不随时间变化的场称为静态场。

本书中用粗黑体字母表示矢量，用白体字母表示标量或矢量的大小。例如选取直角坐标系，时变温度场可表示为 $T(x, y, z, t)$ 或 $T(\boldsymbol{r}, t)$，静态电场中的电势表示为 $\varphi(x, y, z)$ 或 $\varphi(\boldsymbol{r})$，$\boldsymbol{r}$ 为场点位置矢量。

正交坐标系中，矢量可以由它在空间三个垂直轴上的投影来表示。如图 2-1-1 所示直角坐标系中，矢量 $\boldsymbol{A}$ 在三个坐标轴上的投影分别是 A_x、A_y、A_z，矢量 $\boldsymbol{A}$ 表示为

$$\boldsymbol{A} = A_x\boldsymbol{e}_x + A_y\boldsymbol{e}_y + A_z\boldsymbol{e}_z \tag{2-1-1}$$

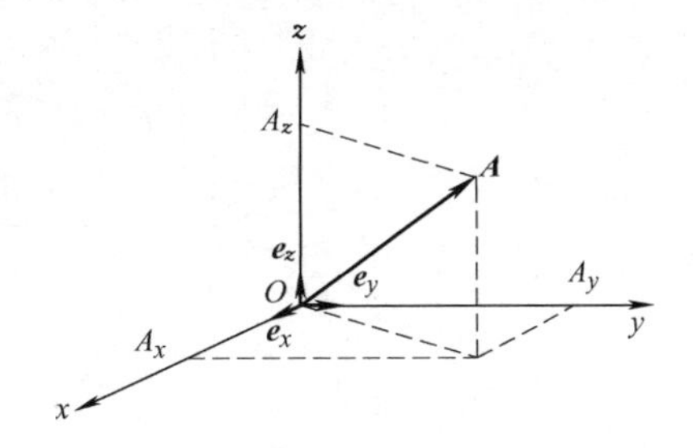

图 2-1-1　直角坐标系中矢量 $\boldsymbol{A}$ 及其分量

式中，$\boldsymbol{e}_x$、$\boldsymbol{e}_y$、$\boldsymbol{e}_z$ 分别为 x、y、z 坐标对应的单位矢量。

矢量 $\boldsymbol{A}$ 的大小或模为

$$A = |\boldsymbol{A}| = \sqrt{A_x^{\ 2} + A_y^{\ 2} + A_z^{\ 2}} \tag{2-1-2}$$

式中，A、A_x、A_y、A_z 为标量，它们一般都是空间坐标 (x, y, z) 和时间 t 的函数。

若用 $\boldsymbol{e}_A$ 表示矢量 $\boldsymbol{A}$ 的单位矢量，则矢量 $\boldsymbol{A}$ 可写为 $\boldsymbol{A} = A\boldsymbol{e}_A$，因此

$$\boldsymbol{e}_A = \frac{\boldsymbol{A}}{A} = \frac{A_x}{A}\boldsymbol{e}_x + \frac{A_y}{A}\boldsymbol{e}_y + \frac{A_z}{A}\boldsymbol{e}_z = \boldsymbol{e}_x\cos\alpha + \boldsymbol{e}_y\cos\beta + \boldsymbol{e}_z\cos\gamma$$

其中，$\cos\alpha$、$\cos\beta$、$\cos\gamma$ 称为 $\boldsymbol{e}_A$ 的方向余弦。

2.2　三种正交坐标系

在分析电磁场问题时，原则上都可以采用直角坐标来分析，但是，为了体现场的对称特点和降低计算的复杂度，往往需要根据具体问题选择适当的坐标系。除直角坐标系外，柱坐标系和球坐标系也是电磁场问题中常用的正交坐标系。

2.2.1　直角坐标系

前已述及，直角坐标系的三个坐标变量 x、y、z，对应的单位矢量为 $\boldsymbol{e}_x$、$\boldsymbol{e}_y$、$\boldsymbol{e}_z$，如图 2-2-1a 所示。坐标系中的一个点 P，本质上是三个正交曲面的交点，其三个曲面分别为 x=常数（平面）、y=常数（平面）、z=常数（平面），如图 2-2-1b 所示。

矢量 $\boldsymbol{A}$ 在直角坐标系中表示为 $\boldsymbol{A} = A_x\boldsymbol{e}_x + A_y\boldsymbol{e}_y + A_z\boldsymbol{e}_z$。电磁场理论中常需要对矢量进行线、面积分，即计算 $\int_l \boldsymbol{A}\cdot \mathrm{d}\boldsymbol{l}$、$\int_S \boldsymbol{A}\cdot \mathrm{d}\boldsymbol{S}$，涉及上述积分下的矢量微分元 $\mathrm{d}\boldsymbol{l}$、$\mathrm{d}\boldsymbol{S}$。在直角坐标系中，根据图 2-2-1c，不难得到各微分元的表达形式。

对矢量进行线积分时，长度微分元 $\mathrm{d}\boldsymbol{l} = \boldsymbol{e}_x\mathrm{d}x + \boldsymbol{e}_y\mathrm{d}y + \boldsymbol{e}_z\mathrm{d}z$，$\mathrm{d}x$、$\mathrm{d}y$、$\mathrm{d}z$ 为矢量 $\mathrm{d}\boldsymbol{l}$ 在 x、y、z 方向的投影，图 2-2-1c 中表示六面体三条边的长度。

对矢量进行面积分时，面积微分元 $\mathrm{d}\boldsymbol{S} = (\mathrm{d}y\mathrm{d}z)\boldsymbol{e}_x + (\mathrm{d}x\mathrm{d}z)\boldsymbol{e}_y + (\mathrm{d}x\mathrm{d}y)\boldsymbol{e}_z$，$\mathrm{d}y\mathrm{d}z$、$\mathrm{d}x\mathrm{d}z$、$\mathrm{d}x\mathrm{d}y$ 为矢量 $\mathrm{d}\boldsymbol{S}$ 在 x、y、z 方向的投影，为图 2-2-1c 中六面体与 x、y、z 方向正交的三个面的面积。

另外，进行标量体积分时，体积微分元 $\mathrm{d}V = \mathrm{d}x\mathrm{d}y\mathrm{d}z$，为图 2-2-1c 中六面体的体积。

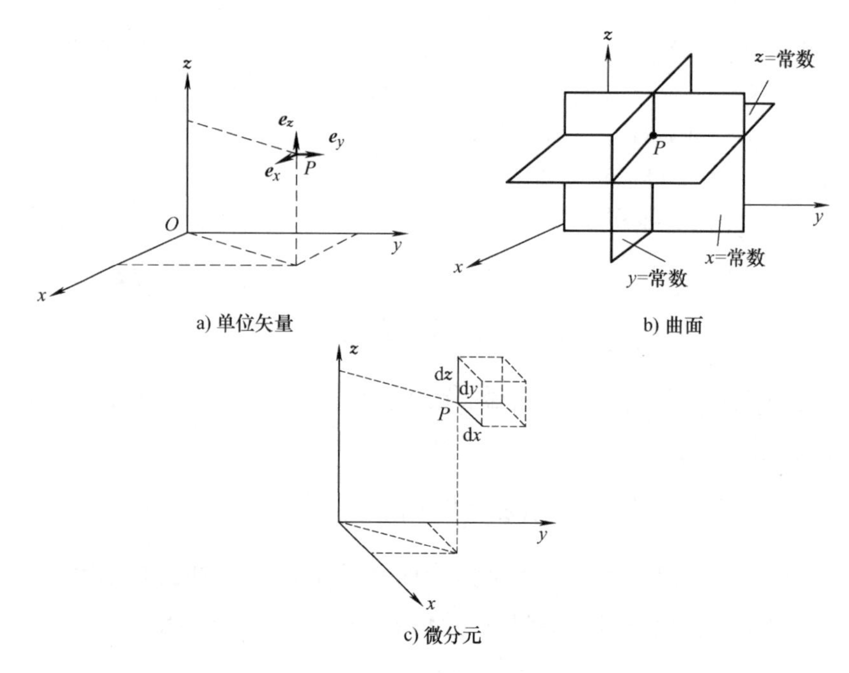

图 2-2-1 直角坐标系

2.2.2 柱坐标系

柱坐标系的三个坐标变量是ρ、ϕ、z，对应的三个坐标单位矢量用$\boldsymbol{e}_\rho$、$\boldsymbol{e}_\phi$、$\boldsymbol{e}_z$表示，如图 2-2-2a 所示。注意，有时在处理电场问题时，为了和电荷体密度ρ区分，在明确说明是采用柱坐标的前提下也有用 r 代替坐标变量ρ。坐标系中的一个点 P 对应的三个正交曲面分别为ρ=常数(柱面)、ϕ=常数(平面)、z=常数(平面)，如图 2-2-2b 所示。

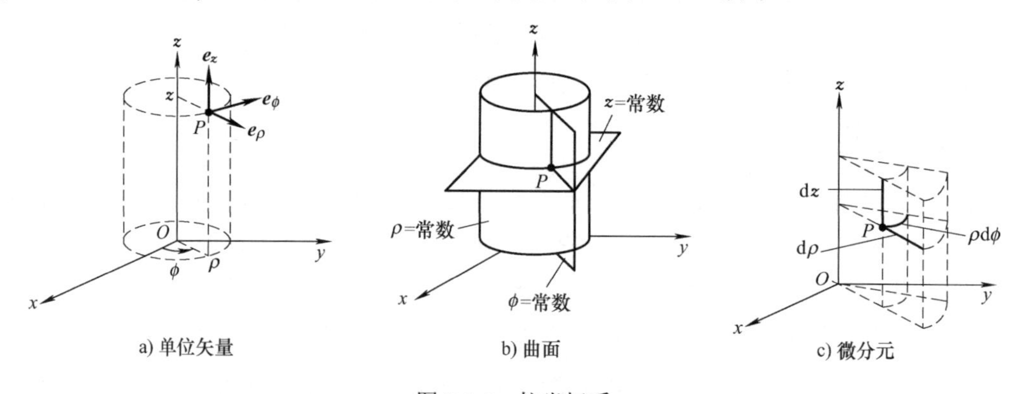

图 2-2-2 柱坐标系

矢量 $\boldsymbol{A}$ 在柱坐标系中表示为

$$\boldsymbol{A} = A_\rho \boldsymbol{e}_\rho + A_\phi \boldsymbol{e}_\phi + A_z \boldsymbol{e}_z \tag{2-2-1}$$

矢量模$|\boldsymbol{A}| = \sqrt{A_\rho{}^2 + A_\phi{}^2 + A_z{}^2}$。类似于前述直角坐标系，根据图 2-2-2c，不难得到柱坐标系中各微分元的表达形式。长度微分元$\mathrm{d}\boldsymbol{l} = (\mathrm{d}\rho)\boldsymbol{e}_\rho + (\rho\mathrm{d}\phi)\boldsymbol{e}_\phi + (\mathrm{d}z)\boldsymbol{e}_z$；面积微分元$\mathrm{d}\boldsymbol{S} = (\rho\mathrm{d}\phi\mathrm{d}z)\boldsymbol{e}_\rho + (\mathrm{d}\rho\mathrm{d}z)\boldsymbol{e}_\phi + (\rho\mathrm{d}\rho\mathrm{d}\phi)\boldsymbol{e}_z$；体积微分元$\mathrm{d}V = \rho\mathrm{d}\rho\mathrm{d}\phi\mathrm{d}z$。

矢量坐标系的变量之间可以相互变换。由图 2-2-2a 容易得到柱坐标与直角坐标的变量变换关系，为

$$\begin{cases} x = \rho\cos\phi \\ y = \rho\sin\phi \\ z = z \end{cases} \quad \begin{cases} \rho = \sqrt{x^2 + y^2} \\ \phi = \arctan\dfrac{y}{x} \\ z = z \end{cases}$$

2.2.3 球坐标系

球坐标系的三个坐标变量是 r、θ、ϕ，对应的三个坐标单位矢量用 $\boldsymbol{e}_r$、$\boldsymbol{e}_\theta$、$\boldsymbol{e}_\phi$ 表示，如图 2-2-3a 所示。坐标系中的一个点 P 对应的三个正交曲面分别为 r=常数(球面)、θ=常数(圆锥面)、ϕ=常数(平面)，如图 2-2-3b 所示。球面坐标中的 ϕ 与柱坐标中的 ϕ 意义相同。

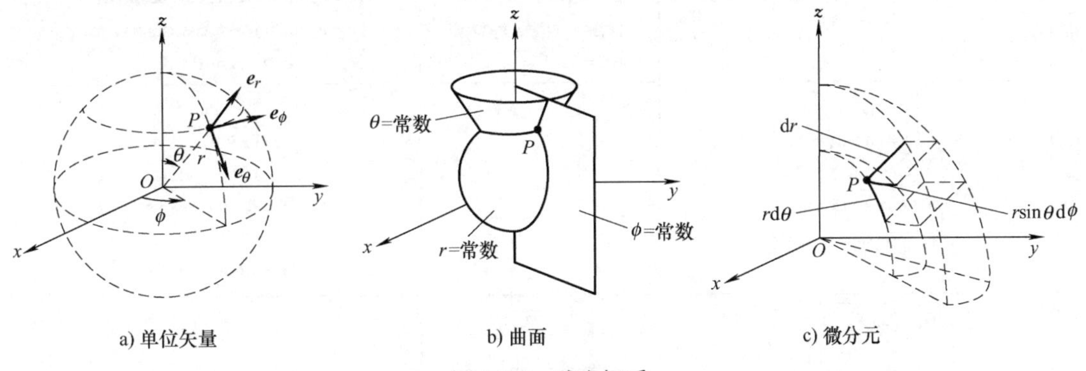

a) 单位矢量　　b) 曲面　　c) 微分元

图 2-2-3　球坐标系

矢量 $\boldsymbol{A}$ 在柱坐标系中表示为

$$\boldsymbol{A} = A_r\boldsymbol{e}_r + A_\theta\boldsymbol{e}_\theta + A_\phi\boldsymbol{e}_\phi \tag{2-2-2}$$

矢量模 $|\boldsymbol{A}| = \sqrt{{A_r}^2 + {A_\theta}^2 + {A_\phi}^2}$ 。根据图 2-2-3c，不难得到各微分元的表达形式。长度微分元 $\mathrm{d}\boldsymbol{l} = (\mathrm{d}r)\boldsymbol{e}_r + (r\mathrm{d}\theta)\boldsymbol{e}_\theta + (r\sin\theta\mathrm{d}\phi)\boldsymbol{e}_\phi$，面积微分元 $\mathrm{d}\boldsymbol{S} = (r^2\sin\theta\mathrm{d}\theta\mathrm{d}\phi)\boldsymbol{e}_r + (r\sin\theta\mathrm{d}r\mathrm{d}\phi)\boldsymbol{e}_\theta + (r\mathrm{d}r\mathrm{d}\theta)\boldsymbol{e}_\phi$，体积微分元 $\mathrm{d}V = r^2\sin\theta\mathrm{d}r\mathrm{d}\theta\mathrm{d}\phi$ 。

球坐标与直角坐标的变换关系为

$$\begin{cases} x = r\sin\theta\cos\phi \\ y = r\sin\theta\sin\phi \\ z = r\cos\theta \end{cases} \quad \begin{cases} r = \sqrt{x^2 + y^2 + z^2} \\ \theta = \arctan\dfrac{\sqrt{x^2 + y^2}}{z} \\ \phi = \arctan\dfrac{y}{x} \end{cases}$$

球坐标与柱坐标的变换关系为

$$\begin{cases} \rho = r\sin\theta \\ \phi = \phi \\ z = r\cos\theta \end{cases} \quad \begin{cases} r = \sqrt{\rho^2 + z^2} \\ \theta = \arctan\dfrac{\rho}{z} \\ \phi = \phi \end{cases}$$

各单位矢量之间亦存在变换关系，其变化方法为：将原始坐标系下的每一个单位矢量分别向变换目标坐标系的坐标轴投影，再将目标坐标系中同一坐标轴的投影分量求和，得到目标坐标系的单位矢量。将柱坐标的单位矢量变换为直角坐标的单位矢量过程如下：$\boldsymbol{e}_\rho$ 向 x、y、z 的投影为 $\boldsymbol{e}_\rho\cos\phi$、$\boldsymbol{e}_\rho\sin\phi$、0；$\boldsymbol{e}_\phi$ 向 x、y、z 的投影为 $-\boldsymbol{e}_\phi\sin\phi$、$\boldsymbol{e}_\phi\cos\phi$、0；$\boldsymbol{e}_z$ 向 x、y、z 的投影为 0、0、$\boldsymbol{e}_z$。将各投影相加得：$\boldsymbol{e}_x=\boldsymbol{e}_\rho\cos\phi-\boldsymbol{e}_\phi\sin\phi$，$\boldsymbol{e}_y=\boldsymbol{e}_\rho\sin\phi+\boldsymbol{e}_\phi\cos\phi$，$\boldsymbol{e}_z=\boldsymbol{e}_z$。其余依此类推。表 2-2-1 列出了三种坐标系下变量、单位矢量的变换关系。

表 2-2-1 三种坐标系下变量、单位矢量的变换关系

	直角坐标系	柱坐标系	球坐标系
直角坐标系	—	$\begin{cases}x=\rho\cos\phi\\y=\rho\sin\phi\\z=z\end{cases}$ $\begin{cases}\boldsymbol{e}_x=\boldsymbol{e}_\rho\cos\phi-\boldsymbol{e}_\phi\sin\phi\\\boldsymbol{e}_y=\boldsymbol{e}_\rho\sin\phi+\boldsymbol{e}_\phi\cos\phi\\\boldsymbol{e}_z=\boldsymbol{e}_z\end{cases}$	$\begin{cases}x=r\sin\theta\cos\phi\\y=r\sin\theta\sin\phi\\z=r\cos\theta\end{cases}$ $\begin{cases}\boldsymbol{e}_x=\boldsymbol{e}_r\sin\theta\cos\phi+\boldsymbol{e}_\theta\cos\theta\cos\phi-\boldsymbol{e}_\phi\sin\phi\\\boldsymbol{e}_y=\boldsymbol{e}_r\sin\theta\sin\phi+\boldsymbol{e}_\theta\cos\theta\sin\phi+\boldsymbol{e}_\phi\cos\phi\\\boldsymbol{e}_z=\boldsymbol{e}_r\cos\theta-\boldsymbol{e}_\theta\sin\theta\end{cases}$
柱坐标系	$\begin{cases}\rho=\sqrt{x^2+y^2}\\\phi=\arctan(y/x)\\z=z\end{cases}$ $\begin{cases}\boldsymbol{e}_\rho=\boldsymbol{e}_x\cos\phi+\boldsymbol{e}_y\sin\phi\\\boldsymbol{e}_\phi=-\boldsymbol{e}_x\sin\phi+\boldsymbol{e}_y\cos\phi\\\boldsymbol{e}_z=\boldsymbol{e}_z\end{cases}$	—	$\begin{cases}\rho=r\sin\theta\\\phi=\phi\\z=r\cos\theta\end{cases}$ $\begin{cases}\boldsymbol{e}_\rho=\boldsymbol{e}_r\sin\theta+\boldsymbol{e}_\theta\cos\theta\\\boldsymbol{e}_\phi=\boldsymbol{e}_\phi\\\boldsymbol{e}_z=\boldsymbol{e}_r\cos\theta-\boldsymbol{e}_\theta\sin\theta\end{cases}$
球坐标系	$\begin{cases}r=\sqrt{x^2+y^2+z^2}\\\theta=\arctan\dfrac{\sqrt{x^2+y^2}}{z}\\\phi=\arctan(y/x)\end{cases}$ $\begin{cases}\boldsymbol{e}_r=\boldsymbol{e}_x\sin\theta\cos\phi+\boldsymbol{e}_y\sin\theta\sin\phi+\boldsymbol{e}_z\cos\theta\\\boldsymbol{e}_\theta=\boldsymbol{e}_x\cos\theta\cos\phi+\boldsymbol{e}_y\cos\theta\sin\phi-\boldsymbol{e}_z\sin\theta\\\boldsymbol{e}_\phi=-\boldsymbol{e}_x\sin\phi+\boldsymbol{e}_y\cos\phi\end{cases}$	$\begin{cases}r=\sqrt{\rho^2+z^2}\\\theta=\arctan\dfrac{\rho}{z}\\\phi=\phi\end{cases}$ $\begin{cases}\boldsymbol{e}_r=\boldsymbol{e}_\rho\sin\theta+\boldsymbol{e}_z\cos\theta\\\boldsymbol{e}_\theta=\boldsymbol{e}_\rho\cos\theta-\boldsymbol{e}_z\sin\theta\\\boldsymbol{e}_\phi=\boldsymbol{e}_\phi\end{cases}$	—

矢量 $\boldsymbol{A}$ 在三种坐标系下的换算，本质上是将其在一种坐标系下的各分量分别投影到另一种坐标系的各坐标轴上，不难理解，它们之间的换算关系可套用单位矢量的变换关系。即若矢量 $\boldsymbol{A}$ 在三种坐标系下的坐标分量分别为 A_x、A_y、A_z，A_ρ、A_ϕ、A_z，A_r、A_θ、A_ϕ，它们之间的变换关系可将表 2-2-1 中单位矢量的变换关系中的 $\boldsymbol{e}$ 换成 $\boldsymbol{A}$ 得到。

2.2.4 位置矢量和距离矢量

通常用 $P(x, y, z)$ 表示空间一点的位置，也可用位置矢量 $\boldsymbol{r}$ 表示，$\boldsymbol{r}=x\boldsymbol{e}_x+y\boldsymbol{e}_y+z\boldsymbol{e}_z$，如图 2-2-4 所示。用 $P'(x', y', z')$ 表示另一点的位置，也可用位置矢量 $\boldsymbol{r}'$ 表示，$\boldsymbol{r}'=x'\boldsymbol{e}_x+y'\boldsymbol{e}_y+z'\boldsymbol{e}_z$。两点的距离矢量为

$$\boldsymbol{R}=\boldsymbol{r}-\boldsymbol{r}'=(x-x')\boldsymbol{e}_x+(y-y')\boldsymbol{e}_y+(z-z')\boldsymbol{e}_z$$

距离为

$$R=|\boldsymbol{r}-\boldsymbol{r}'|=\sqrt{(x-x')^2+(y-y')^2+(z-z')^2}$$

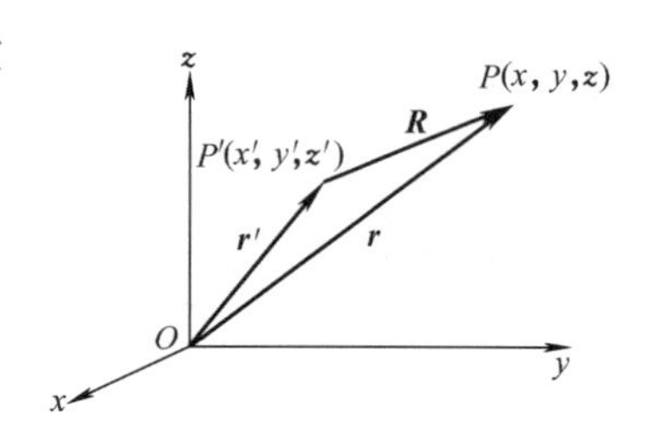

图 2-2-4 位置矢量和距离矢量

距离矢量方向为

$$\boldsymbol{e}_R = \frac{\boldsymbol{R}}{R}$$

在柱坐标中的点 $P(\rho, \phi, z)$ 的位置矢量为 $\boldsymbol{r} = \rho\boldsymbol{e}_\rho + z\boldsymbol{e}_z$；球坐标中的点 $P(r, \theta, \phi)$ 的位置矢量为 $\boldsymbol{r} = r\boldsymbol{e}_r$。在柱坐标和球坐标中，距离矢量一般不能用两点的矢量相减得到，必须转化到直角坐标系后再计算。

2.3 矢量的代数运算

矢量的加法、减法、标量积、矢量积是基本的矢量代数运算。

1) 矢量加法服从加法的交换律和结合律，即

$$\boldsymbol{A} + \boldsymbol{B} = \boldsymbol{B} + \boldsymbol{A} \tag{2-3-1}$$

$$\boldsymbol{A} + (\boldsymbol{B} + \boldsymbol{C}) = (\boldsymbol{A} + \boldsymbol{B}) + \boldsymbol{C} \tag{2-3-2}$$

2) 矢量 $\boldsymbol{A}$ 与矢量 $\boldsymbol{B}$ 的标量积(又称为点积)是一个标量，它等于两个矢量模相乘，再乘以它们夹角的余弦，记作 $\boldsymbol{A}\cdot\boldsymbol{B}$，即

$$\boldsymbol{A}\cdot\boldsymbol{B} = |\boldsymbol{A}||\boldsymbol{B}|\cos\theta = AB\cos\theta \tag{2-3-3}$$

点积满足交换律和分配律，即

$$\boldsymbol{A}\cdot\boldsymbol{B} = \boldsymbol{B}\cdot\boldsymbol{A} \tag{2-3-4}$$

$$\boldsymbol{A}\cdot(\boldsymbol{B} + \boldsymbol{C}) = \boldsymbol{A}\cdot\boldsymbol{B} + \boldsymbol{A}\cdot\boldsymbol{C} \tag{2-3-5}$$

两个矢量的点积亦可以写为

$$\boldsymbol{A}\cdot\boldsymbol{B} = (A_x\boldsymbol{e}_x + A_y\boldsymbol{e}_y + A_z\boldsymbol{e}_z)\cdot(B_x\boldsymbol{e}_x + B_y\boldsymbol{e}_y + B_z\boldsymbol{e}_z) = A_xB_x + A_yB_y + A_zB_z \tag{2-3-6}$$

A_x、A_y、A_z 又可表示为

$$A_x = \boldsymbol{A}\cdot\boldsymbol{e}_x,\ A_y = \boldsymbol{A}\cdot\boldsymbol{e}_y,\ A_z = \boldsymbol{A}\cdot\boldsymbol{e}_z$$

称它们为矢量 $\boldsymbol{A}$ 在 x、y、z 轴上的投影。推广到一般，一个矢量和一个单位矢量点积，获得该矢量在单位矢量规定方向上的投影，这个很重要，其实就是求某矢量在一个特定方向上的分量。

3) 矢量 $\boldsymbol{A}$ 与矢量 $\boldsymbol{B}$ 的矢量积(又称为叉积)是一个矢量，即 $\boldsymbol{C} = \boldsymbol{A}\times\boldsymbol{B}$。矢量 $\boldsymbol{C}$ 的大小为

$$C = AB\sin\theta \tag{2-3-7}$$

矢量 $\boldsymbol{C}$ 的方向垂直于矢量 $\boldsymbol{A}$ 和矢量 $\boldsymbol{B}$ 所决定的平面，符合右手法则，如图 2-3-1 所示。

矢量积不服从乘法交换律，有

$$\boldsymbol{A}\times\boldsymbol{B} = -(\boldsymbol{B}\times\boldsymbol{A}) \tag{2-3-8}$$

矢量积服从分配律，有

$$\boldsymbol{A}\times(\boldsymbol{B} + \boldsymbol{C}) = \boldsymbol{A}\times\boldsymbol{B} + \boldsymbol{A}\times\boldsymbol{C} \tag{2-3-9}$$

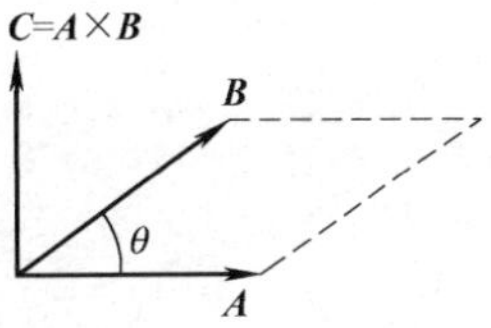

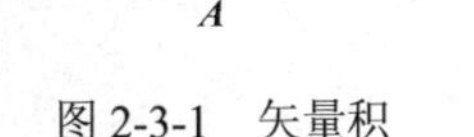

图 2-3-1　矢量积

两个矢量的矢量积亦可以写为

$$\begin{aligned}\boldsymbol{A}\times\boldsymbol{B}&=(A_x\boldsymbol{e}_x+A_y\boldsymbol{e}_y+A_z\boldsymbol{e}_z)\times(B_x\boldsymbol{e}_x+B_y\boldsymbol{e}_y+B_z\boldsymbol{e}_z)\\&=(A_yB_z-A_zB_y)\boldsymbol{e}_x+(A_zB_x-A_xB_z)\boldsymbol{e}_y+(A_xB_y-A_yB_x)\boldsymbol{e}_z\end{aligned} \tag{2-3-10}$$

式(2-3-10)常用行列式表示为

$$\boldsymbol{A}\times\boldsymbol{B}=\begin{vmatrix}\boldsymbol{e}_x & \boldsymbol{e}_y & \boldsymbol{e}_z\\ A_x & A_y & A_z\\ B_x & B_y & B_z\end{vmatrix} \tag{2-3-11}$$

一些常用的矢量代数运算式参见附录 A。

矢量有点积和叉积，但是矢量没有除法，这一点要注意。

2.4　标量场的梯度

2.4.1　标量场的等值面

标量函数在空间的分布称为**标量场**，常用等位面来形象描述标量场的数值分布特征。标量场 $f(\boldsymbol{r})$ 的等值面是该标量等于恒量的空间各点构成的曲面，等值面方程为

$$f(\boldsymbol{r})=\text{常数} \tag{2-4-1}$$

若 f 是二维函数，则 $f(\boldsymbol{r})$=常数为等值线。

对式(2-4-1)，给定不同的常数值，通常取等量增长的一系列常数，得到一系列等值面，形成等值面簇。等值面簇直观、形象地描述标量场的分布特征，称为标量场的场图。如地形图中，海拔常用等高线来描述；在静电场中，电位的等值面称为等位面。

2.4.2　标量场的梯度

先来看一个点电荷电场分布的例子。图 2-4-1a 是一个点电荷的等位线分布图(具体数值由零位设置决定)，如果只研究沿半径方向电位的变化率，即沿 ab 方向，可以先做出沿半径方向的电位分布 $\varphi=q/(4\pi\varepsilon_0 r)$，然后求出 ab 两点之间的变化率 $[\varphi(b)-\varphi(a)]/(b-a)$，近似等于电位的导数 $\mathrm{d}\varphi/\mathrm{d}r=-q/(4\pi\varepsilon_0 r^2)$，即$\varphi$的变化率(斜率 $\tan\alpha$)。如果带上方向，其实就是电场强度 $\boldsymbol{E}=q/(4\pi\varepsilon_0 r^2)\boldsymbol{e}_r$，可以分别求出 a 和 b 两点的斜率，如图 2-4-1b 所示。显然 a 点比 b 点变化率要大，实际就是 a 点电场要强一些。

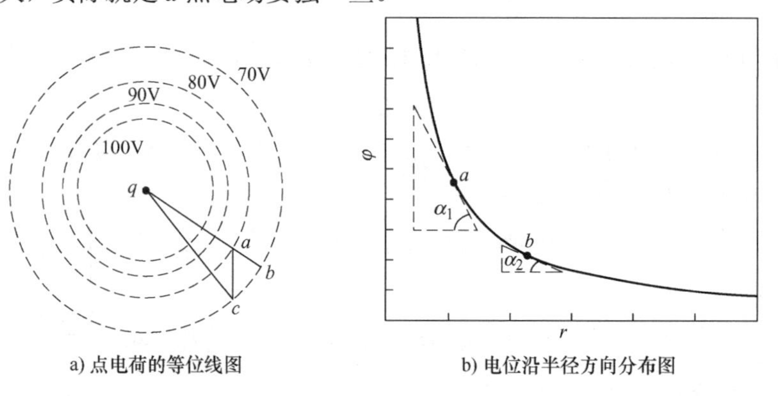

a) 点电荷的等位线图　　b) 电位沿半径方向分布图

图 2-4-1　点电荷电位的变化率

因此可知，电位的变化率可以说明电场分布的特点，且还是一个场函数。电位的变化率可以用导数 $\mathrm{d}\varphi/\mathrm{d}r$ 表示，同时也带来一些需要学习的新问题，刚才求的是沿 ab 方向的变化率，那沿 ac 方向的变化率如何求？哪个方向的变化率大？我们学过偏导数 $\partial f/\partial x$、$\partial f/\partial y$，是函数沿着平行于坐标轴的两个特殊方向的变化率，它们能描述这个问题吗？对于三维问题呢？这里很多已经学过的微积分知识以及下面要介绍的梯度概念都会帮助我们严格分析电场的分布特性。所谓梯度就是讨论标量场的最大变化率，也就是电位的最大变化率，即电场强度。

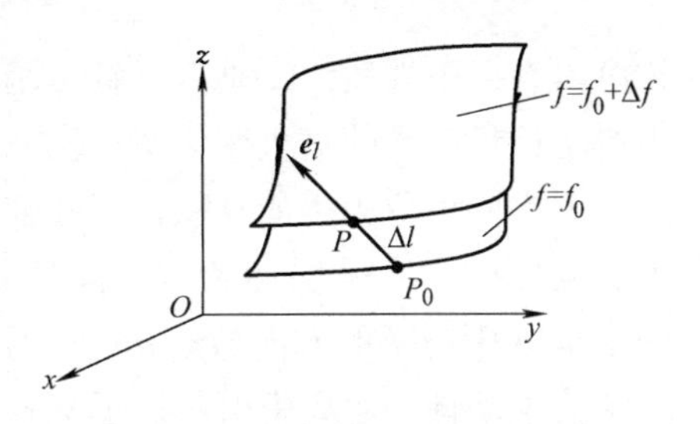

图 2-4-2　标量函数 f 的方向导数

设标量场 $f(x,y,z)$ 经过空间点 $P_0(x_0,y_0,z_0)$ 的等值面如图 2-4-2 所示，等值面方程为

$$f(x,y,z)=f(x_0,y_0,z_0)=f_0$$

过 P_0 点沿 $\boldsymbol{e}_l$ 方向经位移元 Δl 达到 P 点，P 点位于 $f(x,y,z)=f_0+\Delta f$ 的等值面上，标量 f 的增量 Δf 与位移量 Δl 之比的极限，为标量 f 在 P_0 点沿 $\boldsymbol{e}_l$ 方向的变化率，称为 f 沿该方向的方向导数，记作 $\left.\dfrac{\partial f}{\partial l}\right|_{P_0}$。有

$$\left.\frac{\partial f}{\partial l}\right|_{P_0}=\lim_{\Delta l\to 0}\frac{\Delta f}{\Delta l} \tag{2-4-2}$$

显然对同一点 P_0，沿不同的 $\boldsymbol{e}_l$ 方向有不同的变化率(或方向导数)。

由微分运算可知，$\dfrac{\partial f}{\partial l}=\dfrac{\partial f}{\partial x}\dfrac{\partial x}{\partial l}+\dfrac{\partial f}{\partial y}\dfrac{\partial y}{\partial l}+\dfrac{\partial f}{\partial z}\dfrac{\partial z}{\partial l}$，而 $\dfrac{\partial x}{\partial l}$、$\dfrac{\partial y}{\partial l}$、$\dfrac{\partial z}{\partial l}$ 是单位矢量 $\boldsymbol{e}_l$ 方向的方向余弦，即有

$$\boldsymbol{e}_l=\frac{\partial x}{\partial l}\boldsymbol{e}_x+\frac{\partial y}{\partial l}\boldsymbol{e}_y+\frac{\partial z}{\partial l}\boldsymbol{e}_z \tag{2-4-3}$$

因此，f 沿 $\boldsymbol{e}_l$ 方向的变化率 $\dfrac{\partial f}{\partial l}$ 又可表示为两个矢量的点积，即

$$\frac{\partial f}{\partial l}=\left(\frac{\partial f}{\partial x}\boldsymbol{e}_x+\frac{\partial f}{\partial y}\boldsymbol{e}_y+\frac{\partial f}{\partial z}\boldsymbol{e}_z\right)\cdot\left(\frac{\partial x}{\partial l}\boldsymbol{e}_x+\frac{\partial y}{\partial l}\boldsymbol{e}_y+\frac{\partial z}{\partial l}\boldsymbol{e}_z\right)=\left(\frac{\partial f}{\partial x}\boldsymbol{e}_x+\frac{\partial f}{\partial y}\boldsymbol{e}_y+\frac{\partial f}{\partial z}\boldsymbol{e}_z\right)\cdot\boldsymbol{e}_l$$

令矢量

$$\boldsymbol{G}=\frac{\partial f}{\partial x}\boldsymbol{e}_x+\frac{\partial f}{\partial y}\boldsymbol{e}_y+\frac{\partial f}{\partial z}\boldsymbol{e}_z$$

得到

$$\frac{\partial f}{\partial l}=\boldsymbol{G}\cdot\boldsymbol{e}_l \tag{2-4-4}$$

式(2-4-4)表明：①标量场的任意一点 P_0 存在唯一的矢量 $\boldsymbol{G}$，f 沿 $\boldsymbol{e}_l$ 方向的变化率就是矢量 $\boldsymbol{G}$ 在 $\boldsymbol{e}_l$ 方向上的投影，矢量 $\boldsymbol{G}$ 在不同方向上的投影，得到标量场 P_0 处不同方向的变化率；②矢量 $\boldsymbol{G}$ 决定着标量场 P_0 点每一个方向的变化率，而在 $\boldsymbol{G}$ 方向(与 $\boldsymbol{G}$ 相同的方向)，变化率最大，等于 $|\boldsymbol{G}|$，称 $\boldsymbol{G}$ 为 P_0 点的梯度，$\boldsymbol{G}$ 垂直于 P_0 点所在的等值面。

标量函数 f 的梯度记作 $\text{grad}f$，即

$$\text{grad}f=\boldsymbol{G}=\frac{\partial f}{\partial x}\boldsymbol{e}_x+\frac{\partial f}{\partial y}\boldsymbol{e}_y+\frac{\partial f}{\partial z}\boldsymbol{e}_z \tag{2-4-5}$$

梯度具有以下性质：①垂直于标量函数的等值面；②指向标量函数变化最快的方向；③其大小等于标量函数的最大变化率；④一个标量函数在某点沿任意方向的方向导数等于此点的梯度与该方向单位矢量的点积，即梯度在该方向上的投影。还是以电场为例，$\boldsymbol{E}=-\text{grad}\varphi$，即电场强度的大小是$|\text{grad}\varphi|$，方向是电位变化最大的方向，负号指的是高电位指向低电位。图 2-4-1a 中电场的方向是沿 ab 方向，不是沿 ac 方向。

为了简便，运算中引入算子∇(称作哈密顿算子，读作“del”或“nabla”)。在直角坐标系中

$$\nabla=\boldsymbol{e}_x\frac{\partial}{\partial x}+\boldsymbol{e}_y\frac{\partial}{\partial y}+\boldsymbol{e}_z\frac{\partial}{\partial z} \tag{2-4-6}$$

$$\nabla f=\left(\boldsymbol{e}_x\frac{\partial}{\partial x}+\boldsymbol{e}_y\frac{\partial}{\partial y}+\boldsymbol{e}_z\frac{\partial}{\partial z}\right)f=\boldsymbol{e}_x\frac{\partial f}{\partial x}+\boldsymbol{e}_y\frac{\partial f}{\partial y}+\boldsymbol{e}_z\frac{\partial f}{\partial z} \tag{2-4-7}$$

在柱坐标系、球坐标系的结果见附录 A。

值得注意的是：式(2-4-6)中的∇表示对坐标变量 x、y、z 的偏微分运算。用∇'表示对带撇坐标变量x'、y'、z'的偏微分运算，即

$$\nabla'=\boldsymbol{e}_x\frac{\partial}{\partial x'}+\boldsymbol{e}_y\frac{\partial}{\partial y'}+\boldsymbol{e}_z\frac{\partial}{\partial z'} \tag{2-4-8}$$

例 2.4.1 已知：$\boldsymbol{r}=x\boldsymbol{e}_x+y\boldsymbol{e}_y+z\boldsymbol{e}_z$，$\boldsymbol{r}'=x'\boldsymbol{e}_x+y'\boldsymbol{e}_y+z'\boldsymbol{e}_z$，$\boldsymbol{R}=\boldsymbol{r}-\boldsymbol{r}'$，求证：

（1）$\nabla R=-\nabla' R$

（2）$\nabla f(R)=\dfrac{\partial f(R)}{\partial R}\nabla R$

（3）$\nabla\left(\dfrac{1}{R}\right)=-\nabla'\left(\dfrac{1}{R}\right)$

证： R 为两点间的距离，可写为

$$R=[(x-x')^2+(y-y')^2+(z-z')^2]^{1/2}$$

根据式(2-4-7)，有

$$\nabla R=\boldsymbol{e}_x\frac{\partial R}{\partial x}+\boldsymbol{e}_y\frac{\partial R}{\partial y}+\boldsymbol{e}_z\frac{\partial R}{\partial z}=\frac{(x-x')\boldsymbol{e}_x+(y-y')\boldsymbol{e}_y+(z-z')\boldsymbol{e}_z}{[(x-x')^2+(y-y')^2+(z-z')^2]^{1/2}}=\frac{\boldsymbol{R}}{R}$$

$$\nabla' R=\boldsymbol{e}_x\frac{\partial R}{\partial x'}+\boldsymbol{e}_y\frac{\partial R}{\partial y'}+\boldsymbol{e}_z\frac{\partial R}{\partial z'}=\frac{-(x-x')\boldsymbol{e}_x-(y-y')\boldsymbol{e}_y-(z-z')\boldsymbol{e}_z}{[(x-x')^2+(y-y')^2+(z-z')^2]^{1/2}}=-\frac{\boldsymbol{R}}{R}$$

可见$\nabla R=-\nabla' R$。

$$
\begin{aligned}
\nabla f(R) &= \boldsymbol{e}_x \frac{\partial f(R)}{\partial x} + \boldsymbol{e}_y \frac{\partial f(R)}{\partial y} + \boldsymbol{e}_z \frac{\partial f(R)}{\partial z} \\
&= \boldsymbol{e}_x \frac{\partial f(R)}{\partial R}\frac{\partial R}{\partial x} + \boldsymbol{e}_y \frac{\partial f(R)}{\partial R}\frac{\partial R}{\partial y} + \boldsymbol{e}_z \frac{\partial f(R)}{\partial R}\frac{\partial R}{\partial z} \\
&= \frac{\partial f(R)}{\partial R}\left(\boldsymbol{e}_x \frac{\partial R}{\partial x} + \boldsymbol{e}_y \frac{\partial R}{\partial y} + \boldsymbol{e}_z \frac{\partial R}{\partial z}\right) \\
&= \frac{\partial f(R)}{\partial R}\nabla R
\end{aligned}
$$

由以上的结果可得

$$
\begin{cases}
\nabla\left(\dfrac{1}{R}\right) = \dfrac{\partial\left(\dfrac{1}{R}\right)}{\partial R}\nabla R = -\dfrac{1}{R^2}\dfrac{\boldsymbol{R}}{R} = -\dfrac{\boldsymbol{R}}{R^3} \\
\nabla'\left(\dfrac{1}{R}\right) = \dfrac{\partial\left(\dfrac{1}{R}\right)}{\partial R}\nabla' R = -\dfrac{1}{R^2}\left(-\dfrac{\boldsymbol{R}}{R}\right) = \dfrac{\boldsymbol{R}}{R^3}
\end{cases}
\tag{2-4-9}
$$

故

$$
\nabla\left(\frac{1}{R}\right) = -\nabla'\left(\frac{1}{R}\right)
$$

上式可推广为

$$
\nabla f(R) = -\nabla' f(R) \tag{2-4-10}
$$

2.5 矢量场的散度

2.5.1 矢量场的场图

不同于电场的等位图，电场本身也可以用矢量场图来描述。矢量场的矢量既有大小又有方向，对矢量场的分析计算要比标量场复杂。常常借助场图来形象、直观地描述矢量场的分布情况。矢量场的场图由矢量线构成，在矢量空间中，如果一条曲线上任一点沿曲线的切线方向与该点矢量方向相同，则这条曲线称为矢量场的矢量线，如图 2-5-1 所示。若在矢量线上任取一点，沿曲线切线方向取位移元矢量 $\mathrm{d}\boldsymbol{l}$，由矢量线定义可知，$\mathrm{d}\boldsymbol{l}$ 必定与该点的矢量 $\boldsymbol{A}$ 平行（同向或反向），即有

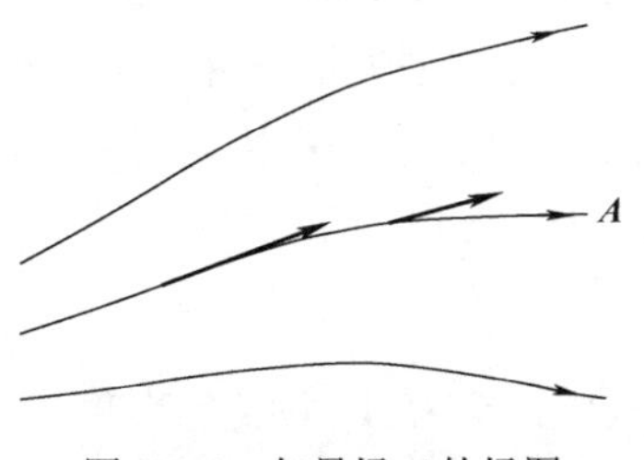

图 2-5-1　矢量场 $\boldsymbol{A}$ 的场图

$$
\boldsymbol{A} \times \mathrm{d}\boldsymbol{l} = 0 \tag{2-5-1}
$$

式(2-5-1)称为 $\boldsymbol{A}$ 的矢量线（$\boldsymbol{A}$ 线）方程，根据式(2-3-11)，在直角坐标系中，式(2-5-1)可表示为

$$\begin{vmatrix} \boldsymbol{e}_x & \boldsymbol{e}_y & \boldsymbol{e}_z \\ A_x & A_y & A_z \\ \mathrm{d}x & \mathrm{d}y & \mathrm{d}z \end{vmatrix} = 0 \quad 或 \quad \frac{\mathrm{d}x}{A_x} = \frac{\mathrm{d}y}{A_y} = \frac{\mathrm{d}z}{A_z} \tag{2-5-2}$$

矢量场的场图由一组矢量线组成。作图时，常使这组矢量线的疏密与场量的大小成比例，场量大的区域矢量线密，场量小的区域矢量线疏，这样便可以从场图大致了解矢量场的分布。

例 2.5.1 真空中位于坐标原点的点电荷 q，在任意一点 (x, y, z) 处的电场 $\boldsymbol{E} = \dfrac{q\boldsymbol{r}}{4\pi\varepsilon_0 r^3}$，式中 $\boldsymbol{r} = x\boldsymbol{e}_x + y\boldsymbol{e}_y + z\boldsymbol{e}_z$。试确定 $\boldsymbol{E}$ 线方程。

解： $\boldsymbol{E}$ 的表达式可以写为

$$\boldsymbol{E} = E_x\boldsymbol{e}_x + E_y\boldsymbol{e}_y + E_z\boldsymbol{e}_z = \frac{q}{4\pi\varepsilon_0 r^3}(x\boldsymbol{e}_x + y\boldsymbol{e}_y + z\boldsymbol{e}_z)$$

根据式(2-5-2)，$\boldsymbol{E}$ 线的微分方程为

$$\frac{\mathrm{d}x}{x} = \frac{\mathrm{d}y}{y} = \frac{\mathrm{d}z}{z}$$

方程的解为

$$\begin{cases} x = C_1 y \\ y = C_2 z \end{cases} \quad (C_1、C_2 为任意常数)$$

上式即为 $\boldsymbol{E}$ 线方程，第一式表示过 z 轴的一族平面，第二式表示过 x 轴的一族平面，两族平面的交线即为 $\boldsymbol{E}$ 线，是一束从坐标原点(点电荷所在点)出发的射线。

2.5.2 矢量场的通量与散度

对标量场，可以用梯度描述它的变化率问题；而对矢量场，一般用散度和旋度描述。下面先介绍散度，在介绍散度之前，先介绍通量的概念。

对矢量场的特征进行研究时，矢量穿过曲面的通量是描述矢量场分布的一个重要物理量。用矢量线可以定性描述矢量场的分布情况：矢量线的切线方向为矢量方向；矢量线稠密的地方，矢量模值大。引入通量可以定量描述矢量场分布的特征。

设 S 是矢量场 $\boldsymbol{A}$ 中的一个曲面，在 S 面上取一面元矢量 $\mathrm{d}\boldsymbol{S}$，$\mathrm{d}\boldsymbol{S}$ 的方向与该面元垂直。由于 $\mathrm{d}\boldsymbol{S}$ 很小，可认为其上各点的 $\boldsymbol{A}$ 相同。矢量场 $\boldsymbol{A}$ 穿过 $\mathrm{d}\boldsymbol{S}$ 的通量定义为 $\boldsymbol{A}$ 与 $\mathrm{d}\boldsymbol{S}$ 的点积，用 $\mathrm{d}\psi$ 表示，即

$$\mathrm{d}\psi = \boldsymbol{A} \cdot \mathrm{d}\boldsymbol{S} = A\mathrm{d}S\cos\theta \tag{2-5-3}$$

式中，θ 为 $\boldsymbol{A}$ 与 $\mathrm{d}\boldsymbol{S}$ 的夹角。

穿过整个曲面 S 的 $\boldsymbol{A}$ 通量

$$\psi = \int_S \mathrm{d}\psi = \int_S \boldsymbol{A} \cdot \mathrm{d}\boldsymbol{S} \tag{2-5-4}$$

例如穿过曲面 S 的电力线、磁力线的条数，一般规定为正比于穿过曲面的通量，即 $N_E \propto \int_S \mathrm{d}\psi = \int_S \boldsymbol{E} \cdot \mathrm{d}\boldsymbol{S}$，$N_B \propto \int_S \mathrm{d}\psi = \int_S \boldsymbol{B} \cdot \mathrm{d}\boldsymbol{S}$。

如果S是封闭面，穿出封闭面的$\boldsymbol{A}$通量为

$$\psi = \oint_S \boldsymbol{A}\cdot\mathrm{d}\boldsymbol{S} \tag{2-5-5}$$

通常取封闭面的外法线方向为面元矢量$\mathrm{d}\boldsymbol{S}$的方向。这一点非常重要，第一，它是人为规定的；第二，它只对封闭面规定，对非封闭面没有规定；第三，依据不同的$\boldsymbol{A}$对通量有不同的解释。比如对电流体密度的封闭面积分，$\oint_S \boldsymbol{J}\cdot\mathrm{d}\boldsymbol{S}=I$，规定流出电流为正($I>0$)，流入为负($I<0$)；又比如对静电场，$N_E \propto \oint_S \boldsymbol{E}\cdot\mathrm{d}\boldsymbol{S}=q/\varepsilon_0$，规定电力线发自正电荷($q>0$)，汇入负电荷($q<0$)。

对应封闭面$\boldsymbol{S}$，$\psi>0$，表示$\boldsymbol{S}$包围的体积V内有产生该通量的源，从场图看，有$\boldsymbol{A}$线穿出该封闭面(或穿出的$\boldsymbol{A}$线多于穿入的$\boldsymbol{A}$线)；若$\psi<0$，表示该封闭面中有该通量的漏源(或称汇)，从场图看，有$\boldsymbol{A}$线穿入该封闭面(或穿入的$\boldsymbol{A}$线多于穿出的$\boldsymbol{A}$线)。

研究包围一个点的微小封闭面S的$\boldsymbol{A}$通量，可以得知场中通量源的分布特性。收缩包围观察点的封闭面S，使S所限定的体积$\Delta V\to 0$，$\lim\limits_{\Delta V\to 0}\oint_S \boldsymbol{A}\cdot\mathrm{d}\boldsymbol{S}/\Delta V$反映了观察点的通量源特性。将$\lim\limits_{\Delta V\to 0}\oint_S \boldsymbol{A}\cdot\mathrm{d}\boldsymbol{S}/\Delta V$定义为场$\boldsymbol{A}$在该点的散度，记作div$\boldsymbol{A}$，即

$$\mathrm{div}\boldsymbol{A} = \lim_{\Delta V\to 0}\frac{\oint_S \boldsymbol{A}\cdot\mathrm{d}\boldsymbol{S}}{\Delta V} \tag{2-5-6}$$

散度div$\boldsymbol{A}$是一个标量，也就是某点的通量体密度。若div$\boldsymbol{A}$>0, 表示该点有通量发出，称该点有通量源(或正源)；若div$\boldsymbol{A}$<0，该点有通量汇集，称该点有汇(或负源)；若div$\boldsymbol{A}$=0，则该点无通量源，散度处处为零的场称为无散场。三种div$\boldsymbol{A}$值的场图如图2-5-2所示。

例2.5.2 求均匀带电的介质棒中和棒外某一点p电场强度的散度，如图2-5-3所示，电荷体密度为ρ，介电常数为ε_0。

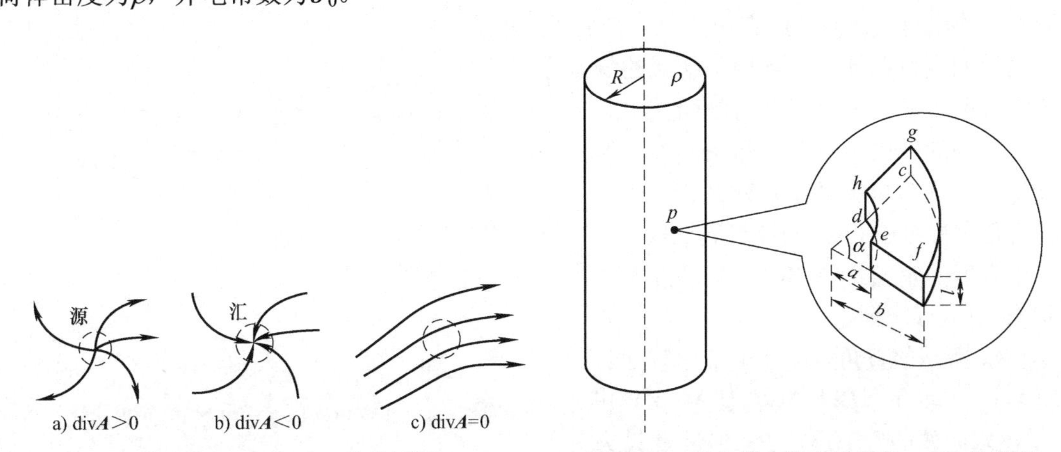

图2-5-2 三种div$\boldsymbol{A}$值的场图　　图2-5-3 均匀带电的介质棒中一点p的散度

解： 1)如果p点设置在小于半径R的地方。根据电磁学的知识，利用高斯定理容易求得介质棒中某一点的电场强度为

$$\boldsymbol{E}=\frac{\rho r}{2\varepsilon_0}\boldsymbol{e}_r$$

计算该点 p 处的散度，为简单起见，先可以将这个点想象为具有闭合表面 $abcdefgh$ 的一个小扇形体，再计算通量(积分只涉及两个侧面)

$$\oint_S \boldsymbol{E}\cdot \mathrm{d}\boldsymbol{S}=\frac{\rho b}{2\varepsilon_0}\cdot b\alpha\cdot l-\frac{\rho a}{2\varepsilon_0}\cdot a\alpha\cdot l=\frac{\rho l\alpha}{2\varepsilon_0}\cdot(b^2-a^2)$$

p 点的散度为

$$\mathrm{div}\boldsymbol{E}=\lim_{\Delta V\to 0}\frac{\oint_S \boldsymbol{E}\cdot \mathrm{d}\boldsymbol{S}}{\Delta V}=\lim_{\Delta V\to 0}\frac{\oint_S \boldsymbol{E}\cdot \mathrm{d}\boldsymbol{S}}{\frac{l\alpha}{2}(b^2-a^2)}=\frac{\rho}{\varepsilon_0}$$

显然，某一点 p 的散度的正负由该点的电荷体密度的正负决定，为正表示有通量流出，为负表示有通量流入。对扇形体的闭合表面 $abcdefgh$ 而言，进去的电力线条数少于出来的电力线条数，则为正，表示中间有正电荷，有源；否则就是负电荷，有汇。

2) 如果 p 点设置在大于半径 R 的地方，可以求得电场分布

$$\boldsymbol{E}=\frac{\rho R^2}{2\varepsilon_0 r}\boldsymbol{e}_r$$

计算该点 p 处扇形体的闭合表面 $abcdefgh$ 的通量

$$\oint_S \boldsymbol{E}\cdot \mathrm{d}\boldsymbol{S}=0$$

p 点的散度为

$$\mathrm{div}\boldsymbol{E}=\lim_{\Delta V\to 0}\frac{\oint_S \boldsymbol{E}\cdot \mathrm{d}\boldsymbol{S}}{\Delta V}=0$$

显然该点的散度为零，无源也无汇，但是该点还是有电场分布的。实际上这里电力线是连续的，流出等于流入，或者说流出闭合面的总电力线条数为零。

同学们也可以计算一下均匀载流的导体棒中和棒外某一点 p 磁感应强度的散度。

矢量场的散度与所选坐标系无关，但其计算表达式与所选坐标系有关。下面推导在直角坐标系中 $\mathrm{div}\boldsymbol{A}$ 的计算表达式。

由散度的定义式(2-5-6)可知，散度与所取体积元的形状无关，可以选择如图 2-5-4a 所示的直角六面体来推导散度的表达式。六面体的边长分别为 Δx、Δy 和 Δz，在六面体的一个顶点 P，矢量 $\boldsymbol{A}$ 设为

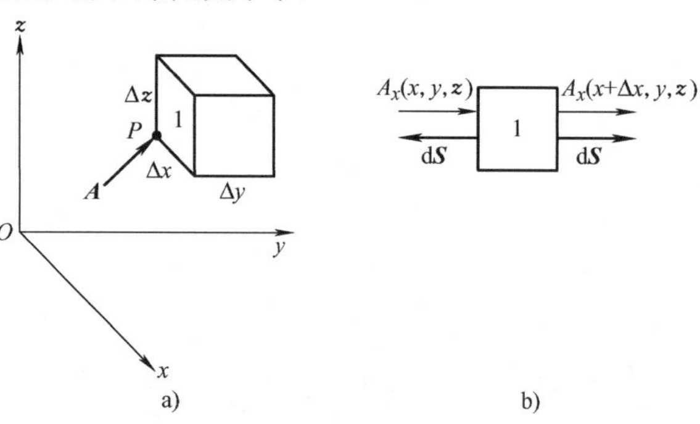

图 2-5-4 在直角坐标系中推导 $\mathrm{div}\boldsymbol{A}$ 表达式

$$\boldsymbol{A}=A_x\boldsymbol{e}_x+A_y\boldsymbol{e}_y+A_z\boldsymbol{e}_z \tag{2-5-7}$$

积分 $\oint_S \boldsymbol{A}\cdot \mathrm{d}\boldsymbol{S}$ 涉及六面体的六个侧面，每个侧面上的 $\mathrm{d}\boldsymbol{S}$ 均垂直于侧面指向六面体外，$\boldsymbol{A}$ 的每一个坐标分量分别穿过相对的两个面。将六面体转向，来分析 x 方向分量穿过的两个面，如

图 2-5-4b 所示，由于六面体各面的面积很小，两个面上 x 方向矢量分量可分别视为常数 $A_x(x,y,z)$ 和 $A_x(x+\Delta x,y,z)$，因此 $\boldsymbol{A}$ 的 x 方向分量穿过的两个面的积分近似为

$$\int_{左面}\boldsymbol{A}\cdot \mathrm{d}\boldsymbol{S}\approx -A_x(x,y,z)\Delta y\Delta z$$

$$\int_{右面}\boldsymbol{A}\cdot \mathrm{d}\boldsymbol{S}\approx A_x(x+\Delta x,y,z)\Delta y\Delta z\approx\left[A_x(x,y,z)+\frac{\partial A_x}{\partial x}\Delta x\right]\Delta y\Delta z$$

x 方向两个面的通量总和为

$$\frac{\partial A_x}{\partial x}\Delta x\Delta y\Delta z$$

依此类推，六个面总通量为

$$\oint_S \boldsymbol{A}\cdot \mathrm{d}\boldsymbol{S}=\left(\frac{\partial A_x}{\partial x}+\frac{\partial A_y}{\partial y}+\frac{\partial A_z}{\partial z}\right)\Delta x\Delta y\Delta z$$

代入式(2-5-6)得到 div$\boldsymbol{A}$ 在直角坐标系中的表达式为

$$\mathrm{div}\boldsymbol{A}=\frac{\partial A_x}{\partial x}+\frac{\partial A_y}{\partial y}+\frac{\partial A_z}{\partial z}\tag{2-5-8}$$

引入直角坐标系中哈密顿算子 ∇，div$\boldsymbol{A}$ 恰好等于算子 ∇ 与 $\boldsymbol{A}$ 的点积，即

$$\mathrm{div}\boldsymbol{A}=\left(\boldsymbol{e}_x\frac{\partial}{\partial x}+\boldsymbol{e}_y\frac{\partial}{\partial y}+\boldsymbol{e}_z\frac{\partial}{\partial z}\right)\cdot(\boldsymbol{e}_xA_x+\boldsymbol{e}_yA_y+\boldsymbol{e}_zA_z)=\nabla\cdot\boldsymbol{A}\tag{2-5-9}$$

要特别注意的是，在其他坐标系中，$\nabla\cdot\boldsymbol{A}$ 有不同表达式，参见附录 A(18)和(23)。

2.5.3 散度定理

场论中有两个描述矢量场积分特性的常用公式，其中一个是散度定理，又称为高斯散度定理，表述如下：若矢量场 $\boldsymbol{A}$ 的各分量在给定空间区域内处处可微，则有

$$\int_V \nabla\cdot\boldsymbol{A}\mathrm{d}V=\oint_S \boldsymbol{A}\cdot \mathrm{d}\boldsymbol{S}\tag{2-5-10}$$

式(2-5-10)表明，矢量场穿出任意封闭面的通量等于该矢量场的散度在封闭面 S 所包围体积 V 的积分。该公式实现了体积分与闭合面积分之间的变换。下面对式 (2-5-10)做简要证明。

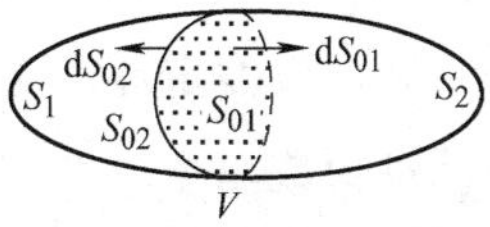

图 2-5-5 散度定理的证明

任意微小闭合面 S 所包围体积 V，可分成由 S_1+S_{01} 和 S_2+S_{02} 包围的两个部分，如图 2-5-5 所示，S_{01}、S_{02} 为两个闭合面的公共部分，若 S_1+S_{01} 和 S_2+S_{02} 所包围的体积 ΔV_1 和 ΔV_2 无限小，则矢量 $\boldsymbol{A}$ 对 S_1+S_{01} 和 S_2+S_{02} 的通量分别为

$$\oint_{S_1+S_{01}}\boldsymbol{A}\cdot \mathrm{d}\boldsymbol{S}=(\nabla\cdot\boldsymbol{A})_1\Delta V_1$$

$$\oint_{S_2+S_{02}}\boldsymbol{A}\cdot \mathrm{d}\boldsymbol{S}=(\nabla\cdot\boldsymbol{A})_2\Delta V_2$$

以上两式相加得

$$\oint_{S_1+S_{01}} \boldsymbol{A}\cdot \mathrm{d}\boldsymbol{S} + \oint_{S_2+S_{02}} \boldsymbol{A}\cdot \mathrm{d}\boldsymbol{S} = (\nabla\cdot\boldsymbol{A})_1\Delta V_1 + (\nabla\cdot\boldsymbol{A})_2\Delta V_2$$

考虑到两个闭合面有公共部分 S_{01}、S_{02}，它们在计算通量时面元方向相反，通量相互抵消，上式可写为

$$\oint_{S_1+S_{01}} \boldsymbol{A}\cdot \mathrm{d}\boldsymbol{S} + \oint_{S_2+S_{02}} \boldsymbol{A}\cdot \mathrm{d}\boldsymbol{S} = \oint_{S_1+S_2} \boldsymbol{A}\cdot \mathrm{d}\boldsymbol{S} = \oint_{S} \boldsymbol{A}\cdot \mathrm{d}\boldsymbol{S} = (\nabla\cdot\boldsymbol{A})_1\Delta V_1 + (\nabla\cdot\boldsymbol{A})_2\Delta V_2$$

依此类推，任意闭合面 $\boldsymbol{S}$ 所包围的体积 V 可以分为多个无穷小的单元 ΔV_i，S_i 是包围微小体积元 ΔV_i 的封闭面，根据上式则有

$$\oint_S \boldsymbol{A}\cdot \mathrm{d}\boldsymbol{S} = \sum_{i=1}^{\infty}(\nabla\cdot\boldsymbol{A})_i\Delta V_i = \int_V (\nabla\cdot\boldsymbol{A})\mathrm{d}V$$

即有

$$\oint_S \boldsymbol{A}\cdot \mathrm{d}\boldsymbol{S} = \int_V (\nabla\cdot\boldsymbol{A})\mathrm{d}V$$

2.5.4 拉普拉斯算子及格林公式

由于一个标量场的梯度在空间构成一个矢量场，而常常需要计算该矢量场的散度，即对于空间区域中的二阶连续可微标量函数 f，进行如下的运算：

$$\mathrm{div}(\mathrm{grad}f) = \nabla\cdot(\nabla f)$$

定义

$$\nabla^2 f = \nabla\cdot(\nabla f) \tag{2-5-11}$$

称算子 ∇^2 为拉普拉斯算子。在直角坐标系中

$$\begin{aligned}\nabla^2 f = \nabla\cdot(\nabla f) &= \left(\boldsymbol{e}_x\frac{\partial}{\partial x}+\boldsymbol{e}_y\frac{\partial}{\partial y}+\boldsymbol{e}_z\frac{\partial}{\partial z}\right)\cdot\left(\boldsymbol{e}_x\frac{\partial f}{\partial x}+\boldsymbol{e}_y\frac{\partial f}{\partial y}+\boldsymbol{e}_z\frac{\partial f}{\partial z}\right)\\ &= \frac{\partial^2 f}{\partial x^2}+\frac{\partial^2 f}{\partial y^2}+\frac{\partial^2 f}{\partial z^2}\end{aligned} \tag{2-5-12}$$

柱坐标系、球坐标系中的表达式见附录 A。

需要强调的是，∇^2 只是一个算子，$\nabla^2 f$ 运算的含义是对梯度 ∇f 取散度运算，即式(2-5-11)。

利用散度定理，还可导出电磁场理论中常用的格林公式。设 ψ、φ 是具有二阶连续导数的标量函数，令矢量

$$\boldsymbol{A} = \psi\nabla\varphi$$

代入散度定理得

$$\oint_S (\psi\nabla\varphi)\cdot\mathrm{d}\boldsymbol{S} = \int_V \nabla\cdot(\psi\nabla\varphi)\mathrm{d}V$$

由微分公式 $\nabla\cdot(\varphi\boldsymbol{A}) = \varphi\nabla\cdot\boldsymbol{A}+\boldsymbol{A}\cdot\nabla\varphi$ 得

$$\nabla\cdot(\psi\nabla\varphi) = \psi\nabla\cdot\nabla\varphi + \nabla\psi\cdot\nabla\varphi = \psi\nabla^2\varphi + \nabla\psi\cdot\nabla\varphi$$

即

$$\oint_S (\psi \nabla \varphi) \cdot \mathrm{d}\boldsymbol{S} = \int_V (\psi \nabla^2 \varphi + \nabla \psi \cdot \nabla \varphi) \mathrm{d}V \tag{2-5-13}$$

式(2-5-13)称为格林第一公式。

同理，令矢量

$$\boldsymbol{B} = \varphi \nabla \psi \quad \text{（与矢量} \boldsymbol{A} \text{不同）}$$

得到

$$\oint_S (\varphi \nabla \psi) \cdot \mathrm{d}\boldsymbol{S} = \int_V (\varphi \nabla^2 \psi + \nabla \varphi \cdot \nabla \psi) \mathrm{d}V \tag{2-5-14}$$

式(2-5-13)减式(2-5-14)得

$$\oint_S (\psi \nabla \varphi - \varphi \nabla \psi) \cdot \mathrm{d}\boldsymbol{S} = \int_V (\psi \nabla^2 \varphi - \varphi \nabla^2 \psi) \mathrm{d}V \tag{2-5-15}$$

式(2-5-15)称为格林第二公式。

格林公式把标量函数的不同阶微分的不同重积分联系起来，是电磁场理论中常用的等式。

例 2.5.3 设矢量 $\boldsymbol{r} = x\boldsymbol{e}_x + y\boldsymbol{e}_y + z\boldsymbol{e}_z$，求：（1）$\nabla \cdot \boldsymbol{r}$；（2）$\nabla \cdot \dfrac{\boldsymbol{e}_r}{r^2}$。

解：（1）利用 $\nabla \cdot \boldsymbol{A}$ 在直角坐标系中的表达式(2-5-8)，得

$$\nabla \cdot \boldsymbol{r} = \frac{\partial x}{\partial x} + \frac{\partial y}{\partial y} + \frac{\partial z}{\partial z} = 3$$

矢量 $\boldsymbol{r}$ 在柱坐标系中可写成 $\boldsymbol{r} = \rho \boldsymbol{e}_\rho + z\boldsymbol{e}_z$，利用 $\nabla \cdot \boldsymbol{A}$ 在柱坐标系中的表达式，得

$$\nabla \cdot \boldsymbol{r} = \frac{1}{\rho} \frac{\partial(\rho^2)}{\partial \rho} + \frac{\partial z}{\partial z} = 3$$

矢量 $\boldsymbol{r}$ 在球坐标系中可写成 $\boldsymbol{r} = r\boldsymbol{e}_r$，利用 $\nabla \cdot \boldsymbol{A}$ 在球坐标系中的表达式，得

$$\nabla \cdot \boldsymbol{r} = \frac{1}{r^2} \frac{\mathrm{d}}{\mathrm{d}r} (r^2 r) = 3$$

三种坐标系下计算结果相同，表明散度大小与坐标系选择无关。

（2）利用 $\nabla \cdot \boldsymbol{A}$ 在球坐标系中的表达式，当 $r \neq 0$ 时，有

$$\nabla \cdot \frac{\boldsymbol{e}_r}{r^2} = \frac{1}{r^2} \frac{\mathrm{d}\left(r^2 \dfrac{1}{r^2}\right)}{\mathrm{d}r} = 0$$

当 $r = 0$ 时，函数 $\boldsymbol{e}_r / r^2$ 是奇异的，不能直接按上述方法求散度。

2.6 矢量场的旋度

2.6.1 矢量场的环量与旋度

在对矢量场分布特征的描述和研究中，矢量的环量是另一个重要的概念。矢量 $\boldsymbol{A}$ 沿某一

封闭曲线的线积分为 $\boldsymbol{A}$ 沿该闭合曲线的环量，记为

$$\Gamma = \oint_l \boldsymbol{A} \cdot \mathrm{d}\boldsymbol{l} = \oint_l A\cos\theta \mathrm{d}l \tag{2-6-1}$$

其中 $\mathrm{d}\boldsymbol{l}$ 是对规定积分方向的闭合曲线 l 上的线元矢量，如图 2-6-1 所示。

在流速场 $\boldsymbol{v}$ 中，流速的环量 $\oint_l \boldsymbol{v} \cdot \mathrm{d}\boldsymbol{l}$ 可表示水流有无旋涡，当 $\oint_l \boldsymbol{v} \cdot \mathrm{d}\boldsymbol{l} \neq 0$ 时，水流有旋涡。微小的物体漂浮在有旋涡的水面上，会随流水在水面上旋转。

研究矢量场在包围某一观察点的微小闭合路径的环量，可了解矢量场的旋涡特性分布状态。取闭合曲线 l 围绕观察点并向该点收缩，使 l 界定的面积 $\Delta S \to 0$，ΔS 可近似为包含该点的平面，极限

$$(\mathrm{rot}\boldsymbol{A})_n = \lim_{\Delta s \to 0} \frac{\oint_l \boldsymbol{A} \cdot \mathrm{d}\boldsymbol{l}}{\Delta S} \tag{2-6-2}$$

则为该点的环量面密度，规定 $\Delta\boldsymbol{S}$ 的方向 $\boldsymbol{n}$ 与闭合曲线 l 的方向符合右手螺旋关系，右手四指表示环流闭合曲线的绕行方向，拇指为 $\Delta\boldsymbol{S}$ 的方向(注意 $\Delta\boldsymbol{S}$ 本身是矢量，但在上面求积分的表达式中 ΔS 是标量)。上面定义选择的闭合曲线是人为的，其实有很多种形状和方向，而场是固定的，这样计算出来的环量面密度虽然由于取极限的原因，形状对结果可能没有影响，但方向对结果的影响不一定是唯一的，因此还是不能充分描述场。我们来看一个例子。

例 2.6.1 求均匀载流的导体棒中和棒外某一点 p 的磁感应强度的环量面密度，如图 2-6-2 所示，电流体密度为 $\boldsymbol{J}$，磁导率为 μ。

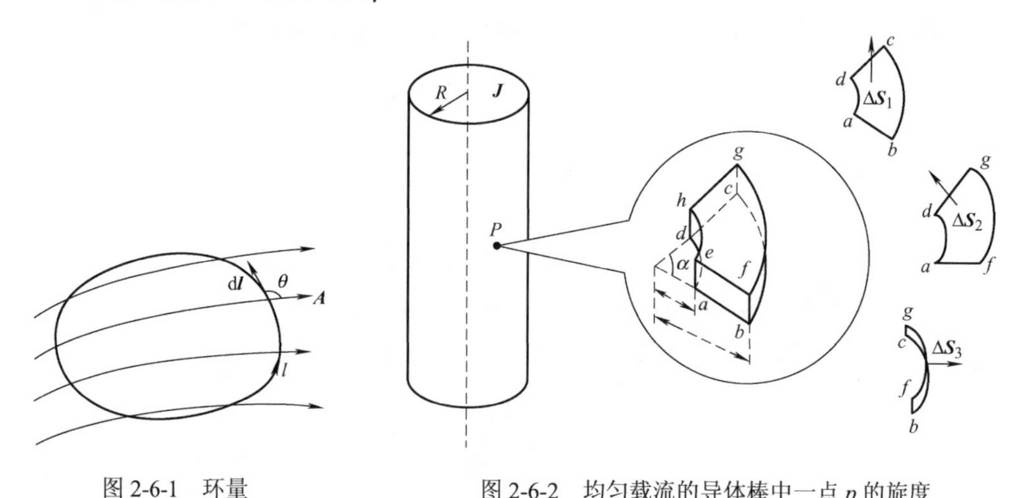

图 2-6-1 环量　　　图 2-6-2 均匀载流的导体棒中一点 p 的旋度

解： 1) 某一点 P，设置在小于半径 R 的地方。根据电磁学的知识，利用安培环路定理容易求得该点的磁感应强度为

$$\boldsymbol{B} = \frac{\mu J r}{2}\boldsymbol{e}_\phi$$

计算该点 P 处绕 $abcda$ 一个扇形的闭合曲线的环量，规定积分方向为 $abcda$，则有

$$\oint_l \boldsymbol{B} \cdot \mathrm{d}\boldsymbol{l} = \frac{\mu J b}{2} \cdot b\alpha - \frac{\mu J a}{2} \cdot a\alpha = \frac{\mu J \alpha}{2} \cdot (b^2 - a^2)$$

P 点的绕 $abcda$ 闭合曲线(面积为 ΔS_1)的环量面密度为

$$(\mathrm{rot}\boldsymbol{B})_{S_1}=\lim_{\Delta S_1\to 0}\frac{\oint_l \boldsymbol{B}\cdot \mathrm{d}\boldsymbol{l}}{\Delta S_1}=\lim_{\Delta S_1\to 0}\frac{\oint_l \boldsymbol{B}\cdot \mathrm{d}\boldsymbol{l}}{\frac{\alpha}{2}(b^2-a^2)}=\mu J$$

再来看绕另一个闭合曲线 $afgda$(相当于扇形立体的一个斜面)的环量，注意此时的环量积分不变，但面积始终有 $\Delta S_2>\Delta S_1$，所以

$$(\mathrm{rot}\boldsymbol{B})_{S_2}=\lim_{\Delta S_2\to 0}\frac{\oint_l \boldsymbol{B}\cdot \mathrm{d}\boldsymbol{l}}{\Delta S_2}=\lim_{\Delta S_2\to 0}\frac{\frac{\mu J\alpha}{2}(b^2-a^2)}{\Delta S_2}<\mu J=(\mathrm{rot}\boldsymbol{B})_{S_1}$$

如果再取一个闭合曲线 $bcgfb$(相当于扇形立体的一个外侧面)，计算它的环量面密度，可以发现结果为零。由此可知，绕不同的闭合曲线，有不同的结果。显然，环量面密度的值不仅与观察点的位置有关，而且与 l 界定的面元矢量 $\Delta\boldsymbol{S}$ 的方向有关。

矢量场中 P 点的环量面密度虽然随面元方向改变而改变，但是，总存在一个方向 $\boldsymbol{e}_n$，当取面元 $\Delta\boldsymbol{S}=\Delta S\boldsymbol{e}_n$ 时，所得的环量面密度最大(如图 2-6-2 中的闭合曲线 $abcda$ 限定的面)，将该最大值与 $\boldsymbol{e}_n$ 构成的矢量定义为矢量场 P 点的旋度，记为 $\mathrm{rot}\boldsymbol{A}$ (或 $\mathrm{curl}\boldsymbol{A}$)，即

$$\mathrm{rot}\boldsymbol{A}=\boldsymbol{e}_n\lim_{\Delta S\to 0}\left[\frac{\oint_l \boldsymbol{A}\cdot \mathrm{d}\boldsymbol{l}}{\Delta S}\right]_{\max} \tag{2-6-3}$$

可见，矢量场 $\boldsymbol{A}$ 在某点的旋度是一个矢量，其大小是矢量场 $\boldsymbol{A}$ 在该点的最大环量面密度，其方向是取得最大环量面密度的面元方向。例 2.6.1 中，$(\mathrm{rot}\boldsymbol{B})_{S_1}=\mu J$，$\mathrm{rot}\boldsymbol{B}=\mu\boldsymbol{J}$。大家可以计算一下前面例 2.5.2 中电场的旋度。

场中 $\mathrm{rot}\boldsymbol{A}\neq 0$ 的区域(或点)，必有旋涡状的 $\boldsymbol{A}$ 线，故称旋度($\mathrm{rot}\boldsymbol{A}$)是产生旋涡场的源，旋度描述了场的旋涡源强度。旋度处处为零的场为无旋场。

由上述旋度的定义不难得出，矢量在任意方向上的环量面密度可用旋度表示。当 $\Delta\boldsymbol{S}$ 为任意方向 $\boldsymbol{e}_n$ 时，$\boldsymbol{e}_n$ 方向的环量面密度的值等于 $\mathrm{rot}\boldsymbol{A}$ 在 $\boldsymbol{e}_n$ 方向上的投影，用 $(\mathrm{rot}\boldsymbol{A})_n$ 表示，即

$$(\mathrm{rot}\boldsymbol{A})_n=\lim_{\Delta S\to 0}\frac{\oint_l \boldsymbol{A}\cdot \mathrm{d}\boldsymbol{l}}{\Delta S}=(\mathrm{rot}\boldsymbol{A})\cdot\boldsymbol{e}_n \tag{2-6-4}$$

下面推导直角坐标系中 $\mathrm{rot}\boldsymbol{A}$ 的计算表达式。在直角坐标系中

$$\oint_l \boldsymbol{A}\cdot \mathrm{d}\boldsymbol{l}=\oint_l (A_x\mathrm{d}x+A_y\mathrm{d}y+A_z\mathrm{d}z)$$

以 $P(x,y,z)$ 为中心作一个小矩形，其边长 Δy 和 Δz 分别平行于 y 轴和 z 轴，如图 2-6-3 所示，其闭合路径 l 分为 1、2、3、4 段，积分方向如图中四边上箭头所示。按右手螺旋法则，该面元 $\Delta\boldsymbol{S}=\Delta S\boldsymbol{e}_n=\Delta y\Delta z\boldsymbol{e}_x$，由式 (2-6-4) 可知，$\mathrm{rot}\boldsymbol{A}$ 在 x 轴上的分量为

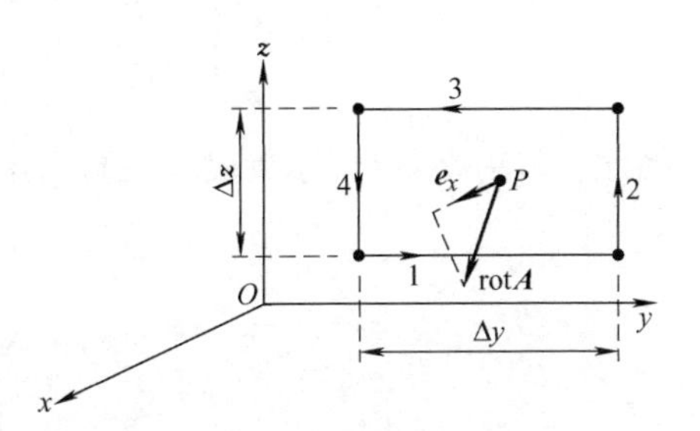

图 2-6-3　推导直角坐标系中 $\mathrm{rot}\boldsymbol{A}$ 的表达式

$$(\mathrm{rot}\boldsymbol{A})_x=\lim_{\substack{\Delta y\to 0\\ \Delta z\to 0}}\frac{\oint_l (A_x\mathrm{d}x+A_y\mathrm{d}y+A_z\mathrm{d}z)}{\Delta y\Delta z} \tag{2-6-5}$$

积分沿 1、2、3、4 段 $\mathrm{d}x=0$；积分沿 1、3 段 $\mathrm{d}z=0$；积分沿 2、4 段 $\mathrm{d}y=0$。因此，在 1、3 段仅 $A_y\mathrm{d}y$ 对积分有贡献；在 2、4 段，仅 $A_z\mathrm{d}z$ 对积分有贡献。在 1、3 段 $\boldsymbol{A}$ 的 y 分量分别为 $A_y+\frac{\partial A_y}{\partial z}\left(-\frac{\Delta z}{2}\right)$ 和 $A_y+\frac{\partial A_y}{\partial z}\left(\frac{\Delta z}{2}\right)$；在 2、4 段，$\boldsymbol{A}$ 的 z 分量分别为 $A_z+\frac{\partial A_z}{\partial y}\left(\frac{\Delta y}{2}\right)$ 和 $A_z+\frac{\partial A_z}{\partial y}\left(-\frac{\Delta y}{2}\right)$。故式(2-6-4)中的积分可写为

$$\begin{aligned}\oint_l (A_x\mathrm{d}x+A_y\mathrm{d}y+A_z\mathrm{d}z)&=\left[A_y+\frac{\partial A_y}{\partial z}\left(-\frac{\Delta z}{2}\right)\right]\Delta y+\left[A_y+\frac{\partial A_y}{\partial z}\frac{\Delta z}{2}\right](-\Delta y)+\left[A_z+\frac{\partial A_z}{\partial y}\left(\frac{\Delta y}{2}\right)\right]\Delta z+\\&\quad\left[A_z+\frac{\partial A_z}{\partial y}\left(-\frac{\Delta y}{2}\right)\right](-\Delta z)\\&=\frac{\partial A_z}{\partial y}\Delta y\Delta z-\frac{\partial A_y}{\partial z}\Delta y\Delta z\end{aligned}$$

代入式(2-6-5)中得

$$(\mathrm{rot}\boldsymbol{A})_x=\frac{\partial A_z}{\partial y}-\frac{\partial A_y}{\partial z}$$

同理可导出

$$(\mathrm{rot}\boldsymbol{A})_y=\frac{\partial A_x}{\partial z}-\frac{\partial A_z}{\partial x}$$

$$(\mathrm{rot}\boldsymbol{A})_z=\frac{\partial A_y}{\partial x}-\frac{\partial A_x}{\partial y}$$

综上所述，在直角坐标系中，旋度可表示为

$$\mathrm{rot}\boldsymbol{A}=\boldsymbol{e}_x\left(\frac{\partial A_z}{\partial y}-\frac{\partial A_y}{\partial z}\right)+\boldsymbol{e}_y\left(\frac{\partial A_x}{\partial z}-\frac{\partial A_z}{\partial x}\right)+\boldsymbol{e}_z\left(\frac{\partial A_y}{\partial x}-\frac{\partial A_x}{\partial y}\right) \tag{2-6-6}$$

式(2-6-6)又可写为

$$\mathrm{rot}\boldsymbol{A}=\left(\boldsymbol{e}_x\frac{\partial}{\partial x}+\boldsymbol{e}_y\frac{\partial}{\partial y}+\boldsymbol{e}_z\frac{\partial}{\partial z}\right)\times(\boldsymbol{e}_xA_x+\boldsymbol{e}_yA_y+\boldsymbol{e}_zA_z)=\nabla\times\boldsymbol{A} \tag{2-6-7}$$

因此，常用 $\nabla\times\boldsymbol{A}$ 表示旋度。在直角坐标系中，$\nabla\times\boldsymbol{A}$ 又常表示为

$$\nabla\times\boldsymbol{A}=\begin{vmatrix}\boldsymbol{e}_x & \boldsymbol{e}_y & \boldsymbol{e}_z\\ \frac{\partial}{\partial x} & \frac{\partial}{\partial y} & \frac{\partial}{\partial z}\\ A_x & A_y & A_z\end{vmatrix} \tag{2-6-8}$$

$\nabla\times\boldsymbol{A}$ 在柱坐标系和球坐标系中表达式的推导复杂，结果见附录 A。

例 2.6.2 设矢量 $\boldsymbol{r}=x\boldsymbol{e}_x+y\boldsymbol{e}_y+z\boldsymbol{e}_z$，求：（1）$\nabla\times\boldsymbol{r}$；（2）$\nabla\times\dfrac{\boldsymbol{e}_r}{r^2}$。

解：（1）在直角坐标系中，矢量 $\boldsymbol{r}=x\boldsymbol{e}_x+y\boldsymbol{e}_y+z\boldsymbol{e}_z$ 的三个分量分别为 x、y、z，根据旋度在直角坐标系中 $\nabla\times\boldsymbol{A}$ 的表达式得

$$\nabla\times\boldsymbol{r}=\begin{vmatrix}\boldsymbol{e}_x & \boldsymbol{e}_y & \boldsymbol{e}_z\\ \dfrac{\partial}{\partial x} & \dfrac{\partial}{\partial y} & \dfrac{\partial}{\partial z}\\ x & y & z\end{vmatrix}=\boldsymbol{e}_x\left(\frac{\partial z}{\partial y}-\frac{\partial y}{\partial z}\right)+\boldsymbol{e}_y\left(\frac{\partial x}{\partial z}-\frac{\partial z}{\partial x}\right)+\boldsymbol{e}_z\left(\frac{\partial y}{\partial x}-\frac{\partial x}{\partial y}\right)=0$$

（2）用球坐标系计算较为方便。在球坐标系中，$\boldsymbol{r}=x\boldsymbol{e}_x+y\boldsymbol{e}_y+z\boldsymbol{e}_z$ 的三个分量分别为 r、0、0，由球坐标系中 $\nabla\times\boldsymbol{A}$ 的表达式得

$$\nabla\times\frac{\boldsymbol{e}_r}{r^2}=\begin{vmatrix}\dfrac{\boldsymbol{e}_r}{r^2\sin\theta} & \dfrac{\boldsymbol{e}_\theta}{r\sin\theta} & \dfrac{\boldsymbol{e}_\phi}{r}\\ \dfrac{\partial}{\partial r} & \dfrac{\partial}{\partial\theta} & \dfrac{\partial}{\partial\phi}\\ \dfrac{1}{r^2} & 0 & 0\end{vmatrix}=\frac{\boldsymbol{e}_\theta}{r\sin\theta}\frac{\partial}{\partial\phi}\frac{1}{r^2}-\frac{\boldsymbol{e}_\phi}{r}\frac{\partial}{\partial\theta}\frac{1}{r^2}=0$$

$\nabla\times\dfrac{\boldsymbol{e}_r}{r^2}=0$ 对任意 $\boldsymbol{r}$ 都成立，包括 $r=0$。

2.6.2 斯托克斯定理

斯托克斯定理是描述矢量场积分特性的另一个常用公式，其表述如下：若矢量场 $\boldsymbol{A}$ 的各标量分量在给定的空间区域内处处可微，则有

$$\int_S(\nabla\times\boldsymbol{A})\cdot\mathrm{d}\boldsymbol{S}=\oint_l\boldsymbol{A}\cdot\mathrm{d}\boldsymbol{l}\tag{2-6-9}$$

式(2-6-9)表明，矢量场沿任意一个闭合曲线 l 的环量，等于以 l 为边界的任意一个曲面上矢量的旋度所穿出曲面的通量，$\mathrm{d}\boldsymbol{S}$ 的方向与环量积分 l 的绕行方向满足如图 2-6-4a 所示关系（右手螺旋关系）。斯托克斯定理的简要证明如下：

将曲面 S 分为许多面元 ΔS_i (i=1,2,…,N)，如图 2-6-4b 所示，沿每个面元的边界 l_i 作 $\boldsymbol{A}$ 的环量积分并求和，得 $\sum\limits_{i=1}^{N}\oint_{l_i}\boldsymbol{A}\cdot\mathrm{d}\boldsymbol{l}$，由于相邻的两个面元的公共边界上积分路径方向相反，积分相互抵消，对和式的贡献为零，只剩下沿整个曲面 S 的边界曲线 l 上的积分，即

$$\sum_{i=1}^{N}\oint_{l_i}\boldsymbol{A}\cdot\mathrm{d}\boldsymbol{l}=\oint_l\boldsymbol{A}\cdot\mathrm{d}\boldsymbol{l}\tag{2-6-10}$$

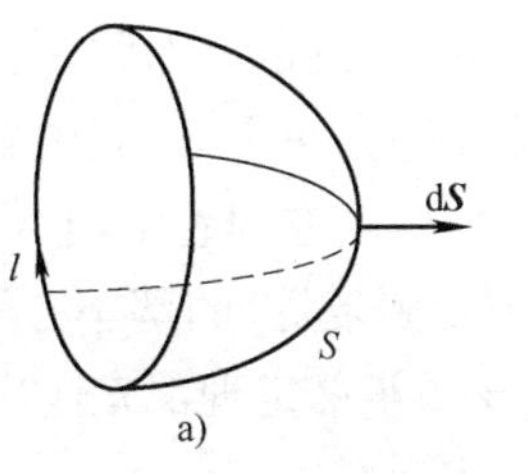

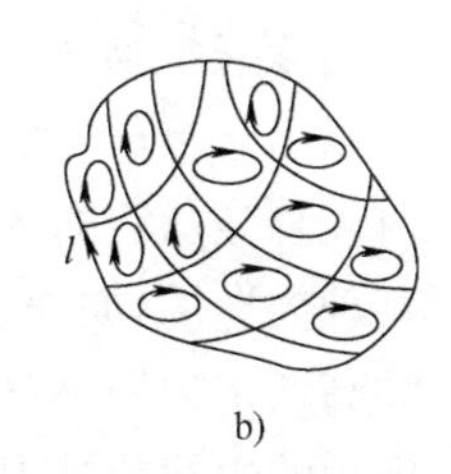

图 2-6-4 斯托克斯定理

由于每个面元 ΔS_i 很小，近似认为该面上各点的旋度相同，为 $(\nabla\times\boldsymbol{A})_i$，由旋度的定义可得

$$\oint_{l_i}\boldsymbol{A}\cdot\mathrm{d}\boldsymbol{l}\approx(\nabla\times\boldsymbol{A})_i\cdot\Delta\boldsymbol{S}_i\tag{2-6-11}$$

其中$\Delta \boldsymbol{S}_i$和l_i符合右手螺旋法则。将式(2-6-12)代入式(2-6-11)即得到

$$\oint_l \boldsymbol{A}\cdot d\boldsymbol{l} \sum_{i=1}^{N} \oint_{l_i} \boldsymbol{A}\cdot d\boldsymbol{l} = \sum_{i=1}^{N} (\nabla\times\boldsymbol{A})_i \cdot \Delta\boldsymbol{S}_i = \int_S (\nabla\times\boldsymbol{A})\cdot d\boldsymbol{S}$$

式(2-6-9)得证。

2.7 亥姆霍兹定理与狄拉克函数

2.7.1 亥姆霍兹定理与意义

在大学物理电磁部分的学习中，我们学习过静电场的高斯定理$\oint_S \boldsymbol{E}\cdot d\boldsymbol{S} = q/\varepsilon_0$和环路定理$\oint_l \boldsymbol{E}\cdot d\boldsymbol{l} = 0$；恒定磁场中的高斯定理$\oint_S \boldsymbol{B}\cdot d\boldsymbol{S} = 0$和环路定理$\oint_l \boldsymbol{B}\cdot d\boldsymbol{l} = \mu_0 I$。为什么都是两个定理，且都是和散度与旋度相关呢？

矢量场的散度和旋度，分别对应于矢量场的通量源和漩涡源在空间的分布，若散度和旋度已知，产生矢量场的“源”也就确定了。能否由这些“源”唯一地确定矢量场呢？亥姆霍兹定理给出了肯定的回答。

亥姆霍兹定理表述为：如果一个矢量场的散度和旋度只在有限区域内不为 0，则该矢量场可由它的散度和旋度所唯一确定，而且该矢量场可以表示为

$$\boldsymbol{F}(\boldsymbol{r}) = -\nabla\varphi(\boldsymbol{r}) + \nabla\times\boldsymbol{A}(\boldsymbol{r}) \tag{2-7-1}$$

式中

$$\varphi(\boldsymbol{r}) = \frac{1}{4\pi}\int_V \frac{\nabla\cdot\boldsymbol{F}(\boldsymbol{r}')dV'}{|\boldsymbol{r}-\boldsymbol{r}'|} \tag{2-7-2}$$

$$\boldsymbol{A}(\boldsymbol{r}) = \frac{1}{4\pi}\int_V \frac{\nabla\times\boldsymbol{F}(\boldsymbol{r}')dV'}{|\boldsymbol{r}-\boldsymbol{r}'|} \tag{2-7-3}$$

上面的积分中，源点对场点的贡献如图 2-7-1 所示。

下面简单讨论一下其意义：

1) 由式(2-7-2)和式(2-7-3)可知，这两个函数都是由该矢量场 $\boldsymbol{F}$ 的散度和旋度决定，因此矢量场 $\boldsymbol{F}$ 可以由它自己的散度和旋度完全决定。研究电磁场的时候总是从它的散度方程和旋度方程着手，它们构成某种类型场(如静电场、恒定磁场等)的基本方程，例如高斯定理和环路定理。亥姆霍兹定理决定了电磁场课程的主线就是围绕散度和旋度。

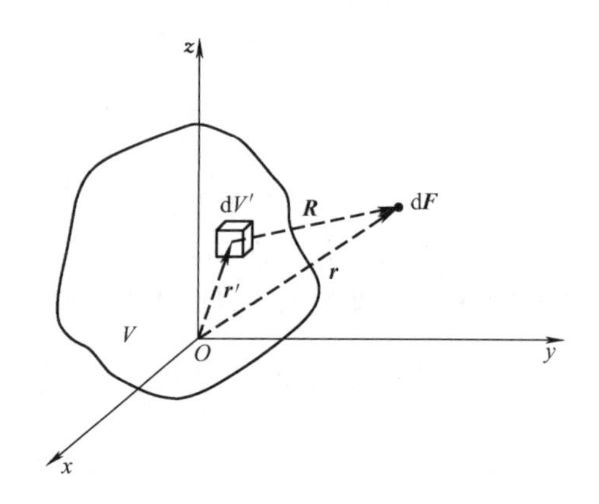

图 2-7-1　V 内的源点对场点的贡献

2) 式(2-7-2)和式(2-7-3)所构造的函数 $\varphi(\boldsymbol{r})$ 与 $\boldsymbol{A}(\boldsymbol{r})$ 称为矢量场 $\boldsymbol{F}$ 的**位函数**。若定义

$$\boldsymbol{F}_1(\boldsymbol{r}) = -\nabla\varphi(\boldsymbol{r}),\quad \boldsymbol{F}_2(\boldsymbol{r}) = \nabla\times\boldsymbol{A}(\boldsymbol{r}) \tag{2-7-4}$$

根据矢量恒等式$\nabla\times\nabla\varphi=0$和$\nabla\cdot\nabla\times\boldsymbol{A}=0$，有

$$\nabla\times\boldsymbol{F}_1(\boldsymbol{r})=-\nabla\times\nabla\varphi(\boldsymbol{r})=0\,,\quad \nabla\cdot\boldsymbol{F}_2(\boldsymbol{r})=\nabla\cdot\nabla\times\boldsymbol{A}(\boldsymbol{r})=0$$

由此可见，式(2-7-1)表明：任意一个矢量场$\boldsymbol{F}(\boldsymbol{r})$，都可以表示为一个无旋场$\boldsymbol{F}_1(\boldsymbol{r})$和一个无散场$\boldsymbol{F}_2(\boldsymbol{r})$的叠加。这其实也是亥姆霍兹定理的一种论述形式(还需补充边界上的条件)。

如果矢量场$\boldsymbol{F}(\boldsymbol{r})$本身是处处无旋的，即$\nabla\times\boldsymbol{F}=0$处处成立，那么$\boldsymbol{F}(\boldsymbol{r})$可以表示为

$$\boldsymbol{F}(\boldsymbol{r})=-\nabla\varphi(\boldsymbol{r})\quad\text{（无旋场）}\tag{2-7-5}$$

对于静电场而言就是如此，因为$\nabla\times\boldsymbol{E}=0$，所以电场可以用电位表示$\boldsymbol{E}(\boldsymbol{r})=-\nabla\varphi(\boldsymbol{r})$。

如果矢量场$\boldsymbol{F}(\boldsymbol{r})$本身是处处无散的，即$\nabla\cdot\boldsymbol{F}=0$处处成立，那么$\boldsymbol{F}(\boldsymbol{r})$可以表示为

$$\boldsymbol{F}(\boldsymbol{r})=\nabla\times\boldsymbol{A}(\boldsymbol{r})\quad\text{（无散场）}\tag{2-7-6}$$

对于恒定磁场而言就是如此，因为$\nabla\cdot\boldsymbol{B}=0$，所以磁场可以用矢量磁位表示$\boldsymbol{B}(\boldsymbol{r})=\nabla\times\boldsymbol{A}(\boldsymbol{r})$。这部分内容将在第 5 章中详细介绍。

3) 如果在区域V以外并不满足$\nabla\cdot\boldsymbol{F}$和$\nabla\times\boldsymbol{F}$处处为 0，换言之，有部分未知的场源落在积分区域$V$以外，那么除了$V$内散度$\nabla\cdot\boldsymbol{F}$和旋度$\nabla\times\boldsymbol{F}$外，还必须已知$V$的边界上$\boldsymbol{F}$的切向或法向分量㊀，才能唯一地确定矢量场$\boldsymbol{F}$。此时位函数可表示为

$$\varphi(\boldsymbol{r})=\int_V\frac{b(\boldsymbol{r}')\mathrm{d}V'}{4\pi R}-\oint_S\frac{\boldsymbol{F}(\boldsymbol{r})\cdot\mathrm{d}\boldsymbol{S}'}{4\pi R}\tag{2-7-7}$$

$$\boldsymbol{A}(\boldsymbol{r})=\int_V\frac{c(\boldsymbol{r}')\mathrm{d}V'}{4\pi R}-\oint_S\frac{\mathrm{d}\boldsymbol{S}'\times\boldsymbol{F}(\boldsymbol{r})}{4\pi R}\tag{2-7-8}$$

式中，$\boldsymbol{S}$为包围V的闭合边界面，方向为外法线方向。

4) 由于任何一个场都有它对应的源，因此不会有在全部空间中既无旋、也无散的场。但在某个有限的区域V(我们感兴趣的区域)内，场可以是既无旋、也无散的，此时它的全部源都位于区域V以外，区域V内的$\boldsymbol{F}$可由边界条件唯一确定。

2.7.2 狄拉克函数

电荷在空间某点的体密度定义为单位体积内的电荷量(详见 3.1.2 节)。按照点电荷的模型，它的体积$V=0$，电荷量为q，电荷密度$\rho=q/V=\infty$。因此用微分方程$\nabla\cdot\boldsymbol{E}=\rho/\varepsilon_0$描述点电荷时比较麻烦，在电磁场理论中引入狄拉克函数(Dirac Delta function)，能使我们对某些问题的描述变得简洁。

狄拉克函数，也称单位脉冲函数，是一个广义函数，用δ表示，故也称为δ函数，定义为

$$\delta(x-x_0)=\begin{cases}\infty, & x=x_0\\ 0, & x\neq x_0\end{cases}\tag{2-7-9}$$

且
$$\int_{-\infty}^{\infty}\delta(x-x_0)\mathrm{d}x=1\tag{2-7-10}$$

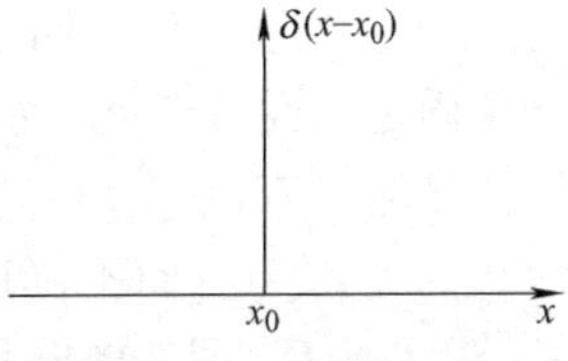

图 2-7-2 狄拉克函数

狄拉克函数如图 2-7-2 所示。

㊀ 具体情况要根据区域的结构而定，如果场域是单连通的(既是线单连通的，又是面单连通的)，则切向分量与法向分量有一个已知即可，否则最好是同时已知$\boldsymbol{F}$在边界上的法向和切向分量，即已知边界上完整的$\boldsymbol{F}$。

δ 函数具有筛分特性：

$$\int_a^b f(x)\delta(x-x_0)\mathrm{d}x=\begin{cases} f(x_0), & x_0\in[a,b] \\ 0, & x_0\notin[a,b] \end{cases} \tag{2-7-11}$$

还可以推广到二维和三维空间中

$$\int_S f(\boldsymbol{r})\delta(\boldsymbol{r}-\boldsymbol{r}_0)\mathrm{d}S=\begin{cases} f(\boldsymbol{r}_0), & \boldsymbol{r}_0\in S \\ 0, & \boldsymbol{r}_0\notin S \end{cases} \quad （二维） \tag{2-7-12}$$

$$\int_V f(\boldsymbol{r})\delta(\boldsymbol{r}-\boldsymbol{r}_0)\mathrm{d}V=\begin{cases} f(\boldsymbol{r}_0), & \boldsymbol{r}_0\in V \\ 0, & \boldsymbol{r}_0\notin V \end{cases} \quad （三维） \tag{2-7-13}$$

对照 δ 函数的定义，利用高斯散度定律可以得到

$$\nabla\cdot\frac{\boldsymbol{e}_r}{r^2}=4\pi\delta(\boldsymbol{r}) \quad 或 \quad \nabla\cdot\frac{\boldsymbol{e}_R}{R^2}=4\pi\delta(\boldsymbol{R})=4\pi\delta(\boldsymbol{r}-\boldsymbol{r}') \quad (\boldsymbol{R}=\boldsymbol{r}-\boldsymbol{r}') \tag{2-7-14}$$

$$\nabla\times\frac{\boldsymbol{e}_R}{R^2}=0 \tag{2-7-15}$$

2.8　双向标量

除了矢量和标量以外，我们还接触过一种双向标量，例如电路里的电压、电流。矢量对应矢量场，例如电场强度场分布；标量对应标量场，例如电位函数场分布。双向标量并不对应场，例如电流强度 I、电压 U 本身并不能逐点表示，它们没有空间分布，而是一个集总参数。下面介绍双向标量的定义和表示方法。

2.8.1　电流强度和电流体密度

电流(强度) I 是单位时间内通过某一截面的电荷 $I=\mathrm{d}q/\mathrm{d}t$，电流体密度 $\boldsymbol{J}$ 是单位时间内通过垂直电流方向单位横截面的电荷 $\boldsymbol{J}=(\mathrm{d}q/\mathrm{d}t\,\mathrm{d}S)\boldsymbol{v}_0$，其中 $\boldsymbol{v}_0$ 是正电荷运动的方向。电流(强度) I 不是矢量，但它有正负值，正负取决于规定的参考方向和正电荷运动方向的关系；电流体密度是矢量，方向是正电荷运动的方向，且有很多种运动方向的可能；另外，电流(强度)定义中的“某一截面”，可以很大，也可以很小，也不是一个场函数(逐点)，而是一个积分量；电流体密度定义中的单位横截面是量化需要，实际指的是一个点量，是一个场函数。那么这两类量的表示和关系是什么呢？下面来看两个例子。

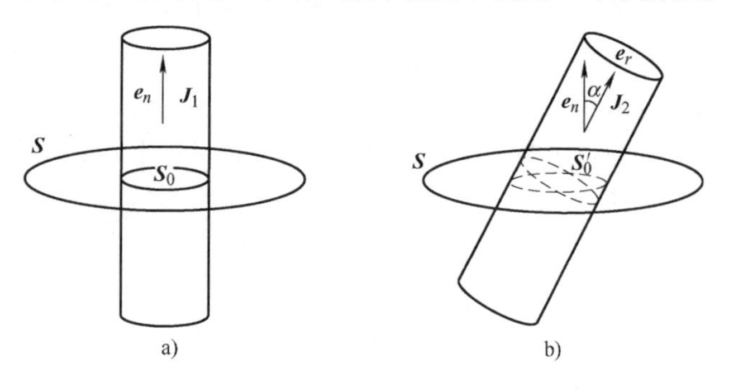

图 2-8-1　电流强度和电流体密度的关系

同一个电流 I 以不同方向穿过同一个固定曲面 $\boldsymbol{S}=S_0\boldsymbol{e}_n$，如图 2-8-1 所示，显然电流(强度)相同。这两个电流体密度因为方向不同而导致 $\boldsymbol{J}_1\neq\boldsymbol{J}_2$，但 $J_1=J_2$。图 2-8-1a 中的电流(强度) I 为

$$I=\int_S\boldsymbol{J}_1\cdot\mathrm{d}\boldsymbol{S}=J_1\boldsymbol{e}_n\cdot S_0\boldsymbol{e}_n=J_1S_0 \tag{2-8-1}$$

图 2-8-1b 中的电流(强度)I为

$$I=\int_S \boldsymbol{J}_2\cdot\mathrm{d}\boldsymbol{S}=J_2\boldsymbol{e}_r\cdot S_0'\boldsymbol{e}_n=J_2S_0'\cos\alpha=J_2S_0 \tag{2-8-2}$$

即穿过这两个面的电流(强度)是相同的，都是 I。显然，如果 $\boldsymbol{S}$ 的方向反向，结果会变负，也就是说截面的方向决定了电流的正负，其实这个截面的方向就是电路理论中所说的参考方向。这说明电流无论以什么方向穿过一个平面，大小不变，正负只与该面法向的正反有关。

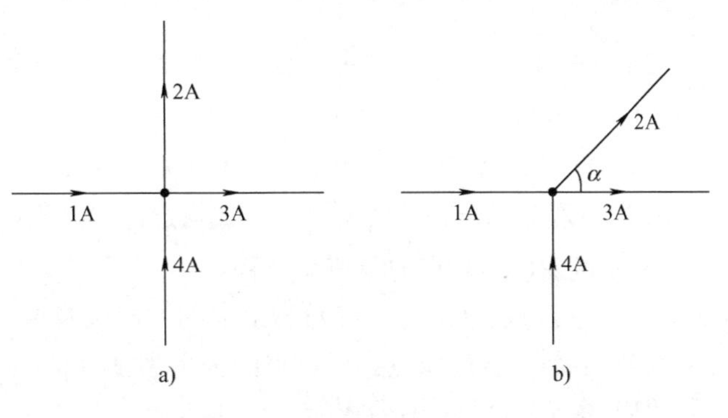

图 2-8-2　电流强度不能做矢量分解

再来看双向标量不同于矢量的例子。电流(强度)有方向，但不能做矢量分解，图 2-8-2a 和图 2-8-2b 关于节点的电流守恒规律是一样的，如果做矢量分解，在不同方向上不是守恒的，显然电流(强度)不能当作矢量分解。

2.8.2　双向标量的定义和表示

电流(强度)I是标量，电流体密度 $\boldsymbol{J}$ 是矢量。然而电流(强度)I也存在方向性的问题，但是这种方向不同于矢量的方向，只有两个可能，例如向左流或向右流，向上流或向下流等，非此即彼。把这种只有两个可能方向的标量称为**双向标量**。电路中的电压、电流、电动势、磁通等都是双向标量，它们和电磁场的场矢量有密切的关系，但不是矢量。

双向标量可以用代数量表示，其绝对值表示大小，正负表示方向。那“正”“负”的意义是什么？这里就需要引入参考方向的概念。参考方向是预先人为约定的方向，当指定了参考方向时，就可以用代数量完整地表示双向标量。

参考方向又是如何预先约定的呢？从场的角度看电压 $U=\int_l \boldsymbol{E}\cdot\mathrm{d}\boldsymbol{L}$、电流 $I=\int_S \boldsymbol{J}\cdot\mathrm{d}\boldsymbol{S}$、电动势 $e=\int_l \boldsymbol{E}_e\cdot\mathrm{d}\boldsymbol{L}$ 和磁通 $\varPhi=\int_S \boldsymbol{B}\cdot\mathrm{d}\boldsymbol{S}$ 都是积分量，都涉及积分方向的问题。对电流和磁通而言，预先约定的积分面法线方向 $\boldsymbol{n}$ 就是积分方向，也就是参考方向，如图 2-8-3a 和 c 所示；对电压和电动势而言，预先约定曲线积分方向 $\boldsymbol{L}$ 就是参考方向，如图 2-8-3b 和 d 所示。因此所谓参考方向其实就是积分方向，积分方向可以人为约定，但一旦约定就不能再变了。

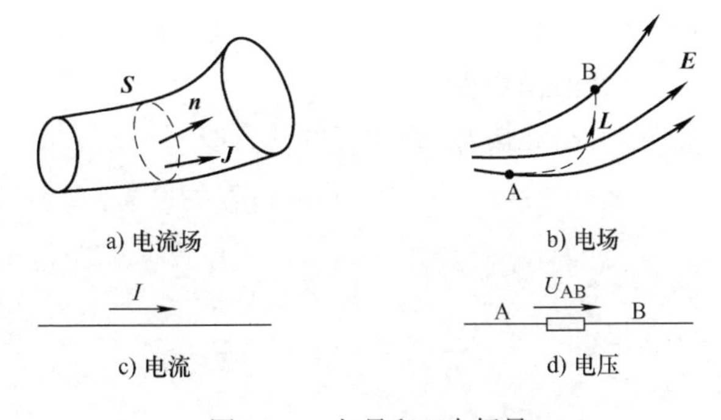

图 2-8-3　矢量和双向标量

电磁场和电路里的双向标量(电压、电流、电动势、磁通等)是积分量，积分方向就是这些双向标量的参考方向，可以人为约定。电磁场多研究的是场量，电路多研究的是积分量，并非场函数(集总参数)，但是二者经常纠缠在一起，特别是在工程实际中，因此必须把定义弄清楚。

习 题

2.1 设$\varphi = 3x^2 + z^2 - 2yz + 2zx$，试求

（1）$\mathrm{grad}(\varphi)$

（2）等面值$3x^2 + z^2 - 2yz + 2zx = 0$上点$M_0(0,1/2,1)$处的单位法矢量(指向$\varphi$增加的方向)。

2.2 设$f(x,y,z) = x^3 + y^2 + z$，试确定：

（1）过$P(1,2,3)$点的等值面方程；

（2）在P点，f的方向导数为最大的方向以及这一方向导数的最大值。

2.3 $\boldsymbol{r}$是从坐标原点到任意点的矢量，试分析：

（1）设$f = \ln|\boldsymbol{r}|$，计算∇f；

（2）$f = \dfrac{1}{|\boldsymbol{r}|}$，计算$\nabla f$；

（3）证明：$\nabla^2\left(\dfrac{1}{r}\right) = 0(r \neq 0)$和$\nabla \cdot \left(\dfrac{\boldsymbol{r}}{r^3}\right) = 0(r \neq 0)$。

2.4 $\boldsymbol{S}$是任意闭合曲面，$\boldsymbol{r}$是坐标原点到面上任一点的矢量，试证明：

（1）若坐标原点在$\boldsymbol{S}$之外，则$\oint_S \dfrac{\boldsymbol{r}\cdot \mathrm{d}\boldsymbol{S}}{r^3} = 0$；

（2）若坐标原点在$\boldsymbol{S}$之内，则$\oint_S \dfrac{\boldsymbol{r}\cdot \mathrm{d}\boldsymbol{S}}{r^3} = 4\pi$。

2.5 求下列矢量场的散度。

（1）$\boldsymbol{A}(x,y,z) = xyz(\boldsymbol{e}_x x + \boldsymbol{e}_y y + \boldsymbol{e}_z z)$；

（2）$\boldsymbol{A}(x,y,z) = e^{x+y+z}(\boldsymbol{e}_x x + \boldsymbol{e}_y y + \boldsymbol{e}_z z)$。

2.6 求下列矢量场的旋度。

（1）$\boldsymbol{A} = \boldsymbol{e}_x x + \boldsymbol{e}_y y + \boldsymbol{e}_z z$；

（2）$\boldsymbol{A} = xy^2z^3(\boldsymbol{e}_x + \boldsymbol{e}_y + \boldsymbol{e}_z)$。

2.7 矢量$\boldsymbol{E} = y\boldsymbol{e}_x + x\boldsymbol{e}_y$，试计算以下两种路线下从$P_1(2,1,-1)$至$P_2(8,2,-1)$的线积分$\int \boldsymbol{E}\cdot \mathrm{d}\boldsymbol{l}$。

（1）沿抛物线$x = 2y^2$；

（2）沿连接P_1、P_2两点间的直线。

2.8 球面S上任意一点的位置矢量为$\boldsymbol{r} = x\boldsymbol{e}_x + y\boldsymbol{e}_y + z\boldsymbol{e}_z$，试用散度定理计算$\oint_S \boldsymbol{r}\cdot \mathrm{d}\boldsymbol{S}$。

第3章 静电场

静电场是指相对于观察者静止不动、电量不随时间变化的电荷产生的电场。静电场是相对简单的一种电磁场形式，它的概念和分析方法对于理解整个电磁场理论都是重要的基础。

电磁场理论的核心内容是探讨场与源之间的关系。对于静电场而言，电场是由电荷产生的，电荷就是电场的源。电荷分布由电荷密度ρ描述，电场用电场强度$\boldsymbol{E}$表征。本章首先介绍基于库仑定律由电荷ρ计算电场$\boldsymbol{E}$的方法及其局限性，然后导出以散度和旋度表达的静电场基本方程。基本方程具有更加广泛的适用性，是分析静电场问题的理论基础。

电荷不能脱离物质而存在。依据电荷与原子或分子的结合程度，将电荷分为自由电荷和束缚电荷两大类。导电物质(导体)中含有大量的自由电荷，而绝缘物质(介质)中只有束缚电荷。束缚电荷难以测量，为描述束缚电荷对电场的贡献，引入介电常量ε和电通量密度$\boldsymbol{D}$，导出了只包含自由电荷的静电场基本方程，以描述物质中的静电场分布规律。

基于静电场的无旋特性，可以把电场强度$\boldsymbol{E}$表示为电位φ的负梯度。电位φ是一个标量，满足泊松方程，便于求解。静电场的问题通常归结为在一定的边界条件下求解电位φ的泊松方程，即边值问题，它是静电场问题的数学模型。本章介绍了常用的边界条件形式和列写边值问题的方法，然后讨论了针对特定类型边值问题的一类特殊解法——镜像法。最后从场的角度讨论了电容和部分电容的概念与计算方法，电场能量的分布方式和计算方法，以及电场力的计算方法——主要是虚位移法。通过电场分析计算电路参数、能量分布、带电体受力等，是静电场分析的重要任务，它们都以边值问题的求解作为基础。

3.1 自由空间中的静电场

3.1.1 库仑定律与叠加原理

本质上讲，人们平时所说的“电”指的是电荷之间的相互作用。跟时间、空间、质量这些看似明白却难以深究的东西一样，电荷也是物质的一种基本属性。当只考虑物体之间的电作用(包括磁，以后会看到电和磁是统一的)，而不涉及其他属性的时候，可以把“电荷”抽出来单独作为考察对象。此种情况下，常用“电荷”来指代“带电体”。但应清楚，并不存在独立于物质之外的“纯粹电荷”，正如不存在脱离了物质的“纯粹质量”一样。

“力”是物体之间发生联系的基本方式，是人们认识自然的最根本的媒介，没有相互作用，就无从认知。对质量的认知始于万有引力(重力)，对电荷的认知则始于电荷之间的相互作用力。

在无限大的真空(称为**自由空间**)中，一个静止的点电荷q_0受到来自另一个静止点电荷q的作用力服从**库仑定律**(Coulomb's law)：

$$\boldsymbol{F}=q_0\frac{q}{4\pi\varepsilon_0R^2}\boldsymbol{e}_R \tag{3-1-1}$$

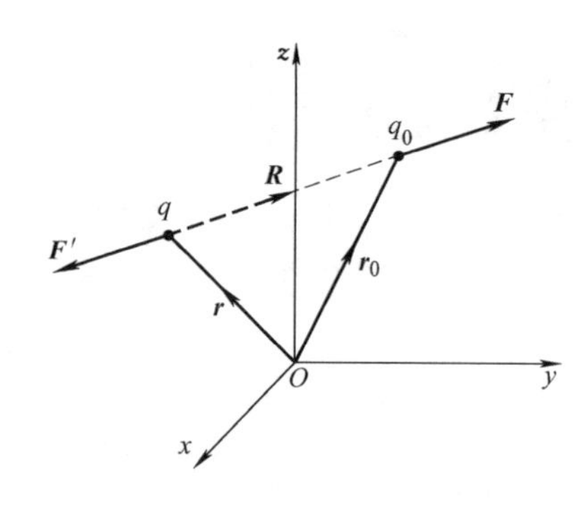

图 3-1-1　库仑定律

式中，$\boldsymbol{R}=R\boldsymbol{e}_R=\boldsymbol{r}_0-\boldsymbol{r}$，表示从$q$到$q_0$的距离矢径；$\boldsymbol{r}$和$\boldsymbol{r}_0$是两个点电荷的位置矢量，如图 3-1-1 所示。式(3-1-1)把受力的电荷q_0单列在分式旁边是为了突出其受力者的角色。因为库仑定律的缘故，静止电荷之间的作用力也称为**库仑力**。

本书全部使用**国际单位制**(SI)。在 SI 中，电荷单位为库[仑](C)，力的单位为牛[顿](N)；$\varepsilon_0=8.854\cdots\times10^{-12}$ F/m 是一个具有精确数值的量，称为**真空电容率**或**真空介电常量**㊀。

当真空中存在多个电荷时，电荷两两之间存在力的作用。每个电荷受到的合力等于其他各个电荷单独与之作用时力的矢量和，这个结论称为静电作用的**叠加原理**。设真空中多个静止点电荷依次编号为q_0、q_1、q_2、…、q_n，依据叠加原理，q_0受到的库仑力合力为

$$\begin{aligned}\boldsymbol{F}&=\frac{q_0q_1}{4\pi\varepsilon_0R_1^2}\boldsymbol{e}_{R_1}+\frac{q_0q_2}{4\pi\varepsilon_0R_2^2}\boldsymbol{e}_{R_2}+\cdots+\frac{q_0q_n}{4\pi\varepsilon_0R_n^2}\boldsymbol{e}_{R_n}\\&=q_0\sum_{k=1}^{n}\frac{q_k}{4\pi\varepsilon_0R_k^2}\boldsymbol{e}_{R_k}\end{aligned} \tag{3-1-2}$$

式中，$\boldsymbol{R}_k=\boldsymbol{r}_0-\boldsymbol{r}_k$，$\boldsymbol{r}_0$和$\boldsymbol{r}_k$分别是电荷$q_0$和$q_k$的位置矢量。

库仑定律是电磁学中第一个定量定律，标志着人们对电的认识从零散的经验知识上升成为一门系统严谨的学科——电学。库仑定律也是静电学的基本实验定律，所有的静电问题原则上都可以通过库仑定律并应用叠加原理加以求解或解释。

3.1.2　电荷的分布形式

库仑定律中的点电荷只是一种理想的物理模型，是带电体自身尺寸远小于它到其他带电体的距离时的一种近似。真实的世界中，电荷总是分布于一定的空间范围内。为描述电荷的空间分布特性，引入电荷密度的概念。

电荷体密度(简称**电荷密度**)ρ：如图 3-1-2a 所示，在电荷分布的区域V中任意一点$\boldsymbol{r}$处，取一小的体积微元ΔV，设包围的净电荷量为Δq，电荷密度定义为

$$\rho(\boldsymbol{r})=\lim_{\Delta V\to0}\frac{\Delta q}{\Delta V}=\frac{\mathrm{d}q}{\mathrm{d}V} \tag{3-1-3}$$

电荷密度单位为 C/m^3。

㊀ **介电常量**也常称为**介电常数**。与真空电容率ε_0对应，电磁学中的另一个物理常量μ_0称为**真空磁导率**，见本书第 5 章。ε_0和μ_0通过光速c相联系：$\varepsilon_0\mu_0=1/c^2$。现代物理学中，光速c是一个具有精确值(规定值)的基本物理常量，$c=299792458\text{m/s}$；而长度单位“米”的大小是通过光速c定义的。μ_0的值是选定的：$\mu_0=4\pi\times10^{-7}\text{H/m}$，因此$\varepsilon_0=1/(c^2\mu_0)$，也是一个具有精确值的物理常量。这些物理常量中出现的4π因子是为了使大部分常用电磁规律的表述形式更加简捷；μ_0值的选取则是为了使电流单位安培(A)的大小尽量接近于日常的电流量级。

需要指出的是，式(3-1-3)中的体积元$\Delta V \to 0$，只是数学意义上的无穷小。由于电荷有其最小的、不可分割的基本电荷量(elementary charge)，即电子所带的电荷量[⊖]

$$e = 1.6021766208 \times 10^{-19}\text{C}$$

因此电荷分布在微观上是离散的。但是，由于基本电荷量是如此之小，宏观上的电磁效应往往涉及数以亿计的基本电荷的组合，即使 1pC 的电荷包含的基本电荷数也有6×10^6个之多，所以在宏观上完全可以把电荷当成连续分布的物理量来处理。这样，式(3-1-3)中$\Delta V \to 0$的真正含义是：宏观上足够小，远小于所论的电磁系统的尺寸；同时微观上又足够大，所包含的基本电荷数目足够多，不至于影响宏观统计的连续性。由此给出的电荷密度$\rho(\boldsymbol{r})$是空间分布的连续函数。可见，微分形式的数学方程描述的仍然是宏观电磁场。

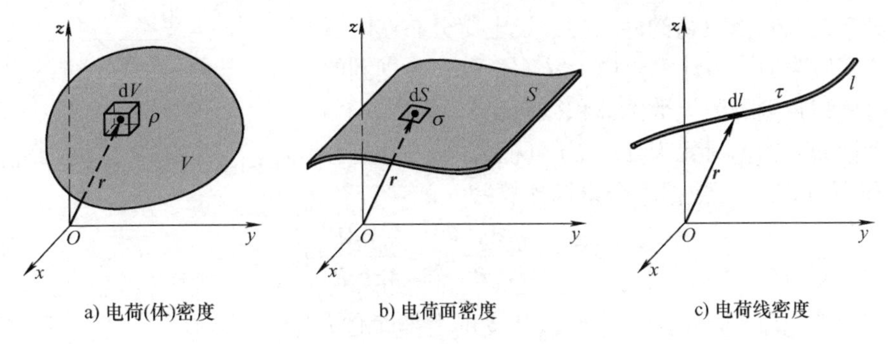

a) 电荷(体)密度　　b) 电荷面密度　　c) 电荷线密度

图 3-1-2　电荷的分布

电荷面密度σ：如果电荷分布的区域呈现一个厚度可以忽略的曲面形态，如图 3-1-2b 所示，区域的体积趋近于 0。此时如果仍使用电荷密度ρ来描述电荷的分布，ρ的数值将趋于无穷大，在数学处理上产生困难。这种情况下，引入电荷面密度是适宜的。

用曲面S表示电荷分布的区域，在S上任意一点$\boldsymbol{r}$处，取一小的面积微元ΔS，设所包含的净电荷量为Δq，电荷面密度定义为

$$\sigma(\boldsymbol{r}) = \lim_{\Delta S \to 0} \frac{\Delta q}{\Delta S} = \frac{\mathrm{d}q}{\mathrm{d}S} \tag{3-1-4}$$

电荷线密度τ：当电荷分布的区域是一个截面可以忽略的线形区域时，如图 3-1-2c 所示，电荷密度ρ和电荷面密度σ都趋于无穷大，此时需要引入电荷线密度τ。

用曲线l表示电荷分布的区域，在l上任意一点$\boldsymbol{r}$处取一小的长度微元Δl，设所带有的净电荷量为Δq，电荷线密度定义为

$$\tau(\boldsymbol{r}) = \lim_{\Delta l \to 0} \frac{\Delta q}{\Delta l} = \frac{\mathrm{d}q}{\mathrm{d}l} \tag{3-1-5}$$

上述三种情况下，空间微元内的电荷元$\mathrm{d}q$以及总电荷计算式见表 3-1-1。

表 3-1-1　不同分布形式的电荷元及电荷总量计算式

分　类	体 电 荷	面 电 荷	线 电 荷	点 电 荷
电荷元	$\mathrm{d}q = \rho \mathrm{d}V$	$\mathrm{d}q = \sigma \mathrm{d}S$	$\mathrm{d}q = \tau \mathrm{d}l$	—
电荷总量	$q = \int_V \rho \mathrm{d}V$	$q = \int_S \sigma \mathrm{d}S$	$q = \int_l \tau \mathrm{d}l$	q

⊖ 国际科学协会科学技术数据委员会(简称 CODATA)2014 年推荐值。数据来源：http://physics.nist.gov/constants。

显然，电荷面密度σ和电荷线密度τ都是电荷密度ρ在特殊情形下的近似模型。对一个带电体，如果电荷分布的空间体积不可忽略，例如带电粒子束团中的空间电荷，就用电荷密度ρ描述电荷的分布；如果电荷只分布在一层很薄的区域内，例如导体所带的电荷只分布在表面很窄的薄层，就用电荷面密度σ描述；如果带电体的横向尺寸远小于其长度并且也远小于所讨论点到它的距离，例如一根细导线上的电荷，就用电荷线密度τ描述。通常情况下，同一个带电体不会同时用到两种以上的电荷密度来描述，例如，不能认为在体电荷的边界上还有一层电荷面密度σ。如果不涉及具体的计算，作为一般情况下电荷分布的抽象表达，使用电荷密度ρ即可，不需要列出σ和τ。

连续分布电荷对点电荷的库仑力：设电荷分布在区域V中，电荷密度为ρ。为计算点电荷q_0(位于$\boldsymbol{r}$上)受到的电场力，将体积V划分为无数的体积微元$\mathrm{d}V$，如图3-1-3所示，每个微元内的电荷元为$\mathrm{d}q$。$\mathrm{d}q$可视为一个点电荷，它对q_0的作用力$\mathrm{d}\boldsymbol{F}$，可根据库仑定律计算：

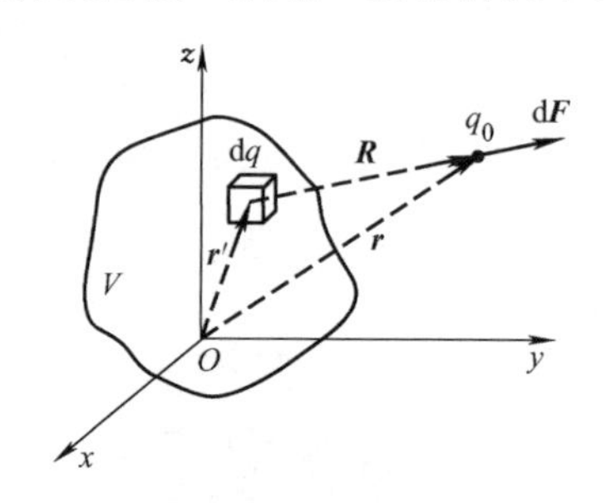

图3-1-3 连续分布电荷产生的库仑力

$$\mathrm{d}\boldsymbol{F}=\frac{q_0\mathrm{d}q}{4\pi\varepsilon_0 R^2}\boldsymbol{e}_R=\frac{q_0\rho\mathrm{d}V'}{4\pi\varepsilon_0 R^2}\boldsymbol{e}_R \tag{3-1-6}$$

然后应用叠加原理，得到点电荷q_0所受的全部库仑力为

$$\boldsymbol{F}=\int\mathrm{d}\boldsymbol{F}=q_0\int_V\frac{\rho\mathrm{d}V'}{4\pi\varepsilon_0 R^2}\boldsymbol{e}_R \tag{3-1-7}$$

电磁场积分形式的表达式中经常会同时涉及施力者和受力者两个电荷的位置，习惯上把前者所在的位置叫作**源点**，用$\boldsymbol{r}'$表示；而把后者所在的位置叫作**场点**，用$\boldsymbol{r}$表示。因此式(3-1-7)更加清晰的写法为

$$\boldsymbol{F}(\boldsymbol{r})=q_0\int_V\frac{\rho(\boldsymbol{r}')\mathrm{d}V(\boldsymbol{r}')}{4\pi\varepsilon_0|\boldsymbol{r}-\boldsymbol{r}'|^2}\boldsymbol{e}_{\boldsymbol{r}-\boldsymbol{r}'}$$

式中，$\boldsymbol{r}'=(x',y',z')\in V$；$\mathrm{d}V(\boldsymbol{r}')=\mathrm{d}x'\mathrm{d}y'\mathrm{d}z'$。在不引起混淆的情况下，为简明起见，可以不标明参变量，把$\mathrm{d}V(\boldsymbol{r}')$简写为$\mathrm{d}V'$，并使用类似于式(3-1-7)这样的表达。

如果涉及的是面电荷或线电荷，只要把式(3-1-7)中的积分区域V换成S或l，把电荷元$\mathrm{d}q$换成$\sigma\mathrm{d}S$或$\tau\mathrm{d}l$即可，如：

$$\boldsymbol{F}=q_0\int_S\frac{\sigma\mathrm{d}S'}{4\pi\varepsilon_0 R^2}\boldsymbol{e}_R \quad 或 \quad \boldsymbol{F}=q_0\int_l\frac{\tau\mathrm{d}l'}{4\pi\varepsilon_0 R^2}\boldsymbol{e}_R \tag{3-1-8}$$

最后讨论一下点电荷。如果说体电荷是三维的，面电荷是二维的，线电荷是一维的，那么点电荷就是零维的，即它的几何属性只剩下位置。借助δ函数可以写出点电荷的电荷密度为

$$\rho_{\text{point}}(\boldsymbol{r})=q\delta(\boldsymbol{r}-\boldsymbol{r}_0) \tag{3-1-9}$$

式中，$\boldsymbol{r}_0$为点电荷的位置矢量；q是它的电荷量。δ函数的性质在2.7.2节介绍过。显然，$\rho_{\text{point}}(\boldsymbol{r})$满足

$$\rho_{\text{point}}(\boldsymbol{r})=q\delta(\boldsymbol{r}-\boldsymbol{r}_0)=\begin{cases}\infty & (\boldsymbol{r}=\boldsymbol{r}_0)\\ 0 & (\boldsymbol{r}\neq\boldsymbol{r}_0)\end{cases}$$

以及

$$\int_V \rho_{\text{point}}(\boldsymbol{r})\mathrm{d}V = \int_V q\delta(\boldsymbol{r}-\boldsymbol{r}_0)\mathrm{d}V = \begin{cases} q & (\boldsymbol{r}_0 \in V) \\ 0 & (\boldsymbol{r}_0 \notin V) \end{cases}$$

将点电荷密度表达式 $\rho_{\text{point}}(\boldsymbol{r}_0) = q\delta(\boldsymbol{r}-\boldsymbol{r}_0)$ 代入式(3-1-7)得到

$$\boldsymbol{F} = q_0 \int_V \frac{q\delta(\boldsymbol{r}'-\boldsymbol{r}_0)\mathrm{d}V'}{4\pi\varepsilon_0 R^2}\boldsymbol{e}_R = \frac{q_0 q}{4\pi\varepsilon_0 R^2}\boldsymbol{e}_R$$

正是两个点电荷库仑定律的表达形式。式中，$\boldsymbol{R} = \boldsymbol{r} - \boldsymbol{r}_0$。上式用到了 δ 函数的性质

$$\int_{\boldsymbol{r}_0 \in V} f(\boldsymbol{r})\delta(\boldsymbol{r}-\boldsymbol{r}_0)\mathrm{d}V = f(\boldsymbol{r}_0)$$

自然，点电荷也是体电荷的一种特殊模型，只有当考察的点远离带电体时，点电荷模型才有效。在图 3-1-3 中，如果区域 V 的尺寸远小于 V 中各点到 q_0 的距离，那么 V 中的电荷也可视为一个点电荷。

3.1.3 电场强度

库仑定律给出了两静止点电荷之间作用力的量值和方向，但并未说明力的传递方式。现代物理学认为，电荷之间的作用力是通过电场以有限速度传递的。电场是电荷周围空间存在的一种特殊物质，它的基本性质是：如果将一个电荷置于电场中任意一点，电荷都会受到电场力的作用，作用力 $\boldsymbol{F}$ 正比于电荷的电量 q_0，比例系数的大小和方向都唯一地取决于该点电场自身的性质[⊖]。据此，能够定义一个物理量 $\boldsymbol{E}$ 来表征电场的特性，称为**电场强度**(electric field intensity)：

$$\boldsymbol{E} = \frac{\boldsymbol{F}}{q_0} \tag{3-1-10}$$

在 SI 中 $\boldsymbol{E}$ 的单位是 V/m(伏/米)。

电场强度 $\boldsymbol{E}$ 是电磁场理论的基本物理量之一。在静电场中，电场强度 $\boldsymbol{E}$ 不随时间变化，只是关于空间的函数，即 $\boldsymbol{E} = \boldsymbol{E}(\boldsymbol{r})$。

根据定义式(3-1-10)，对照式(3-1-1)、式(3-1-2)和式(3-1-7)，立刻得到(为了阅读方便，已把这些对照公式一起抄在下面)：

（1）自由空间中静止点电荷 q 产生的电场强度为

$$\boldsymbol{F} = q_0 \frac{q}{4\pi\varepsilon_0 R^2}\boldsymbol{e}_R \quad \leftrightarrow \quad \boldsymbol{E}(\boldsymbol{r}) = \frac{q}{4\pi\varepsilon_0 R^2}\boldsymbol{e}_R \tag{3-1-11}$$

（2）多个静止点电荷 q_1，q_2，…，q_n 共同产生的电场强度为

⊖ 产生电场的电荷称为“电场的源”。在实际情况下，通常用电极产生电场，源电荷分布在电极的表面。由于电荷之间的相互作用，电荷 q_0 的引入会改变源电荷的分布，从而改变电场的分布特性。为此要求 q_0 的量值必须足够小，从而对源电荷分布的影响可以忽略；同时，q_0 的尺寸也必须足够小，以便具有很好的空间分辨率。这样的电荷 q_0 称为**试电荷**。在本节讨论的条件下，已假定所有源电荷的位置和大小都是固定的，就无需强调试电荷的概念。另外还需要指出，q_0 无论大小，它本身产生的电场至少在其自身周围总是不能忽略的，这个自身场会叠加到所考察的电场中。自身电场对于 q_0 本身的整体净作用力为 0，因此计算 q_0 整体所受的电场力时，q_0 自身的电场不予考虑。

$$\boldsymbol{F}=q_0\sum_{k=1}^{n}\frac{q_k}{4\pi\varepsilon_0 R_k^2}\boldsymbol{e}_{R_k} \quad\leftrightarrow\quad \boldsymbol{E}(\boldsymbol{r})=\sum_{k=1}^{n}\frac{q_k}{4\pi\varepsilon_0 R_k^2}\boldsymbol{e}_{R_k} \tag{3-1-12}$$

（3）连续分布的电荷产生的电场强度为

$$\boldsymbol{F}=q_0\int_V\frac{\rho\mathrm{d}V'}{4\pi\varepsilon_0 R^2}\boldsymbol{e}_R \quad\leftrightarrow\quad \boldsymbol{E}(\boldsymbol{r})=\int_V\frac{\rho(\boldsymbol{r}')\mathrm{d}V'}{4\pi\varepsilon_0 R^2}\boldsymbol{e}_R \tag{3-1-13}$$

式中，$\boldsymbol{R}$ 或 $\boldsymbol{R}_k$ 表示从源点到场点的距离矢量。

式(3-1-11)、式(3-1-12)、式(3-1-13)是应用库仑定律和叠加原理的直接结果。由于点电荷、线电荷和面电荷都只是体分布电荷的特殊形式，式(3-1-13)可以视为一般性表达。

将一个电荷 q_0 置于电场 $\boldsymbol{E}$ 中，电荷所受的电场力为

$$\boldsymbol{F}=q_0\boldsymbol{E} \tag{3-1-14}$$

将式(3-1-14)应用于式(3-1-11)、式(3-1-12)、式(3-1-13)的右侧表达式，就还原到左侧库仑定律所表述的静止电荷之间的作用力表达式。

两相对比不难发现，静电场中，电场 $\boldsymbol{E}$ 就是库仑力 $\boldsymbol{F}$ 中剥离了受力电荷后剩余的部分。这种剥离所产生的最直接的好处是，施力者与受力者被解耦了。如果要设计一个装置去控制电荷的运动，可以撇开被控对象，只把注意力集中在“源”的设计以产生一个合适的“场”，在这个场中任意一点，被控制对象的受力状态都可以唯一确定。另一方面，如果要分析被控对象的运动行为，也无须同时知道全部施力者的信息，只需要有场的数据就可以了。因此，在这个意义上，可以把“场”简单地理解为处理静电问题的一种方便法门。场的物质性在时变情况下才显示出来。研究各种情况下场的分布规律与分析方法是本门学科所关注的重点。

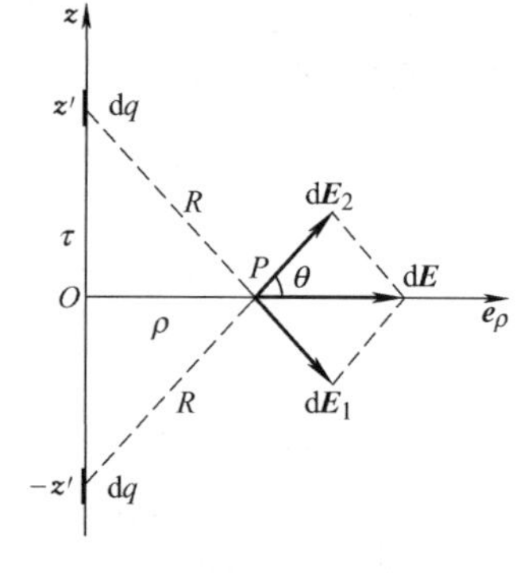

图 3-1-4 无限长线电荷产生的电场

例 3.1.1 如图 3-1-4 所示，真空中有一沿 z 轴均匀分布的无限长线电荷，电荷线密度为 τ（这样的电荷模型通常称为**电轴**）。试求距离 z 轴 ρ 处的电场强度[㊀]。

解： 建立如图所示柱坐标系，根据问题的轴对称特性，电场强度 $\boldsymbol{E}$ 可以写为 $\boldsymbol{E}=E(\rho)\boldsymbol{e}_\rho$ [㊁]。

对称地在 $z=\pm z'$ 处各取一电荷元 $\mathrm{d}q$，它们在任意一点 P 处产生的电场强度分别为 $\mathrm{d}\boldsymbol{E}_1$、$\mathrm{d}\boldsymbol{E}_2$，合成后 z 向分量刚好抵消，故 $\mathrm{d}\boldsymbol{E}=2\dfrac{\mathrm{d}q\cos\theta}{4\pi\varepsilon_0 R^2}\boldsymbol{e}_\rho$。代入 $\mathrm{d}q=\tau\mathrm{d}l'=\tau\mathrm{d}z'$，$\cos\theta=\dfrac{\rho}{R}$ 以及 $R^2=\rho^2+z'^2$，积分得到 P 点电场强度

$$\boldsymbol{E}(\rho)=\int 2\frac{\mathrm{d}q\cos\theta}{4\pi\varepsilon_0 R^2}\boldsymbol{e}_\rho=\frac{\tau}{2\pi\varepsilon_0}\int_0^\infty\frac{\rho\mathrm{d}z'}{(\rho^2+z'^2)^{3/2}}\boldsymbol{e}_\rho=\frac{\tau}{2\pi\varepsilon_0\rho}\boldsymbol{e}_\rho \tag{3-1-15}$$

㊀ 习惯上使用 (ρ,ϕ,z) 表示柱坐标系。如果电荷密度 ρ 与柱坐标 ρ 同时出现，电荷密度用 ρ_v 表示。

㊁ 该问题中电场强度还可以写为 $\boldsymbol{E}=E_\rho(\rho)\boldsymbol{e}_\rho$，注意下标 ρ 表示 $\boldsymbol{E}$ 的 ρ 方向分量，而括号中的 ρ 是 $\boldsymbol{E}$ 的参变量，表示 $\boldsymbol{E}$ 在 ρ 方向有变化。像本题这样，当 $\boldsymbol{E}$ 只有一个方向的分量时，下标 ρ 通常省略不写。

式(3-1-15)说明，无限长直线电荷在其周围产生的电场强度与半径成反比。如果在无限大真空中平行放置相距为ρ的两个无限长线电荷τ_1和τ_2，那么单位长度线电荷之间的库仑力大小为

$$f=\frac{\tau_1\tau_2}{2\pi\varepsilon_0\rho} \tag{3-1-16}$$

显然，两个线电荷之间的库仑力表达式跟两个点电荷之间的库仑力是完全不同的。

例 3.1.1 的解题过程是一个结合物理概念不断进行分析、简化的过程，并不刻板地单纯依赖数学推演。这也是电磁场问题求解的一个重要特点：借助于物理概念的分析来简化数学模型，并降低运算难度。

在一般情况下，应用公式$\boldsymbol{E}=\int_V\frac{\rho\mathrm{d}V'}{4\pi\varepsilon_0R^2}\boldsymbol{e}_R$计算电场强度$\boldsymbol{E}$，需要在直角坐标系中将公式展开，分别计算电场强度的三个分量：

$$E_x(x,y,z)=\frac{1}{4\pi\varepsilon_0}\int_V\frac{\rho(x',y',z')(x-x')\mathrm{d}x'\mathrm{d}y'\mathrm{d}z'}{[(x-x')^2+(y-y')^2+(z-z')^2]^{3/2}} \tag{3-1-17a}$$

$$E_y(x,y,z)=\frac{1}{4\pi\varepsilon_0}\int_V\frac{\rho(x',y',z')(y-y')\mathrm{d}x'\mathrm{d}y'\mathrm{d}z'}{[(x-x')^2+(y-y')^2+(z-z')^2]^{3/2}} \tag{3-1-17b}$$

$$E_z(x,y,z)=\frac{1}{4\pi\varepsilon_0}\int_V\frac{\rho(x',y',z')(z-z')\mathrm{d}x'\mathrm{d}y'\mathrm{d}z'}{[(x-x')^2+(y-y')^2+(z-z')^2]^{3/2}} \tag{3-1-17c}$$

要注意的是，在非直角坐标系中，由于坐标矢量不是常矢量，上述分解方式不成立。

式(3-1-17)至少给我们两点启发：其一，采用矢量符号的表达方式是多么简洁；其二，采用库仑定律计算电场分布多么麻烦。这种麻烦不仅在于运算的复杂，更糟糕的是，它必须知道整个空间中全部电荷的分布，而电荷的分布状态跟所处的电场是相互影响的，在没有得到场的分布之前，多数时候我们无从知道电荷是怎么分布的，更不用说整个空间的全部电荷了。因此，尽管从理论上讲，基于库仑定律的电场计算公式能够解决所有的静电场问题，但它的实用性是大打折扣的。为此，必须寻找更好的电场描述方法。

3.1.4 自由空间中的静电场基本方程

电场强度是矢量，根据亥姆霍兹定理，必须同时知道它的散度和旋度，才可以完整地描述它。由于已知电荷分布时，电场强度$\boldsymbol{E}$可以通过$\boldsymbol{E}=\int_V\frac{\rho\mathrm{d}V'}{4\pi\varepsilon_0R^2}\boldsymbol{e}_R$获得，现由该式计算$\boldsymbol{E}$的散度和旋度。

对$\boldsymbol{E}$求散度，得

$$\begin{aligned}\nabla\cdot\boldsymbol{E}(\boldsymbol{r})&=\nabla\cdot\int_V\frac{\rho(\boldsymbol{r}')\mathrm{d}V'}{4\pi\varepsilon_0R^2}\boldsymbol{e}_R=\int_V\frac{\rho(\boldsymbol{r}')\mathrm{d}V'}{4\pi\varepsilon_0}\nabla\cdot\frac{\boldsymbol{e}_R}{R^2}\\&=\int_V\frac{\rho(\boldsymbol{r}')\delta(\boldsymbol{r}-\boldsymbol{r}')\mathrm{d}V'}{\varepsilon_0}=\frac{\rho(\boldsymbol{r})}{\varepsilon_0}\end{aligned} \tag{3-1-18}$$

上述推导中，由于微分算符∇是关于场点坐标$\boldsymbol{r}=(x,y,z)$求导，故所有只与源点坐标$\boldsymbol{r}'=(x',y',z')$有关的量都被当作常量，直接移到微分算符$\nabla$外部。另外，式(3-1-18)利用

了数学公式：$\nabla\cdot\left(\dfrac{\boldsymbol{e}_R}{R^2}\right)=4\pi\delta(\boldsymbol{r}-\boldsymbol{r}')$，以及 δ 函数的性质 $\delta(\boldsymbol{r}-\boldsymbol{r}_0)=\delta(\boldsymbol{r}_0-\boldsymbol{r})$ 和 $\int_{\boldsymbol{r}_0\in V} f(\boldsymbol{r})\delta(\boldsymbol{r}-\boldsymbol{r}_0)\mathrm{d}V=f(\boldsymbol{r}_0)$。

对 $\boldsymbol{E}$ 求旋度，得

$$\nabla\times\boldsymbol{E}(\boldsymbol{r})=\nabla\times\int_V\frac{\rho(\boldsymbol{r}')\mathrm{d}V'}{4\pi\varepsilon_0 R^2}\boldsymbol{e}_R=\int_V\frac{\rho(\boldsymbol{r}')\mathrm{d}V'}{4\pi\varepsilon_0}\nabla\times\frac{\boldsymbol{e}_R}{R^2}=0 \tag{3-1-19}$$

式(3-1-19)利用了数学公式 $\nabla\times\dfrac{\boldsymbol{e}_R}{R^2}=0$。

将式(3-1-18)和式(3-1-19)简写为

$$\nabla\cdot\boldsymbol{E}=\frac{\rho}{\varepsilon_0} \tag{3-1-20}$$

$$\nabla\times\boldsymbol{E}=0 \tag{3-1-21}$$

方程(3-1-20)与(3-1-21)合在一起即是**自由空间静电场基本方程(微分形式)**。所谓“基本方程”，是指在无限大真空中，只要知道电场强度的散度和旋度，不需要引入其他的假设，原则上就可以唯一地确定任何形式分布的电荷所产生的电场。

方程(3-1-20)称为微分形式的**静电场高斯定理**。根据第 2 章散度的物理意义，方程(3-1-20)表明：静电场中，在电荷密度 $\rho>0$ 处，有净的电场线从该点发出；$\rho<0$ 处，有净的电场线在该点消失；$\rho=0$ 处，电场线仅仅从该点经过，不生不灭，不增不减。换言之，静电场 $\boldsymbol{E}$ 线起始于正电荷而终止于负电荷，有首有尾。这样的场称为**有散场**。图 3-1-5 给出了一些点电荷系统产生的电场，从中可以看到电场分布的一些基本图像。

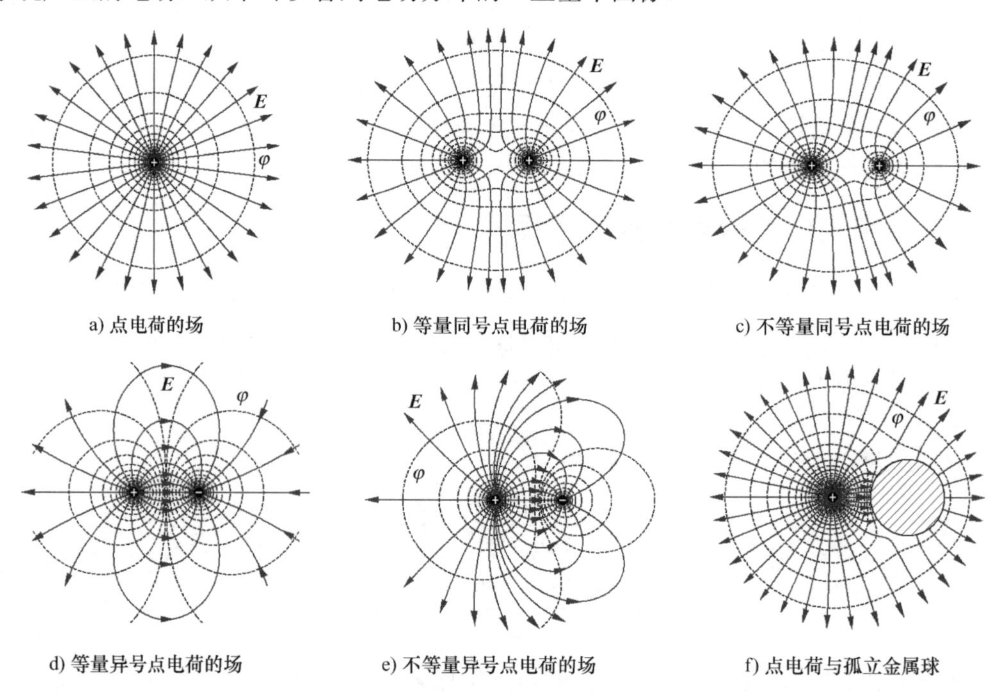

图 3-1-5　一些电荷系统的场图(带箭头实线为 $\boldsymbol{E}$ 线，虚线为等电位线)

根据第 2 章中旋度的物理意义，方程(3-1-21)表明，静电场中，电场强度 $\boldsymbol{E}$ 的旋度处处为 0，电场线不会自行闭合。这样的场称为**无旋场**。因此静电场是一个有散、无旋的场。

从基本方程的微分形式出发，利用散度公式（$\int_V \nabla\cdot\boldsymbol{A}\mathrm{d}V=\oint_S\boldsymbol{A}\cdot\mathrm{d}\boldsymbol{S}$）和斯托克斯公式（$\int_S\nabla\times\boldsymbol{A}\cdot\mathrm{d}\boldsymbol{S}=\oint_l\boldsymbol{A}\cdot\mathrm{d}\boldsymbol{l}$），可以方便地导出自由空间静电场基本方程的积分形式：

$$\oint_S\boldsymbol{E}\cdot\mathrm{d}\boldsymbol{S}=\int_V\frac{\rho\mathrm{d}V}{\varepsilon_0}=\frac{q}{\varepsilon_0} \tag{3-1-22}$$

$$\oint_l\boldsymbol{E}\cdot\mathrm{d}\boldsymbol{l}=0 \tag{3-1-23}$$

q 为体积 V 内的电荷总量。方程(3-1-22)也称为**积分形式的静电场高斯定理**，它表明，穿出闭合面的电场线通量正比于该闭合面所包围的体积内的电荷总量。

方程(3-1-23)也称为**静电场的环路定理**。位于电场 $\boldsymbol{E}$ 中的电荷 q 受到电场力为 $\boldsymbol{F}=q\boldsymbol{E}$，该电荷如果发生位移 $\mathrm{d}\boldsymbol{l}$，电场力做功为 $\mathrm{d}W=\boldsymbol{F}\cdot\mathrm{d}\boldsymbol{l}=q\boldsymbol{E}\cdot\mathrm{d}\boldsymbol{l}$。因此，方程(3-1-23)表明，静电场中电荷如果运动一周又回到起点，则电场力对电荷做功总量为 $W=\oint_l q\boldsymbol{E}\cdot\mathrm{d}\boldsymbol{l}=0$，这个性质称为**静电场的保守性**。

基本方程的微分形式与积分形式在内容表达上是等价的，但适用范围有所不同。微分形式是关于“点”的方程，它所刻画的是任意一点上电场的局部变化特性与该点电荷密度之间的依存关系，显然它只适用于场量光滑可导的那些区域。积分形式刻画了场的整体区域性质，任何场合都成立，所表达的物理意义也更容易理解些。但是作为求解问题而言，积分形式的方程更适合于场高度对称的简单问题的分析，而复杂问题的求解通常使用微分形式更方便一些。事实上，工程电磁场问题的求解绝大部分是基于微分方程的。微分形式的方程是本门课程学习的重点，**请读者尽量练习使用微分形式**，即使那些问题用积分形式求解更容易。不过，如果可能的话，用不同的解法验证一下计算结果，通常是个好主意。

例 3.1.2 如图 3-1-6a 所示，一厚度为 a 的无限大均匀带电平板，电荷密度为 ρ_0，试求所产生的电场强度 $\boldsymbol{E}$。

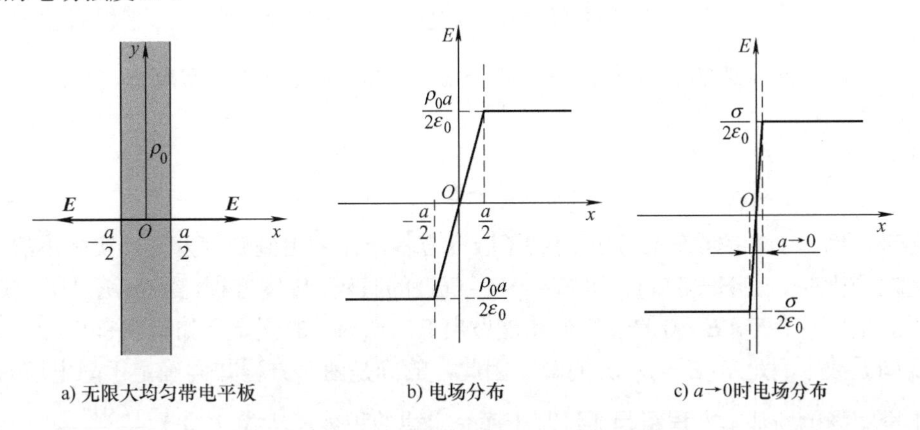

图 3-1-6 无限大均匀带电平板的电场

解：建立如图 3-1-6a 所示的坐标系。由于对称性，只需计算右半区域($x>0$)的场。容易判断，电场强度 $\boldsymbol{E}$ 只有 x 方向分量，并且也只是 x 坐标的函数，即 $\boldsymbol{E}=E(x)\boldsymbol{e}_x$。代入散度方程 $\nabla\cdot\boldsymbol{E}=\rho/\varepsilon_0$ 得

$$\frac{\mathrm{d}E}{\mathrm{d}x}=\begin{cases}\dfrac{\rho_0}{\varepsilon_0} & (0<x<\dfrac{a}{2})\\ 0 & (x>\dfrac{a}{2})\end{cases}$$

这是一个常微分方程，通解为

$$E=\begin{cases}\dfrac{\rho_0 x}{\varepsilon_0}+c_1 & (0<x<\dfrac{a}{2})\\ c_2 & (x>\dfrac{a}{2})\end{cases}$$

c_1 和 c_2 是积分常数。为确定 c_1 和 c_2，必须知道相应的边界条件。已知 $x=0$ 处 $E=0$；另外，在 $x=\dfrac{a}{2}$ 处，E 是连续的。于是可以得到 $c_1=0$，$c_2=\dfrac{\rho_0 a}{2\varepsilon_0}$。因此

$$E=\begin{cases}\dfrac{\rho_0 x}{\varepsilon_0} & (0<x<\dfrac{a}{2})\\ \dfrac{\rho_0 a}{2\varepsilon_0} & (x>\dfrac{a}{2})\end{cases}$$

$E(x)$ 的分布如图 3-1-6b 所示，可见，无限大均匀带电平板在板外产生一个均匀电场。

本例中，如果平板厚度 a 非常小，那么带电平板可以视作一个平面。在平面上任取的一个面积微元 $\mathrm{d}S$，它实际代表的体积是 $\mathrm{d}V=a\mathrm{d}S$，包含的电荷量为 $\mathrm{d}q=\rho_0\mathrm{d}V=\rho_0 a\mathrm{d}S$。因此电荷面密度为

$$\sigma=\frac{\mathrm{d}q}{\mathrm{d}S}=\frac{\rho_0 a\mathrm{d}S}{\mathrm{d}S}=\rho_0 a$$

当 $a\to 0$ 时，如果单位面积平板上的电荷保持不变，必有电荷密度 $\rho_0\to\infty$，而二者的乘积 $\rho_0 a$ 则保持为有限值，即成为电荷面密度 σ。如图 3-1-6c 所示，此时，平板右边的电场可写为 $\boldsymbol{E}_+=\dfrac{\sigma}{2\varepsilon_0}\boldsymbol{e}_x$，而左边的电场为 $\boldsymbol{E}_-=-\dfrac{\sigma}{2\varepsilon_0}\boldsymbol{e}_x$。可见，穿过电荷面密度 σ，电场强度 $\boldsymbol{E}$ 发生跳变

$$\Delta E=E_+-E_-=\sigma/\varepsilon_0 \tag{3-1-24}$$

看起来，例 3.1.2 的求解似乎只用到了散度方程，而未用到旋度方程，实际不然。当对问题做定性分析并假定 $\boldsymbol{E}=E(x)\boldsymbol{e}_x$ 和 $E(-x)=-E(x)$ 的时候，旋度方程已经被满足了。或者说，正是由于静电场具有 $\nabla\times\boldsymbol{E}=0$ 的性质，才能做出 $\boldsymbol{E}=E(x)\boldsymbol{e}_x$ 的假定。如果没有 $\nabla\times\boldsymbol{E}=0$ 的约束，会找到无数个满足 $\nabla\cdot\boldsymbol{E}=\rho/\varepsilon_0$ 的解。因此，的确是两个方程共同确定了静电场的解。

自由空间静电场基本方程组是通过基于库仑定律的积分表达式 $\boldsymbol{E}=\int_V\dfrac{\rho\mathrm{d}V'}{4\pi\varepsilon_0 R^2}\boldsymbol{e}_R$ 导出的。由于积分表达式中电场强度 $\boldsymbol{E}$ 是以显式的形式给出，习惯上称之为“公式”，而把 $\nabla\cdot\boldsymbol{E}=\rho/\varepsilon_0$、

$\nabla\times\boldsymbol{E}=0$称作“方程”。反过来，积分表达式满足基本方程组，是方程组的解。或许要问：这种翻来覆去的意义何在？

在计算电场时，由于 3.1.3 节末尾所述的原因，显式形式的积分公式并无优势。而应用静电场的基本方程，并不需要知道无限大空间中全部电荷的分布，它可以在一个有限的区域中，根据合适的边界条件，通过求解微分方程来得到静电场的解。这就是为什么要导出静电场基本方程的原因。但即使如此，静电场基本方程是一个一阶矢量偏微分方程组，求解起来仍然十分困难。幸而，对静电场而言存在更好的办法：由于静电场的无旋性，它可以用一个标量函数来刻画，这就是 3.2 节所要讨论的电位。借助于电位这样一个标量函数，静电场问题被进一步简化成标量泊松方程或者拉普拉斯方程的求解。

3.2 电位及其方程

3.2.1 电位的引入

若静电场的散度$\nabla\cdot\boldsymbol{E}=\dfrac{\rho}{\varepsilon_0}$和旋度$\nabla\times\boldsymbol{E}=0$处已知，根据亥姆霍兹定理，按照式 (2-7-3)，电场强度$\boldsymbol{E}$可以表示为

$$\boldsymbol{E}(\boldsymbol{r})=-\nabla\varphi(\boldsymbol{r})+\nabla\times\boldsymbol{A}(\boldsymbol{r}) \tag{3-2-1}$$

对照式(2-7-1)和式(2-7-2)，有

$$\varphi(\boldsymbol{r})=\int_V\frac{\rho(\boldsymbol{r}')\mathrm{d}V'}{4\pi\varepsilon_0 R} \tag{3-2-2}$$

$$\boldsymbol{A}(\boldsymbol{r})=0 \tag{3-2-3}$$

于是，根据式(3-2-1)，有

$$\boldsymbol{E}(\boldsymbol{r})=-\nabla\varphi(\boldsymbol{r}) \tag{3-2-4}$$

标量函数$\varphi(\boldsymbol{r})$称为**标量电位**，简称**电位**。在 SI 中，φ的单位是伏[特](V)。

由于式(3-2-2)只适用于无限大真空中已知全部电荷分布的情形，是原理性的表达，而式 (3-2-4)则更具实际应用价值，因此常把式(3-2-4)看作电位φ的定义式。式(3-2-4)表明，静电场既可以用一个矢量物理量$\boldsymbol{E}$来刻画，也可以用一个标量物理量φ来描述。由于电场强度$\boldsymbol{E}$直接跟作用力相关，通常把$\boldsymbol{E}$视作静电场的基本物理量，而把电位φ看作是计算$\boldsymbol{E}$的辅助量。实际上，后面会看到，φ跟静电场的能量相关。

根据第 2 章梯度的物理意义，标量函数的梯度是一个矢量，它垂直于函数的等值面，指向函数增长最快的方向。由于$\boldsymbol{E}=-\nabla\varphi$，因此电场强度$\boldsymbol{E}$指向电位由高到低下降最快的方向。

根据梯度与方向导数的关系，标量函数的方向导数等于梯度在该方向的投影，因此

$$\frac{\partial\varphi}{\partial l}=\nabla\varphi\cdot\boldsymbol{e}_l=-\boldsymbol{E}\cdot\boldsymbol{e}_l=-E_l$$

换言之，电场强度$\boldsymbol{E}$在任意$\boldsymbol{l}$方向的分量可表示为

$$E_l = -\frac{\partial \varphi}{\partial l} \tag{3-2-5}$$

例如：

$$E_x = -\frac{\partial \varphi}{\partial x}, \quad E_\rho = -\frac{\partial \varphi}{\partial \rho}, \quad E_\phi = -\frac{\partial \varphi}{\rho \partial \phi}, \quad \cdots$$

E_ϕ 看起来有点奇怪，这是因为 $\mathrm{d}\phi$ 本身没有量纲，$\rho \mathrm{d}\phi$ 才是距离微元。

如果用 $\boldsymbol{e}_n$ 表示一个曲面的法向单位矢量，那么 $\boldsymbol{E}$ 在该曲面上的法向分量即为

$$E_n = -\frac{\partial \varphi}{\partial n} \tag{3-2-6}$$

另外，根据梯度的定义

$$\mathrm{d}\varphi = \nabla \varphi \cdot \mathrm{d}\boldsymbol{r} = -\boldsymbol{E} \cdot \mathrm{d}\boldsymbol{r} \tag{3-2-7}$$

对式(3-2-7)积分，得到空间两点 P 与 Q 之间的**电位差**(即**电压**)

$$U_{PQ} = \varphi_P - \varphi_Q = \int_Q^P \mathrm{d}\varphi = -\int_Q^P \boldsymbol{E} \cdot \mathrm{d}\boldsymbol{r} = \int_P^Q \boldsymbol{E} \cdot \mathrm{d}\boldsymbol{r} \tag{3-2-8}$$

可以证明，上述积分与路径无关。如图 3-2-1 所示，沿两条不同路径 l_1 和 l_2 分别计算积分 $\int_P^Q \boldsymbol{E} \cdot \mathrm{d}\boldsymbol{r}$，二者之差为

$$\int_{l_1} \boldsymbol{E} \cdot \mathrm{d}\boldsymbol{l} - \int_{l_2} \boldsymbol{E} \cdot \mathrm{d}\boldsymbol{l} = \int_{l_1} \boldsymbol{E} \cdot \mathrm{d}\boldsymbol{l} + \int_{-l_2} \boldsymbol{E} \cdot \mathrm{d}\boldsymbol{l} = \oint_{l_1 - l_2} \boldsymbol{E} \cdot \mathrm{d}\boldsymbol{l} = 0$$

上式利用了静电场基本方程的积分形式 $\oint_l \boldsymbol{E} \cdot \mathrm{d}\boldsymbol{l} = 0$，因为曲线 $l_1 + (-l_2)$ 正好构成一个闭合回路。

由于式(3-2-8)的结果与路径无关，如果规定 Q 点电位 $\varphi = 0$，则 P 点的电位值可以唯一确定：

$$\varphi_P = \int_P^Q \boldsymbol{E} \cdot \mathrm{d}\boldsymbol{r} \tag{3-2-9}$$

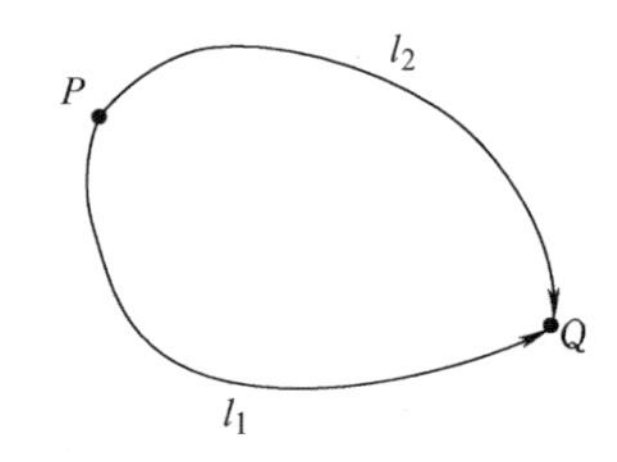

图 3-2-1　两点之间电位差与积分路径无关

式(3-2-9)给出了已知电场强度 $\boldsymbol{E}$ 计算电位 φ 的方法。规定 $\varphi = 0$ 的点 Q 称为**电位参考点**。一旦选定了电位参考点，任意一点的电位 φ 值就都可以唯一确定。

选取不同的点作为电位参考点，得到的电位 φ 在数值上相差一个常数。由于

$$-\nabla(\varphi + C) = -\nabla \varphi = \boldsymbol{E}$$

可见电位 φ 任意增加一个常数 C，将不影响 $\boldsymbol{E}$ 的结果。由于电场强度 $\boldsymbol{E}$ 是关注的基本量，电位 φ 只不过是计算 $\boldsymbol{E}$ 的辅助量，因此，电位参考点原则上可以任意指定，以分析问题方便为宜。由式(3-2-2)定义的 $\varphi = \int_V \frac{\rho \mathrm{d}V'}{4\pi\varepsilon_0 R}$，如果全部电荷都位于有限的区域内，则无限远处电位 $\varphi = 0$，此种情况下，无限远处是很自然的电位参考点。但如果电荷一直延伸到无限远处，例如讨论一根无限长电轴的电场时，无法把无限远处作为一个点看待，此时通常在观测点附近指定一点为参考点。当讨论大地附近的静电场时，通常选大地为电位参考点。

由于电位φ只是一个标量，不像$\boldsymbol{E}$那样有三个分量，因此通过电位φ来分析计算静电场，然后对φ求梯度得到电场强度$\boldsymbol{E}$，通常要比直接计算$\boldsymbol{E}$简便得多。

例 3.2.1 如果只关注在远处产生的场特性，相距很近的一对等量异号电荷就构成一个电偶极子(electric dipole)，如图 3-2-2a 所示，电荷q与距离l的乘积$\boldsymbol{p}=q\boldsymbol{l}$称为电偶极矩，$\boldsymbol{l}$的方向由负电荷指向正电荷。试分析真空中电偶极子在距离其中心r处产生的电场，$r \gg l$。

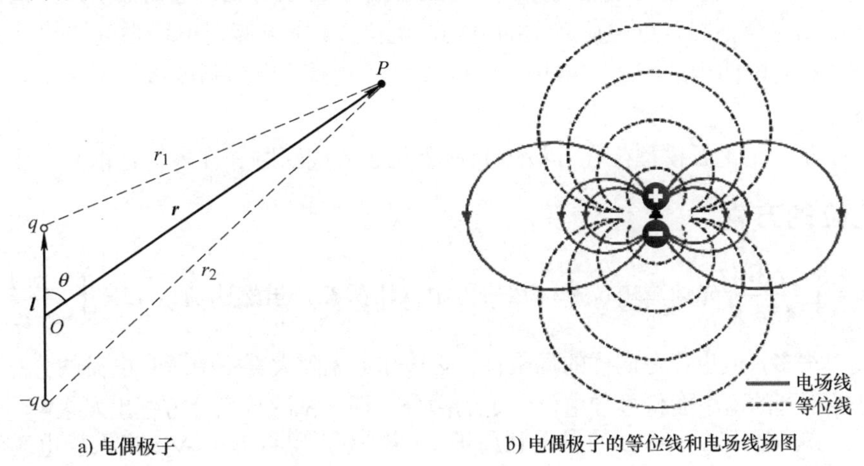

a) 电偶极子　　b) 电偶极子的等位线和电场线场图

图 3-2-2　电偶极子的电场

解： 以$\boldsymbol{l}$为中心、O为原点建立球坐标系如图，空间P点的电位为

$$\varphi=\frac{q}{4\pi\varepsilon_0}\left(\frac{1}{r_1}-\frac{1}{r_2}\right)=\frac{q}{4\pi\varepsilon_0}\left(\frac{r_2-r_1}{r_1 r_2}\right)$$

根据三角形余弦定理，有

$$r_1=\sqrt{r^2+\left(\frac{l}{2}\right)^2-rl\cos\theta}$$

因$r \gg l$，故

$$r_1 \approx \sqrt{r^2-rl\cos\theta} \approx r-\frac{l}{2}\cos\theta$$

类似有

$$r_2 \approx r+\frac{l}{2}\cos\theta$$

因而

$$r_2-r_1 \approx l\cos\theta,\quad r_1 r_2 \approx r^2$$

于是，电偶极子在P点的电位为

$$\varphi=\frac{ql\cos\theta}{4\pi\varepsilon_0 r^2}=\frac{1}{4\pi\varepsilon_0}\frac{\boldsymbol{p}\cdot\boldsymbol{e}_r}{r^2} \tag{3-2-10}$$

应用球坐标系中的梯度运算公式，得

$$\begin{aligned}\boldsymbol{E}&=-\nabla\varphi=-\left(\boldsymbol{e}_r\frac{\partial\varphi}{\partial r}+\boldsymbol{e}_\theta\frac{1}{r}\frac{\partial\varphi}{\partial\theta}\right)\\&=\frac{p}{4\pi\varepsilon_0 r^3}(2\boldsymbol{e}_r\cos\theta+\boldsymbol{e}_\theta\sin\theta)\end{aligned}\tag{3-2-11}$$

电偶极子的等位线和电场线场图如图 3-2-2b 所示，由图可见，电偶极子产生的电场与点电荷产生的电场完全不同。点电荷产生的电场，电位按$1/r$衰减，电场强度按$1/r^2$衰减，且是各向对称的；而电偶极子产生的电场，电位按$1/r^2$衰减，电场强度按$1/r^3$衰减，且强弱随着方位角变化。

电偶极子是一个重要模型，在分析电介质极化、天线辐射等许多场合都有应用。

3.2.2 电位的方程

利用$\varphi=\int_V\frac{\rho\mathrm{d}V'}{4\pi\varepsilon_0 R}$先计算电位$\varphi$，然后再由$\varphi$计算$\boldsymbol{E}$，虽然比通过$\boldsymbol{E}=\int_V\frac{\rho\mathrm{d}V'}{4\pi\varepsilon_0 R^2}\boldsymbol{e}_R$直接计算$\boldsymbol{E}$要简单得多，但也存在同样的局限性：必须知道无限大真空中所有电荷的分布状态，而这实际上是做不到的。下面将推导电位满足的微分方程，试图从微分方程出发求解电位分布。

在 3.2.1 节，公式$\boldsymbol{E}=-\nabla\varphi$的导出利用了$\nabla\times\boldsymbol{E}=0$。现将$\boldsymbol{E}=-\nabla\varphi$代入静电场的另一个基本方程$\nabla\cdot\boldsymbol{E}=\rho/\varepsilon_0$，得到

$$-\nabla\cdot\nabla\varphi(\boldsymbol{r})=\frac{\rho(\boldsymbol{r})}{\varepsilon_0}$$

或者写作

$$\nabla^2\varphi=-\frac{\rho}{\varepsilon_0}\tag{3-2-12}$$

这就是电位φ满足的微分方程㊀，称为**电位的泊松方程**(Poisson equation)。

在没有电荷分布的区域，电荷密度$\rho=0$，泊松方程变为

$$\nabla^2\varphi=0\tag{3-2-13}$$

该方程称为电位的**拉普拉斯方程**(Laplace equation)。

泊松方程的右端项$-\rho/\varepsilon_0$体现了静电场的“源”，没有源就没有场。因此，电荷密度不可能在整个空间都等于 0，也就是说，电位φ不可能在整个空间都满足拉普拉斯方程。但是，对一限定的空间区域，只要确定了区域内的电荷分布以及合适的边界条件，就可以求得泊松方程或拉普拉斯方程的解，并不需要知道整个空间的电荷分布。这就是微分方程(3-2-12)或 (3-2-13)比积分公式$\varphi=\int_V\frac{\rho\mathrm{d}V'}{4\pi\varepsilon_0 R}$更有用处的原因。

在介绍泊松方程和拉普拉斯方程的具体应用之前，先讨论一下公式$\varphi=\int_V\frac{\rho\mathrm{d}V'}{4\pi\varepsilon_0 R}$和泊松方程(3-2-12)的关系。这两个等式都描述了电荷密度ρ与电位φ的关系，因此它们必定是内在一致的。事实上，将拉普拉斯算符∇^2作用于该积分公式，得到

㊀ φ满足的微分方程也常称作φ的**约束方程**、**控制方程**或者**支配方程**。

$$\nabla^2\varphi(\boldsymbol{r})=\nabla^2\int_V\frac{\rho(\boldsymbol{r}')\mathrm{d}V(\boldsymbol{r}')}{4\pi\varepsilon_0 R}=\int_V\frac{\rho(\boldsymbol{r}')\mathrm{d}V(\boldsymbol{r}')}{4\pi\varepsilon_0}\nabla^2\left(\frac{1}{R}\right)$$

利用数学公式，$\nabla^2\left(\frac{1}{R}\right)=\nabla\cdot\nabla\left(\frac{1}{R}\right)=\nabla\cdot\left(-\frac{\boldsymbol{e}_R}{R^2}\right)=-4\pi\delta(\boldsymbol{r}-\boldsymbol{r}')$，代入上式得到

$$\nabla^2\varphi(\boldsymbol{r})=-\int_V\frac{\rho(\boldsymbol{r}')\delta(\boldsymbol{r}-\boldsymbol{r}')\mathrm{d}V(\boldsymbol{r}')}{\varepsilon_0}=-\frac{\rho(\boldsymbol{r})}{\varepsilon_0}$$

正是泊松方程(3-2-12)，它说明：电位积分公式的确是泊松方程的解。

把前面的内容小结一下：本章至此，看似给出了很多公式，实际上不过讨论了三个量：电荷 ρ、电场强度 $\boldsymbol{E}$ 和电位 φ，它们之间的依赖关系可以用图 3-2-3 表示。在这个三角形的任意一边上，都有一对方程，描述两个顶点之间的运算关系，这一对方程在数学上可以相互导出。但在求解问题的方便性上，居于三角形内侧的微分方程具有更大的实用价值，是今后研究的主要对象。

例 3.2.2 设电荷在无限长圆柱形区域内均匀分布，电荷密度为 $\rho_{\mathrm{v}0}$(为避免与柱坐标系中的坐标变量 ρ 混淆，此处用 ρ_{v} 表示电荷密度)，圆柱半径为 a。试求空间电位和电场强度分布。

解：建立柱坐标系如图 3-2-4 所示，电位 φ 满足

$$\nabla^2\varphi=\begin{cases}-\rho_{\mathrm{v}0}/\varepsilon_0 & (0\leqslant\rho<a)\\ 0 & (\rho>a)\end{cases}$$

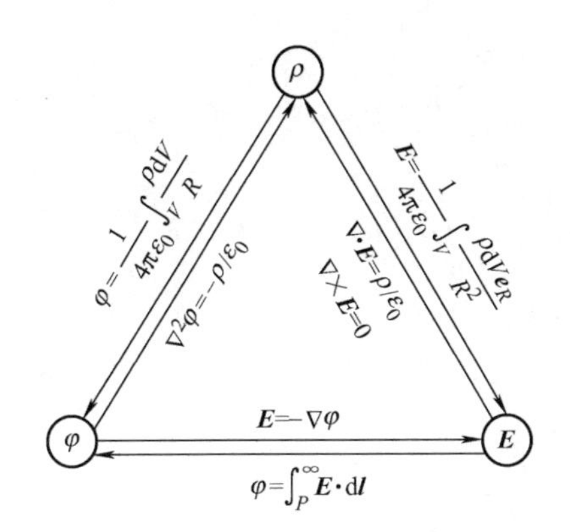

图 3-2-3 自由空间中电荷、电场强度和电位之间的依赖关系

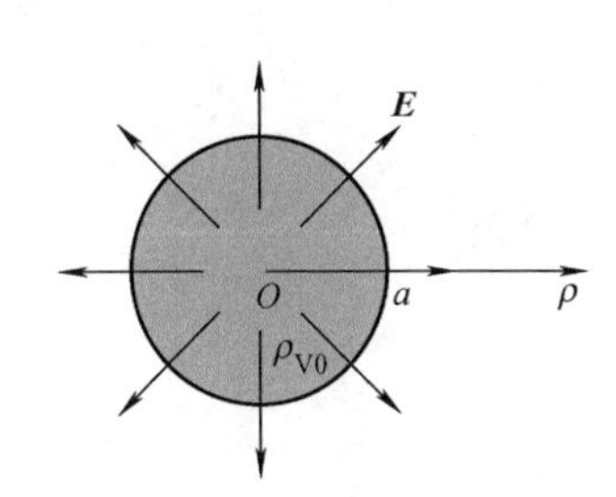

图 3-2-4 无限长圆柱电荷的电场(横截面)

在柱坐标系中，拉普拉斯算符展开式为

$$\nabla^2\varphi=\frac{1}{\rho}\frac{\partial}{\partial\rho}\left(\rho\frac{\partial\varphi}{\partial\rho}\right)+\frac{1}{\rho^2}\frac{\partial^2\varphi}{\partial\phi^2}+\frac{\partial^2\varphi}{\partial z^2}$$

由于对称性，易知电位 φ 只与坐标 ρ 有关，即 $\varphi=\varphi(\rho)$，因此泊松方程简化为

$$\frac{1}{\rho}\frac{\partial}{\partial\rho}\left(\rho\frac{\partial\varphi}{\partial\rho}\right)=\begin{cases}-\rho_{\mathrm{v}0}/\varepsilon_0 & (0\leqslant\rho<a)\\ 0 & (\rho>a)\end{cases}$$

上式是一个二阶常微分方程，积分得到它的通解

$$\varphi=\begin{cases}\dfrac{-\rho_{v0}\rho^2}{4\varepsilon_0}+c_1\ln\rho+c_2 & (0\leqslant\rho<a)\\ c_3\ln\rho+c_4 & (\rho>a)\end{cases}$$

与例 3.1.2 相似，需要一些边界条件来确定积分常数$c_1 \sim c_4$。由于待定积分常数有 4 个，需要同样数目的边界条件。首先选电位参考点。本例中，由于电荷一直延伸到无限远处，故不能令无限远处的电位为 0，暂且选轴心为参考点，即$\varphi(0)=0$。在圆柱表面上，电位和电场强度都是连续的，即$\varphi(a_-)=\varphi(a_+)$，$E(a_-)=E(a_+)$。此外，还能看出在轴心上电场强度为 0，即$E(0)=0$。

由于这些边界条件是以电位和电场强度混合的方式给出的，最好先把电场强度的表达式写出来：

$$\boldsymbol{E}=-\nabla\varphi=\begin{cases}\left(\dfrac{\rho_{v0}\rho}{2\varepsilon_0}-\dfrac{c_1}{\rho}\right)\boldsymbol{e}_\rho & (0\leqslant\rho<a)\\ -\dfrac{c_3}{\rho}\boldsymbol{e}_\rho & (\rho>a)\end{cases}$$

代入$E(0)=0$和$E(a_-)=E(a_+)$，得$c_1=0$，$c_3=-\dfrac{\rho_{v0}a^2}{2\varepsilon_0}$。

将c_1、c_3以及边界条件$\varphi(0)=0$、$\varphi(a_-)=\varphi(a_+)$代入$\varphi$的表达式，得到$c_2=0$及$c_4=\dfrac{\rho_{v0}a^2}{2\varepsilon_0}\left(\ln a-\dfrac{1}{2}\right)$。因此，最终的解答为：

电位

$$\varphi=\begin{cases}\dfrac{-\rho_{v0}\rho^2}{4\varepsilon_0} & (0\leqslant\rho<a)\\ -\dfrac{\rho_{v0}a^2}{2\varepsilon_0}\left(\ln\dfrac{\rho}{a}+\dfrac{1}{2}\right) & (\rho>a)\end{cases}$$

电场强度

$$\boldsymbol{E}=\begin{cases}\dfrac{\rho_{v0}\rho}{2\varepsilon_0}\boldsymbol{e}_\rho & (0\leqslant\rho<a)\\ \dfrac{\rho_{v0}a^2}{2\varepsilon_0\rho}\boldsymbol{e}_\rho & (\rho>a)\end{cases}$$

注意到$\rho_{v0}\pi a^2=\tau$正好是单位长度圆柱所带的电荷量，这样，在圆柱外区域（$\rho>a$），电位φ和电场强度$\boldsymbol{E}$分别可以写为

$$\begin{aligned}\varphi&=-\frac{\tau}{2\pi\varepsilon_0}\left(\ln\frac{\rho}{a}+\frac{1}{2}\right) & (\rho>a)\\ \boldsymbol{E}&=\frac{\tau}{2\pi\varepsilon_0\rho}\boldsymbol{e}_\rho & (\rho>a)\end{aligned}\tag{3-2-14}$$

本例中，如果圆柱半径 a 非常小，就可以视为一个线电荷(电轴)。单位长度带电量为$\tau=\rho_{v0}\pi a^2$，当$a\to0$时，$\rho_{v0}\to\infty$，但$\tau=\rho_{v0}\pi a^2$保持有限值，即电荷线密度。我们看到，$\boldsymbol{E}$

的表达式(3-2-14)与前面例 3.1.1 的结果式(3-1-15)完全一致。另一方面，当$a\to 0$时，发现电位的表达式稍有些问题，它虽然满足$\varphi(0)=0$，但是离开轴心后φ处处等于无穷大。这说明对于无限长线电荷，轴心并不是理想的电位参考点。如果在轴心外任意另选一点$\rho=\rho_M$为参考点，电位的表达式变为

$$\varphi=\frac{\tau}{2\pi\varepsilon_0}\ln\frac{\rho_M}{\rho}\qquad(\rho>a)\tag{3-2-15}$$

式(3-2-14)在除轴心和无限远点以外的区域均为有限值。改变电位参考点，电场强度的表达式不变。

例 3.1.2 和例 3.2.2 都具备这样的一些特点：场具有一定的对称性，通过选择合适的坐标系，电场强度只有沿某个坐标ξ方向的分量，并且只在η坐标方向上有变化，ξ与η可能相同，也可能不同。此时电场强度可以表示为$\boldsymbol{E}=E(\xi)\boldsymbol{e}_\eta$的形式，而电位只是$\eta$的函数，即$\varphi=\varphi(\eta)$。这种情况下，静电场基本方程和电位$\varphi$的泊松方程或拉普拉斯方程都将简化为常微分方程，可以直接积分求解，积分常数通过合适的边界条件确定。这样的例子今后还会看到一些，它们都属于一维问题[⊖]。一维问题的解答也大都可以通过积分形式的高斯定理来获得(并且往往更简单)，它们对于确定一些基本的物理模型是非常有益的，但工程实际中遇到的电磁问题通常都远没有这么简单，将在 3.4 节进行讨论。

3.2.3 电场的图形显示

电磁场分析中常常借助电场线和等位面来形象化地描绘电场的空间分布，这些图形称为**场图**。场图可以帮助研究人员理解电磁作用机理，寻找问题分析思路，判断解决方案合理性和确定优化设计方向。充分利用场图，是理解电磁场物理概念的有效途径。繁复的数学推导很容易忘记，但是一幅清晰的物理图像却可以伴你一生。另一方面，能够从一个实际的电磁元件中勾勒出空间电磁场的分布图像，是实现定性分析和定量计算的基础，也是一个训练有素的电气工程师和研究人员所必须具有的基本功。

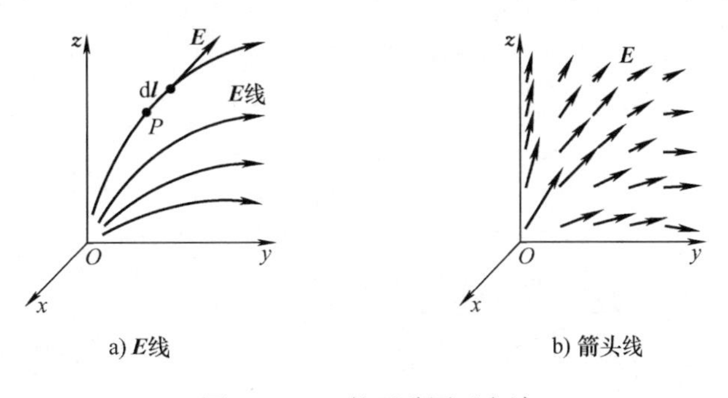

图 3-2-5　$\boldsymbol{E}$ 的两种图示方法

电场线($\boldsymbol{E}$线，也称**电力线**)定义为空间的有向曲线，它上面任意一点的切线方向都与该点电场强度一致。如图 3-2-5a 所示，在电场线$\boldsymbol{l}$任一点P处取长度微元$\mathrm{d}\boldsymbol{l}$，设该点电场强度为$\boldsymbol{E}$，则$\boldsymbol{E}$与$\mathrm{d}\boldsymbol{l}$平行，用矢量方程表示为

$$\boldsymbol{E}\times\mathrm{d}\boldsymbol{l}=0\tag{3-2-16}$$

式(3-2-16)即为$\boldsymbol{E}$线的方程。将该式在直角坐标系中展开，为

$$\frac{E_x}{\mathrm{d}x}=\frac{E_y}{\mathrm{d}y}=\frac{E_z}{\mathrm{d}z}$$

⊖ 这种针对一维问题的求解方法在有些书上被称为“直接积分法”。

它的解表示两个曲面的交线，即空间的一条曲线。按照 $\boldsymbol{E}$ 线方程画出的电场线是连续的曲线，通常用它的疏密来大致表示电场强度的大小。三维情况下，求解 $\boldsymbol{E}$ 线方程比较麻烦，图形表示也很困难。因此，这种连续的电场线在二维场中用得比较多，而在三维场中用得很少。

另一种表示电场矢量的方法如图 3-2-5b 所示。在空间大致均匀地布置一些点，以这些点为起点(有时也用作终点)，用一个有向线段表示该点的电场强度 $\boldsymbol{E}$，线段的长度正比于该点场强大小[㊀]，箭头表示其方向。这种方法比较方便，也很直观，为多数电磁场分析软件所采用。

等位面是由 φ 值相等的点组成的曲面，在二维情况下为一条曲线，称为**等位线**。其方程为

$$\varphi(\boldsymbol{r})=C \tag{3-2-17}$$

常数 C 取不同的值即得到不同的等位面。常令 C 从某个 C_0 开始，每次增加一个固定的 ΔC，得到一组等位面 $\varphi_n(\boldsymbol{r})=C_0+n\Delta C$。这样得到的图形，在等位面间距小的区域电场强度大，间距大的区域电场强度小。由于等位面与电场方向垂直，因此根据等位面的分布还可以确定电场的大致走向，等位面平直的地方电场均匀，等位面弯曲的地方电场变化快。

图 3-2-6 是一些比较典型的静电场场图，它们往往也是理解和构造复杂电磁系统的要素。

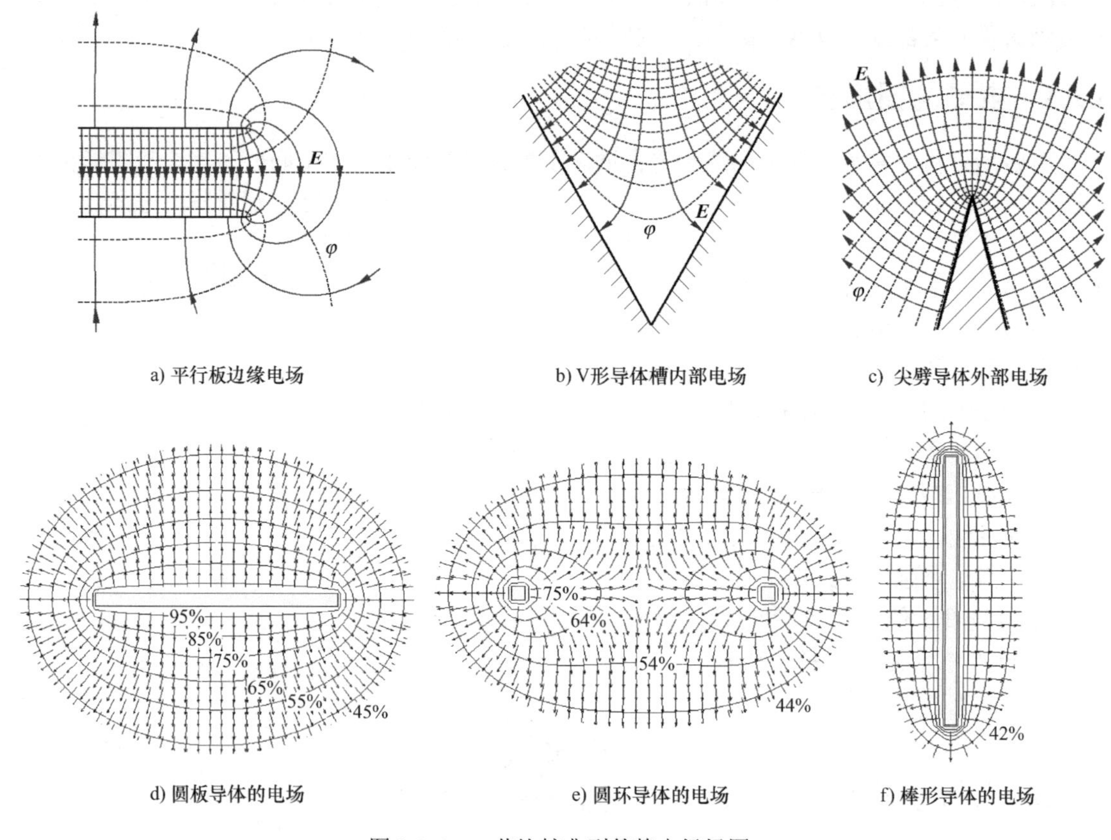

图 3-2-6 一些比较典型的静电场场图

㊀ 实际绘图时，经常遇到电场强度数值相差悬殊的情况，如果完全按照比例绘制箭头长度，将导致图形无法阅读。因此，为保持可读性，并不完全遵守这些约定，只要能定性反映场的分布与走向即可。等位线的画法也是如此。

精确地绘制场图需要借助于计算机。早期由于缺乏有效的分析手段，场图曾一度是求解电磁场问题的重要工具。而今电磁场数值技术的发展为复杂电磁问题的精确计算提供了强有力的支持，场图只是作为定性分析的参考。但是，场图对于“观察”和理解场的特征所具有的重要价值依然是不可替代的。

在电磁场分析中，应用更多的不是从已知的场分布出发，根据方程(3-2-16)、方程(3-2-17)去绘制一张精确的场图，而是在尚未获得电磁场问题的解的情况下，依据概念分析与经验判断，绘制一张能够定性反映场的分布和走向的草图。电磁场问题的解决几乎总是从这样的草图开始，如果不是画在纸上，也至少出现在脑中。由于草图对场的表示只是定性的，绘制场的草图时以概念正确和直观好理解为要旨。

例 3.2.3 如图 3-2-7a 所示，两块半无限大导体平板用绝缘细棒隔开，两板夹角为 $\alpha=\pi/3$，所加电压为 U_0。求两板之间任一点的电位和电场强度。

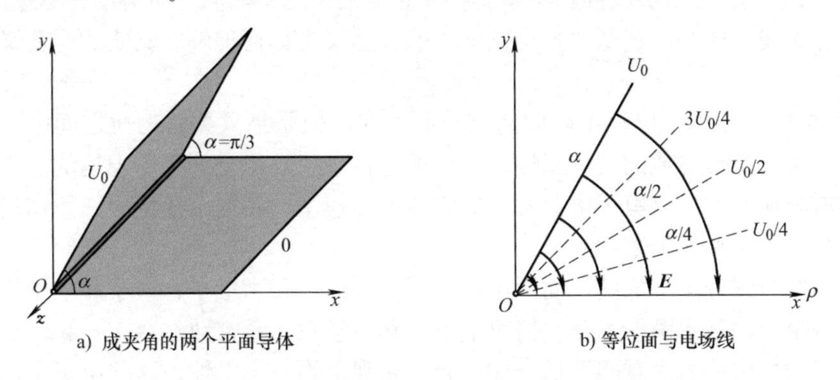

图 3-2-7 成夹角的两个导体平板之间的电场

解：以绝缘棒为 z 轴建立柱坐标系如图 3-2-7a 所示。因为空间没有自由电荷，电位 φ 满足

$$\nabla^2\varphi=\frac{1}{\rho}\frac{\partial}{\partial\rho}\left(\rho\frac{\partial\varphi}{\partial\rho}\right)+\frac{1}{\rho^2}\frac{\partial^2\varphi}{\partial\phi^2}+\frac{\partial^2\varphi}{\partial z^2}=0\quad(0<\phi<\alpha)$$

由于导体板在 z 方向无限大，容易判断 φ 与 z 无关。然后分析 φ 在 ρ 方向和 ϕ 方向的变化情况。做一个半无限平面 $\phi=\alpha/2$，考虑到对称性，它必定是一个电位为 $U_0/2$ 的等位面；类似可以做出无数的等位面，如图 3-2-7b 所示。由此可以判断 φ 与坐标 ρ 无关，而只与 ϕ 有关，即 $\varphi=\varphi(\phi)$。因此拉普拉斯方程简化为

$$\frac{\partial^2\varphi}{\partial\phi^2}=0\quad(0<\phi<\alpha)$$

解得

$$\varphi=c_1\phi+c_2$$

代入边界条件 $\varphi(0)=0$，$\varphi(\pi/3)=U_0$，可求得积分常数 $c_1=3U_0/\pi$，$c_2=0$。

最后计算电场强度

$$\boldsymbol{E}=-\nabla\varphi=-\frac{\partial\varphi}{\rho\partial\phi}\boldsymbol{e}_\phi=-\frac{3U_0}{\rho\pi}\boldsymbol{e}_\phi$$

电场强度沿着$-\boldsymbol{e}_\phi$方向，并按ρ^{-1}规律减小；电场线是一条条的圆弧，如图 3-2-7b 所示。两个电位不同的导体成一定夹角相互靠近时，在夹角处形成的局部电场就可以用这个模型来描述。

3.3　物质中的静电场

3.3.1　“自由空间”的物理图像

此前讨论的都是“自由空间”(即无限大真空)中静止的电荷与电场。实际上自由空间只是一个假想的模型。现实世界中并不存在无限大的真空空间，即使这样的“自由空间”存在，“自由”的电荷也不会老老实实静止不动。在库仑力的作用下，同号电荷团体迅速崩离瓦解，异号电荷迅速聚拢、中和。那么“自由空间”的模型又当如何理解？真实的电荷又是以何种方式存在？

如 3.1.1 节所指出的，电荷不能脱离物质而存在，但是当只关心物质之间电(包括磁)的相互作用时，可以忽略物质的其他属性，只保留电荷。“自由空间”所表达的真实图像，正是抹去了物质其他属性、只留下电荷属性的物质世界模型。在这个模型中，一切对宏观电场有贡献的电荷都被保留了下来。

物质是由原子或分子构成的，而原子和分子归根结底又由电子、质子和中子构成，其中电子和质子是带电的基本微粒。正常情况下电子和质子总是紧密地结合在一起，对于物体的任何一部分，正负电荷的“重心”重合在一起，宏观上不产生电性，这些电子和质子也就不出现在上述的自由空间模型中。对宏观电场有贡献的电荷大致有如下几类：①游离在空间的带电粒子束团；②由于某种原因使电子与质子发生分离，某个物体(或者它的一部分)获得多余的电子带负电荷，另外的物体(或它的另一部分)失去电子带正电荷；③电子仍束缚在原子或分子的范围内，没有与质子发生分离，但是正负电荷的“重心”由于某种原因发生集体性偏离，宏观上显示电性。习惯上，把第①类和第②类电荷叫作**自由电荷**(free charge)[⊖]，把第③类电荷叫作**束缚电荷**(bound charge)。自由电荷与束缚电荷的区别是，任意隔离出一块小的体积，自由电荷净电量不为 0，而束缚电荷净电量总是为 0。

将以上对宏观电场有贡献的所有电荷保留下来，隐去物质的其他属性，这些电荷就成了“分布在无限大真空中的电荷”，这就是电磁场“自由空间”的真实图像。显然，此处的“真空”是一个假想的模型，跟“没有任何物质”的真空不是一个概念。它所揭示的是这样一个事实：**电荷是电磁场的唯一的源**。由于真实的电荷总是受到各种条件的约束，能够至少在一段时间内保持相对稳定的平衡，因此，“自由空间里某些电荷位于某些位置”的假定是成立的，不至于像前面说的那样迅速土崩瓦解。而且，由于“自由空间”保留了**所有的**宏观电荷，加

⊖ “自由电荷”，按照全国科学技术名词审定委员会的解释，为“能自由移动的电荷”。然而，这个定义是有待商榷的。按照这个定义，金属中能自由移动的电荷只有电子，只有电子所带的电荷才是自由电荷，而离子所带的正电荷不能算是自由电荷，这不符合现在通行的电磁场理论对自由电荷的理解。本书中，自由电荷是与束缚电荷相对的一个概念，其中束缚电荷是指被束缚在原子或分子范围内的电荷，在外电场作用下，电荷的分布可以在原子或分子范围内偏移，但是不能脱离原子或分子。自由电荷是指脱离了原子或分子束缚的电荷。按照这个定义，金属中的自由电子所带的负电荷，以及固定在晶格结构中的离子所携带的多余正电荷都是自由电荷。

上它“纯净”的背景，不存在任何的近似，因此自由空间的电磁场模型是最基本、最精确的理想模型，是进一步讨论物质中电磁场的基础。

3.3.2 节和 3.3.3 节将从上述图像出发，讨论两种典型的物质——导体与电介质，研究它们的静电场模型。

3.3.2 静电场中的导体

根据物体的静电表现，可以把它们分成两大类：**导体**和**电介质**(或简称**介质**)。导体和电介质暂时可以简单地理解为：导体就是能导电的材料，电介质就是不导电的材料(绝缘材料)。

导体的特点是其中存在大量能够自由移动的电荷。将一个导体放置于静电场中，这些电荷在电场力的作用下移动引起电荷的重新分布，由此所产生的电场与外加电场相互抵消，这个过程将一直持续到导体内部电场完全消除，达到所谓的“静电平衡”状态。通常，这个过程所需要的时间很短，不在静电场的讨论范围。导体内的静电场专指达到了静电平衡后的状态。

处于静电平衡状态的导体具有以下特性：①导体内处处 $\boldsymbol{E}=0$，否则，导体内的电荷将受到电场力的作用而继续移动，就不属静电问题的范围；②导体为等位体，表面为等位面；③导体外若有电场，则表面处电场强度 $\boldsymbol{E}$ 处处与表面垂直，显然，②是①的直接结果，而③又是②的直接结果；④处于静电场中的导体，不管它整体是否带电，必有自由电荷分布于表面。这种电荷也称为**感应电荷**，其电荷面密度 σ 的计算将在 3.3.5 节讨论。

导体对静电场的贡献是，它提供了一层分布在导体表面的电荷。如果电荷面密度 σ 已知，它对电场强度和电位的贡献可以根据自由空间的有关公式计算，分别为

$$\boldsymbol{E}_{\mathrm{c}}=\int_S \frac{\sigma \mathrm{d}S'}{4\pi\varepsilon_0 R^2}\boldsymbol{e}_R \tag{3-3-1}$$

$$\varphi_{\mathrm{c}}=\int_S \frac{\sigma \mathrm{d}S'}{4\pi\varepsilon_0 R} \tag{3-3-2}$$

式中，S 表示导体表面；R 的规定同前。导体表面电荷 σ 产生的电场 $\boldsymbol{E}_{\mathrm{c}}$ 与外加的电场 $\boldsymbol{E}_{\mathrm{e}}$ 叠加在一起形成总的电场 $\boldsymbol{E}=\boldsymbol{E}_{\mathrm{e}}+\boldsymbol{E}_{\mathrm{c}}$。叠加后的总电场 $\boldsymbol{E}$ 在导体内部处处为 0，在导体外侧处处垂直于表面。不难想象，在静电场的世界里，除了导体表面的电荷面密度 σ，导体已经被“抹掉”了。

3.3.3 静电场中的电介质

不同于导体，理想电介质内部所有的电荷都被束缚在原子或分子的范围，电子和质子可以在这个范围内做微小的相对位移，但是不能脱离原子或分子而分离开来。这种电荷称为**束缚电荷**。电介质的分子大致可分为两大类：一类是非极性分子，其分子内的所有正负电荷作用中心重合；另一类是极性分子，其分子内的正负电荷作用中心不重合而形成分子电偶极子，但是由于分子热运动，大量分子的电偶极矩在各个方向的取向几率相等。因此，无论是非极性分子还是极性分子，在没有外加电场时，正、负束缚电荷在宏观上处处相互抵消，对外不显示电性。

当电介质处于外加电场 $\boldsymbol{E}_e$ 中时，如果是非极性分子，其束缚电荷在电场作用下，正电荷顺着外电场方向、负电荷逆着外电场方向发生小的位移，正负电荷作用中心发生偏离，形成分子电偶极子，电偶极矩的取向与外加电场一致，如图 3-3-1a 所示；如果是极性分子，在外加电场的作用下，本就存在的分子电偶极子发生偏转，电偶极矩取向也趋于跟外加电场方向一致，如图 3-3-1b 所示。这种现象称为电介质的**极化**。

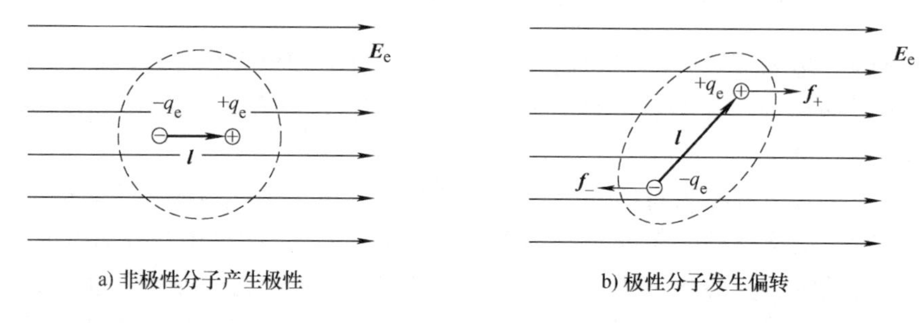

图 3-3-1　电介质分子在外电场中的极化

电介质极化后，大量取向一致的分子电偶极子使电介质呈现出一定的宏观电性。图 3-3-2 给出了在外加电场 $\boldsymbol{E}_e$ 作用下分子电偶极子分布示意图。很明显，电介质的右侧边界出现了正的电荷层，左侧边界出现了负的电荷层；在电介质内部，如果极化不均匀，也可能在局部呈现电性，例如图 3-3-2 中的 M 点。这种因极化而出现的电荷叫作**极化电荷**。不同于导体中出现的电荷，极化电荷仍束缚在原子或分子范围内，不能通过传导的方法引走。它不是富余电荷，从介质中任意分离出一小块体积，必然包含(数目很大的)整数个原子或分子，因此净电荷量为 0。

图 3-3-2 中边界层厚度 l 限于原子或分子的尺度，从宏观上讲，这样的厚度完全可以不予考虑，因此表层极化电荷可视为面电荷，而内部极化电荷为体电荷，其分布分别用**极化电荷面密度** σ_p 和**极化电荷密度** ρ_p 来描述。σ_p 和 ρ_p 就是电介质对静电场的贡献。假定 σ_p 和 ρ_p 已知，电介质产生的电场强度和电位可以根据自由空间的有关公式计算：

$$\boldsymbol{E}_p = \int_S \frac{\sigma_p \mathrm{d}S'}{4\pi\varepsilon_0 R^2}\boldsymbol{e}_R + \int_V \frac{\rho_p \mathrm{d}V'}{4\pi\varepsilon_0 R^2}\boldsymbol{e}_R \tag{3-3-3}$$

$$\varphi_p = \int_S \frac{\sigma_p \mathrm{d}S'}{4\pi\varepsilon_0 R} + \int_V \frac{\rho_p \mathrm{d}V'}{4\pi\varepsilon_0 R} \tag{3-3-4}$$

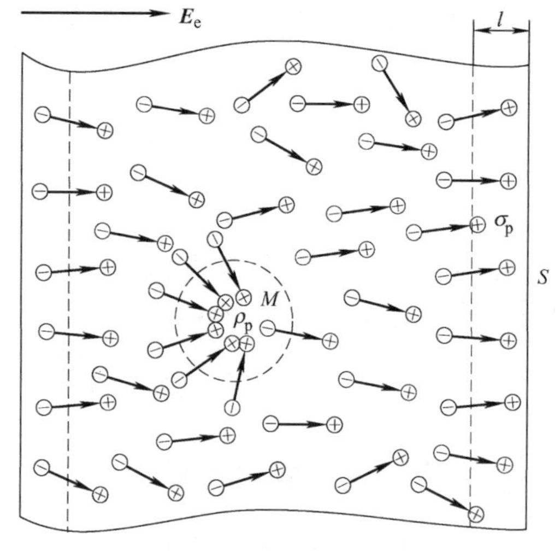

图 3-3-2　电偶极子分布示意图

该电场 $\boldsymbol{E}_p$ 与外加的电场 $\boldsymbol{E}_e$ 叠加在一起形成总电场 $\boldsymbol{E}=\boldsymbol{E}_e+\boldsymbol{E}_p$。结合图 3-3-2 不难理解，**在电介质内部，极化电荷产生的电场 $\boldsymbol{E}_p$ 对外加电场 $\boldsymbol{E}_e$ 有削弱的作用，但一般不能像导体那样完全抵消**。另外，跟导体的角色一样，式(3-3-3)和式(3-3-4)表明：在静电场中，当极化电荷 σ_p 和 ρ_p 被提取之后，电介质就“退隐到幕后”了。下面讨论 σ_p 和 ρ_p 的表示方法。

为描述电介质极化的强弱，定义单位体积内由于极化而产生的电偶极矩的矢量和(电偶极矩体密度)为**极化强度**，用 $\boldsymbol{P}$ 表示

$$\boldsymbol{P}=\lim_{\Delta V\to 0}\frac{\sum \boldsymbol{p}_{\mathrm{e}}}{\Delta V} \tag{3-3-5}$$

式中，$\boldsymbol{p}_{\mathrm{e}}$ 是分子电偶极子的电偶极矩(电偶极矩的定义见例 3.2.1)；$\boldsymbol{p}_{\mathrm{e}}=q_{\mathrm{e}}\boldsymbol{l}$，$q_{\mathrm{e}}$ 为分子所带电荷，$\boldsymbol{l}$ 为从负电荷到正电荷的位移矢量。在 SI 中，极化强度 $\boldsymbol{P}$ 的单位为库/平方米($\mathrm{C/m^2}$)。

在电介质中取一体积微元 $\mathrm{d}V$，根据极化强度 $\boldsymbol{P}$ 的定义，$\mathrm{d}V$ 包含的电偶极矩为 $\mathrm{d}\boldsymbol{p}=\boldsymbol{P}\mathrm{d}V$。根据电偶极子的电位计算式(3-2-10)，$\mathrm{d}\boldsymbol{p}$ 产生的电位为

$$\mathrm{d}\varphi_{\mathrm{p}}=\frac{\mathrm{d}\boldsymbol{p}\cdot\boldsymbol{e}_R}{4\pi\varepsilon_0 R^2}=\frac{\boldsymbol{P}\mathrm{d}V'\cdot\boldsymbol{e}_R}{4\pi\varepsilon_0 R^2}$$

利用例 2.1 的结果 $\nabla'\left(\frac{1}{R}\right)=\frac{\boldsymbol{e}_R}{R^2}$，对上式积分得

$$\varphi_{\mathrm{p}}(\boldsymbol{r})=\int\frac{\mathrm{d}\boldsymbol{p}\cdot\boldsymbol{e}_R}{4\pi\varepsilon_0 R^2}=\int_V\frac{\boldsymbol{P}(\boldsymbol{r}')\mathrm{d}V'}{4\pi\varepsilon_0}\cdot\nabla'\left(\frac{1}{R}\right) \tag{3-3-6}$$

再由矢量微分公式 $\boldsymbol{A}\cdot\nabla u=\nabla\cdot(u\boldsymbol{A})-u\nabla\cdot\boldsymbol{A}$ 得

$$\boldsymbol{P}\cdot\nabla'\left(\frac{1}{R}\right)=\nabla'\cdot\left(\frac{\boldsymbol{P}}{R}\right)-\frac{\nabla'\cdot\boldsymbol{P}}{R}$$

因此

$$\varphi_{\mathrm{p}}(\boldsymbol{r})=\frac{1}{4\pi\varepsilon_0}\int_V\nabla'\cdot\left(\frac{\boldsymbol{P}(\boldsymbol{r}')}{R}\right)\mathrm{d}V'-\int_V\frac{\nabla'\cdot\boldsymbol{P}(\boldsymbol{r}')\mathrm{d}V'}{4\pi\varepsilon_0 R}$$

利用散度定理 $\int_V\nabla\cdot\boldsymbol{A}\mathrm{d}\boldsymbol{V}=\oint_S\boldsymbol{A}\cdot\mathrm{d}\boldsymbol{S}$，上式可以写为

$$\varphi_{\mathrm{p}}(\boldsymbol{r})=\int_S\frac{\boldsymbol{P}(\boldsymbol{r}')\cdot\boldsymbol{e}_n\mathrm{d}S'}{4\pi\varepsilon_0 R}-\int_V\frac{\nabla'\cdot\boldsymbol{P}(\boldsymbol{r}')\mathrm{d}V'}{4\pi\varepsilon_0 R} \tag{3-3-7}$$

将式(3-3-7)与式(3-3-4)对比，可知

$$\sigma_{\mathrm{p}}(\boldsymbol{r}')=\boldsymbol{P}(\boldsymbol{r}')\cdot\boldsymbol{e}_n=P_n(\boldsymbol{r}')\text{，}\quad\rho_{\mathrm{p}}(\boldsymbol{r}')=-\nabla'\cdot\boldsymbol{P}(\boldsymbol{r}')$$

将坐标 $\boldsymbol{r}'$ 换回正常点的坐标 $\boldsymbol{r}$，得到

$$\sigma_{\mathrm{p}}=\boldsymbol{P}\cdot\boldsymbol{e}_n=P_n \tag{3-3-8}$$

$$\rho_{\mathrm{p}}=-\nabla\cdot\boldsymbol{P} \tag{3-3-9}$$

因此，只要知道了极化强度 $\boldsymbol{P}$，就可以方便地计算出极化电荷面密度 σ_{p} 和极化电荷密度 ρ_{p}。由式(3-3-9)知，如果介质内部是均匀极化，即若 $\boldsymbol{P}$ 为常矢量，则极化电荷密度 $\rho_{\mathrm{p}}=0$。也就是说，ρ_{p} 仅出现在极化不均匀的地方。而对于均匀材料，后文(例 3.3.1)将证明如果介质内没有富余的自由电荷，即使 $\boldsymbol{P}$ 不均匀，也不会出现极化电荷密度 ρ_{p}。

由式(3-3-8)和式(3-3-9)知，电介质贡献的极化电荷总和为

$$Q_{\mathrm{p}} = \int_V \rho_{\mathrm{p}} \mathrm{d}V + \oint_S \sigma_{\mathrm{p}} \mathrm{d}S = -\int_V \nabla \cdot \boldsymbol{P} \mathrm{d}V + \oint_S \boldsymbol{P} \cdot \boldsymbol{e}_n \mathrm{d}S = 0 \tag{3-3-10}$$

式(3-3-10)再一次利用了散度定理 $\int_V \nabla \cdot \boldsymbol{A} \mathrm{d}V = \oint_S \boldsymbol{A} \cdot \mathrm{d}\boldsymbol{S}$ 。这个结果与前面的认识是一致的：极化电荷只是束缚电荷在一定范围内相对偏移引起的宏观电性，极化过程中没有电荷真正被移走。这个结论对宏观任意小的一块电介质都成立。

实验表明，对大多数的电介质，极化强度 $\boldsymbol{P}$ 与电介质中的电场 $\boldsymbol{E}$ 成正比，这种电介质叫**各向同性**的电介质。因此各向同性的电介质中，极化强度 $\boldsymbol{P}$ 与电场强度 $\boldsymbol{E}$ 的关系可表示为

$$\boldsymbol{P} = \chi \varepsilon_0 \boldsymbol{E} \tag{3-3-11}$$

式中，$\boldsymbol{E}$ 为计及极化效应的总电场；χ 为电介质的极化率。若 χ 不随 $\boldsymbol{E}$ 的变化而变化，则称为线性电介质；若电介质中 χ 处处相同不随位置而变化，则称电介质是均匀的。故在均匀、线性、各向同性电介质中，式(3-3-11)中的 χ 是一个无量纲的常数，其大小取决于电介质本身的性质。本书主要讨论均匀、线性、各向同性电介质，简称均匀介质。

3.3.4 物质中的静电场基本方程

回到自由空间的静电场基本方程。按照3.3.1节的论述，散度方程 $\nabla \cdot \boldsymbol{E} = \rho / \varepsilon_0$ 中的电荷 ρ 是指一切对宏观静电场有贡献的电荷。按照能否脱离原子或分子的束缚被分离出来，把这些电荷分为两大类：自由电荷和束缚电荷。自由电荷用 ρ_{f} 表示，它包括空间或介质中滞留的富余电荷，也包括导体表面的感应电荷(电荷面密度 σ 视为电荷密度 ρ 的特殊形式)；束缚电荷主要指电介质极化产生的极化电荷 ρ_{p} (同样把极化电荷面密度 σ_{p} 看作 ρ_{p} 的特殊形式)。因此 ρ 可以写为

$$\rho = \rho_{\mathrm{f}} + \rho_{\mathrm{p}} \tag{3-3-12}$$

而散度方程可以写为

$$\nabla \cdot \boldsymbol{E} = \frac{\rho_{\mathrm{f}}}{\varepsilon_0} + \frac{\rho_{\mathrm{p}}}{\varepsilon_0} \tag{3-3-13}$$

根据式(3-3-9)，将 ρ_{p} 通过极化强度表示为 $\rho_{\mathrm{p}} = -\nabla \cdot \boldsymbol{P}$ ，代入式(3-3-13)，得到

$$\nabla \cdot \boldsymbol{E} = \frac{\rho_{\mathrm{f}}}{\varepsilon_0} - \frac{\nabla \cdot \boldsymbol{P}}{\varepsilon_0}$$

上式改写为

$$\nabla \cdot (\varepsilon_0 \boldsymbol{E} + \boldsymbol{P}) = \rho_{\mathrm{f}} \tag{3-3-14}$$

现在引入一个新的矢量

$$\boldsymbol{D} = \varepsilon_0 \boldsymbol{E} + \boldsymbol{P} \tag{3-3-15}$$

式(3-3-14)简化为

$$\nabla \cdot \boldsymbol{D} = \rho_{\mathrm{f}} \tag{3-3-16}$$

矢量 $\boldsymbol{D}$ 称为**电位移矢量**(electric displacement)或**电通量密度**(electric flux density)。在 SI 中，$\boldsymbol{D}$ 的单位是库仑/平方米($\mathrm{C/m^2}$)，与电荷面密度 σ 相同。$\boldsymbol{D}$ 同时包含了电介质中的电场强度和极化矢量，是为了便于理论分析而引入的一个辅助矢量，也是电磁场理论中另一个重要的物理量。方程(3-3-16)说明，电介质内任意一点电位移的散度等于该点自由电荷的体密度。

电位移矢量 $\boldsymbol{D}$ 跟电场强度 $\boldsymbol{E}$ 之间满足一定的关系。对于均匀、线性、各向同性的电介质，将 $\boldsymbol{P}=\chi\varepsilon_0\boldsymbol{E}$ 代入式(3-3-15)得到

$$\boldsymbol{D}=\varepsilon_0\boldsymbol{E}+\chi\varepsilon_0\boldsymbol{E}=(1+\chi)\varepsilon_0\boldsymbol{E} \tag{3-3-17}$$

定义 $\varepsilon_{\mathrm{r}}=1+\chi$，$\varepsilon=\varepsilon_{\mathrm{r}}\varepsilon_0$，则

$$\boldsymbol{D}=\varepsilon_{\mathrm{r}}\varepsilon_0\boldsymbol{E}=\varepsilon\boldsymbol{E} \tag{3-3-18}$$

式(3-3-18)称为**介质的本构关系**或**结构关系**。式中，ε 称为电介质的**电容率**，也称**介电常量**，单位是法/米(F/m)；ε_{r} 称为电介质的**相对电容率**或**相对介电常量**，是一个无量纲的正数。这个参数反映了电介质的极化性能，其值可由测量确定。各种电介质的 ε_{r} 总大于 1，常温常压下，气体的 ε_{r} 与 1 相差很小，例如空气 $\varepsilon_{\mathrm{r}}=1.00058$，故实际上可取 $\varepsilon_{\mathrm{r}}=1$。多数材料的 ε_{r} 在 1~10 之间；纯水的 ε_{r} 比较大，为 81。某些晶体材料可能拥有很大的 ε_{r}，例如钛酸钡 $\varepsilon_{\mathrm{r}}=1200$，因其性能独特，是一种重要的电子材料。

应该指出，式(3-3-15)是电位移 $\boldsymbol{D}$ 的一般定义式，不管介质如何它都成立。而式(3-3-18)所示的关系，仅适用于各向同性的线性介质。

在工程上，电介质被广泛地用作电绝缘材料。材料所能承受的电场强度具有一定的限度，超过此限度，电介质中的束缚电荷可能挣脱分子或原子的束缚成为自由电荷，此时电介质就丧失了它的绝缘性能，称为“介质击穿”。材料所能承受的最大场强称为该材料的**击穿场强**。1 个大气压下，空气击穿场强约为 3×10^6 V/m，变压器油、陶瓷、塑料、橡胶等材料，击穿场强都在 10^7 V/m 以上。常用电介质的相对电容率、击穿场强、电阻率以及其他性能参数可以查阅有关电工技术手册。

相对于极化电荷，自由电荷是比较容易处理的，因此，引入电位移矢量 $\boldsymbol{D}$ 后，电磁场的描述大为简化。今后将用方程(3-3-16)代替方程(3-3-13)作为物质中的静电场基本方程之一。由于上述讨论中没有改变电场强度 $\boldsymbol{E}$ 的任何属性，因此静电场的旋度方程保持不变。这样，**物质中的静电场基本方程**可以表示为

$$\nabla\cdot\boldsymbol{D}=\rho_{\mathrm{f}} \tag{3-3-19}$$

$$\nabla\times\boldsymbol{E}=0 \tag{3-3-20}$$

$$\boldsymbol{D}=\varepsilon\boldsymbol{E} \tag{3-3-21}$$

由于引入了新的变量 $\boldsymbol{D}$，为保持方程的完备性，必须把本构关系式(3-3-21)同散度方程和旋度方程一起列出。

有必要再次强调：**在以电位移矢量 $\boldsymbol{D}$ 表达的静电场高斯定理方程(3-3-19)中，电荷仅指自由电荷**。这与以电场强度 $\boldsymbol{E}$ 表达的自由空间的静电场高斯定理 $\nabla\cdot\boldsymbol{E}=\rho/\varepsilon_0$ 完全不同，在那里电荷指的是包括极化电荷在内的对宏观电场有贡献的全部电荷。在方程(3-3-19)中，极

化电荷的效应已经包含在关系式 $\boldsymbol{D}=\varepsilon\boldsymbol{E}$ 中。由于极化电荷不会同电位移矢量 $\boldsymbol{D}$ 并列计算，今后在不引起混乱的情况下，将把式(3-3-19)中的自由电荷密度 ρ_{f} 简写为 ρ。

虽然都叫作“基本方程”，物质中的基本方程(3-3-19)、方程(3-3-20)与自由空间的基本方程 (3-1-20)、方程(3-1-21) (即 $\nabla\cdot\boldsymbol{E}=\rho/\varepsilon_0$，$\nabla\times\boldsymbol{E}=0$) 在地位上是不对等的。方程(3-3-19)和方程 (3-3-20)使用参数 ε 描述介质极化过程，引入了更多的近似，因此不如方程(3-1-20)、方程(3-1-21) “更基本”；但也正是由于包含了对材料特性的描述，使它成为分析与求解工程静电场问题的有力工具。

利用散度定理（$\int_V \nabla\cdot\boldsymbol{A}\mathrm{d}V=\oint_S \boldsymbol{A}\cdot\mathrm{d}\boldsymbol{S}$）和斯托克斯定理（$\int_S \nabla\times\boldsymbol{A}\cdot\mathrm{d}\boldsymbol{S}=\oint_l \boldsymbol{A}\cdot\mathrm{d}\boldsymbol{l}$），可以方便地写出式(3-3-19)及(3-3-20)对应的积分形式

$$\oint_S \boldsymbol{D}\cdot\mathrm{d}\boldsymbol{S}=q \tag{3-3-22}$$

$$\oint_l \boldsymbol{E}\cdot\mathrm{d}\boldsymbol{l}=0 \tag{3-3-23}$$

式中，S 和 l 是任意的封闭曲面和闭合回路；q 是封闭曲面 S 所包围的全部电荷(指富余的自由电荷)。

此外，由于电场旋度方程未有改变，前面关于电位的定义 $\boldsymbol{E}=-\nabla\varphi$ 仍然成立，只不过，电介质存在时，电位满足的方程要根据式(3-3-19)并利用式(3-3-21)来获得

$$-\nabla\cdot\varepsilon\nabla\varphi=\rho_{\mathrm{f}} \tag{3-3-24}$$

式中，ρ_{f} 是自由电荷密度，今后在不引起歧义的情况下，亦将简写为 ρ。对于均匀、线性、各向同性电介质，ε 是常量，方程(3-3-24)成为泊松方程

$$\nabla^2\varphi=-\rho/\varepsilon \tag{3-3-25}$$

在没有自由电荷存在的区域，$\rho=0$，泊松方程变为拉普拉斯方程

$$\nabla^2\varphi=0 \tag{3-3-26}$$

因此，如果定义真空中电位移矢量为 $\boldsymbol{D}=\varepsilon_0\boldsymbol{E}$，则真空中的所有静电场方程，包括散度方程、旋度方程、本构关系、电位泊松方程、拉普拉斯方程等，将与物质中的静电场方程具有完全相同的形式，从而二者解的表达形式也是相同的。但是如前所述，它们包含的物理意义是不相同的，方程的地位也是不对等的。

例 3.3.1　试证明：处于静电场中的均匀、线性、各向同性电介质，如果内部没有自由电荷 ρ_{f}，则内部极化电荷密度也为 0。

解：极化电荷密度为 $\rho_{\mathrm{p}}=-\nabla\cdot\boldsymbol{P}$。由 $\boldsymbol{D}=\varepsilon\boldsymbol{E}$ 及 $\boldsymbol{D}=\varepsilon_0\boldsymbol{E}+\boldsymbol{P}$ 得到

$$\boldsymbol{P}=\left(1-\frac{\varepsilon_0}{\varepsilon}\right)\varepsilon\boldsymbol{E}=\left(1-\frac{1}{\varepsilon_{\mathrm{r}}}\right)\boldsymbol{D}$$

由于 ε_{r} 为常数，故有

$$\rho_{\mathrm{p}}=-\nabla\cdot\boldsymbol{P}=-\left(1-\frac{1}{\varepsilon_{\mathrm{r}}}\right)\nabla\cdot\boldsymbol{D}=\left(\frac{1}{\varepsilon_{\mathrm{r}}}-1\right)\rho_{\mathrm{f}}$$

因此，如果自由电荷密度 $\rho_{\rm f}=0$，则 $\rho_{\rm p}=0$。即：不管电介质内部是否均匀极化，只要材料是均匀、线性、各向同性的，且没有自由电荷，则介质内部就不出现体分布的极化电荷，极化电荷只分布在介质表面；反之，如果介质内部存在自由电荷，则一定同时存在体分布的极化电荷。

3.3.5 媒质分界面条件

微分方程只适用于场量连续、可导的区域。在电荷密度 ρ 奇异的地方，场量可能发生突变。如例 3.1.2 中，如果出现了面电荷 σ，就意味着电荷密度 $\rho\to\infty$；在面电荷两侧，电场强度 $\boldsymbol{E}$ 发生突变。当场点位于线电荷、点电荷或电偶极子的邻近区域时，场量会表现出更大的奇异性。当然，这些奇异只是数学上的奇异，在物理上它是一个很窄的过渡间隙，并不真的出现“无限大”场量，比如导体表面的电荷层，厚度约为一个原子的尺度，并不真的为 0。电场虽然变化很快但终究是连续的，“突变”只是一种数学处理方式。在模拟两种媒质的分界面过渡层时，面电荷是一种重要模型，例如导体表面出现自由面电荷，介质表面出现极化面电荷，它们都可能引起场量的突变。微分方程不便于描述这种突变，因此必须对场在这些位置的连续性做出补充。

由于积分形式的静电场基本方程不受场量连续与否的影响，下面从积分形式的方程出发，推导场量在两种媒质分界面上满足的连续性关系㊀。

1. **$\boldsymbol{D}$ 的法向连续性**

如图 3-3-3a 所示，在两种媒质的分界面上围绕某点做一个跨越分界面的扁平小圆柱体，其两底面 ΔS 平行于分界面，圆柱高度 $\Delta h\to 0$。设分界面两侧电位移矢量分别为 $\boldsymbol{D}_1$、$\boldsymbol{D}_2$，将积分形式的高斯定理 $\oint_S \boldsymbol{D}\cdot \mathrm{d}\boldsymbol{S}=q$ 用于此圆柱体，得到

$$-D_{1n}\Delta S+D_{2n}\Delta S=\sigma\Delta S$$

式中，分界面上的法向单位矢量 $\boldsymbol{e}_n$ 规定为由媒质 1 指向媒质 2；σ 为分界面上的自由电荷面密度。从而，在两种媒质的分界面上，电位移矢量的法向分量满足

$$D_{2n}-D_{1n}=\sigma \tag{3-3-27}$$

如果分界面上没有自由电荷面密度，即 $\sigma=0$，则电位移矢量的法向分量满足

$$D_{1n}=D_{2n} \tag{3-3-28}$$

有两点要强调：其一，$\boldsymbol{e}_n$ 的方向从媒质 1 指向媒质 2。如果取相反的 $\boldsymbol{e}_n$，那么对于同一个 $\boldsymbol{D}$ 求得的 D_n 也将反号。其二，σ 是自由电荷面密度，不包括极化电荷。自由电荷 $\sigma=0$ 并不表示极化电荷面密度 $\sigma_{\rm p}$ 也为 0。恰恰相反，此时由于 $D_{1n}=D_{2n}$，只要 $\varepsilon_1\neq\varepsilon_2$，必有 $E_{1n}\neq E_{2n}$，E_n 的突变正是由于极化电荷面密度 $\sigma_{\rm p}$ 引起的。

㊀ 场量在两种媒质交界面上满足的连续性关系在许多书上称作“边界条件”。在 3.5 节“边值问题”中将会涉及“场域的边界条件”，这两种“边界条件”具有本质的区别，参见本书 3.4 节相应注释。为避免混淆，本书试图回避用“边界”来称呼两种媒质的交界面。此外，“交界面(interface)”这个词本身也还有“分界面”的说法——虽然纯粹是个文字问题。细察之，虽然同指一件事物，“交”强调的是同，“分”看重的是异，在不同的语境下都有各自的合理性，这有点像“连续性关系”和“突变关系”所指是同一关系一样。如果没有强制性的规定，就依个人习惯好了。

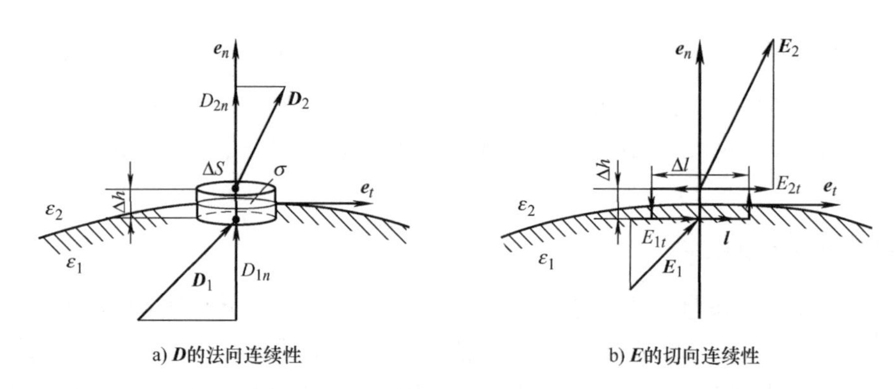

图 3-3-3 媒质分界面上的边界条件

2. **E** 的切向连续性

在两种媒质的分界面上围绕某点做一个跨越分界面的扁平小矩形回路，其两底边 Δl 平行于分界面，高度 $\Delta h \to 0$，回路参考方向如图 3-3-3b 所示。设分界面两侧电场强度分别为 $\boldsymbol{E}_1$、$\boldsymbol{E}_2$，将方程 $\oint_l \boldsymbol{E} \cdot \mathrm{d}\boldsymbol{l} = 0$ 用于此矩形回路，由于 $\Delta h \to 0$，得到

$$E_{1t}\Delta l - E_{2t}\Delta l = 0$$

因此，在两种媒质的分界面上，电场强度的切向分量满足

$$E_{1t} = E_{2t} \tag{3-3-29}$$

对于两种理想介质，多数情况下分界面上不存在面分布的自由电荷，因此经常说：跨越媒质分界面，**D** 法向连续，**E** 切向连续。

式(3-3-27)和式(3-3-29)也常被写成如下的矢量形式

$$\boldsymbol{e}_n \cdot (\boldsymbol{D}_2 - \boldsymbol{D}_1) = \sigma \tag{3-3-30}$$

$$\boldsymbol{e}_n \times (\boldsymbol{E}_2 - \boldsymbol{E}_1) = 0 \tag{3-3-31}$$

在以后的应用中会发现这种矢量形式有很强的优越性。

从式(3-3-27)和式(3-3-29)的推导过程可以看出，它们在空间任一点上都成立，而并不仅在媒质分界面上才成立，这点可以从例 3.1.2 得到佐证。对一个“正常”位置上的邻近两点，媒质没有突变($\varepsilon_1 = \varepsilon_2$)，电荷密度 ρ 为有限值，式(3-3-27)和式(3-3-29)意味着 $E_{1t} = E_{2t}$、$E_{1n} = E_{2n}$ 以及 $D_{1t} = D_{2t}$、$D_{1n} = D_{2n}$，它表示电场强度 **E** 和电位移矢量 **D** 都是空间的连续函数。因此，式 (3-3-27)和式(3-3-29)以离散的形式给出了 **D** 和 **E** 的空间连续性情况与电荷密度的关系，它们跟静电场基本方程的积分形式、微分形式具有同等的“辈分”，可以算是基本方程的“差分形式”，如图 3-3-4 所示。只不过，这种“差分形式”的方程在“正常”区域里给不出有用的信息，只在处理奇异场源的时候，才显示出它们的价值。

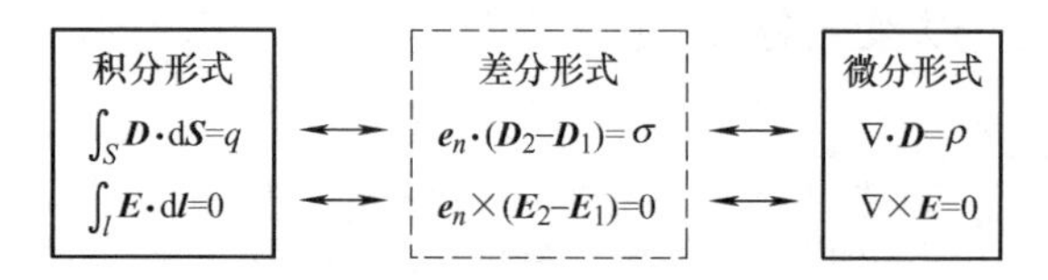

图 3-3-4 分界面条件与静电场基本方程(双向箭头只表示对应，不表示相互导出)

3. 电位函数在分界面上的连续性

如图 3-3-5 所示，在两种媒质分界面两侧相对的位置各取一点 A 和 B，其电位分别为 φ_1 和 φ_2，则分界面两侧的电位差为

$$\varphi_1-\varphi_2=\int_A^B \boldsymbol{E}\cdot \mathrm{d}\boldsymbol{r}$$

当 A 和 B 两点充分靠近分界面时，若分界面上 E_n 不为无穷大[⊖]，则积分结果为 0，有

$$\varphi_1=\varphi_2 \tag{3-3-32}$$

即分界面两侧电位是连续的。可以证明，$\varphi_1=\varphi_2$ 跟 $E_{1t}=E_{2t}$ 是等价的。如图 3-3-5 所示，从 A、B 两点出发，沿切线方向前进一段小的位移 Δl，分别到达点 A'、B'。根据 $\boldsymbol{E}=-\nabla\varphi$，分界面两边的电场强度切向分量可表示为

$$E_{1t}=-\frac{\partial\varphi_1}{\partial t}=\frac{\varphi_A-\varphi_{A'}}{\Delta l},\quad E_{2t}=-\frac{\partial\varphi_2}{\partial t}=\frac{\varphi_B-\varphi_{B'}}{\Delta l}$$

若式(3-3-32)处处成立，即 $\varphi_A=\varphi_B$，$\varphi_{A'}=\varphi_{B'}$，则可推出 $E_{1t}=E_{2t}$；反之，若 $E_{1t}=E_{2t}$ 处处成立，只要分界面上任一点处 $\varphi_1=\varphi_2$ 成立，则整个分界面上都有 $\varphi_1=\varphi_2$。

另外，用电位 φ 表示电位移矢量 $\boldsymbol{D}$，根据 $\boldsymbol{E}=-\nabla\varphi$ 及 $\boldsymbol{D}=\varepsilon\boldsymbol{E}$，有

$$D_n=\varepsilon E_n=-\varepsilon\frac{\partial\varphi}{\partial n}$$

代入分界面条件 $D_{2n}-D_{1n}=\sigma$，得

$$\varepsilon_1\frac{\partial\varphi_1}{\partial n}-\varepsilon_2\frac{\partial\varphi_2}{\partial n}=\sigma \tag{3-3-33}$$

式(3-3-32)和式(3-3-33)就是用电位函数表示的分界面条件。如果分界面上没有自由面电荷，式(3-3-33)变为

$$\varepsilon_1\frac{\partial\varphi_1}{\partial n}=\varepsilon_2\frac{\partial\varphi_2}{\partial n} \tag{3-3-34}$$

4. 导体表面的边界条件

将媒质分界面条件 $E_{1t}=E_{2t}$、$D_{2n}-D_{1n}=\sigma$ 用于导体表面，如图 3-3-6 所示，由于静电场中导体内部 $\boldsymbol{E}$ 处处为 0，因此在导体表面，必有

$$E_t=0 \tag{3-3-35}$$

$$D_n=\sigma \tag{3-3-36}$$

即：导体表面电场强度处处垂直；电位移矢量的法向分量等于电荷面密度，其中 $\boldsymbol{e}_n$ 指向离开导体的方向。

用电位函数表示导体表面的边界条件为

$$\varphi=\mathrm{const} \tag{3-3-37}$$

⊖ 虽然不很常见，但的确存在一种模型使得 E_n 无穷大，从而使分界面两侧电位发生跳变，这就是所谓的“电偶极子层”，它可用于模拟介质中一个很窄的间隙。

$$-\varepsilon\frac{\partial\varphi}{\partial n}=\sigma \tag{3-3-38}$$

注意，如果导体表面电场不为 0，则必有电荷面密度σ存在，但σ的量值通常是难以事先确定的。通常的情形是，先求得场的分布，然后根据下式得到σ：

$$\sigma=\varepsilon E_n=-\varepsilon\frac{\partial\varphi}{\partial n} \tag{3-3-39}$$

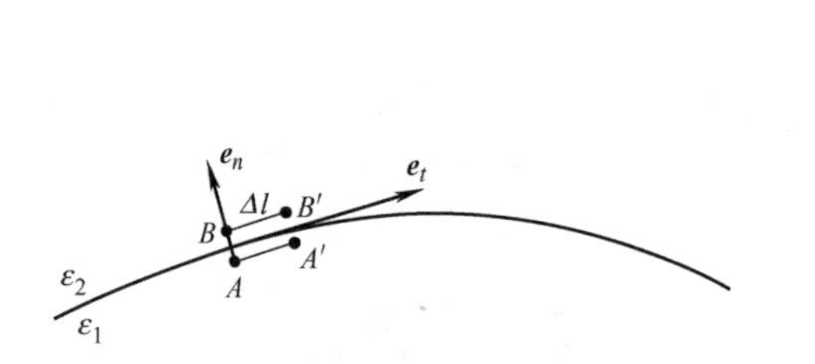

图 3-3-5 媒质分界面上电位函数的连续性

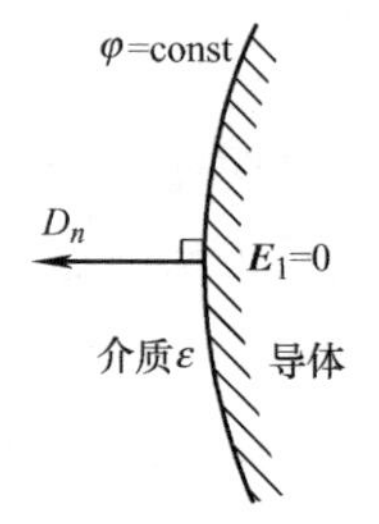

图 3-3-6 导体表面的边界条件

关于导体需要多说几句。导体内由于具有大量可以自由移动的电荷，故很少讨论它的极化问题。根据经典电子理论，在恒定场情况下，可以近似地认为金属导体的介电常数$\varepsilon\approx\varepsilon_0$。在 3.3.3 节中提到，电介质中出现的极化电荷有削弱和抵消外加电场的作用。如果电介质相对电容率$\varepsilon_r\to\infty$，则电介质内部$\boldsymbol{E}=\boldsymbol{D}/(\varepsilon_r\varepsilon_0)\to 0$，外加电场完全被抵消。从这个意义上说，导体在静电场中的表现类似于相对电容率等于无穷大的电介质，如图 3-3-7 所示。的确，在静电场的分析计算中，也常用这种办法来等效处理电位未知的孤立导体。但这只是一种等效处理手段，二者的物理机制完全不同。对于导体，由于内部$\boldsymbol{E}_1=0$，故$\boldsymbol{D}_1=\varepsilon_0\boldsymbol{E}_1=0$，其表面上存在自由电荷面密度$\sigma$，分界面条件为$D_{2n}-D_{1n}=\sigma$；而对于$\varepsilon_r$无限大的电介质，在其内部$\boldsymbol{D}_1=\varepsilon_0\boldsymbol{E}_1+\boldsymbol{P}_1$，虽然同样是$\boldsymbol{E}_1=0$，但$\boldsymbol{P}_1\neq 0$，故$\boldsymbol{D}_1\neq 0$，介质表面有极化电荷，但是无自由电荷(除非是外部强行注入)，分界面条件为$D_{2n}-D_{1n}=0$。

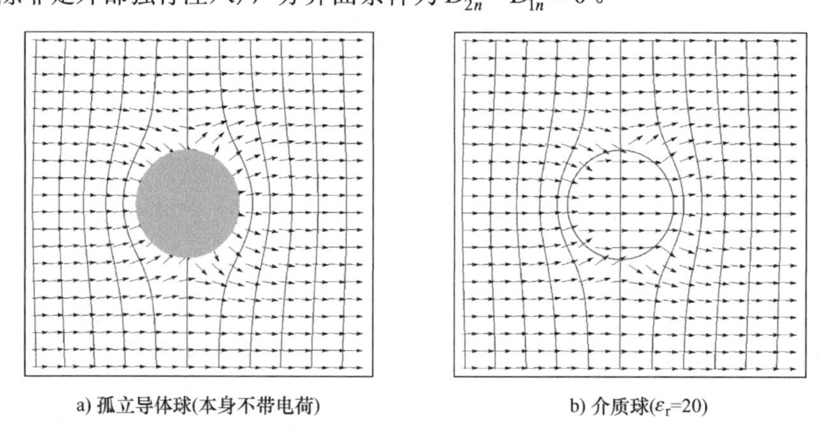

a) 孤立导体球(本身不带电荷)　　b) 介质球(ε_r=20)

图 3-3-7 均匀静电场中的孤立导体球和同样体积的介质球(箭头表示电场强度，实线表示等位线)

例 3.3.2 图 3-3-8 所示为填充两种电介质的平行板电容器，分界面用Γ表示，尺寸d_1、d_2、S_1、S_2和介电常量ε_1、ε_2均为已知。图 3-3-8a 中已知极板间电压U_0，图 3-3-8b 中则已知极板上的总电荷q。试分别求电容器中的电场强度。

解：对图 3-3-8a，规定分界面Γ的法向矢量$\boldsymbol{e}_n$如图所示。相对于Γ，$\boldsymbol{D}$和$\boldsymbol{E}$都只有法向分量。由媒质分界面条件$D_{1n}=D_{2n}$并利用给定的电压条件可列出方程组

$$\begin{cases}\varepsilon_1 E_1=\varepsilon_2 E_2\\ E_1 d_1+E_2 d_2=U_0\end{cases}$$

解之，得

$$E_1=\frac{\varepsilon_2 U_0}{\varepsilon_1 d_2+\varepsilon_2 d_1},\quad E_2=\frac{\varepsilon_1 U_0}{\varepsilon_1 d_2+\varepsilon_2 d_1}$$

对图 3-3-8b，规定各个面上的法向矢量$\boldsymbol{e}_n$、$\boldsymbol{e}_{n1}$和$\boldsymbol{e}_{n2}$如图所示。相对于分界面Γ，$\boldsymbol{D}$和$\boldsymbol{E}$都只有切向分量，并满足媒质分界面条件$E_{1t}=E_{2t}$，从而有$E_1=E_2=E$。

但相对于极板而言，$\boldsymbol{D}$和$\boldsymbol{E}$都只有法向分量，在极板表面应用边界条件$D_n=\sigma$得到$D_1=\varepsilon_1 E=\sigma_1$和$D_2=\varepsilon_2 E=\sigma_2$，$\sigma_1$和$\sigma_2$为极板表面的电荷面密度。由于总电荷量$q$已知，有$\sigma_1 S_1+\sigma_2 S_2=q$，即

$$\varepsilon_1 E S_1+\varepsilon_2 E S_2=q$$

解得电场强度

$$E=\frac{q}{\varepsilon_1 S_1+\varepsilon_2 S_2}$$

以上求解过程中虽然都只用到了分界面条件中的一个方程，但不难发现另一个方程均自动满足。

在下一个例题中，将练习使用电位φ来解决一个具有一定工程价值的问题，尽管由于它的对称性，也可以使用积分形式的高斯定理来求解。

例 3.3.3 单芯电缆内外导体之间填充有两层绝缘材料，如图 3-3-9 所示。内导体半径为a_1，外导体半径为a_3；介质分界面与导体同轴，半径为a_2，内外介质的介电常量分别为ε_1和ε_2。已知内、外导体之间的电压为U，求介质中的电场分布以及单位长度内导体所带电荷。

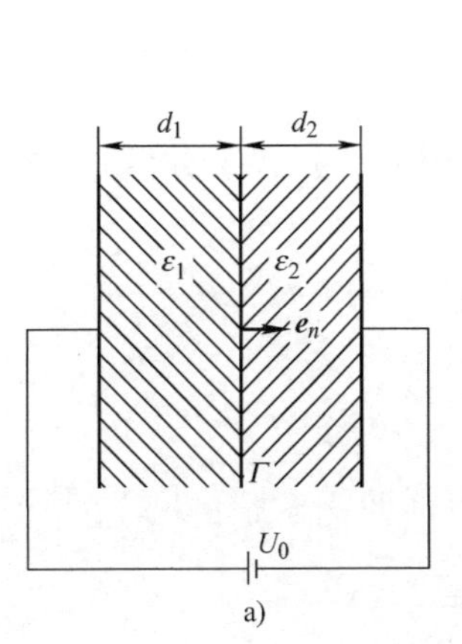

a)

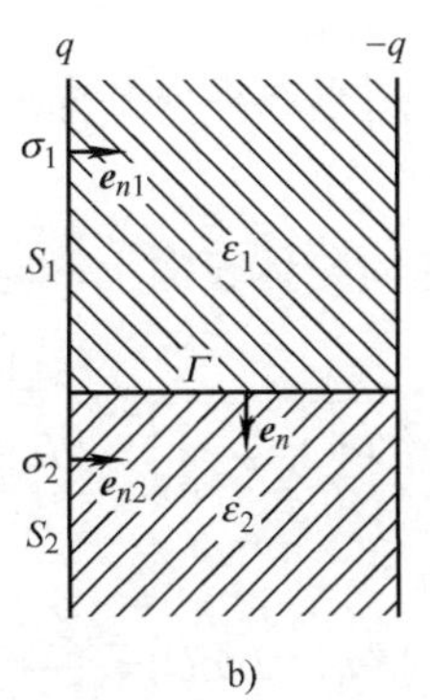

b)

图 3-3-8 填充两种电介质的平行板电容器

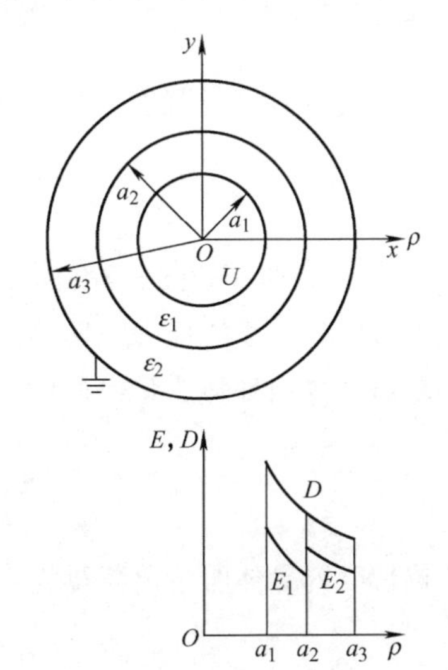

图 3-3-9 单芯同轴电缆

解：两种介质中的电位分别用φ_1、φ_2表示，根据问题的对称性不难判断，φ_1、φ_2只与坐标变量ρ有关。由于没有自由电荷，φ_1、φ_2满足拉普拉斯方程。将方程在柱坐标系中展开，并利用性质$\varphi_1=\varphi_1(\rho)$、$\varphi_2=\varphi_2(\rho)$，得到

$$\nabla^2\varphi_1=\frac{1}{\rho}\frac{\partial}{\partial\rho}\left(\rho\frac{\partial\varphi_1}{\partial\rho}\right)=0 \quad (a_1<\rho<a_2) \tag{a}$$

$$\nabla^2\varphi_2=\frac{1}{\rho}\frac{\partial}{\partial\rho}\left(\rho\frac{\partial\varphi_2}{\partial\rho}\right)=0 \quad (a_2<\rho<a_3) \tag{b}$$

积分得到通解

$$\varphi_1=c_1\ln\rho+c_2,\quad \varphi_2=c_3\ln\rho+c_4$$

为确定积分常数$c_1\sim c_4$，需要4个边界条件。在介质分界面上，有

$$\varphi_1=\varphi_2,\quad \varepsilon_1\frac{\partial\varphi_1}{\partial\rho}=\varepsilon_2\frac{\partial\varphi_2}{\partial\rho} \quad (\rho=a_2) \tag{c}$$

另外，由题意，在内外导体表面上电位已知，故

$$\varphi_1(a_1)=U,\quad \varphi_2(a_3)=0 \tag{d}$$

利用条件(c)和(d)可以求得积分常数$c_1\sim c_4$：

$$c_1=-\frac{cU}{\varepsilon_1},\quad c_2=U+\frac{cU\ln a_1}{\varepsilon_1},\quad c_3=-\frac{cU}{\varepsilon_2},\quad c_4=\frac{cU\ln a_3}{\varepsilon_2}$$

其中$c=\dfrac{1}{\dfrac{1}{\varepsilon_1}\ln\dfrac{a_2}{a_1}+\dfrac{1}{\varepsilon_2}\ln\dfrac{a_3}{a_2}}$。将$c_1\sim c_4$代入$\varphi_1$、$\varphi_2$的表达式，得

$$\varphi_1=U-\frac{cU}{\varepsilon_1}\ln\frac{\rho}{a_1},\quad \varphi_2=\frac{cU}{\varepsilon_2}\ln\frac{a_3}{\rho}$$

由$\boldsymbol{E}=-\nabla\varphi$计算电场强度，得

$$\boldsymbol{E}_1=\frac{cU}{\varepsilon_1\rho}\boldsymbol{e}_\rho,\quad \boldsymbol{E}_2=\frac{cU}{\varepsilon_2\rho}\boldsymbol{e}_\rho$$

E和D的分布曲线如图3-3-9所示。适当选择内外介质的介电常量ε_1、ε_2以及分界面半径，可以调节内外介质的最大电场。

最后计算内导体所带电荷量。在内导体表面上，电荷面密度

$$\sigma=-\varepsilon_1\left.\frac{\partial\varphi_1}{\partial n}\right|_{\rho=a_1}=-\varepsilon_1\left.\frac{\partial\varphi_1}{\partial\rho}\right|_{\rho=a_1}=\frac{cU}{a_1}$$

故单位长度内导体所带电荷量为

$$\tau=\sigma\cdot2\pi a_1=2\pi cU=\frac{2\pi U}{\dfrac{1}{\varepsilon_1}\ln\dfrac{a_2}{a_1}+\dfrac{1}{\varepsilon_2}\ln\dfrac{a_3}{a_2}}$$

本例中，如果$a_2 \to a_3$，即只有一种电介质，把ε_1写作ε，则常数$c = \dfrac{\varepsilon}{\ln(a_2/a_1)}$；其他公式相应地变为：

单位长度带电量

$$\tau = \frac{2\pi\varepsilon U}{\ln(a_2/a_1)} \tag{3-3-40}$$

电位

$$\varphi = U - \frac{cU}{\varepsilon}\ln\frac{\rho}{a_1} = U\frac{\ln(a_2/\rho)}{\ln(a_2/a_1)} = \frac{\tau}{2\pi\varepsilon}\ln\frac{a_2}{\rho} \tag{3-3-41}$$

电场强度

$$\boldsymbol{E} = \frac{cU}{\varepsilon\rho}\boldsymbol{e}_\rho = \frac{U}{\rho\ln(a_2/a_1)}\boldsymbol{e}_\rho = \frac{\tau}{2\pi\varepsilon\rho}\boldsymbol{e}_\rho \tag{3-3-42}$$

式(3-3-40)～式(3-3-42)在分析同轴电缆的电场时经常用到，它们也都可以根据积分形式的电场高斯定理方便地获得。

3.3.6 基本方程中电荷形式的再讨论

场与源的关系是电磁场问题的核心，对静电场来说就是电荷与电场的关系，本章到此为止所讨论的都是这一主题。主要内容梳理如下：

1) 电场是由电荷产生的，电场的存在又影响电荷的分布状态。自由空间中电荷与电场的相互作用规律通过静电场的基本方程或者电位泊松方程来描述

$$\begin{cases}\nabla\cdot\boldsymbol{E} = \dfrac{\rho}{\varepsilon_0} = \dfrac{\rho_\mathrm{f}+\rho_\mathrm{p}}{\varepsilon_0} \\ \nabla\times\boldsymbol{E} = 0\end{cases} \quad \text{或} \quad \nabla^2\varphi = -\frac{\rho_\mathrm{f}+\rho_\mathrm{p}}{\varepsilon_0}$$

式中，电荷ρ泛指各种分布形式的电荷，包括体分布、面分布、线分布的电荷以及点电荷等，它们都看作是体分布电荷的特殊形式。

2) 有物质存在的时候，电荷ρ被分为两部分：自由电荷ρ_f与极化电荷ρ_p。通过引入电位移矢量$\boldsymbol{D}$和介电常量$\varepsilon = \varepsilon_\mathrm{r}\varepsilon_0$，极化电荷的作用被关系式$\boldsymbol{D} = \varepsilon\boldsymbol{E}$所描述。这样，物质中的静电场基本方程和电位泊松方程简化为

$$\begin{cases}\nabla\cdot\boldsymbol{D} = \rho_\mathrm{f} \\ \nabla\times\boldsymbol{E} = 0 \\ \boldsymbol{D} = \varepsilon\boldsymbol{E}\end{cases} \quad \text{或} \quad \nabla^2\varphi = -\frac{\rho_\mathrm{f}}{\varepsilon}$$

式中只剩下了自由电荷ρ_f。由于电位方程求解最为方便，工程上求解静电场问题几乎总是选择电位φ为求解量，因此以下只讨论电位的泊松方程。

3) 泊松方程$\nabla^2\varphi = -\dfrac{\rho_\mathrm{f}}{\varepsilon}$描述了电位$\varphi$、自由电荷$\rho_\mathrm{f}$和电介质材料$\varepsilon$三者之间的关系。对于确定的问题，介质$\varepsilon$的分布通常是已知的，于是所要解决的问题就变为在给定的介质结构下研究φ和ρ_f的关系。

4）在实际的工程问题中，除了像等离子体、带电粒子束这样一些专门研究和应用带电粒子的领域外，很少遇到空间游离着一团自由电荷的情形。经常遇到的静电场实际问题大都如例 3.3.3 那样，自由电荷以面电荷 σ_f 的形式存在于导体和非理想介质的表面上，这些电荷并不出现在泊松方程 $\nabla^2\varphi=-\dfrac{\rho_f}{\varepsilon}$ 中，而是以分界面条件的形式反映出来：

$$\varepsilon_1\frac{\partial\varphi_1}{\partial n}-\varepsilon_2\frac{\partial\varphi_2}{\partial n}=\sigma_f \quad （介质表面） \tag{3-3-43a}$$

$$-\varepsilon\frac{\partial\varphi}{\partial n}=\sigma_f \quad （导体表面） \tag{3-3-43b}$$

而在除媒质分界面以外的“正常”区域里，由于通常没有自由电荷，φ 满足拉普拉斯方程

$$\nabla^2\varphi=0 \tag{3-3-44}$$

于是，工程上所要求解的方程通常就是拉普拉斯方程(3-3-44)。这多少有些令人惊奇：电荷是电场的源，而最终要求解的方程里居然找不到电荷了！

5）小结：当要抽象地描述一个静电场问题时，使用泊松方程 $\nabla^2\varphi=-\dfrac{\rho_f}{\varepsilon}$，这个 ρ_f 指各种形式的自由电荷，也包括媒质分界面上的自由面电荷；当要具体求解某个问题的时候，我们面对的往往是拉普拉斯方程 $\nabla^2\varphi=0$，自由电荷 ρ_f 则以分界面条件式(3-3-43)的形式体现。

工程实际中求解的静电场问题往往都限定在一定的空间区域中(称为**场域**)，但是产生这个场的源却既可以位于场域内，也可以位于场域外。因此，除了要给出电位在区域内满足的微分方程和媒质分界面条件，还必须给出电位在区域边界上满足的合适的边界条件，场域外的源即通过这些边界条件来体现。在给定的边界条件下确定微分方程的解，称为求解边值问题，将在 3.4 节讨论。

3.4 静电场边值问题

3.4.1 边值问题

在前面各节中，已经展示了多个例子来说明如何在一定的约束条件下，通过求解静电场基本方程或者电位泊松方程来获得静电场问题的解答。只不过，此前讨论的都是一些比较简单的“一维”问题，所对应的偏微分方程退化为常微分方程，可以通过直接积分的方式求解。本节所要做的是把研究对象扩展到更为一般的二维和三维问题。由于电位方程求解最为方便，静电场分析中几乎总是使用电位 φ 作为求解量，因此，下面只讨论电位泊松方程（$\nabla^2\varphi=-\rho/\varepsilon$）或拉普拉斯方程(当 $\rho=0$ 时)的求解。另外，所讨论的媒质限于线性、均匀、各向同性材料。

工程上要求解的问题往往都限定在一定的空间区域内，称为**场域**，记作 Ω；场域的边界记作 Γ。在场域 Ω 内，电位满足泊松方程或拉普拉斯方程，该方程是对电位分布规律的一般性描述，它的通解表达了电位函数所有可能的存在形式。为了从通解中确定所研究的具体问题的解答，还必须给出电位在边界 Γ 上满足的合适的约束条件，称为**边界条件**(boundary condition)。这种由微分方程与合适的边界条件组成的关于特定物理现象的数学描述称为**边值**

问题(boundary value problem)，是数学物理科学研究的重要内容。电磁场中的许多问题最后都归结为边值问题的求解。

对于一维问题，求解的场域退化为一条线段，边界是线段的两个端点；经常使用的边界条件是给出电位在这些点上的函数值或者一阶导数值。二维问题中，边界是一条(或几条)封闭曲线，三维问题中边界是一个(或几个)封闭曲面。与一维问题相比，其边界条件要复杂得多。常用的边界条件形式有以下几种：

1)给定场域边界 Γ 上各点的电位值(也称为**第一类边界条件**)，即

$$\varphi(\boldsymbol{r})\big|_{\Gamma} = f_1(\boldsymbol{r}) \tag{3-4-1}$$

2)给定场域边界 Γ 上各点电位的法向导数(也称为**第二类边界条件**)，即

$$\left.\frac{\partial\varphi(\boldsymbol{r})}{\partial n}\right|_{\Gamma} = f_2(\boldsymbol{r}) \tag{3-4-2}$$

3)如果选取导体表面 Γ_{c} 为场域边界，若已知其电位，则归于第一类边界条件；若电位未知，但知道所带电荷量 q，边界条件表示为

$$\varphi(\boldsymbol{r})\big|_{\Gamma_{\mathrm{c}}} = U_{\mathrm{c}}\,,\quad -\oint_{\Gamma_{\mathrm{c}}} \varepsilon\frac{\partial\varphi}{\partial n}\mathrm{d}\Gamma = q \tag{3-4-3}$$

式中，U_{c} 是待定常数；ε 是导体外媒质的介电常量。

4)对于周期性结构中的场，可取一个周期区域为求解场域，例如柱坐标系中环形区域内的电场在 ϕ 方向以 2π 为周期变化，**周期边界条件**可以写为

$$\varphi(\rho,\phi+2\pi,z)=\varphi(\rho,\phi,z)\,,\quad \frac{\partial\varphi(\rho,\phi+2\pi,z)}{\partial\phi}=\frac{\partial\varphi(\rho,\phi,z)}{\partial\phi} \tag{3-4-4}$$

5)如果场域扩展到无界区域，须根据物理本质，给出电位在无穷远处的极限行为，称为**自然边界条件**。假定所有电荷都位于坐标原点附近的有限区域内，自然边界条件为

$$\lim_{r\to\infty} r\varphi(\boldsymbol{r}) = \text{有限值} \quad \text{或} \quad \lim_{r\to\infty} r^2 E(\boldsymbol{r}) = \text{有限值} \tag{3-4-5}$$

式(3-4-5)规定了在无限远处场量向0衰减的方式。

某些时候，采用柱坐标系或球坐标系求解边值问题，可能用到轴心或原点处电位为有限值的约束条件，也归为自然边界条件。

上述诸式中，法向单位矢量 $\boldsymbol{n}$ 指向待求场域；函数 $f_1(\boldsymbol{r})$、$f_2(\boldsymbol{r})$ 都是已知函数，如果某个 $f_i(\boldsymbol{r})=0$（$i=1,\ 2$），相应地称为**齐次第 i 类边界条件**。

以上各种边界条件是“或”的关系，对每段边界给出一种即可，——也只能给一种，否则可能产生冲突。例如导体表面若规定了电位 U_{c} 和电荷量 q 中的任何一个，另一个也就被唯一确定，因此不能同时被指定。就实际情况而言，在整个边界 Γ 上，各处的边界条件并不一定能给出统一的形式，也不见得属于同一种类型，通常是以分段分片的形式给出各种边界条件的组合，但必须覆盖全部边界 Γ。

关于边界条件，需要明确以下几点：

1)边界条件的设立是为了从微分方程无数个可能的解答中确定所研究的具体问题的特定解答，正如一维情况下需要通过边界条件来确定积分常数。只要能实现这个定解的目标，

就可以充当边界条件。对一个工程实际问题，并不存在一个由物理本质决定的、必然的边界和边界条件，它们的设置在很大程度上是人为选择的结果。

2) 式(3-4-1)～式(3-4-5)给出了为场域确定边界的参考依据：如果沿着一个曲面$\varGamma$（二维情况下为曲线）能够给出前述的任何一种条件或它们的分段组合，那么曲面$\varGamma$就有资格作为场域的边界。显然，对同一个问题，可以选择不同的边界构成不同的求解模型。“好”模型的标准是能够抓住问题的本质且便于求解，以最小的计算成本获得可靠的精度保证。

3) 所指定的边界条件必须正确地反映场的物理规律，否则可能导致边值问题错解或无解。譬如，假定场域$\varOmega$内没有电荷，电位满足$\nabla^2\varphi=0$，如果在全部边界$\varGamma$上都指定了$\partial\varphi/\partial n>0$，那么就违背了静电场高斯定理，必然导致边值问题无解。边值问题解的存在性和稳定性正是从这种物理规律的正确获得保证。

从求解边值问题的任务来说，“场域”必须涵盖所关注的区域，给出所需要的信息。在满足目标需求的前提下，边界条件和场域的选择主要考虑的是问题的可解性。
下面通过几个例子来理解这一点。

例 3.4.1 图 3-4-1 所示为一长直同轴电缆横截面。已知缆芯横截面是一个边长为 $2b$ 的正方形，边界用$\varGamma_1$表示；铅皮半径为 a，边界用$\varGamma_2$表示。内外导体之间电介质的介电常数为ε，两导体之间电压为 U_0。试写出该电缆中静电场的边值问题。

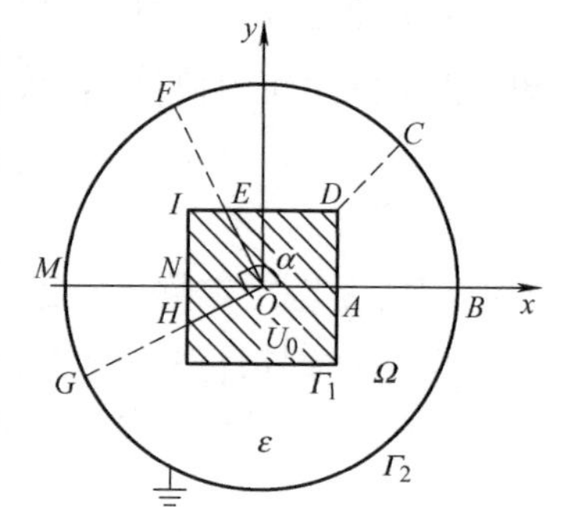

图 3-4-1 长直同轴电缆横截面

解： 对这个问题，我们关心的是内外导体之间的区域$\varOmega$中的电场分布，场域的选择必须给出此区域中电场分布的全部信息。最直接的选择是将整个$\varOmega$作为求解场域。

电缆视为无限长，电位φ仅随 x 和 y 坐标变化，且满足拉普拉斯方程。在$\varGamma_1$和$\varGamma_2$上电位已知，故可作为第一类边界条件。列出边值问题为

$$\begin{cases}\nabla^2\varphi=0 & (\text{在}\,\varOmega\,\text{内})\\ \varphi|_{\varGamma_1}=U_0\\ \varphi|_{\varGamma_2}=0\end{cases}\tag{3-4-6}$$

如果考虑问题的对称性，图 3-4-1 中四边形区域 $ABCD$ 完全可以代表整个场域$\varOmega$。容易看出，线段 AB 和线段 DC 正好与电场线重合，在这部分边界上电场 $\boldsymbol{E}$ 只有切向分量，$E_n=0$，用电位φ表示为

$$\frac{\partial\varphi}{\partial n}=0 \quad\Leftrightarrow\quad \text{边界与电场线重合}\tag{3-4-7}$$

是齐次第二类边界条件。故可选择四边形 $ABCD$ 作为求解场域，列出边值问题为

$$\begin{cases}\nabla^2\varphi=0 & (\text{在四边形}\,ABCD\,\text{内})\\ \varphi|_{BC}=0,\quad \varphi|_{DA}=U_0\\ \left.\dfrac{\partial\varphi}{\partial n}\right|_{AB}=0,\quad \left.\dfrac{\partial\varphi}{\partial n}\right|_{DC}=0\end{cases}\tag{3-4-8}$$

能否取图 3-4-1 中的多边形区域 *EFMNI* 作为求解场域呢？原则上是可以的，它涵盖了比四边形 *ABCD* 更多的区域，肯定能提供整个 Ω 的信息。但问题在于无法简单地获得边界段 *EF* 上的电位值或者电位法向导数值，因此 *EF* 无法作为边界，也就不能以多边形 *EFMNI* 作为求解场域。倘若有人肯不计成本、不嫌麻烦把 *EF* 上的电位测量出来，那就另当别论。

但具体到本例中，*EF* 也并非一定不能作为边界。考虑问题的周期性，可以取多边形 *EFMGHNI* 为求解场域，边界段 *EF* 与边界段 *GH* 刚好满足周期性边界条件，列出边值问题为

$$\begin{cases}\nabla^2\varphi=0 & (\text{在}\ EFMGHNI\ \text{内})\\ \varphi|_{FMG}=0,\quad \varphi|_{HNIE}=U_0 \\ \varphi\left(\rho,\alpha+\dfrac{\pi}{2}\right)=\varphi(\rho,\alpha),\quad \dfrac{\partial\varphi\left(\rho,\alpha+\dfrac{\pi}{2}\right)}{\partial\phi}=\dfrac{\partial\varphi(\rho,\alpha)}{\partial\phi}\end{cases} \tag{3-4-9}$$

边值问题的求解留待以后研究。实际上，大部分工程电磁场问题都很难解，甚至不存在解析解。对于正在学习这门课程并为不会做题感到苦恼的同学，这或许是个福音：既然太难，就没有什么好担心的。正是如此，复杂边值问题的求解不是本门课程的任务。工程电磁场问题的求解一般需借助于专业的数值分析软件，本书第 6 章将对此做一些简要介绍。但是运用这些软件，必须能把问题明确列出来，这不是计算机所能做到的。在本门课程里，能够根据对场的分析，为一个工程问题建立模型(即边值问题)是重点，而只有那些简单的问题才去求解。因此，暂时只需要清楚边值问题式(3-4-6)、式(3-4-8)、式(3-4-9)都是可解的就行了。当不需要真正求解时，拉普拉斯算符 $\nabla^2\varphi$ 可以不必展开成类似 $\dfrac{\partial^2\varphi}{\partial x^2}+\dfrac{\partial^2\varphi}{\partial y^2}$ 这样具体的形式。图 3-4-2 是根据电磁场有限元分析软件 ANSYS 计算结果绘制的同轴方芯电缆电场分布图。

通过例 3.4.1 可知，同一个问题可以选择不同的边界，从而给出不同的场域和不同的边值问题。不同边值问题求解的难易程度大为不同。如果使用数值法求解，计算量与场域大小及场域复杂程度有关，减小场域通常能大幅度降低计算量。在本例中，边值问题式(3-4-8)的求解场域只有整个模型的 1/8，如果用数值法(如有限差分法)求解，为获取同样的精度，计算量只需整个模型的 1%甚至更少。对本例来说，这无疑是最佳方案。

如果场域内包含多种不同的媒质，需要将场域划分为若干个子场域，使每个子场域中只包含一种媒质，然后对每个子场域列出泊松方程或拉普拉斯方程，并给出所有媒质分界面上的连续性条件[⊖]，最后给出场域边界上的所有边界条件。

例 3.4.2 在 3.3.5 节中给出了位于均匀电场中的介质球对电场的影响(见图 3-3-7)。试列出边值问题。

解：令均匀电场强度为 $\boldsymbol{E}_0$，球半径为 a。稍微拓展一下模型，设外部介质为 ε_1，球介质

⊖ 按照本书 3.3.5 节的讨论，分界面条件实质上是静电场基本方程在场量不连续时的特殊处理方式，是对微分形式基本方程的一种补充，跟场域的边界条件完全不同。场域边界是人为选择的结果，场域边界条件表现为场量在这些边界上若干已知的条件，如电位分布或者电位法向导数等，其作用是用于确定微分方程通解中的待定系数或待定函数；而媒质分界面则是由场的本身属性(材料分布)决定的，在这些交界面上场量是未知的，是求解的对象，分界面条件给出了它们必须服从的规律。因此，本书把媒质分界面条件同场的约束方程放在一起，不视为(场域)边界条件。

为 ε_2。这样的模型允许讨论空气中有介质（$\varepsilon_1 < \varepsilon_2$）和介质中有气泡（$\varepsilon_1 > \varepsilon_2$）的不同情形，如图 3-4-3 所示。

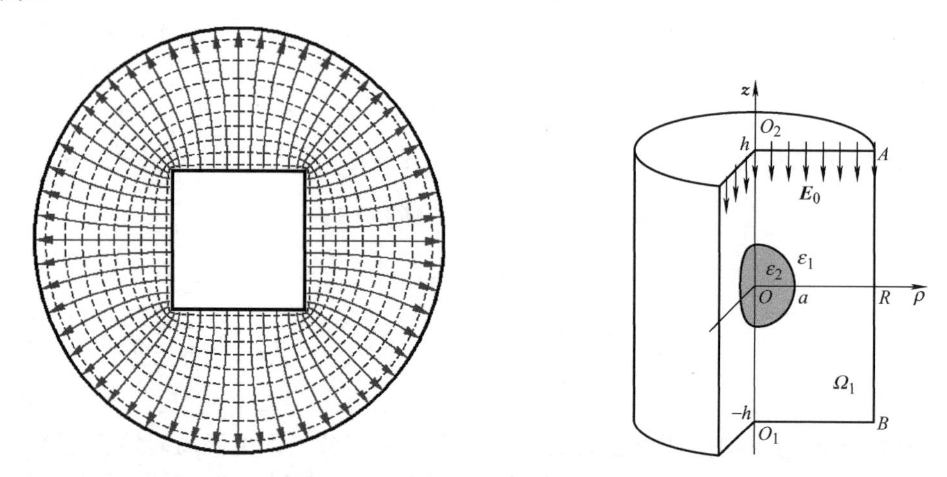

图 3-4-2　同轴方芯电缆电场分布图（箭头表示 $\boldsymbol{E}$，虚线为等位线）　图 3-4-3　均匀外电场中的介质球模型

这是一个轴对称问题，建立如图柱坐标系，取子午面（经过对称轴的平面）上的矩形区域 O_1O_2AB 为求解场域。设矩形宽度为 R、高度为 $2h$，且 $R \gg a$、$h \gg a$，这样可以假定外围边界 O_2ABO_1 上的电场没有受到介质球的影响。

外场强可写为 $\boldsymbol{E}_0 = -E_0\boldsymbol{e}_z$。取介质球中心 O 为电位参考点，则整个 $z=0$ 上都有 $\varphi = 0$。因此侧面 AB 上的电位可以写为

$$\varphi\big|_{AB} = \int_z^0 \boldsymbol{E}_0 \cdot \mathrm{d}\boldsymbol{l} = \int_z^0 (-E_0\boldsymbol{e}_z)\cdot \boldsymbol{e}_z \mathrm{d}z = E_0 z$$

底边 O_2A 和 O_1B 上的电位也可用上式表达，只需取 $z = \pm h$ 即可。边界 O_1O_2 位于对称轴上，刚好是一条电力线，满足 $\left.\dfrac{\partial\varphi}{\partial n}\right|_{O_1O_2} = 0$。再考虑半圆周 $r = \sqrt{\rho^2 + z^2} = a$ 上的分界面条件，可列出边值问题

$$\begin{cases} \nabla^2\varphi_1 = 0 & (r > a) \\ \nabla^2\varphi_2 = 0 & (r < a) \\ \varphi_1 = \varphi_2,\ \varepsilon_1\dfrac{\partial\varphi_1}{\partial r} = \varepsilon_2\dfrac{\partial\varphi_2}{\partial r} & (r = a) \\ \varphi_1 = E_0 z & (\rho = R \text{ 或 } z = \pm h) \\ \dfrac{\partial\varphi}{\partial\rho} = 0 & (\rho = 0) \end{cases} \tag{3-4-10}$$

由于侧面 AB 近似与电力线平行，故此处边界条件也可以表示为 $\dfrac{\partial\varphi}{\partial\rho} = 0$；而端面 O_2A 与 O_1B 上，边界条件也可以写做 $\dfrac{\partial\varphi}{\partial z} = E_0$。如果所有的边界都以法向导数形式给出，则必须另外指定电位参考点。边值问题式(3-4-10)可以利用分离变量法求解，本书第 6 章给出了一个类似问题的求解。

3.4.2 解的唯一性定理

前文说，给定了边界条件，场域内电位泊松方程或拉普拉斯方程解的存在性和稳定性可以由物理模型的正确性予以保证。对于边值问题的求解来说，还有一个解的唯一性问题。

静电场边值问题**解的唯一性定理**指出：**满足上节所述边界条件式**(3-4-1)～**式**(3-4-5)**的泊松方程或拉普拉斯方程的解是唯一的**。下面通过例 3.4.3 对于第一类、第二类以及导体表面的边界条件所对应的边值问题解的唯一性进行证明。

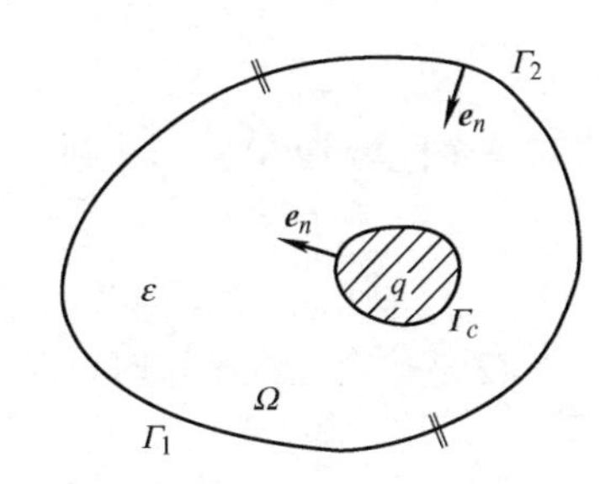

图 3-4-4 唯一性定理的证明

例 3.4.3 在如图 3-4-4 所示区域中，场域边界为 $\Gamma=\Gamma_1+\Gamma_2+\Gamma_c$。$\Gamma_c$ 为一导体表面，导体所带电荷量为 q。外围边界分为 Γ_1、Γ_2 两段，Γ_1 上已知电位分布 $\varphi=f_1$，Γ_2 上已知电位法向导数 $\dfrac{\partial\varphi}{\partial n}=f_2$。整个场域充满均匀、线性、各向同性媒质 ε，电荷密度为 ρ。试列出完整的边值问题，并证明它的解是唯一的。

解：边值问题：

$$\begin{cases}\nabla^2\varphi=-\dfrac{\rho}{\varepsilon} & (\text{在}\,\Omega\,\text{内})\\ \varphi|_{\Gamma_1}=f_1\\ \left.\dfrac{\partial\varphi}{\partial n}\right|_{\Gamma_2}=f_2\\ \varphi|_{\Gamma_c}=U_c,\quad -\displaystyle\int_{\Gamma_c}\varepsilon\frac{\partial\varphi}{\partial n}\mathrm{d}\Gamma=q\end{cases}\tag{3-4-11}$$

式中，U_c 是未知的常数。下面用反证法证明上述边值问题的解是唯一的。

设有两个函数 φ_1、φ_2 都是边值问题式(3-4-11)的解答，则它们各自满足式(3-4-11)中所有的方程和边界条件，即

$$\begin{cases}\nabla^2\varphi_1=-\dfrac{\rho}{\varepsilon} & (\text{在}\,\Omega\,\text{内})\\ \varphi_1|_{\Gamma_1}=f_1\\ \left.\dfrac{\partial\varphi_1}{\partial n}\right|_{\Gamma_2}=f_2\\ \varphi_1|_{\Gamma_c}=U_{c1},\quad -\displaystyle\int_{\Gamma_c}\varepsilon\frac{\partial\varphi_1}{\partial n}\mathrm{d}\Gamma=q\end{cases}\qquad \begin{cases}\nabla^2\varphi_2=-\dfrac{\rho}{\varepsilon} & (\text{在}\,\Omega\,\text{内})\\ \varphi_2|_{\Gamma_1}=f_1\\ \left.\dfrac{\partial\varphi_2}{\partial n}\right|_{\Gamma_2}=f_2\\ \varphi_2|_{\Gamma_c}=U_{c2},\quad -\displaystyle\int_{\Gamma_c}\varepsilon\frac{\partial\varphi_2}{\partial n}\mathrm{d}\Gamma=q\end{cases}$$

式中，U_{c1} 和 U_{c2} 是两个可能不同的待定常数，设它们的差为 $\Delta U_c=U_{c1}-U_{c2}$。将上述两组方程对应相减，并定义 $u=\varphi_1-\varphi_2$，得到

$$
\begin{cases}
\nabla^2 u = 0 \qquad (\text{在}\,\Omega\,\text{内}) & (3\text{-}4\text{-}12\text{a}) \\
u|_{\Gamma_1} = 0 & (3\text{-}4\text{-}12\text{b}) \\
\left.\dfrac{\partial u}{\partial n}\right|_{\Gamma_2} = 0 & (3\text{-}4\text{-}12\text{c}) \\
u|_{\Gamma_c} = \Delta U_c,\ \displaystyle\int_{\Gamma_c} \frac{\partial u}{\partial n}\mathrm{d}\Gamma = 0 & (3\text{-}4\text{-}12\text{d})
\end{cases}
$$

根据矢量恒等式$\nabla\cdot(a\boldsymbol{A}) = a\nabla\cdot\boldsymbol{A} + \boldsymbol{A}\cdot\nabla a$，代入$a = u$，$\boldsymbol{A} = \nabla u$，有

$$
\nabla\cdot(u\nabla u) = u\nabla^2 u + |\nabla u|^2
$$

上式对整个区域Ω积分，并利用式(3-4-12a)，得到

$$
\int_\Omega |\nabla u|^2\,\mathrm{d}\Omega = \int_\Omega \nabla\cdot(u\nabla u)\mathrm{d}\Omega
$$

当Ω是一个三维区域时，利用散度定理$\int_V \nabla\cdot\boldsymbol{A}\mathrm{d}V = \oint_S \boldsymbol{A}\cdot\mathrm{d}\boldsymbol{S}$得到

$$
\begin{aligned}
\int_\Omega |\nabla u|^2\,\mathrm{d}\Omega &= \int_\Omega \nabla\cdot(u\nabla u)\mathrm{d}\Omega = -\oint_\Gamma u\nabla u\cdot\mathrm{d}\boldsymbol{\Gamma} = -\int_\Gamma u\frac{\partial u}{\partial n}\mathrm{d}\Gamma \\
&= -\int_{\Gamma_1+\Gamma_2} u\frac{\partial u}{\partial n}\mathrm{d}\Gamma - \int_{\Gamma_c} u\frac{\partial u}{\partial n}\mathrm{d}\Gamma = 0
\end{aligned}
$$

上式最后一步运算利用了式(3-4-12b)～式(3-4-12d)，即在边界$\Gamma_1+\Gamma_2$上，u与$\dfrac{\partial u}{\partial n}$二者总有其一为 0，因而$\int_{\Gamma_1+\Gamma_2} u\dfrac{\partial u}{\partial n}\mathrm{d}\Gamma = 0$；而在边界$\Gamma_c$上，$\int_{\Gamma_c} u\dfrac{\partial u}{\partial n}\mathrm{d}\Gamma = \Delta U_c\int_{\Gamma_c}\dfrac{\partial u}{\partial n}\mathrm{d}\Gamma = 0$。式中出现的负号是因为边界$\Gamma$的法向约定为指向场域$\Omega$内部，跟散度定理中规定的离开区域相反。

当Ω是一个二维区域时，散度定理蜕变为$\int_S \nabla\cdot\boldsymbol{A}\mathrm{d}S = \oint_C A_n\mathrm{d}l$，$C$是包围$S$的边界。同样可以得到

$$
\int_\Omega |\nabla u|^2\,\mathrm{d}\Omega = \int_\Omega \nabla\cdot(u\nabla u)\mathrm{d}\Omega = -\oint_\Gamma u\frac{\partial u}{\partial n}\mathrm{d}l = 0
$$

由于$|\nabla u|^2$是非负的，$\int_\Omega |\nabla u|^2\,\mathrm{d}\Omega = 0$，必有$\nabla u \equiv 0$，即在区域$\Omega$内$u$处处等于一个常数；由边界条件式(3-4-12b)知，该常数为 0。因为$u = \varphi_1 - \varphi_2$，$u = 0$说明函数$\varphi_1$与$\varphi_2$处处相等。即使整个边界$\Gamma$上给定的全部是第二类边界条件，就算无法确定该常数是多少，φ_1与φ_2也不过相差一个常数，由它们得到的电场强度$\boldsymbol{E} = -\nabla\varphi_1 = -\nabla\varphi_2$是唯一的，而电场强度才是我们关心的最重要、最基本的物理量。

综上，**边值问题式(3-4-11)的解答中，电位函数φ至多相差一个常数，而电场强度$\boldsymbol{E}$是唯一的。**

解的唯一性定理没有给出解的获取方法，甚至也没有承诺一定存在一个解。它只是说，如果边值问题有解，那么这个解是唯一的。这个定理的意义在于：它明确告诉我们，不论使用什么方法，即使是碰运气凑出来的解答，只要电位同时满足场的约束方程和所有的边界条

件，这个解就是唯一的，哪怕解的形式千差万别。唯一性定理为我们寻找灵活多变的解题方法提供了依据，也为理解某些静电现象提供了理论指导，例如下面讨论的静电屏蔽问题。

例 3.4.4 图 3-4-5 是由若干带电导体组成的一个静电系统，其中 0 号导体是一个封闭的金属空腔，带电量为 q_0，内外表面分别用 Γ_{01}、Γ_{02} 表示；其余各导体带电量分别为 $q_1 \sim q_n$，表面分别用 $\Gamma_1 \sim \Gamma_n$ 表示；导体 q_1 位于空腔内部，其余导体位于空腔外部。试分析空腔内外电荷对电场的影响。

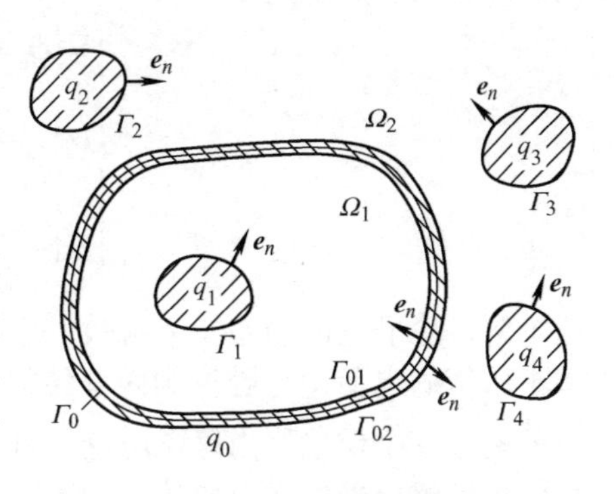

图 3-4-5 静电屏蔽

解： 首先分析腔体的电荷分布情况。0 号导体带电，电荷必分布在它的内外壁上。如图 3-4-5 所示，在空腔壁内部做一个闭合曲面 Γ_0，由于导体内部 $\boldsymbol{E}$ 和 $\boldsymbol{D}$ 处处为 0，因此

$$\oint_{\Gamma_0} \boldsymbol{D} \cdot \mathrm{d}\boldsymbol{S} = 0$$

它说明 Γ_0 所包围的净电荷量为 0。由于已知内部导体 1 带电荷量为 q_1，故腔体内壁带电荷量必为 $-q_1$。因为腔体带电总量为 q_0，故腔体外壁带电量为 $q_0 + q_1$。

现在来分析腔体外部区域 Ω_2 中的场。列出边值问题为

$$\begin{cases} \nabla^2 \varphi_2 = 0 \qquad (\text{在 } \Omega_2 \text{ 内}) & (3\text{-}4\text{-}13\text{a}) \\ \varphi_2 \big|_{\Gamma_{02}} = U_0, \quad -\int_{\Gamma_{02}} \varepsilon_0 \dfrac{\partial \varphi_2}{\partial n} \mathrm{d}\Gamma = q_0 + q_1 & (3\text{-}4\text{-}13\text{b}) \\ \varphi_2 \big|_{\Gamma_i} = U_i, \quad -\int_{\Gamma_i} \varepsilon_0 \dfrac{\partial \varphi_2}{\partial n} \mathrm{d}\Gamma = q_i \quad (i = 2,3,4) & (3\text{-}4\text{-}13\text{c}) \end{cases}$$

式中，U_i 是腔体外部各个导体的电位，均为待定常数。根据解的唯一性定理，该边值问题的解是唯一的。腔体内部的导体 1 对该边值问题的唯一贡献是在式(3-4-13b)中提供了一个电荷 q_1，也即是说，**除了所带电荷量 q_1，导体 1 的形状、位置以及腔体的内部结构对外部电场都没有影响**。如果用一个表面形状与 Γ_{02} 相同、带电量为 $q_0 + q_1$ 的实心导体替代腔体，外部的电场也没有任何改变。

如果腔体接地，外部场域的边值问题将变为

$$\begin{cases} \nabla^2 \varphi_2 = 0 \qquad (\text{在 } \Omega_2 \text{ 内}) & (3\text{-}4\text{-}14\text{a}) \\ \varphi_2 \big|_{\Gamma_{02}} = 0 & (3\text{-}4\text{-}14\text{b}) \\ \varphi_2 \big|_{\Gamma_i} = U_i, \quad -\int_{\Gamma_i} \varepsilon_0 \dfrac{\partial \varphi_2}{\partial n} \mathrm{d}\Gamma = q_i \quad (i = 2,3,4) & (3\text{-}4\text{-}14\text{c}) \end{cases}$$

根据唯一性定理，该边值问题的解是唯一的。**如果腔体接地，则处于腔体内部的电荷 q_1 对外部电场没有任何影响**。需注意，此时腔体内壁所带电荷 $-q_1$ 不变，但外壁所带电荷不再是 $q_0 + q_1$。这可以理解为接地后有部分电荷从腔体外壁转移到了大地中，剩余的电荷量要根据边值问题式(3-4-14)的解答来求得。

最后来看腔体内部的电场。列出边值问题为

$$\begin{cases}\nabla^2\varphi_1 = 0 \qquad (\text{在}\ \Omega_1\ \text{内}) & (3\text{-}4\text{-}15a)\\ \varphi_1\big|_{\Gamma_1} = U_1,\quad -\int_{\Gamma_1}\varepsilon_0\dfrac{\partial\varphi_1}{\partial n}\mathrm{d}\Gamma = q_1 & (3\text{-}4\text{-}15b)\\ \varphi_1\big|_{\Gamma_{01}} = U_0,\quad -\int_{\Gamma_{01}}\varepsilon_0\dfrac{\partial\varphi_1}{\partial n}\mathrm{d}\Gamma = -q_1 & (3\text{-}4\text{-}15c)\end{cases}$$

这个解，除了电位相差一个常数，也是唯一的。即是说，**腔体内部的电场强度 $\boldsymbol{E}$ 只取决于导体 1 所带的电荷 q_1 与腔体的内部结构，而与腔体外面的电荷分布以及腔体的外部结构没有任何关系**。这个现象称为**静电屏蔽**。许多精密的电子设备都要封装在一个金属箱体内，就是为了保护仪器免受外界电场的影响。

因为缺乏参考点，边值问题式(3-4-15)中电位 φ_1 的解答存在一个不能靠它自身决定的任意常数。由于腔体内、外壁的电位 U_0 是同一个常数，U_0 可以通过外部边值问题的解答获得。

3.4.3　镜像法

一旦为一个电磁场问题写出边值问题，一个工程问题或者物理问题就转变成了一个数学问题，其后就可以利用各种数学手段获取边值问题的解答。一般而言，除了前面各节中讨论过的一维情况，边值问题能够简单直接求解的非常少。由于静电场边值问题与后面将要讨论的恒定电场、恒定磁场(统称为静态场)边值问题在数学意义上是相通的，因此将在第 6 章集中讨论静态场边值问题的各种解法。此处先介绍一种针对一些特殊问题的巧妙解法——镜像法，这是一种基于唯一性定理和叠加原理的“凑”的方法，它能解决一些具有重要物理意义和工程价值的边值问题。

1. 点电荷与无限大接地导体平面

设有一点电荷 q 位于接地无限大平面导体上方的自由空间中，点电荷至导体平面距离为 h，如图 3-4-6a 所示，欲求电荷周围空间的电场分布。将点电荷的电荷密度用 δ 函数表示为

$$\rho = q\delta(x,y,z-h) = q\delta(\boldsymbol{r}-\boldsymbol{r}')$$

其中 $\boldsymbol{r}' = (0,0,h)$ 是点电荷 q 的位置矢量。可以列出该问题的边值问题为

$$\begin{cases}\nabla^2\varphi = -\dfrac{q\delta(\boldsymbol{r}-\boldsymbol{r}')}{\varepsilon_0} \qquad (z>0)\\ \varphi\big|_{z=0} = 0\end{cases} \tag{3-4-16a}$$

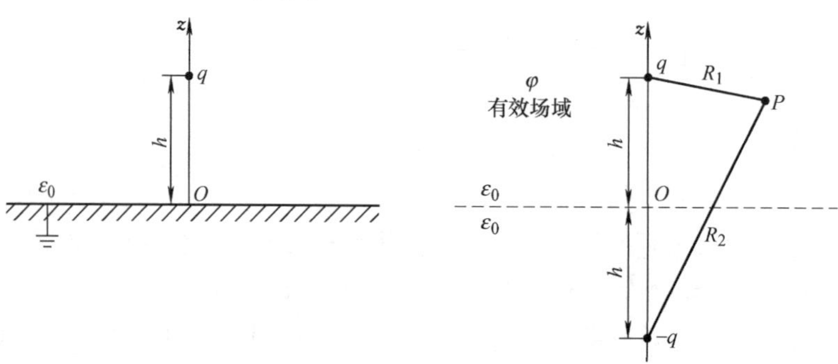

a) 距离导体平面为h的点电荷　　b) 相距2h的一对正负点电荷

图 3-4-6　点电荷对无限大接地导体平面的镜像

边值问题式(3-4-16)让人一筹莫展。暂时抛开这个难题，转去考察一个似乎不相干的问题。图 3-4-6b 给出了无限大自由空间中相距 $2h$ 的一对点电荷 $\pm q$ ，选择坐标系使其位于 z 轴上 $z=\pm h$ 处，显然，在 $z=0$ 平面上 $\varphi=0$ ，因此针对图 3-4-6b 可列出 $z>0$ 空间的边值问题

$$\begin{cases}\nabla^2\varphi=-\dfrac{q\delta(\boldsymbol{r}-\boldsymbol{r}')}{\varepsilon_0} \quad (z>0)\\ \varphi\big|_{z=0}=0\end{cases} \tag{3-4-16b}$$

意外地发现，这两个不相干的问题在 $z>0$ 空间居然有相同的边值问题！根据解的唯一性定理，这两个问题在 $z>0$ 空间具有相同的解答。对图 3-4-6b 而言，问题非常简单，空间任一点 $P(x,y,z)$ 的电位都可以用两个点电荷作用的叠加表示，即

$$\varphi(\boldsymbol{r})=\frac{q}{4\pi\varepsilon_0}\left(\frac{1}{R_1}-\frac{1}{R_2}\right) \tag{3-4-17}$$

式中，$R_1=\sqrt{x^2+y^2+(z-h)^2}$ ，$R_2=\sqrt{x^2+y^2+(z+h)^2}$ ，分别为场点到电荷 q 与 $-q$ 的距离。当 P 点位于上半空间（$z>0$）时，式(3-4-17)是边值问题式(3-4-16b)的解，同时也是边值问题式(3-4-16a)的解。图 3-4-7 是该问题的场图。要注意：只有上半空间才是等效的。在下半空间，导体中的电场处处为 0，与镜像问题的解答显然不同。

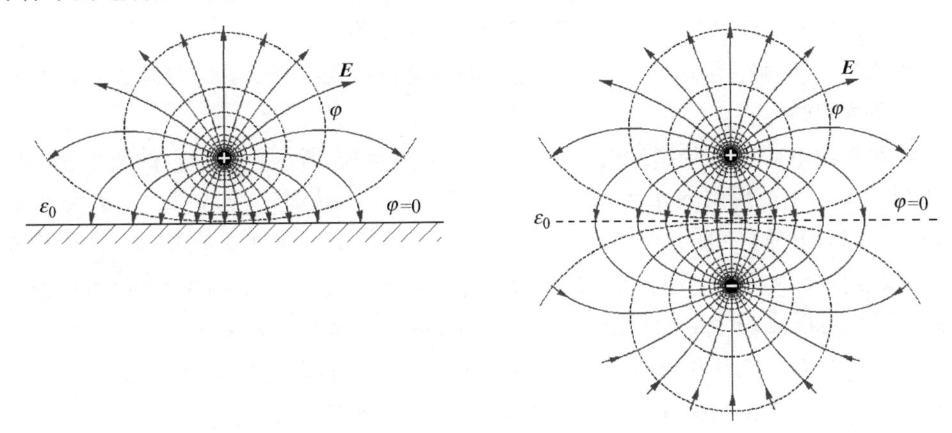

a) 距离导体平面h的点电荷的场图　　b) 相距$2h$的一对正负点电荷的场图

图 3-4-7　接地导体平面附近点电荷的场图

例 3.4.5　求图 3-4-6a 中导体表面上的感应电荷面密度 σ ，并验证点镜像电荷 $-q$ 对上半空间电场的作用等效于全部感应电荷 σ 的作用。

解： 导体表面的感应电荷面密度 σ 由电位表达式(3-4-17)求得：

$$\sigma(x,y,0)=-\varepsilon_0\frac{\partial\varphi}{\partial z}\bigg|_{z=0}=\frac{-qh}{2\pi(x^2+y^2+h^2)^{3/2}}$$

感应电荷总量为

$$q_i=\int_S\sigma\mathrm{d}S=\int_{-\infty}^{\infty}\int_{-\infty}^{\infty}\frac{-qh\mathrm{d}x'\mathrm{d}y'}{2\pi(x^2+y^2+h^2)^{3/2}}=\int_0^{\infty}\frac{-qh\cdot 2\pi\rho\mathrm{d}\rho}{2\pi(\rho^2+h^2)^{3/2}}=-q$$

根据 3.3.2 节的讨论，若导体板表面感应电荷面密度σ已知，则上半空间任一点P的电位可以表示为点电荷q与全部感应电荷作用的叠加，为

$$\varphi(\boldsymbol{r})=\frac{q}{4\pi\varepsilon_0 R_1}+\int_S\frac{\sigma\mathrm{d}S}{4\pi\varepsilon_0 R}=\frac{q}{4\pi\varepsilon_0 R_1}+\int_{-\infty}^{\infty}\int_{-\infty}^{\infty}\frac{\sigma(x',y',0)\mathrm{d}x'\mathrm{d}y'}{4\pi\varepsilon_0\sqrt{(x-x')^2+(y-y')^2+z^2}}$$

代入σ的表达式，虽然有点烦琐，但能够验证，最后一项的双重积分等于$\dfrac{-q}{4\pi\varepsilon_0 R_2}$，因此，点电荷$-q$对上半空间电场的作用的确等效于全部感应电荷$\sigma$的作用。

基于例 3.4.5 所揭示的原因，把点电荷$-q$称作**等效电荷**。由于等效电荷与真实电荷刚好关于导体平面成镜像对称，故也称为**镜像电荷**，并把这种方法称为**镜像法**。

镜像法能够成立的理论依据是唯一性定理。它要求：**在求解区域内电荷分布不变，媒质不变，边界条件也不变，这三个不变保证了边值问题不被改变，从而保证了解是唯一的**。

使用镜像法时，应该如图 3-4-6b 所示那样作图，镜像电荷$-q$取代了导体，整个空间都被看成介电常量为ε_0的均匀空间，真实电荷与镜像电荷作用的叠加给出空间任意一点的电场分布。习惯上为了紧凑起见，也经常使用图 3-4-8 这样的图形，将镜像电荷直接画在导体平面的另一边，但**不能误以为镜像电荷与导体同时存在**。

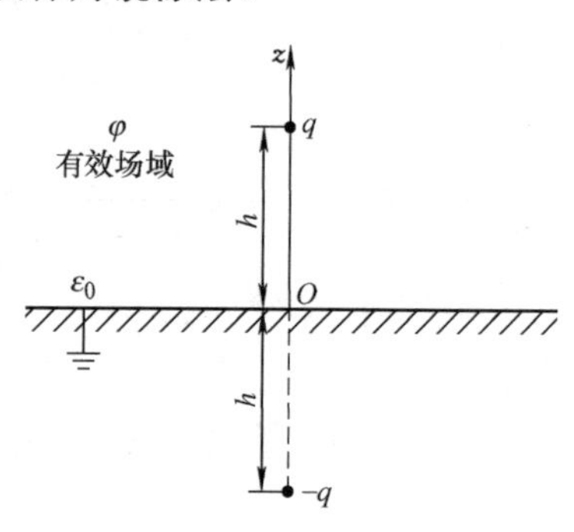

图 3-4-8 习惯使用的镜像法作图

能否找到镜像电荷很有些碰运气的成分。对于图 3-4-9a 所示相互垂直的两相交导体平面MON，可以做出三个镜像电荷$q_1=-q$，$q_2=-q$及$q_3=q$，其中q与q_1组合、q_2与q_3组合可分别使OM上的边界条件得到满足；而q与q_2组合、q_1与q_3组合可分别使ON上的边界条件得到满足，因此四个电荷叠加使得全部边界条件都得到满足。而对于图 3-4-9b，可以做出 5 个镜像电荷，虽然可以满足全部边界条件，但不幸的是，镜像电荷q_5落进了待求场域，改变了待求场域的电荷分布，因此也就改变了边值问题中的约束方程，从而无法得到原问题的解。可以证明，只有那些夹角为π/n，即π的整数分之一的情形，镜像法才成立。

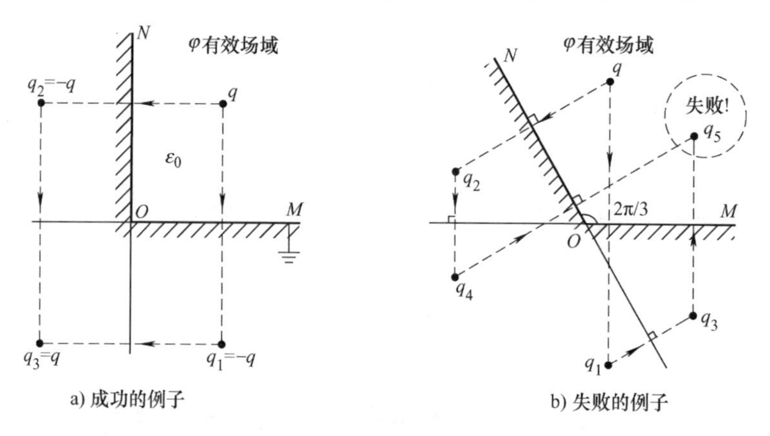

图 3-4-9 成夹角的导体平面的镜像

点电荷模型虽然简单，但有许多用处。当一个小的带电体位于导体表面附近时，就可以借助于点电荷的镜像模型很好地理解它所产生的电场。基于叠加原理，点电荷镜像模型的方法和结论可以推广到其他复杂的带电体，例如大地上方的传输线所产生的电场，就可以用线电荷τ及其镜像线电荷$-\tau$来模拟。此外，点电荷镜像模型还是推导格林函数的重要途径，而格林函数在电磁场问题的解析研究中具有重要价值。

最后讨论一下镜像法中点电荷受到的电场力的计算。点电荷受到的电场力来自它所在位置的电场(不包括它本身产生的)，这个电场实际上是由导体中的感应电荷引起的。但在镜像法中，这个电场与无限大均匀介质空间中镜像电荷产生的电场相等，因此，实际电荷受的力也必与来自镜像电荷的库仑力相等，可以使用库仑定律来计算。例如，图3-4-6a中电荷q受到平面导体的电场力，等效于镜像电荷$-q$对它的库仑力，可通过下式计算

$$\boldsymbol{F}=\frac{q\cdot(-q)}{4\pi\varepsilon_0 R^2}\boldsymbol{e}_R$$

可见电荷受到导体的引力。这个计算电荷受力的思路适用于所有镜像法的例子。

2. 点电荷与无限大电介质交界平面

设空间充满两种均匀电介质ε_1和ε_2，分界面为平面。在电介质ε_1中，至分界面距离为h处有一点电荷q，如图3-4-10a所示，欲求空间电场分布。在如图3-4-10所示坐标系中，用δ函数表示点电荷的电荷密度$\rho=q\delta(\boldsymbol{r}-\boldsymbol{r}')$，其中$\boldsymbol{r}'=(0,0,h)$是点电荷$q$的位置矢量，可以列出该问题的边值问题：

$$\begin{cases}\nabla^2\varphi_1=-\dfrac{q\delta(\boldsymbol{r}-\boldsymbol{r}')}{\varepsilon_1} & (z>0)\\ \nabla^2\varphi_2=0 & (z<0)\\ \varphi_1=\varphi_2,\ \varepsilon_1\dfrac{\partial\varphi_1}{\partial z}=\varepsilon_2\dfrac{\partial\varphi_2}{\partial z} & (z=0)\end{cases}\tag{3-4-18}$$

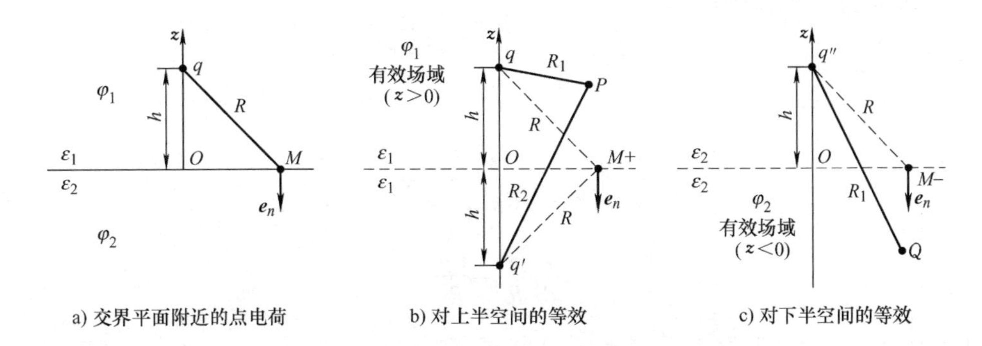

图3-4-10 点电荷对无限大均匀电介质分界平面的镜像

面对这个同样让人一筹莫展的问题，鉴于前面的经验，让我们碰碰运气。假定电介质ε_2对上半空间的影响能够用一个镜像电荷q'来等效，并假定q'位于$\boldsymbol{r}_i'=(0,0,-h)$处，如图3-4-10b所示，$q'$的量值待定。那么，上半空间任意一点$P$的电位可以通过无限大均匀介质$\varepsilon_1$中两个点电荷$q$与$q'$作用的叠加来计算

$$\varphi_1(\boldsymbol{r})=\frac{1}{4\pi\varepsilon_1}\left(\frac{q}{R_1}+\frac{q'}{R_2}\right) \qquad (z>0) \tag{3-4-19}$$

式中，R_1 与 R_2 为真实电荷 q 与镜像电荷 q' 分别到场点 P 的距离，$R_1=\sqrt{x^2+y^2+(z-h)^2}$，$R_2=\sqrt{x^2+y^2+(z+h)^2}$。显然，上述假设没有改变上半空间的电荷分布和媒质分布，因此电位 φ_1 在上半空间满足

$$\nabla^2\varphi_1=-\frac{q\delta(\boldsymbol{r}-\boldsymbol{r}')}{\varepsilon_1} \qquad (z>0)$$

再假定电介质 ε_1 连同它内部的电荷 q 对下半空间 ε_2 的影响能够用一个虚拟电荷 q'' 来等效，并假定 q'' 位于电荷 q 所在的位置 $\boldsymbol{r}'=(0,0,h)$ 处，如图 3-4-10c 所示，q'' 的量值待定。倘能如此，下半空间任意一点 Q 的电位就可以通过无限大均匀介质 ε_2 中的点电荷 q'' 来计算

$$\varphi_2(\boldsymbol{r})=\frac{q''}{4\pi\varepsilon_2 R_1} \qquad (z<0) \tag{3-4-20}$$

显然，φ_2 在下半空间满足

$$\nabla^2\varphi_2=0 \qquad (z<0)$$

我们看到 φ_1、φ_2 在各自的场域里满足与边值问题式(3-4-18)相同的约束方程。如果进一步 φ_1 与 φ_2 能在分界面 $z=0$ 上满足

$$\varphi_1=\varphi_2,\quad \varepsilon_1\frac{\partial\varphi_1}{\partial z}=\varepsilon_2\frac{\partial\varphi_2}{\partial z} \tag{3-4-21}$$

那么根据解的唯一性定理就可以断定：φ_1、φ_2 即边值问题式(3-4-18)的解。就看能否找到这样的等效电荷 q' 与 q''。

在分界面上任取一点 M，将 φ_1、φ_2 的表达式(3-4-19)及式(3-4-20)代入分界面条件式(3-4-21)。应用此条件时，$\varphi_1(M)$ 与 $\varphi_2(M)$ 各自理解为分界面两侧无限靠近 M 点的电位 $\varphi_1(M_+)$ 与 $\varphi_2(M_-)$。注意到 $z=0$，有

$$R_1=R_2=\sqrt{x^2+y^2+h^2}=R$$

以及

$$\frac{\partial}{\partial z}\frac{1}{R_1}=\frac{-(z-h)}{[x^2+y^2+(z-h)^2]^{3/2}}=\frac{h}{R^3}$$

$$\frac{\partial}{\partial z}\frac{1}{R_2}=\frac{-h}{R^3}$$

故式(3-4-21)变为

$$\begin{cases}\dfrac{1}{4\pi\varepsilon_1}\left(\dfrac{q}{R}+\dfrac{q'}{R}\right)=\dfrac{1}{4\pi\varepsilon_2}\dfrac{q''}{R}\\[2ex] \dfrac{qh}{4\pi R^3}-\dfrac{q'h}{4\pi R^3}=\dfrac{q''h}{4\pi R^3}\end{cases}$$

联立解得

$$q' = \frac{\varepsilon_1 - \varepsilon_2}{\varepsilon_1 + \varepsilon_2} q，\quad q'' = \frac{2\varepsilon_2}{\varepsilon_1 + \varepsilon_2} q \tag{3-4-22}$$

运气很好，q' 与 q'' 不但存在，而且位置和大小都可以唯一确定。因此式(3-4-19)、式 (3-4-20)给出的 φ_1、φ_2 即边值问题式(3-4-18)的解。

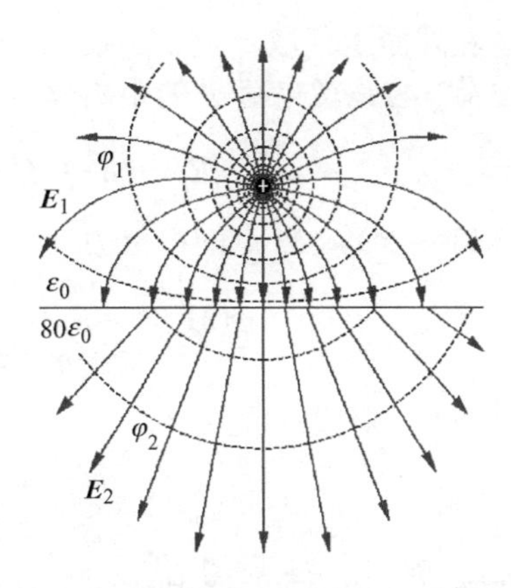

图 3-4-11 水面上方点电荷产生的静电场

图 3-4-11 是水面上方一个点电荷 q 在空气中和水中(纯水，不导电，$\varepsilon_r = 80$)产生的静电场。对照图 3-4-10c 不难理解，水中的电场线看起来像是来自一个点电荷。

3. 点电荷与导体球面

(1) 导体球接地

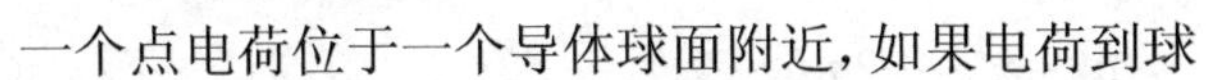

一个点电荷位于一个导体球面附近，如果电荷到球面的距离远小于球半径，就可以把球面当作一个无限大平面处理。但如果两者可以比拟，就必须考虑球面的影响。图 3-4-12a 给出了这样的一个系统，设导体球接地，球半径为 a，电荷 q 到球心距离为 d，周围介质为真空(或空气) ε_0。为分析电荷周围的电场，取坐标原点与球心重合，列出边值问题为

$$\begin{cases} \nabla^2 \varphi = -\dfrac{q\delta(\boldsymbol{r} - \boldsymbol{r}')}{\varepsilon_0} & (r > a) \\ \varphi\big|_{r=a} = 0 \end{cases} \tag{3-4-23}$$

式中，$\boldsymbol{r}' = (d,0,0)$ 是点电荷 q 的位置矢量

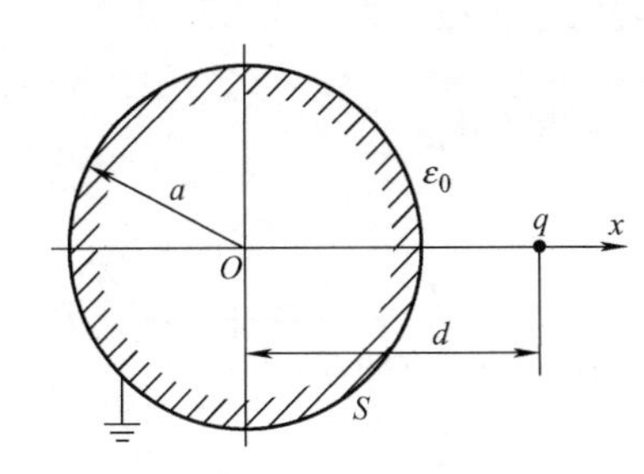

a) 位于接地导体球面附近的点电荷

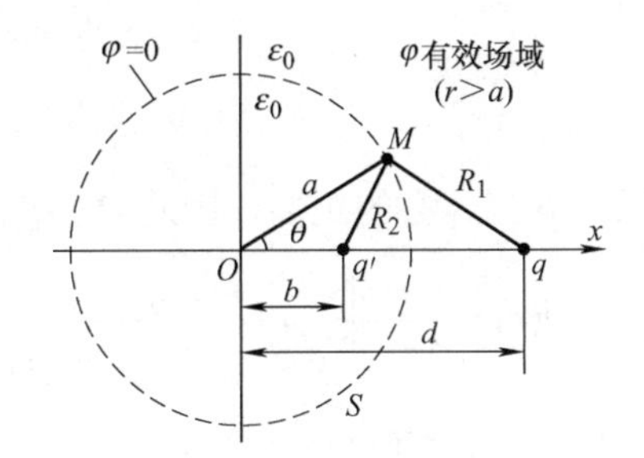

b) 点电荷对接地球面的镜像

图 3-4-12 点电荷对接地导体球面的镜像

如果该问题中导体球面能够用一个镜像电荷 q' 等效，合理猜测它的位置应该在球内，且位于球心与电荷连线的电荷一侧，设至球心距离为 b，如图 3-4-12b 所示，那么球外任意一点电位 φ 可表示为 q 与 q' 在无限大 ε_0 中的叠加

$$\varphi(\boldsymbol{r}) = \frac{1}{4\pi\varepsilon_0}\left(\frac{q}{R_1} + \frac{q'}{R_2}\right) \qquad (r > a) \tag{3-4-24}$$

式中，R_1 与 R_2 分别是场点到电荷 q 与镜像电荷 q' 的距离。由于在球外区域，电荷分布与媒质分布都没有变化，φ 满足与边值问题式(3-4-23)相同的约束方程。如果能够通过合理地选择镜像电荷 q' 的大小和位置，使得边界条件 $\varphi\big|_{r=a} = 0$ 得以满足，则大功告成。

在球面上任取一点 M，设与 x 轴张角为 θ，如图 3-4-12b 所示，利用三角形余弦定理，M 到电荷 q 与镜像电荷 q' 的距离 R_1 与 R_2 可以表示为

$$R_1=\sqrt{a^2+d^2-2ad\cos\theta}，\quad R_2=\sqrt{a^2+b^2-2ab\cos\theta}$$

由式(3-4-24)，M 点的电位为

$$\varphi(M)=\frac{1}{4\pi\varepsilon_0}\left(\frac{q}{\sqrt{a^2+d^2-2ad\cos\theta}}+\frac{q'}{\sqrt{a^2+b^2-2ab\cos\theta}}\right)$$

令其为 0，整理可得

$$\frac{a^2+d^2-2ad\cos\theta}{q^2}=\frac{a^2+b^2-2ab\cos\theta}{q'^2}$$

因为要求上式对任意 θ 都成立，必须

$$\frac{a^2+d^2}{q^2}=\frac{a^2+b^2}{q'^2}，\quad \frac{2ad}{q^2}=\frac{2ab}{q'^2}$$

两个方程联立，可以从中解得 q' 和 b 的值，取其中合理的一组，为

$$b=\frac{a^2}{d}，\quad q'=-\frac{aq}{d} \tag{3-4-25}$$

上面说明，的确存在这样的电荷 q'，能够使得电位约束方程和所有的边界条件都满足。因此式(3-4-24)就是所求的边值问题式(3-4-23)的解答。图 3-4-13 给出了点电荷在接地导体球外产生的电场场图。

球外任一点 P 到电荷 q 与镜像电荷 q' 的距离 R_1 与 R_2 可以表示为

$$R_1=\sqrt{r^2+d^2-2rd\cos\theta}，$$

$$R_2=\sqrt{r^2+b^2-2rb\cos\theta}$$

式中，r 是场点 p 到球心的距离，因此 P 点电位

$$\varphi(\boldsymbol{r})=\frac{1}{4\pi\varepsilon_0}\left(\frac{q}{\sqrt{r^2+d^2-2rd\cos\theta}}+\frac{q'}{\sqrt{r^2+b^2-2rb\cos\theta}}\right)\quad (r>a)$$

导体球表面的感应电荷面密度为

$$\sigma=-\varepsilon_0\left.\frac{\partial\varphi}{\partial r}\right|_{r=a}=\frac{(a-d\cos\theta)q}{4\pi(a^2+d^2-2ad\cos\theta)^{3/2}}+\frac{(a-b\cos\theta)q'}{4\pi(a^2+b^2-2ab\cos\theta)^{3/2}}$$

代入 $b=\dfrac{a^2}{d}$，$q'=-\dfrac{aq}{d}$，整理得

$$\sigma=\frac{(a^2-d^2)q}{4\pi a(a^2+d^2-2ad\cos\theta)^{3/2}} \tag{3-4-26}$$

球面感应电荷总量为

$$q_i=\oint_S\sigma\mathrm{d}S=\int_0^{\pi}\sigma\cdot 2\pi a^2\sin\theta\mathrm{d}\theta=-\frac{aq}{d}=q'$$

这个电荷分布于导体球外表面，跟导体球是否空心以及内部有无电荷都没有关系。读者可回顾 3.4.2 节所讨论的导电腔体的静电屏蔽现象。

例 3.4.6 如图 3-4-14 所示，自由空间中两个等量点电荷 q 相距 $2d$，现在其中间放置一个接地金属球。欲使点电荷 q 受到的引力与斥力相等，求导体球半径 a。

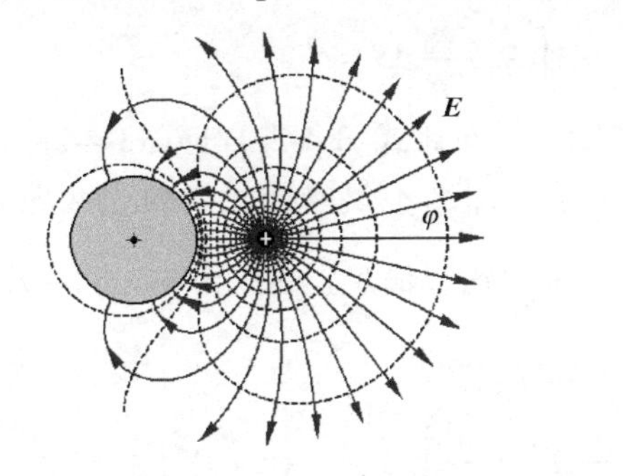

图 3-4-13 点电荷在接地导体球外产生的电场场图

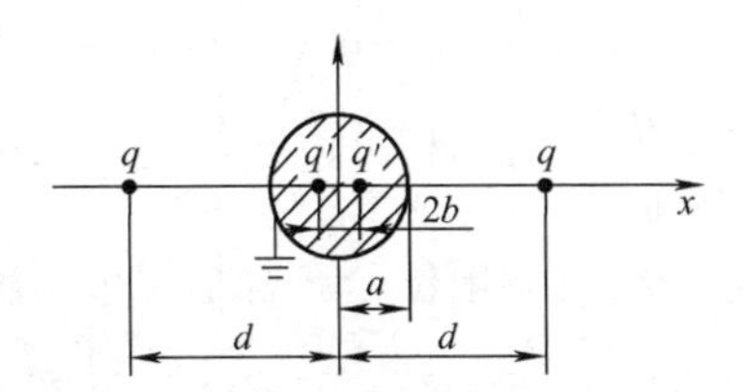

图 3-4-14 金属球与电荷的受力平衡

解：如图 3-4-14 所示，在球内设置两个镜像电荷 $q'=-\dfrac{aq}{d}$，q' 至球心距离为 $b=\dfrac{a^2}{d}$。点电荷所受的合力大小为

$$F=\frac{q}{4\pi\varepsilon_0}\left[\frac{q}{(2d)^2}+\frac{q'}{(d-b)^2}+\frac{q'}{(d+b)^2}\right]\approx\frac{q}{4\pi\varepsilon_0}\left(\frac{q}{4d^2}+\frac{2q'}{d^2}\right)=\frac{q}{4\pi\varepsilon_0}\left(\frac{q}{4d^2}-\frac{2aq}{d^3}\right)$$

欲使 $F=0$，只需 $\dfrac{q}{4d^2}-\dfrac{2aq}{d^3}=0$，即 $a=\dfrac{d}{8}$。

（2）导体球不接地

前面讨论的是导体球接地的情况。如果导体球不接地，电位未知，如图 3-4-15a 所示，就必须给出导体球所带的电荷[㊀]，设为 Q。此时球外场域的边值问题变为

$$\begin{cases}\nabla^2\varphi=-\dfrac{q\delta(\boldsymbol{r}-\boldsymbol{r}')}{\varepsilon_0} & (r>a)\\ \varphi\big|_{r=a}=U_{\mathrm{c}} & -\displaystyle\oint_S\varepsilon_0\frac{\partial\varphi}{\partial n}\mathrm{d}S=Q\end{cases}\tag{3-4-27}$$

式中，U_{c} 是待定常数。

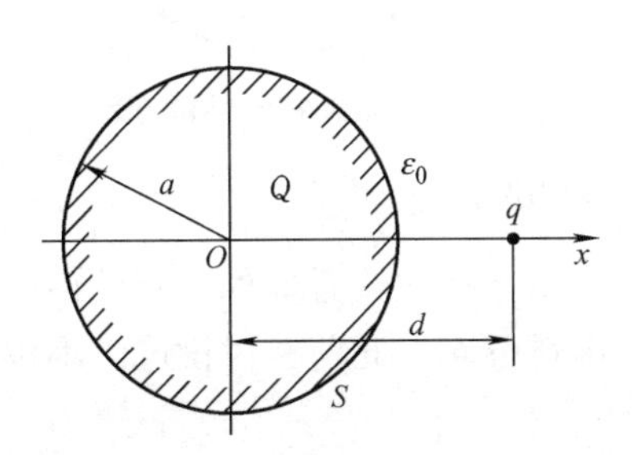

a) 位于带电导体球面附近的点电荷

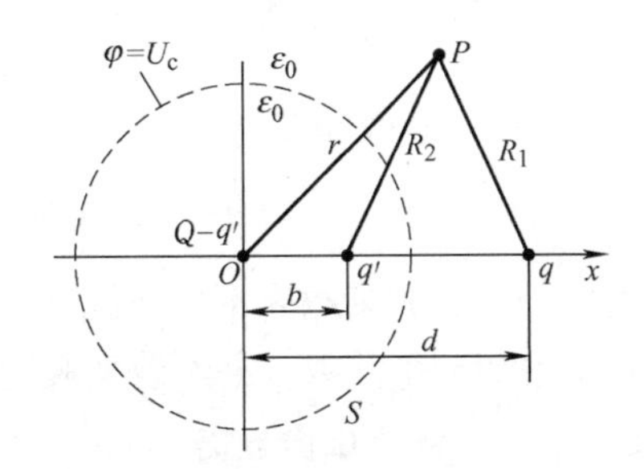

b) 镜像电荷的设置

图 3-4-15 点电荷对未知电位导体球面的镜像

㊀ 指分布在球表面的电荷总量，或者说球表面所包围的电荷总量。如果球是空心的，内部有电荷，这些电荷最后会体现到导体球外表面的电荷总量上，可回顾 3.4.2 节所讨论的导电腔体的静电屏蔽现象。

先审视一下这个问题跟刚刚讨论的接地导体球有何不同。导体球接地时电位(用 φ_0 表示)在边界上满足

$$\varphi_0\big|_{r=a}=0,\quad -\oint_S \varepsilon_0 \frac{\partial \varphi_0}{\partial n}\mathrm{d}S=q' \tag{3-4-28}$$

φ_0 是由图 3-4-12b 中电荷 q 与 q' 作用的叠加给出。对比式(3-4-27)与式(3-4-28)，如果在球心处增设一个电荷 $(Q-q')$，如图 3-4-15b 所示，那么不仅球面上电位仍为常数(新常数，$U_c=\dfrac{Q-q'}{4\pi\varepsilon_0 a}$)，而且 $-\oint_S \varepsilon_0 \dfrac{\partial \varphi}{\partial n}\mathrm{d}S=q'+(Q-q')=Q$ 得以满足，因此由 q、q' 以及 $(Q-q')$ 三个电荷叠加给出的电位分布就是边值问题式(3-4-27)的解

$$\varphi(\boldsymbol{r})=\frac{1}{4\pi\varepsilon_0}\left(\frac{q}{R_1}+\frac{q'}{R_2}+\frac{Q-q'}{r}\right)\qquad (r>a) \tag{3-4-29}$$

点电荷与孤立金属球($\theta=0$)之间的电场场图如图 3-1-5f 所示。

(3) 球腔内部的点电荷

点电荷对导体球面的镜像还有一种情况，就是点电荷位于球形空腔内部，如图 3-4-16a 所示。设腔体接地，内部为真空(或空气)，内半径为 a；点电荷至球心距离为 d，$d<a$。欲求腔内电场分布。本问题其实已经解决了。如图 3-4-16 所示，作镜像电荷 q' 于球外，距离球心为 b。观察图 3-4-12b 与图 3-4-16a，会发现电荷 q 与其镜像 q' 关于球面互为反演，因此前面的结论同样适用于本问题：

$$b=\frac{a^2}{d},\quad q'=-\frac{aq}{d}$$

只不过有效区域换成了球内而已。图 3-4-16b 给出了点电荷在球腔内产生的电场线。

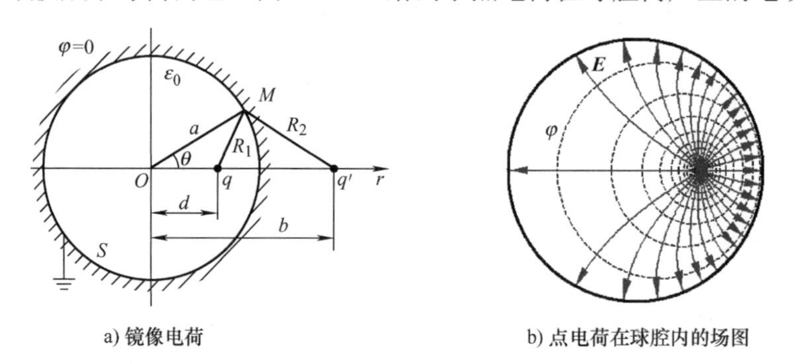

a) 镜像电荷　　b) 点电荷在球腔内的场图

图 3-4-16　位于球形接地导电腔内的点电荷

讨论腔内电场时，如果球壳不接地或者本身还带电荷，或者球外还有其他电荷分布，都只是使腔内电位附加一个常数，并不改变腔内的电场分布，此前已讨论过，不再赘述。

4. 无限长平行带电导体圆柱面

长直圆导线在电力传输和电信传输中广泛应用。两根平行的无限长带电圆柱面的电场问题也可以用镜像法来解决，这种情况下的镜像法有个专门的名称，叫“**电轴法**”。所谓“电轴”，是指电荷均匀分布的无限长细导线，它可以用电荷线密度 τ 来表述。

先分析两根平行电轴产生的电场。设相距 $2b$ 的两根平行电轴位于真空(或空气)中，单位长度带电量分别为 τ 和 $-\tau$，横截面如图 3-4-17a 所示。

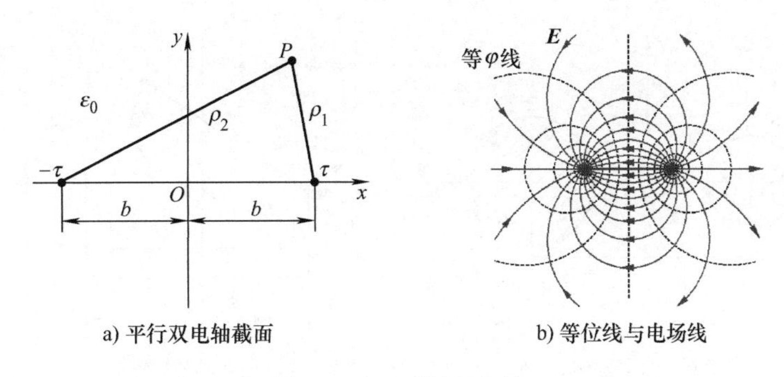

a) 平行双电轴截面　　b) 等位线与电场线

图 3-4-17　平行双电轴

在 3.2.2 节例 3.2.2 中，我们曾计算过自由空间中单根电轴的电位

$$\varphi=\frac{\tau}{2\pi\varepsilon_0}\ln\frac{\rho_M}{\rho}$$

式中，ρ 是场点离开电轴的半径；ρ_M 是电位参考点离开电轴的半径。将此结果用于双电轴系统，很自然地选择两根电轴的对称点(图 3-4-17 中 O 点)为电位参考点，即 $\rho_M=b$，双电轴系统中电位 φ 可以表示为

$$\varphi=\frac{\tau}{2\pi\varepsilon_0}\ln\frac{b}{\rho_1}+\frac{-\tau}{2\pi\varepsilon_0}\ln\frac{b}{\rho_2}=\frac{\tau}{2\pi\varepsilon_0}\ln\frac{\rho_2}{\rho_1} \tag{3-4-30}$$

式中，$\rho_1=\sqrt{(x-b)^2+y^2}$，$\rho_2=\sqrt{(x+b)^2+y^2}$，分别是场点到正、负电轴的距离。图 3-4-17b 给出了双电轴系统静电场的场图。容易证明，它的等位线是两组偏心的圆。

现考虑两根平行的无限长带电圆柱面的电场问题，其横截面如图 3-4-18a 所示，设两圆柱半径分别为 a_1 和 a_2，圆心距为 d；导体单位长度带电量分别为 τ 和 $-\tau$，导体外为真空(或空气)。列出导体外部空间的边值问题为

$$\begin{cases}\nabla^2\varphi=0 & \text{(导体外部区域)}\\ \varphi\big|_{S_1}=U_1, & -\oint_{S_1}\varepsilon_0\dfrac{\partial\varphi}{\partial n}\mathrm{d}S'=\tau\\ \varphi\big|_{S_2}=U_2, & -\oint_{S_2}\varepsilon_0\dfrac{\partial\varphi}{\partial n}\mathrm{d}S'=-\tau\end{cases} \tag{3-4-31}$$

式中，S_1、S_2 分别是两根圆柱导体单位长度表面积。

由于双电轴产生的静电场等位线是圆，能用电轴来等效圆柱导体。选择坐标系使 x 轴位于圆心连线 O_1O_2 上，设置电轴如图 3-4-18b 所示。由于电场是关于电轴对称而非关于圆柱对称，所以将电轴的对称点设为坐标原点 O，电轴位置坐标为 $(b,0)$ 和 $(-b,0)$，b 为待定常数。设坐标原点 O 到两个导体圆心的距离分别为 h_1 与 h_2，这样电轴的位置实际上由三个参数 h_1、h_2 和 b 共同决定。h_1 与 h_2 满足 $h_1+h_2=d$。

假定这样设置的电轴 τ 与 $-\tau$ 能够等效两根圆柱导体，则圆柱外任一点 P 的电位可表示为

$$\varphi=\frac{\tau}{2\pi\varepsilon_0}\ln\frac{\rho_2}{\rho_1}\quad\text{(导体外部区域)} \tag{3-4-32}$$

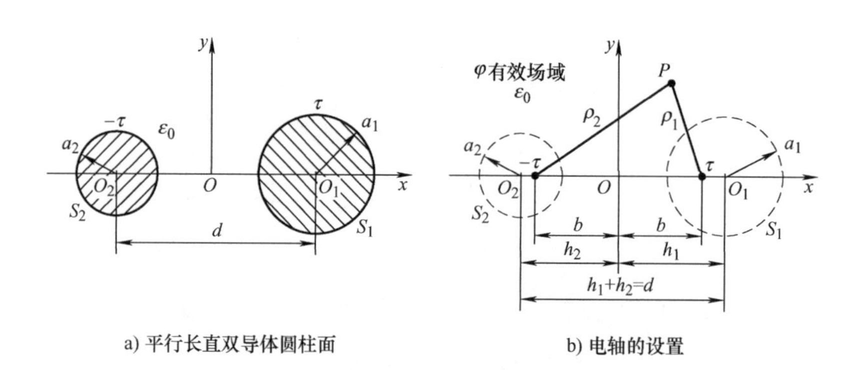

a) 平行长直双导体圆柱面　　b) 电轴的设置

图 3-4-18　平行长直双导体圆柱面的镜像

只要电轴置于圆内部，由于导体以外空间的电荷分布和媒质分布都没有改变，式(3-4-32)给出的电位φ就满足约束方程$\nabla^2\varphi=0$和边界条件$-\oint_{S_1}\varepsilon_0\dfrac{\partial\varphi}{\partial n}\mathrm{d}S'=\tau$及$-\oint_{S_2}\varepsilon_0\dfrac{\partial\varphi}{\partial n}\mathrm{d}S'=-\tau$。换言之，在边值问题式(3-4-31)中除了边界条件$\varphi|_{S_1}=U_1$、$\varphi|_{S_2}=U_2$外，其他都已满足。如果通过选择合适的电轴位置能够使剩余的两个条件也满足，那么式(3-4-32)就是边值问题式(3-4-31)的解。

如图 3-4-19，在圆柱面S_1上任取一点M，电位为

$$\varphi_M=\frac{\tau}{2\pi\varepsilon_0}\ln\frac{\rho_2}{\rho_1}$$

故欲使φ_M为常数，须

$$\rho_2/\rho_1=k\ \text{（常数）}$$

记角度$\angle O_2O_1M=\theta$，利用三角形余弦定理，M到两根电轴的距离ρ_1、ρ_2可写为

$$\rho_1=\sqrt{a_1^2+(h_1-b)^2-2a_1(h_1-b)\cos\theta},\quad \rho_2=\sqrt{a_1^2+(h_1+b)^2-2a_1(h_1+b)\cos\theta}$$

代入$\rho_2/\rho_1=k$，整理得到

$$a_1^2+(h_1+b)^2-2a_1(h_1+b)\cos\theta=k^2[a_1^2+(h_1-b)^2]-2a_1(h_1-b)k^2\cos\theta$$

欲使上式对任意θ都成立，必须

$$a_1^2+(h_1+b)^2=k^2[a_1^2+(h_1-b)^2],\quad 2a_1(h_1+b)=2a_1(h_1-b)k^2$$

从中消去k^2，并稍做化简，得到

$$a_1^2+b^2=h_1^2 \tag{3-4-33}$$

类似，欲使另一个圆柱S_2上的电位也为常数，必须有

$$a_2^2+b^2=h_2^2 \tag{3-4-34}$$

将式(3-4-33)、式(3-4-34)联立，并利用$h_1+h_2=d$，可以解得h_1、h_2和b。不过，鉴于这两个式子是如此的简洁优美，三个参数的表达式将放到稍后的例题中给出。幸运之神再次

垂青，我们找到了这样的一对电轴τ和$-\tau$，能够完全等效两根圆柱导体，使式(3-4-32)成为我们期待的解。图3-4-20给出了两圆柱导体之间的电场分布。

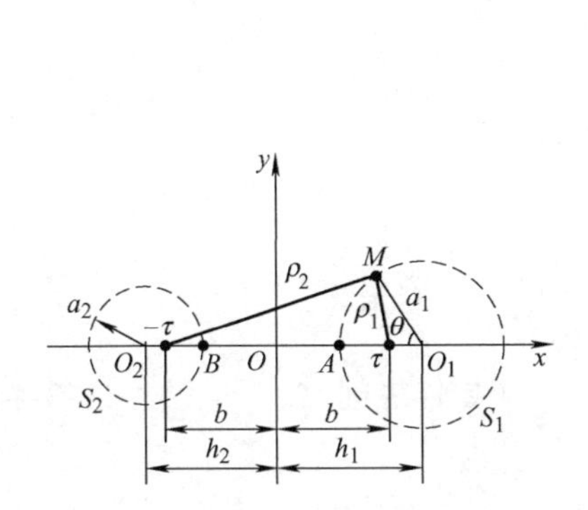

图3-4-19 导体圆柱面上的边界条件

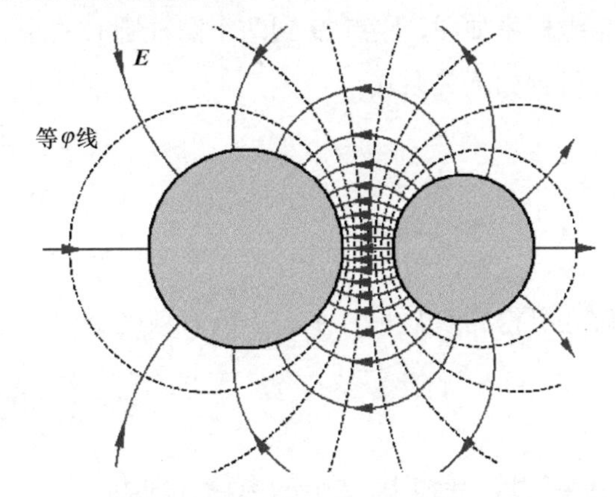

图3-4-20 两圆柱导体之间的电场分布

例3.4.7 图3-4-19中，若已知$a_1 = 0.2\,\text{m}$，$a_2 = 0.1\,\text{m}$，$\tau = 10^{-9}\,\text{C/m}$，$d = 0.86\,\text{m}$。求两圆柱导体之间的电压。

解：先计算参数h_1、h_2和b。由方程组$\begin{cases} a_1^2 + b^2 = h_1^2 \\ a_2^2 + b^2 = h_2^2 \\ h_1 + h_2 = d \end{cases}$求得

$$h_1 = \frac{d^2 + a_1^2 - a_2^2}{2d},\quad h_2 = \frac{d^2 + a_2^2 - a_1^2}{2d},\quad b = \sqrt{h_1^2 - a_1^2} \tag{3-4-35}$$

代入相应的数值得到$h_1 = 0.45\text{m},\ h_2 = 0.41\text{m},\ b = 0.40\text{m}$。欲计算导体表面电位，可在导体表面上任取一点，最方便莫如取图3-4-19所示的点A与点B。对于点A，有

$$\rho_1 = b - (h_1 - a_1),\quad \rho_2 = b + (h_1 - a_1)$$

故电位

$$\varphi_A = \frac{\tau}{2\pi\varepsilon_0}\ln\frac{\rho_2}{\rho_1} = \frac{\tau}{2\pi\varepsilon_0}\ln\frac{b + (h_1 - a_1)}{b - (h_1 - a_1)} = 25.96\text{V}$$

类似地，得到B点电位

$$\varphi_B = \frac{\tau}{2\pi\varepsilon_0}\ln\frac{b - (h_2 - a_2)}{b + (h_2 - a_2)} = -37.66\text{V}$$

所以，两导体之间电压为

$$U_{AB} = \varphi_A - \varphi_B = 63.62\text{V}$$

电轴法还可以用于一个圆柱导体位于另一个导体圆柱空腔内部的情况，例如图3-4-21所示的偏心电缆。用S_1、S_2分别表示两个导体圆柱表面，设导体1半径为a_1，单位长度带电量为τ；导体2为一柱形空腔，半径为a_2，腔内壁单位长度带电量为$-\tau$。导体1、2轴心相距为d，$d < a_2 - a_1$；介质介电常量为ε。欲求电缆内的电场分布。

电轴设置如图 3-4-21a 所示，电轴 τ 位于 S_1 内部用于等效导体 1，电轴 $-\tau$ 位于 S_2 外部用于等效导体 2，电轴之间距离仍设为 $2b$ 。以电轴对称中心为原点 O、以 O_2O_1 的连线为 x 轴建立直角坐标系如图，原点 O 到两个圆柱圆心的距离分别为 h_1 、 h_2 。基于与前面完全相同的推导，可得到如下关系式

$$\begin{cases} a_1^2 + b^2 = h_1^2 \\ a_2^2 + b^2 = h_2^2 \\ h_2 - h_1 = d \end{cases} \tag{3-4-36}$$

联立解之可得到参数 h_1 、 h_2 与 b 。有效区域内任一点的电位可表示为

$$\varphi = \frac{\tau}{2\pi\varepsilon}\ln\frac{\rho_2}{\rho_1} \qquad （导体之间） \tag{3-4-37}$$

由式(3-4-37)，导体 1、2 上的电位分别为

$$\varphi_1 = \varphi_A = \frac{\tau}{2\pi\varepsilon}\ln\frac{b+(h_1-a_1)}{b-(h_1-a_1)}, \quad \varphi_2 = \varphi_B = \frac{\tau}{2\pi\varepsilon}\ln\frac{b+(h_2-a_2)}{b-(h_2-a_2)} \tag{3-4-38}$$

其中 A、B 两点的位置如图 3-4-21a 所示。注意 B 点 ρ_1、 ρ_2 的表达式与例 3.4.7 有所不同。用符号 U_c 表示外导体电位的数值：

$$U_c = \frac{\tau}{2\pi\varepsilon}\ln\frac{b+(h_2-a_2)}{b-(h_2-a_2)}$$

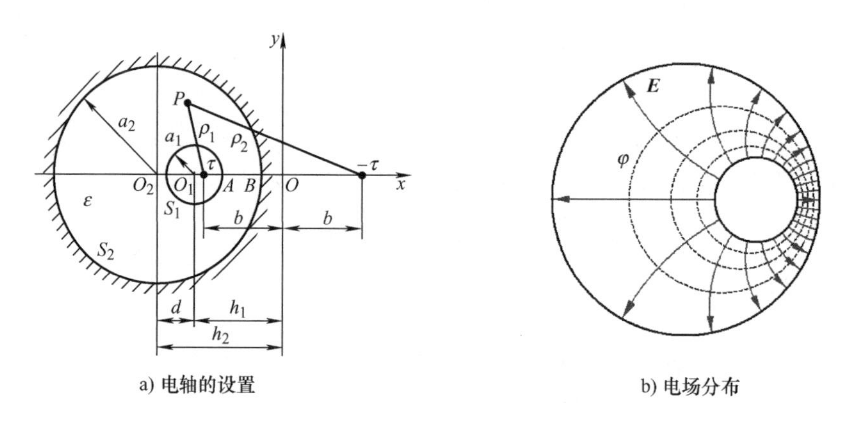

a) 电轴的设置　　b) 电场分布

图 3-4-21　电轴法计算偏心电缆电场

上述讨论中，默认电位参考点选在 O 点。由于整个 S_2 以外的区域都是虚拟的，是用电轴 $-\tau$ 等效腔壁 S_2 的结果，因此 O 点不是一个真实的点。工程上常令外导体接地。由于导体 1 完全位于导电腔 2 的内部，外导体接地与否并不影响内部电场分布，只是使电位浮动一个常数，该常数就是刚刚定义的 U_c 。因此，外导体接地时，内部任意一点的电位为

$$\varphi = \frac{\tau}{2\pi\varepsilon}\ln\frac{\rho_2}{\rho_1} - U_c \tag{3-4-39}$$

例 3.4.8　图 3-4-21a 中，已知参数 $a_1 = 2.0\,\text{mm}$， $a_2 = 4.0\,\text{mm}$， $d = 0.5\,\text{mm}$；内外导体之间电压为 12V。求导体表面最大电场强度。

解：先计算参数h_1、h_2和b。由方程组$\begin{cases} a_1^2+b^2=h_1^2 \\ a_2^2+b^2=h_2^2 \\ h_2-h_1=d \end{cases}$求得

$$h_1=\frac{a_2^2-d^2-a_1^2}{2d}，\ h_2=\frac{a_2^2+d^2-a_1^2}{2d}，\ b=\sqrt{h_1^2-a_1^2} \tag{3-4-40}$$

代入相应的数值得到

$$h_1=11.75\text{mm},\ \ h_2=12.25\text{mm},\ \ b=11.58\text{mm}$$

假定内导体单位长度带电量为τ，由式(3-4-38)得到两导体之间的电压为

$$U_{AB}=\varphi_A-\varphi_B=\frac{\tau}{2\pi\varepsilon}\left[\ln\frac{b+(h_1-a_1)}{b-(h_1-a_1)}-\ln\frac{b+(h_2-a_2)}{b-(h_2-a_2)}\right]$$

因此

$$\frac{\tau}{2\pi\varepsilon}=U_{AB}/\left[\ln\frac{b+(h_1-a_1)}{b-(h_1-a_1)}-\ln\frac{b+(h_2-a_2)}{b-(h_2-a_2)}\right]=17.86\text{V}$$

容易判断，导体最大电场强度位于A点，即

$$\boldsymbol{E}_A=E_A\boldsymbol{e}_x=\frac{\tau}{2\pi\varepsilon}\left(\frac{1}{b-h_1+a_1}+\frac{1}{b+h_1-a_1}\right)\boldsymbol{e}_x=10.27\boldsymbol{e}_x\text{V/mm}$$

题目解完，我们考虑一个有趣的问题：两圆柱同心，即$d\to 0$时，电轴法会给出什么？假定$d\to 0$，如图3-4-22所示，式(3-4-40)变为

$$h_1=h_2=b=\frac{a_2^2-a_1^2}{2d}$$

上述参数都趋于无穷大。对场域中任意一点P，$\rho_1\to\rho$，$\rho_2\to 2b$

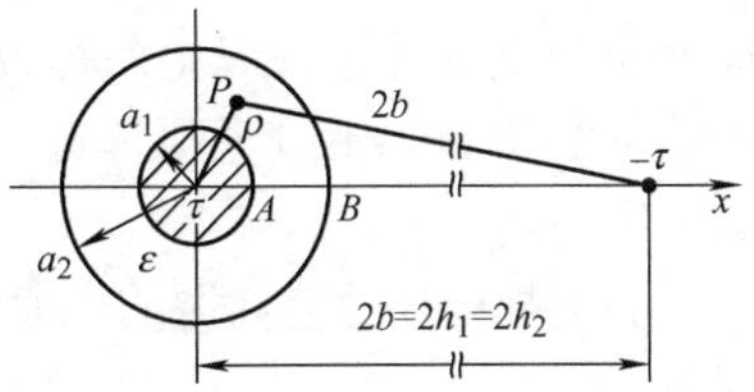

图3-4-22 当偏心电缆变成同心电缆

因此常数U_c成为$U_c=\frac{\tau}{2\pi\varepsilon}\ln\frac{2b}{a_2}$。由式(3-4-39)，$P$点电位变为

$$\varphi=\frac{\tau}{2\pi\varepsilon}\left(\ln\frac{2b}{\rho}-\ln\frac{2b}{a_2}\right)=\frac{\tau}{2\pi\varepsilon}\ln\frac{a_2}{\rho} \tag{3-4-41}$$

导体之间电压变为

$$U_{AB}=\frac{\tau}{2\pi\varepsilon}\left[\ln\frac{2b}{a_1}-\ln\frac{2b}{a_2}\right]=\frac{\tau}{2\pi\varepsilon}\ln\frac{a_2}{a_1}$$

故带电量用电压表示为

$$\tau=\frac{2\pi\varepsilon U_{AB}}{\ln(a_2/a_1)} \tag{3-4-42}$$

电场强度

$$\boldsymbol{E}=-\nabla\varphi=-\frac{\partial}{\partial\rho}\left(\frac{\tau}{2\pi\varepsilon}\ln\frac{a_2}{\rho}\right)\boldsymbol{e}_\rho=\frac{\tau}{2\pi\varepsilon\rho}\boldsymbol{e}_\rho \tag{3-4-43}$$

式(3-4-41)、式(3-4-42)与式(3-4-43)是计算同轴电缆的公式，在 3.3.5 节例 3.3.3 中曾经得到过(可以不用翻书，用积分形式的高斯定理验证一下)。可见，即使对于同轴圆柱导体，电轴法也是相容的。代入例 3.4.8 的参数，得到同轴电缆最大场强

$$\boldsymbol{E}_A=\frac{\tau}{2\pi\varepsilon a_1}\boldsymbol{e}_x=8.66\boldsymbol{e}_x\text{V/mm}$$

数值比偏心电缆略小一些。偏心电缆中，两个导体更加“靠近”一些，电场值偏大是合理的。

在做题和实际工程中，如果对所研究的复杂问题的求解结果缺乏把握，可以找一个与它相近的理想问题，用理想问题的解答做一个比较，如果两者相近，偏差定性合理，则可以大大增强信心；反之，如果两者相去甚远，就要格外小心了。

5. 镜像法小结

镜像法是一种构造式的求解边值问题的方法。它在求解场域外虚设一个或多个简单的电荷，而把整个空间视作同求解场域具有同一均匀介质的无限大空间；在此无限大空间中，虚设电荷与真实电荷共同产生的场满足边值问题规定的所有边界条件。根据解的唯一性定理，虚设电荷与真实电荷作用的叠加就给出了所求边值问题的解。

可以想象，镜像法能够成立的条件是很苛刻的。前面的例子看起来一路顺利，但这些例子其实都是精心选择的结果，它们所以能够成立是因其内在的不易察觉的规律。镜像法真正能够求解的也只有这样一些问题。一些看起来很像是能用镜像法解决的问题，比如空间两个带电导体球，无论怎样设置，都不可能通过有限个镜像电荷来使得导体球表面成为严格的等位面。不过无须苛责，能够有效解决一类问题的方法就是好方法，何况镜像法是如此之精巧。

关于静电场边值问题的一般解法将放到第 6 章，跟恒定电场、恒定磁场的边值问题一起讨论。

3.5 电容

电磁场和电路理论都以宏观电磁现象为研究内容。电路是通过参数化的方法进行描述，更加适合于系统层级电磁问题的求解。电磁场是对电磁问题的三维的、更加本质的和自然的反映，更加适合于元器件内部问题的研究。电路分析所使用的电阻、电容、电感等集总化参数所代表的物理含义，都只能在电磁场的概念里获得正确的理解，这些参数的数值大多也只能通过场的分析或实验手段来获取。因此，计算电路参数通常也是电磁场分析的重要任务之一。本节讨论电容的概念及其计算。

以下讨论的导体系统指**静电独立系统**。所谓静电独立系统，简言之就是与外界没有任何电的联系的静电系统，它可以由多个带电体连同它们之间的电介质共同组成，系统内各带电体电荷量总和为 0，电场分布只与系统内各带电体的形状、尺寸、相互位置和电介质的分布有关，而与系统外的带电体无关；所有的电通量线都从系统内的带电体发出又全部终止于系统内的带电体上。

3.5.1 两导体之间的电容

电路理论中，电容被描述为电容器的特性参数，电容的符号“$\dashv\vdash$”也很像是一个平行板电容器的图形，但不能理解为只有电容器才具有电容特性。实际上，由任意的两个导体构成的静电独立系统，都可以构成一个电容(器)，如图 3-5-1 所示。如果两导体带电量分别为q与$-q$，空间电介质ε的分布一定，那么根据解的唯一性定理，它们在空间产生的电场$\boldsymbol{E}$是唯一确定的，从而导体 1、2 之间的电压也是唯一的：

$$U = \varphi_1 - \varphi_2 = \int_1^2 \boldsymbol{E} \cdot \mathrm{d}\boldsymbol{l}$$

考虑线性媒质，电压U的值与激励源电荷q成正比，因此，它们的比值——即电容

$$C = q / U \tag{3-5-1}$$

是一个与q、U无关的常量，只是取决于两个导体的形状、尺寸、相对位置和空间电介质ε的分布。

上述原理的论述实际上也给出了电容的计算思路：即根据导体所带的电荷q，求解边值问题，获得导体间的电压U，从而得到电容$C = q / U$；或者反过来，导体之间电压U已知，求解边值问题，获得导体所带的电荷q，也得到电容$C = q / U$。

有时候也谈论**孤立导体的电容**，它是指两个导体中的一个移到无限远处，并且选无限远处为电位参考点，电压U就是留下的导体的电位φ，电容C的计算式变为

$$C = q / \varphi \tag{3-5-2}$$

例 3.5.1 已知空气中两根无限长平行传输线，如图 3-5-2 所示，半径$a = 0.01\mathrm{m}$，轴线间距$d = 2\mathrm{m}$。求传输线单位长度的电容C。

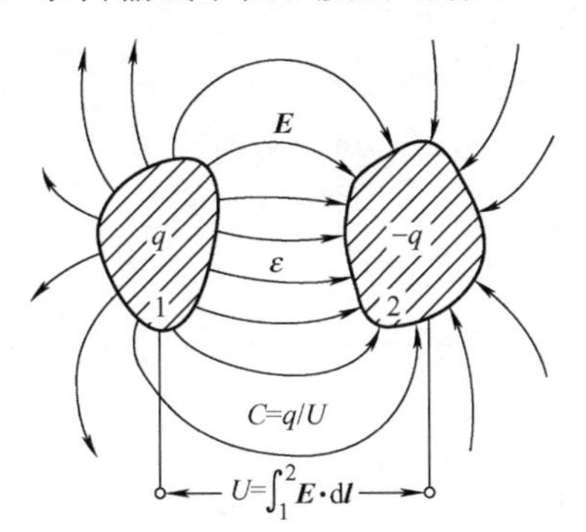

图 3-5-1 从场的观点看电容

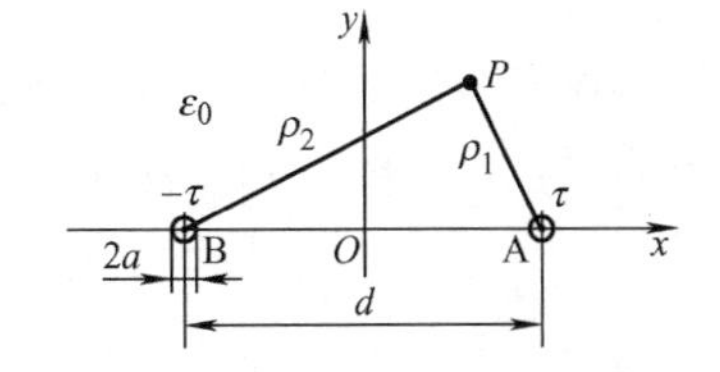

图 3-5-2 两根传输线之间的电容

解：用电轴法计算传输线之间的电场分布。由于传输线半径$a \ll d$，可以近似认为电轴位于传输线轴心位置，即$b = h_1 = h_2 = \dfrac{d}{2}$。设传输线单位长度带电量为$\tau$，空间任一点$P$的电位为

$$\varphi = \frac{\tau}{2\pi\varepsilon_0} \ln \frac{\rho_2}{\rho_1}$$

因此两传输线之间电压

$$U=\varphi_A-\varphi_B=\frac{\tau}{2\pi\varepsilon_0}\left(\ln\frac{d-a}{a}-\ln\frac{a}{d-a}\right)\approx\frac{\tau}{\pi\varepsilon_0}\ln\frac{d}{a}$$

所以，两根传输线单位长度的电容为

$$C=\frac{\tau}{U}=\frac{\pi\varepsilon_0}{\ln(d/a)}=5.2499\times10^{-12}\,\text{F/m}$$

例 3.5.2 针对例 3.4.8 中的偏心电缆，内导体半径 $a_1=2.0\,\text{mm}$，外导体半径 $a_2=4.0\,\text{mm}$，两导体轴心偏离 $d=0.5\,\text{mm}$，设电介质相对介电常量 $\varepsilon_r=2.5$。（1）计算偏心电缆的单位长度的电容；（2）如果两导体同轴，电容又为多少？

解：（1）例 3.4.8 中已经得到偏心电缆电压 U 与单位长度带电量 τ 的关系

$$U_{AB}=\frac{\tau}{2\pi\varepsilon}\left[\ln\frac{b+(h_1-a_1)}{b-(h_1-a_1)}-\ln\frac{b+(h_2-a_2)}{b-(h_2-a_2)}\right]$$

其中参数 $h_1=11.75\text{mm}$，$h_2=12.25\text{mm}$，$b=11.58\text{mm}$。因此，偏心电缆单位长度电容为

$$C=\frac{\tau}{U}=\frac{2\pi\varepsilon}{\ln\dfrac{[b+(h_1-a_1)][b-(h_2-a_2)]}{[b-(h_1-a_1)][b+(h_2-a_2)]}}$$

代入参数值，得到 $C=2.071\times10^{-10}\,\text{F/m}$。

（2）如果是同心电缆，根据式(3-4-42)，U 与 τ 的关系为

$$\tau=\frac{2\pi\varepsilon U}{\ln(a_2/a_1)}$$

故单位长度电容为

$$C=\frac{\tau}{U}=\frac{2\pi\varepsilon}{\ln(a_2/a_1)}$$

代入相关数值，得到 $C=2.006\times10^{-10}\,\text{F/m}$，略小于上面偏心电缆的数值。

3.5.2 多导体之间的部分电容

当空间存在多个导体时，设各导体带电量为 q_i，$i=0, 1, 2, \cdots, n$ 为导体的编号。假定它们构成一个静电独立系统，则 q_i 满足

$$\sum_{i=0}^{n}q_i=0 \tag{3-5-3}$$

一般把 0 号导体（通常由大地担任）指定为电位参考点 $\varphi_0=0$，这样剩余的 n 个电荷 q_i（$i=1, 2, \cdots, n$）就成为一组独立的变量。

设导体两两之间的电压为 U_{ij}，导体带电量 q_i 与 U_{ij} 之间的关系可以通过一个矩阵来描述

$$\begin{bmatrix}q_1\\q_2\\\vdots\\q_n\end{bmatrix}=\text{diag}\left(\begin{bmatrix}C_{10}&C_{12}&\cdots&C_{1n}\\C_{21}&C_{20}&\cdots&C_{2n}\\\vdots&\vdots&\ddots&\vdots\\C_{n1}&C_{n2}&\cdots&C_{n0}\end{bmatrix}\begin{bmatrix}U_{10}&U_{21}&\cdots&U_{n1}\\U_{12}&U_{20}&\cdots&U_{n2}\\\vdots&\vdots&\ddots&\vdots\\U_{1n}&U_{2n}&\cdots&U_{n0}\end{bmatrix}\right) \tag{3-5-4}$$

式中，diag(·)表示取一个矩阵的主对角元素生成一个列向量。例如，对于图 3-5-3 所示的 4 导体系统，有

$$q_1 = C_{10}U_{10} + C_{12}U_{12} + C_{13}U_{13}$$
$$q_2 = C_{21}U_{21} + C_{20}U_{20} + C_{23}U_{23}$$
$$q_3 = C_{31}U_{31} + C_{32}U_{32} + C_{30}U_{30}$$

式中，系数 C_{i0} 称为导体 i 的**自有部分电容**，C_{ij} $(j \neq 0, j \neq i)$ 称为两导体之间的**互有部分电容**。部分电容 C_{ij} 只与系统中所有导体的几何形状、尺寸、相互位置以及空间电介质的分布有关，跟各导体带电量 q_i 及导体间电压 U_{ij} 无关。所有的部分电容恒为正值，并且 $C_{ij} = C_{ji}$。对于由 $n+1$ 个导体组成的静电独立系统，共有 $n(n+1)/2$ 个部分电容 C_{ij}，它们构成一个电容网络，如图 3-5-3a 所示。

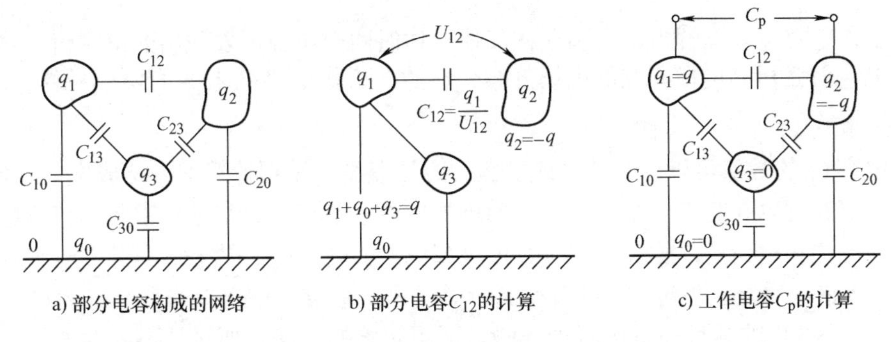

图 3-5-3　部分电容

应当注意，部分电容 C_{ij} 并不等于导体 i 与导体 j 单独存在时的电容 C。由

$$q_i = C_{i1}U_{i1} + C_{i2}U_{i2} + \cdots + C_{i0}U_{i0} + \cdots + C_{in}U_{in}$$

可得

$$C_{ij} = (q_i / U_{ij})\Big|_{U_{ik,k\neq j}=0} \tag{3-5-5}$$

这相当于将导体 i 与所有的导体 k（$k \neq j$）短接为一体，然后用导体 i 上的电荷 q_i 除以导体 i、j 之间的电压 U_{ij}，如图 3-5-3b 所示。注意，此时如果 q_j 等于全部电荷 $-q$，q_i 却不是全部电荷 $+q$；$+q$ 分布在除导体 j 以外的各个导体上。这显然与空间只有 i 与 j 两个导体的情况大不相同。

部分电容是对一个多导体静电独立系统的参数化描述，每一个参数 C_{ij} 都是整个系统共同作用的结果，因此也只对该系统有意义。C_{ij} 的数值与系统内各导体的带电状况或者连接方式无关。但如果系统中导体的数量、形状、位置或者介质发生了改变，则相当于系统发生了改变，C_{ij} 也随之发生改变。

部分电容的数值大小反映了两个导体之间电联系的强弱。如果从一个导体发出的电力线完全无法到达另一个导体，则这两个导体之间实现了静电屏蔽，此时两导体之间的部分电容为 0。如图 3-5-4 所示，考虑由封闭导体空腔 0 和内外两个导体 1、2 组成的静电独立系统，导体 1 所带电荷与电压之间的关系为

$$q_1 = C_{10}U_{10} + C_{12}U_{12}$$

如果将导体1与空腔短接，则导体1上电荷完全转移到空腔0上，即

$$q_1\big|_{U_{10}=0} = C_{12}U_{12} = 0$$

而U_{12}可以为任何值(取决于导体2所带电荷q_2)，因此必有$C_{12}=0$。这个结果与3.4.2节得到的结论一致。

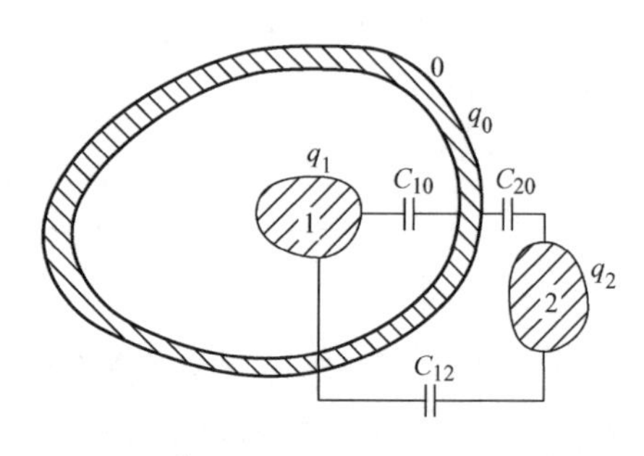

图 3-5-4 静电屏蔽两导体之间的部分电容

当静电独立系统中有两个导体i、j作为端口连接到电路中时，从电路端口看进来的等值电容称为**工作电容**，记作C_{p}，如图3-5-3c所示。工作电容C_{p}可以表示为

$$C_{\mathrm{p}} = (q/U_{ij})\big|_{q_{k,k\neq i,k\neq j}=0} \tag{3-5-6}$$

换言之，工作电容可以理解为，周围存在其他导体时两个电极所表现出的电容值，这些导体尽管不带电，但会影响电极周围的电场分布。显然，工作电容C_{p}与只有两个导体i、j时的电容C也不相等。

部分电容C_{ij}的数值可以通过计算或实验的方法获得。采用计算的方法成本低、耗时少，是首选。计算时可以在其中一个导体上单独施加电位(或电荷量)，通过求解边值问题，获得全部导体的电位和电荷量，根据式(3-5-4)可以列出n个关于C_{ij}的方程；对除0号导体以外的所有n个导体依次重复上述过程，共可得到n^2个方程，联立求解可以得到全部的C_{ij}。如果利用$C_{ij}=C_{ji}$，则方程的数目还可以减少一些。采用实验的方法，要设计不同的方案，至少测量$n(n+1)/2$个独立参数，通过这些参数与C_{ij}的关系，解出全部的C_{ij}。以下的例3.5.3和例3.5.4分别展示了如何通过这两种方法获取C_{ij}。

例 3.5.3 考虑地面影响，计算双线传输线与大地构成的三导体系统的部分电容。设大地是良导体，传输线距地面高度为$h=10\mathrm{m}$；传输线半径$a=0.01\mathrm{m}$，轴线间距$d=2\mathrm{m}$，与例3.5.1同。求部分电容以及传输线单位长度的工作电容。

解： 设两根传输线单位长度带电量分别为τ_1、τ_2。由于$a \ll d$且$a \ll h$，导线可以视为电轴[⊖]。作出它们对地面的镜像如图3-5-5a所示。有效区域内任意一点P的电位为

$$\varphi = \frac{\tau_1}{2\pi\varepsilon_0}\ln\frac{\rho_2}{\rho_1} + \frac{\tau_2}{2\pi\varepsilon_0}\ln\frac{\rho_4}{\rho_3}$$

故导体1电位 $$U_{10} = \varphi_1 = \frac{\tau_1}{2\pi\varepsilon_0}\ln\frac{2h}{a} + \frac{\tau_2}{2\pi\varepsilon_0}\ln\frac{\sqrt{d^2+4h^2}}{d}$$

导体2电位 $$U_{20} = \varphi_2 = \frac{\tau_1}{2\pi\varepsilon_0}\ln\frac{\sqrt{d^2+4h^2}}{d} + \frac{\tau_2}{2\pi\varepsilon_0}\ln\frac{2h}{a}$$

导体1、2之间电压 $$U_{12} = \varphi_1 - \varphi_2 = \frac{\tau_1 - \tau_2}{2\pi\varepsilon_0}\ln\frac{2hd}{a\sqrt{d^2+4h^2}}$$

⊖ 严格说来，若两圆柱带电量不满足$\tau_1=-\tau_2$，电轴法将无法使圆柱边界成为等位面，因此不成立。本题由于$a \ll d$且$a \ll h$，导线截面被看作一个点，电轴法近似成立。

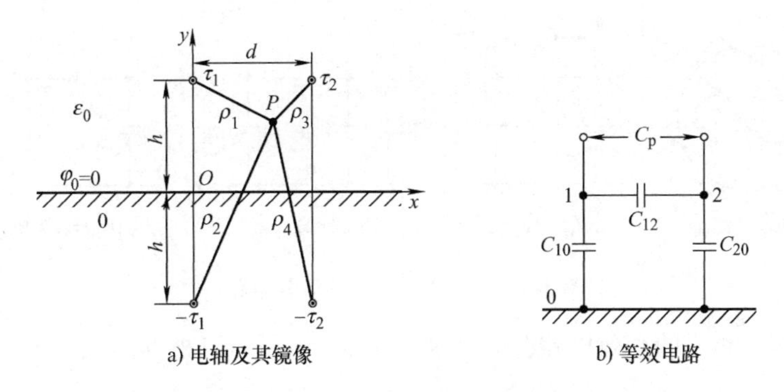

图 3-5-5 两线传输线与大地之间的部分电容

现欲利用关系

$$\begin{cases}\tau_1 = C_{10}U_{10} + C_{12}U_{12} \\ \tau_2 = C_{21}U_{21} + C_{20}U_{20}\end{cases} \tag{a}$$

确定部分电容C_{10}、C_{12}、C_{21}和C_{20}。其方法是设定若干种带电状态，借此构造一组方程，解得各部分电容的值。在本题中可令$\tau_1 = 2\pi\varepsilon_0$，$\tau_2 = 0$，代入相关数值，得$U_{10} = 7.6009$，$U_{12} = 5.2933$、$U_{20} = 2.3076$。代入关系式(a)得到两个方程

$$\begin{cases}7.6009C_{10} + 5.2933C_{12} = 2\pi\varepsilon_0 \\ -5.2933C_{21} + 2.3076C_{20} = 0\end{cases} \tag{b}$$

另取$\tau_1 = 0$，$\tau_2 = 2\pi\varepsilon_0$，代入相关数值，得$U_{10} = 2.3076$、$U_{12} = -5.2933$、$U_{20} = 7.6009$。代入关系式(a)又得到两个方程

$$\begin{cases}2.3076C_{10} - 5.2933C_{12} = 0 \\ 5.2933C_{21} + 7.6009C_{20} = 2\pi\varepsilon_0\end{cases} \tag{c}$$

将方程组(b)、(c)联立，解得

$$C_{10} = C_{20} = 5.6145\times10^{-12}\,\text{F/m}，\quad C_{12} = C_{21} = 2.4476\times10^{-12}\,\text{F/m}$$

系统等效电路如图 3-5-5b 所示，由该等效电路可以看出工作电容C_p为

$$C_\text{p} = C_{12} + \frac{C_{10}C_{20}}{C_{10} + C_{20}} = 5.2549\times10^{-12}\,\text{F/m}$$

C_p也可以根据式(3-5-6)计算。令$\tau_1 = -\tau_2 = \tau$，得$U_{12} = \dfrac{5.2933\tau}{\pi\varepsilon_0}$，从而

$$C_\text{p} = \left.\frac{q}{U_{12}}\right|_{q_0=0} = 5.2549\times10^{-12}\,\text{F/m}$$

与例 3.5.1 相比，不考虑大地影响时传输线单位长度电容为$C = 5.2499\times10^{-12}\,\text{F/m}$；考虑大地影响后，部分电容$C_{12} = 2.4476\times10^{-12}\,\text{F/m}$，工作电容$C_\text{p} = 5.2549\times10^{-12}\,\text{F/m}$。$C$与$C_\text{p}$相差无几(这只是特例，因本例中$h \gg d \gg a$，地面影响不显著)，但与$C_{12}$相去甚远。

例 3.5.4 屏蔽电缆横截面如图 3-5-6 所示，测得导体 1、2 间的电容为 0.020 μF，导体 1、2 相连与铅皮间的电容为 0.034 μF。求（1）各部分电容；（2）将导体 2 与铅皮相连，导体 1、2 间施加 100V 电压，求导体所带电荷量。

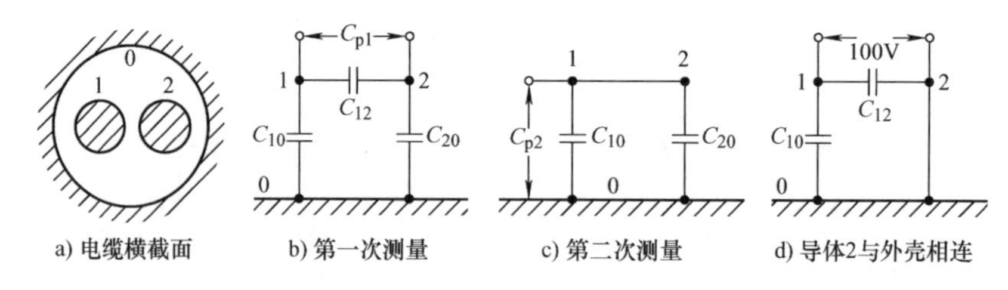

图 3-5-6 屏蔽电缆及其等效电路

解：（1）两次测量的等效电路分别如图 3-5-6b、c 所示。根据测量结果，有

$$C_{12}+\frac{C_{10}C_{20}}{C_{10}+C_{20}}=0.02\mu\mathrm{F}\text{，}\quad C_{10}+C_{20}=0.034\mu\mathrm{F}$$

该电缆两芯线对称，故有 $C_{10}=C_{20}$。联立求解得

$$C_{10}=C_{20}=0.017\mu\mathrm{F}\text{，}\quad C_{12}=0.0115\mu\mathrm{F}$$

如果参数不对称，则至少还要进行一次测量。

（2）导体 2 与外壳相连时，等效电路如图 3-5-6d 所示。故

$$q_1=C_{10}U_{10}+C_{12}U_{12}=(0.017+0.0115)\times100=2.85\mu\mathrm{C}$$

$$q_2=C_{20}U_{20}+C_{21}U_{21}=0+0.0115\times(-100)=-1.15\mu\mathrm{C}$$

3.6 电场能量与电场力

电场的基本特征是对电荷有作用力，电荷在电场力作用下移动，电场力做功，表明电场具有能量。电场能量来源于电场建立过程中外界所提供的能量，例如，导体从电荷为零到具有一定电荷量，电源要给导体充电而做功，电源所做的功即转化为导体系统的电场能量。

3.6.1 电场能量

设已经建立的电场电荷分布为 ρ，电位为 φ。在线性电介质中，电场能量仅与电场最终分布状态有关，而与充电过程无关。因此可以选择这样的充电方式，使任何时刻所有带电体的电荷量按同一比值 m 增加。取 $0\leqslant m\leqslant1$，$m=0$ 代表充电开始；$m=1$ 代表充电完成。这样，充电过程中任一时刻的电荷密度可表示为 $m\rho$，电位可表示为 $m\varphi$。对应于一个小的时间段，设 m 增加量为 $\mathrm{d}m$，则电荷密度增量为 $\mathrm{d}\rho=\mathrm{d}(m\rho)=\rho\mathrm{d}m$，体积元 $\mathrm{d}V$ 中的电荷增量为 $\mathrm{d}q=\rho\mathrm{d}m\mathrm{d}V$。将电荷 $\mathrm{d}q$ 从电位为 0 的地方(设为无限远处)缓慢移动至 P 点(电位为 $m\varphi$)，电源克服电场力做功

$$\mathrm{d}A=\int_{\infty}^{P}-\mathrm{d}q\boldsymbol{E}\cdot\mathrm{d}\boldsymbol{r}=\mathrm{d}q\int_{P}^{\infty}\boldsymbol{E}\cdot\mathrm{d}\boldsymbol{r}=\mathrm{d}q\,m\varphi=m\varphi\,\rho\mathrm{d}m\mathrm{d}V$$

充电终止时的电场能量等于电源做的总功。由于假定 m 与 ρ、φ 无关，故

$$W_{\mathrm{e}}=A=\int\mathrm{d}A=\int_0^1 m\mathrm{d}m\int_V\rho\varphi\mathrm{d}V$$

由 $\int_0^1 m\mathrm{d}m=\frac{1}{2}$，得到电场能量

$$W_{\mathrm{e}}=\frac{1}{2}\int_V \rho\varphi \mathrm{d}V \tag{3-6-1}$$

式(3-6-1)即为电场能量的一般表达式。电场能量单位为焦[耳](J)。

对于由若干个带电导体组成的系统，电荷分布于导体表面上。设各导体表面电荷面密度为σ_k，电位为φ_k，电场总能量为

$$W_{\mathrm{e}}=\frac{1}{2}\sum_k\int_{S_k}\sigma_k\varphi_k \mathrm{d}S=\frac{1}{2}\sum_k\varphi_k\int_{S_k}\sigma_k \mathrm{d}S=\frac{1}{2}\sum_k q_k\varphi_k \tag{3-6-2}$$

式中，q_k是第k个导体所带的电荷。

注意，能量不服从叠加原理。假定单独一个导体i带电q_i，自身电位为φ_{ii}，电场能量为$W_{\mathrm{e}i}=\frac{1}{2}q_i\varphi_{ii}$，这部分能量称为自有能。如果增加另一个导体$j$带电$q_j$，它对导体$i$电位的贡献为$\varphi_{ij}$，由此引起的电场能量为$W_{\mathrm{e}ij}=\frac{1}{2}q_i\varphi_{ij}$，称为互有能。

将式(3-6-2)用于两个导体组成的电容器，可导出电容器储能公式

$$W_{\mathrm{e}}=\frac{1}{2}(\varphi_1 q_1+\varphi_2 q_2)=\frac{1}{2}q(\varphi_1-\varphi_2)=\frac{1}{2}qU=\frac{1}{2}CU^2=\frac{q^2}{2C} \tag{3-6-3}$$

式中，q为电容器所带电荷；U为极板间电压。

3.6.2 能量密度

下面讨论电场能量的分布。将以电荷密度ρ与电位φ表达的能量公式改为以场量$\boldsymbol{E}$和$\boldsymbol{D}$表达。将$\rho=\nabla\cdot\boldsymbol{D}$代入式(3-6-1)，利用矢量恒等式$\varphi\nabla\cdot\boldsymbol{D}=\nabla\cdot(\varphi\boldsymbol{D})-\nabla\varphi\cdot\boldsymbol{D}$，得

$$\begin{aligned}W_{\mathrm{e}}&=\frac{1}{2}\int_V\rho\varphi \mathrm{d}V=\frac{1}{2}\int_V\nabla\cdot\boldsymbol{D}\varphi \mathrm{d}V=\frac{1}{2}\int_V[\nabla\cdot(\varphi\boldsymbol{D})-\nabla\varphi\cdot\boldsymbol{D}]\mathrm{d}V\\&=\frac{1}{2}\oint_S\varphi\boldsymbol{D}\cdot \mathrm{d}\boldsymbol{S}-\frac{1}{2}\int_V\nabla\varphi\cdot\boldsymbol{D}\mathrm{d}V\end{aligned}$$

假定所有的电荷都位于有限的体积内。把上述积分区域扩展为整个空间，将S视为$r\to\infty$的球面，在该球面上

$$\varphi\propto\frac{1}{r},\quad D\propto\frac{1}{r^2},\quad S\propto r^2$$

故当$r\to\infty$时，积分第一项$\frac{1}{2}\oint_S\varphi\boldsymbol{D}\cdot \mathrm{d}\boldsymbol{S}\propto\frac{1}{r}\to 0$，只留下第二项$-\frac{1}{2}\int_V\nabla\varphi\cdot\boldsymbol{D}\mathrm{d}V$。计及$\boldsymbol{E}=-\nabla\varphi$，有

$$W_{\mathrm{e}}=\frac{1}{2}\int_V\boldsymbol{E}\cdot\boldsymbol{D}\mathrm{d}V \tag{3-6-4}$$

式(3-6-4)的积分区域为无限大空间，或者涵盖了$\boldsymbol{E}$、$\boldsymbol{D}$不为零的全部区域。它表达了一个重要概念：在空间，有电场的地方就有电场能量，**电场能量分布储存于整个电场中**。反而在导体内部，由于$\boldsymbol{E}=0$，$\boldsymbol{D}=0$，并不储存电场能量。

由式(3-6-4)，得到**电场的能量密度**为

$$w_{\mathrm{e}}=\frac{1}{2}\boldsymbol{E}\cdot\boldsymbol{D} \tag{3-6-5}$$

能量密度单位为 J/m³。对于各向同性的线性电介质，有

$$w_{\mathrm{e}}=\frac{1}{2}\varepsilon E^2=\frac{D^2}{2\varepsilon} \tag{3-6-6}$$

例 3.6.1 自由空间中一半径为 a 的导体球，带电荷 q，求其电场能量。

解： 导体球外一点的电位和电场强度分别为

$$\varphi=\frac{q}{4\pi\varepsilon_0 r}, \quad \boldsymbol{E}=\frac{q\boldsymbol{e}_r}{4\pi\varepsilon_0 r^2} \quad (r\geqslant a)$$

利用电位计算电场能量为

$$W_{\mathrm{e}}=\frac{1}{2}q\varphi=\frac{1}{2}q\frac{q}{4\pi\varepsilon_0 a}=\frac{q^2}{8\pi\varepsilon_0 a}$$

利用能量密度计算电场能量为

$$W_{\mathrm{e}}=\frac{1}{2}\int_V \varepsilon_0 E^2\mathrm{d}V=\frac{1}{2}\int_a^{\infty}\frac{q^2 4\pi r^2\mathrm{d}r}{16\pi^2\varepsilon_0 r^4}=\frac{q^2}{8\pi\varepsilon_0 a}$$

两种方法的结果一致。

3.6.3 电场力

根据电场强度的定义，一个点电荷 q 在静电场 $\boldsymbol{E}$ 中受到的力可写为

$$\boldsymbol{F}=q\boldsymbol{E} \tag{3-6-7}$$

如果电荷是分布形式的，则采用积分的方法，在带电体上取一个电荷微元 $\mathrm{d}q$，所受电场力为 $\mathrm{d}\boldsymbol{F}=\boldsymbol{E}\mathrm{d}q$，带电体受到的总电场力为

$$\boldsymbol{F}=\int\boldsymbol{E}\mathrm{d}q \tag{3-6-8}$$

式中，根据电荷的分布形式，$\mathrm{d}q$ 可以写成 $\rho\mathrm{d}V$ 、$\sigma\mathrm{d}S$ 或 $\tau\mathrm{d}l$ 。式(3-6-7)和式(3-6-8)中，**$\boldsymbol{E}$ 不包括带电体自身产生的电场**。自身电场反映的是带电体内部各部分电荷之间的相互作用，只要带电体还维持一个整体，内部作用力都在内部被其他力抵消，整体合力为 0。

例 3.6.2 如图 3-6-1，平板电容器极板面积为 S，板间距离为 d，电介质的介电常数为 ε，两极板间的电压为 U，求极板所受的电场力。

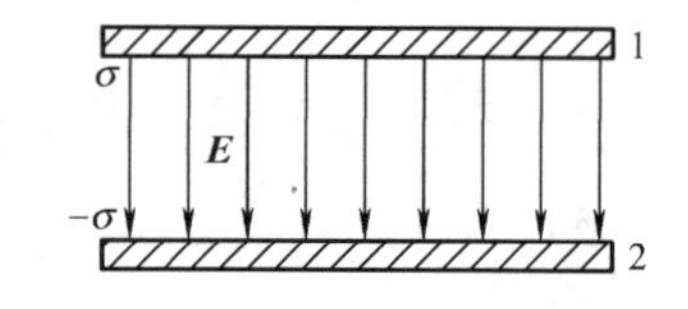

图 3-6-1 平行板电容器极板受的电场力

解： 电场强度 $E=U/d$，故极板表电荷面密度为 $\sigma=D_n=\varepsilon E$，总电荷量 $q=\sigma S=\varepsilon\dfrac{US}{d}$。

但是 $E=U/d$ 是两个极板共同产生的场，计算极板受力时，只计另一个极板产生的电场，故取其一半，极板受到的电场力为

$$F=\int_S\sigma\frac{E}{2}\mathrm{d}S=\varepsilon\frac{U}{d}\frac{U}{2d}S=\frac{CU^2}{2d}$$

力的方向从一个极板指向另一个极板，为引力。式中，$C=\dfrac{\varepsilon S}{d}$ 是平行板电容器的电容。

式(3-6-7)和式(3-6-8)是计算电场力的最基本公式，它揭示了正确的物理概念，但却不怎么实用。由于**受力电荷不仅可以是自由电荷，也可以是极化电荷**。在前面分析电场的时候，把产生电场的极化电荷归结到电位移矢量 $\boldsymbol{D}$ 和介电常量 ε，但对受力电荷并没有进行任何处理，因此极化电荷受到的电场力也必须考虑。所以，**使用式(3-6-8)计算电场力，必须知道包括自由电荷与极化电荷在内的全部电荷分布**，这是很困难的；其次，要把带电体自身电场同外部电场区分开来也不容易做到。因此通常很少使用式(3-6-8)计算电场力。工程上方便实用的方法是即将介绍的虚位移法。

3.6.4 虚位移法

虚位移法(principle of virtual displacement)根据能量守恒的原理计算电场力，也称**虚功原理**(principle of virtual work)。考虑一个由($n+1$)个导体组成的静电独立系统，连在一个直流电源上，电源向导体输送电荷，提供一定的电位分布。选择 0 号导体电位 $\varphi_0=0$。设达到静电平衡后，各导体电荷为 q_k，电位为 φ_k，$k=1, 2, \cdots, n$。欲求第 i 个导体所受电场力 $\boldsymbol{f}$，可设想该导体在 $\boldsymbol{f}$ 的作用下沿坐标 g 方向发生了一小段位移 $\mathrm{d}\boldsymbol{g}$，其他导体保持静止不动。在这个过程中，设电场力做功 $\mathrm{d}A=\boldsymbol{f}\cdot\mathrm{d}\boldsymbol{g}$，系统电场能量增加量为 $\mathrm{d}W_\mathrm{e}$，而电源提供能量为 $\mathrm{d}W$，那么根据能量守恒定律，功能关系为

$$\mathrm{d}W=\boldsymbol{f}\cdot\mathrm{d}\boldsymbol{g}+\mathrm{d}W_\mathrm{e} \tag{3-6-9}$$

它表示电源提供的能量一部分用于对导体 i 做功，另一部分储存在电场中，总体能量守恒。由式(3-6-9)得

$$f_g=\frac{\mathrm{d}W-\mathrm{d}W_\mathrm{e}}{\mathrm{d}g} \tag{3-6-10}$$

式中，f_g 表示 $\boldsymbol{f}$ 在 g 方向的分量。如果电源提供的能量 $\mathrm{d}W$ 与电场能量增量 $\mathrm{d}W_\mathrm{e}$ 能够得到，那么式(3-6-10)就可以用于计算电场力。由于上述位移过程只是虚设的，所以称为“虚位移”，所发生的功称为“虚功”。这也是这种方法名称的由来。虚位移法中，g 是一个广义坐标，$\mathrm{d}\boldsymbol{g}$ 可以是距离、角度、面积、体积等的变化；与此对应，$\boldsymbol{f}$ 是一个广义力，分别表示普通的力、力矩、表面张力和压强。以下分两种情况讨论式(3-6-10)的应用。

1) 虚位移过程中，假定各导体一直与电源相连，因此各导体电位 φ_k 保持不变。由于移动导体 i 导致电场变化，各导体电荷一般也都会发生改变，设电荷增量为 $\mathrm{d}q_k$。电源向电位为 φ_k 的导体迁移电荷 $\mathrm{d}q_k$ 需要做功 $\mathrm{d}A_k=\varphi_k\mathrm{d}q_k$，故电源对全部导体做功的总和为

$$\mathrm{d}W=\sum_{k=1}^{n}\varphi_k\mathrm{d}q_k$$

至于电荷的移动，可以假定全部电荷 $\mathrm{d}q_k$ 都来自 0 号导体，也可以认为有些电荷从一个导体转移到另一个导体，因为是静电独立系统，电源做功的表达式是一样的。由于电荷移动导致的电场能量增量 $\mathrm{d}W_\mathrm{e}$，根据电场能量的表达式 $W_\mathrm{e}=\dfrac{1}{2}\sum_k q_k\varphi_k$，有

$$dW_e = \frac{1}{2}\sum_k \varphi_k dq_k = \frac{1}{2}dW$$

上式说明，电源提供的能量有一半作为电场储能的增量，另一半用于电场力做功，即电场力做的功等于电场能量的增量。因此式(3-6-10)变为

$$f_g = \left.\frac{\partial W_e}{\partial g}\right|_{d\varphi_k=0} \tag{3-6-11}$$

利用式(3-6-11)，只要能得到电场能量对坐标 g 的变化率，就得到了电场力在 g 方向的分量。

2)虚位移过程中，假定各导体都与电源断开，因此各导体电荷量 q_k 保持不变。此过程中，电源不提供能量，$dW = 0$，电场力做功只能以电场能量的减少为代价。因此式(3-6-10)变为

$$f_g = -\left.\frac{\partial W_e}{\partial g}\right|_{dq_k=0} \tag{3-6-12}$$

应用式(3-6-11)或式(3-6-12)计算电场力 $\boldsymbol{f}$ 时，如果能够对力的方向做出判断，就可以取该方向作为虚位移 $d\boldsymbol{g}$ 的方向，这样直接就可以得到 $\boldsymbol{f}$ 的大小 f。

例 3.6.3 仍以例 3.6.2 的平板电容器为例，假定电压 U 已知，用虚位移法求极板所受的电场力。

解：由于两极板上的异性电荷相互吸引，故电场力沿着极板间距 d 所指示的方向，因此选 d 为广义坐标。电容器电场能量

$$W_e = \frac{1}{2}CU^2 = \frac{q^2}{2C}$$

其中 $C = \varepsilon S/d$，电荷 $q = CU = \frac{\varepsilon S}{d}U$。用两种方法计算极板 1 所受的电场力。

（1）假定电压 U 不变，由式(3-6-11)得

$$f = \frac{\partial W_e}{\partial d} = \frac{1}{2}U^2\frac{\partial C}{\partial d} = -\frac{1}{2}U^2\frac{\varepsilon S}{d^2}$$

（2）假定电荷 q 不变，由式(3-6-12)得

$$f = -\frac{\partial W_e}{\partial d} = -\frac{q^2}{2}\frac{\partial \frac{1}{C}}{\partial d} = -q^2\frac{1}{2\varepsilon S} = -\left(\frac{\varepsilon S}{d}U\right)^2\frac{1}{2\varepsilon S} = -U^2\frac{\varepsilon S}{2d^2}$$

两个结果一致。$f < 0$，表示 $\boldsymbol{f}$ 的实际方向指向 d 减小的方向，即指向极板 2，为吸引力，也与例 3.6.2 的结果相同。

虚功原理也可以用来计算介质受的电场力。

例 3.6.4 如图 3-6-2 所示平行板电容器，填充两种不同的介质 ε_1 和 ε_2，设 $\varepsilon_2 > \varepsilon_1$。电容器宽度为 a，深度为 b，极板间距为 d，介质 2 深入极板之间的长度为 x；两种介质暴露在极板外部的长度(图中 AB 段和 DE 段)都大于极板间距。设极板间电压为 U，求介质受的电场力。

解：选 x 为广义坐标。由于两种介质暴露在极板外部 AB 段和 DE 段的长度都大于极板间距，故在虚位移过程中 AB 段和 DE 段的能量保持不变，只考虑极板内部 BCD 段的能量变

化即可。忽略边缘效应，电场强度$E=U/d$，电容器储存的电场能量为

$$W_e=\frac{1}{2}\varepsilon_1E^2V_1+\frac{1}{2}\varepsilon_2E^2V_2=\frac{1}{2}\frac{U^2}{d^2}[\varepsilon_1(a-x)bd+\varepsilon_2xbd]=\frac{[\varepsilon_1(a-x)+\varepsilon_2x]bU^2}{2d}$$

设电压不变，则

$$f=\frac{\partial W_e}{\partial x}=\frac{(\varepsilon_2-\varepsilon_1)bU^2}{2d}$$

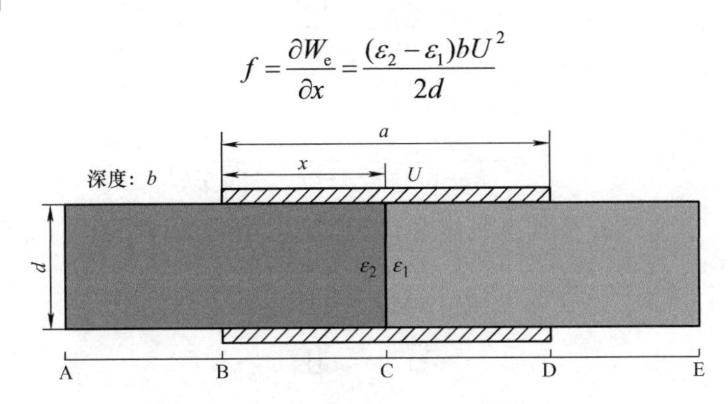

图 3-6-2　平行板电容器中填充两种电介质

这个力f是两种介质所受的合力。由于$\varepsilon_2>\varepsilon_1$，$f>0$，表示电场力沿着$x$增大的方向。若无其他约束，$\varepsilon_2$将驱逐$\varepsilon_1$。

本例引发一个有趣的思考。我们知道，电场力归根结底是电荷受到电场的作用。本例忽略边缘效应，电场只有垂直分量，那么横向的受力是如何产生的呢？问题的关键恰恰在于被忽略的边缘效应。图 3-6-3 给出了电容器的电场线示意图，在电介质表面出现了极化面电荷σ_p。可以看到，在极板以内的部分，电场强度$\boldsymbol{E}$只有垂直分量，极化电荷受到垂直方向的电场力，但由于上下两面的对称性，垂直力被抵消。而在极板外部 AB 段和 DE 段，电场强度存在横向分量，极化电荷σ_p受到横向的电场力。由于$\varepsilon_2>\varepsilon_1$，$\varepsilon_2$侧的极化电荷量值大于$\varepsilon_1$侧，因此受到更大的吸引力，故总体上$\varepsilon_2$有驱逐$\varepsilon_1$的趋势。从本例的分析也可以看出，虚位移法只是一种电场力的计算方法，不涉及产生力的物理机制。

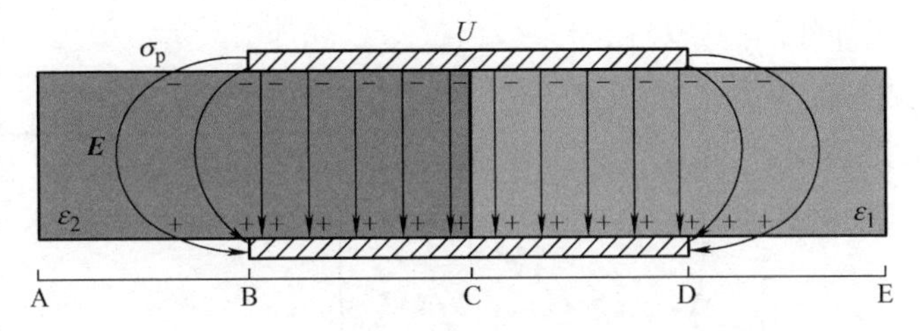

图 3-6-3　平行板电容器电场分布及电介质表面的极化电荷

最后给出一个广义坐标为体积、计算压强的例子。

例 3.6.5　有一半径为R的带电导体球，电荷量为q，球外电介质的介电常数为ε。求导体球表面因为电场力产生的压强。

解：电荷分布于球表面，各部分电荷相互排斥，故导体球表面受到一个向外的压强，体积V有增大的趋势，故选体积V为广义坐标。电场能量

$$W_e=\frac{1}{2}q\varphi=\frac{1}{2}q\frac{q}{4\pi\varepsilon R}=\frac{q^2}{8\pi\varepsilon R}$$

假定电荷不变，由式(3-6-12)，有

$$f=-\frac{\partial W_{\mathrm{e}}}{\partial V}=-\frac{\partial W_{\mathrm{e}}}{\partial R}\frac{\partial R}{\partial V}$$

导体球体积$V=\frac{4\pi}{3}R^3$，有

$$\frac{\partial R}{\partial V}=\frac{1}{4\pi R^2}$$

因此

$$f=-\frac{q^2}{8\pi\varepsilon}\left(-\frac{1}{R^2}\right)\frac{1}{4\pi R^2}=\frac{q^2}{32\pi^2\varepsilon R^4}$$

该广义力是压强，单位$\mathrm{N/m^2}$，即f是作用于导体球表面单位面积的力，且$f>0$,表示电荷相斥，电场力有使球体膨胀的趋势。

习　题

3.1　自由空间中有一均匀带电球体，半径为a，电荷密度为ρ_0。试利用微分形式的高斯定理$\nabla\cdot\boldsymbol{E}=\rho/\varepsilon_0$求解空间电场分布，并用积分形式$\oint_S\boldsymbol{E}\cdot\mathrm{d}\boldsymbol{S}=q/\varepsilon_0$加以验证。

3.2　试近似画出习题3.2图所示各平行电场或轴对称电场等位线和$\boldsymbol{E}$线的图形。图中打剖面线的表示导体面。

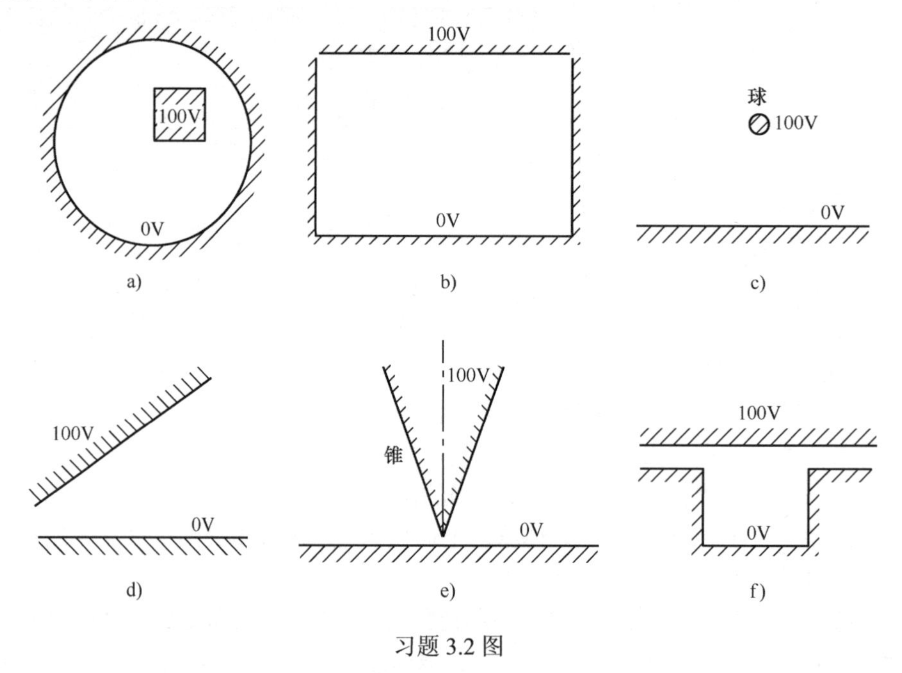

习题3.2图

3.3　同轴电缆内导体半径a_1，外导体半径a_2，内外导体之间为真空。设内导体电位为U_0，外导体电位为0。

（1）通过拉普拉斯方程计算电位分布；

（2）计算最大电场强度$\boldsymbol{E}_{\max}$。如果内导体半径a_1可调，问a_1取多大可使$\boldsymbol{E}_{\max}$最小？

3.4 具有两层同轴介质的圆柱形电容器，内导体的半径为1cm，内层电介质的相对介电常数$\varepsilon_{r1}=3$，外层电介质的相对介电常数$\varepsilon_{r2}=2$，要使两层电介质中的最大电场强度相等，并且两层介质承受的电压相等，问两层介质的厚度各为多少？

3.5 已知空气的击穿场强为30kV/cm，问半径为15cm的金属球电荷总量最大为多少？半径为15cm的导体圆柱单位长度总量最大为多少？导体的电位最大为多少伏？

3.6 如习题3.6图所示，圆柱形高压导体通过两层同轴圆柱形导体套管与配电板相隔离，空气的击穿场强为30kV/cm。求：

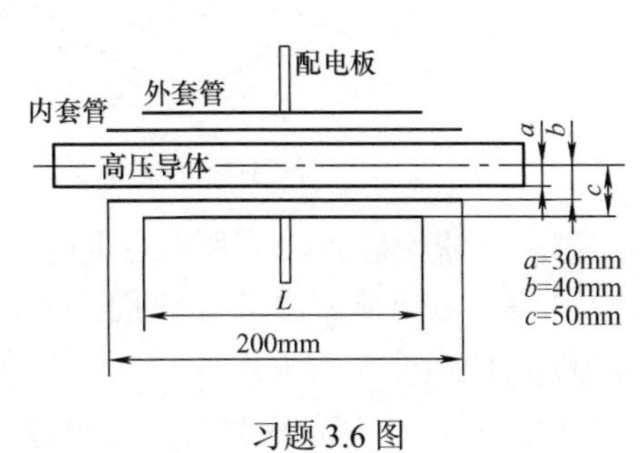

习题3.6图

（1）在下列条件下外套管的长度为 L。①导体与内套管的电压等于内套管与外套管的电压；②导体与内套管间的最大场强等于内套管与外套管间的最大场强(提示：忽略边缘效应及套管的厚度，将套管以内当作同轴结构处理，并注意内套管内外壁电荷守恒)；

（2）上述两种情况下的最大工作电压；

（3）抽去内套管后最大工作电压。

3.7 试用拉普拉斯方程求解习题3.7图所示平板电容器介质中的电位和电场强度。

3.8 圆锥导体尖端无限靠近接地平面(但两者绝缘)，其轴线与平面垂直，其轮廓线与轴线夹角为θ_0(见习题3.8图)。若圆锥导体的电位为U_0，求圆锥导体与接地导体平面之间的电位及电场强度。

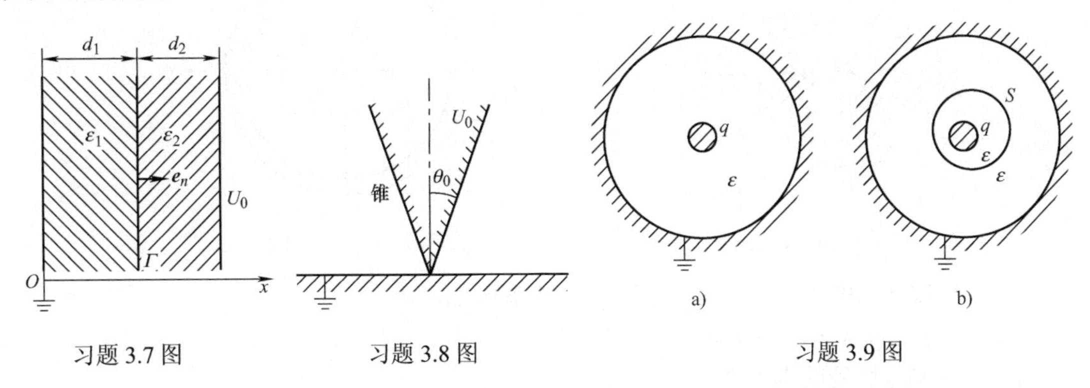

习题3.7图　　习题3.8图　　习题3.9图

3.9 同心球形电容器如习题3.9图a所示，若在电容器中偏心地嵌入一个不带电荷，极薄的金属球壳S，如习题3.9 图b所示，问嵌入金属球壳S前后，球形电容器内的电场有无变化，试说明理由。若S与球电容器同心，电场有无变化？

3.10 三个导体被一接地导体所包围，其中有两种均匀电介质，如习题 3.10 图所示，1号导体的电位为U_1，2，3 号导体电荷量分别为q_2和q_3，其中3号导体置于两种介质之间，S_{12}为介质分界面。设介质ε_1和ε_2中的电位分别为φ_1和φ_2，试列出定解φ_1和φ_2的边值问题，并在图中表示出所需设定的法向单位矢量的方向。

3.11 一个电荷量为q，质量为m的小物体，位于无限大导体平面下方，且与导体平面相距为h(h比带电物体的尺寸大很多)。问带电物体的电荷量q为多少时，其所受静电力与重力平衡。

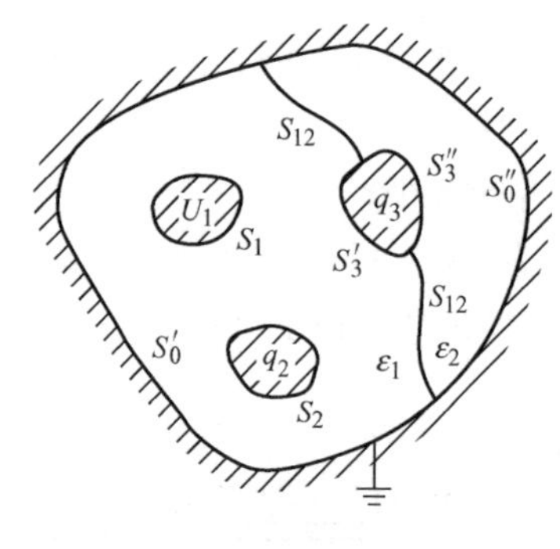

习题 3.10 图

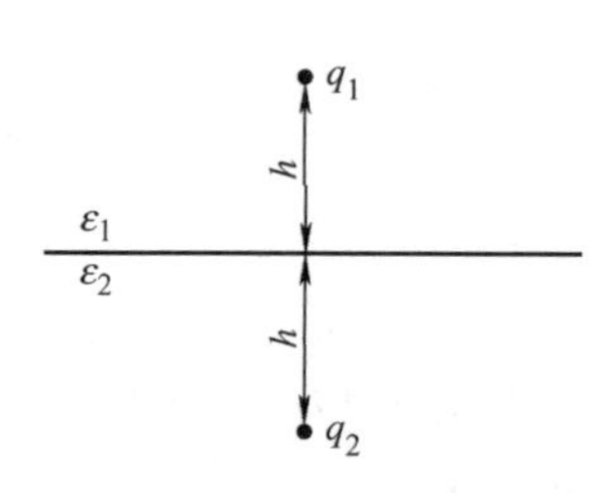

习题 3.12 图

3.12　求习题 3.12 图所示点电荷 q_1 和 q_2 分别受到的电场力。两个力大小相等吗？为什么？

3.13　点电荷 q 位于 xy 平面上方 $z=h$ 处，在 $z>0$ 区域充满空气，$z<0$ 区域充满介电常数为 $\varepsilon_r\varepsilon_0$ 的电介质，求：

（1）$z>0$ 区域的电场强度和电位；

（2）$z<0$ 区域的电场强度和电位；

（3）分界面上的最大电场强度；

（4）分界面上的最大极化电荷面密度。

3.14　习题 3.14 图所示导体球的电荷量为 Q，求点电荷 q 受的电场力。

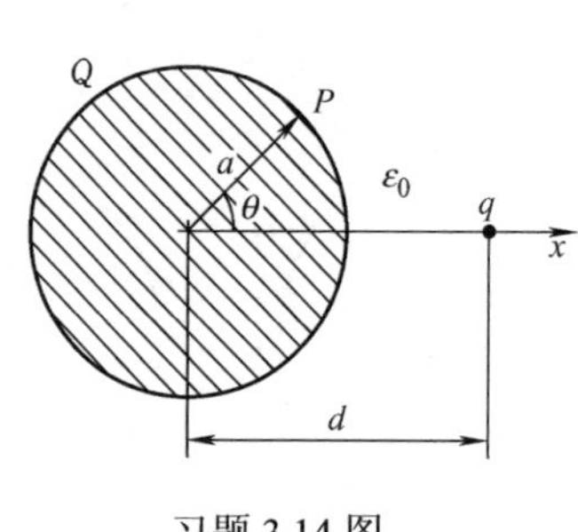

习题 3.14 图

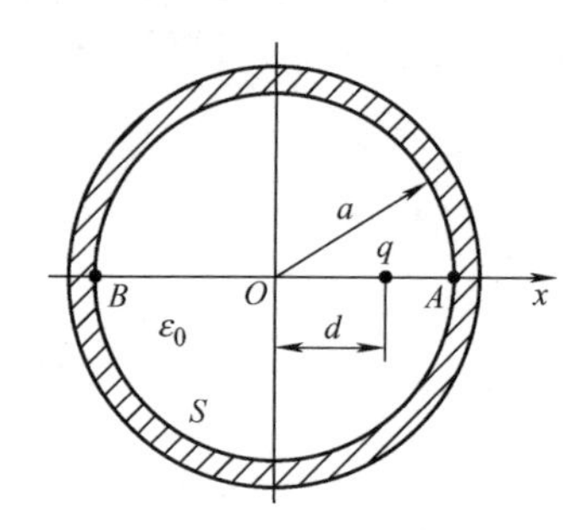

习题 3.15 图

3.15　导体球壳内有一点电荷 q 如习题 3.15 图所示，求：

（1）A、B 两点感应电荷密度；

（2）点电荷 q 所受的电场力。

以上解答与导体球壳接地与否有关吗？与导体球壳带电荷与否有关吗？

3.16　空气中平行放置两根长直导线，半径都是 6cm，轴线间距离为 20cm，若导线间加 1000V 电压，求：

（1）电场强度及电位；

（2）导线上电荷面密度的最大值和最小值；

（3）导线间单位长度的相互作用力。

3.17　习题 3.17 图所示半径为 a 的接地金属圆管内，有两根平行放置且极性相反的线电荷，求：

（1）圆管内的电场；

（2）欲使线电荷受电场力为零，求其距离。

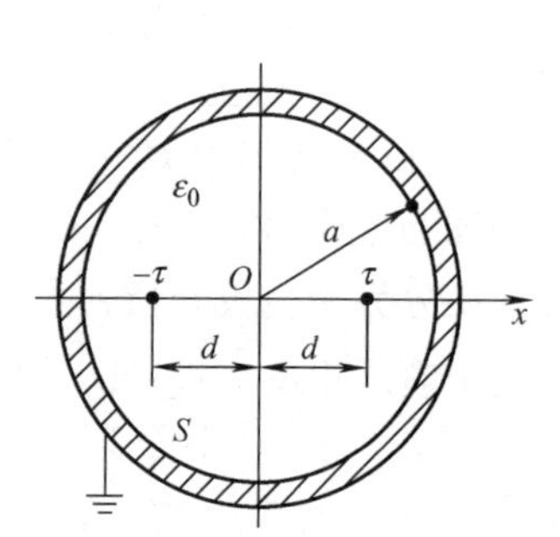

习题 3.17 图

3.18 内外半径分别为1cm和2cm的偏心电缆，轴线间的距离为0.5cm，若电介质的击穿电压场强为50kV/cm，求电缆能承受的最大电压。

3.19 习题3.19图所示的各电场能否用镜像法求解，若能，标出镜像电荷位置并标明电荷量；若不能，说明理由。

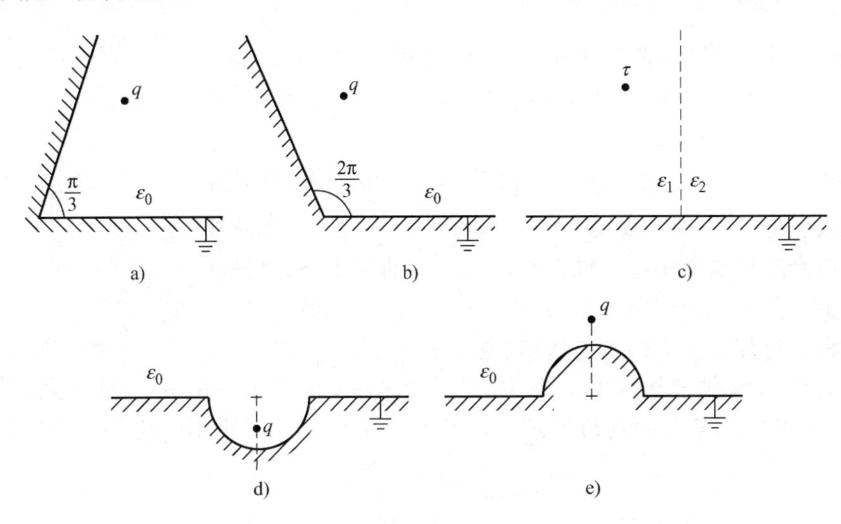

习题3.19图

3.20 如习题3.20图所示，计算具有二层介质的同轴电缆单位长度电容C_0。若内外导体半径a_1、a_3一定，$\varepsilon_1 > \varepsilon_2$，欲增大电缆的电容，第一层介质的厚度应增加还是减少？

3.21 一根水平天线，直径3mm，长10m，轴心离地面14m，求天线对地电容。

3.22 求半径分别为1cm和0.5cm，轴线间距离为2cm的平行圆柱形导线单位长度的电容C_0。

3.23 一偏心圆柱形电容器，其内外半径分别为4cm和12cm，轴心距离为5cm。求其单位长度的电容，并和没有偏心的电容值相比较（电容内电介质的$\varepsilon = 5\varepsilon_0$）。

3.24 习题3.24图所示半径分别为a_1、a_2的两个带电导体球，其电荷量分别为q_1、q_2，距离地面高度分别为h_1、h_2。设a_1、a_2均远小于h_1、h_2，并且也远小于两球之间的距离$(h_1 - h_2)$，求两导体球的电位以及两导体球间的工作电容。

3.25 习题3.25图所示半径为$a = 5\text{mm}$的两平行导线，离地面高度$h_1 = 10\text{m}$，$h_2 = 8\text{m}$，导线之间的水平距离$d = 2\text{m}$，求部分电容及导线单位长度的工作电容。

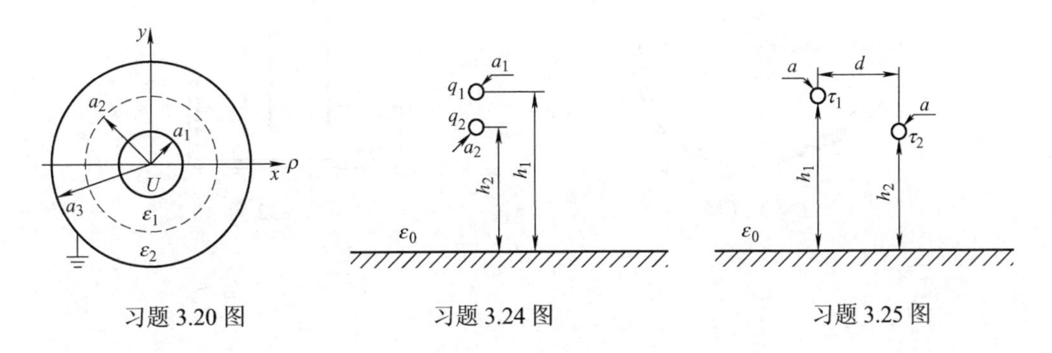

习题3.20图　　习题3.24图　　习题3.25图

3.26 自由空间中有一半径为 a 的球状电荷，电荷均匀分布，带电量为 q 。试求该系统的电场能量。

3.27 试证明习题 3.27 图所示静电系统的电场能量为 $W_e = \frac{1}{2}C_{10}\varphi_1^2 + \frac{1}{2}C_{20}\varphi_2^2 + \frac{1}{2}C_{12}(\varphi_1 - \varphi_2)^2$ 。

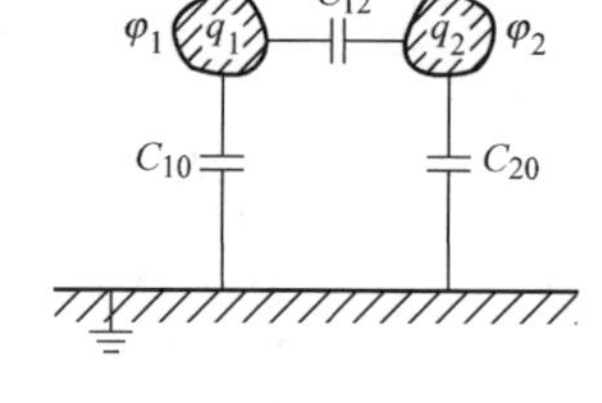

习题 3.27 图

3.28 内外导体半径分别为 5mm 和 10mm 的同轴电缆，电介质的介电常数 $\varepsilon = 5\varepsilon_0$ ，击穿场强为 200 kV/cm ，求 1km 该电缆能存储的最大静电能量是多少？

3.29 用 8mm 厚、$\varepsilon_r = 5$ 的介质片隔开的两片金属盘，形成电容为 1pF 的平行板电容器，接到电压为 1000V 的电源上。如果不计摩擦力，将介质片从金属盘间抽出来，求下列情况下外力需做的功：

（1）在抽出前，电源已断开；

（2）在抽出过程中，电源一直接通。

3.30 两个同轴薄金属圆柱，半径分别为 $a_1 = 5\text{cm}$ 、 $a_2 = 6\text{cm}$ ，两者之间的电压为 $U = 1000\text{V}$ ，中间介质的介电常数为 ε_0 ，如习题 3.30 图所示，求小圆柱所受的轴向吸引力。

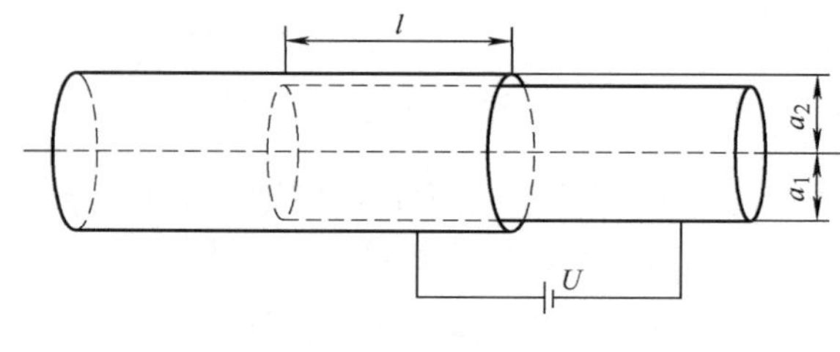

习题 3.30 图

3.31 如习题 3.31 图所示，一静电电压表的转动部分和固定部分分别由 n 片和 $n+1$ 片半圆形金属片连接在一起。金属片的半径均为 6cm，每片固定片与转动片之间的距离 $\delta = 0.5\text{mm}$ 。若 $n = 5$ ，当电压为 1000V 时，求转动力矩的大小。

3.32 液体电介质常数测定仪如习题 3.32 图所示，已知平行板电容器两极板之间的距离为 d ，液体电介质的密度为 ρ_m ，两极板间电压为 U_0 ，液面高度差为 h ，求液体电介质的介电常量。

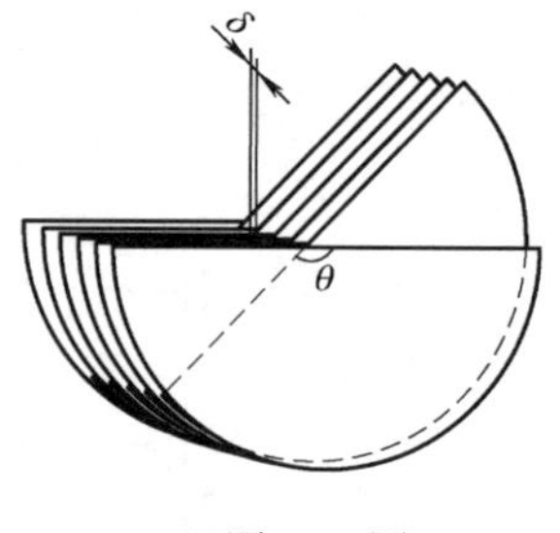

习题 3.31 图

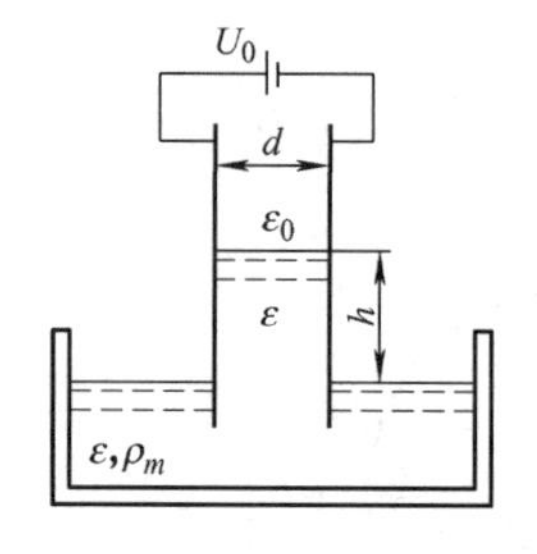

习题 3.32 图

第 4 章 恒定电场

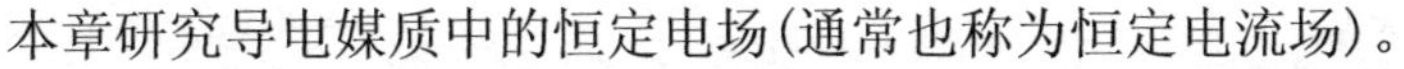

本章研究导电媒质中的恒定电场(通常也称为恒定电流场)。

一个孤立导体，将其置于静电场中，导体内的自由电荷在电场力作用下移动，电荷分布的改变抵消外加电场的作用，直至导体内部电场消失。这个动态过程非常短暂，对于像铜这样的良导体，所需时间小于10^{-14} s。因此静电场只存在于导体以外的介质区域，导体内部无电场。

如果将导体与电源的两极相连，维持两极电压不变，则导体中将存在一个恒定的电场，自由电荷在电场作用下定向移动，形成电流。恒定电场依然是由电荷产生的，但与静电场不同，恒定电场中的电荷是流动着的，电源的作用在于及时补充流失的电荷，以维持电荷的分布不变从而保持电场的恒定。电场强度 $\boldsymbol{E}$ 和电流密度 $\boldsymbol{J}$ 是恒定电场关心的主要场量。

电流的存在必然产生磁场。虽然磁场的存在会对电流的分布产生一定的影响，但是通常情况下这种影响很弱，可以忽略不计，电场和磁场可以各自独立研究。本章只研究恒定电流场的电效应，磁效应将在下一章讨论。

本章介绍电流密度，讨论导电媒质中电流密度与电场强度的关系、电流流过导体产生的热效应以及维持恒定电场所需外部电源的特性；研究恒定电场电流连续性，导出恒定电场的基本方程、电位的拉普拉斯方程，讨论不同媒质分界面上的边界条件；讨论无电荷分布区域的静电场与导电媒质中恒定电场的相似性，得到静电比拟方法；介绍电导和部分电导的概念，讨论漏电导、接地电阻、跨步电压等的计算方法；最后给出几个工程应用实例。

4.1 恒定电场的电流和电源

4.1.1 电流及电流密度

电荷的定向运动形成电流。单位时间内通过某一截面的电荷量称为电流，记作 I

$$I=\frac{\mathrm{d}q}{\mathrm{d}t} \tag{4-1-1}$$

在 SI 中，电流的单位是安[培](A)。

电路中讨论的电流是一个总量的概念，它不关心电荷和电流在空间各点的分布情况。从场的观点，需要知道每一点上的电流分布情况，为此引入电流密度 $\boldsymbol{J}$ 这一物理量。$\boldsymbol{J}$ 定义为在垂直于电流流动方向上单位截面积内的电流量，如图 4-1-1a 所示。通过任意面元 $\mathrm{d}\boldsymbol{S}$ 的电流为

$$\mathrm{d}I=\boldsymbol{J}\cdot\mathrm{d}\boldsymbol{S} \tag{4-1-2}$$

流过任意截面积 $\boldsymbol{S}$ 的电流为

$$I = \int_S \boldsymbol{J} \cdot \mathrm{d}\boldsymbol{S} \tag{4-1-3}$$

$\boldsymbol{J}$ 的单位为 $\mathrm{A/m^2}$，它表征的是穿过单位面积的体电流大小。按体密度 ρ 分布的电荷以速度 $\boldsymbol{v}$ 运动，形成电流密度矢量 $\boldsymbol{J}$ 为

$$\boldsymbol{J} = \rho \boldsymbol{v} \tag{4-1-4}$$

电流密度矢量 $\boldsymbol{J}$ 在各处都不随时间变化的电流称为恒定电流，即电路中的直流问题。

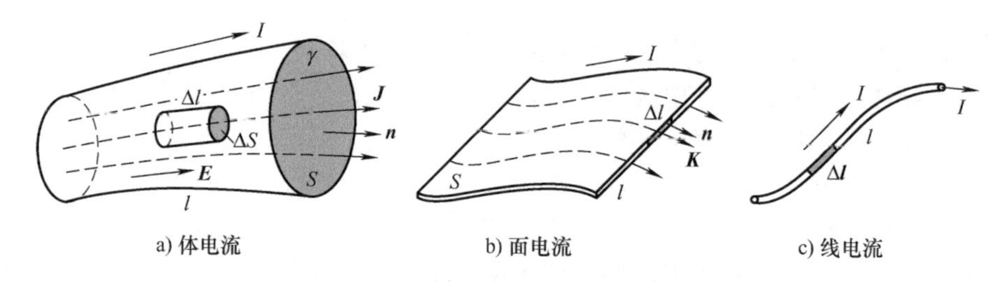

a) 体电流　　b) 面电流　　c) 线电流

图 4-1-1　电流与电流密度

类似于电荷面密度 σ，可以定义电流面密度 $\boldsymbol{K}$。如图 4-1-1b 所示，若电荷被限定在一个厚度可以忽略的薄层内流动，就形成电流面密度矢量 $\boldsymbol{K}$（$=\sigma\boldsymbol{v}$）。$\boldsymbol{K}$ 的单位为 A/m，它的量值定义为曲面上垂直于电流方向单位宽度的电流量。在该面上流过任意宽度 l 的电流为

$$I = \int_l (\boldsymbol{K} \cdot \boldsymbol{e}_n) \mathrm{d}l \tag{4-1-5}$$

式中，$\boldsymbol{e}_n$ 为电流面上垂直于线段元 $\mathrm{d}\boldsymbol{l}$ 的方向上的单位矢量。

若电荷被限定在一个横向尺寸可以忽略的线形区域内流动，就形成线电流 I（$=\tau v$）。不难理解，面电流和线电流都是体电流的特殊形式。

在分析磁场时经常要用到电流元㊀的概念。电流元定义为 $I\mathrm{d}\boldsymbol{l}$，是分析电流之间相互作用力时使用的基本单元。与电荷元类似，在不同的电流分布情况下，电流元有不同的描述形式，见表 4-1-1。应注意，电流元并不是计算电流的基本单元，它的单位为 $\mathrm{A \cdot m}$，而不是 A，这点跟电荷元不同。

表 4-1-1　电荷元与电流元在不同分布情况下的描述形式

分布形式	基本形式	体 分 布	面 分 布	线 分 布
电流元	$\mathrm{d}q\boldsymbol{v}$	$\boldsymbol{J}\mathrm{d}V$	$\boldsymbol{K}\mathrm{d}S$	$I\mathrm{d}\boldsymbol{l}$
总电流		$I = \int_S \boldsymbol{J} \cdot \mathrm{d}\boldsymbol{S}$	$I = \int_l (\boldsymbol{K} \cdot \boldsymbol{e}_n)\mathrm{d}l$	I
电荷元	$\mathrm{d}q$	$\rho\mathrm{d}V$	$\sigma\mathrm{d}S$	$\tau\mathrm{d}l$
总电荷		$q = \int_V \rho\mathrm{d}V$	$q = \int_S \sigma\mathrm{d}S$	$q = \int_l \tau\mathrm{d}l$

4.1.2　电流密度与电场强度的关系(欧姆定律的微分形式)

在导电媒质(如金属、电解液等)中电荷运动形成的电流称为传导电流。对于大多数导电媒质，内部某点的电流密度 $\boldsymbol{J}$ 与该点的电场强度 $\boldsymbol{E}$ 成正比

㊀ 在不同的教科书上，电流元 $I\mathrm{d}\boldsymbol{l}$ 还有其他的一些称谓，如电流元段、元电流、元电流段等。

$$\boldsymbol{J}=\gamma\boldsymbol{E} \tag{4-1-6}$$

式中，γ 称为导电媒质的电导率，单位为西[门子]每米(S/m)。γ 值越大，表明导体的导电能力越强，即使在微弱的电场下也能形成很强的电流。不同的材料导电性能差异很大，金属材料的 γ 值大都在 10^7 S/m 以上，而玻璃、橡胶等 γ 值小于 10^{-12} S/m。γ 值很大的材料称为良导体，γ 值很小的材料称为绝缘体(或电介质)。电导率为无限大的导体称为理想导体，电导率为 0 的媒质称为理想介质。媒质的电导率与温度有关，表 4-1-2 列出了几种材料在常温下的电导率。

表 4-1-2 几种材料在常温下的电导率

材 料	电导率 γ/S·m^{-1}	材 料	电导率 γ/S·m^{-1}
银	6.17×10^7	海水	3～5
紫 铜	5.80×10^7	蒸馏水	2×10^{-4}
金	4.10×10^7	湿土	$10^{-2}\sim10^{-3}$
铝	3.54×10^7	花岗岩	10^{-6}
纯铁	10^7	变压器油	10^{-11}
铸铁	0.10×10^7	玻璃	10^{-12}
不锈钢	0.11×10^7	橡胶	10^{-15}

与介质的极化特性一样，媒质的导电性能也表现出均匀与非均匀、线性与非线性、各向同性与各向异性等特点。式(4-1-6)仅适用于各向同性的线性媒质。本书中若无特别声明，用均匀媒质指代均匀、线性、各向同性的媒质。工程上也常用电阻率 ρ 表征导体的导电性能，ρ 是 γ 的倒数，单位为 $\Omega\cdot\text{m}$。

式(4-1-6)又称为欧姆定律的微分形式，由该式可导出欧姆定律 $U=RI$。在图 4-1-1a 所示导电媒质中沿电流方向取一段长为 Δl，截面为 ΔS 的微小圆柱形体积，由于体积很小，电流密度 $\boldsymbol{J}$ 和电场强度 $\boldsymbol{E}$ 都可认为是均匀分布的，因此该圆柱两端的电压为 $\Delta U=E\Delta l$，流过的电流为 $\Delta I=J\Delta S$，代入 $\boldsymbol{J}=\gamma\boldsymbol{E}$ 得到电压与电流的比值 $\dfrac{\Delta U}{\Delta I}=\dfrac{E\Delta l}{J\Delta S}=\dfrac{\Delta l}{\gamma\Delta S}$，正是此段圆柱导体的电阻 ΔR。此即我们熟悉的欧姆定律 $U=IR$。对于图 4-1-1a 所示的整段导体，电阻计算公式为

$$R=\frac{U}{I}=\frac{\int_l \boldsymbol{E}\cdot\mathrm{d}\boldsymbol{l}}{\int_S \boldsymbol{J}\cdot\mathrm{d}\boldsymbol{S}} \tag{4-1-7}$$

式中，l 为导体内部从电流入端到出端的任意一条路径；S 为导体的任一横截面。

除传导电流外，带电粒子或带电体在自由空间(如真空)中运动也会形成电流，称为运流电流。运流电流的电流密度满足式(4-1-4)，但不满足欧姆定律的微分形式式(4-1-6)，也不产生下一小节所说的焦耳热效应。在自由空间运动的电荷受到电场力的加速作用，电源提供的能量转化为粒子的动能。本书主要研究传导电流。

4.1.3 传导电流的热效应(焦耳定律的微分形式)

电流通过导电媒质，将产生热能损耗。有没有人感到奇怪，在一个传导电流密度 $\boldsymbol{J}$ 均匀

分布的恒定电场中，一方面，$\boldsymbol{J}=\gamma\boldsymbol{E}$，$\boldsymbol{J}$保持为常量，说明电场$\boldsymbol{E}$也为常量，这样，运动的电荷会持续受到恒定不变的电场力的作用；但另一方面，$\boldsymbol{J}=\rho\boldsymbol{v}$，$\boldsymbol{J}$不变说明电荷的速度$\boldsymbol{v}$也保持不变。为什么会这样呢？答案在于，导体中的电荷在运动过程中不可避免地要与其他质点产生碰撞，将动能转化为质点的热振动，而电荷损失的动能在电场中获得补充，以维持宏观上的动态平衡。

设电荷密度为ρ，体积$\mathrm{d}V$内电荷受到的电场力为$\boldsymbol{f}=\rho\boldsymbol{E}\mathrm{d}V$，$\mathrm{d}t$时间内电荷的位移为$\mathrm{d}\boldsymbol{l}=\boldsymbol{v}\mathrm{d}t$，电场力做功

$$\mathrm{d}A=\boldsymbol{f}\cdot\mathrm{d}\boldsymbol{l}=\rho\boldsymbol{E}\mathrm{d}V\cdot\boldsymbol{v}\mathrm{d}t=\boldsymbol{E}\cdot\boldsymbol{J}\mathrm{d}V\mathrm{d}t$$

这些能量全部转化为热能，从而得到功率密度(单位时间内单位体积产生的热能)

$$p=\frac{\mathrm{d}A}{\mathrm{d}V\mathrm{d}t}=\boldsymbol{E}\cdot\boldsymbol{J}=\gamma E^2=\frac{J^2}{\gamma} \tag{4-1-8}$$

p的单位为$\mathrm{W/m^3}$。式(4-1-8)称为焦耳定律的微分形式。考察图4-1-1a导体媒质中的微小圆柱体积$\Delta V=\Delta S\Delta l$，热能损耗为

$$\Delta P=\boldsymbol{E}\cdot\boldsymbol{J}\Delta V=EJ\Delta S\Delta l=(E\Delta l)(J\Delta S)=\Delta U\Delta I$$

正是我们熟知的焦耳定律$P=UI$。以发热形式损耗在导电媒质中的总功率为

$$P=\int_V p\mathrm{d}V=\int_V\boldsymbol{E}\cdot\boldsymbol{J}\mathrm{d}V=\gamma\int_V E^2\mathrm{d}V \tag{4-1-9}$$

4.1.4 电源与电动势

电流流过导体要消耗能量，因此要维持电流恒定，必须依靠外加电源。电源是将其他形式的能量转化为电能的装置，它将正负电荷分离开来，使电荷移动到电源的电极上，这些电荷在空间建立电场，并在电场力驱使下在导电媒质内移动形成电流。恒定电流场建立之后，在媒质不均匀处和媒质边界上都会形成一定的电荷分布。所有这些电荷所产生的电场限定了电流在导体内按照一定的分布流动；同时，这些电荷都不是静止的，它们是电流的组成部分，在不断更替中保持各处的电荷分布特性不变，维持着一个恒定的电流场。从极板上流失的电荷则由电源予以及时地补充，如图4-1-2所示。

在恒定电场中，电场同样是由空间分布的电荷所产生的，因此它所服从的规律跟静电场并没有什么不同。如果从电源正极a到电源负极b计算积分

$$U=\int_a^b\boldsymbol{E}\cdot\mathrm{d}\boldsymbol{l} \tag{4-1-10}$$

式中，U即是电路中的总电压降。上述积分的路径可以通过导体，也可以不通过导体而在空气中进行，还可以通过电源内部，积分结果与路径无关。

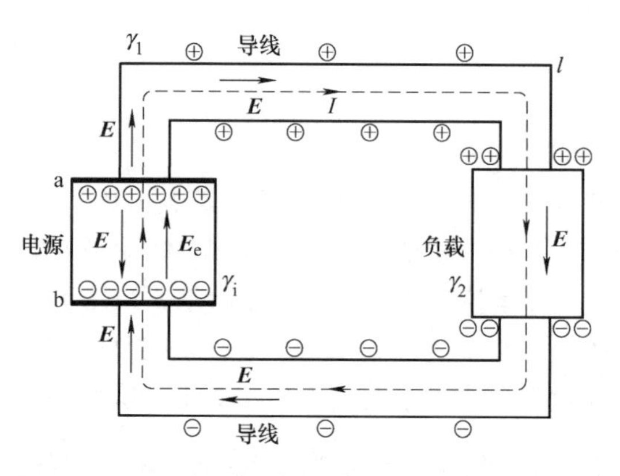

图4-1-2 直流电路中的电场、电流与电荷

注意到在电源外导电媒质中，电场的方向

与电流方向相同。但在电源内部，由于正极板上积聚正电荷，负极板上积聚负电荷，电场的方向由正极指向负极，跟电流方向相反，如图4-1-2 所示。为克服电场力将正电荷送至正极板(或者等效地将负电荷送至负极板)，电源必须提供一个额外的力，这个力称为局外力 $\boldsymbol{f}_{\mathrm{e}}$，它可以是机械的、化学的、光的、热的或者其他形式的作用力。为描述方便，常根据等效的观点把单位正电荷受的局外力定义为局外场强 $\boldsymbol{E}_{\mathrm{e}}$

$$\boldsymbol{E}_{\mathrm{e}}=\lim_{q\to 0}\frac{\boldsymbol{f}_{\mathrm{e}}}{q} \tag{4-1-11}$$

局外场强 $\boldsymbol{E}_{\mathrm{e}}$ 将单位正电荷从负极通过电源内部移动到正极所做的功称为电源的电动势 e

$$e=\int_{\mathrm{b}}^{\mathrm{a}}\boldsymbol{E}_{\mathrm{e}}\cdot\mathrm{d}\boldsymbol{l} \tag{4-1-12}$$

式中，a、b 分别表示电源的正、负极。

这样，在电源内部，电荷感受到的总场强为 $(\boldsymbol{E}_{\mathrm{e}}+\boldsymbol{E})$。因此，如果电源内部的媒质导电性可以用 γ_i 描述，则其电流密度为

$$\boldsymbol{J}=\gamma_i(\boldsymbol{E}+\boldsymbol{E}_{\mathrm{e}}) \tag{4-1-13}$$

注意 $\boldsymbol{E}$ 与 $\boldsymbol{E}_{\mathrm{e}}$ 实际方向相反。

对于图 4-1-2 所示的简单模型，在整个电路中消耗的总功率为

$$P=\int_{V_i}\frac{1}{\gamma_i}J^2\mathrm{d}V+\int_{V_1}\frac{1}{\gamma_1}J^2\mathrm{d}V+\int_{V_2}\frac{1}{\gamma_2}J^2\mathrm{d}V \tag{4-1-14}$$

式中，V_i 指电源内部区域；V_1 指导线区域；V_2 指负载电阻区域。假定每个部分内部场都是均匀的，截面积也是均匀的，上述积分可以化为

$$\begin{aligned}P&=\int_{l_i}(\boldsymbol{E}+\boldsymbol{E}_{\mathrm{e}})\cdot\mathrm{d}\boldsymbol{l}\int_{S_i}\boldsymbol{J}\cdot\mathrm{d}\boldsymbol{S}+\int_{l_1}\boldsymbol{E}\cdot\mathrm{d}\boldsymbol{l}\int_{S_1}\boldsymbol{J}\cdot\mathrm{d}\boldsymbol{S}+\int_{l_2}\boldsymbol{E}\cdot\mathrm{d}\boldsymbol{l}\int_{S_2}\boldsymbol{J}\cdot\mathrm{d}\boldsymbol{S}\\&=I\int_{l_i}\boldsymbol{E}_{\mathrm{e}}\cdot\mathrm{d}\boldsymbol{l}+I\left(\int_{l_i}\boldsymbol{E}\cdot\mathrm{d}\boldsymbol{l}+\int_{l_1}\boldsymbol{E}\cdot\mathrm{d}\boldsymbol{l}+\int_{l_2}\boldsymbol{E}\cdot\mathrm{d}\boldsymbol{l}\right)\\&=Ie+I\oint_C\boldsymbol{E}\cdot\mathrm{d}\boldsymbol{l}\end{aligned}$$

式中，l_i 是电源内部的积分路径，从负极 b 指向正极 a；l_1 是整个导线的积分路径，l_2 是负载电阻的积分路径。l_i、l_1、l_2 的方向都与电流方向一致。注意到电场环路积分 $\oint_C\boldsymbol{E}\cdot\mathrm{d}\boldsymbol{l}=0$，因此整个电路中消耗的总功率为

$$P=eI \tag{4-1-15}$$

这个结果刚好等于电源电动势做功的功率。

另外，从电路的角度，消耗的功率还可以做如下分解

$$\begin{aligned}P&=I\int_{l_i}(\boldsymbol{E}+\boldsymbol{E}_{\mathrm{e}})\cdot\mathrm{d}\boldsymbol{l}+I\left(\int_{l_1}\boldsymbol{E}\cdot\mathrm{d}\boldsymbol{l}+\int_{l_2}\boldsymbol{E}\cdot\mathrm{d}\boldsymbol{l}\right)\\&=I(e-U)+IU\\&=I^2r+I^2R\end{aligned} \tag{4-1-16}$$

式中，r 是电源内阻，$r=\dfrac{e-U}{I}$；R 是包括导线在内的外部电路总电阻，$R=\dfrac{U}{I}$。

4.2 恒定电场的基本方程

4.2.1 电流连续性方程

根据电荷守恒定律，由电流场中任一闭合面 S 流出的电流应等于单位时间内该面所围体积 V 内电荷的减少量，即有

$$\oint_S \boldsymbol{J}\cdot \mathrm{d}\boldsymbol{S} = -\frac{\partial q}{\partial t} \tag{4-2-1}$$

这就是电流连续性方程(积分形式)的一般形式。

在恒定电场中，电荷的分布是恒定的，任一闭合面内部都没有电荷的增减，即 $\dfrac{\partial q}{\partial t}=0$。因此，式(4-2-1)变为

$$\oint_S \boldsymbol{J}\cdot \mathrm{d}\boldsymbol{S} = 0 \tag{4-2-2}$$

式(4-2-2)即恒定电场中的电流连续性方程，它表明在恒定电流场中，由任一闭合面流出的电流总量恒为 0。

如果将式(4-2-2)中的闭合面收缩成电路中的一个节点，得到

$$\sum I = 0 \tag{4-2-3}$$

这就是直流电路中的基尔霍夫电流定律，它表示从电路中任意一点流出的电流代数和为 0。

4.2.2 恒定电场的基本方程

4.1.4 节中提及，维持恒定电流所需要的电场与静电场具有相同的性质，即电场 $\boldsymbol{E}$ 的环路积分为 0，即

$$\oint_l \boldsymbol{E}\cdot \mathrm{d}\boldsymbol{l} = 0 \tag{4-2-4}$$

式(4-2-4)对任意区域都成立，与积分路径是否经过电源甚至导体都没有关系。式(4-2-4)还表明，沿任何一条回路的电压代数和为 0，即

$$\sum U = 0 \tag{4-2-5}$$

这就是直流电路中的基尔霍夫电压定律。基尔霍夫电流定律和基尔霍夫电压定律是电路分析的基础，它们连同前面的欧姆定律及焦耳定律都可以从电磁场理论导出的事实，生动地揭示了场与路两种方法之间的内在联系，清楚地表明，电磁场方程组是电路的理论基础。

式(4-2-2)和式(4-2-4)即为恒定电流场的基本方程。应用散度定理和斯托克斯定理得到其微分形式

$$\nabla\cdot \boldsymbol{J} = 0 \tag{4-2-6}$$

$$\nabla\times \boldsymbol{E} = 0 \tag{4-2-7}$$

式(4-2-6)表明，恒定电场中，电流密度 $\boldsymbol{J}$ 是无散场，电流线($\boldsymbol{J}$ 线)是闭合线，或者说场

内任一点既不产生电流线也不终止电流线。式(4-2-7)表明，恒定电场是无旋场，具有与静电场相同的性质，是一个守恒场。

电源外导电媒质中的本构方程为

$$\boldsymbol{J}=\gamma\boldsymbol{E} \tag{4-2-8}$$

在电源内部，$\boldsymbol{J}$ 与 $\boldsymbol{E}$ 的关系用式(4-1-13)描述。今后如果不特别说明，讨论的区域限于源外区域。

由于$\nabla\times\boldsymbol{E}=0$，在恒定电场中标量电位$\varphi$仍然成立

$$\boldsymbol{E}=-\nabla\varphi \tag{4-2-9}$$

不难导出，在均匀媒质中，电位函数φ满足拉普拉斯方程

$$\nabla^2\varphi=0 \tag{4-2-10}$$

拉普拉斯方程加上相应的边界条件构成恒定电场的边值问题。大部分恒定电场问题的解决都可以归结为求解电位函数φ的边值问题。

另外，如果涉及导电媒质以外的区域，由于电流密度$\boldsymbol{J}=0$，电场的描述仍然借助于$\boldsymbol{E}$和$\boldsymbol{D}$，服从

$$\nabla\cdot\boldsymbol{D}=\rho \tag{4-2-11}$$

$$\nabla\times\boldsymbol{E}=0 \tag{4-2-12}$$

$$\boldsymbol{D}=\varepsilon\boldsymbol{E} \tag{4-2-13}$$

与静电场相同。

4.2.3 媒质分界面上的连续性条件

在两种不同导电媒质分界面上，由于物性发生突变，场量也会发生突变，微分形式的基本方程不再成立，必须补充适合于分界面上的连续性条件。经过与静电场类似的推导，得到

$$E_{1t}=E_{2t} \tag{4-2-14}$$

$$J_{1n}=J_{2n} \tag{4-2-15}$$

如果涉及电位移矢量$\boldsymbol{D}$，仍有

$$D_{2n}-D_{1n}=\sigma \tag{4-2-16}$$

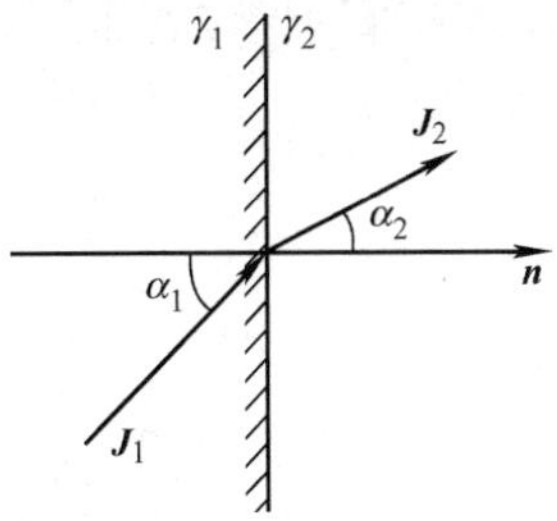

γ_1 γ_2 $\boldsymbol{J}_2$ α_2 $\boldsymbol{n}$ α_1 $\boldsymbol{J}_1$

图 4-2-1 电流线的折射

以电位φ表示，为

$$\varphi_1=\varphi_2 \tag{4-2-17}$$

$$\gamma_1\frac{\partial\varphi_1}{\partial n}=\gamma_2\frac{\partial\varphi_2}{\partial n} \tag{4-2-18}$$

同以前一样，上述表达式中$\boldsymbol{n}$的方向规定为从媒质 1 指向媒质 2。如果媒质是各向同性的，即$\boldsymbol{J}$与$\boldsymbol{E}$的方向一致，可以得到分界面上电流线的折射定律(见图 4-2-1)

$$\frac{\tan\alpha_1}{\tan\alpha_2}=\frac{\gamma_1}{\gamma_2} \tag{4-2-19}$$

如果媒质 1 是良导体，媒质 2 是不良导体，$\gamma_1 \gg \gamma_2$，此时只要 $\boldsymbol{J}_1$ 不是平行于分界面，即 $\alpha_1 \neq 90°$，就有 $\alpha_2 \approx 0$。在图 4-2-2 所示电力工程接地系统中，接地导线为钢材，电导率 $\gamma_1 = 5\times10^6$ S/m，而土壤的电导率 $\gamma_2 = 10^{-2}$ S/m，即使令 $\alpha_1 = 89°59'50''$，也有 $\alpha_2 = 8''$。可见，当电流从良导体(钢棒)流入不良导体(土壤)时，不良导体中的电流密度线几乎完全垂直于良导体表面。因此，在分析不良导体区域内的恒定电场时，可以把良导体表面近似看作等位面。良导体也称为电极。

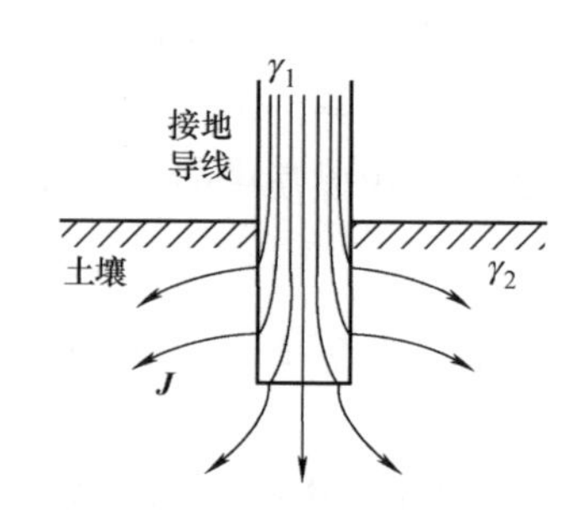

图 4-2-2　接地导体附近的电流线分布

如果媒质 1 为导体，媒质 2 为理想介质（$\gamma_2 = 0$），在分界面的介质侧 $\boldsymbol{J}_2 = 0$，因此导体侧有 $J_{1n} = J_{2n} = 0$，即导体中电流只有平行分量。而在介质一侧，尽管 $\boldsymbol{J}_2 = 0$，但电场 $\boldsymbol{E}_2 \neq 0$，其切向分量 $E_{2t} = E_{1t} = \dfrac{J_{1t}}{\gamma_1} = \dfrac{J_1}{\gamma_1}$；其法向分量与导体表面带电状态有关，若导体表面带面电荷密度 σ，则由静电场的分析知 $E_{2n} = \dfrac{D_{2n}}{\varepsilon_2} = \dfrac{\sigma}{\varepsilon_2}$。导体表面的电荷 σ 是恒定电场形成过程中导体内部建立电平衡的结果。接通电源的瞬间，电流流向导体表面，遇阻，发生电荷积聚；积聚电荷产生的电场阻止了电流进一步流向表面，限定电流只能沿导体内部流动。

上述分析表明，与静电场不同，恒定电场中导体外的电场并不严格与表面垂直。但从例 4.2.1 将会看到，在许多实际场合，导体外介质中电场的法向分量通常要比切向分量大得多，计算时忽略电场的切向分量不会引起显著的误差。因此，在分析导体外介质中的恒定电场时，可以近似认为电力线与导体表面垂直，导体表面是等位面，导体是等位体。

例 4.2.1　截面积为 $S = 150\text{mm}^2$ 的铜质双输电线，导线间的距离 $d = 50\text{cm}$，如图 4-2-3 所示。导体间稳恒电压 $U = 100$ V，通过导体的电流 $I = 300\text{A}$，铜的电导率 $\gamma = 5.8\times10^7$ S/m。求导体内部和导体表面的电场强度。

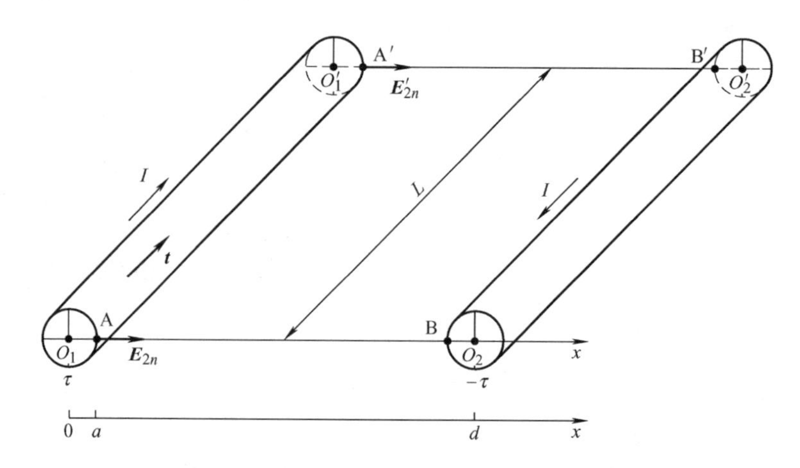

图 4-2-3　载有稳恒电流的双输电线之间的恒定电场

解： 电源维持导线中恒定电流的流动，$\boldsymbol{J} = \gamma\boldsymbol{E}$。圆导体内部恒定电场（$\boldsymbol{E}_1, \boldsymbol{J}_1$）只有切向分量。即

$$E_1 = E_{1t} = J/\gamma = \frac{I}{\gamma S} = \frac{300}{5.8\times10^7\times150\times10^{-6}} = 0.035(\text{V/m})$$

由电场强度分界面条件得到(空气中)

$$E_{2t} = E_{1t} = 0.035\text{V/m}$$

因为导体中存在纵向电场，导体实际上并不是一个等位体，同一根导体上从A点到A′点之间存在一定的电压降。但从上面的计算可以看到，由于导体电导率很大，内部电场E_1的量值很小，只要所关心的导体长度L不是很大，E_1L远小于两导体之间的电压U，导体上的电位降落对两导体间电场的影响就可以忽略不计，导体间的电场可以按照静电场分析。

使用电轴法。由于导体半径$a=\sqrt{S/\pi}=7\,\text{mm}$，远小于两导体之间的距离$d$，可以近似认为电轴位于几何轴线上。设单位长度导体带电量为τ，平行双输电线轴线平面上任一点的电位为

$$\varphi = \frac{\tau}{2\pi\varepsilon_0}\ln\frac{d-x}{x}$$

于是

$$\varphi_\text{A} = \frac{\tau}{2\pi\varepsilon_0}\ln\frac{d}{a}$$

$$\varphi_\text{B} = \frac{\tau}{2\pi\varepsilon_0}\ln\frac{a}{d}$$

双输电线间的电压

$$U = \varphi_\text{A} - \varphi_\text{B} = \frac{\tau}{\pi\varepsilon_0}\ln\frac{d}{a}$$

有

$$\frac{\tau}{\pi\varepsilon_0} = \frac{U}{\ln\dfrac{d}{a}}$$

因此，导体表面A点的法向电场为

$$E_{2n} = \frac{\tau}{2\pi\varepsilon_0}\left(\frac{1}{a}+\frac{1}{d}\right) = \frac{U}{2\ln\dfrac{d}{a}}\left(\frac{1}{a}+\frac{1}{d}\right)$$

代入数值

$$E_{2n} = \frac{100}{2\ln\dfrac{500}{7}}\left(\frac{1}{7\times10^{-3}}+\frac{1}{493\times10^{-3}}\right) = 1700(\text{V/m})$$

可见，在导体表面空气侧，$E_{2n} \gg E_{2t}$，电力线与导体表面夹角为$89.999°$，基本上是垂直的，证实了前述分析的合理性。

实际中介质的电导率并不严格为零。在处理两种非理想介质的分界面条件时，既要考虑其传导效应$\boldsymbol{J}=\gamma\boldsymbol{E}$，又要考虑其极化效应$\boldsymbol{D}=\varepsilon\boldsymbol{E}$，如图4-2-4所示，下列三式都要满足

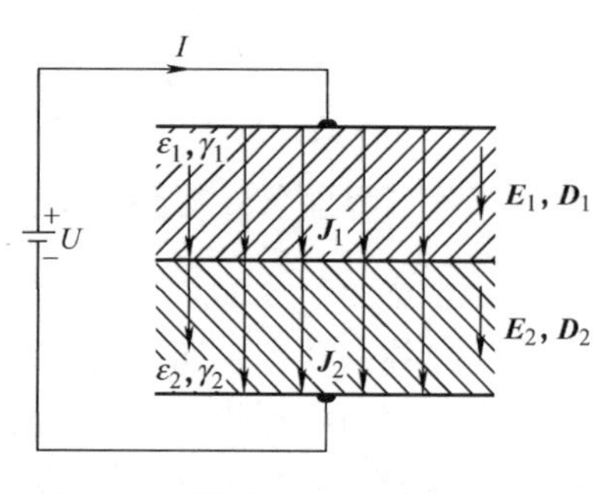

图 4-2-4　媒质分界面上的电荷分布

$$J_{1n} = J_{2n}$$

$$E_{1t} = E_{2t}$$

$$D_{2n} - D_{1n} = \sigma$$

联立求解得到媒质分界面上自由面电荷密度为

$$\sigma = \varepsilon_2 E_{2n} - \varepsilon_1 E_{1n} = \varepsilon_2 \frac{J_{2n}}{\gamma_2} - \varepsilon_1 \frac{J_{1n}}{\gamma_1} = \left(\frac{\varepsilon_2}{\gamma_2} - \frac{\varepsilon_1}{\gamma_1}\right) J_n \quad (4\text{-}2\text{-}20)$$

这些电荷是在恒定电场形成过程中积聚下来的。这个结果解释了为什么恒定电流场中象例 4.2.1 中那样的导体表面会存在电荷分布。若 $\frac{\varepsilon_1}{\varepsilon_2} = \frac{\gamma_1}{\gamma_2}$，则 $\sigma = 0$。

在高压大容量的电气设备(如电容器、电缆等)中，由于绝缘介质的不完善性，不同介质的分界面处往往会积累有自由电荷面密度分布。当切断电源，实施带电端工作接地时，应注意该自由电荷层的消失需要一定的时间，短暂放电可能不足以消除全部残留电荷。

对于导体，很少讨论其极化特性。根据经典电子理论，在恒定场情况下，可以近似认为金属导体的介电常数 $\varepsilon \approx \varepsilon_0$。因此两种不同金属导体分界面上也会有电荷存在，其电荷面密度为

$$\sigma = \varepsilon_0 (E_{2n} - E_{1n}) = \left(1 - \frac{\gamma_2}{\gamma_1}\right) \varepsilon_0 E_{2n} = \left(\frac{\gamma_1}{\gamma_2} - 1\right) \varepsilon_0 E_{1n} \quad (4\text{-}2\text{-}21)$$

4.3　静电比拟

对电源外导电媒质中的恒定电场与无电荷分布区域中的静电场相比较，可以看出两者对应的物理量所满足的方程具有相同的形式，见表 4-3-1。根据唯一性定理，如果两个场边界条件也具有相同的形式，则两个场必定有相同形式的解答。相同的数学方程必定描述了相同的作用规律，具有对应媒质结构和相同边界条件的恒定电场和静电场的分布特性完全类似，即等势面分布相同，恒定电场的电流线与静电场的电位移线分布相同，如图 4-3-1 所示。在相同的边界条件下，可以把一个场的实验或计算所得的结果，推广应用于另一种场。简言之，只要按表 4-3-1 将解式中对应的物理量置换一下，就能得到另一种场的解。这种分析方法叫作静电比拟。

表 4-3-1　恒定电场与静电场的比较

两种场 比较内容	导电媒质中的恒定电场 (电源外)	电介质中的静电场 ($\rho=0$ 处)
基本方程	$\nabla \times \boldsymbol{E} = 0$ $\nabla \cdot \boldsymbol{J} = 0$ $\boldsymbol{J} = \gamma \boldsymbol{E}$ $\boldsymbol{E} = -\nabla \varphi$ $\nabla^2 \varphi = 0$ $I = \int_S \boldsymbol{J} \cdot d\boldsymbol{S}$	$\nabla \times \boldsymbol{E} = 0$ $\nabla \cdot \boldsymbol{D} = 0$ $\boldsymbol{D} = \varepsilon \boldsymbol{E}$ $\boldsymbol{E} = -\nabla \varphi$ $\nabla^2 \varphi = 0$ $q = \oint_S \boldsymbol{D} \cdot d\boldsymbol{S}$

（续）

比较内容＼两种场	导电媒质中的恒定电场（电源外）	电介质中的静电场（$\rho=0$ 处）
媒质分界面条件	$E_{1t}=E_{2t}$ $\varphi_1=\varphi_2$ $J_{1n}=J_{2n}$ $\gamma_1\dfrac{\partial\varphi_1}{\partial n}=\gamma_2\dfrac{\partial\varphi_2}{\partial n}$	$E_{1t}=E_{2t}$ $\varphi_1=\varphi_2$ $D_{1n}=D_{2n}$ $\varepsilon_1\dfrac{\partial\varphi_1}{\partial n}=\varepsilon_2\dfrac{\partial\varphi_2}{\partial n}$
对应的物理量	$\boldsymbol{E}$ $\boldsymbol{J}$ φ I γ	$\boldsymbol{E}$ $\boldsymbol{D}$ φ q ε

如果两种场中媒质是分片均匀的，只要两者边界几何形状相同，且满足条件

$$\frac{\varepsilon_1}{\varepsilon_2}=\frac{\gamma_1}{\gamma_2} \tag{4-3-1}$$

则这两种场在分界面处的折射情况完全一致，相拟关系仍然成立。

应用静电比拟的方法，静电场中的一些间接求解方法，如电轴法、镜像法可推广到恒定电场中。在工程实际中，为了解绝缘介质中的电场分布或者高压电气设备附近的电场分布，以避免发生击穿事故，确保人员安全，往往借助于场的模拟实验，使用电阻网络或者电解液构造一个与被模拟对象具有相似结构的恒定电场，通过对电流场的测定研究被模拟静电场的分布情况。

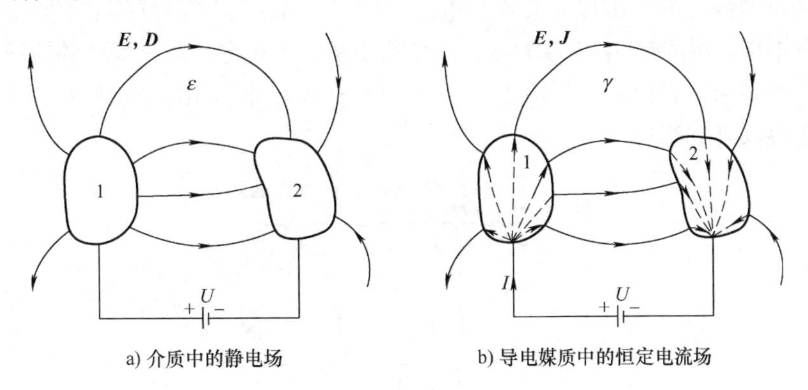

a) 介质中的静电场　　b) 导电媒质中的恒定电流场

图 4-3-1　静电比拟

4.4 电导与电阻

4.4.1 电导与漏电导

场分析的一个重要任务是获取电气系统的电路参数。在静电场中两导体所带的电荷与电压之比为电容，在恒定电场中两电极之间的电流与电压之比为电导(电阻为其倒数)。在许多场合，金属电极之间需要填充绝缘材料，绝缘材料电导率虽小，但毕竟不为零。当电极间存在电压时，总会有电流从正电极经绝缘材料泄漏到负电极，这种电流称为漏电流。漏电流与电极间的电压之比值称为漏电导；其倒数叫漏电阻，又称为绝缘电阻。

从场的角度，电导和漏电导没什么区别，都是通过两电极之间媒质的电流与两端电压之比，即

$$G=\frac{I}{U} \tag{4-4-1}$$

只不过谈到电导多是强调其导电性能，希望值越大越好；谈到漏电导多是重视其绝缘效果，希望值越小越好。

对于一段长为l的线状导体，如果电导率γ及截面S都均匀，其纵向电导为

$$G=\gamma\frac{S}{l} \tag{4-4-2}$$

在一般情况下，往往需要借助于场的分析才能获得导电媒质的电导。实际上式(4-1-7)已经给出了电导的计算方法

$$G=\frac{I}{U}=\frac{\int_S \boldsymbol{J}\cdot \mathrm{d}\boldsymbol{S}}{\int_l \boldsymbol{E}\cdot \mathrm{d}\boldsymbol{l}} \tag{4-4-3}$$

式中，l为导电媒质中连接两电极的任意一条路径；S为导电媒质的任一横截面。顺便指出，电导G是对一定的媒质分布所体现的电流传导特性的参数化反映，对于线性媒质，它只跟媒质的材料属性及空间分布特性有关，而与施加的电压、电流无关。

在一些简单的情况下，可以先假定一电流，按照$I\to \boldsymbol{J}\to \boldsymbol{E}\to U\to G$的步骤求得电导；或者先假定一电压，按照$U\to \boldsymbol{E}\to \boldsymbol{J}\to I\to G$的步骤求得电导。对于复杂的情况，需从解拉普拉斯方程入手，求出电位φ，再由$\boldsymbol{E}=-\nabla\varphi$，$\boldsymbol{J}=\gamma\boldsymbol{E}$，求得电流$I=\int_S \boldsymbol{J}\cdot \mathrm{d}\boldsymbol{s}$，计算电导。

电导与电容具有比拟关系

$$C=\frac{q}{U}=\frac{\int_S \boldsymbol{D}\cdot \mathrm{d}\boldsymbol{S}}{\int_l \boldsymbol{E}\cdot \mathrm{d}\boldsymbol{l}}=\frac{\int_S \varepsilon\boldsymbol{E}\cdot \mathrm{d}\boldsymbol{S}}{\int_l \boldsymbol{E}\cdot \mathrm{d}\boldsymbol{l}}$$

$$G=\frac{I}{U}=\frac{\int_S \boldsymbol{J}\cdot \mathrm{d}\boldsymbol{S}}{\int_l \boldsymbol{E}\cdot \mathrm{d}\boldsymbol{l}}=\frac{\int_S \gamma\boldsymbol{E}\cdot \mathrm{d}\boldsymbol{S}}{\int_l \boldsymbol{E}\cdot \mathrm{d}\boldsymbol{l}}$$

当恒定电场与静电场具有相同的边界条件和媒质结构时，可以利用静电比拟的方法计算电导

$$\frac{C}{G}=\frac{\varepsilon}{\gamma} \tag{4-4-4}$$

例 4.4.1 计算同轴电缆单位长度的绝缘电阻R，设内外导体的半径分别为a和b，电极之间填充电导率为γ，介质常数为ε的绝缘材料，如图 4-4-1 所示。

解： 设电缆长度远大于电缆半径，忽略其端部边缘效应，并设单位长度漏电流为I。由于对称性，得两电极间任意半径ρ处漏电流密度为

$$J=\frac{I}{2\pi\rho}$$

故电场强度为

$$E=\frac{J}{\gamma}=\frac{I}{2\pi\rho\gamma}$$

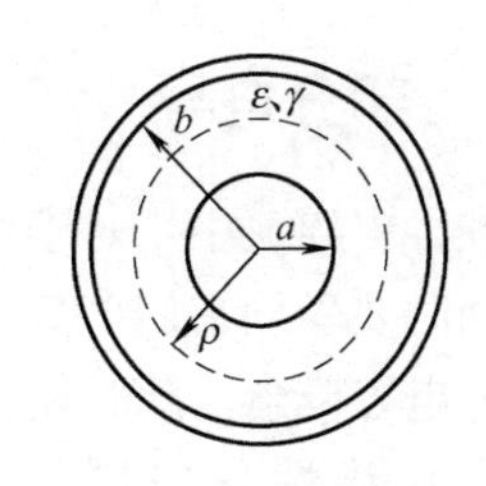

图 4-4-1　非理想介质同轴电缆

内外导体间的电压

$$U=\int_a^b\frac{I}{2\pi\rho\gamma}\mathrm{d}\rho=\frac{I}{2\pi\gamma}\ln\frac{b}{a}$$

得漏电导

$$G=\frac{I}{U}=\frac{2\pi\gamma}{\ln b/a}$$

对应的绝缘电阻为

$$R=\frac{1}{G}=\frac{1}{2\pi\gamma}\ln\frac{b}{a}$$

例 4.4.2　计算如图 4-4-2 所示厚度为 h 的弧形导电片 A、B 两端之间的电导。

解：设 A 端电位为 U，B 端电位为 0。选择柱坐标系，可以判断电位函数 φ 与 ρ 及 z 无关，φ 只是坐标 ϕ 的函数。导电片中恒定电场的边值问题为

$$\begin{cases}\nabla^2\varphi=\dfrac{1}{\rho^2}\dfrac{\partial^2\varphi}{\partial\phi^2}=0\\ \varphi\big|_{\phi=0}=0,\quad \varphi\big|_{\phi=\theta}=U\end{cases}$$

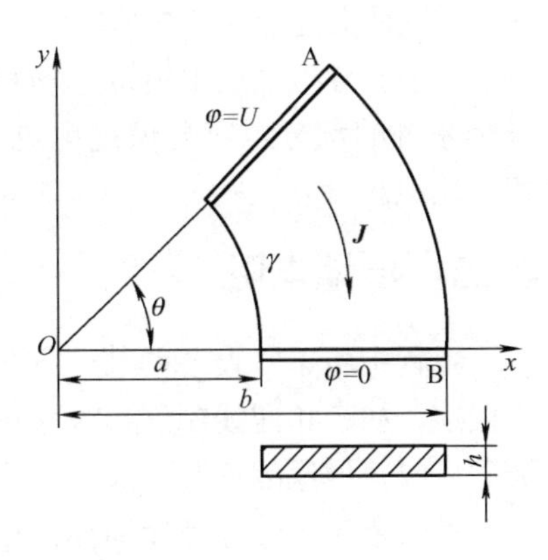

图 4-4-2　弧形导电片

方程通解为

$$\varphi=C_1\phi+C_2$$

代入边界条件得

$$\varphi=\frac{U}{\theta}\phi$$

电场强度

$$\boldsymbol{E}=-\nabla\varphi=-\frac{1}{\rho}\frac{\partial\varphi}{\partial\phi}\boldsymbol{e}_\phi=-\frac{U}{\rho\theta}\boldsymbol{e}_\phi$$

电流密度

$$\boldsymbol{J}=\gamma\boldsymbol{E}=-\frac{\gamma U}{\rho\theta}\boldsymbol{e}_\phi$$

电流

$$I=\int_S\boldsymbol{J}\cdot\mathrm{d}\boldsymbol{S}=\int_a^b\frac{\gamma U}{\rho\theta}h\mathrm{d}\rho=\frac{\gamma Uh}{\theta}\ln\frac{b}{a}$$

弧形导电片 A、B 两端的电导

$$G=\frac{I}{U}=\frac{\gamma h}{\theta}\ln\frac{b}{a}$$

4.4.2　部分电导

在导电媒质中，对于由三个及三个以上的电极组成的多电极系统，任意两个电极之间的电流同时要受到它们自身对地电压和其他电极间电压的影响。类似于多导体静电系统中引入的部分电容概念，此时须引入部分电导概念。

设在线性各向同性导电媒质中有 $n+1$ 个排列一定的电极，各电极流出电流为 I_k（$k=0,1,\cdots,n$），且满足 $\sum\limits_{k=0}^{n}I_k=0$。那么，电流 I_k 与电极间电压的关系式可以写成

$$
\begin{aligned}
I_1 &= G_{10}U_{10}+G_{12}U_{12}+\cdots+G_{1k}U_{1k}+\cdots+G_{1n}U_{1n}\\
&\vdots\\
I_k &= G_{k1}U_{k1}+G_{k2}U_{k2}+\cdots+G_{k0}U_{k0}+\cdots+G_{kn}U_{kn}\\
&\vdots\\
I_n &= G_{n1}U_{n1}+G_{n2}U_{n2}+\cdots+G_{nk}U_{nk}+\cdots+G_{n0}U_{n0}
\end{aligned}
\tag{4-4-5}
$$

式中，G_{kj} 称为多电极系统中电极间的部分电导。其中 G_{k0} 称为自有部分电导，即各电极与 0 号电极之间的部分电导，而 G_{kj}（$k\neq j$）称为互有部分电导。所有的部分电导均为正值，且 $G_{kj}=G_{jk}$。图 4-4-3 是由处于导电媒质中的三个电极与地间的部分电导的示意图。根据导电媒质中恒定电场和静电场的相似性，静电场中多导体系统的部分电容与恒定电场中多电极系统的部分电导可以相互比拟。

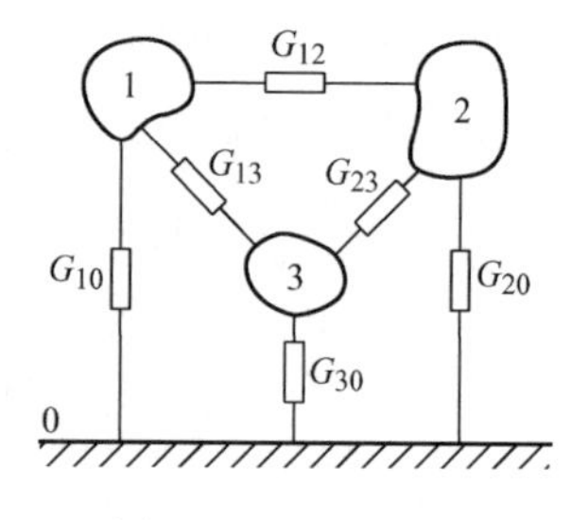

图 4-4-3　部分电导

4.4.3　接地电阻

工程中将电气设备的某一部分和大地连接称为接地。维持系统安全运行的接地，称为工作接地，如三相四线制 380V 系统变压器中性点接地；为防止电气设备的金属外壳由于绝缘被破坏或其他原因危及人身安全而设置的接地，称为安全接地。工程中埋入地中并直接与大地接触的金属导体称为接地体，连接电气设备与接地体的导体称为接地线，两者总和称为接地装置。接地是一种最常见的安全措施，符合规定的接地电阻是保证安全的重要条件。国家对各类电气设备的接地规范制定有专门的标准，例如 1 kV 以上大接地电流的电力线路要求有专用于该线路的接地装置，接地电阻值小于 $0.5\,\Omega$。

接地电阻是电流由接地装置流入大地再经大地流向另一个接地体或向远处扩散所遇到的电阻，它包括接地线和接地体本身的电阻、接地体与大地之间的接触电阻以及两接地体之间土壤的电阻。由于后者电阻比前三部分电阻大得多，所以接地电阻主要是指土壤电阻。有时为了计算方便，同时又能保证工程所需精度，可以认为电流从接地体流向无限远处。这是因为接地体附近电流流散的截面最小，电流密度最大，所以接地电阻主要集中在接地体附近。

接地电阻的计算一般需要分析土壤中的电流密度分布。对于简单的情况，可以采用步骤 $I\rightarrow \boldsymbol{J}\rightarrow \boldsymbol{E}\rightarrow U\rightarrow R=\dfrac{U}{I}$，对于复杂的问题则只能通过求解边值问题获得土壤中电流场的分布。下面以球形或半球形的接地体为例，分析计算接地电阻。

例 4.4.3 计算深埋地下的半径为 a 的铜球的接地电阻。设已知土壤的电导率为 γ。

解： 接地铜球深埋地下时，可以忽略地面的影响。连接铜球与设备的接地线与土壤的接触面积比较小，为简单起见，从接地线泄漏到土壤中的电流也忽略不计。这样土壤中的场可以看作是一个孤立导体球在均匀导电媒质中的恒定电场，$\boldsymbol{J}$ 线分布如图 4-4-4 所示。设入地电流为 I，土壤中任一点的电流密度为

$$\boldsymbol{J}=\frac{I}{4\pi r^{2}}\boldsymbol{e}_{r}$$

电场强度

$$\boldsymbol{E}=\frac{\boldsymbol{J}}{\gamma}=\frac{I}{4\pi\gamma r^{2}}\boldsymbol{e}_{r}$$

根据前面分析，可以认为电流流至无穷远处，则铜球至无限远处的电压为

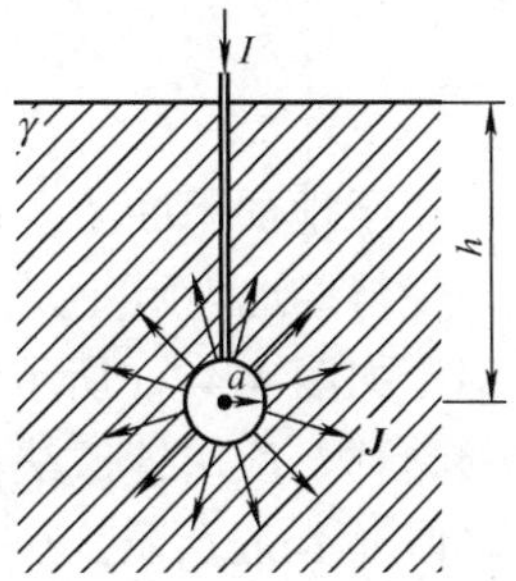

图 4-4-4 深埋的球形接地体

$$U=\int_{a}^{\infty}\boldsymbol{E}\cdot \mathrm{d}\boldsymbol{r}=\frac{I}{4\pi\gamma}\int_{a}^{\infty}\frac{\mathrm{d}r}{r^{2}}=\frac{I}{4\pi\gamma a}$$

从而得到深埋球的接地电阻为

$$R=\frac{U}{I}=\frac{1}{4\pi\gamma a} \tag{4-4-6}$$

为建立一个量的概念，若某电力设备要求接地电阻小于 0.5Ω，如果采用深埋球形接地体，设土壤电导率 $\gamma=10^{-2}$ S/m，由式(4-4-6)得到接地体半径 a 需大于 16m。所以接地远不是从机箱外壳连一根导线到自来水管或者暖气片上那么轻巧。工程实际中为了减少接地电阻，一方面可对土壤进行人工处理，渗入电导率高的物质(如煤粉、铁渣、盐)；另一方面采用接地网，增大接地体的表面积。在实际设计中，接地体常用直径 5cm，长度为 250cm 左右的钢管，其接地电阻可从有关手册中查到。

如果导体球不是深埋地下，则必须考虑地面的影响，此时 $\boldsymbol{J}$ 线分布如图 4-4-5a 所示。考虑用镜像法求解地中恒定电场的分布，设整个无穷大空间充满均匀的土壤媒质，在地面上方镜像处放置同样的半径为 a 的球形接地体，且通以相同电流，那么在原接地体与镜像接地体共同作用下，$\boldsymbol{J}$ 线在靠近分界面处均与分界面相切，如图 4-4-5b 所示，因此下半空间的场就等于土壤中的场。

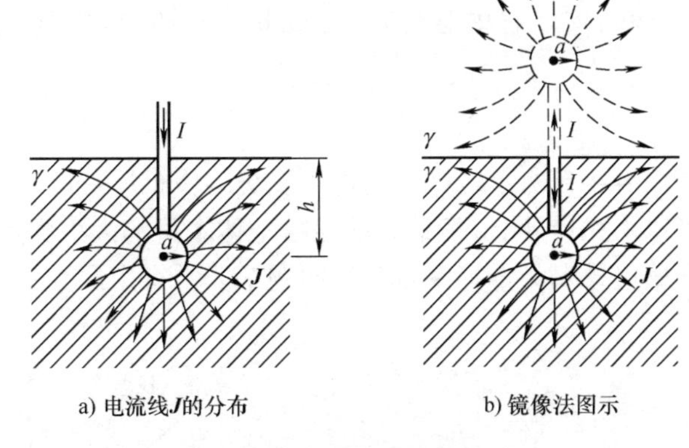

a) 电流线$\boldsymbol{J}$的分布　　b) 镜像法图示

图 4-4-5 非深埋接地球

可惜的是此种情况下导体球不能用一个点源等效，因此不能得到一个简单的表达式[⊖]。如果埋的深度 h 远大于导体球半径 a，可以近似认为球的作用中心在其球心处，得到导体球表面一

⊖ 此问题可以通过一种有趣的连续镜像法获得解答。感兴趣的读者可参看：倪光正. 工程电磁场原理[M]. 2 版. 北京：高等教育出版社，2009: 98-100.

点至无限远处的电压为

$$U=\frac{I}{4\pi\gamma a}+\frac{I}{4\pi\gamma\ 2h}$$

式中第一项为导体自身的作用，第二项为镜像源的作用。从而接地电阻

$$R=\frac{1}{4\pi\gamma}\left(\frac{1}{a}+\frac{1}{2h}\right) \tag{4-4-7}$$

可见，由于地面阻断了入地电流的扩散路径，使得接地电阻变大。

对于如图 4-4-6a 所示埋于地表的半球形接地体，应用镜像法得到一个孤立球，如图 4-4-6b 所示。由于接地半球与其镜像半球的入地电流均为 I，故流出孤立球的总电流为 $2I$，接地体电位为

$$\varphi=\frac{2I}{4\pi\gamma a}=\frac{I}{2\pi\gamma a}$$

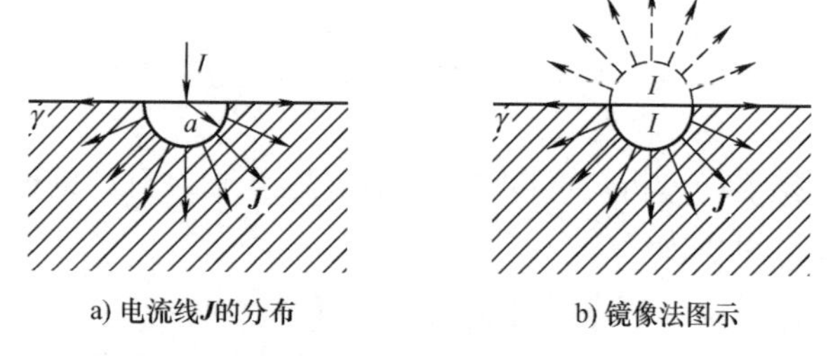

图 4-4-6 埋于地表的接地半球

因此半球形接地体的接地电阻为

$$R=\frac{U}{I}=\frac{1}{2\pi\gamma a} \tag{4-4-8}$$

比深埋入地下的球形接地体增大了一倍。

浅埋的球形接地体在地面上距离接地点 x 处产生的电位为

$$\varphi=\frac{I}{2\pi\gamma\sqrt{x^2+h^2}} \tag{4-4-9}$$

当 $x\gg h$ 时，它跟地表半球形接地体在地面产生的电位趋向于一致

$$\varphi=\frac{I}{2\pi\gamma x} \tag{4-4-10}$$

如图 4-4-7 所示。这一结论可以进一步推广，即：**在距离接地点足够远处，地表电位分布都可以用式(4-4-10)表达，而跟接地体本身的大小和形状无关**。这一结论对解决跨步电压计算、土壤电导率测量等许多工程问题都非常有用。

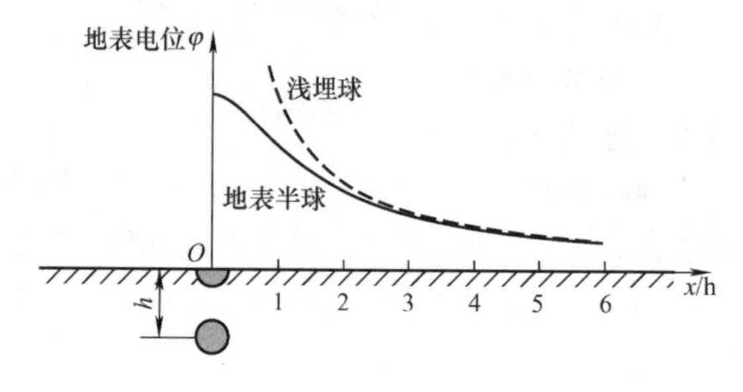

图 4-4-7 浅埋球与地表接地半球在地面上产生的电位分布

4.4.4 跨步电压

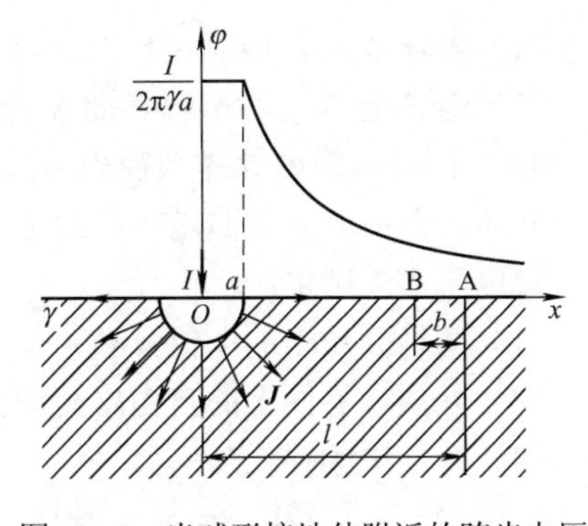

图 4-4-8 半球形接地体附近的跨步电压

由前文可知，在接地体附近，电位并不是立刻降为 0。沿地面附近扩散的电流所形成的地面电场，在行人跨步之间产生一定的电压，称为跨步电压。如果跨步电压太高，将引起人身触电危险。在接地体周围，跨步电压超过安全值引起触电危险的范围称为危险区。下面求半球形接地体附近的跨步电压和危险区。

图 4-4-8 所示半球形接地体，设入地电流为 I。由前面的分析可知，地面上距球心 x 处的电位为

$$\varphi=\frac{I}{2\pi\gamma x}$$

设人的跨步距离 $AB=b$，A 点距离接地体中心为 l，B 点距离接地点中心为 $(l-b)$，则跨步电压为

$$U=\varphi_{B}-\varphi_{A}=\frac{I}{2\pi\gamma}\left(\frac{1}{l-b}-\frac{1}{l}\right)=\frac{I}{2\pi\gamma}\frac{b}{(l-b)l}\approx\frac{Ib}{2\pi\gamma l^{2}} \tag{4-4-11}$$

若引起人身触电危险的临界电压为 U_0，那么当跨步电压 $U_{AB}=U_0$ 时，A 点就成为危险区的边界。所谓危险区就是以接地体中心为圆心，以 l 为半径的一个圆面积区域。由式(4-4-11)得到危险区的半径 l 为

$$l\approx\sqrt{\frac{Ib}{2\pi\gamma U_{0}}} \tag{4-4-12}$$

对人身安全而言，一般规定 $U_0=50\sim70\text{ V}$ 为临界电压。不过应当指出，实际上危及生命的不是电压，而是通过人体的电流。当通过人体的工频电流超过 8mA 时，有可能发生危险，超过 30mA 时将危及生命。

习　题

4.1 一同轴圆柱形电容器，内导体的半径为 a，外导体的内半径为 b，长为 L，两电极间填充了电导率为 γ 的非理想介质。已知电极间的电压是 U_0，忽略边缘效应，求：

（1）介质中的电流密度和电场强度；

（2）漏电流引起的功率损耗；

（3）漏电导。

4.2 一同心导体球电容器，内球半径 $R_1=5\text{cm}$，外球的内半径 $R_2=10\text{cm}$，球电极间充满非理想的绝缘物质，电导率为 $\gamma=10^{-9}\text{S/m}$。已知两电极间电压为 $U_0=1000\text{V}$，求：

（1）两球面之间的 $\boldsymbol{E}$，$\boldsymbol{J}$ 和 φ；

（2）漏电导。

4.3 习题 4.3 图所示为导电介质中的恒定电场，有三种不同介质相交于平行平面 S_1 和 S_2，电流线与平面法线 $\boldsymbol{n}_1$、$\boldsymbol{n}_2$ 的夹角分别为 α_1、α_2 和 α_3，求：

（1）若$\alpha_1=\alpha_3$，应满足什么条件？

（2）若J_1已知，写出分界面S_1上电荷密度表达式。

4.4　同心电缆内导体半径为a，外壳的内半径为c，其中填充两层电导率不同的非理想绝缘介质，介质的分界面是半径为b的同轴圆柱面，如习题4.4图所示。在内外导体之间施加直流电压U。试求：

（1）两种介质中的电位分布；

（2）介质分界面上的自由电荷面密度；

（3）介质中的损耗功率。

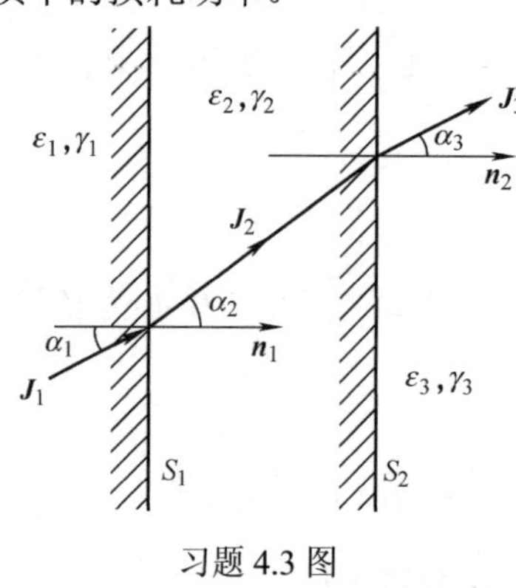

习题4.3图

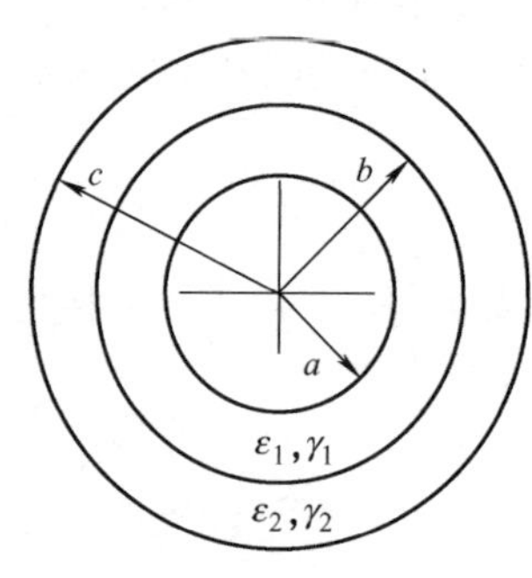

习题4.4图

4.5　由两块电导率不同的金属片构成一扇形弧片如习题4.5图所示，若$\gamma_1=6.5\times10^7$ S/m，$\gamma_2=1.2\times10^7$S/m，$R_1=30$cm，$R_2=45$cm，弧片厚度为2mm，电极A、B间电压$U=30$V，求：

（1）弧片内的电位分布(设x轴上的电极为零电位)；

（2）总电流I和弧片电阻R；

（3）在分界面上，$\boldsymbol{D}$，$\boldsymbol{E}$，$\boldsymbol{J}$的各分量是否突变？

（4）分界面上的电荷密度σ。

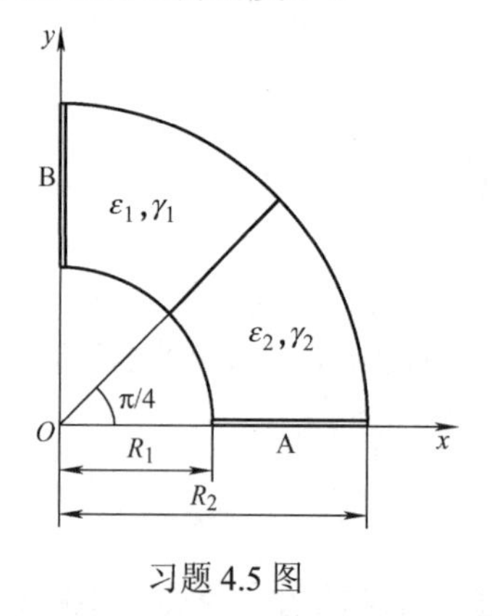

习题4.5图

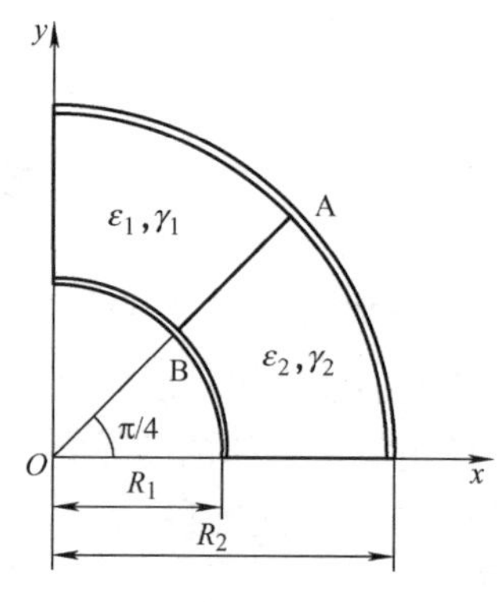

习题4.6图

4.6　在上题中，如将电极改置于金属弧片的弧边，如习题4.6图所示，重求上题的解。

4.7　把大地看成是均匀导电媒质，其电导率为γ，在相距$d\gg a$的地方同时埋两个相同的半球形电极，如习题4.7图所示，a为电极半径。求两电极间的电阻。

4.8　半球形铜电极埋入地表面，附近有一个直而深的沟壁，若已知电极半径$a=0.5$m，电极中心至沟壁距离$h=10$m，土壤电导率$\gamma=10^{-2}$S/m，如习题图4.8所示。计算接地电阻。

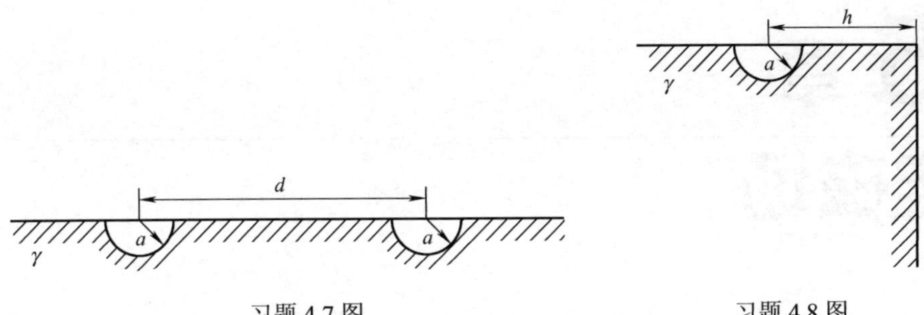

习题 4.7 图　　习题 4.8 图

4.9　某工厂中三相电动机的外壳相连后经接地电极 B 接地。电动机二次侧为星形联结、线电压 $U_1=380\text{V}$ 的变压器供电，变压器中点经接地电极 A 接地。接地电极 A、B 均可视作直径为 30cm 的半球，两者之间相距 8m，如习题 4.9 图所示。土壤的电导率为 10^{-2}S/m。试计算：

（1）当一电动机绝缘损坏，使其电源一线与机壳相通后，地面的电位分布及最大跨步电压(跨距 b=0.8m)；

（2）接地电极 A、B 之间的接地电阻。

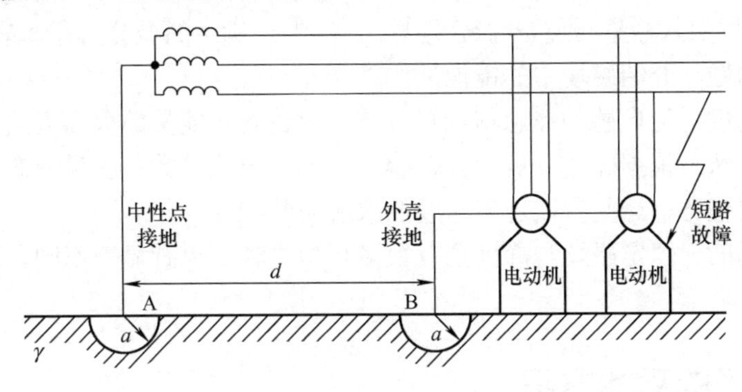

习题 4.9 图

第 5 章 恒定磁场

本章讨论由恒定电流产生的磁场，称为恒定磁场。电流是磁场的源，讨论电流与磁场之间的关系是本章的核心内容。

与静电场的库仑定律相对应，安培力定律被视作恒定磁场的基本实验定律。从安培力定律导出由电流计算磁场的毕奥—沙伐定律(Biot-Savart's law)。继而推导出以散度和旋度表达的磁通连续性原理和安培环路定理，即恒定磁场的基本方程，是分析恒定磁场问题的理论基础。

为简化磁场的分析，基于磁场的无散性，引入矢量磁位 $\boldsymbol{A}$；在无电流区域，恒定磁场旋度为 0，基于此可以引入标量磁位 φ_{m}。分别导出 $\boldsymbol{A}$ 和 φ_{m} 满足的微分方程和媒质交界面条件，讨论它们的边值问题，介绍磁场中的镜像法。

最后从场的角度讨论电感的概念与计算方法，讨论磁场能量的分布方式和计算方法，以及磁场力的计算方法。根据磁场分析计算自感、互感等电路参数、能量分布、受力分析等，是磁场分析的重要任务，这些皆以边值问题的求解为基础。

电与磁是对偶的。恒定磁场与静电场有很多相似之处，也有显著不同。本章可以与静电场相互对照学习。

5.1 恒定磁场的基本方程

5.1.1 安培力定律和毕奥—沙伐定律

电是电荷之间的相互作用，磁是电流之间的相互作用。电场的讨论可以把点电荷作为基本模型，但电流的情况要复杂一些，因为电流以回路方式存在，不存在“点电流”。一个简单方便的办法是在电流回路上取一个微小的电流段(称为**电流元**)作为研究对象。

如图 5-1-1 所示，自由空间(无限大真空)中有两个电流回路 $\boldsymbol{l}$ 和 $\boldsymbol{l}_0$。在两个回路上分别取电流元 $I\mathrm{d}\boldsymbol{l}$ 和 $I_0\mathrm{d}\boldsymbol{l}_0$，$I\mathrm{d}\boldsymbol{l}$ 对 $I_0\mathrm{d}\boldsymbol{l}_0$ 的作用力由**安培力定律**(Ampere's force law)描述

$$\mathrm{d}\boldsymbol{F}=\frac{\mu_0}{4\pi}\frac{I_0\mathrm{d}\boldsymbol{l}_0\times(I\mathrm{d}\boldsymbol{l}\times\boldsymbol{e}_R)}{R^2} \tag{5-1-1}$$

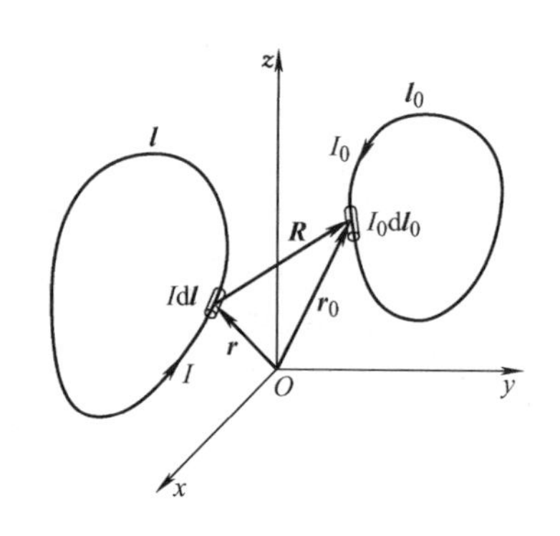

图 5-1-1 安培力定律

式中，$\boldsymbol{R}=R\boldsymbol{e}_R=\boldsymbol{r}_0-\boldsymbol{r}$，表示从电流元 $I\mathrm{d}\boldsymbol{l}$ 到电流元 $I_0\mathrm{d}\boldsymbol{l}_0$ 的距离矢径，$\boldsymbol{r}$ 和 $\boldsymbol{r}_0$ 是两个电流元的位置矢量。式(5-1-1)看起来有点复杂，这是因为安培力的方向是由电流元 $I\mathrm{d}\boldsymbol{l}$ 、$I_0\mathrm{d}\boldsymbol{l}_0$ 和距离矢径 $\boldsymbol{R}$ 三者共同确定，不像库仑力方向仅仅取决于两个点电荷之间的距离矢径。如果撇开方向特性，仅看数量

关系，式(5-1-1)变为

$$dF = \frac{\mu_0}{4\pi}\frac{I_0 dl_0 \times I dl}{R^2}$$

显然，跟库仑定律一样，这也是一个平方反比关系。需要特别注意的是，上式未考虑夹角关系，只对特定电流元取向成立！

整个载流回路 $\boldsymbol{l}$ 对整个载流回路 $\boldsymbol{l}_2$ 的作用力可表示为

$$\boldsymbol{F} = \frac{\mu_0}{4\pi}\oint_{l_0}\int_{l}\frac{I_0 d\boldsymbol{l}_0 \times (I d\boldsymbol{l} \times \boldsymbol{e}_R)}{R^2} \tag{5-1-2}$$

安培力定律可以被视为恒定磁场的基本实验定律，正如把库仑定律作为静电场的基本实验定律一样。

如同电场的引入那样，在式(5-1-1)中，剥离作为受力一方的电流元 $I_0 d\boldsymbol{l}_0$，定义

$$d\boldsymbol{B} = \frac{\mu_0}{4\pi}\frac{I d\boldsymbol{l} \times \boldsymbol{e}_R}{R^2} \tag{5-1-3}$$

将其视为电流元 $Id\boldsymbol{l}$ 在空间产生的一种效应，即“磁场”。$\boldsymbol{B}$ 称为**磁感应强度**(magnetic induction intensity)。由于式(5-1-3)是由电流元 $Id\boldsymbol{l}$ 产生的，故使用它的微分形式 $d\boldsymbol{B}$。整个回路 $\boldsymbol{l}$ 在 $\boldsymbol{r}_0$ 处产生的磁感应强度为[⊖]

$$\boldsymbol{B}(\boldsymbol{r}_0) = \frac{\mu_0}{4\pi}\oint_{l}\frac{I d\boldsymbol{l} \times \boldsymbol{e}_R}{R^2} \tag{5-1-4}$$

磁感应强度是表征磁场的基本物理量。在 SI 单位制中，磁感应强度 B 的单位为特[斯拉](T)。T 是一个比较大的单位，通电螺线管产生的磁场一般在 mT 量级。因此工程上也常用高[斯](Gs)为单位，$1\ \mathrm{T} = 10^4\ \mathrm{Gs}$。大地磁场的磁感应强度约为 0.5Gs。

引入磁感应强度后，电流元 $I_0 d\boldsymbol{l}_0$ 受到电流元 $Id\boldsymbol{l}$ 的作用力表示为

$$d\boldsymbol{F} = I_0 d\boldsymbol{l}_0 \times d\boldsymbol{B} \tag{5-1-5}$$

电流元 $I_0 d\boldsymbol{l}_0$ 受到整个回路 $\boldsymbol{l}$ 的作用力为

$$d\boldsymbol{F} = I_0 d\boldsymbol{l}_0 \times \boldsymbol{B}(\boldsymbol{r}_0) \tag{5-1-6}$$

整个回路 $\boldsymbol{l}_0$ 受到整个回路 $\boldsymbol{l}$ 的作用力表示为

$$\boldsymbol{F} = \oint_{l_0} I_0 d\boldsymbol{l}_0 \times \boldsymbol{B} \tag{5-1-7}$$

式(5-1-4)也即**毕奥—沙伐定律**(Biot-Savart's law)，式(5-1-3)是其微分形式。毕奥—沙伐定律可用于计算电流在自由空间产生的磁感应强度。

在本书 4.1.1 节曾讨论了电流的三种分布形式，即体电流(用电流密度 $\boldsymbol{J}$ 描述)、面电流(用电流面密度 $\boldsymbol{K}$ 描述)和线电流(用电流强度 I 描述)，对应的电流元分别为 $\boldsymbol{J}dV$、$\boldsymbol{K}dS$ 和 $Id\boldsymbol{l}$。式(5-1-4)针对的是线电流。如果是体电流或面电流，要分别用 $\boldsymbol{J}dV$ 或 $\boldsymbol{K}dS$ 替代 $Id\boldsymbol{l}$，毕奥—沙伐定律表示为

$$\boldsymbol{B} = \frac{\mu_0}{4\pi}\int_{V'}\frac{\boldsymbol{J} \times \boldsymbol{e}_R}{R^2}dV' \tag{5-1-8}$$

⊖ 此处因为着眼于两个电流回路的受力关系，没有讨论回路 $\boldsymbol{l}_0$ 对 $\boldsymbol{r}_0$ 处磁感应强度 $\boldsymbol{B}$ 的贡献。可以假想为 $I_0 \ll I$ 的情形。

$$\boldsymbol{B}=\frac{\mu_0}{4\pi}\int_{S'}\frac{\boldsymbol{K}\times\boldsymbol{e}_R}{R^2}\mathrm{d}S' \tag{5-1-9}$$

由于面电流和线电流都是体电流的特殊形式，因此把式(5-1-8)视为毕奥—沙伐定律的一般形式。式中，撇号“′”表示与源点相关的坐标量。如果采用更加清晰的写法，式(5-1-8)应该表示为

$$\boldsymbol{B}(\boldsymbol{r})=\frac{\mu_0}{4\pi}\int_{V'}\frac{\boldsymbol{J}(\boldsymbol{r}')\mathrm{d}V'\times\boldsymbol{e}_{\boldsymbol{r}-\boldsymbol{r}'}}{|\boldsymbol{r}-\boldsymbol{r}'|^2} \tag{5-1-8′}$$

这样可以更清晰地表明各物理量的角色。通常只在需要特别区分场点和源点的场合，采用式(5-1-8′)的写法。在不引起混淆的情况下，采用式(5-1-8)的简明写法即可。

例 5.1.1 求真空中如图 5-1-2 所示半径为 a、电流为 I 的圆环线圈在轴线上的磁感应强度。

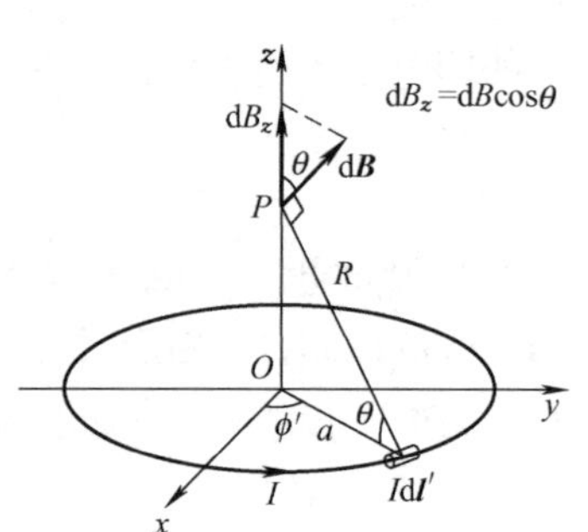

图 5-1-2 圆环线圈轴线上的磁场

解：将半径为 a 的线圈置于 xy 平面，圆心位于坐标原点，如图 5-1-2 所示。在 z 轴上取一点 $P(0, 0, z)$，由于电流分布对场点 P 具有对称性，因此在 P 点由整个电流回路引起的磁感应强度 $\boldsymbol{B}$ 只有沿 z 轴正方向的分量 B_z。

在柱坐标系中，电流元可以表示为 $I\mathrm{d}\boldsymbol{l}'=I\boldsymbol{e}_\phi a\mathrm{d}\phi'$；源点到场点的距离为 $R=\sqrt{a^2+z^2}$。由于电流元与距离矢径垂直，故 $\mathrm{d}B=\left|\frac{\mu_0 I\mathrm{d}\boldsymbol{l}'\times\boldsymbol{e}_R}{4\pi R^2}\right|=\frac{\mu_0 I}{4\pi}\frac{a\mathrm{d}\phi'}{(a^2+z^2)}$。

$\mathrm{d}\boldsymbol{B}$ 与 z 轴夹角余弦为

$$\cos\theta=\frac{a}{R}=\frac{a}{\sqrt{a^2+z^2}}$$

求得 z 向分量

$$\mathrm{d}B_z=\mathrm{d}\boldsymbol{B}\cdot\boldsymbol{e}_z=\mathrm{d}B\cos\theta=\frac{\mu_0 I}{4\pi}\frac{a^2\mathrm{d}\phi'}{(a^2+z^2)^{3/2}}$$

积分，得到

$$B_z=\oint_{l'}\mathrm{d}B_z=\frac{\mu_0 I}{4\pi}\int_0^{2\pi}\frac{a^2\mathrm{d}\phi'}{(a^2+z^2)^{3/2}}=\frac{\mu_0 a^2 I}{2(a^2+z^2)^{3/2}}$$

写成矢量形式

$$\boldsymbol{B}=B_z\boldsymbol{e}_z=\frac{\mu_0 a^2 I}{2(a^2+z^2)^{3/2}}\boldsymbol{e}_z \tag{5-1-10}$$

当 $z\gg a$ 时，式(5-1-10)简化为

$$\boldsymbol{B}\big|_{z\gg a}=\frac{\mu_0 a^2 I}{2z^3}\boldsymbol{e}_z$$

当 $z=0$ 时，式(5-1-10)简化为

$$\boldsymbol{B}\big|_{z=0}=\frac{\mu_0 I}{2a}\boldsymbol{e}_z$$

可见，在距离线圈远处，圆环轴线上的磁感应强度按照距离的-3次方衰减，而圆环中心的磁感应强度则反比于圆环半径。

5.1.2 磁通连续性原理和安培环路定理

跟库仑定律相似，使用毕奥—沙伐定律计算磁场需要知道空间全部电流，并且只适用于无限大真空空间，因此在应用上有其局限性。本节从毕奥—沙伐定律出发导出以散度和旋度表达的恒定磁场基本方程。

将毕奥—沙伐定律式(5-1-8)两边对场点坐标分别取散度和旋度，得到㊀

$$\nabla \cdot \boldsymbol{B} = 0 \tag{5-1-11}$$

$$\nabla \times \boldsymbol{B} = \mu_0 \boldsymbol{J} \tag{5-1-12}$$

式(5-1-11)与式(5-1-12)即恒定磁场的基本方程。

式(5-1-11)称为**磁通连续性原理**，也称**磁场高斯定理**。它表明，磁场中任一点处磁感应强度的散度为零，恒定磁场是一个无散场。这是恒定磁场的第一个基本特性，式(5-1-11)是这一性质的微分形式表达。

穿过某一截面的磁感应强度 $\boldsymbol{B}$ 的通量称为**磁通量**，简称**磁通**，记为 Φ。有

$$\Phi = \int_S \boldsymbol{B} \cdot \mathrm{d}\boldsymbol{S} \tag{5-1-13}$$

磁通是工程上非常重要的一个概念。缘于此，磁感应强度 $\boldsymbol{B}$ 也称为**磁通密度**。在SI单位制中，磁通的单位为韦[伯](Wb)，$1\ \mathrm{Wb} = 1\ \mathrm{T \cdot m^2}$。工程中曾用麦[克斯韦]为 Φ 的单位，记作Mx，1Wb＝10^8 Mx。

对式(5-1-11)两边进行体积分，并利用散度定理 $\int_V \nabla \cdot \boldsymbol{A} \mathrm{d}V = \oint_S \boldsymbol{A} \cdot \mathrm{d}\boldsymbol{S}$，得到磁通连续性原理的积分形式

$$\oint_S \boldsymbol{B} \cdot \mathrm{d}\boldsymbol{S} = 0 \tag{5-1-14}$$

式(5-1-14)中，S 为包围体积 V 的闭合曲面，它表明磁场中穿出任一闭合曲面的总磁通量恒为零，或者说进入闭合面的磁感应线数必等于穿出闭合面的磁感应线数，磁通是连续的。

式(5-1-12)称为**安培环路定理**。它表明磁场是有旋的，磁感应线围绕电流而闭合，这是磁场不同于静电场的另一个基本特征。应用斯托克斯定理 $\int_S \nabla \times \boldsymbol{A} \cdot \mathrm{d}\boldsymbol{S} = \oint_l \boldsymbol{A} \cdot \mathrm{d}\boldsymbol{l}$，得到它的积分形式

$$\oint_l \boldsymbol{B} \cdot \mathrm{d}\boldsymbol{l} = \mu_0 \int_S \boldsymbol{J} \cdot \mathrm{d}\boldsymbol{S} \tag{5-1-15}$$

式中，积分面积 S 是以闭合回路 l 为封闭边界的任意曲面。由于 $\int_S \boldsymbol{J} \cdot \mathrm{d}\boldsymbol{S} = I$，式(5-1-15)表

㊀ 详细推导可参见:郭硕鸿. 电动力学[M]. 2版. 北京：高等教育出版社，1997: 16-18.

明，无限大真空中磁感应强度沿任一闭合回路的环量，正比于从该闭合回路所围成的面积中穿过的电流总量，比例系数为 μ_0。电流 I 的正负取决于电流方向与积分回路 l 的绕行方向是否符合右手螺旋定则，符合时取正，反之取负。

应该注意到式(5-1-15)中，磁感应强度 $\boldsymbol{B}$ 是场中所有场源共同产生的，但沿某一闭合回路的环量却只与该回路所交链的电流有关。

综上所述，自由空间(无限大真空)中恒定磁场的基本方程见表 5-1-1。

表 5-1-1 自由空间中恒定磁场的基本方程

方 程	积 分 形 式	微 分 形 式
磁通连续性原理	$\oint_S \boldsymbol{B}\cdot d\boldsymbol{S}=0$	$\nabla\cdot\boldsymbol{B}=0$
安培环路定理	$\oint_l \boldsymbol{B}\cdot d\boldsymbol{l}=\mu_0\int_S \boldsymbol{J}\cdot d\boldsymbol{S}$	$\nabla\times\boldsymbol{B}=\mu_0\boldsymbol{J}$

前面已举例说明利用毕奥—沙伐定律计算磁感应强度。对于复杂问题，毕奥—沙伐定律的积分结果不易获得。对于一些具有对称性的问题，采用积分形式的安培环路定理会很容易得到结果，例如：

载流长直导线的磁感应强度(见图 5-1-3a)

$$\boldsymbol{B}=\frac{\mu_0 I}{2\pi\rho}\boldsymbol{e}_\phi \tag{5-1-16}$$

无限长均匀密绕螺线管，外部磁场为 0，内部磁感应强度均匀分布(见图 5-1-3b、c)

$$\boldsymbol{B}=\mu_0 nI\boldsymbol{e}_z \tag{5-1-17}$$

式中，n 为单位长度的匝数，称为匝密度。

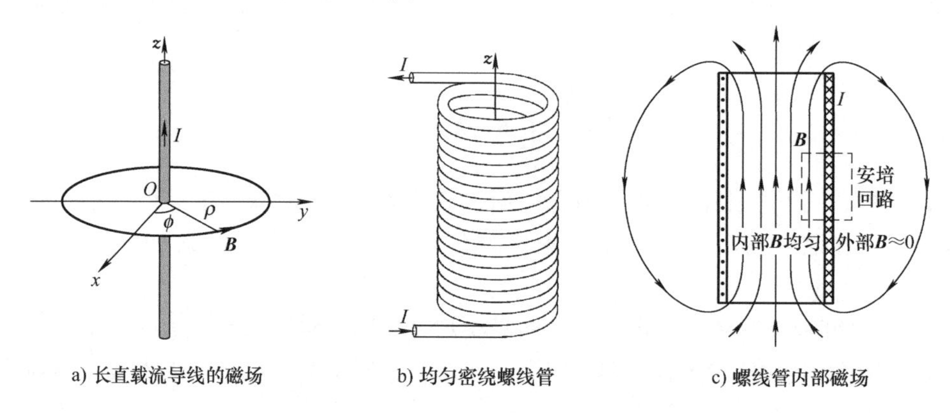

a) 长直载流导线的磁场　　b) 均匀密绕螺线管　　c) 螺线管内部磁场

图 5-1-3 长直导线的磁场与均匀密绕长螺线管内部的磁场

长直载流导线磁场和螺线管内部磁场的表达式在工程中非常有用。

建立一些基本的磁场图像，对于概念的理解和问题的分析都很有帮助。图 5-1-4 给出了几种组合长直载流导线的磁场分布示意图。

跟静电场类似，在一些简单情况下，可以直接求解恒定磁场的基本方程获得磁场的解答。但这类问题往往也可以通过使用积分形式的安培环路定律获得解答，而且通常更简便。不再举例。

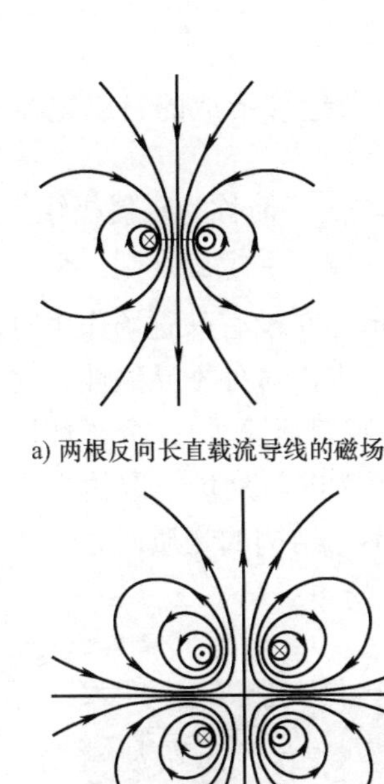

a) 两根反向长直载流导线的磁场

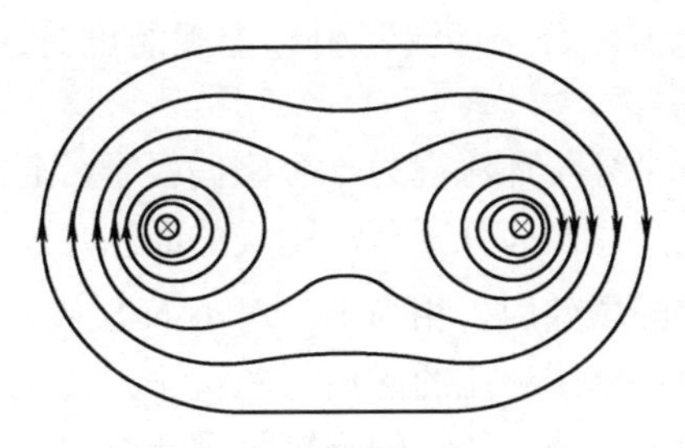

b) 两根同向长直载流导线的磁场

c) 交错放置两对长直载流导线的磁场

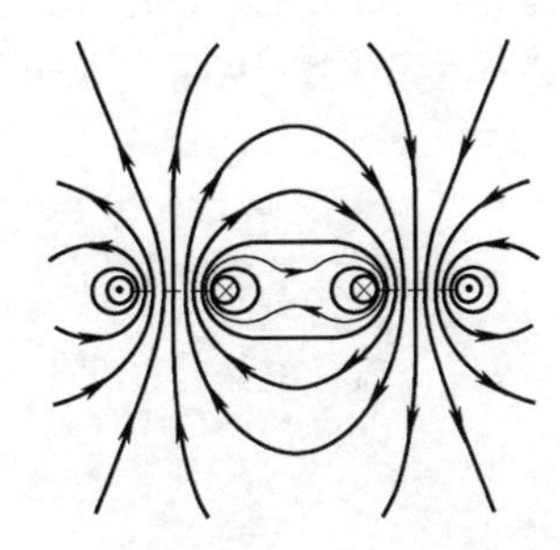

d) 平行放置两对长直载流导线的磁场

图 5-1-4　组合长直载流导线的磁场

5.1.3　媒质的磁化

5.1.2 节讨论了电流在无限大真空空间中产生的磁场，它所假定的是：在无限大的空间中存在一些“纯粹的电流”，除此之外空无一物。在这种情况下，恒定磁场的基本方程式(5-1-11)、式(5-1-12)是绝对精确的。

但是真实的世界总是充满了各种各样的物质。物质中电荷的各种运动所产生的电流，都必须纳入到式(5-1-12)所描述的电流中。这就涉及电流的存在形式。处于电路中的导体，它所传导的电流称为“传导电流”；空间中带电粒子的宏观运动形成的电流称为“运流电流”。传导电流和运流电流都伴随电荷的宏观运动，称为“自由电流”。一般而言，自由电流易于测量。还有一种电流是由分子或原子中电荷的微观运动形成的，例如电子绕原子核旋转运动、电子自旋运动等，这种电流称为“束缚电流”，也要计入基本方程式(5-1-12)中去。但是束缚电流通常难以测量。与束缚电流相关的磁场现象称为“磁化”。

置于磁场中的物质称为磁媒质，简称媒质。与电介质几乎都有明显的极化现象不同，除了铁、钴、镍以及一些化合物外，大多数媒质在磁场作用下，只能呈现极微弱的磁化现象。呈现很强磁化现象的媒质称为铁磁(性)媒质，呈现明显磁化现象的媒质称为亚铁磁(性)媒质，而大多数媒质都属于弱磁(性)媒质(又称非铁磁媒质)，在弱磁性媒质中，又有顺磁媒质和逆磁媒质之分。

关于媒质的磁化机理，早在1820年安培就提出用物质的分子电流模型解释磁化现象。物质中的每个分子内的电子除自旋运动外，又都在闭合轨道上绕原子核运动，分子电流模型将带电粒子的这两种运动，用分子中内在的环状分子电流来描述，称为分子环流，又称为束缚电流。分子环流不引起宏观的电荷迁移，但和由电荷迁移形成的自由电流一样，能产生磁场。

把每个分子环流视为一个磁偶极子，定义其磁矩为 $\boldsymbol{m}=i_0\boldsymbol{S}$ ，简称为磁偶极矩，i_0 为分子环流的电流， $\boldsymbol{S}$ 为分子环流围成的面积， $\boldsymbol{S}$ 的方向与环流 i_0 成右手螺旋定则。每一个分子环流产生的磁场效应，相当于一对小 N-S 极。如图 5-1-5 所示，在没有外磁场作用时，由于分子热运动，分子环流的磁矩为随机排列，媒质的磁矩总和为零，对外不显磁性。物质在外磁场的作用下，分子环流的磁矩将重新取向，一般情况下(逆磁媒质除外)，分子环流受到的转矩为 $\boldsymbol{T}=\boldsymbol{m}\times\boldsymbol{B}$ ， $\boldsymbol{B}$ 为外磁场，即外磁场使分子环流的磁矩转向与外场一致的方向，使媒质的磁矩总和不为零，媒质对外显磁性，称为媒质的磁化。不同结构的物质，分子环流取向特点和取向的难易程度不同，因而表现出不同的磁化性能。

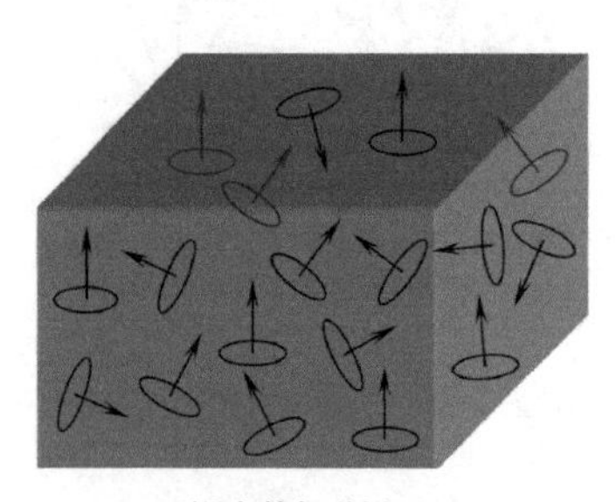
a) 没有外加磁场

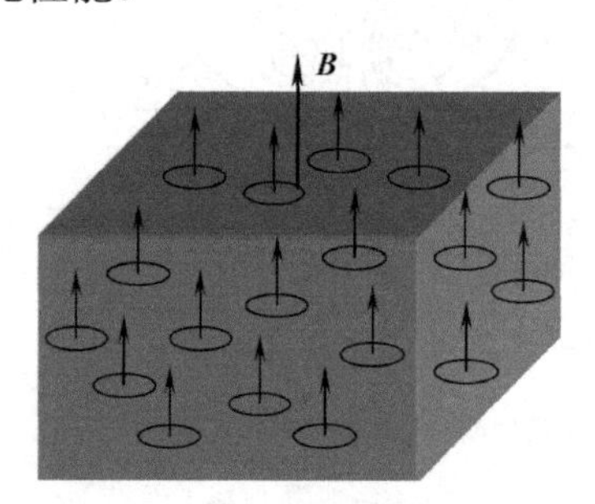

b) 有外加磁场

图 5-1-5 媒质的磁化

内部分子环流最容易重新取向的媒质，是铁磁媒质和亚铁磁媒质。在无外磁场作用时，这类媒质内部磁偶极子的相互作用，使某一小区域内磁偶极子的磁矩取向一致，通常将这一小区域称为磁畴。由于各磁畴取向的随机性，往往在宏观上不呈现磁性，但也有可能在某一方向上的取向较强，这种媒质就成为宏观上的永久磁化媒质(或称永磁体)。当有外加磁场时，各磁畴会在磁场方向上呈现明显的取向一致性，从而呈现宏观的磁化效果。若此时撤掉外磁场，有的媒质会将这种取向一致性保留下来或部分保留下来，成为永磁体，例如钕硼合金、钢等；有的媒质则会恢复到非磁化状态，例如软铁等。

同讨论电介质极化时引入极化强度矢量 $\boldsymbol{P}$ 相类似，为描述媒质的磁化，引入宏观物理量，即磁化强度矢量 $\boldsymbol{M}$，定义为

$$\boldsymbol{M}=\lim_{\Delta V\to 0}\frac{\sum\boldsymbol{m}}{\Delta V} \tag{5-1-18}$$

其单位为 A/m，这里的 $\Sigma\boldsymbol{m}$ 是 ΔV 中全部磁偶极矩矢量和。$\boldsymbol{M}$ 表示媒质中某点磁偶极矩体密度。

媒质被磁化后，其内部和表面产生宏观电流，称为磁化电流。图 5-1-6 为均匀磁化后的圆柱形媒质，在圆柱侧面出现磁化面电流 $\boldsymbol{K}_{\mathrm{m}}$，截面上的分子环流相互抵消。

下面讨论磁化强度 $\boldsymbol{M}$ 与磁化电流的关系。在被磁化媒质内部任取一封闭回路 l，如图 5-1-7a 所示，S 是以 l 为界的任一张曲面，设穿过 S 面的磁化电流为 i_{m}，参考方向与 l 的绕行方向应符合右手螺旋定则。由图 5-1-7a 可知，i_{m} 应等于与 l 交链的分子电流的代数和。设 $\mathrm{d}i_{\mathrm{m}}$ 为与 l 上任一线元 $\mathrm{d}\boldsymbol{l}$ 交链的所有分子电流，如图 5-1-7b 所示，$\mathrm{d}\boldsymbol{l}$ 的体积 $\mathrm{d}V=\mathrm{d}\boldsymbol{l}\cdot\mathrm{d}\boldsymbol{S}_i$， $\mathrm{d}\boldsymbol{S}_i$ 是该处分子电流 i_0 的面元，$\mathrm{d}V$ 中的所有分子电流均与 $\mathrm{d}\boldsymbol{l}$ 交链，若 $\mathrm{d}V$ 处媒质单位体积分子电

流的数目为 N，则

$$\mathrm{d}i_{\mathrm{m}}=N\mathrm{d}Vi_0=N\mathrm{d}\boldsymbol{S}_i\cdot i_0\mathrm{d}\boldsymbol{l}=N(i_0\mathrm{d}\boldsymbol{S}_i)\cdot\mathrm{d}\boldsymbol{l}=N\boldsymbol{m}\cdot\mathrm{d}\boldsymbol{l}$$

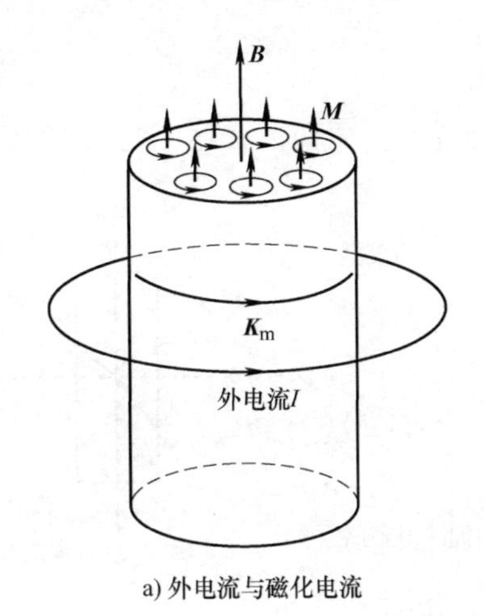

a) 外电流与磁化电流

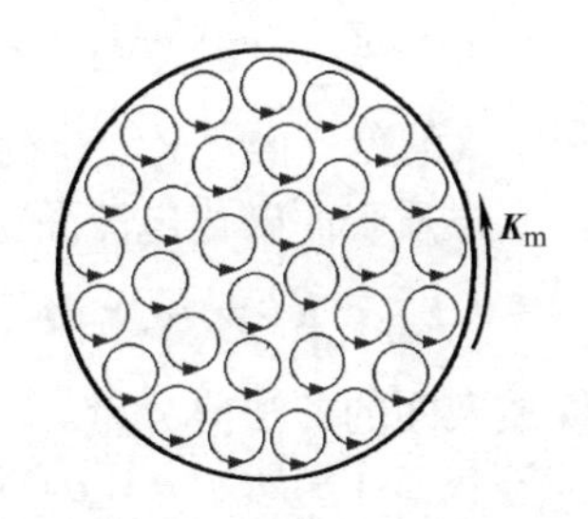

b) 均匀磁化时，内部分子电流相互抵消

图 5-1-6　磁化面电流

因此

$$\mathrm{d}i_{\mathrm{m}}=\boldsymbol{M}\cdot\mathrm{d}\boldsymbol{l}\tag{5-1-19}$$

式(5-1-19)中 $\boldsymbol{M}$ 即是 $\mathrm{d}\boldsymbol{l}$ 处的磁化强度。因此，图 5-1-7a 中，与闭合回路 l 交链、穿过以 l 为界的曲面 S 的磁化电流为

$$i_{\mathrm{m}}=\oint_l\boldsymbol{M}\cdot\mathrm{d}\boldsymbol{l}\tag{5-1-20}$$

a) 媒质中的闭合路径　　b) 闭合路径上的微小段

图 5-1-7　磁化电流的计算

式(5-1-20)表明磁化电流为 $\boldsymbol{M}$ 的环量。将 i_{m} 用磁化电流密度 $\boldsymbol{J}_{\mathrm{m}}$ 在 S 面上的面积分表示

$$i_{\mathrm{m}}=\int_S\boldsymbol{J}_{\mathrm{m}}\cdot\mathrm{d}\boldsymbol{S}=\oint_l\boldsymbol{M}\cdot\mathrm{d}\boldsymbol{l}$$

利用斯托克斯定理，上式可写成

$$\int_S\boldsymbol{J}_{\mathrm{m}}\cdot\mathrm{d}\boldsymbol{S}=\int_S\nabla\times\boldsymbol{M}\cdot\mathrm{d}\boldsymbol{S}$$

由于 S 具有任意性，得到

$$\boldsymbol{J}_{\mathrm{m}}=\nabla\times\boldsymbol{M}\tag{5-1-21}$$

即磁化电流密度 $\boldsymbol{J}_{\mathrm{m}}$ 等于磁化强度 $\boldsymbol{M}$ 的旋度。显然，在均匀磁化媒质的内部，$\nabla\times\boldsymbol{M}=0$，不存在磁化电流。

在不同媒质的分界面上，由于两侧磁化强度的不同，分界面上会出现磁化面电流。图 5-1-8 所示媒质分界面，$\boldsymbol{e}_n$ 为分界面的法向，切向 $\boldsymbol{e}_t$ 在 $\boldsymbol{M}_1$、$\boldsymbol{M}_2$ 确定的平面内且与 $\boldsymbol{e}_n$ 正交，在分界面上取一矩形闭合路径 l，Δl_1 足够小，磁化强度在 Δl_1 上近似为常数，当 $\Delta l_2\to 0$ 时，根据 $i_{\mathrm{m}}=\oint_l\boldsymbol{M}\cdot\mathrm{d}\boldsymbol{l}$，分界面上的磁化面电流 K_{m} 为

$$K_{\mathrm{m}}\Delta l_1=\oint_l \boldsymbol{M}\cdot \mathrm{d}\boldsymbol{l}\approx (M_{1t}-M_{2t})\Delta l_1$$

即

$$K_{\mathrm{m}}=M_{1t}-M_{2t} \tag{5-1-22}$$

K_{m} 的方向为矩形闭合路径 l 界定的面积的法向，即为 $\boldsymbol{e}_t\times\boldsymbol{e}_n$ 方向。式(5-1-22)用矢量方程表示为

$$\boldsymbol{K}_{\mathrm{m}}=\boldsymbol{e}_n\times(\boldsymbol{M}_2-\boldsymbol{M}_1)$$

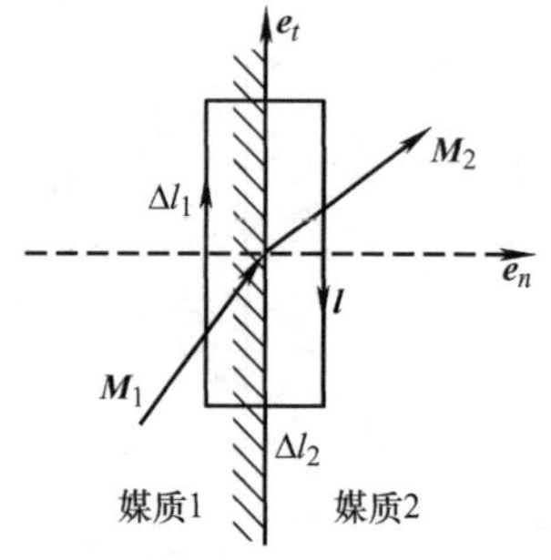

图 5-1-8 媒质分界面

在媒质和空气的分界面，空气一侧 $\boldsymbol{M}_2=0$。若媒质内部磁化强度为 $\boldsymbol{M}$，则媒质表面磁化电流面密度为

$$\boldsymbol{K}_{\mathrm{m}}=-\boldsymbol{e}_n\times\boldsymbol{M} \tag{5-1-23}$$

式中，$\boldsymbol{e}_n$ 为媒质表面的外法向分量。

例 5.1.2 在图 5-1-9 所示 $a\leqslant\rho\leqslant b$、$0\leqslant z\leqslant l$ 的圆柱区域中，媒质的磁化强度 $\boldsymbol{M}=\dfrac{c}{\rho}\boldsymbol{e}_\phi$，求磁化体电流密度 $\boldsymbol{J}_{\mathrm{m}}$ 和磁化面电流密度 $\boldsymbol{K}_{\mathrm{m}}$。

解： 由已知条件可知，$\boldsymbol{M}$ 仅为 ρ 的函数，即

$$\boldsymbol{M}=M_\phi(\rho)\boldsymbol{e}_\phi$$

在媒质内部

$$\boldsymbol{J}_{\mathrm{m}}=\nabla\times\boldsymbol{M}=\begin{vmatrix}\dfrac{1}{\rho}\boldsymbol{e}_\rho & \boldsymbol{e}_\phi & \dfrac{1}{\rho}\boldsymbol{e}_z\\ \dfrac{\partial}{\partial\rho} & \dfrac{\partial}{\partial\phi} & \dfrac{\partial}{\partial z}\\ M_\rho & \rho M_\phi & M_z\end{vmatrix}=\begin{vmatrix}\dfrac{1}{\rho}\boldsymbol{e}_\rho & \boldsymbol{e}_\phi & \dfrac{1}{\rho}\boldsymbol{e}_z\\ \dfrac{\partial}{\partial\rho} & \dfrac{\partial}{\partial\phi} & \dfrac{\partial}{\partial z}\\ 0 & \rho\dfrac{c}{\rho} & 0\end{vmatrix}=0$$

在外侧表面（$\rho=b$）

$$\boldsymbol{K}_{\mathrm{m1}}=-\boldsymbol{e}_\rho\times M_\phi(b)\boldsymbol{e}_\phi=-\frac{c}{b}\boldsymbol{e}_z$$

在内侧表面（$\rho=a$）

$$\boldsymbol{K}_{\mathrm{m2}}=\boldsymbol{e}_\rho\times M_\phi(a)\boldsymbol{e}_\phi=\frac{c}{a}\boldsymbol{e}_z$$

在上底面

$$\boldsymbol{K}_{\mathrm{m3}}=-\boldsymbol{e}_z\times M_\phi(\rho)\boldsymbol{e}_\phi=\frac{c}{\rho}\boldsymbol{e}_\rho$$

在下底面

$$\boldsymbol{K}_{\mathrm{m4}}=\boldsymbol{e}_z\times M_\phi(\rho)\boldsymbol{e}_\phi=-\frac{c}{\rho}\boldsymbol{e}_\rho$$

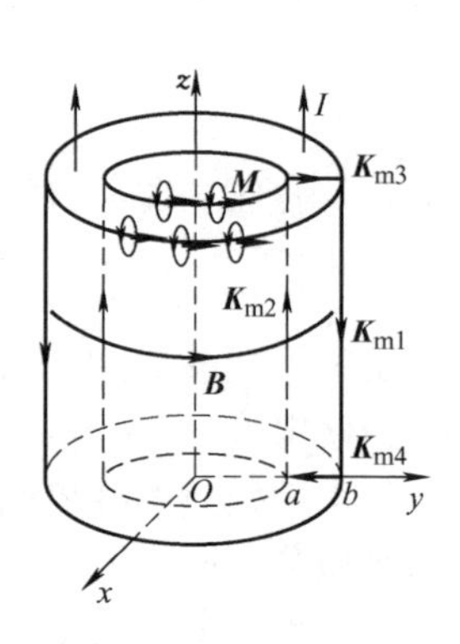

图 5-1-9 例 5.1.2 图

可见圆柱内没有磁化体电流，在圆柱的上、下、内、外表面有磁化面电流，磁化面电流构成闭合环路，总的磁化电流为

$$I_{\mathrm{m}} = K_{\mathrm{m1}} \cdot 2\pi b = 2\pi c$$

顺便提一下，本例磁化方向与图 5-1-6 不同，阅读时不要弄混。

5.1.4 媒质中的安培环路定理

当磁场中存在媒质时，磁场由自由电流和磁化电流共同激发，根据磁化理论，媒质对磁场的作用可用磁化电流 $\boldsymbol{J}_{\mathrm{m}}$ 来表示，自由电流用 $\boldsymbol{J}$ 表示。根据自由空间的安培环路定理式（5-1-12），场中任意点的磁感应强度的旋度应是

$$\nabla \times \boldsymbol{B} = \mu_0(\boldsymbol{J} + \boldsymbol{J}_{\mathrm{m}})$$

将 $\boldsymbol{J}_{\mathrm{m}} = \nabla \times \boldsymbol{M}$ 代入上式可得

$$\nabla \times \boldsymbol{B} = \mu_0(\boldsymbol{J} + \nabla \times \boldsymbol{M})$$

故有

$$\nabla \times \frac{\boldsymbol{B}}{\mu_0} = \boldsymbol{J} + \nabla \times \boldsymbol{M}$$

或

$$\nabla \times \left(\frac{\boldsymbol{B}}{\mu_0} - \boldsymbol{M} \right) = \boldsymbol{J}$$

令

$$\boldsymbol{H} = \frac{\boldsymbol{B}}{\mu_0} - \boldsymbol{M} \tag{5-1-24}$$

则有

$$\nabla \times \boldsymbol{H} = \boldsymbol{J} \tag{5-1-25}$$

$\boldsymbol{H}$ 称为**磁场强度**矢量，在 SI 制中的单位是 A/m。

将式(5-1-25)两边对任意曲面 S 积分，并利用斯托克斯定理 $\int_S (\nabla \times \boldsymbol{H}) \cdot \mathrm{d}\boldsymbol{S} = \oint_l \boldsymbol{H} \cdot \mathrm{d}\boldsymbol{l}$，得到

$$\oint_l \boldsymbol{H} \cdot \mathrm{d}\boldsymbol{l} = \int_S \boldsymbol{J} \cdot \mathrm{d}\boldsymbol{S} \tag{5-1-26}$$

式中，$\boldsymbol{l}$ 是曲面 $\boldsymbol{S}$ 的封闭边界，方向按照右手螺旋定则确立。

式(5-1-25)和式(5-1-26)即以磁场强度 $\boldsymbol{H}$ 表达的**媒质中恒定磁场的安培环路定理**。需要指出，**在媒质内的安培环路定理中，电流只包括自由电流**。体现媒质影响的场量 $\boldsymbol{M}$ 以及磁化电流 $\boldsymbol{J}_{\mathrm{m}}$ 已经考虑在 $\boldsymbol{H}$ 中了。

在线性、各向同性的媒质中，$\boldsymbol{M}$ 和 $\boldsymbol{H}$ 之间存在简单的线性关系，即

$$\boldsymbol{M} = \chi_{\mathrm{m}} \boldsymbol{H} \tag{5-1-27}$$

式中，比例系数 χ_{m} 可以由实验确定，称为媒质的**磁化率**，无量纲。

将式(5-1-27)代入式(5-1-24)有

$$\boldsymbol{B}=\mu_0(\boldsymbol{H}+\boldsymbol{M})=\mu_0(1+\chi_{\mathrm{m}})\boldsymbol{H}=\mu_0\mu_{\mathrm{r}}\boldsymbol{H} \tag{5-1-28}$$

式中，μ_{r} 称为媒质的**相对磁导率** $\mu_{\mathrm{r}}=1+\chi_{\mathrm{m}}$。令 $\mu=\mu_0\mu_{\mathrm{r}}$，有

$$\boldsymbol{B}=\mu\boldsymbol{H} \tag{5-1-29}$$

式中，μ 称为媒质的**磁导率**。式(5-1-29)称为媒质的**本构关系或结构关系**。

按照材料的性质，磁性媒质可以分为顺磁媒质、逆磁媒质和铁磁媒质三类。

顺磁媒质 $\chi_{\mathrm{m}}>0$（其值约在 10^{-7}～10^{-3} 之间），μ_{r} 略大于 1；逆磁媒质 $\chi_{\mathrm{m}}<0$（其值约在 10^{-5} 左右），μ_{r} 略小于 1。表 5-1-2 列出了几种顺磁媒质和逆磁媒质的相对磁导率。对顺磁媒质或逆磁媒质，在工程上通常取 $\mu_{\mathrm{r}}=1$、$\mu=\mu_0$。

表 5-1-2 几种材料在常温下的相对磁导率

材料种类	材料名称	$\mu_{\mathrm{r}}=1+\chi_{\mathrm{m}}$
顺磁媒质	铝	$1+2.10\times10^{-5}$
	铂	$1+2.90\times10^{-4}$
	液态氧	$1+3.50\times10^{-3}$
	空气	$1+3.6\times10^{-7}$
逆磁媒质	铅	$1-1.78\times10^{-5}$
	铜	$1-0.94\times10^{-5}$
	水	$1-0.88\times10^{-5}$
	银	$1-2.6\times10^{-5}$
铁磁媒质	铸铁	240～400
	铸钢	510～2200
	硅钢片	8000～10000
	坡莫合金	20000～200000

对于铁磁媒质(如铁等)，其磁化强度 M 的数值，并不是随磁场强度 H 成正比例地增加，即 M 与 H 的关系以及 B 与 H 的关系都是非线性的。同一个 H 值下，铁磁媒质中的磁化强度比顺磁媒质和逆磁媒质要大若干数量级。几种铁磁材料的 μ_{r} 取值范围列于表 5-1-2。由于铁磁媒质的磁导率很大，当铁磁媒质与非铁磁媒质共存时，磁通量更容易从铁磁材料中穿过。这个特性跟电流场中良导体与非良导体共存时，电流更容易从良导体中传输的现象类似，因此也把铁磁材料称为“导磁材料”。

除以上三类媒质外，还有一些各相异性的媒质(如铁氧体)，它们的 $\boldsymbol{B}$ 与 $\boldsymbol{H}$ 方向不同，此时 μ_{r} 和 μ 都不是标量，而是张量。式(5-1-29)可以写为

$$\begin{bmatrix} B_x \\ B_y \\ B_z \end{bmatrix}=\mu_0\begin{bmatrix} \mu_{\mathrm{r}xx} & \mu_{\mathrm{r}xy} & \mu_{\mathrm{r}xz} \\ \mu_{\mathrm{r}yx} & \mu_{\mathrm{r}yy} & \mu_{\mathrm{r}yz} \\ \mu_{\mathrm{r}zx} & \mu_{\mathrm{r}zy} & \mu_{\mathrm{r}zz} \end{bmatrix}\begin{bmatrix} H_x \\ H_y \\ H_z \end{bmatrix} \tag{5-1-30}$$

本书只讨论线性、各向同性、均匀的媒质。

综上所述，媒质中恒定磁场的基本方程见表 5-1-3。与自由空间恒定磁场的基本方程总是精确成立不同，媒质中恒定磁场的基本方程使用了实验常数 μ_{r} 描述材料的电磁特性，它是近似的，但是方便工程应用。

表 5-1-3　媒质中恒定磁场的基本方程

方　程	积分形式	微分形式
磁通连续性原理	$\oint_S \boldsymbol{B}\cdot \mathrm{d}\boldsymbol{S}=0$	$\nabla\cdot\boldsymbol{B}=0$
安培环路定理	$\oint_l \boldsymbol{H}\cdot \mathrm{d}\boldsymbol{l}=\int_S \boldsymbol{J}\cdot \mathrm{d}\boldsymbol{S}=I$	$\nabla\times\boldsymbol{H}=\boldsymbol{J}$
本构关系	$\boldsymbol{B}=\mu\boldsymbol{H}$	

5.1.5　媒质分界面条件

磁场强度和磁感应强度在不同媒质分界面上的衔接关系，可以由积分形式的基本方程得到。在分界面上，取围绕 P 点的矩形闭合回路，如图 5-1-10a 所示，图中 $\boldsymbol{e}_n$ 为分界面的法向(由媒质 1 指向媒质 2)，$\boldsymbol{e}_t$ 为分界面的切向，与 $\boldsymbol{H}_1$、$\boldsymbol{H}_2$ 共面，且与 $\boldsymbol{e}_n$ 正交。令 $\Delta l_2\to 0$，且 Δl_1 很小，可近似认为 Δl_1 上的磁场均匀，并以 $\boldsymbol{K}$ 表示分界面上的自由面电流，则由 $\oint_l \boldsymbol{H}\cdot \mathrm{d}\boldsymbol{l}=I$ 得

$$H_{1t}\Delta l_1-H_{2t}\Delta l_1=K\Delta l_1$$

即

$$H_{1t}-H_{2t}=K \tag{5-1-31}$$

由于切向方向 $\boldsymbol{e}_t$ 可以规定为沿分界面的任意方向，因此式(5-1-31)的表达不是令人满意的，故通常写为矢量形式

$$\boldsymbol{e}_n\times(\boldsymbol{H}_2-\boldsymbol{H}_1)=\boldsymbol{K} \tag{5-1-32}$$

式(5-1-32)规定的方向是明确的和唯一的。

如果分界面上无自由电流，则

$$H_{1t}=H_{2t} \tag{5-1-33}$$

此时，磁场强度的切向分量连续。

在分界面上，取围绕 P 点的扁小圆柱体，如图 5-1-10b 所示，令圆柱高度 $\Delta l\to 0$，且圆柱体的截面面积 ΔS 很小，可近似认为截面上的磁场均匀，则由 $\oint_S \boldsymbol{B}\cdot \mathrm{d}\boldsymbol{S}=0$ 得

$$-B_{1n}\Delta S+B_{2n}\Delta S=0$$

故有

$$B_{1n}=B_{2n} \tag{5-1-34}$$

写成矢量形式为

$$\boldsymbol{e}_n\cdot(\boldsymbol{B}_2-\boldsymbol{B}_1)=0 \tag{5-1-35}$$

可见无论有无自由面电流，磁感应强度的法向分量总是连续的。

对于各向同性的线性媒质，在媒质分界面上，两侧的场线与法线方向矢量共一平面。场线与法线的夹角分别为 α_1 和 α_2，当分界面上无自由面电流时，有

$$\begin{cases}B_{1n}=B_{2n}\\ H_{1t}=H_{2t}\end{cases}\Rightarrow\begin{cases}B_1\cos\alpha_1=B_2\cos\alpha_2\\ \dfrac{B_1}{\mu_1}\sin\alpha_1=\dfrac{B_2}{\mu_2}\sin\alpha_2\end{cases}$$

因此有

$$\frac{\tan\alpha_1}{\tan\alpha_2}=\frac{\mu_1}{\mu_2} \tag{5-1-36}$$

式(5-1-36)称为分界面上的折射定律。

工程实际中，常遇到由铁磁媒质(媒质 1)与非铁磁媒质(媒质 2)构成的分界面，此时，$\mu_1=\mu_{\mathrm{Fe}}\gg\mu_2$。铁磁媒质中，由于$\mu_{\mathrm{Fe}}\to\infty$，故$\boldsymbol{H}_1\to 0$（$\boldsymbol{B}_1\neq 0$）。在分界面上没有自由面电流时，由式(5-1-31)得，$H_{2t}(=H_{1t})\to 0$，因此$B_{2t}(=\mu_2 H_{2t})\to 0$；由式(5-1-34)得，$B_{2n}(=B_{1n})\neq 0$。可见，$\boldsymbol{B}_2$近似只存在法向分量，非铁磁媒质侧的磁场近似垂直于媒质分界面。这种特性与电流场中良导体与非良导体分界面上电流的分布特性相类似。

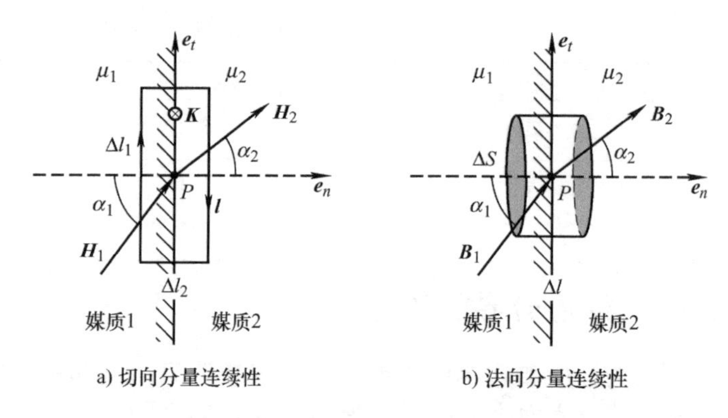

图 5-1-10 恒定磁场的媒质交界面条件

5.2 矢量磁位

在静电场中，为了简化问题的求解，引入了电位。对于恒定磁场也存在它的位函数。本节介绍矢量磁位。

5.2.1 矢量磁位的引入

根据磁通连续性原理$\nabla\cdot\boldsymbol{B}=0$，因为有$\nabla\cdot(\nabla\times\boldsymbol{A})\equiv 0$，可将$\boldsymbol{B}$表示成另一个矢量$\boldsymbol{A}$的旋度，即

$$\boldsymbol{B}=\nabla\times\boldsymbol{A} \tag{5-2-1}$$

称$\boldsymbol{A}$为**矢量磁位**，在 SI 制中单位是 Wb/m。

在无限大真空中，如果全部电流$\boldsymbol{J}$已知，对照恒定磁场的基本方程，应用亥姆霍兹定理，很容易写出$\boldsymbol{A}$的表达式

$$\boldsymbol{A}(\boldsymbol{r})=\frac{\mu_0}{4\pi}\int_{V'}\frac{\boldsymbol{J}(\boldsymbol{r}')\mathrm{d}V'}{R} \tag{5-2-2}$$

在直角坐标系中，矢量积分公式可以分解为

$$\begin{cases}A_x=\dfrac{\mu_0}{4\pi}\displaystyle\int_{V'}\frac{J_x(\boldsymbol{r}')\mathrm{d}V'}{R}\\ A_y=\dfrac{\mu_0}{4\pi}\displaystyle\int_{V'}\frac{J_y(\boldsymbol{r}')\mathrm{d}V'}{R}\\ A_z=\dfrac{\mu_0}{4\pi}\displaystyle\int_{V'}\frac{J_z(\boldsymbol{r}')\mathrm{d}V'}{R}\end{cases} \tag{5-2-3}$$

可见，在无限大真空中，电流元所产生的矢量磁位与电流元的方向是一致的。当电流只在一

个方向有分量时，$\boldsymbol{A}$ 也只有同方向的分量，这种情况下 $\boldsymbol{A}$ 的计算较为简单。由于计算 $\boldsymbol{A}$ 比直接计算 $\boldsymbol{B}$ 容易，因此，通过计算 $\boldsymbol{A}$ 来求 $\boldsymbol{B}$ 是磁场分析的常用方法。

对于线电流与面电流，它们的矢量磁位分别为

$$\boldsymbol{A}=\frac{\mu_0}{4\pi}\oint_{l}\frac{I\mathrm{d}\boldsymbol{l}'}{R} \tag{5-2-4}$$

$$\boldsymbol{A}=\frac{\mu_0}{4\pi}\int_{S'}\frac{\boldsymbol{K}\mathrm{d}S'}{R} \tag{5-2-5}$$

由矢量分析可知，要唯一地确定一个矢量函数，必须同时知道它的散度和旋度。对于矢量磁位 $\boldsymbol{A}$，通过式(5-2-1)规定了它的旋度，但尚未讨论它的散度。因为有

$$\nabla\times\nabla f=0$$

所以

$$\nabla\times(\boldsymbol{A}+\nabla f)=\nabla\times\boldsymbol{A}+\nabla\times\nabla f=\nabla\times\boldsymbol{A}$$

由此可知，在 $\boldsymbol{A}$ 上迭加任意一个标量场的梯度 ∇f，并不影响它的旋度。为了保证 $\boldsymbol{A}$ 的唯一性，必须规定它的散度。

通常，把矢量磁位 $\boldsymbol{A}$ 视为求解磁场的一个辅助量，因此并不关心 $\boldsymbol{A}$ 本身的分布特性，只要求得的 $\boldsymbol{B}=\nabla\times\boldsymbol{A}$ 正确就可以了。因此为简单起见，选取

$$\nabla\cdot\boldsymbol{A}=0 \tag{5-2-6}$$

式(5-2-6)称为**库仑规范**㊀。

跟静电场中的电位相似，要唯一确定矢量磁位 $\boldsymbol{A}$，还需选择参考点，即选择 $\boldsymbol{A}=0$ 的点。当电流分布在有限区时，通常选择无限远处为参考点，方便于计算。式(5-2-2)～式(5-2-5)都是选择无限远处为参考点的计算式。

例 5.2.1 求载有电流 I 的无限长细直导线周围的矢量磁位 $\boldsymbol{A}$ 和磁感应强度 $\boldsymbol{B}$。

解： 先分析长度为 $2L$ 的细直载流导线。在图 5-2-1 所示坐标系中，电流 I 沿 z 轴方向，所以矢量磁位 $\boldsymbol{A}$ 只有沿 z 轴方向分量，即

$$\boldsymbol{A}=A_z\boldsymbol{e}_z$$

由于对称性，可选择场点位于 xy 平面上。设场点坐标为 $P(\rho,0,0)$，元电流 $I\mathrm{d}z'\boldsymbol{e}_z$ 的坐标为 $(0,0,z')$，它至场点 P 的距离

$$R=(z'^2+\rho^2)^{1/2}$$

由式(5-2-3)，得到矢量磁位

$$\begin{aligned}A_z&=\frac{\mu_0 I}{4\pi}\int_{-L}^{+L}\frac{\mathrm{d}z'}{(z'^2+\rho^2)^{1/2}}\\&=\frac{\mu_0 I}{4\pi}\ln\frac{(L^2+\rho^2)^{1/2}+L}{(L^2+\rho^2)^{1/2}-L}\\&=\frac{\mu_0 I}{4\pi}\ln\frac{(1+x^2)^{1/2}+1}{(1+x^2)^{1/2}-1}\end{aligned}$$

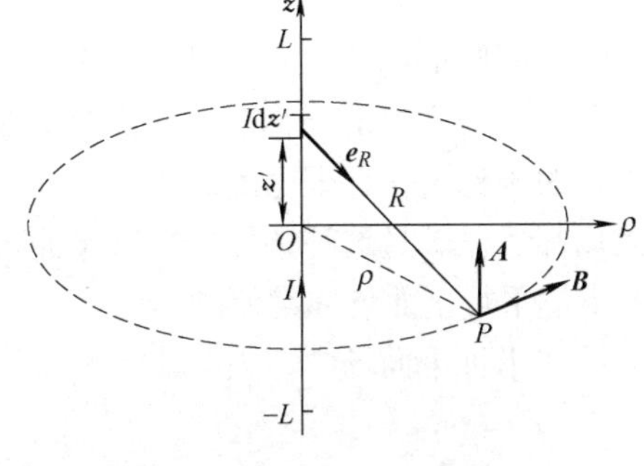

图 5-2-1　例 5.2.1 图

㊀ 在量子力学里，矢量磁位 $\boldsymbol{A}$ 有明确的物理意义。在恒定磁场中选取库仑规范，不存在冲突。

式中，$x=\rho/L$。当$L>>\rho$或者$x<<1$时，利用泰勒级数，有

$$\sqrt{1+x^2}=1+\frac{1}{2}x^2+\cdots$$

得

$$A_z=\frac{\mu_0 I}{4\pi}\ln\left(\frac{2}{x}\right)^2=\frac{\mu_0 I}{2\pi}\ln\frac{2L}{\rho}$$

或写成

$$\boldsymbol{A}=\frac{\mu_0 I}{2\pi}\ln\frac{2L}{\rho}\boldsymbol{e}_z \tag{5-2-7}$$

磁感应强度为

$$\boldsymbol{B}=\nabla\times\boldsymbol{A}=\left(\frac{1}{\rho}\frac{\partial A_z}{\partial\phi}-\frac{\partial A_\phi}{\partial z}\right)\boldsymbol{e}_\rho+\left(\frac{\partial A_\rho}{\partial z}-\frac{\partial A_z}{\partial\rho}\right)\boldsymbol{e}_\phi+\left[\frac{1}{\rho}\frac{\partial}{\partial\rho}(\rho A_\phi)-\frac{\partial A_\rho}{\partial\phi}\right]\boldsymbol{e}_z$$
$$=\frac{\partial A_z}{\partial\rho}\boldsymbol{e}_\phi=\frac{\mu_0 I}{2\pi\rho}\boldsymbol{e}_\phi$$

由此求得$2L$长细直载流导线在xy平面上的磁场，上式也就是有限长细直载流导线的磁场。当载流长直导线为无限长时，即式(5-2-7)中L趋向于无限大时，矢量磁位$\boldsymbol{A}$也将是无限大。因此，对于电流分布不在有限区域内时，不能选择无限远处为参考点。选择$\rho=\rho_0$处为参考点，则

$$\boldsymbol{A}(\rho_0)=\frac{\mu_0 I}{2\pi}\ln\frac{2L}{\rho_0}\boldsymbol{e}_z+\boldsymbol{C}=0$$

故得到

$$\boldsymbol{C}=-\frac{\mu_0 I}{2\pi}\ln\frac{2L}{\rho_0}\boldsymbol{e}_z$$

$$\boldsymbol{A}(\rho)=\frac{\mu_0 I}{2\pi}\ln\frac{2L}{\rho}\boldsymbol{e}_z-\frac{\mu_0 I}{2\pi}\ln\frac{2L}{\rho_0}\boldsymbol{e}_z=\frac{\mu_0 I}{2\pi}\ln\frac{\rho_0}{\rho}\boldsymbol{e}_z$$

5.2.2　矢量磁位用于平行平面场

在某些情况下，电流只有一个方向的分量(设为z方向)，并且在该方向上保持不变。此时磁感应强度$\boldsymbol{B}$有x向和y向两个分量，但在z取任意值的xy平面上，$\boldsymbol{B}$的分布都是相同的。这样的场称为平行平面场。平行平面场为二维场，载流长直导线产生的磁场、电机截面上的磁场都近似满足这种条件。平行平面场中矢量磁位$\boldsymbol{A}$只有z向一个分量，因此利用矢量磁位$\boldsymbol{A}$求解平行平面场非常便利。

在平行平面场中，设

$$\boldsymbol{A}=A_z\boldsymbol{e}_z \tag{5-2-8}$$

则磁感应强度

$$\boldsymbol{B}=\nabla\times\boldsymbol{A}=\frac{\partial A_z}{\partial y}\boldsymbol{e}_x-\frac{\partial A_z}{\partial x}\boldsymbol{e}_y$$

或

$$B_x = \frac{\partial A_z}{\partial y}, \quad B_y = -\frac{\partial A_z}{\partial x} \tag{5-2-9}$$

对于平行平面场，矢量磁位 $\boldsymbol{A}$ 具有一个重要性质：**在 xy 平面上，等 A 线即磁力线（$\boldsymbol{B}$ 线）**。

先要说明一下，等 A 线与 $\boldsymbol{A}$ 线不是一回事。$\boldsymbol{A}$ 线是指曲线上任意一点的方向都与 $\boldsymbol{A}$ 平行；在本例中，由于 $\boldsymbol{A} = A\boldsymbol{e}_z$，因此 $\boldsymbol{A}$ 线是与 z 轴平行的直线簇。等 A 线是指 A 值相等的点组成的曲线。在三维空间，A 值相等的点组成一个曲面；但限定在 xy 平面上，就成为曲线，如图 5-2-2 所示。

以下证明，xy 平面上的等 A 线处处与所在点的磁感应强度 $\boldsymbol{B}$ 平行。等 A 线的意义是，沿着该曲线 A 值保持不变，即 $\mathrm{d}A = 0$。在 xy 平面上，这意味着

$$\mathrm{d}A = \frac{\partial A}{\partial x}\mathrm{d}x + \frac{\partial A}{\partial y}\mathrm{d}y = 0$$

由式(5-2-9)，上式又可写为

$$-B_y \mathrm{d}x + B_x \mathrm{d}y = 0$$

或者

$$\frac{\mathrm{d}y}{\mathrm{d}x} = \frac{B_y}{B_x}$$

由于上述表达式限定在等 A 线上，$\dfrac{\mathrm{d}y}{\mathrm{d}x}$ 表示曲线的斜率，而 $\dfrac{B_y}{B_x}$ 表示 $\boldsymbol{B}$ 线的斜率。如图 5-2-3 所示，二者相等，说明等 A 线处处与 $\boldsymbol{B}$ 线平行，因此等 A 线即 $\boldsymbol{B}$ 线。

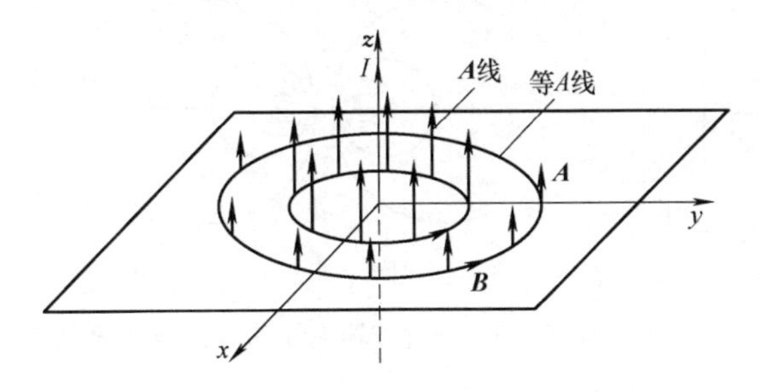

图 5-2-2 长直导线电流产生的磁场的 $\boldsymbol{A}$ 线与等 A 线（平行平面场）

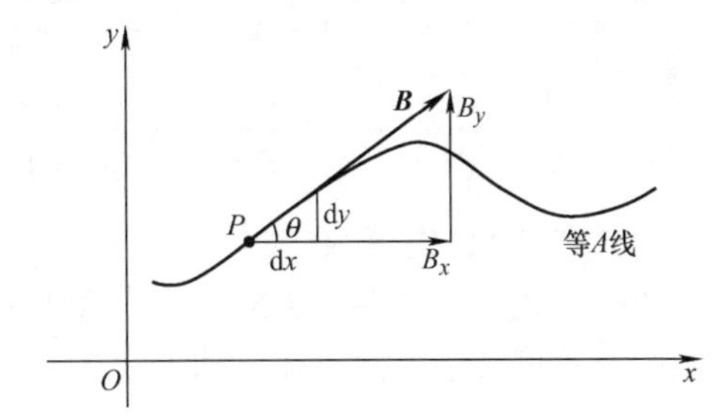

图 5-2-3 平行平面场等 A 线即 $\boldsymbol{B}$ 线的证明

例 5.2.2 求通有相反方向电流 I 的平行长直细双输电线的矢量磁位。设导线轴线间距为 $2b$。

解：选取坐标 z 如图 5-2-4 所示，令电流位于 x 轴上，z 于 yOz 平面对称。由于双输电线很长，故磁场是平行平面场，导线截面半径和线间距离相比可忽略不计，电流可视为线电流。设场点 $P(x, y, 0)$ 到两导线轴间距离分别为 ρ_1 和 ρ_2，如

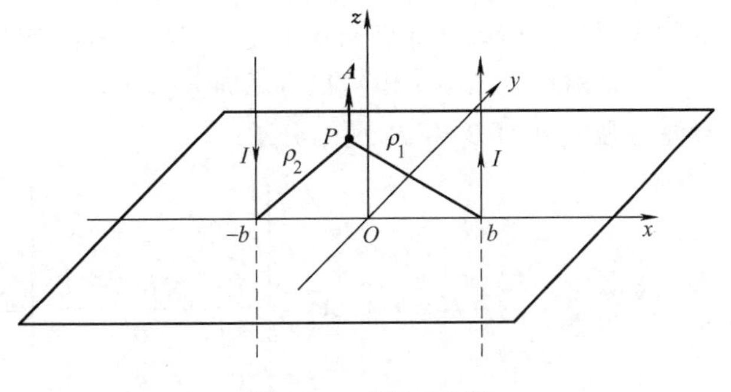

图 5-2-4 例 5.2.2 图

图5-2-4 所示。由于矢量磁位与场源的关系满足叠加原理，P 处的矢量磁位是平行双输电线的两电流单独存在时产生的矢量磁位的矢量和。利用例 5.2.1 所得的结果，取 z 轴为参考点，有

$$\boldsymbol{A}_1=\frac{\mu_0 I}{2\pi}\ln\frac{b}{\rho_1}\boldsymbol{e}_z$$

$$\boldsymbol{A}_2=-\frac{\mu_0 I}{2\pi}\ln\frac{b}{\rho_2}\boldsymbol{e}_z$$

$$\boldsymbol{A}=\boldsymbol{A}_1+\boldsymbol{A}_2=\frac{\mu_0 I}{2\pi}\ln\frac{\rho_2}{\rho_1}\boldsymbol{e}_z \tag{5-2-10}$$

式(5-2-10)的表达式与平行双电轴产生的电位表达式是非常相似的，见 3.4.3 节式(3-4-32)。这种相似性可以追溯到电位与矢量磁位的积分表达式

$$\boldsymbol{A}=\frac{\mu_0}{4\pi}\int_{V'}\frac{\boldsymbol{J}\mathrm{d}V'}{R}\ (\text{矢量磁位积分表达式})$$

$$\varphi=\frac{1}{4\pi\varepsilon_0}\int_{V'}\frac{\rho\mathrm{d}V'}{R}\ (\text{电位积分表达式})$$

留心这种相似性，对于概念的掌握很有帮助。

将 P 点坐标代入式(5-2-10)，得

$$\boldsymbol{A}=\frac{\mu_0 I}{4\pi}\ln\frac{(x+b)^2+y^2}{(x-b)^2+y^2}\boldsymbol{e}_z \tag{5-2-11}$$

计算场点 $P(x,\ y,\ 0)$ 处的磁感应强度，有

$$B_x=\frac{\partial A_z}{\partial y}=\frac{\mu_0 I}{2\pi}\left[\frac{y}{(x+b)^2+y^2}-\frac{y}{(x-b)^2+y^2}\right]$$

$$B_y=-\frac{\partial A_z}{\partial x}=\frac{\mu_0 I}{2\pi}\left[-\frac{x+b}{(x+b)^2+y^2}+\frac{x-b}{(x-b)^2+y^2}\right]$$

由式(5-2-11)作等 A 线，得到载流平行输电线产生的磁力线场图如图 5-2-5 所示。这些 $\boldsymbol{B}$ 线形成一族闭合的偏心圆，圆心在 x 轴上。

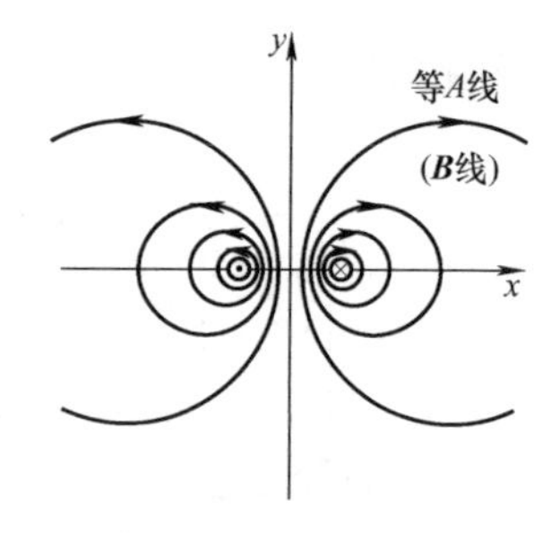

图 5-2-5　平行双输电线的等 A 线和 $\boldsymbol{B}$ 线

5.2.3　矢量磁位用于轴对称磁场

轴对称磁场在工程中应用很多。圆柱线圈产生的磁场就是轴对称磁场。由于轴对称特性，通常选用柱坐标系，并将 xOz 平面(称为子午面)作为求解的区域，如图 5-2-6 所示。

在轴对称磁场中，电流只有环向分量 $\boldsymbol{J}=J_\phi\boldsymbol{e}_\phi$， 矢量磁位 $\boldsymbol{A}$ 也只有环向分量 $\boldsymbol{A}=A_\phi\boldsymbol{e}_\phi$。磁感应强度 $\boldsymbol{B}$ 有 B_ρ 和 B_z 两个分量：

$$\boldsymbol{B}=\nabla\times A_\phi\boldsymbol{e}_\phi=\begin{vmatrix}\dfrac{1}{\rho}\boldsymbol{e}_\rho & \boldsymbol{e}_\phi & \dfrac{1}{\rho}\boldsymbol{e}_z\\ \dfrac{\partial}{\partial\rho} & \dfrac{\partial}{\partial\phi} & \dfrac{\partial}{\partial z}\\ 0 & \rho A_\phi & 0\end{vmatrix}=-\boldsymbol{e}_\rho\frac{\partial A_\phi}{\partial z}+\boldsymbol{e}_z\left(\frac{A_\phi}{\rho}+\frac{\partial A_\phi}{\partial\rho}\right)$$

或者

$$B_\rho = -\frac{\partial A_\phi}{\partial z}, \quad B_z = \frac{A_\phi}{\rho} + \frac{\partial A_\phi}{\partial \rho} \tag{5-2-12}$$

对于轴对称磁场，在子午面上等 ρA_ϕ 线是磁力线，如图 5-2-7 所示。读者可自行证明。

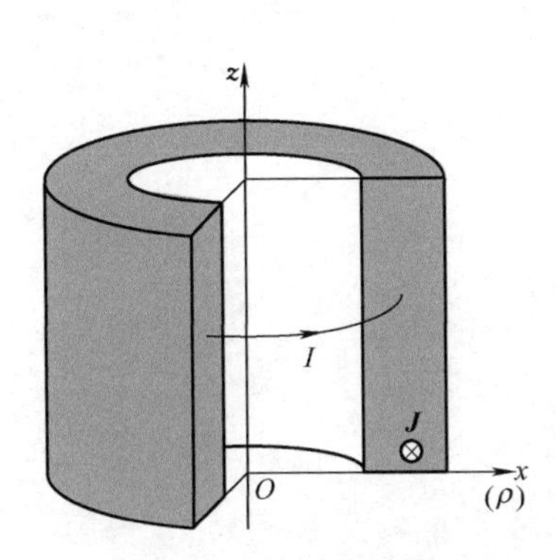

图 5-2-6　轴对称磁场

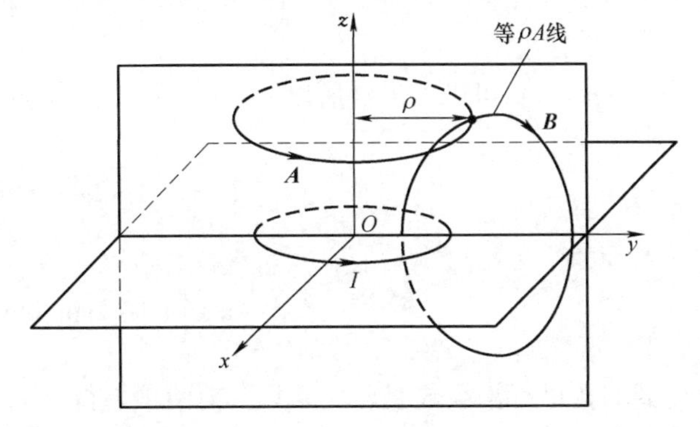

图 5-2-7　圆环电流产生的磁场的 $\boldsymbol{A}$ 线与等 ρA_ϕ 线（轴对称场）

例 5.2.3　计算中心位于坐标原点，半径为 a，载电流为 I 的圆形小线圈在真空中远处所产生的矢量磁位 $\boldsymbol{A}$ 及磁感应强度 $\boldsymbol{B}$。

解： 如图 5-2-8 所示，设圆形线圈位于 xoy 平面上，其中心与坐标原点重合。采用球坐标系计算远离线圈任一点的 $\boldsymbol{A}$ 和 $\boldsymbol{B}$。由于对称性，$\boldsymbol{A}$ 和 $\boldsymbol{B}$ 与坐标 ϕ 无关，因此可将求解的场点 P 取在 $\phi=0$ 的平面上，即 P 点坐标为 $(r,\theta,0)$。

若在圆形线圈上对称于 $\phi=0$ 的平面两侧 ϕ 和 $-\phi$ 处分别取两个电流元 $I\mathrm{d}\boldsymbol{l}'$ 及 $I\mathrm{d}\boldsymbol{l}''$，并且 $I\mathrm{d}l' = I\mathrm{d}l'' = I\mathrm{d}l$，它们在 P 点产生的矢量磁位分别为

$$\mathrm{d}\boldsymbol{A}' = \frac{\mu_0}{4\pi}\frac{I\mathrm{d}\boldsymbol{l}'}{R}$$

$$\mathrm{d}\boldsymbol{A}'' = \frac{\mu_0}{4\pi}\frac{I\mathrm{d}\boldsymbol{l}''}{R}$$

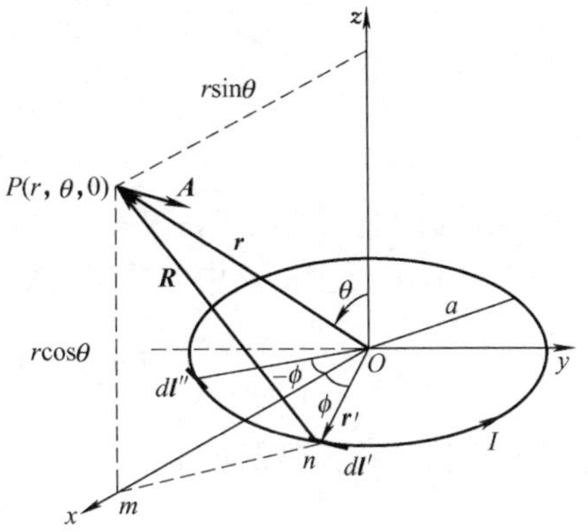

图 5-2-8　例 5.2.3 图

在 P 点产生的合成矢量磁位为

$$\mathrm{d}\boldsymbol{A} = \mathrm{d}\boldsymbol{A}' + \mathrm{d}\boldsymbol{A}'' = \boldsymbol{e}_\phi(\mathrm{d}A'\cos\phi + \mathrm{d}A''\cos\phi) = \boldsymbol{e}_\phi\left(\frac{\mu_0 I\mathrm{d}l}{4\pi R} + \frac{\mu_0 I\mathrm{d}l}{4\pi R}\right)\cos\phi = \boldsymbol{e}_\phi\frac{\mu_0 I\mathrm{d}l}{2\pi R}\cos\phi$$

圆形电流在 P 点产生的矢量磁位为

$$\boldsymbol{A} = \oint_l \mathrm{d}\boldsymbol{A} = \boldsymbol{e}_\phi\frac{\mu_0 I}{2\pi}\int_0^\pi \frac{a\mathrm{d}\phi}{R}\cos\phi = \boldsymbol{e}_\phi\frac{\mu_0 Ia}{2\pi}\int_0^\pi\frac{\cos\phi\mathrm{d}\phi}{R}$$

式中，R 为电流元到场点的距离。由图 5-2-8 可知

$$\boldsymbol{r} = r\sin\theta\boldsymbol{e}_x + 0\boldsymbol{e}_y + r\cos\theta\boldsymbol{e}_z$$
$$\boldsymbol{r}' = a\cos\phi\boldsymbol{e}_x + a\sin\phi\boldsymbol{e}_y + 0\boldsymbol{e}_z$$

$$\boldsymbol{R}=\boldsymbol{r}-\boldsymbol{r}'$$

$$\begin{aligned}R^2&=(r\sin\theta-a\cos\phi)^2+(a\sin\phi)^2+(r\cos\theta)^2\\&=r^2-2ra\sin\theta\cos\phi+a^2\\&=r^2\left(1-2\frac{a}{r}\sin\theta\cos\phi+\frac{a^2}{r^2}\right)\end{aligned}$$

因为$r\gg a$，$\dfrac{a^2}{r^2}$可以略去，所以

$$R^2\approx r^2(1-2\frac{a}{r}\sin\theta\cos\phi)$$

$$\frac{1}{R}\approx\frac{1}{r}\left(1-\frac{2a}{r}\sin\theta\cos\phi\right)^{-1/2}$$

将上式右边进行幂级数展开，并只取前两项，得

$$\frac{1}{R}\approx\frac{1}{r}\left(1+\frac{a}{r}\sin\theta\cos\phi\right)$$

将上式代入$\boldsymbol{A}$的积分式中，有

$$\begin{aligned}\boldsymbol{A}&=\boldsymbol{e}_\phi\frac{\mu_0 Ia}{2\pi}\int_0^\pi\frac{1}{r}\left(1+\frac{a}{r}\sin\theta\cos\phi\right)\cos\phi\mathrm{d}\phi\\&=\boldsymbol{e}_\phi\frac{\mu_0 I\pi a^2}{4\pi r^2}\sin\theta=\boldsymbol{e}_\phi\frac{\mu_0 IS}{4\pi r^2}\sin\theta\end{aligned}$$

式中，S为圆线圈的面积，$S=\pi a^2$。

将$\boldsymbol{A}$代入球坐标系中的旋度公式，即得

$$\boldsymbol{B}=\nabla\times\boldsymbol{A}=\boldsymbol{e}_r\frac{2\mu_0 IS\cos\theta}{4\pi r^3}+\boldsymbol{e}_\theta\frac{\mu_0 IS\sin\theta}{4\pi r^3}$$

小圆形电流环称为磁偶极子，并定义磁偶极子的磁矩

$$\boldsymbol{m}=I\boldsymbol{S}$$

式中，$\boldsymbol{m}$及$\boldsymbol{S}$的方向均与电流I的流动方向满足右手螺旋定则，磁矩的单位为$\mathrm{A\cdot m^2}$。磁偶极子在远距离处的矢量磁位可表示为

$$\boldsymbol{A}=\boldsymbol{e}_\phi\frac{\mu_0 m}{4\pi r^2}\sin\theta$$

由图 5-2-8 可见，$\boldsymbol{m}=\boldsymbol{e}_z m$，由于$\boldsymbol{m}\times\boldsymbol{r}=\boldsymbol{e}_\phi mr\sin\theta$，或$\boldsymbol{m}\times\boldsymbol{e}_r=\boldsymbol{e}_\phi m\sin\theta$，所以

$$\boldsymbol{A}=\frac{\mu_0\boldsymbol{m}\times\boldsymbol{r}}{4\pi r^3}=\frac{\mu_0\boldsymbol{m}\times\boldsymbol{e}_r}{4\pi r^2}\tag{5-2-13}$$

此结果与第 3 章讨论的电偶极子在远处产生的电位

$$\varphi=\frac{\boldsymbol{p}\cdot\boldsymbol{r}}{4\pi\varepsilon_0 r^3}=\frac{\boldsymbol{p}\cdot\boldsymbol{e}_r}{4\pi\varepsilon_0 r^2}$$

相似。而磁偶极子在远处产生的磁感应强度可表示为

$$\boldsymbol{B}=\boldsymbol{e}_r\frac{2\mu_0 m\cos\theta}{4\pi r^3}+\boldsymbol{e}_\theta\frac{\mu_0 m\sin\theta}{4\pi r^3} \tag{5-2-14}$$

与电偶极子在远处产生的电场强度

$$\boldsymbol{E}=\boldsymbol{e}_r\frac{2p\cos\theta}{4\pi\varepsilon_0 r^3}+\boldsymbol{e}_\theta\frac{p\sin\theta}{4\pi\varepsilon_0 r^3}$$

也相似。

因此，在 $r\gg a$ 的远区，磁偶极子产生的磁感应线的分布与电偶极子在 $r\gg l$ 的远区产生的电力线的分布是相同的。

本题要注意，A_ϕ 不能像 A_z 那样直接积分计算：

$$A_\phi=\frac{\mu_0}{4\pi}\int_{V'}\frac{J_\phi \mathrm{d}V'}{R}\ (\text{错误的！！！})$$

至于为何，留给读者自己思考。

5.2.4 矢量磁位的边值问题

前文展示了通过积分 $\boldsymbol{A}=\frac{\mu_0}{4\pi}\int_{V'}\frac{\boldsymbol{J}\mathrm{d}V'}{R}$ 计算自由空间中矢量磁位 $\boldsymbol{A}$ 的几个例子。相对而言，这些都是比较简单的例子。当电流分布很复杂，或者空间存在多种媒质的情况下，积分方法就变得不实用。

引入矢量磁位 $\boldsymbol{A}$ 的真正优势在于：$\boldsymbol{A}$ 可像电位 φ 一样通过求解关于 $\boldsymbol{A}$ 的微分方程(矢量泊松方程)、结合一定的边界条件来获得，此时，不要求媒质处处均匀，也不要求已知空间的全部电流分布，取而代之的是已知待分析区域的电流分布和区域边界上的边界条件。下面推导关于 $\boldsymbol{A}$ 的微分方程和边界条件。

恒定磁场的基本方程包括磁通连续性原理 $\nabla\cdot\boldsymbol{B}=0$ 和安培环路定理 $\nabla\times\boldsymbol{H}=\boldsymbol{J}$ 。基于 $\nabla\cdot\boldsymbol{B}=0$ 我们引入了矢量磁位 $\boldsymbol{A}$，现在要考虑安培环路定理。利用媒质的本构关系 $\boldsymbol{B}=\mu\boldsymbol{H}$ ，得到

$$\boldsymbol{H}=\frac{1}{\mu}\boldsymbol{B}=\frac{1}{\mu}\nabla\times\boldsymbol{A}$$

将上式代入安培环路定理，得到

$$\nabla\times\frac{1}{\mu}\nabla\times\boldsymbol{A}=\boldsymbol{J} \tag{5-2-15}$$

目前只考虑磁导率 μ 为常量的情况。利用矢量恒等式 $\nabla\times\nabla\times\boldsymbol{A}=\nabla(\nabla\cdot\boldsymbol{A})-\nabla^2\boldsymbol{A}$，并考虑到库仑规范 $\nabla\cdot\boldsymbol{A}=0$ ，得到

$$\nabla^2\boldsymbol{A}=-\mu\boldsymbol{J} \tag{5-2-16}$$

式(5-2-16)即为矢量磁位 $\boldsymbol{A}$ 满足的泊松方程，它是一个矢量方程，在直角坐标下，可以分解为

$$\begin{cases}\nabla^2 A_x = -\mu J_x \\ \nabla^2 A_y = -\mu J_y \\ \nabla^2 A_z = -\mu J_z\end{cases} \tag{5-2-17}$$

在不同磁媒质分界面两侧，矢量磁位的连续性条件除了满足自身求解的需要，还必须保证场量 $\boldsymbol{B}$ 和 $\boldsymbol{H}$ 的连续性得到满足，即

$$\boldsymbol{e}_n \cdot (\boldsymbol{B}_2 - \boldsymbol{B}_1) = 0$$

$$\boldsymbol{e}_n \times (\boldsymbol{H}_2 - \boldsymbol{H}_1) = \boldsymbol{K}$$

由 $\nabla \times \boldsymbol{A} = \boldsymbol{B}$ 以及 $\boldsymbol{B}$ 的有限性，可以仿照前面的推导，不难得到

$$A_{1t} = A_{2t} \tag{5-2-18}$$

上式实际上保证了 $\boldsymbol{e}_n \cdot (\boldsymbol{B}_2 - \boldsymbol{B}_1) = 0$。

由库仑规范 $\nabla \cdot \boldsymbol{A} = 0$，易于得到

$$A_{1n} = A_{2n} \tag{5-2-19}$$

式(5-2-19)表明，矢量磁位 $\boldsymbol{A}$ 的法向连续是人为选择的结果。多数情况下，这种选择对于问题求解是有利的。

联立式(5-2-18)和式(5-2-19)，看到在库仑规范下，不同媒质分界面上矢量磁位 $\boldsymbol{A}$ 是连续的：

$$\boldsymbol{A}_1 = \boldsymbol{A}_2 \tag{5-2-20}$$

磁场强度 $\boldsymbol{H}$ 的切向连续性条件，可以直接用矢量磁位 $\boldsymbol{A}$ 表示为

$$\boldsymbol{e}_n \times \left(\frac{1}{\mu_2} \nabla \times \boldsymbol{A}_2 - \frac{1}{\mu_1} \nabla \times \boldsymbol{A}_1 \right) = \boldsymbol{K} \tag{5-2-21}$$

式(5-2-20)和式(5-2-21)就是分界面上矢量磁位 $\boldsymbol{A}$ 需要满足的衔接条件。

对于平行平面场，$\boldsymbol{A} = A\boldsymbol{e}_z$，衔接条件退化为

$$\begin{cases} A_1 = A_2 \\ \dfrac{1}{\mu_1}\dfrac{\partial A_1}{\partial n} - \dfrac{1}{\mu_2}\dfrac{\partial A_2}{\partial n} = K \end{cases} \tag{5-2-22}$$

利用矢量磁位计算恒定磁场，除了要给出矢量磁位满足的微分方程和媒质分界面条件，还要给出场域的边界条件。有关的要求与静电场电位函数边值问题的要求类似。关于矢量磁位边值问题的用法，详细情况将结合例 5.3.3 讨论，以便与标量磁位对照。

例 5.2.4 空气中有一长直圆截面载流导线，其半径为 a，磁导率为 μ，电流在截面分布均匀。计算导线内外的矢量磁位和磁感应强度。

解：（1）取柱坐标，设电流 I 沿 z 轴方向流动，并在导线圆截面上均匀分布，电流密度为 $\boldsymbol{J} = J_z \boldsymbol{e}_z = \dfrac{I}{\pi a^2}\boldsymbol{e}_z$。矢量磁位 $\boldsymbol{A}$ 只有 z 方向分量，仅与坐标 ρ 相关，可设导线内、外的矢量磁位分别为 $\boldsymbol{A}_1 = A_{1z}(\rho)\boldsymbol{e}_z$、$\boldsymbol{A}_2 = A_{2z}(\rho)\boldsymbol{e}_z$，满足的方程为

$$\begin{cases} \nabla^2 A_{1z} = \dfrac{1}{\rho}\dfrac{\mathrm{d}}{\mathrm{d}\rho}\left(\rho\dfrac{\mathrm{d}A_{1z}}{\mathrm{d}\rho}\right) = -\mu J_z & (\rho < a) \\ \nabla^2 A_{2z} = \dfrac{1}{\rho}\dfrac{\mathrm{d}}{\mathrm{d}\rho}\left(\rho\dfrac{\mathrm{d}A_{2z}}{\mathrm{d}\rho}\right) = 0 & (\rho > a) \end{cases}$$

解得

$$A_{1z} = -\frac{\mu J_z}{4}\rho^2 + C_1 \ln\rho + C_2$$

$$A_{2z} = C_3 \ln\rho + C_4$$

由边界条件确定待定系数C_1、C_2、C_3和C_4。

设$\rho = a$处为矢量磁位参考点，结合边界上矢量磁位的连续性有

$$A_{1z}\big|_{\rho=a} = A_{2z}\big|_{\rho=a} = 0$$

得

$$-\frac{\mu J_z}{4}a^2 + C_1 \ln a + C_2 = A_{2z} = C_3 \ln a + C_4$$

在圆柱和空气的分界面上，没有面电流，且为平行平面场，故由式(5-1-22)有

$$\frac{1}{\mu}\frac{\partial A_{1z}}{\partial\rho}\bigg|_{\rho=a} = \frac{1}{\mu_0}\frac{\partial A_{2z}}{\partial\rho}\bigg|_{\rho=a}$$

得

$$\frac{J_z a}{2} - \frac{C_1}{\mu a} = -\frac{C_3}{\mu_0 a}$$

在$\rho = 0$处，$B_{1\phi} = -\dfrac{\partial A_{1z}}{\partial\rho} = 0$，故$C_1 = 0$。从而可解得待定系数

$$C_1 = 0,\quad C_2 = \frac{\mu J_z a^2}{4},\quad C_3 = -\frac{\mu_0 J_z a^2}{2},\quad C_4 = \frac{\mu_0 J_z a^2}{2}\ln a$$

矢量磁位和磁感应强度分别为

$$\boldsymbol{A}_1 = A_{1z}\boldsymbol{e}_z = \frac{\mu J_z}{4}(a^2 - \rho^2)\boldsymbol{e}_z = \frac{\mu I}{4\pi a^2}(a^2 - \rho^2)\boldsymbol{e}_z \qquad (\rho < a)$$

$$\boldsymbol{A}_2 = A_{2z}\boldsymbol{e}_z = \frac{\mu_0 J_z a^2}{2}\ln\frac{a}{\rho}\boldsymbol{e}_z = \frac{\mu_0 I}{2\pi}\ln\frac{a}{\rho}\boldsymbol{e}_z \qquad (\rho > a)$$

$$\boldsymbol{B}_1 = \nabla\times\boldsymbol{A}_1 = \begin{vmatrix} \dfrac{1}{\rho}\boldsymbol{e}_\rho & \boldsymbol{e}_\phi & \dfrac{1}{\rho}\boldsymbol{e}_z \\ \dfrac{\partial}{\partial\rho} & \dfrac{\partial}{\partial\phi} & \dfrac{\partial}{\partial z} \\ 0 & 0 & A_{1z} \end{vmatrix} = \frac{\mu I}{2\pi a^2}\rho\boldsymbol{e}_\phi \qquad (\rho < a)$$

$$\boldsymbol{B}_2 = \frac{\mu_0 I}{2\pi\rho}\boldsymbol{e}_\phi \qquad (\rho > a)$$

最后，关于矢量磁位 $\boldsymbol{A}$，再补充以下两点：

1)通过矢量磁位计算磁通。由 $\boldsymbol{B}=\nabla\times\boldsymbol{A}$，利用斯托克斯定理可以得到穿过任一曲面 S 的磁通量

$$\Phi=\int_S\boldsymbol{B}\cdot\mathrm{d}\boldsymbol{S}=\oint_l\boldsymbol{A}\cdot\mathrm{d}\boldsymbol{l} \tag{5-2-23}$$

式中，环路 l 是曲面 S 的封闭边界，l 的绕行方向与磁通穿出面积 S 的方向成右手螺旋定则。式(5-2-23)将计算磁通的公式由一个二维的面积分，简化成了一维的线积分。

2）在 $\nabla\cdot\boldsymbol{A}=0$(库仑规范)条件下，矢量磁位对任何一闭合曲面的通量为零。根据散度定理

$$\oint_s\boldsymbol{A}\cdot\mathrm{d}\boldsymbol{S}=\int_V\nabla\cdot\boldsymbol{A}\mathrm{d}V=0 \tag{5-2-24}$$

5.3 标量磁位

恒定磁场的基本方程之一是 $\nabla\times\boldsymbol{H}=\boldsymbol{J}$（$\boldsymbol{J}$ 为自由电流），表明磁场是一个有旋场，一般说来不能同静电场一样通过引入一个标量函数来表征磁场特性。但在工程实际中，电流大都在细长的导线中流动，所研究的场域大都是没有电流存在的空间，在 $\boldsymbol{J}=0$ 的区域，$\nabla\times\boldsymbol{H}=0$，于是，可仿照对静电场的处理方法，在这些区域中引入标量磁位函数 φ_{m}，建立标量微分方程(标量拉普拉斯方程)。关于 φ_{m} 的标量拉普拉斯方程求解比关于 $\boldsymbol{A}$ 的矢量拉普拉斯方程求解容易。但是，通过 φ_{m} 只能分析没有自由电流存在的空间，而通过 $\boldsymbol{A}$ 分析则无限制条件。

标量磁位的定义

$$\boldsymbol{H}=-\nabla\varphi_{\mathrm{m}} \tag{5-3-1}$$

根据梯度的定义，有

$$\mathrm{d}\varphi_{\mathrm{m}}=-\boldsymbol{H}\cdot\mathrm{d}\boldsymbol{l}$$

标量磁位的单位是安培(A)。

仿照电压的概念，磁场中两点间标量磁位差又称**磁压**，记做 U_{m}。场中 A、B 两点间磁压

$$U_{\mathrm{mAB}}=\int_{\mathrm{A}}^{\mathrm{B}}\boldsymbol{H}\cdot\mathrm{d}\boldsymbol{l}=\varphi_{\mathrm{mA}}-\varphi_{\mathrm{mB}} \tag{5-3-2}$$

与电势不同的是，即使选定了参考点，标量磁位仍然不是单值函数，它与积分路径的选择有关。如图 5-3-1 所示，按 AlBmA 闭合回路计算 $\boldsymbol{H}$ 的线积分。根据安培环路定理，有

$$\oint_{\mathrm{AlBmA}}\boldsymbol{H}\cdot\mathrm{d}\boldsymbol{l}=I$$

若按 AnBmA 闭合回路计算 $\boldsymbol{H}$ 的线积分，因该积分回路与电流回路交链两次，或者说积分回路环绕电流两次，应有

$$\oint_{\mathrm{AnBmA}}\boldsymbol{H}\cdot\mathrm{d}\boldsymbol{l}=2I$$

但

$$\begin{aligned}\oint_{\mathrm{AnBmA}}\boldsymbol{H}\cdot\mathrm{d}\boldsymbol{l}&=\int_{\mathrm{AnB}}\boldsymbol{H}\cdot\mathrm{d}\boldsymbol{l}+\int_{\mathrm{BmA}}\boldsymbol{H}\cdot\mathrm{d}\boldsymbol{l}\\&=\int_{\mathrm{AnB}}\boldsymbol{H}\cdot\mathrm{d}\boldsymbol{l}-\int_{\mathrm{AmB}}\boldsymbol{H}\cdot\mathrm{d}\boldsymbol{l}\end{aligned}$$

故有

$$\int_{AnB}\boldsymbol{H}\cdot d\boldsymbol{l}=\int_{AmB}\boldsymbol{H}\cdot d\boldsymbol{l}+2I$$

显然，如果积分路径环绕电流 k 次，则

$$\int_{AnB}\boldsymbol{H}\cdot d\boldsymbol{l}=\int_{AmB}\boldsymbol{H}\cdot d\boldsymbol{l}+kI \tag{5-3-3}$$

在选定 B 点为参考点后，式(5-3-3)中两边的 $\boldsymbol{H}$ 线积分都表示同一点 A 的磁位，或 A 点和参考点 B 间的磁压，但在数值上相差环绕电流的整数倍，因此磁压或标量磁位不是单值的。

引入磁障碍面可消除标量磁位的多值性。如图 5-3-1 所示，若积分路径不穿越电流 I 所界定的环形面，避免闭合积分路径与电流交链，则 A 点的标量磁位与路径无关。电流 I 所界定的环形面称为磁障碍面。在这样的规定下，设 B 点为参考点，有

$$\varphi_{mA}=\int_A^B\boldsymbol{H}\cdot d\boldsymbol{l} \tag{5-3-4}$$

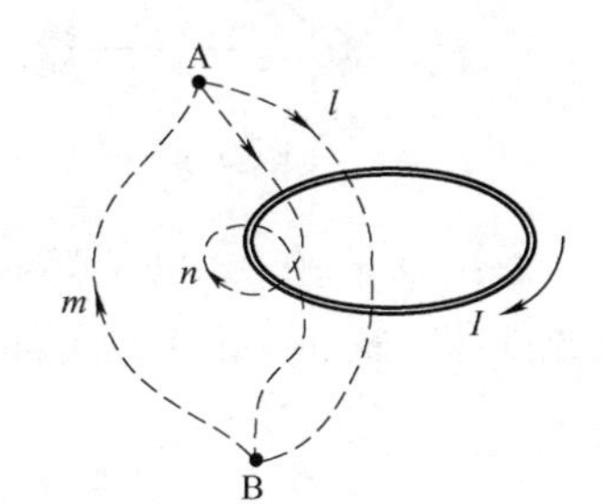

图 5-3-1　标量磁位的多值性

标量磁位相等的各点形成的曲面称为等标量磁位面，其方程为

$$\varphi_m=常数 \tag{5-3-5}$$

在等标量磁位面上，曲面切线方向的 $d\varphi_m=0$，由式(5-3-1)可知，磁场强度线(H 线)与等标量磁位面处处正交。

在均匀各向同性的线性媒质中，标量磁位满足拉普拉斯方程。将 $\boldsymbol{B}=\mu\boldsymbol{H}$ 代入 $\nabla\cdot\boldsymbol{B}=0$，有 $\nabla\cdot(\mu\boldsymbol{H})=0$；再代入 $\boldsymbol{H}=-\nabla\varphi_m$，得到

$$\nabla\cdot(\mu\nabla\varphi_m)=0 \tag{5-3-6}$$

对线性均匀介质，μ =常量，故

$$\nabla^2\varphi_m=0 \tag{5-3-7}$$

式(5-3-7)称为标量磁位的拉普拉斯方程。

在不同媒质分界上，类似于电位函数交界面条件，标量磁位满足

$$\varphi_{m1}=\varphi_{m2} \tag{5-3-8}$$

$$\mu_1\frac{\partial\varphi_{m1}}{\partial n}=\mu_2\frac{\partial\varphi_{m2}}{\partial n} \tag{5-3-9}$$

对于铁磁媒质，如果可以假定其相对磁导率 $\mu_r=\infty$，则铁磁媒质内部 $\boldsymbol{H}=0$，整个铁磁媒质是一个等 φ_m 体。在铁磁媒质表面外侧，磁力线与表面垂直。

例 5.3.1　计算图 5-3-2 中无限长直导线电流的标量磁场。

解：利用式(5-3-4)求解。无限长直导线电流的磁场为

$$\boldsymbol{H}=\frac{I}{2\pi\rho}\boldsymbol{e}_\phi$$

图中电流沿 z 轴方向，场点 P 距导线 ρ ，设 $\phi=0$ 的半无限大平面为参考磁位面和磁障碍面，则任一场点 P 处标量磁位为

$$\varphi_{mP}=\int_P^A \boldsymbol{H}\cdot d\boldsymbol{l}=\int_\phi^0 \frac{I}{2\pi\rho}\boldsymbol{e}_\phi\cdot\rho d\phi\boldsymbol{e}_\phi=-\frac{I}{2\pi}\phi$$

例 5.3.2 平行双输电线如图 5-3-3 所示，试计算 P 点处的 ϕ_m 和 $\boldsymbol{H}$。导线半径忽略不计。

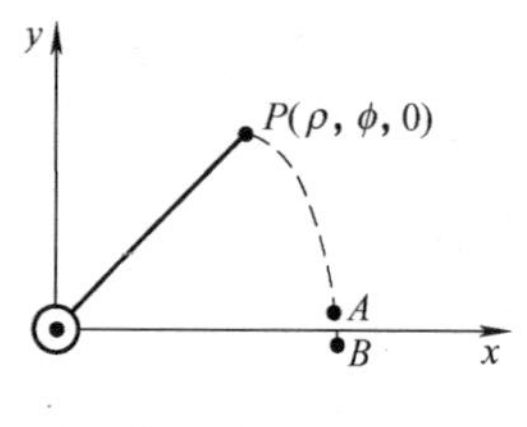

图 5-3-2 例 5.3.1 图

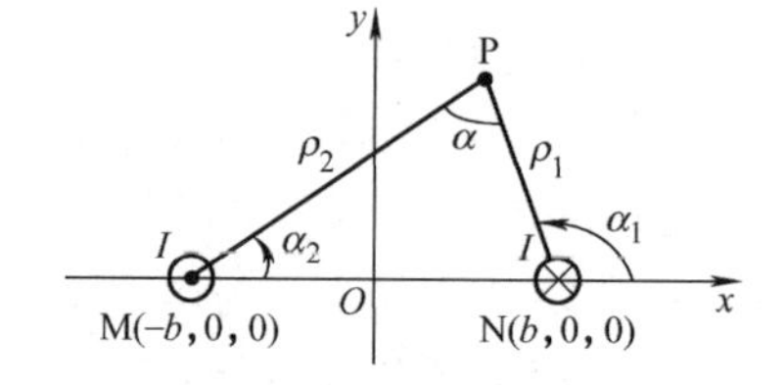

图 5-3-3 例 5.3.2 图

解： 取 $y=0$、$x>b$ 为零磁位面，MN 平面为磁障碍面。P 处的场为平行双输电线两电流在该处场的叠加，由上例可知，左边的电流在 P 处的标量磁位为

$$\varphi'_m=-\frac{I}{2\pi}\alpha_2$$

右边处电流在 P 点处的标量磁位为

$$\varphi''_m=-\frac{(-I)}{2\pi}\alpha_1$$

所以

$$\varphi_m=\varphi'_m+\varphi''_m=\frac{I}{2\pi}(\alpha_1-\alpha_2)=\frac{I}{2\pi}\alpha$$

可见在磁障碍面 MN 的上面（$\alpha=\pi$）和下面（$\alpha=-\pi$），标量磁位是不连续的。由上述 φ_m 的表达式可知，平行双输电线的等标量磁位面是过 MN 两点的圆弧线，其圆心在 y 轴上，根据 H 线垂直于等标量磁位面的原则，可画出其 H 线的图形，如图 5-3-4 所示。

与静电场中平行双输电线的场图比较，不难看出，静电场中等 φ 线与恒定磁场中的 $\boldsymbol{H}$ 线相似；静电场中 $\boldsymbol{E}$ 线与恒定磁场中等 φ_m 线相似。

为进一步理解矢量磁位和标量磁位边值问题的用法，以及二者之间的差别，看一个具有实际意义的例子。

例 5.3.3 如图 5-3-5 所示，一长直铁管置于均匀的外磁场 $\boldsymbol{B}_0$ 中，铁管轴线与磁力线垂直。铁管内外均为空气。已知铁的相对磁导率 $\mu_r\gg1$，但不视作无穷大。以图中 abcd 围成的矩形区域作为分析场域，设边界距离铁管足够远，以至于边界处的磁场没有受到铁管的影响。铁管内半径为 R_1，外半径为 R_2；矩形区域长 $|\mathrm{ab}|=l$，宽 $|\mathrm{bc}|=h$ 。分别以矢量磁位和 $\boldsymbol{A}$ 标量磁位 φ_m 为求解量计算磁场，列出相应的边值问题。

解： 由于铁管长度远大于其半径，因此本题可作为二维场分析。因包含多种媒质，将求解场域从内到外分为三个子区域，标号分别为 1、2、3，如图 5-3-5 所示。

（1）选用矢量磁位 $\boldsymbol{A}$ 为求解量

在图 5-3-5 选定的坐标系中，本题的外均匀磁场 $\boldsymbol{B}_0$ 只有 x 分量，可以认为是由无穷远处

一个无限大的 z 方向均匀电流产生的，故可假定矢量磁位 $\boldsymbol{A}$ 只有 z 方向分量，即 $\boldsymbol{A}=A\boldsymbol{e}_z$。设三个子区域的矢量磁位分别为 A_1、A_2、A_3。

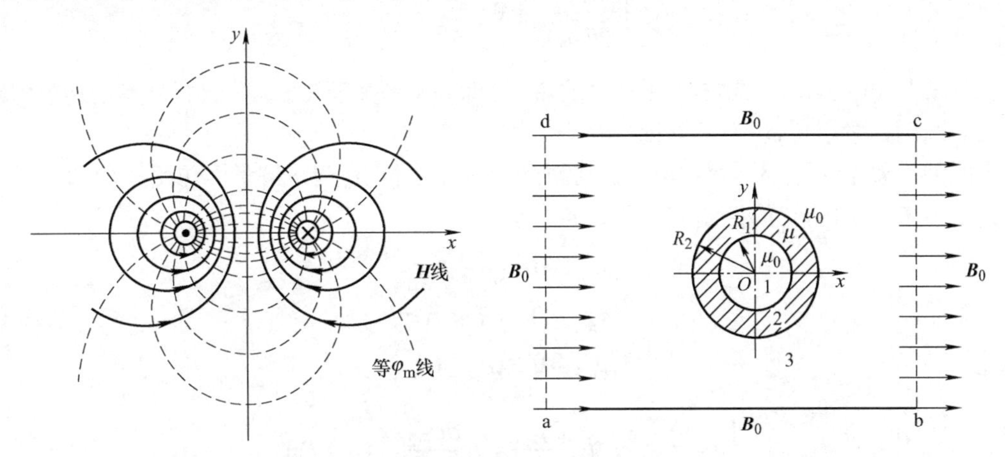

图 5-3-4　平行双输电线等标量磁位面和 $\boldsymbol{H}$ 线　　　　图 5-3-5　置于均匀磁场中的铁管

首先依次列出三个子区域内矢量磁位的控制方程(式中 $\rho=\sqrt{x^2+y^2}$)

$$\begin{cases}\nabla^2 A_1=0 & (\rho<R_1)\\ \nabla^2 A_2=0 & (R_1<\rho<R_2)\\ \nabla^2 A_3=0 & (\rho>R_2)\end{cases} \tag{5-3-10}$$

然后写出交界面条件

$$\begin{cases}A_1=A_2,\ \dfrac{1}{\mu_0}\dfrac{\partial A_1}{\partial\rho}=\dfrac{1}{\mu}\dfrac{\partial A_2}{\partial\rho} & (\rho=R_1)\\ A_2=A_3,\ \dfrac{1}{\mu}\dfrac{\partial A_2}{\partial\rho}=\dfrac{1}{\mu_0}\dfrac{\partial A_3}{\partial\rho} & (\rho=R_2)\end{cases} \tag{5-3-11}$$

最后给出场域的外边界条件，这是本题最有技术含量的步骤，需要详细讨论。

1) 首先要选定参考点，可以任意指定，不妨设 b 点为参考点，从而 $A_3|_{\mathrm{b}}=0$。

2) 然后分析场域边界上 $\boldsymbol{A}$ 所满足的条件。因为假定了矩形区域足够大，边界上的磁场没有受到铁管的影响，边界段 ab 和 cd 与磁力线平行，所以 ab 和 cd 都是等 A 线。由于选定了 b 点为参考点，故 $A_3|_{\mathrm{ab}}=0$。

3) 常数 $A_3|_{\mathrm{cd}}$ 需要根据 ad 段的磁场分布获得。在 ad 段，$\boldsymbol{B}=B_0\boldsymbol{e}_x$，由于 $B_x=\dfrac{\partial A}{\partial y}$，故 $\dfrac{\partial A_3}{\partial y}=B_0$。沿 ad 积分，得到 $A_3|_{\mathrm{d}}-A_3|_{\mathrm{a}}=\int_{\mathrm{a}}^{\mathrm{d}}B_0\mathrm{d}y=B_0h$。由于 $A_3|_{\mathrm{a}}=0$，故 $A_3|_{\mathrm{cd}}=A_3|_{\mathrm{d}}=B_0h$。

4) 边界段 ad 和 bc 都与磁力线垂直，$B_y=0$。由于 $B_y=-\dfrac{\partial A}{\partial x}$，故有 $\left.\dfrac{\partial A_3}{\partial x}\right|_{\mathrm{bc,\,ad}}=0$。由于 x 方向是边界的法线方向，因此这是齐次第二类边界条件：$\dfrac{\partial A_3}{\partial n}=0$。

至此得到了全部的场域边界条件：

$$\begin{cases} A_3\big|_{\text{ab}} = 0,\ A_3\big|_{\text{cd}} = B_0 h \\ \dfrac{\partial A_3}{\partial n}\bigg|_{\text{bc,ad}} = 0 \end{cases} \tag{5-3-12}$$

综合以上式(5-3-10)、式(5-3-11)、式(5-3-12)即为本题关于矢量磁位 $\boldsymbol{A}$ 的完整的边值问题。

（2）选用标量磁位 φ_{m} 为求解量

本题因为整个场域都不存在电流，可以选用标量磁位 φ_{m} 为求解量。仿照（1）的步骤，首先列出各子区域内 φ_{m} 的控制方程和分界面条件：

$$\begin{cases} \nabla^2 \varphi_{\text{m1}} = 0 \quad (\rho < R_1) \\ \nabla^2 \varphi_{\text{m2}} = 0 \quad (R_1 < \rho < R_2) \\ \nabla^2 \varphi_{\text{m3}} = 0 \quad (\rho > R_2) \end{cases} \tag{5-3-13}$$

$$\begin{cases} \varphi_{\text{m1}} = \varphi_{\text{m2}},\ \mu_0 \dfrac{\partial \varphi_{\text{m1}}}{\partial n} = \mu \dfrac{\partial \varphi_{\text{m2}}}{\partial n} \quad (\rho = R_1) \\ \varphi_{\text{m2}} = \varphi_{\text{m3}},\ \mu \dfrac{\partial \varphi_{\text{m2}}}{\partial n} = \mu_0 \dfrac{\partial \varphi_{\text{m3}}}{\partial n} \quad (\rho = R_2) \end{cases} \tag{5-3-14}$$

然后确定场域的边界条件：

1) 首先要选定参考点，可以任意指定，不妨设 b 点为参考点，从而 $\varphi_{\text{m3}}\big|_{\text{b}} = 0$。

2) 分析场域边界上 φ_{m} 所满足的条件。边界段 ad 和 bc 都与磁力线垂直，因此边界段 ad 和 bc 都是等 φ_{m} 线。由于选定了 b 点为参考点，故 $\varphi_{\text{m3}}\big|_{\text{bc}} = 0$。

3) 常数 $\varphi_{\text{m3}}\big|_{\text{ad}}$ 需要根据边界段 ab 的条件确定。在 ab 段，$\boldsymbol{B} = B_0 \boldsymbol{e}_x$，故 $B_0 = \mu_0 H_x = \mu_0\left(-\dfrac{\partial \varphi_{\text{m3}}}{\partial x}\right)$，沿 ab 积分之，有 $\varphi_{\text{m3}}\big|_{\text{a}} - \varphi_{\text{m3}}\big|_{\text{b}} = \displaystyle\int_{\text{a}}^{\text{b}} \frac{B_0}{\mu_0} \text{d}x = \frac{B_0}{\mu_0} l$。由于 $\varphi_{\text{m3}}\big|_{\text{b}} = 0$，故 $\varphi_{\text{m3}}\big|_{\text{ad}} = \varphi_{\text{m3}}\big|_{\text{a}} = \dfrac{B_0}{\mu_0} l$。

4) 边界段 ab 和 cd 与磁力线平行，垂直分量 $B_y = 0$，因此 $B_y = \mu_0 H_y = \mu_0\left(-\dfrac{\partial \varphi_{\text{m}}}{\partial y}\right) = 0$，故 $\dfrac{\partial \varphi_{\text{m}}}{\partial y}\bigg|_{\text{ab,cd}} = 0$。由于 y 方向是边界段 ab 和 cd 的法线方向，因此这是标量磁位的齐次第二类边界条件 $\dfrac{\partial \varphi_{\text{m}}}{\partial n} = 0$。

至此得到了全部的场域边界条件：

$$\begin{cases} \varphi_{\text{m3}}\big|_{\text{bc}} = 0,\ \varphi_{\text{m3}}\big|_{\text{ad}} = \dfrac{B_0}{\mu_0} l \\ \dfrac{\partial \varphi_{\text{m3}}}{\partial y}\bigg|_{\text{ab+cd}} = 0 \end{cases} \tag{5-3-15}$$

综合以上式(5-3-13)、式(5-3-14)、式(5-3-15)即为本题关于标量磁位 φ_{m} 的完整的边值问题。

从本例可以看到，写边值问题的时候，场域的边界条件最为关键。而沿着场域边界，如果磁力线与某段边界处处平行或垂直，则对确定边界条件十分有用。

本题的一些结论可以进一步推广：

1)若某段边界Γ与磁力线处处平行，则矢量磁位A满足第一类边界条件，即$A|_{\Gamma}=\text{const}$；而标量磁位φ_{m}满足齐次第二类边界条件，即$\left.\dfrac{\partial\varphi_{\mathrm{m}}}{\partial n}\right|_{\Gamma}=0$。

2)若某段边界Γ与磁力线处处垂直，则矢量磁位A满足齐次第二类边界条件，即$\left.\dfrac{\partial A}{\partial n}\right|_{\Gamma}=0$；而标量磁位$\varphi_{\mathrm{m}}$满足第一类边界条件，即$\varphi_{\mathrm{m}}|_{\Gamma}=\text{const}$。

标量磁位φ_{m}与矢量磁位$\boldsymbol{A}$的这种差异是由它们的定义方式的不同造成的：

$$\boldsymbol{H}=-\nabla\varphi_{\mathrm{m}}$$

$$\boldsymbol{B}=\nabla\times\boldsymbol{A}$$

这种差异在第6章有详细讨论，并将与静电场的电位函数一起对比分析，此处暂不展开。

边值问题是相应的物理问题或工程问题的数学模型。欲求解这些物理问题或工程问题，必须先列出它的边值问题。大部分实际工程问题的边值问题都不存在简单的解析解，通常需要借助于数值方法(如有限元法等)进行求解，因此暂时满足于列出边值问题即可。本书第6章将对边值问题的求解做集中介绍。

5.4 镜像法

与静电场的镜像法相仿，某些磁场问题亦可通过虚设镜像场源来求解，即磁场镜像法。虚设镜像场源时，保持求解域的方程和边界条件不变。

如图5-4-1a所示，两种半无限大媒质磁导率分别为μ_1和μ_2，分界面为平面。在媒质1中有平行于分界面的无限长直导线电流I，离分界面高度为h。为求μ_1中的磁场$\boldsymbol{H}_1$，设想整个空间充满媒质1，在关于分界面与电流I对称处设镜像电流I'，媒质1中的磁场由I、I'共同产生，如图5-4-1b所示，镜像电流I'等效了分界面上磁化电流在媒质1中的作用。为求μ_2中的磁场$\boldsymbol{H}_2$，设想整个空间充满媒质2，在电流I处设镜像电流I''，媒质2中的磁场由I''产生，如图5-4-1c所示，用镜像电流I''等效媒质1中电流I以及分界面上磁化电流在媒质2中的作用。

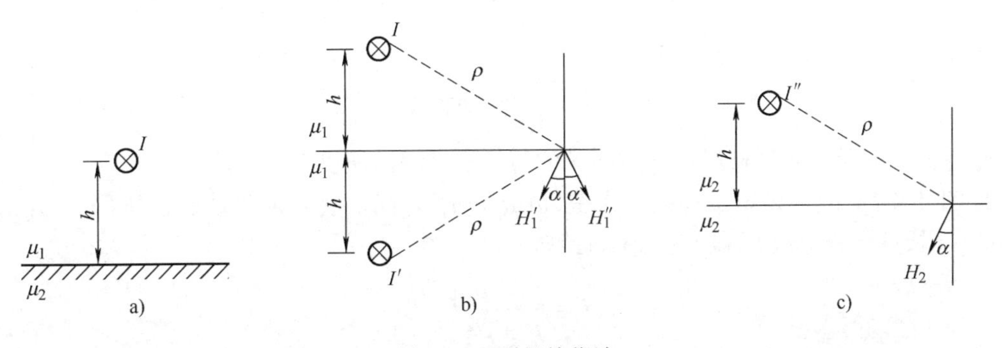

图5-4-1　磁场镜像法

镜像电流I'和I''均位于相应的求解域之外(其参考方向与原电流I相同)，因此求解域中的微分方程不变。通过选择I'和I''的大小来保证分界面的边界条件不变。分界面上不存在自

由面电流，磁场强度的切向分量连续，磁感应强度的法向分量连续，在图 5-4-1 中应有

$$H_{1t}=H_{2t}$$

$$B_{1n}=B_{2n}$$

即

$$\frac{I}{2\pi\rho}\sin\alpha-\frac{I'}{2\pi\rho}\sin\alpha=\frac{I''}{2\pi\rho}\sin\alpha$$

$$\frac{\mu_1 I}{2\pi\rho}\cos\alpha+\frac{\mu_1 I'}{2\pi\rho}\cos\alpha=\frac{\mu_2 I''}{2\pi\rho}\cos\alpha$$

解方程组得

$$I'=\frac{\mu_2-\mu_1}{\mu_1+\mu_2}I \tag{5-4-1}$$

$$I''=\frac{2\mu_1}{\mu_1+\mu_2}I \tag{5-4-2}$$

由式(5-4-1)和式(5-4-2)可知，I''总与I同号，即I''实际方向与I的实际方向一致，而I'的方向取决于μ_1和μ_2的相对大小，若$\mu_2>\mu_1$，则I'的实际方向与I的实际方向一致。图 5-4-2 为两种情况下的磁场分布。

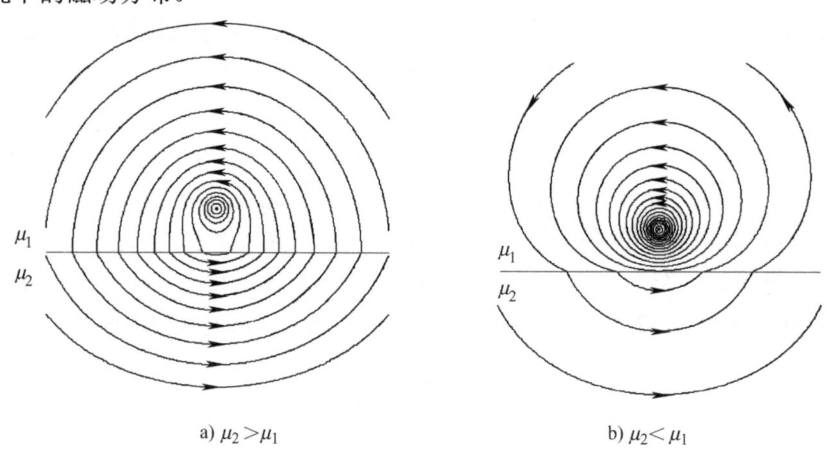

a) $\mu_2>\mu_1$　　b) $\mu_2<\mu_1$

图 5-4-2 线电流的磁场分布

分界面上涉及铁磁媒质时，恒定磁场的镜像法求解出现以下几种情况：

1) 图 5-4-1a 中，设第一种媒质为空气($\mu_1=\mu_0$)，第二种媒质为铁磁物质($\mu_2=\mu_r\mu_0$，$\mu_r\gg1$)，长直导线电流I置于空气中。此时

$$I'=\frac{\mu_2-\mu_1}{\mu_1+\mu_2}I\approx I$$

$$I''=\frac{2\mu_1}{\mu_1+\mu_2}I\approx\frac{2}{\mu_r}I$$

可见，空气中的磁场是原电流I和一个与分界面对称的大小方向都相同的镜像电流I'共

同产生。由于$I''\approx 0$，铁磁物质内的磁场强度$H_2\approx 0$，但因μ_2很大，故磁感应强度B_2并不为零。设ρ表示源点I''到铁磁物质中场点的距离，则

$$B_2=\mu_2 H_2=\frac{\mu_2}{2\pi\rho}I''\approx\frac{\mu_r\mu_0}{2\pi\rho}\frac{2}{\mu_r}I=\frac{\mu_0}{\pi\rho}I$$

2) 图 5-4-1b 中，设第一种媒质为铁磁物质（$\mu_1=\mu_r\mu_0$，$\mu_r\gg 1$），第二种媒质为空气（$\mu_2=\mu_0$），长直导线电流I置于铁磁物质中。此时

$$I'=\frac{\mu_2-\mu_1}{\mu_1+\mu_2}I\approx -I$$

$$I''=\frac{2\mu_1}{\mu_1+\mu_2}I\approx 2I$$

此时空气中的磁感应强度

$$B_2=\frac{\mu_0 I''}{2\pi\rho}=\frac{\mu_0 I}{\pi\rho}$$

3) 边界面为铁磁平面时载流回路的镜像。如图 5-4-3a 所示，不难得出，可由图 5-4-3b 计算空气中磁场，由图 5-4-3c 计算铁磁媒质内的磁场。镜像电流I'和I''仍由式(5-4-1)和式(5-4-2)确定。

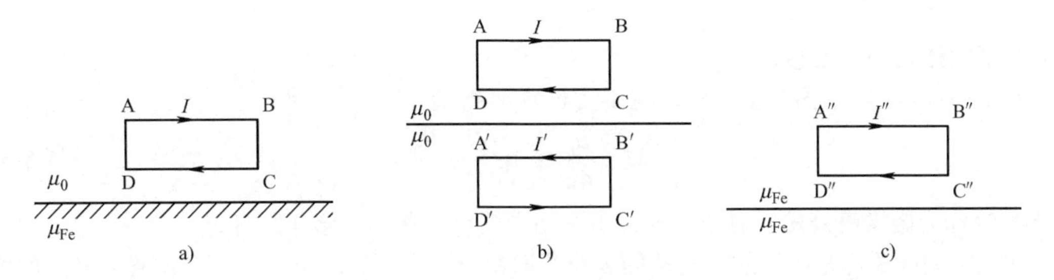

图 5-4-3　铁磁平面时载流回路的镜像

5.5 电感

电感是用来描述电路因电流变化而感生电动势效应的物理参数，分为自感和互感。与电容、电阻参数的计算类似，电感也同样需要运用场的观点，通过磁场分析来计算。本节讨论自感和互感的计算方法。

5.5.1 自感与互感

考虑自由空间中的两个闭合回路$\boldsymbol{l}_1$和$\boldsymbol{l}_2$，如图 5-5-1 所示。设回路$\boldsymbol{l}_1$中通有电流I_1，在空间产生磁场$\boldsymbol{B}$，其中与回路$\boldsymbol{l}_2$交链的磁通为

$$\Phi_2=\int_{S_2}\boldsymbol{B}\cdot\mathrm{d}\boldsymbol{S} \tag{5-5-1}$$

式中，S_2是以回路$\boldsymbol{l}_2$为封闭边界的任意曲面。“交链”是一种形象的说法，因为磁力线自身

也形成一个闭合的回路，它与闭合回路 $\boldsymbol{l}_2$ 交串在一起，如同形成一个链环，故称为交链。与回路 $\boldsymbol{l}_2$ 交链的磁通就是穿过回路 $\boldsymbol{l}_2$ 的“净磁通”。

保持两个回路的形状和相对位置固定不变，如果电流 I_1 随时间变化，则磁通 Φ_2 也随时间变化。根据法拉第电磁感应定律，变化的磁通 Φ_2 将在回路 $\boldsymbol{l}_2$ 中产生一个感应电动势㊀。因此，研究磁通 Φ_2 与电流 I_1 的关系具有重要意义。

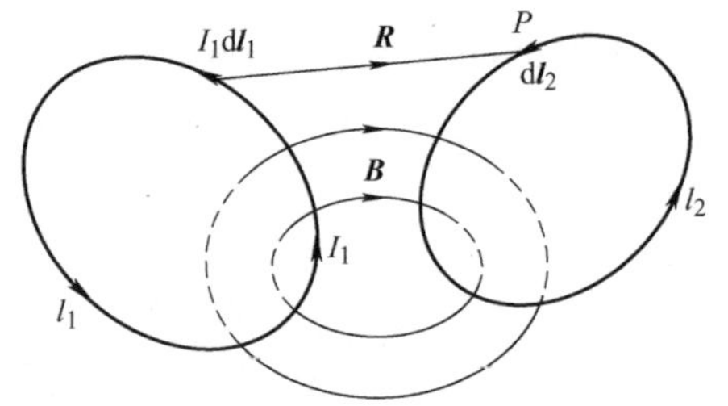

图 5-5-1　自由空间中两个线形回路间的互感

计算磁通 Φ_2，可以先求磁感应强度 $\boldsymbol{B}$，然后再按式(5-5-1)计算 Φ_2。另一种更为直接的办法是借助于矢量磁位 $\boldsymbol{A}$。由式(5-2-4)，电流回路 $\boldsymbol{l}_1$ 在回路 $\boldsymbol{l}_2$ 上任一点 P 产生的矢量磁位为

$$\boldsymbol{A}=\frac{\mu_0}{4\pi}\oint_{l_1}\frac{I_1\mathrm{d}\boldsymbol{l}_1}{R} \tag{5-5-2}$$

因此与回路 $\boldsymbol{l}_2$ 交链的磁通为

$$\Phi_2=\oint_{l_2}\boldsymbol{A}\cdot\mathrm{d}\boldsymbol{l}_2=\frac{\mu_0 I_1}{4\pi}\oint_{l_2}\oint_{l_1}\frac{\mathrm{d}\boldsymbol{l}_1\cdot\mathrm{d}\boldsymbol{l}_2}{R} \tag{5-5-3}$$

我们看到，与回路 $\boldsymbol{l}_2$ 交链的磁通 Φ_2 正比于产生它的电流 I_1。比例系数

$$M=\frac{\Phi_2}{I_1} \tag{5-5-4}$$

即为两个回路之间的**互感**。

对于图 5-5-1 所示的两个回路，应用式(5-5-3)得到

$$M=\frac{\mu_0}{4\pi}\oint_{l_2}\oint_{l_1}\frac{\mathrm{d}\boldsymbol{l}_1\cdot\mathrm{d}\boldsymbol{l}_2}{R} \tag{5-5-5}$$

式(5-5-5)称为**诺埃曼公式**，对于计算自由空间中简单回路的电感非常有用。

如果空间媒质都是线性的，互感的大小只取决于两个回路的形状、相对位置以及空间媒质的分布情况，与回路电流的大小无关，这点不难从式(5-5-5)看出。另外，由于 $\mathrm{d}\boldsymbol{l}_1\cdot\mathrm{d}\boldsymbol{l}_2=\mathrm{d}\boldsymbol{l}_2\cdot\mathrm{d}\boldsymbol{l}_1$，因此回路 $\boldsymbol{l}_1$ 对回路 $\boldsymbol{l}_2$ 的互感与回路 $\boldsymbol{l}_2$ 对回路 $\boldsymbol{l}_1$ 的互感相等。

跟电容总是正值不同，互感有正有负。互感的正负取决于回路参考方向的选取方式。简单的判断原则是：按照两个回路指定的参考方向通入电流，如果交链的磁通与回路本身产生的磁通相互加强，则互感为正，反之则互感为负，如图 5-5-2 所示。

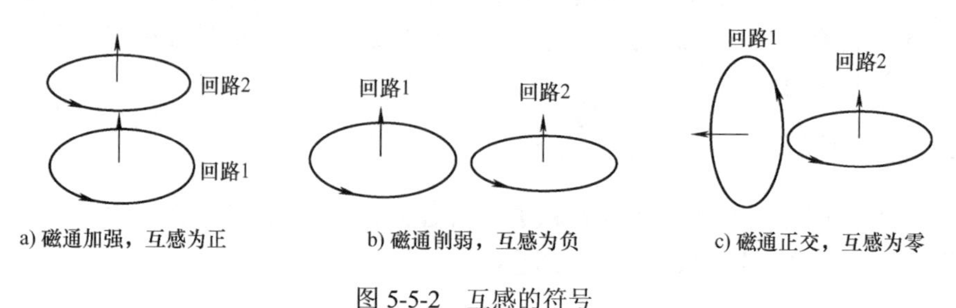

图 5-5-2　互感的符号

㊀ 感应电动势 $e=-\frac{\partial\Phi}{\partial t}$。感应电动势的概念在电路课程中介绍过。法拉第电磁感应定律的详细讨论见第 7 章。

如果考虑电流 I 产生的与它自身回路交链的磁通 Φ，则得到回路的**自感**

$$L=\frac{\Phi}{I} \tag{5-5-6}$$

自感 L 总是正的。

一个细导线回路的自感也可以利用诺埃曼公式计算。但如果直接利用公式(5-5-5)令两个回路 $\boldsymbol{l}_1$ 与 $\boldsymbol{l}_2$ 重叠，当场点与源点重合时，会遇到 $R=0$，导致积分无穷大。换言之，计算回路自感时必须考虑导线的截面尺寸，无限细的导线将导致自感无穷大。为避免这个问题，可以假定电流集中在导线的几何轴线 $\boldsymbol{l}$ 上，而取导线的内周界 $\boldsymbol{l}'$ 作为计算磁通的积分路径，如图 5-5-3 所示。得到[⊖]

$$L=\frac{\mu_0}{4\pi}\oint_{l'}\oint_{l}\frac{\mathrm{d}\boldsymbol{l}\cdot\mathrm{d}\boldsymbol{l}'}{R} \tag{5-5-7}$$

电感是自感和互感的统称，是反映回路物理性能的电磁参数。在 SI 制中，单位为 H(亨)。

例 5.5.1 求如图 5-5-4 所示自由空间中两个同轴圆环线圈的互感。设圆环半径为 a，间距为 d。圆环由细导线绕成。

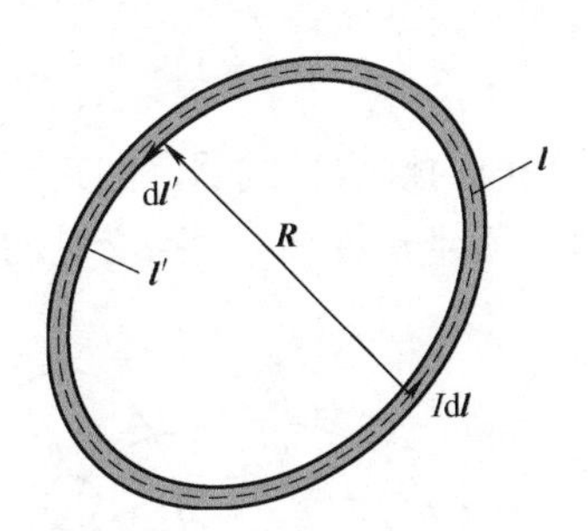

图 5-5-3 诺埃曼公式计算线形回路的自感

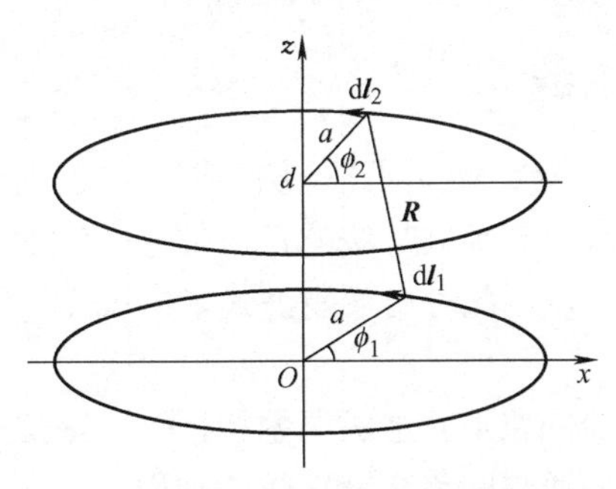

图 5-5-4 两个同轴圆环线圈电感的计算

解：在圆环 1 上取 $\mathrm{d}\boldsymbol{l}_1$ 位于点 $(a,\phi_1,0)$，在圆环 2 上取 $\mathrm{d}\boldsymbol{l}_2$ 位于点 (a,ϕ_2,d)，有

$$\mathrm{d}\boldsymbol{l}_1\cdot\mathrm{d}\boldsymbol{l}_2=a^2\cos(\phi_2-\phi_1)\mathrm{d}\phi_1\mathrm{d}\phi_2$$

$$R=\sqrt{2a^2[1-\cos(\phi_2-\phi_1)]+d^2}$$

利用诺埃曼公式得到两个同轴圆环导线之间的互感：

$$\begin{aligned}M&=\frac{\mu_0}{4\pi}\int_0^{2\pi}\int_0^{2\pi}\frac{a^2\cos(\phi_2-\phi_1)\mathrm{d}\phi_1\mathrm{d}\phi_2}{\sqrt{2a^2[1-\cos(\phi_2-\phi_1)]+d^2}}\\&=\frac{\mu_0 a}{2}\int_0^{2\pi}\frac{\cos\alpha\mathrm{d}\alpha}{\sqrt{2(1-\cos\alpha)+(d/a)^2}}\\&=\mu_0 af\left(\frac{d}{a}\right)\end{aligned} \tag{5-5-8}$$

⊖ 这样得到的自感数值略微偏小。更加准确的计算方法是将自感视为两个同样形状的回路的互感，两个回路平行放置，电流等价地集中于两根无限细的电轴上，两根电轴的距离是其几何平均距离。导线不同截面形状的几何平均距离计算方法不同。对于实心的圆形导线，几何平均距离为 $d_g=0.7788r_0$，r_0 是导线截面的半径。参看麦克斯韦《电磁通论》(戈革译，北京大学出版社，2010，514 页)。

式中，$f(t)=\dfrac{1}{2}\displaystyle\int_0^{2\pi}\dfrac{\cos\alpha\mathrm{d}\alpha}{\sqrt{2(1-\cos\alpha)+t^2}}$是一个椭圆积分，无法用简单函数表示。在$t\ll 1$和$t\gg 1$时，$f(t)$的渐近式为

$$f(t)=\begin{cases}\left[\ln\left(\dfrac{8}{t}\right)-2\right] & (t\ll 1)\\ \dfrac{\pi}{2t^3} & (t\gg 1)\end{cases}$$

代入式(5-5-8)可以看到：总体来说，互感M与线圈半径a成正比；在线圈距离较近时，互感M与距离d成对数关系；在线圈距离较远时，互感M按照距离d的–3次方衰减。

利用同样的方法可以得到单匝圆环线圈的自感[⊖]：

$$L\approx\mu_0 a\left(\ln\frac{a}{r_0}+\frac{1}{4\pi}\right) \tag{5-5-9}$$

式中，a为圆环半径；r_0为导线的半径。

5.5.2 磁链

对于一个复杂的回路，例如图 5-5-5 所示由多匝导线绕成的螺线管线圈，回路所包围的曲面不太容易想象，导线的每一部分交链的磁通各不相同，每部分磁通与回路交链的次数也可能不止一次。此时诺埃曼公式依旧成立，但是计算比较复杂。

为避免回路形状造成的困扰，引入**磁链**的概念。磁链定义为磁通与回路交链次数的乘积

$$\mathrm{d}\varPsi=n\mathrm{d}\varPhi \tag{5-5-10}$$

式中，n是微分磁通$\mathrm{d}\varPhi$与回路交链的次数。

总磁链$\varPsi$为

$$\varPsi=\int n\mathrm{d}\varPhi=\int_S n\boldsymbol{B}\cdot\mathrm{d}\boldsymbol{S} \tag{5-5-11}$$

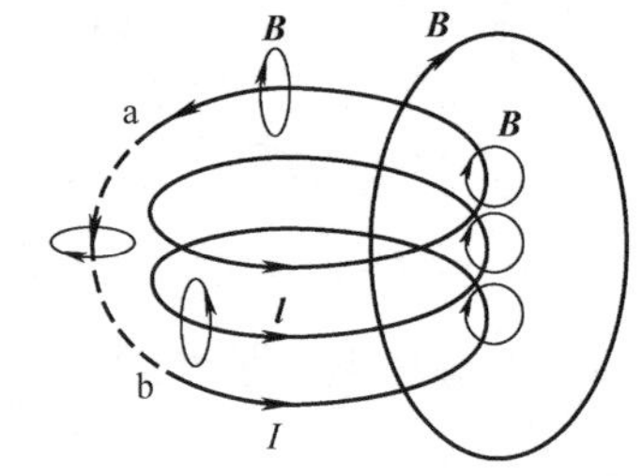

图 5-5-5　一个多匝导线绕成的复杂回路
虚线部分 ab 段表示在实际应用中
通常被接入到电路中去的部分

总磁链$\varPsi$可以理解为回路各部分交链的磁通总和。电感的计算式变为

$$L\ (或\ M)=\frac{\varPsi}{I} \tag{5-5-12}$$

上式中，对于自感L，磁链$\varPsi$是由回路自身的电流I产生的；对于互感M，磁链$\varPsi$是由另一个回路的电流I产生的。

如果多匝线圈紧密绕在一起，绕组的截面尺寸远小于回路尺寸，如图 5-5-6 所示，可以认为各匝交链的磁通近似相等，磁链的计算式简化为

$$\varPsi=N\varPhi \tag{5-5-13}$$

⊖ 这个表达式没有考虑穿过导线内部的磁通对自感的贡献(称为内自感)。内自感通常远小于外自感。见 5.5.3 节。

式中，N 是线圈的总匝数，Φ 是穿过线圈回路的磁通。

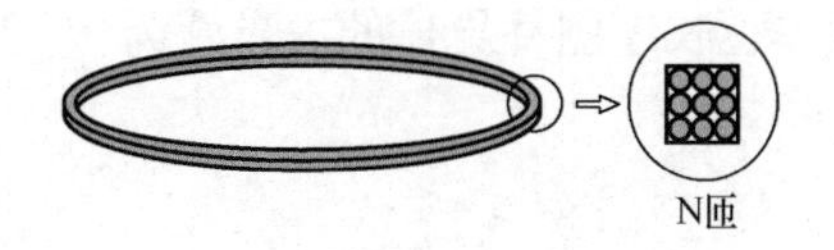

图 5-5-6　紧密绕在一起的多匝线圈，每匝交链的磁通近似相等

对于如图 5-5-6 这样一个绕组截面可以忽略的线圈，保持电流 I 不变，如果匝数为 1 时产生的磁通为 Φ_0，对应的自感为 $L_0=\dfrac{\Phi_0}{I}$；则当匝数为 N 时，磁通变为 $\Phi=N\Phi_0$，而磁链 $\Psi=N\Phi=N^2\Phi_0$，因此自感变为

$$L=\frac{N^2\Phi_0}{I}=N^2L_0 \tag{5-5-14}$$

注意：电感与匝数平方成正比的条件是：线圈每一匝交链的磁通都近似相等。它只在导线很细、缠绕很紧、绕组截面尺寸远小于回路尺寸的条件下才成立。对于绕在铁心上的线圈，由于铁心中的磁通占绝对优势，绕组中不同匝交链磁通的差异可以忽略不计，上述平方比例关系近似成立。

两个符合上述条件的线圈回路之间的互感为

$$M=N_1N_2M_0 \tag{5-5-15}$$

式中，N_1、N_2 分别为两个线圈的匝数；M_0 为 $N_1=N_2=1$ 时两个线圈的互感。

5.5.3　内自感与外自感

在前面计算回路自感时，没有考虑穿过导体内部的磁通对电感的贡献。这部分磁通只与部分电流交链，称为**内磁链**，对自感的贡献称为**内自感**。相应地，前文所述与全部电流交链的磁链称为**外磁链**，对自感的贡献称为**外自感**。回路的自感等于内自感与外自感之和。内自感通常远小于外自感。

为说明什么是内磁链，考虑一根长直圆柱导体，如图 5-5-7 所示，设导体半径为 a，磁导率为 μ，电流 I 均匀流过导体截面。在导体内部 $\rho<a$ 处，磁通只和内导体中的部分电流交链，属于内磁链。

由安培环路定理得到导体中的磁感应强度为

$$\boldsymbol{B}_{\mathrm{i}}=\boldsymbol{e}_\phi\frac{\mu I'}{2\pi\rho}=\boldsymbol{e}_\phi\frac{\mu I}{2\pi\rho}\frac{\pi\rho^2}{\pi a^2}=\boldsymbol{e}_\phi\frac{\mu I\rho}{2\pi a^2}$$

穿过轴向单位长度、宽为 $\mathrm{d}\rho$ 的矩形元面积的磁通为

$$\mathrm{d}\Phi_i=\frac{\mu I\rho}{2\pi a^2}\mathrm{d}\rho$$

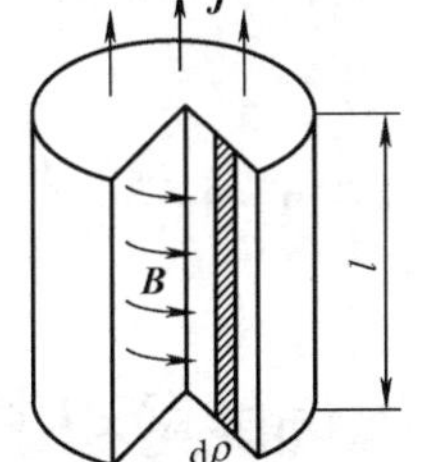

图 5-5-7　长直圆柱导体的内磁链

由于 $\mathrm{d}\Phi_i$ 仅与电流 $I'=\dfrac{\pi\rho^2}{\pi a^2}I$ 相交链，对应的匝数为 $n=\dfrac{I'}{I}=\dfrac{\rho^2}{a^2}$，因此得到磁链

$$\mathrm{d}\Psi_{\mathrm{i}}=n\mathrm{d}\Phi_i=\frac{\rho^2}{a^2}\cdot\frac{\mu I\rho}{2\pi a^2}\mathrm{d}\rho=\frac{\mu I\rho^3}{2\pi a^4}\mathrm{d}\rho$$

积分得

$$\Psi_{\mathrm{i}}=\int_0^a\frac{\mu I\rho^3}{2\pi a^4}\mathrm{d}\rho=\frac{\mu I}{8\pi}$$

故单位长度圆柱导体的内自感为

$$L_{\mathrm{i}}=\frac{\Psi_{\mathrm{i}}}{I}=\frac{\mu}{8\pi} \tag{5-5-16}$$

式(5-5-16)表明，长直圆柱导线的内自感与导线的半径无关。由圆截面导线形成的载流回路，通常其回路的曲率半径比导线截面半径大得多，无论回路任何形状，均可用式(5-5-16)近似计算回路的内自感。

例 5.5.2 求单位长度平行双输电线的自感。如图 5-5-8 所示，设导线磁导率为 μ_0，半径为 a，两导线轴间距为 d $(d\gg a)$。

解： 在求外自感时，可认为电流集中在导线的几何轴线上。在两导线之间的平面上，磁感应强度

$$B=\frac{\mu_0 I}{2\pi}\left(\frac{1}{x}+\frac{1}{d-x}\right)$$

穿过单位长度面积的磁通为

$$\Phi_{\mathrm{o}}=\int_S \boldsymbol{B}\cdot \mathrm{d}\boldsymbol{S}=\int_a^{d-a}\frac{\mu_0 I}{2\pi}\left(\frac{1}{x}+\frac{1}{d-x}\right)\mathrm{d}x=\frac{\mu_0 I}{\pi}\ln\frac{d-a}{a}\approx\frac{\mu_0 I}{\pi}\ln\frac{d}{a}$$

因此得到单位长度平行双输电线的外自感为

$$L_{\mathrm{o}}=\frac{\Phi_{\mathrm{o}}}{I}=\frac{\mu_0}{\pi}\ln\frac{d}{a} \tag{5-5-17}$$

利用式(5-5-16)，单位长度平行双输电线的内自感为

$$L_{\mathrm{i}}=2\times\frac{\mu_0 l}{8\pi}=\frac{\mu_0 l}{4\pi}$$

故单位长度平行双输电线的自感为

$$\begin{aligned}L&=L_{\mathrm{o}}+L_{\mathrm{i}}\\&=\frac{\mu_0}{\pi}\ln\frac{d}{a}+\frac{\mu_0}{4\pi}=\frac{\mu_0}{\pi}\left(\ln\frac{d}{a}+\frac{1}{4}\right)\end{aligned} \tag{5-5-18}$$

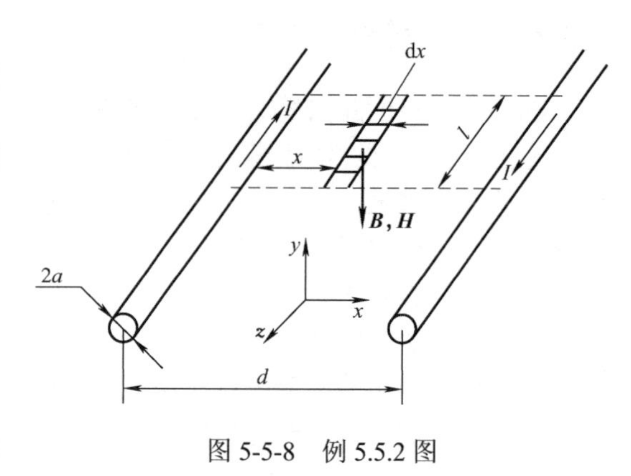

图 5-5-8 例 5.5.2 图

5.6 磁场能量和磁场力

5.6.1 磁场能量

在线圈回路的电流从零增加到恒定电流 I 的过程中，由于电流的变化，伴随着电磁感应现象，电源要克服感应电动势做功，才能实现电流的增长，电源做功所提供的能量就储存在磁场中。假定磁场建立的过程无限缓慢，没有电磁能量的辐射，同时忽略建立过程中的热量损耗，回路无变形和移动，即不计机械损耗，磁场存储的能量就等于电源在建立磁场时所做的功。

为简单起见，先分析计算两个电流分别为 I_1 和 I_2 回路周围的磁场所储存的磁场能量。

图 5-6-1 所示的两个载流回路。设在 $t=0$ 时回路 l_1 和 l_2 中的电流 $i_1=i_2=0$，随着时间的增加，外电源做功使 i_1 和 i_2 逐渐增加到最后的恒定值 I_1 和 I_2。由于磁场储存的能量与磁场建立过程无关，因此可按下面的步骤来计算磁场的能量。首先，让 l_2 回路中的电流 i_2 为零，求出 l_1 回路中的电流 i_1 从零增加到 I_1 时外电源所做的功 W_1。然后，让 l_1 回路中的电流保持为 I_1，求出 l_2 中电流 i_2 从零增加到 I_2 时外电源做的功 W_2，这样该系统磁场储能为

$$W_{\mathrm{m}}=W_1+W_2$$

先计算 W_1。当回路 l_1 中电流 i_1 在 $\mathrm{d}t$ 时间内有增量 $\mathrm{d}i_1$ 时，周围的磁场将发生变化，即通过回路 l_1 和 l_2 的磁通链分别有增量 $\mathrm{d}\psi_{11}$ 和 $\mathrm{d}\psi_{21}$，按法拉第感应定律，两回路中分别有自感电动势 e_1 和互感电动势 e_2

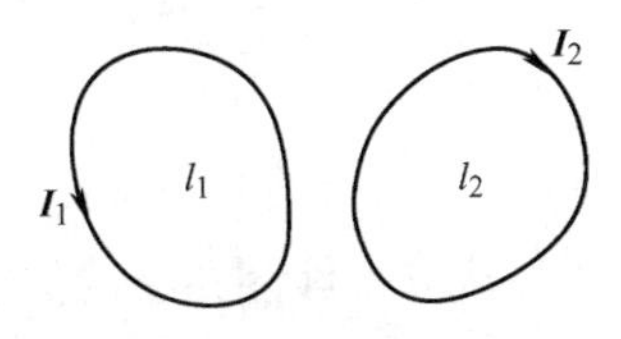

图 5-6-1　磁场能量

$$e_1=-\frac{\mathrm{d}\psi_{11}}{\mathrm{d}t},\quad e_2=-\frac{\mathrm{d}\psi_{21}}{\mathrm{d}t}$$

根据楞次定律，e_1 的方向是阻止 i_1 增加的，因此，必须在 l_1 中外加一个电压 $(-e_1)$ 抵消自感电动势，才使 l_1 中电流取得 $\mathrm{d}i_1$ 的增量，同样在回路 l_2 中也必须加电压 $(-e_2)$ 以保持 $i_2=0$，所以在 $\mathrm{d}t$ 时间内，外源做的功为

$$\begin{aligned}\mathrm{d}W_1&=(-e_1)i_1\mathrm{d}t+(-e_2)i_2\mathrm{d}t=-e_1i_1\mathrm{d}t\\&=i_1\mathrm{d}\psi_{11}=L_1i_1\mathrm{d}i_1\end{aligned}$$

由于 $i_2=0$，故电源对回路 l_2 不需做功。电流 i_1 由零增加到 I_1 外源所做的总功为

$$W_1=\int\mathrm{d}W_1=\int_0^{I_1}L_1i_1\mathrm{d}i_1=\frac{1}{2}L_1I_1^2 \tag{5-6-1}$$

再计算 W_2。如维持 l_1 中的电流 I_1 不变，当 l_2 中的电流 i_2 在 $\mathrm{d}t$ 时间内有增量 $\mathrm{d}i_2$ 时，在两回路中分别有感应电动势

$$e_1=-\frac{\mathrm{d}\psi_{12}}{\mathrm{d}t},\quad e_2=-\frac{\mathrm{d}\psi_{22}}{\mathrm{d}t}$$

W_2 的计算过程与 W_1 的计算过程类似，所以在 $\mathrm{d}t$ 时间内外源所做的功为

$$\begin{aligned}\mathrm{d}W_2&=(-e_1)I_1\mathrm{d}t+(-e_2)i_2\mathrm{d}t\\&=I_1\mathrm{d}\psi_{12}+I_2\mathrm{d}\psi_{22}\\&=I_1M\mathrm{d}i_2+L_2i_2\mathrm{d}i_2\end{aligned}$$

在保持 $i_1=I_1$ 的情况下，使 l_2 中的电流由零增加到 I_2 时外源所做的总功为

$$\begin{aligned}W_2&=\int\mathrm{d}W_2=\int_0^{I_2}I_1M\mathrm{d}i_2+\int_0^{I_2}L_1i_2\mathrm{d}i_2\\&=MI_1I_2+\frac{1}{2}L_2I_2^2\end{aligned} \tag{5-6-2}$$

建立整个电流回路系统外源所需做的功为

$$W_{\mathrm{m}}=\frac{1}{2}L_1I_1^2+MI_1I_2+\frac{1}{2}L_2I_2^2 \tag{5-6-3}$$

这也是系统储存的磁场能量。式中，$\frac{1}{2}L_1I_1^2$ 和 $\frac{1}{2}L_2I_2^2$ 分别称为回路 l_1 和 l_2 的自有能；MI_1I_2 称为 l_1 和 l_2 之间的互有能。自有能恒为正，互有能可正可负，当线圈的互感使磁通相互加强时，互有能为正。

将式(5-6-3)改写成

$$
\begin{aligned}
W_{\mathrm{m}} &= \frac{1}{2}(L_1I_1 + MI_2)I_1 + \frac{1}{2}(L_2I_2 + MI_1)I_2 \\
&= \frac{1}{2}\psi_1 I_1 + \frac{1}{2}\psi_2 I_2
\end{aligned} \tag{5-6-4}
$$

可推广到 n 个线圈系统的储能，即

$$
W_{\mathrm{m}} = \frac{1}{2}\sum_{k=1}^{n} I_k \psi_k \tag{5-6-5}
$$

能量是磁场本身所具有的一个基本特性，它必然和磁场的基本物理量有关。根据式(5-6-5)，磁场能量似乎是依附于系统中各个电流回路的，而实际上能量分布在磁感应强度 $B \neq 0$ 的整个空间中。为了寻求磁场能量 W_{m} 与磁感应强度 B 的关系，对于 n 个载流回路系统，第 k 个回路的磁通可以表示为

$$
\Phi_k = \int_{S_k} \boldsymbol{B} \cdot \mathrm{d}\boldsymbol{S} = \oint_{l_k} \boldsymbol{A} \cdot \mathrm{d}\boldsymbol{l}_k
$$

将上式代入式(5-6-5)中，求得 n 个单匝载流回路的磁场储能

$$
W_{\mathrm{m}} = \frac{1}{2}\sum_{k=1}^{n} I_k \oint_{l_k} \boldsymbol{A} \cdot \mathrm{d}\boldsymbol{l}_k = \frac{1}{2}\sum_{k=1}^{n} \oint_{l_k} I_k \boldsymbol{A} \cdot \mathrm{d}\boldsymbol{l}_k \tag{5-6-6}
$$

这里矢量磁位 $\boldsymbol{A}$ 是载流回路系统中所有电流(包括第 k 个回路电流 I_k)共同产生的。

通常电流是以体密度形式分布在空间中，设其密度为 $\boldsymbol{J}$，只需用 $\boldsymbol{J}\mathrm{d}V_k$ 代替式(5-6-6)中的 $I_k\mathrm{d}l_k$，体积分代替面积分，即可求得磁场储能

$$
W_{\mathrm{m}} = \frac{1}{2}\int_{V_k} \boldsymbol{A} \cdot \boldsymbol{J}\mathrm{d}V_k
$$

由于导体外电流密度 $\boldsymbol{J}=0$，因此可以将积分扩展到整个空间 V，有

$$
W_{\mathrm{m}} = \frac{1}{2}\int_{V} \boldsymbol{A} \cdot \boldsymbol{J}\mathrm{d}V \tag{5-6-7}
$$

因为 $\boldsymbol{J} = \nabla \times \boldsymbol{H}$，式(5-6-7)可以写成

$$
W_{\mathrm{m}} = \frac{1}{2}\int_{V} \boldsymbol{A} \cdot (\nabla \times \boldsymbol{H})\mathrm{d}V \tag{5-6-8}
$$

应用矢量恒等式，式(5-6-8)中的被积函数可以写成

$$
\boldsymbol{A} \cdot (\nabla \times \boldsymbol{H}) = \nabla \cdot (\boldsymbol{H} \times \boldsymbol{A}) + \boldsymbol{H} \cdot (\nabla \times \boldsymbol{A})
$$

式(5-6-8)写成

$$
W_{\mathrm{m}} = \frac{1}{2}\int_{V} [\nabla \cdot (\boldsymbol{H} \times \boldsymbol{A})]\mathrm{d}V + \frac{1}{2}\int_{V} \boldsymbol{H} \cdot (\nabla \times \boldsymbol{A})\mathrm{d}V
$$

对上式右边第一项应用散度定理，体积分 $\int_V \nabla\cdot(\boldsymbol{H}\times\boldsymbol{A})\mathrm{d}\boldsymbol{V}$ 变换成面积分 $\oint_S \boldsymbol{H}\times\boldsymbol{A}\cdot\mathrm{d}\boldsymbol{S}$，而闭合面是包围整个体积 V 的，当此体积扩展到整个空间时，闭合曲面半径 $r\to\infty$，因 $H\propto\dfrac{1}{r^2}$，$A\propto\dfrac{1}{r}$，$S\propto r^2$，所以该闭合面积分 $\int_S(\boldsymbol{H}\times\boldsymbol{A})\cdot\mathrm{d}\boldsymbol{S}=0$，因而有

$$W_\mathrm{m}=\frac{1}{2}\int_V \boldsymbol{H}\cdot(\nabla\times\boldsymbol{A})\mathrm{d}V=\frac{1}{2}\int_V \boldsymbol{H}\cdot\boldsymbol{B}\mathrm{d}V \tag{5-6-9}$$

式(5-6-9)表明磁场能量储存在磁感应强度 $B\neq 0$ 的整个空间中，并且类比静电场，可得出磁场能量的体密度为

$$w_\mathrm{m}=\frac{1}{2}\boldsymbol{H}\cdot\boldsymbol{B} \tag{5-6-10}$$

对于各向同性线性介质，有

$$w_\mathrm{m}=\frac{1}{2}\mu H^2=\frac{1}{2}\frac{B^2}{\mu} \tag{5-6-11}$$

例 5.6.1 设长直同轴电缆的缆芯半径为 R_1，外导体厚度不计，其半径为 R_2，电缆长为 l，如图 5-6-2 所示。缆芯的磁导率为 μ，介质的磁导率为 μ_0。不考虑电缆两端的磁场畸变，求载有电流 I 时其储存的磁场能，并计算其电感。

解： 由于电缆轴对称，并不计端部效应，故磁场为轴对称平行平面场。设电流均匀分布在缆芯的截面上，由安培环路定理计算离轴线 ρ 处的磁场强度

$$H_1=\frac{I\rho}{2\pi R_1^2}\quad (0\leqslant\rho\leqslant R_1)$$

$$H_2=\frac{I}{2\pi\rho}\quad (R_1\leqslant\rho\leqslant R_2)$$

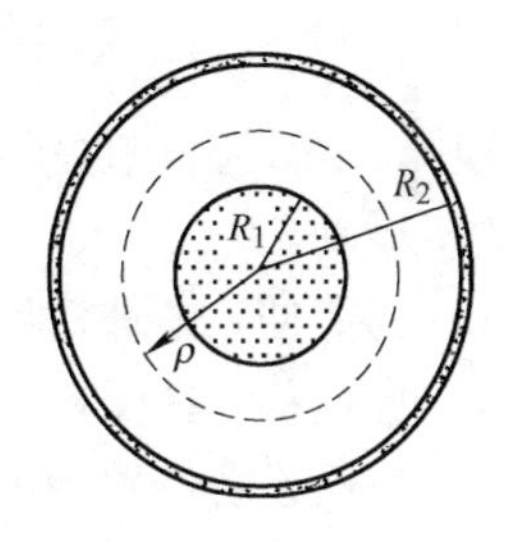

图 5-6-2 例 5.6.1 图

能量密度分别为

$$w_{\mathrm{m}1}=\frac{\mu}{2}H_1^2=\frac{\mu I^2\rho^2}{8\pi^2R_1^4}\quad (0\leqslant\rho\leqslant R_1)$$

$$w_{\mathrm{m}2}=\frac{\mu}{2}H_2^2=\frac{\mu_0 I^2}{8\pi^2\rho^2}\quad (R_1\leqslant\rho\leqslant R_2)$$

电缆中磁场的总能量为

$$\begin{aligned}W_\mathrm{m}&=\int_0^{R_1}w_{\mathrm{m}1}\cdot 2\pi\rho l\mathrm{d}\rho+\int_{R_1}^{R_2}w_{\mathrm{m}2}\cdot 2\pi\rho l\mathrm{d}\rho\\&=\int_0^{R_1}\frac{\mu I^2 l}{4\pi R_1^4}\rho^3\mathrm{d}\rho+\int_{R_1}^{R_2}\frac{\mu_0 l I^2}{4\pi\rho}\mathrm{d}\rho\\&=\frac{lI^2}{4\pi}\left(\frac{\mu}{4}+\mu_0\ln\frac{R_2}{R_1}\right)\end{aligned}$$

由式(5-6-1)可求得长 l 的同轴电缆的电感为

$$L=\frac{2W_\mathrm{m}}{I^2}=\frac{l}{2\pi}\left(\frac{\mu}{4}+\mu_0\ln\frac{R_2}{R_1}\right)$$

5.6.2 磁场力

在 5.1 节中，式(5-1-3)给出了在真空中，载流回路 I_2 在载流回路 I_1 所产生的磁场中所受的力 $\boldsymbol{F}$ 。

以速度 $\boldsymbol{v}$ 、在磁场 $\boldsymbol{B}$ 中运动的、带电量 $\mathrm{d}q$ 的物体也受磁场力作用，作用力为

$$\mathrm{d}\boldsymbol{f}=\mathrm{d}q(\boldsymbol{v}\times\boldsymbol{B})$$

该力总是与运动方向相垂直，称为洛仑兹力。

载流导体在磁场中所受到的力，可以归结为导体内自由电荷在磁场中所受到的力。设在 $\mathrm{d}t$ 时间内通过导体的电荷为 $\mathrm{d}q$ ，则 $\mathrm{d}q=I\mathrm{d}t$ 导体移动的距离为 $\mathrm{d}l$ ，因此载流导体 $\mathrm{d}l$ 所受的力为

$$\mathrm{d}\boldsymbol{f}=\mathrm{d}q\boldsymbol{v}\times\boldsymbol{B}=\mathrm{d}q\frac{\mathrm{d}\boldsymbol{l}}{\mathrm{d}t}\times\boldsymbol{B}=I\mathrm{d}\boldsymbol{l}\times\boldsymbol{B} \tag{5-6-12}$$

所以本质上，安培力与洛伦兹力是一致的。整个导体所受到的力则为

$$\boldsymbol{f}=\int_l I\mathrm{d}\boldsymbol{l}\times\boldsymbol{B} \tag{5-6-13}$$

磁场力常用的计算方法就是虚位移计算法，它具有普遍性，能解决复杂问题。设有 n 个载流回路构成的系统，第 k 个回路中的电流为 i_k 、磁链为 ψ_k ，假设其中第 i 个回路在某一广义坐标上发生了一个虚位移(假想的位移)，而其他回路均不动，整个磁场分布情况将发生变化，这个变化应满足能量守恒关系，即

$$\mathrm{d}W=\mathrm{d}W_{\mathrm{m}}+f\mathrm{d}g \tag{5-6-14}$$

式中，$\mathrm{d}W$ 为电源提供给系统的能量；$\mathrm{d}W_{\mathrm{m}}$ 为磁场能量的增量；$f\mathrm{d}g$ 为磁场力使线圈位移做的机械功。

为简便，先研究两个载流回路的情况，l_1 和 l_2 分别通有电流 I_1 和 I_2 ，回路 l_1 保持不动，l_2 有一虚位移，且仅有一个广义坐标(在此为线性位移) g 发生变化。下面分两种情况加以讨论。

1) 假设各回路中的电流保持不变，即 I_k 为常量。在这种情况下，l_2 移动时只有两个回路的相互作用能发生变化，按式(5-6-14)磁场储能的增量为

$$\mathrm{d}W_{\mathrm{m}}=I_1I_2\mathrm{d}M=I_1\mathrm{d}\psi_{12}=I_2\mathrm{d}\psi_{21} \tag{5-6-15}$$

式中，M 为互感；$\mathrm{d}\psi_{12}$ 是回路 l_2 中的电流产生的与回路 l_1 交链的磁链的增量，$\mathrm{d}\psi_{12}=I_2\mathrm{d}M$ ；$\mathrm{d}\psi_{21}$ 是回路 l_1 中的电流产生的与回路 l_2 交链的磁链的增量，$\mathrm{d}\psi_{21}=I_1\mathrm{d}M$ 。

由于回路交链的磁链发生变化，所以在回路 l_1 和 l_2 中产生了感应电动势 e_1 和 e_2 ，且

$$e_1=-\frac{\mathrm{d}\psi_{12}}{\mathrm{d}t}=-I_2\frac{\mathrm{d}M}{\mathrm{d}t}$$

$$e_2=-\frac{\mathrm{d}\psi_{21}}{\mathrm{d}t}=-I_1\frac{\mathrm{d}M}{\mathrm{d}t}$$

为了维持各回路电流不变，电源克服感应电动势做功提供的能量为

$$\mathrm{d}W=-e_1I_1\mathrm{d}t-e_2I_2\mathrm{d}t=2I_1I_2\mathrm{d}M \tag{5-6-16}$$

比较式(5-6-16)和式(5-6-15)得知，电源提供的能量正好是磁场储能增量的两倍，即电源提供

的能量，一半用于增加磁场能量，一半用于磁场力移动线圈做功，于是

$$f\mathrm{d}g=\mathrm{d}W-\mathrm{d}W_{\mathrm{m}}=\mathrm{d}W_{\mathrm{m}}$$

因此磁场力

$$f=\left.\frac{\partial W_{\mathrm{m}}}{\partial g}\right|_{I_k=\text{常量}}=I_1I_2\left.\frac{\partial M}{\partial g}\right|_{\psi_k=\text{常量}} \tag{5-6-17}$$

2）假设与各电流回路交链的磁通保持不变，即ψ_k为常量。因$\frac{\mathrm{d}\psi_k}{\mathrm{d}t}=0$，各回路中的感应电动势为零，电源不提供能量，$\mathrm{d}W=0$，由式(5-6-14)可得

$$f\mathrm{d}g=-\mathrm{d}W_{\mathrm{m}} \tag{5-6-18}$$

因此磁场力

$$f=-\left.\frac{\partial W_{\mathrm{m}}}{\partial g}\right|_{\psi_k=\text{常量}} \tag{5-6-19}$$

式(5-6-19)表明，磁场力做功的能量只能来自磁场储能的减少。

回路的位移只是一种假设，是一种分析方法，实际上电流回路没有动，磁场分布也没有改变，磁场力显然是一个确定值，上面两种情况虽不同，但计算同一个回路在原位置上受到的磁场力应是相同的。于是有

$$f=\left.\frac{\partial W_{\mathrm{m}}}{\partial g}\right|_{I_k=\text{常量}}=-\left.\frac{\partial W_{\mathrm{m}}}{\partial g}\right|_{\psi_k=\text{常量}}$$

例 5.6.2 如图 5-6-3 所示长直导线中通有电流I_1，圆形线圈与长直导线共面，通有电流I_2。试求圆形线圈所受到的电磁力。

解： 长直导线与圆形线圈之间的互感为

$$M=\mu_0\left(d-\sqrt{d^2-a^2}\right)$$

两个电流回路的磁场储能为

$$W_{\mathrm{m}}=\frac{1}{2}L_1I_1^2+\frac{1}{2}L_2I_2^2+I_1I_2M$$

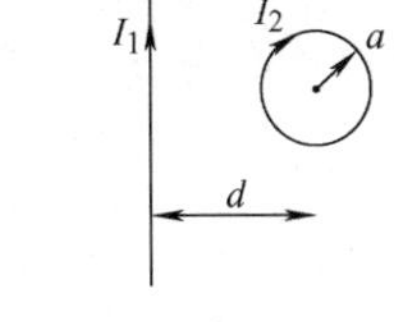

图 5-6-3 长直导线和圆形线圈

在利用虚位移法求解时，回路位移时上式右边前两项自有能是不会改变，因为自感与两个线圈的相对位置无关，而互感与两个线圈的相对位置有关，因此两回路间的磁场力可表示为

$$f=\left.\frac{\partial W_{\mathrm{m}}}{\partial g}\right|_{I_k=\text{常量}}=I_1I_2\frac{\partial M}{\partial g}$$

考虑到长直导线电流在磁场作用下，圆形线圈是刚体，不会发生形变，那么广义坐标选择圆形线圈圆心到长直导线的垂直距离d，因此圆形线圈所受的磁场力为

$$\begin{aligned}f&=I_1I_2\frac{\partial M}{\partial d}=\mu_0I_1I_2\frac{\partial}{\partial d}\left(d-\sqrt{d^2-a^2}\right)\\&=\mu_0I_1I_2\left(1-\frac{d}{\sqrt{d^2-a^2}}\right)\end{aligned}$$

工程上在许多磁路中需要计算磁力，例如，各种磁铁及磁力吸盘的吸引力，磁悬浮系统及磁力轴承的吸引力或排斥力等。图 5-6-4 是电磁开关中电磁铁的结构图，若忽略气隙的边缘效应，设线圈的电流为 I，衔铁截面积为 S，气隙长度为 h，当 h 很小时，气隙内各点磁场可视为均匀。

由式(5-6-11)可得，系统的总磁场能量为

$$W_{\mathrm{m}} = w_{\mathrm{m}}Sh = \frac{B^2}{2\mu_0}Sh$$

假设衔铁受磁场力而使气隙 h 发生变化，气隙中的磁场维持不变，于是衔铁受力为

$$f = -\left(\frac{\partial W_{\mathrm{m}}}{\partial h}\right)_{\psi_k=\text{常量}} = -\frac{B^2}{2\mu_0}S$$

式中，负号表示与 h 增大的方向相反，是吸引力。进一步可求出气隙处单位面积上的吸引力

$$f_0 = \frac{B^2}{2\mu_0} = \frac{\mu_0 H^2}{2} \tag{5-6-20}$$

电磁铁之间的作用力本质上是磁场对铁磁材料中磁化电流的作用力，由于磁化电流计算困难，运用虚位移原理，避开磁化电流的计算而得到磁场力。

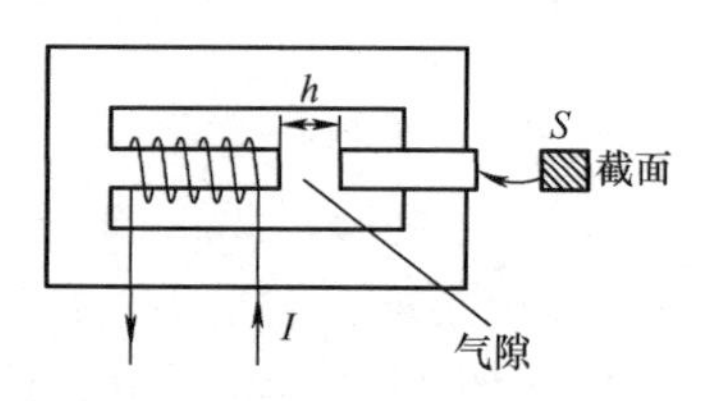

图 5-6-4　电磁铁的作用力

习　题

5.1　真空中有一电流回路如习题 5.1 图所示，试求图中 O 点的磁感应强度。

5.2　在一半径为 R 的薄壳金属球表面有恒定的面电流密度 K_S，如习题 5.2 图所示。设媒质的磁导率均为 μ_0，试求球心上的磁感应强度 B。

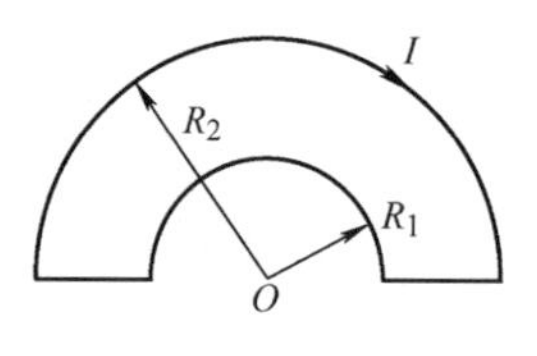

习题 5.1 图

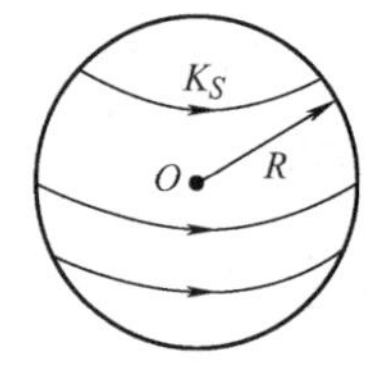

习题 5.2 图

5.3　已知无限长导体圆柱的半径为 a，如习题 5.3 图所示，其内部有一圆柱形空腔，半径为 b，导体圆柱的轴线与圆柱形空腔的轴线相距为 c。若导体中均匀分布的电流密度为 $\boldsymbol{J} = J_0\boldsymbol{e}_Z$，试求空腔中的磁感应强度。

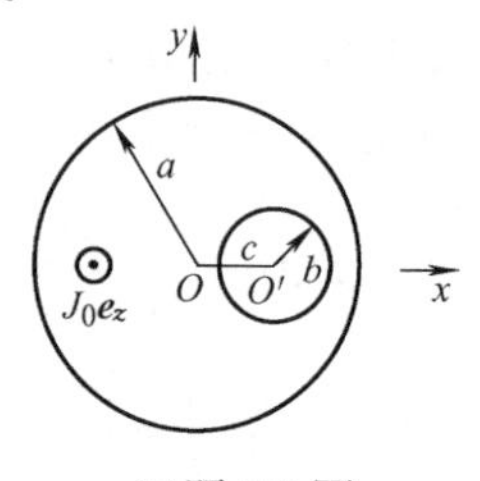

习题 5.3 图

5.4 真空中有两根无限长平行直导线，如习题 5.5 图所示，截面半径都为 R，轴线距离为 D，导线中电流均为 I 。求：在两导线的轴线平面上各处 B 的表达式。

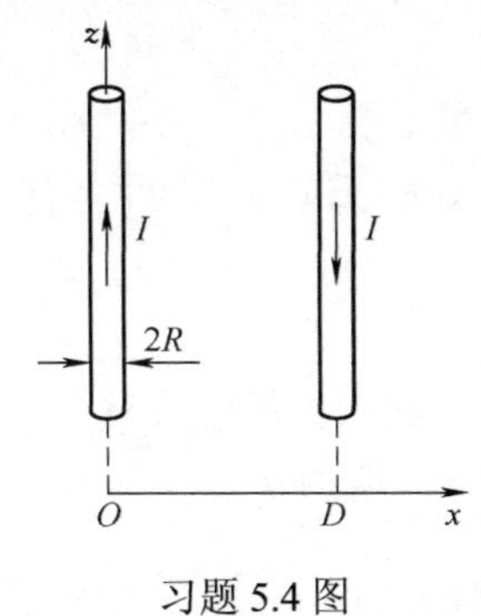

习题 5.4 图

5.5 空气中有一长直导体圆筒，电流沿圆周方向流动，如习题 5.5 图所示(可认为是多层密绕的螺线管线圈)。已知沿 z 轴方向每单位长度电流为 I (A/m),试求各处的磁场强度。

5.6 磁场由磁导率 $\mu_1 = 1500\mu_0$ 的钢进入空气，已知钢中 $B_1 = 1.5T$ ，$\alpha_1 = 87^{\circ}$ ，试求分界面上空气一侧的 B_2 和 α_2 。参见图 5-1-10。

5.7 铁中有一狭长空气腔，均匀磁场 B_1 与空气腔平行，如习题 5.7 图所示。若已知空气腔内磁感应强度为 $0.0024\,T$ ，铁的磁导率为 $\mu_1 = 500\mu_0$ ，求铁中 B_1 。

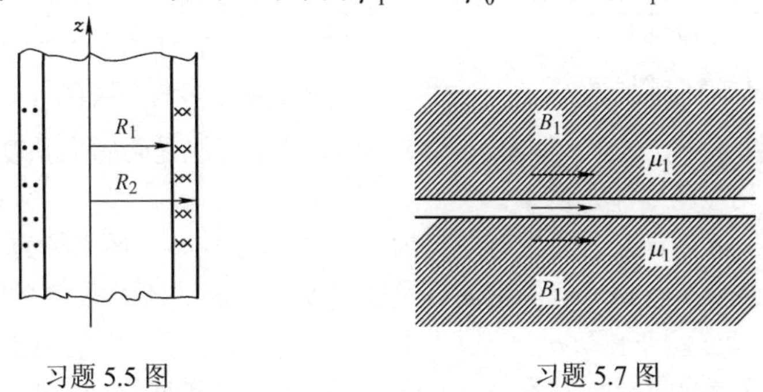

习题 5.5 图　　习题 5.7 图

5.8 空气中一无限长直导线通有电流 I ，如习题 5.8 图。试求导线外两点 A、P 之间的标量磁位差 φ_{mAP} 。

5.9 真空中，在 $x = -2$ m、 $y = 0$ 处，有一沿 $\boldsymbol{e}_z$ 方向 6mA 的线电流；另外，在 $x = 2$ m、$y = 0$ 处，有一沿 $-\boldsymbol{e}_z$ 方向 6mA 的线电流。设原点的标量磁势 $\varphi_m = 0$ ，试求沿 y 轴的 φ_m 。

5.10 在真空中，xOy 平面上有面电流，密度为 $\boldsymbol{K} = 10\boldsymbol{e}_y$A/m ，如习题 5.10 图所示。若选 $P(0,0,-2)$ 为参考点，求 $z < 0$ 区域中的标量磁位 φ_m 。

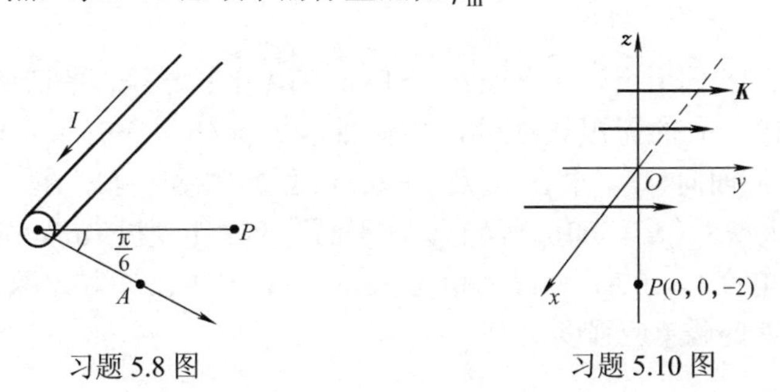

习题 5.8 图　　习题 5.10 图

5.11 习题 5.11 图所示两无限大面电流片，在以下两种情况下试分别确定区域 1、2 和 3 中的 $\boldsymbol{B}$、$\boldsymbol{H}$ 及 $\boldsymbol{M}$。

（1）所有区域的 $\mu_{\mathrm{r}}=0.998$；

（2）区域 2 中，$\mu_{\mathrm{r}}=1000$，区域 1 及 3 中，$\mu=\mu_0$。

5.12 如习题 5.12 图所示，xOy 无限大平面上有均匀分布的面电流，面电流密度 $\boldsymbol{K}=K\boldsymbol{e}_y$，求：

（1）$z>0$ 区域的磁场强度 $\boldsymbol{H}$；

（2）以 $(0,0,2)$ 为参考点，$z>0$ 区域的矢量磁位 $\boldsymbol{A}$；

（3）用 $\boldsymbol{A}$ 计算通过图中矩形线框的磁通 Φ。

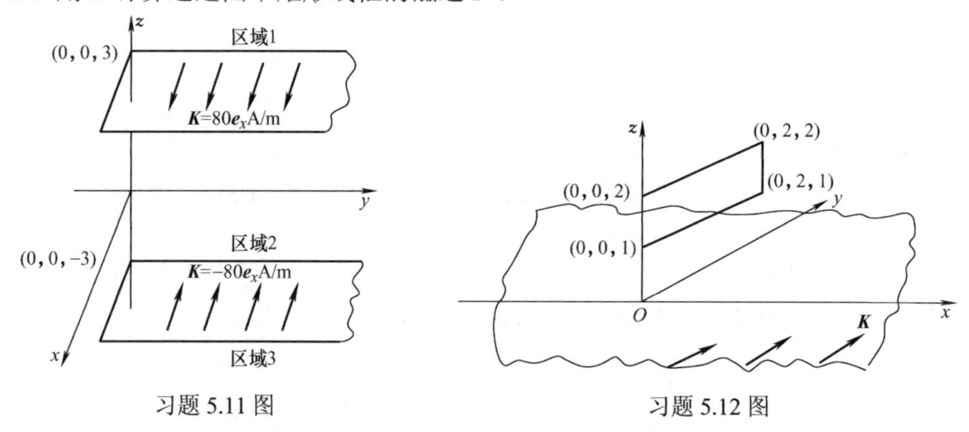

习题 5.11 图　　习题 5.12 图

5.13 在球坐标系中，矢量 $\boldsymbol{F}_1=Ar\boldsymbol{e}_r$，$\boldsymbol{F}_2=Ar\boldsymbol{e}_\phi$ 哪个可能是磁感应强度 $\boldsymbol{B}$？设 A 为常量。如果是的，试确定相应的电流密度 $\boldsymbol{J}$。

5.14 如习题 5.14 图所示，设带有缺口的环形铁心 $\mu\to\infty$，环半径为 ρ，其上均匀绕有 W 匝线圈，并通有电流 I，试求气隙中的标量磁势及磁场表达式。假定 θ_1 足够小，气隙中的磁场近似均匀。

5.15 无限长直导线的截面为环形，电流 $I=100\,\mathrm{A}$，沿轴向流动，如习题 5.15 图所示，求环外各处的 φ_{m} 和 $\boldsymbol{A}$ 的表达式。

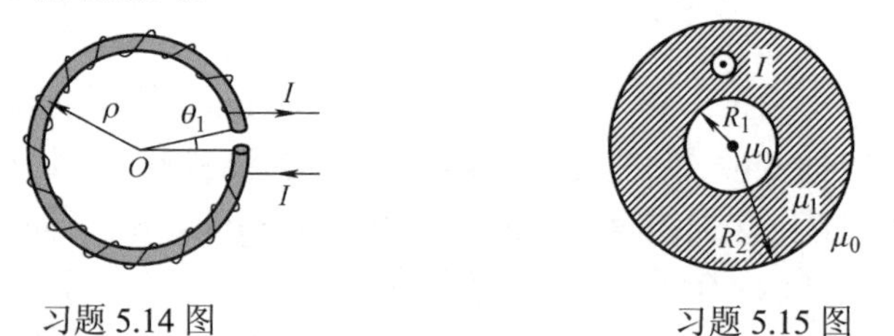

习题 5.14 图　　习题 5.15 图

5.16 如习题 5.16 图所示，一半径 $R=0.15\,\mathrm{m}$ 的无限长导线管壁（厚度可忽略），沿轴向有一宽度 $a=1.2\times10^{-3}\,\mathrm{m}$ 的无限长细缝，并沿轴线方向均匀通有恒定电流，面电流密度 $K_{\mathrm{S}}=5\mathrm{A/m}$（垂直于截面向外）。求 $\rho=0$ 及 $\rho=0.3\,\mathrm{m}$ 处的磁感应强度 $\boldsymbol{B}$。

5.17 一无限大铁板（$\mu=500\mu_0$）置于 yOz 平面，空中距铁板 1m 处有一与铁板平行的平行双输电线，载有电流 $I=10\,\mathrm{A}$，两线间距为 2m，各距 x 轴 1m，如习题 5.17 图所示，求空气中沿 x 轴上一点 P 的磁感应强度。

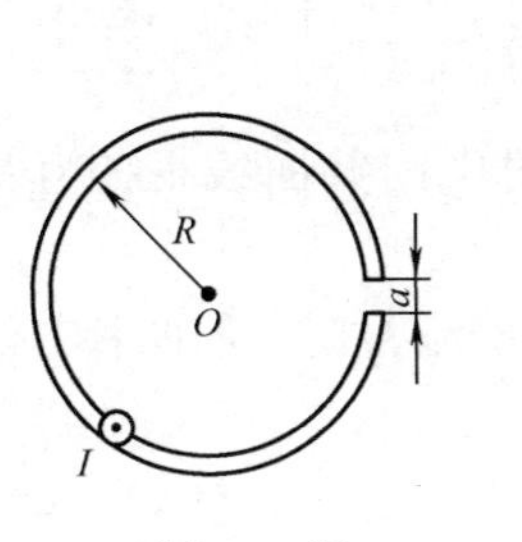

习题 5.16 图

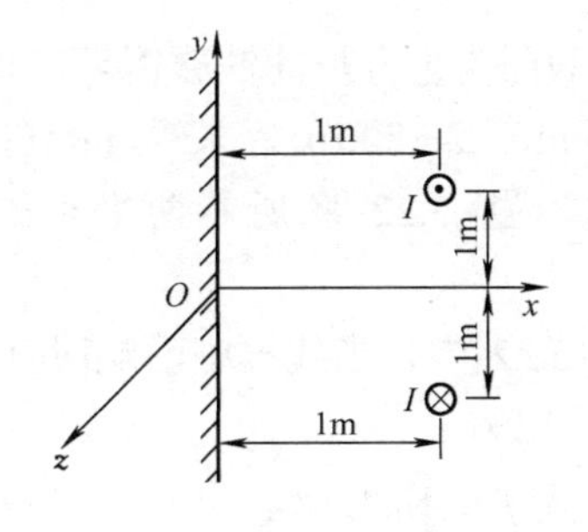

习题 5.17 图

5.18　如习题 5.18 图所示，一条细而长的导线通有电流 I，平行置于空气与铁的分界面处，分界面为无限大平面，并设铁的磁导率为 μ，试求：

（1）距导线 ρ 处空气中的 H_1；

（2）距导线 ρ 处铁中的 H_2。

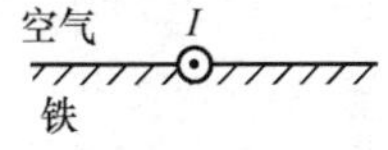

习题 5.18 图

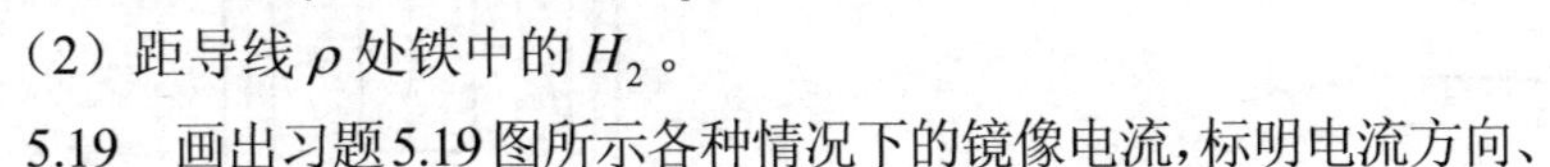

5.19　画出习题5.19图所示各种情况下的镜像电流，标明电流方向、大小及有效计算区域。

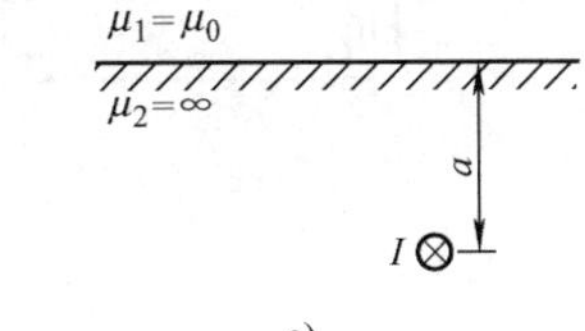

a)

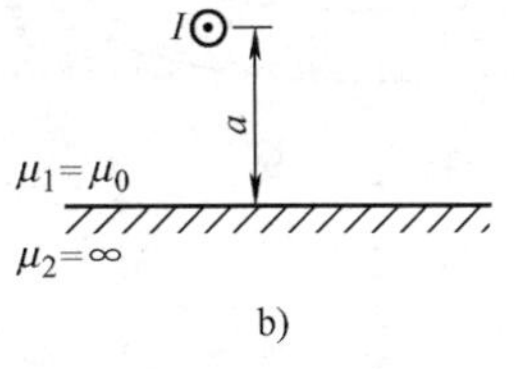

b)

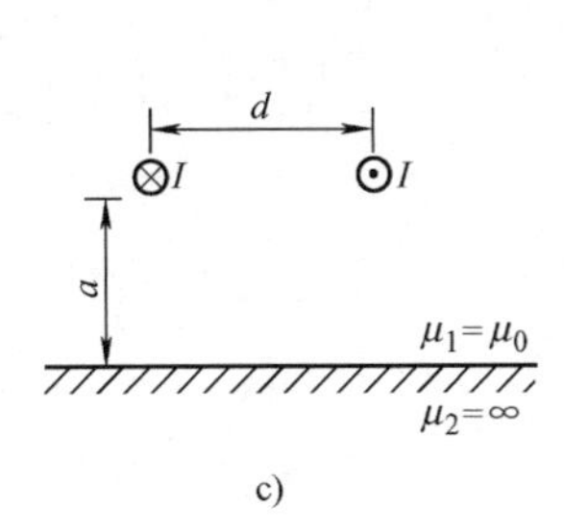

c)

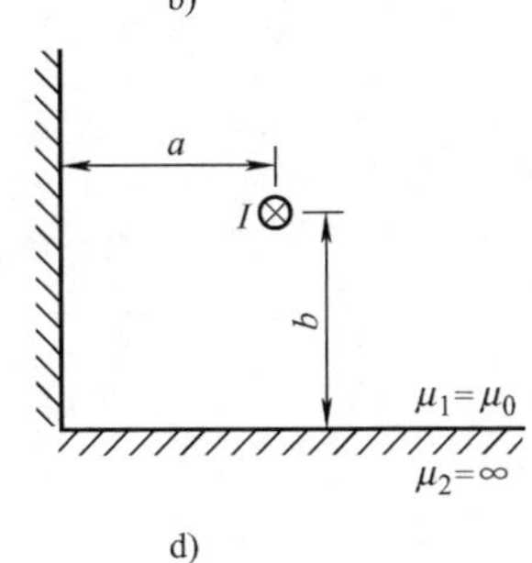

d)

习题 5.19 图

5.20　沿 y 轴的一无限长直导线旁放一个菱形线圈，如习题 5.20 图所示，线圈平面和长直导线在同一个平面上，菱形的四个顶点与长直导线的距离分别为 a、b、c，试求长直导线与菱形线圈间的互感。

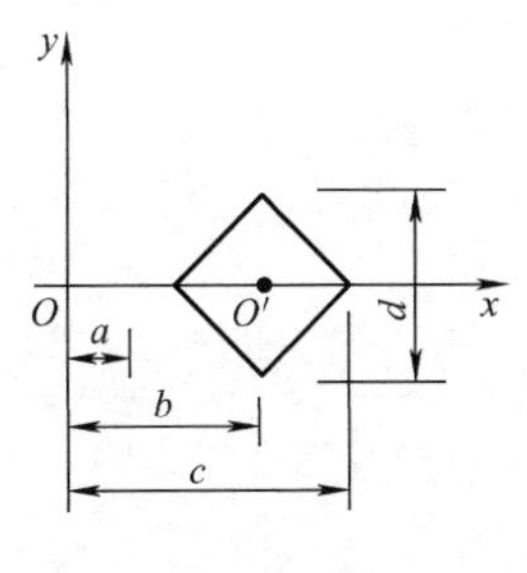

习题 5.20 图

5.21 一横截面为正方形的铁磁镯环，均匀密绕有 500 匝导线，镯环内、外半径为 6cm 和 7cm，高为 1cm，$\mu = 800\mu_0$，求镯环的自感。

5.22 计算习题 5.22 图所示两平行长直导线对中间共面线框的互感，导线半径为 R（$R \ll a,b,d$）。

5.23 习题 5.22 中，当线框中沿顺时针方向通有电流 I_2 时，用两种方法求长直导线(通有电流)对它的作用力：

（1）用计算式 $f = \int I d\boldsymbol{l} \times \boldsymbol{B}$；

（2）应用虚位移原理。

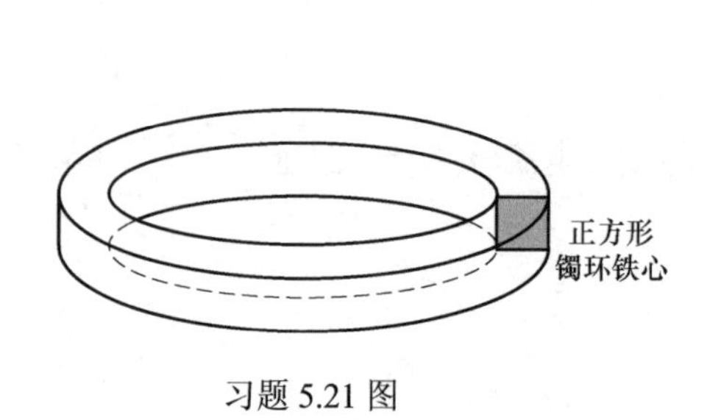

习题 5.21 图

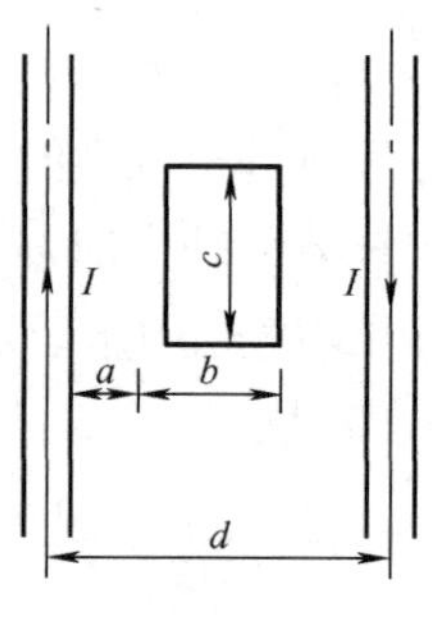

习题 5.22 图

第 6 章 静态场的边值问题

前面在静电场和恒定电场中引入了电位 φ，在恒定磁场中引入了矢量磁位 $\boldsymbol{A}$ 和标量磁位 φ_m。这些函数都是空间的函数，不随时间变化，并且在均匀媒质中满足泊松方程或拉普拉斯方程。大部分静态电磁场问题都可以归结为求解位函数的边值问题，即在给定的边界条件下，求解泊松方程或者拉普拉斯方程[⊖]。

求解边值问题的方法大致可以分为解析法和数值法两大类。解析法得到的是具有显式表达形式的“严格解”或“精确解”。数值法是随着计算机技术发展起来的一种方法，得到的是离散形式的“近似解”。解析法在电磁场理论研究方面具有重要意义，但是只能求解一些具有规则边界形状的边值问题；工程实际中的复杂电磁场问题绝大部分只能依靠数值法求解。

本章首先讨论静态电磁场的数学模型，研究如何从工程实际问题中建立起能够求解的电磁场边值问题，这是进一步分析的前提和基础。接着介绍求解边值问题的主要方法，突出数值法的概念。然后选取解析法中最典型的分离变量法和数值法中最典型的有限差分法进行讨论。在分离变量法中研究直角坐标系和柱坐标系下平行平面场的求解；在有限差分法中介绍其基本原理和实施步骤，淡化一些技术细节，强调数值法的共性特点。

受学时的限制，本门课程只能对这些方法做导引性的介绍，更深入的学习需在后续课程(例如电磁场解析方法或电磁场数值分析等)中完成。解决工程电磁场问题一般依赖于专用的软件，这些软件很多是基于有限元法编制。使用这些软件或许不需要深入了解有限元法的每一个技术细节，但是离不开对物理概念清晰的认识。因此，就这门课程而言，掌握如何从工程实际问题中抽象出可以求解的电磁场数学模型至为重要，而对于各种求解方法，应把重点放在对基本原理和思路的把握上。

6.1 静态电磁场的数学模型

6.1.1 边值问题

要对一个工程实际问题进行定量分析，必须建立它的数学模型。宏观电磁现象的数学模型是麦克斯韦(Maxwell)方程组，$\boldsymbol{E}$、$\boldsymbol{D}$、$\boldsymbol{B}$、$\boldsymbol{H}$ 等是其基本物理量。然而，在解决工程电磁场问题时，为了分析的便利，往往并不是直接求解 Maxwell 方程组，而是常常以其位函数(φ、$\boldsymbol{A}$ 等)为分析对象，求解位函数满足的微分方程(常称为控制方程或支配方程)。

应该清楚，以下两组方程(6-1-1)和方程(6-1-2)描述的是同一个对象：

⊖ 应该指出，边值问题并不限于位函数的泊松方程或者拉普拉斯方程。场函数所满足的矢量方程同样可以构成边值问题。

$$\begin{cases}\nabla\times\boldsymbol{E}=0\\\nabla\cdot\boldsymbol{D}=\rho\\\boldsymbol{D}=\varepsilon\boldsymbol{E}\end{cases}\tag{6-1-1}$$

$$\nabla^2\varphi=-\frac{\rho}{\varepsilon}\tag{6-1-2}$$

场量（$\boldsymbol{E}$、$\boldsymbol{D}$）和位函数φ是对同一个物理实体的刻画，它们通过$\boldsymbol{E}=-\nabla\varphi$互相转换。无论是得到了$\boldsymbol{E}$还是$\varphi$，都是静电场的解。如果媒质是均匀、无界的，则还有

$$\boldsymbol{E}=\frac{1}{4\pi\varepsilon}\int_{V'}\frac{\rho\boldsymbol{e}_R}{R^2}\mathrm{d}V'\tag{6-1-3}$$

以及

$$\varphi=\frac{1}{4\pi\varepsilon}\int_{V'}\frac{\rho\mathrm{d}V'}{R}\tag{6-1-4}$$

方程(6-1-1)～方程(6-1-4)以不同的方式描述了同一组场（$\boldsymbol{E}$、$\boldsymbol{D}$或φ）与源ρ以及媒质ε之间的依存关系。既然描述的是同一个对象，各个方程就是等价的。式(6-1-3)与式(6-1-4)给出的是$\boldsymbol{E}$和φ的显式表达，故认为它们分别是方程(6-1-1)和方程(6-1-2)的解。初学电磁场的学生，往往觉得这门课概念繁多，心存畏惧。其实，只要搞清了各物理量之间的关系，事情就会变得很简单。

工程实际中电磁问题通常具有复杂的媒质结构，电荷和电流的分布也往往是未知的，所以类似于式(6-1-3)、式(6-1-4)这样的积分表达式通常不能直接用来解决实际问题。此时只能根据边界条件，通过求解边值问题获得场的分布。因此，边值问题就是分析静态电磁场问题所需要的数学模型。对于随时间变化的场(时变场)，除了边界条件外，还需要知道初始时刻场的分布情况，称为初边值问题或混合问题。本章只讨论静态场。关于边值问题的一般性描述已在数学物理方程中学过，本书第 3 章介绍电位函数φ的边值问题时又对这些概念做了回顾。本节着重讨论边值问题所代表的物理意义，并讨论如何由工程实际问题建立边值问题。

边值问题由微分方程、交界面条件和场域边界条件组成。静态场中，电位φ、标量磁位φ_{m}和矢量磁位$\boldsymbol{A}$满足的微分方程为泊松方程或拉普拉斯方程，这点是不变的。媒质分界面条件是对场量不连续性的一种描述，本质上是微分方程在媒质突变处的一种特殊形式，又称为衔接条件。只要媒质的分布确定了，这种衔接条件也就容易列出。应该指出，有时候即使没有媒质的突变，也会用到衔接条件。例如在分析磁场时，可以把一个面电流所在的曲面作为分界面处理，如图 6-1-1 所示，在这个面的两边$\boldsymbol{H}$满足

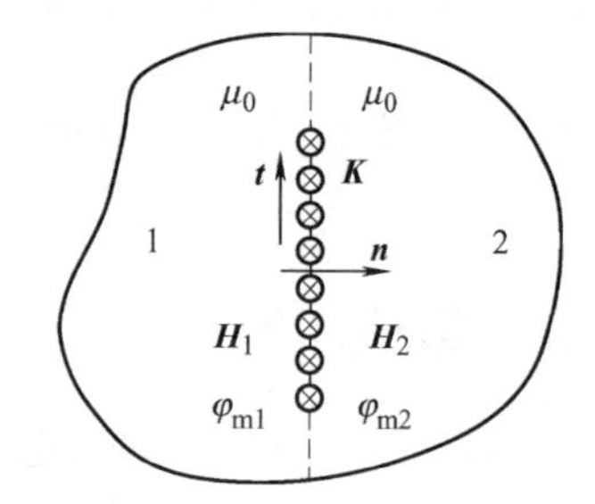

图 6-1-1　电流片作为场域分界面

$$H_{1t}-H_{2t}=K\tag{6-1-5}$$

这样在被电流薄片分开的两个子域中都不存在电流，可以分别用标量磁位φ_{m1}和φ_{m2}作为求解的对象，φ_{m}在各自的子域中满足拉普拉斯方程，在分界面上满足

$$\frac{\partial\varphi_{\mathrm{m2}}}{\partial t}-\frac{\partial\varphi_{\mathrm{m1}}}{\partial t}=K\tag{6-1-6}$$

由于 φ_m 只有一个分量，分析得以简化。

熟悉 $\boldsymbol{H}$ 与 φ_m 关系的人会清楚，式(6-1-5)与式(6-1-6)是等价的，随便写出哪一个都可以。类似的，$\mu_1 \frac{\partial \varphi_{m1}}{\partial n} = \mu_2 \frac{\partial \varphi_{m2}}{\partial n}$ 与 $B_{1n} = B_{2n}$，以及电场中 $\varepsilon_1 \frac{\partial \varphi_1}{\partial n} - \varepsilon_2 \frac{\partial \varphi_2}{\partial n} = \sigma$ 与 $D_{2n} - D_{1n} = \sigma$，$\varphi_1 = \varphi_2$ 与 $E_{1t} = E_{2t}$，也都是等价的，在使用的时候经常可以相互替代。

位函数所满足的微分方程及其在媒质分界面上的连续性条件是由物理规律和媒质结构确定的，是“死”的，而场域边界则或多或少是人为选取的。一个微分方程的通解通常可以展开为一族函数的线性组合，场域边界条件的作用就是确定这些展开式的系数(对于一维问题，就是确定积分常数)。因此场域边界条件又称为定解条件。怎样的条件才能充当边界条件？唯一性定理表明，对于拉普拉斯方程和泊松方程，①给定了函数在边界上的值(第一类边界条件)；②给定了函数在边界上的法向导数(第二类边界条件)；③给定了导体所带电荷，边值问题的解是唯一确定的。所以，能够给出上述三种条件之一的那些边或者面，就可以作为场域的边界。

6.1.2 静电场与恒定电场的场域边界条件

对于静电场和恒定电场问题，常以电极的表面和电力线所在的曲面(曲线)作为场域的边界。在电极的表面 S_c，电位 φ 为常数 φ_c。如果常数 φ_c 能够确定，就成为第一类边界条件：

$$\varphi\big|_{S_c} = \varphi_c \tag{6-1-7}$$

在电极之间，如果能够找到一条电力线 l_e，那么沿着 l_e 电场 $\boldsymbol{E}$ 只有平行分量，故 φ 的法向导数为 0，即电力线可以作为第二类边界条件：

$$\left.\frac{\partial \varphi}{\partial n}\right|_{l_e} = 0 \tag{6-1-8}$$

对于二维问题，如果有两个电极，只要能找到两条电力线，电力线与电极之间就可以形成一个封闭区域，作为求解的场域。对于三维问题，则必须找到一族电力线形成的曲面，才可能包围住一定的封闭区域。

例 6.1.1 图 6-1-2 所示的旋转对称电场中，导体球 A、B 的电位分别是 φ_A 和 φ_B，如果已知 ab、dc 是该电场中的两条电力线，则由边界 abcda 所围成的区域 Ω 可以作为求解的场域，电位 φ 的定解问题为

$$\begin{cases} \nabla^2 \varphi = 0 \\ \varphi\big|_{ad} = \varphi_A \\ \varphi\big|_{bc} = \varphi_B \\ \left.\frac{\partial \varphi}{\partial n}\right|_{ab,dc} = 0 \end{cases} \tag{6-1-9}$$

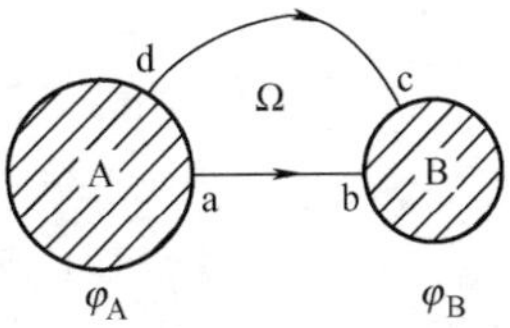

d c Ω A a b B φ_A φ_B

图 6-1-2 两导体球之间的求解场域

实际上，在未获得场的解之前，图 6-1-2 中电力线 dc 的形状是很难精确描述的，因此 dc 并不适合作为场域的边界。这个问题下面还会论及。

初学者看到像式(6-1-9)这样的式子，往往会因为担心如何求解而感到不知所措。这也是

电磁场看起来很难的原因之一。不过不用担心，如何求解是以后的事，此处只讨论建模问题，暂时只要知道这样的模型可以求解就行了。

对于某些具有对称分布特性的电磁场，可以利用对称面或对称轴作为场域的边界。如果在对称轴(面)两边，电荷分布是对称的，那么该对称轴(面)必然是一条(族)电力线，可以作为齐次第二类边界条件，图 6-1-2 中 ab 就是这样的对称轴。如果在对称线(面)两边，电荷分布是反对称的，由于电力线都是从正电荷指向负电荷，必然以垂直的方式穿过该对称线(面)，因此反对称面一定是一个等位面，可以作为第一类边界条件。以后我们会知道，在使用数值法求解电磁场问题时，许多方法所需要的计算量跟场域的大小有关。充分利用对称性条件可以压缩求解的场域，从而显著节省计算时间。

例 6.1.2 如图 6-1-3 所示，相距为 b 的两块平行导板之间的电压为 U_0，每块极板的面积为 $a\times c$（$c\gg a$）。极板间的一半区域填充介电常数为 ε 的电介质。若不计边缘效应，试列出求电容器内部电场分布的边值问题。

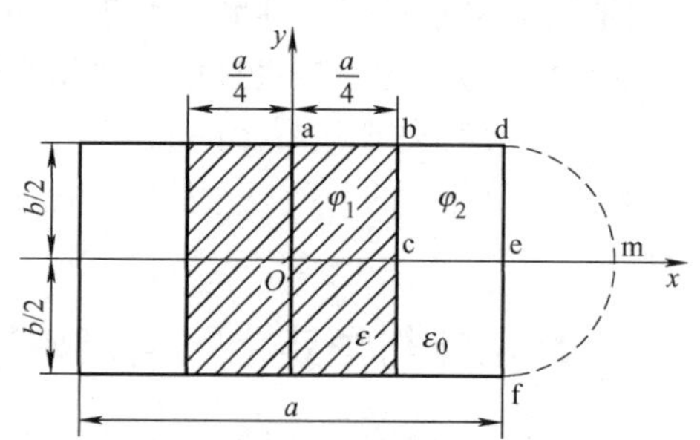

图 6-1-3 对称问题的边值问题

解：由于 $c\gg a$，可以不考虑场沿长度方向的变化，因此可视为平行平面场。建立如图所示的直角坐标系。根据场分布的对称性，对称轴 Oa 是一条电力线，对称轴 Ox 是一条等位线，如果选取 Ox 为电位参考点，则电极 abd 上电位为 $U_0/2$。忽略边缘效应，线段 df 可以看作是一条电力线。因此，可以将由 Ocedba$O$ 围成的区域作为求解的场域。设媒质 ε 中的电位用 φ_1 表示，空气中的电位用 φ_2 表示，列出边值问题如下：

$$\begin{cases}\nabla^2\varphi_1=0 \quad \left(0<x<\dfrac{a}{4},\ 0<y<\dfrac{b}{2}\right) & \text{(6-1-10a)}\\[2mm] \nabla^2\varphi_2=0 \quad \left(\dfrac{a}{4}<x<\dfrac{a}{2},\ 0<y<\dfrac{b}{2}\right) & \text{(6-1-10b)}\\[2mm] \varphi_1\big|_{\mathrm{bc}}=\varphi_2\big|_{\mathrm{bc}},\ \varepsilon\dfrac{\partial\varphi_1}{\partial x}\bigg|_{\mathrm{bc}}=\varepsilon_0\dfrac{\partial\varphi_2}{\partial x}\bigg|_{\mathrm{bc}} & \text{(6-1-10c)}\\[2mm] \varphi_1\big|_{O\mathrm{c}}=\varphi_2\big|_{\mathrm{ce}}=0 & \text{(6-1-10d)}\\[2mm] \varphi_1\big|_{\mathrm{ab}}=\varphi_2\big|_{\mathrm{bd}}=\dfrac{U_0}{2} & \text{(6-1-10e)}\\[2mm] \dfrac{\partial\varphi_1}{\partial x}\bigg|_{O\mathrm{a}}=0 & \text{(6-1-10f)}\\[2mm] \dfrac{\partial\varphi_2}{\partial(-x)}\bigg|_{\mathrm{de}}=0 & \text{(6-1-10g)}\end{cases}$$

式(6-1-10c)为媒质分界面条件；式(6-1-10d)与式(6-1-10e)为第一类边界条件，它把电位参考点取在上下极板的对称面上，意味着下极板电位为 $-U_0/2$；式(6-1-10f)与式(6-1-10g)为齐次第二类边界条件，式(6-1-10d)与式(6-1-10f)利用了场的对称性。式(6-1-10g)中对 $(-x)$ 求偏导，是因为约定场域边界法向方向 $\boldsymbol{n}$ 指向场域的内侧。

例 6.1.2 中，如果不忽略导板的边缘效应，则 φ_2 所在的区域延伸到极板的外部直至无限

远处，求解区域为整个第一象限的1/4个平面，边值问题(6-1-10)应改写为

$$\begin{cases}\nabla^2\varphi_1=0 \quad \left(0<x<\dfrac{a}{4},\ 0<y<\dfrac{b}{2}\right) & \text{(6-1-11a)}\\ \nabla^2\varphi_2=0 \quad \left(x>\dfrac{a}{4},\ y>0\right)\cup\left(x>0,\ y>\dfrac{b}{2}\right) & \text{(6-1-11b)}\\ \varphi_1\big|_{\mathrm{bc}}=\varphi_2\big|_{\mathrm{bc}},\ \varepsilon\dfrac{\partial\varphi_1}{\partial x}\bigg|_{\mathrm{bc}}=\varepsilon_0\dfrac{\partial\varphi_2}{\partial x}\bigg|_{\mathrm{bc}} & \text{(6-1-11c)}\\ \varphi_1\big|_{O\mathrm{c}}=\varphi_2\big|_{y=0,x>\frac{a}{4}}=0 & \text{(6-1-11d)}\\ \varphi_1\big|_{\mathrm{ab}}=\varphi_2\big|_{\mathrm{bd}}=\dfrac{U_0}{2} & \text{(6-1-11e)}\\ \dfrac{\partial\varphi_1}{\partial x}\bigg|_{O\mathrm{a}}=\dfrac{\partial\varphi_2}{\partial x}\bigg|_{x=0,y>\frac{b}{2}}=0 & \text{(6-1-11f)}\\ \varphi_2\big|_{x\to\infty 或 y\to\infty}=0 & \text{(6-1-11g)}\end{cases}$$

除了前述三类边界条件以外，常用的还有周期性边界条件(在处理周期性场时，在周期性边界上对应点的函数值及其法向导数值分别相等)，自然边界条件(根据场的物理本质，在某些位置或无限远处补充场量及其导数为有限值)等，此处不逐一详细介绍。

从场与源的关系来看，边界条件实际上反映了场域外(包括边界上)的源对场域内产生的影响。一个区域的场由域内和域外的源共同作用而产生。域内的源就是它的电荷分布，体现在泊松方程$\nabla^2\varphi=-\dfrac{\rho}{\varepsilon}$的右端项$-\dfrac{\rho}{\varepsilon}$中。如果域内没有电荷分布，则成为拉普拉斯方程，产生场的源全部在场域外(或边界上)。域外源的作用通过不为0的边界条件“耦合”到域内。这点从数学上来看很清楚：由格林公式可以导出[⊖]，在一被封闭面S包围的体积V内(设V内充满均匀介质ε)，任意一点的电位φ可以表示为

$$\varphi=\frac{1}{4\pi\varepsilon}\int_V\frac{\rho}{R}\mathrm{d}V'+\frac{1}{4\pi}\int_S\left[\frac{1}{R}\frac{\partial\varphi}{\partial n}-\varphi\frac{\partial}{\partial n}\left(\frac{1}{R}\right)\right]\mathrm{d}S' \tag{6-1-12}$$

式中，第一项表示V内的源所产生的效应，第二项是边界条件的作用，代表S以外所有电荷对V内一点电位的贡献。不喜欢数学的人可以这样来理解，设某段边界上满足$\dfrac{\partial\varphi}{\partial n}=-f$，$f$是已知函数，如果是静电场，它等同于该段边界上具有(等效的或者真实的)电荷面密度$\sigma=\varepsilon E_n=-\varepsilon\dfrac{\partial\varphi}{\partial n}=\varepsilon f$；如果是电流场，它表示由外界注入的电流密度为$J_n=\gamma E_n=-\gamma\dfrac{\partial\varphi}{\partial n}=\gamma f$。

不难看出，边界条件对域内场的影响具有某种“局域”特征，即域内某点的场更主要地取决于它所邻近处的边界条件。这允许在远离所关心区域处设置的边界条件可以不用那么精确。在例6.1.1中，电力线dc的形状很难事先精确地确定，因此不宜作为边界条件。那么该如何处理呢？假设题目中$\varphi_{\mathrm{A}}=1\mathrm{V}$、$\varphi_{\mathrm{B}}=-1\mathrm{V}$，在远离两导体球处电位为0。如果所关心的区

⊖ 参见：J A Stratton. 电磁理论[M]. 何国瑜，译. 北京：北京航空学院出版社，1986: 177-179. 这是一本公认的电磁场理论的经典著作。也可参阅谢处方，饶克谨. 电磁场与电磁波[M]. 3版. 北京：高等教育出版社，1999: 51-53.

域限于导体球附近，则可以取求解场域如图 6-1-4 所示，其中边 fg、gh、hi 离开导体球足够远。图 6-1-5 是使用有限元法对该问题计算得到的电场强度分布情况。

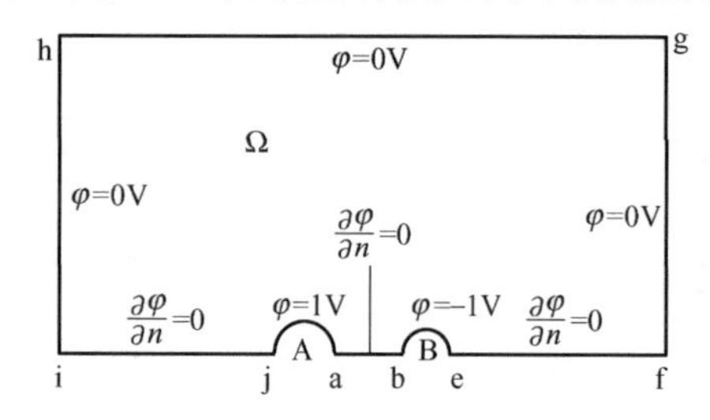

图 6-1-4 远离关心区域所取的近似边界条件

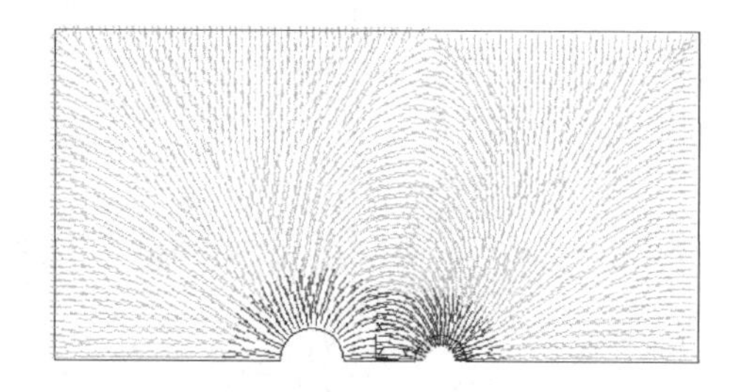

图 6-1-5 两导体球形成的电场(远处边界取电位为 0)

图 6-1-4 中，如果认为从 A 导体球上 j 点发出的一条电力线经过 ji 伸向无限远处，又经过 fe 回到 B 导体球，而曲线 jihgfe 就代表这条电力线所经过的路径，那么还可以认为在 ihgf 上满足 $\dfrac{\partial\varphi}{\partial n}=0$。注意，这跟上文施加 $\varphi=0$ V 刚好相反，施加 $\varphi=0$V 意味着 ihgf 被近似认为是一条等位线，而施加 $\dfrac{\partial\varphi}{\partial n}=0$ 则意味着 ihgf 被近似认为是一条电力线。图 6-1-6 是使用有限元方法计算的结果。与图 6-1-5 相比，两个结果在远离导体球的区域可以说是天壤之别。但由于两种假设都有一定的合理性，对于导体球附近的场产生的影响并不显著，如图 6-1-7 所示。

如果只是关心两球心连线上的电位分布，并且要求的精度也不是太高，那么选取如图 6-1-7b 所示的 cd 位置、垂直于两个圆表面的弧线作为一条近似的电场线，以四边形 abcd 为求解场域，在弧线 cd 上施加 $\dfrac{\partial\varphi}{\partial n}=0$，也能够获得相当满意的结果。

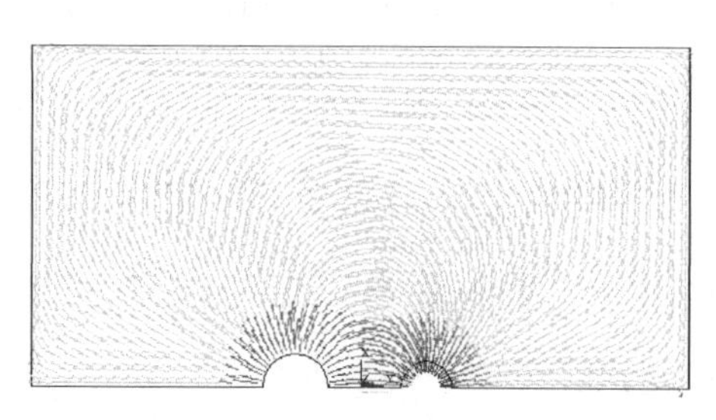

图 6-1-6 两导体球形成的电场
(远处边界看作一条电力线)

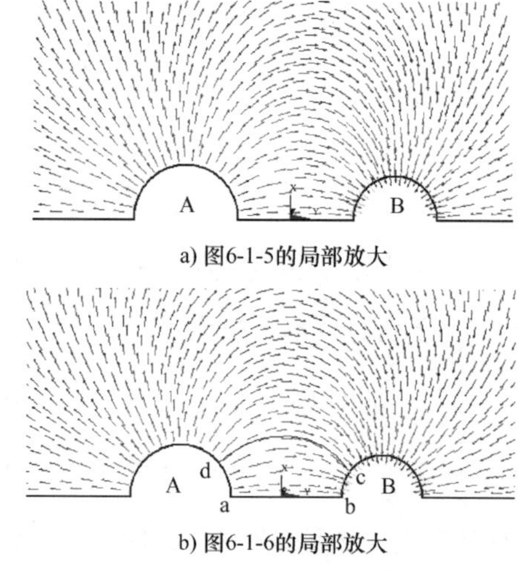

a) 图6-1-5的局部放大

b) 图6-1-6的局部放大

图 6-1-7 远处边界条件不同假定
对导体球附近场分布的影响不显著

类似的，在例 6.1.2 中，如果关心的区域限于电容器内部，同时又希望一定程度上考虑导板的边缘效应，那么图 6-1-3 中的半圆形弧线段 dmf 可以作为一条电力线很好的近似，求解的区域可以用边界 *ocemdbao* 限定，而不必扩展到无穷远处。当然，如果所关心的刚好是边缘效应或者电容器外部的场，那就只好求解式(6-1-11)那样的模型了。

从上面的讨论可以看到，场域的边界条件是在对研究对象仔细分析的基础上，根据场的性质和分析的任务确定出来的。即使对同一个问题，关心的焦点不同，建立的模型也就不同。建立边值问题的过程，是对工程问题进行“物理”加工的过程，求解边值问题的事情则交给“数学”处理，处理的结果还要回归到“物理”和工程。能否建立合适的边界条件，取决于分析者对于问题的把握能力。一个具备丰富专业知识的人，在没有求解问题之前就能预见到计算的结果，他所建立的数学模型必然是抓住了本质的、高效的模型。这样的模型，不仅能够保证分析结果的正确性，而且可以降低问题的求解难度，提高解题的效率。

6.1.3 恒定磁场的场域边界条件

恒定磁场可以用标量磁位 φ_m 和矢量磁位 $\boldsymbol{A}$ 两种位函数来表达。标量磁位 φ_m 只有一个变量，计算量小，但它只适用于无电流的区域，而且积分路径中也不能包围电流，因此在应用上受到一定限制[⊖]。矢量磁位 $\boldsymbol{A}$ 在表达二维平行平面场时也只有一个分量，而且等 A 线与磁场线平行，因此二维平行平面场的求解多选择矢量磁位 $\boldsymbol{A}$ 为求解量。

（1）标量磁位 φ_m 的边界条件

标量磁位 φ_m 与磁场强度 $\boldsymbol{H}$ 的关系（$\boldsymbol{H}=-\nabla\varphi_m$）跟电位 φ 与电场强度 $\boldsymbol{E}$ 的关系（$\boldsymbol{E}=-\nabla\varphi$）相同，因此磁位 φ_m 的边界条件也与电位 φ 有许多相似之处。在磁极表面，如果不存在面电流，磁力线处处与之垂直，因此磁极表面是等 φ_m 面，可以作为第一类边界条件。沿着磁力线（或磁力线族形成的曲面），$\dfrac{\partial\varphi_m}{\partial n}=0$，为齐次第二类边界条件。

计算磁场时也常用对称面（轴）作为场域的边界。跟电场的情况相反，磁场中当电流的分布关于某个面（轴）对称时，磁力线处处与之垂直，该对称面（轴）是一个等 φ_m 面（线），可以作为第一类边界条件，如图 6-1-8b 中的水平对称面 ab；当电流关于某个面（轴）反对称时，磁力线处处与之平行，可以作为齐次第二类边界条件，如图 6-1-8b 中的铅直对称面 cd。

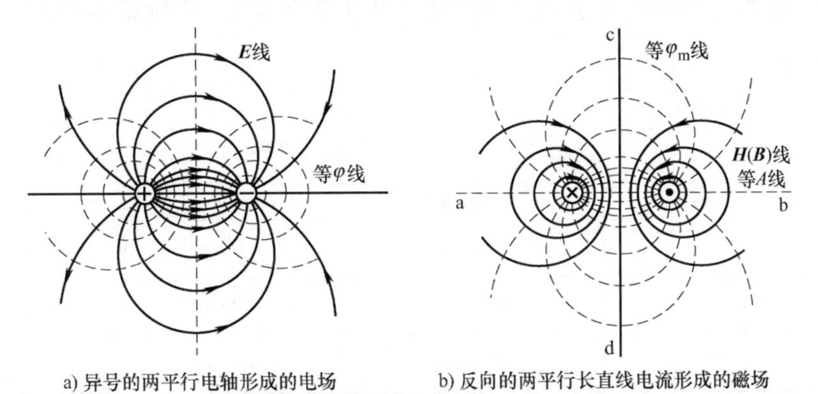

a) 异号的两平行电轴形成的电场　　b) 反向的两平行长直线电流形成的磁场

图 6-1-8　电场与磁场的对称性

⊖ 在三维恒定磁场，特别是涉及铁磁材料非线性磁场的分析中，已经发展出了一些方法，将励磁电流的作用与铁的作用分开考虑，用毕奥—沙伐定律计算激励电流单独产生的作用，然后用有限元法计算铁磁材料对磁场的贡献。由于励磁电流被分离出去，剩余的磁场可以使用标量磁位 φ_m 表达(称为不完全标量磁位)。这种方法在多数情况下具有计算量少、精度高等优点，为许多著名的磁场分析软件如 ANSYS、TOSCA 等采用。可参阅：樊明武，颜威利. 电磁场积分方程法[M]. 北京：机械工业出版社，1988.

（2）矢量磁位 $\boldsymbol{A}$ 的边界条件

为简单起见，这里只讨论平行平面场，此种情况下 $\boldsymbol{A}$ 只有与电流 $\boldsymbol{J}$ 相同方向的分量，常把这个方向定义为 z 方向，这样 $\boldsymbol{A}=A\boldsymbol{e}_z$，$\boldsymbol{J}=J\boldsymbol{e}_z$。$A$ 满足的微分方程为

$$\nabla^2 A=-\mu J \tag{6-1-13}$$

媒质分界面条件为

$$\begin{cases} A_1=A_2 \\ \dfrac{1}{\mu_1}\dfrac{\partial A_1}{\partial n}-\dfrac{1}{\mu_2}\dfrac{\partial A_2}{\partial n}=K \end{cases} \tag{6-1-14}$$

细心的读者不难发现 $\boldsymbol{A}$ 与电位 φ 之间的相似性，只要将 μ 换成 $1/\varepsilon$，J 换成 ρ，二者满足的方程和媒质分界面条件完全一致。因此 $\boldsymbol{A}$ 跟电流 I 的关系可以与 φ 跟电荷 q 的关系相比拟。在平行平面场中，$\boldsymbol{A}$ 有一个重要的性质就是：等 A 线与 $\boldsymbol{B}$ 线重合。图 6-1-8b 中的 $\boldsymbol{H}$ 线即 $\boldsymbol{B}$ 线也即等 A 线，它与电流 I 的关系，跟图 6-1-8a 中的等 φ 线与电荷的关系完全相同。

$\boldsymbol{A}$ 与 φ 可以比拟，但 $\boldsymbol{B}$ 与 $\boldsymbol{E}$ 却不能比拟，这是因为 $\boldsymbol{A}$ 定义为 $\nabla\times\boldsymbol{A}=\boldsymbol{B}$，而 φ 定义为 $-\nabla\varphi=\boldsymbol{E}$。表现在物理图像上，$\boldsymbol{E}$ 线垂直于等 φ 线，而 $\boldsymbol{B}$ 线平行于等 A 线；沿着 $\boldsymbol{E}$ 线满足 $\dfrac{\partial\varphi}{\partial n}=0$，而垂直于 $\boldsymbol{B}$ 线满足 $\dfrac{\partial A}{\partial n}=0$。掌握这些关系，不难利用磁力线确定 $\boldsymbol{A}$ 的边界条件。

表 6-1-1、表 6-1-2 对场线和对称面与边界条件的关系进行了归纳。要生硬地记住这些关系虽然不难，但要持久地不弄混恐怕也非易事。好在根本不需要硬记。

表 6-1-1 中，第 3 列位函数与场函数的关系是本质的，只要清楚梯度 $\nabla\varphi$ 跟 $\nabla\times\boldsymbol{A}$ 的区别，其余都将是很自然的事情。$\nabla\varphi$ 表示函数沿纵向的变化情况，例如 E_x 就是 φ 沿 x 方向的(负)导数，因此沿着 $\boldsymbol{E}$ 线 $\boldsymbol{l}$ 只有 $\dfrac{\partial\varphi}{\partial l}$ 而无 $\dfrac{\partial\varphi}{\partial n}$；而 $\nabla\times\boldsymbol{A}$ 表示函数在横向的变化情况，例如 B_x 等于 A_z 沿 y 方向的导数，因此沿着 $\boldsymbol{B}$ 线 $\boldsymbol{l}$ 矢量磁位 $\boldsymbol{A}$ 不能有变化，否则就存在磁场的横向分量 $B_n=\dfrac{\partial A}{\partial l}$，如图 6-1-9 所示。

表 6-1-1 根据场线确定边界条件

位 函 数	场 量	位与场的关系	沿 着 场 线	垂直于场线
电位 φ	$\boldsymbol{E}$	$\boldsymbol{E}=-\nabla\varphi$	$\dfrac{\partial\varphi}{\partial n}=0$	$\varphi=\text{const}$
标量磁位 φ_m	$\boldsymbol{H}$	$\boldsymbol{H}=-\nabla\varphi_m$	$\dfrac{\partial\varphi_m}{\partial n}=0$	$\varphi_m=\text{const}$
矢量磁位 $\boldsymbol{A}$	$\boldsymbol{B}$	$\boldsymbol{B}=\nabla\times\boldsymbol{A}$	$A=\text{const}$	$\dfrac{\partial A}{\partial n}=0$

表 6-1-2 根据对称面确定边界条件

场 类 型	场与源的关系	对 称 面		反 对 称 面	
静电场	$\nabla\cdot\boldsymbol{D}=\rho$	与 $\boldsymbol{E}$ 线平行	$\dfrac{\partial\varphi}{\partial n}=0$	与 $\boldsymbol{E}$ 线垂直	$\varphi=\text{const}$
恒定磁场	$\nabla\times\boldsymbol{H}=\boldsymbol{J}$	与 $\boldsymbol{B}$ 线垂直	$\varphi_m=\text{const}$	与 $\boldsymbol{B}$ 线平行	$\dfrac{\partial\varphi_m}{\partial n}=0$
			$\dfrac{\partial A}{\partial n}=0$		$A=\text{const}$

表 6-1-2 中，第 2 列场与源的关系是本质的。由散度确定的静电场是一种纵场，场线由正电荷指向负电荷，垂直穿过反对称面；而由旋度确定的磁场是一种横场，场线环绕在电流的周围，它不可能越过反对称面，否则所包围的电流就可能消失。回顾图 6-1-8，它给出了关于这些讨论的直观而简单的物理图像。

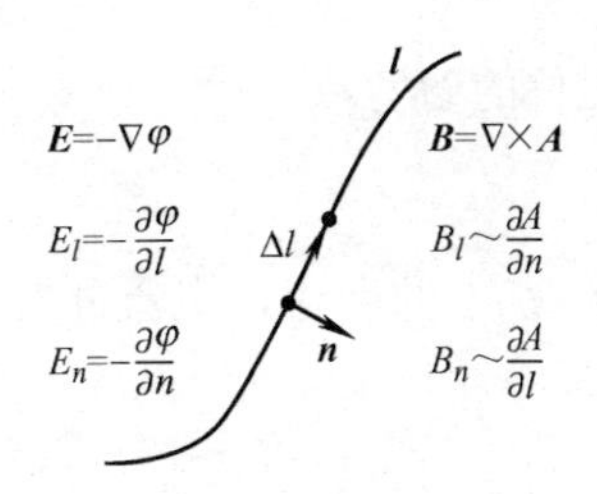

图 6-1-9　梯度与旋度的求导方向

数学很了不起，它能够把复杂的物理规律以极其简洁的形式表达出来；但倘若不能透过数学看到它揭示的物理图像，那数学就只是一堆毫无意义的符号。

例 6.1.3　一旋转电动机截面如图 6-1-10a 所示，设定子与转子的轴向长度比转子半径大得多，定、转子表面均为光滑圆柱面，气隙宽度 a 比转子半径小得多。此种情况下，将定、转子的圆柱面展开为平行平面，如图 6-1-10b，对磁场的计算不会造成太大的影响。设定子绕组的电流为沿定子内表面分布的面电流，如图 6-1-10c 所示，面电流密度为 $\boldsymbol{K}=K_{\mathrm{m}}\sin\left(\dfrac{\pi}{b}x\right)\boldsymbol{e}_z$，$b$ 为极距。不计铁心的磁饱和效应，试列出求气隙中磁场分布的边值问题。

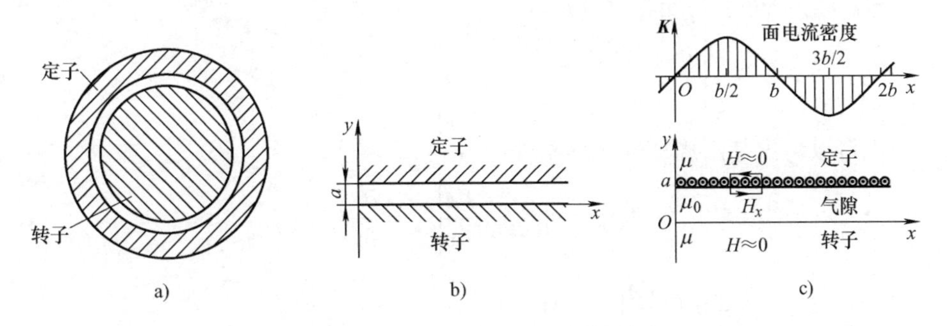

图 6-1-10　旋转电动机的气隙磁场

解： 忽略边缘效应，气隙中的磁场可视为沿轴向不变的平行平面场。由于电流沿轴向，故气隙中矢量磁位 $\boldsymbol{A}$ 只有 z 向分量 $\boldsymbol{A}=A\boldsymbol{e}_z$。气隙中无电流，故 A 满足

$$\nabla^2 A=\frac{\partial^2 A}{\partial x^2}+\frac{\partial^2 A}{\partial y^2}=0$$

先确定 A 在定、转子表面的边界条件。由于铁心 $\mu\gg\mu_0$，故定、转子内部 $H\approx 0$。转子表面无电流，故转子表面 $H_x=0$，磁力线处处与之垂直，有

$$\left.\frac{\partial A}{\partial y}\right|_{y=0}=0$$

在定子表面，由媒质分界面条件有 $H_x=K$，即

$$\left.\frac{1}{\mu_0}\frac{\partial A}{\partial y}\right|_{y=a}=K_{\mathrm{m}}\sin\left(\frac{\pi x}{b}\right)\quad 或\quad \left.\frac{\partial A}{\partial y}\right|_{y=a}=\mu_0 K_{\mathrm{m}}\sin\left(\frac{\pi x}{b}\right)$$

再来寻找 x 方向的场域边界条件。旋转电动机气隙中的磁场沿着圆周是周期性分布的。在 $x=0$ 的两边，电流分布是反对称的，因此 $x=0$ 是一条磁力线，也是一条等 A 线。选 (0,0)

为磁位的参考点，得

$$A\big|_{x=0}=0$$

在 $x=b/2$ 的两边，电流分布是对称的，因此沿着 $x=b/2$，磁力线处处与之垂直，有

$$\left.\frac{\partial A}{\partial x}\right|_{x=b/2}=0$$

综上，用矢量磁位 $\boldsymbol{A}$ 求气隙内磁场的边值问题可以写为

$$\begin{cases}\dfrac{\partial^2 A}{\partial x^2}+\dfrac{\partial^2 A}{\partial y^2}=0 & \left(0<x<\dfrac{b}{2},\ 0<y<a\right)\\ \left.\dfrac{\partial A}{\partial y}\right|_{0<x<b/2,\ y=0}=0 \\ \left.\dfrac{\partial A}{\partial y}\right|_{0<x<b/2,\ y=a}=\mu_0 K_{\mathrm{m}}\sin\left(\dfrac{\pi x}{b}\right) \\ A\big|_{x=0,\ 0<y<a}=0 \\ \left.\dfrac{\partial A}{\partial x}\right|_{x=b/2,\ 0<y<a}=0\end{cases}\tag{6-1-15}$$

此外，也可以考虑使用周期性边界条件

$$A\big|_{x=0}=A\big|_{x=2b},\quad \left.\frac{\partial A}{\partial x}\right|_{x=0}=\left.\frac{\partial A}{\partial x}\right|_{x=2b}\tag{6-1-16}$$

取代式(6-1-15)中的 $A\big|_{x=0}=0$ 和 $\left.\dfrac{\partial A}{\partial x}\right|_{x=b/2}=0$。

边值问题式(6-1-15)的求解将在 6.3 节进行研究。此处先给出气隙内磁力线分布，如图 6-1-11 所示。这样的图像在动手解题之前就应该有一定的预见。

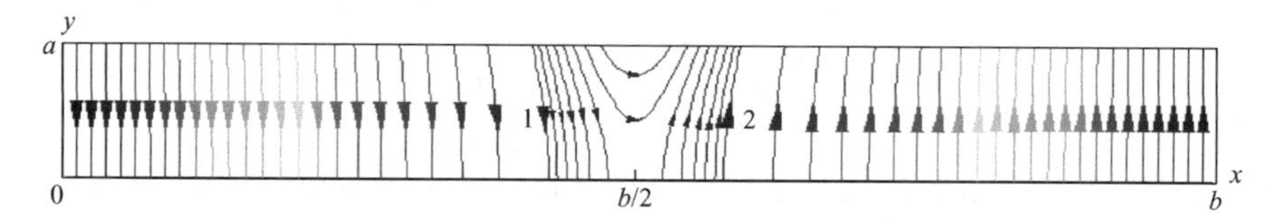

图 6-1-11 例 6.1.3 气隙中的磁力线分布

（a/b=1/20，未严格按比例绘图。图中 1、2 两条磁力线之间是按照磁力线密度增加 8 倍后绘制的，以观察此处的磁场分布细节）

6.2 求解边值问题的方法

边值问题的求解方法大致可以分为解析法和数值法两大类。

解析法也称为经典法，是指通过严格的理论推导得到微分方程的解。在数学物理课程中

学习过的分离变量法、积分变换法、格林函数法、保角变换法等都属于解析法，前面介绍的镜像法也属于解析法——一种基于唯一性定理的构造式的方法。解析法的主要优点是：解是精确的；当方程中的某些参数变化时，不必重新求解，或者说解有一定的普适性；能够从解的表达式中观察到参数之间的依赖关系。解析法的主要缺点是仅能求解少量具有规则边界形状的边值问题，对于复杂的工程实际问题，一般来说无法得到解析解。另外应当指出，解析解的精确性仅是相对于所解的数学方程而言，而对实际问题建立数学模型的过程中总是要做出一定的近似。

数值法是随着计算机技术的发展而出现的一种分析方法，它将待求解的连续的数学方程进行离散化处理，将之转化为关于有限个未知数的代数方程组的计算问题，借助于计算机进行求解。典型的数值方法包括有限差分法(Finite Difference Method，FDM)、有限元法(Finite Element Method，FEM)、边界元法(Boundary Element Method，BEM)和矩量法(Method of Moments，MoM)等。数值离散的方式有多种，比较典型的是对场域离散。例如在有限差分法和有限元法中，将求解的区域划分为细小的网格(或称为单元)，如图 6-2-1 所示，网格的交点称为节点，以节点上的函数值作为求解的未知量，通过分析节点函数值之间的约束关系建立代数方程组，解此方程组即得节点上的函数值。由于方程的解是以一系列离散点上的函数值的形式给出的，所以这种解也叫数值解或离散解。数值解是数学方程的一种近似解。从原理上讲，当离散精度无限提高时，所得的数值解可以无限地趋于精确解。

数值法的优点是能够适用于任意复杂的边界形状和媒质分布，原则上可以解决任何问题。不止在电磁场领域，在几乎所有的学科领域，从天气预报、股市分析，到飞机设计、卫星上天，当理论模型十分复杂甚至难以建立理论模型，或者实验费用昂贵甚至不能进行实验的时候，数值方法就成为解决这些问题的唯一或者主要手段。由此诞生了一种新的科学研究方法，称为“科学计算”，它与科学理论、科学实验并列为现代科学研究的三种基本模式。科学计算在电磁场领域的分支，称为计算电磁学，它是现代电磁场理论与应用研究的重要内容。目前已经有若干成熟的电磁场分析软件，如 ANSYS、ANSOFT 等，广泛地应用于电气设备开发与电磁场研究的各个领域。

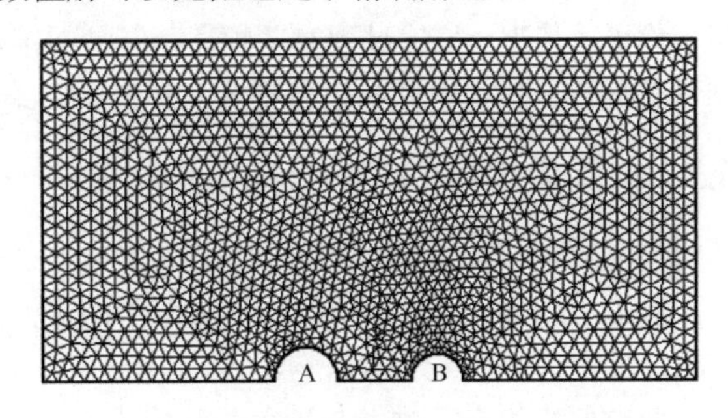

图 6-2-1　采用有限元法计算例 6.1.1 使用的网格与节点(对应图 6-1-4～图 6-1-7)

数值法的缺点正好跟解析法的优点相对应：只能得到方程的离散解，难以反映系统中各参量之间的依赖关系；对同一问题，参数稍加变化，就需要全部重新计算；解是近似的，计算结果的精确度和正确性有时难以评估和控制，带有一定的盲目性。此外，数值法最大的缺点是高度依赖于计算机资源，计算量大，花费时间长，许多复杂问题由于计算机资源的限制不能得到有效的解决。随着计算机技术及信息处理技术的飞速发展，这些问题将得到缓解或解决。

除了解析法与数值法以外，还存在其他的一些近似方法，例如图解法和模拟实验法，基于变分原理的里兹法和伽辽金法，用于高频领域的衍射几何理论，将解析法与数值法相结合的半解析方法等。这些方法中，图解法和模拟实验法已因其过于粗糙而很少使用；里兹法和伽辽金法发展出了有限元法；衍射几何理论与各种半解析法的实施都跟数值计算技术密切相关，可以归到数值法中去。计算电磁学还是一个处于蓬勃发展中的学科，各种新的计算方法和计算技术仍在不断的推出。感兴趣的同学可以学习电磁场的后续课程——电磁场数值分析，或者参阅相关的文献。

6.3 分离变量法

分离变量法是求解线性齐次二阶偏微分方程的一种重要的经典方法。它将多变量的未知函数表示为单变量函数的乘积，代入原方程使之分离成若干个常微分方程，这些方程通过若干个待定常数互相连结；各常微分方程通解的乘积就是原偏微分方程的通解，通解中的待定常数根据边界条件确定。

使用分离变量法有严格的条件限制，求解问题的边界面必须与坐标面重合，边界条件只能是第一类或者第二类；对使用的坐标系也有要求，对于标量亥姆霍兹方程(拉普拉斯方程可以看作它的一种特殊形式)，只有在一定坐标系下才能实现变量分离。本节以二维拉普拉斯方程的具体例子，介绍分离变量法在直角坐标系和柱坐标系中的应用。

学过数学物理方法的人会有这样的经验，使用分离变量法求解边值问题是相当麻烦的。可是，当你看到那么复杂的电磁场问题，通过一步步的推导，得出了美妙的结果，会产生一种发自内心的愉悦。要知道，这些问题的解决，是数学物理史上了不起的成就，而现在，它属于你了。其次，虽然过程有些烦琐，但是不难，因为解题的步骤都大同小异，“难”意味着难以理解和掌握。所以如果做不好，那是因为不肯做，是懒，而不是难。

6.3.1 直角坐标系中的分离变量法

当求解区域为矩形时，可以选用直角坐标系。

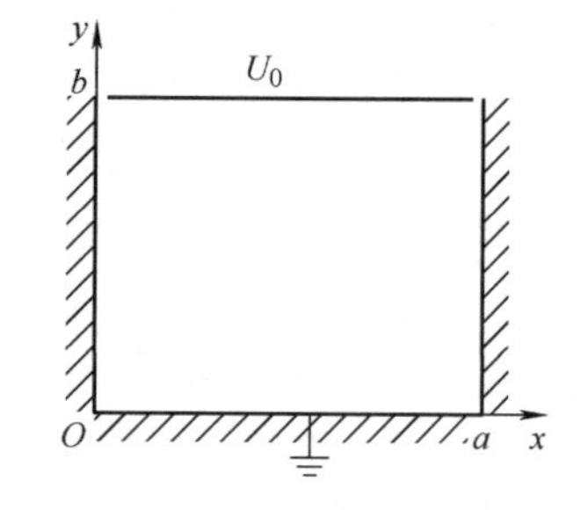

图 6-3-1 矩形截面的接地长直金属槽

例 6.3.1 图 6-3-1 所示为矩形截面的接地长直金属槽，槽宽为 a、高为 b，槽长 l 远大于 a 和 b。侧壁与底面电位均为零，槽壁与顶盖相互绝缘，顶盖电位为 U_0，槽内自由空间无电荷分布。求槽内的电位分布。

解： 由于槽长 l 远大于 a 和 b，槽内电场可视为平行平面场。选择直角坐标系如图 6-3-1 所示。因槽内无空间电荷，电位 φ 满足拉普拉斯方程。由所给的边界状态，有如下第一类边值问题：

$$\begin{cases} \dfrac{\partial^2\varphi}{\partial x^2}+\dfrac{\partial^2\varphi}{\partial y^2}=0 & \text{(6-3-1a)} \\ \varphi\big|_{x=0,\ 0\leqslant y\leqslant b}=0 & \text{(6-3-1b)} \\ \varphi\big|_{0\leqslant x\leqslant a,\ y=0}=0 & \text{(6-3-1c)} \\ \varphi\big|_{x=a,\ 0\leqslant y\leqslant b}=0 & \text{(6-3-1d)} \\ \varphi\big|_{0<x<a,\ y=b}=U_0 & \text{(6-3-1e)} \end{cases}$$

令

$$\varphi(x,y)=X(x)Y(y) \tag{6-3-2}$$

将式(6-3-2)代入式(6-3-1a)，微分后再除以φ，移项，得

$$\frac{1}{X}\frac{\mathrm{d}^2X}{\mathrm{d}x^2}=-\frac{1}{Y}\frac{\mathrm{d}^2Y}{\mathrm{d}y^2} \tag{6-3-3}$$

式(6-3-3)左边只含变量x，右边只含变量y，只有左右两边同等于一个与x、y都无关的任意常数时，方程才成立。令该任意常数为λ，偏微分方程式(6-3-1a)就转化为两个常微分方程

$$\frac{1}{X}\frac{\mathrm{d}^2X}{\mathrm{d}x^2}=\lambda \tag{6-3-4}$$

$$\frac{1}{Y}\frac{\mathrm{d}^2Y}{\mathrm{d}y^2}=-\lambda \tag{6-3-5}$$

将式(6-3-2)代入边界条件式(6-3-1b)和式(6-3-1d)，得到

$$X(0)Y(y)\big|_{0\leqslant y\leqslant b}=0 \tag{6-3-6a}$$

$$X(a)Y(y)\big|_{0\leqslant y\leqslant b}=0 \tag{6-3-6b}$$

由于$Y(y)$不恒为0，因此得到

$$X(0)=X(a)=0 \tag{6-3-7}$$

式(6-3-7)与式(6-3-4)构成了函数$X(x)$的常微分方程边值问题：

$$\frac{\mathrm{d}^2X}{\mathrm{d}x^2}-\lambda X=0 \tag{6-3-8a}$$

$$X(0)=X(a)=0 \tag{6-3-8b}$$

由于边值问题式(6-3-8)中微分方程和边界条件都是齐次的，只有当λ取某些特定的值时，才有非零解[⊖]。根据λ的不同取值，方程式(6-3-8a)有三种可能的解答形式(通解)：

（1）当$\lambda=0$时

$$X=D_1x+D_2$$

代入边界条件式(6-3-8b)得$D_1=D_2=0$，$X=0$，不是我们需要的解。

（2）当$\lambda=k^2>0$时

$$X=c_1\mathrm{e}^{kx}+c_2\mathrm{e}^{-kx}$$

上式指数函数形式的解通常写为双曲函数形式：

$$X=C_1\mathrm{sh}kx+C_2\mathrm{ch}kx$$

代入边界条件式(6-3-8b)得$C_1=C_2=0$，$X=0$，也不是我们需要的解。

（3）当$\lambda=-k^2<0$时

$$X=A_1\sin kx+A_2\cos kx$$

代入边界条件式(6-3-8b)，得

⊖ 这些特定的λ值称为本征值(也称固有值或特征值)，相应的非零解称为本征函数，求解本征值和本征函数的问题称为本征值问题。请回顾数学物理方法的有关内容，或参阅有关参考书，例如：吴崇试. 数学物理方法[M]. 2版. 北京：北京大学出版社，2003.

$$A_2 = 0, \quad A_1 \sin ka + A_2 \cos ka = 0$$

由于 $A_2 = 0$，欲使 $A_1 \neq 0$，必须 $\sin ka = 0$，因此 k 可取

$$k_n = \frac{n\pi}{a} \quad (n = 1, 2, 3, \cdots) \tag{6-3-9}$$

所以边值问题式(6-3-8)的非零特解为

$$X_n = A_{1n} \sin \frac{n\pi x}{a} \quad (n = 1, 2, 3, \cdots) \tag{6-3-10}$$

将 $k_n = \dfrac{n\pi}{a}$ 代入方程(6-3-5)得到 $\dfrac{d^2 Y_n}{dy^2} - \left(\dfrac{n\pi}{a}\right)^2 Y_n = 0$，其特解为

$$Y_n = B_{1n} \mathrm{sh} \frac{n\pi y}{a} + B_{2n} \mathrm{ch} \frac{n\pi y}{a} \quad (n = 1, 2, 3, \cdots) \tag{6-3-11}$$

将式(6-3-10)与式(6-3-11)相乘，得到拉普拉斯方程(6-3-1a)的特解

$$\varphi_n = X_n Y_n = A_{1n} \sin \frac{n\pi x}{a} \left(B_{1n} \mathrm{sh} \frac{n\pi y}{a} + B_{2n} \mathrm{ch} \frac{n\pi y}{a} \right) \quad (n = 1, 2, 3, \cdots)$$

令 $A_n = A_{1n} B_{1n}$，$B_n = A_{1n} B_{2n}$ 上式写为

$$\varphi_n = \sin \frac{n\pi x}{a} \left(A_n \mathrm{sh} \frac{n\pi y}{a} + B_n \mathrm{ch} \frac{n\pi y}{a} \right) \quad (n = 1, 2, 3, \cdots) \tag{6-3-12}$$

由于拉普拉斯方程是线性方程，且每一个特解 φ_n 都满足齐次边界条件式(6-3-1b)和式(6-3-1d)，因此，将全部特解叠加得到方程(6-3-1a)的一般解：

$$\varphi = \sum_{n=1}^{\infty} \sin \frac{n\pi x}{a} \left(A_n \mathrm{sh} \frac{n\pi y}{a} + B_n \mathrm{ch} \frac{n\pi y}{a} \right) \tag{6-3-13}$$

剩下的事情是设法利用边界条件确定系数 A_n 和 B_n。当然，边界条件中只剩下了式(6-3-1c)和式(6-3-1e)没有使用过。

将式(6-3-13)代入式(6-3-1c)和式(6-3-1e)得到

$$\sum_{n=1}^{\infty} B_n \sin \frac{n\pi x}{a} = 0 \tag{6-3-14a}$$

$$\sum_{n=1}^{\infty} \sin \frac{n\pi x}{a} \left(A_n \mathrm{sh} \frac{n\pi b}{a} + B_n \mathrm{ch} \frac{n\pi b}{a} \right) = U_0 \tag{6-3-14b}$$

利用三角函数的正交性，有

$$\int_0^a \sin \frac{n\pi x}{a} \sin \frac{m\pi x}{a} dx = \begin{cases} 0 & (n \neq m) \\ \dfrac{a}{2} & (n = m) \end{cases}$$

在式(6-3-14)的两边同乘以 $\sin \dfrac{m\pi x}{a}$，并对 x 从 0 到 a 积分，得到

$$\frac{a}{2} B_m = 0$$

$$\frac{a}{2}\left(A_m \mathrm{sh}\frac{m\pi b}{a}+B_m \mathrm{ch}\frac{m\pi b}{a}\right)=\int_0^a U_0 \sin\frac{m\pi x}{a}\mathrm{d}x=\frac{a(1-\cos m\pi)U_0}{m\pi}$$

将下标 m 仍以 n 表示，解之，得

$$A_n=\frac{2(1-\cos n\pi)U_0}{n\pi\ \mathrm{sh}\frac{n\pi b}{a}},\quad B_n=0 \tag{6-3-15}$$

由于 n 为偶数时 $A_n=0$，所以又可以写为

$$A_n=\frac{4U_0}{n\pi\ \mathrm{sh}\frac{n\pi b}{a}}\quad (n=1,\ 3,\ 5,\ \cdots)$$

将 A_n、B_n 代入式(6-3-13)，并将 n 表示为 $n=2l+1$，最后得到槽内电位为

$$\varphi=\frac{4U_0}{\pi}\sum_{l=0}^{\infty}\frac{\sin\frac{(2l+1)\pi x}{a}\ \mathrm{sh}\frac{(2l+1)\pi y}{a}}{(2l+1)\ \mathrm{sh}\frac{(2l+1)\pi b}{a}} \tag{6-3-16}$$

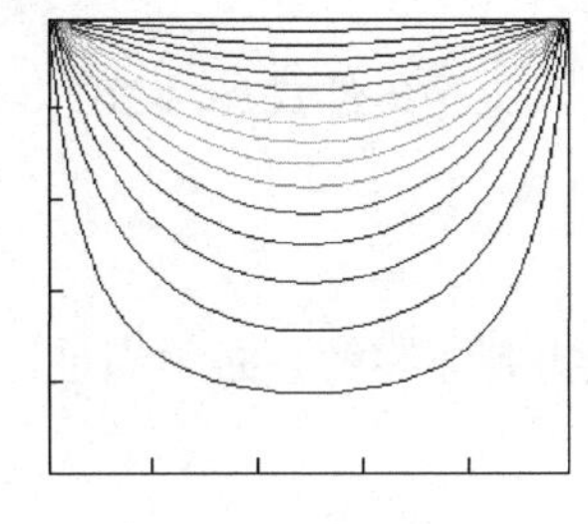
图 6-3-2　接地槽内等位线分布

式(6-3-16)中，由于各项的系数随着 n 增大而衰减，取级数前面若干项和就能达到一定精度。图 6-3-2 是根据式(6-3-16)给出的槽内等位线分布情况。

例 6.3.2　在 6.1.3 节，给出了用矢量磁位 $\boldsymbol{A}$ 求电动机定转子之间气隙内磁场的边值问题式(6-1-15)，用分离变量法对式(6-1-15)进行求解。

解：为方便阅读，将式(6-1-15)重抄如下：

$$\begin{cases}\dfrac{\partial^2 A}{\partial x^2}+\dfrac{\partial^2 A}{\partial y^2}=0 \qquad (0<x<b/2,\ 0<y<a) & \text{(6-3-17a)}\\ \left.\dfrac{\partial A}{\partial y}\right|_{0<x<b/2,\ y=0}=0 & \text{(6-3-17b)}\\ \left.\dfrac{\partial A}{\partial y}\right|_{0<x<b/2,\ y=a}=\mu_0 K_{\mathrm{m}}\sin\left(\dfrac{\pi x}{b}\right) & \text{(6-3-17c)}\\ A\big|_{x=0,\ 0<y<a}=0 & \text{(6-3-17d)}\\ \left.\dfrac{\partial A}{\partial x}\right|_{x=b/2,\ 0<y<a}=0 & \text{(6-3-17e)}\end{cases}$$

令

$$A(x,y)=X(x)Y(y) \tag{6-3-18}$$

按照与例 6.3.1 相似的步骤，分离变量得到常微分方程

$$\frac{\mathrm{d}^2 X}{\mathrm{d}x^2}-\lambda X=0 \tag{6-3-19a}$$

$$\frac{\mathrm{d}^2 Y}{\mathrm{d}y^2}+\lambda Y=0 \tag{6-3-19b}$$

将式(6-3-18)代入边界条件式(6-3-17d)和式(6-3-17e)，得到

$$X(0)Y(y)\big|_{0<y<a}=0$$

$$X'(\frac{b}{2})Y(y)\bigg|_{0<y<a}=0$$

由于$Y(y)$不恒为0，故有

$$X(0)=0\text{，}\quad X'\left(\frac{b}{2}\right)=0 \tag{6-3-20}$$

按照与例6.3.1相似的步骤，不难得到，当$\lambda\geqslant 0$时，方程(6-3-19a)无非零解。当$\lambda=-k^2<0$时，方程(6-3-19a)的通解为

$$X=A_1\cos kx+A_2\sin kx \tag{6-3-21}$$

代入边界条件式(6-3-20)得到

$$A_1=0\text{，}\quad A_2\cos\frac{kb}{2}=0$$

欲得到非零解，必须满足

$$k=\frac{(2n+1)\pi}{b}\quad (n=0,\ 1,\ 2,\ \cdots) \tag{6-3-22}$$

对应的特解为

$$X_n=A_{2n}\sin\frac{(2n+1)\pi x}{b}\quad (n=0,\ 1,\ 2,\ \cdots) \tag{6-3-23}$$

将$\lambda=-\left[\frac{(2n+1)\pi}{b}\right]^2$代入方程(6-3-19b)，得到$Y$的特解

$$Y_n=B_{1n}\mathrm{sh}\frac{(2n+1)\pi y}{b}+B_{2n}\mathrm{ch}\frac{(2n+1)\pi y}{b}\quad (n=1,\ 2,\ 3,\ \cdots) \tag{6-3-24}$$

因此矢量磁位A的一般解为(合并有关系数)

$$A=\sum_{n=0}^{\infty}\sin\frac{(2n+1)\pi x}{b}\left(A_n\mathrm{sh}\frac{(2n+1)\pi y}{b}+B_n\mathrm{ch}\frac{(2n+1)\pi y}{b}\right) \tag{6-3-25}$$

由边界条件式(6-3-17b)得到

$$\sum_{n=0}^{\infty}\sin\frac{(2n+1)\pi x}{b}\frac{(2n+1)\pi}{b}A_n=0$$

利用三角函数的正交性可得到$A_n=0$。

再由边界条件式(6-3-17c)得到

$$\sum_{n=0}^{\infty}\frac{(2n+1)\pi}{b}B_n\sin\frac{(2n+1)\pi x}{b}\mathrm{sh}\frac{(2n+1)\pi a}{b}=\mu_0K_{\mathrm{m}}\sin\left(\frac{\pi}{b}x\right)$$

从而

$$B_0=\frac{\mu_0 K_{\mathrm{m}} b}{\pi\,\mathrm{sh}\dfrac{\pi a}{b}},\quad B_n=0\ \ (n\neq 0) \tag{6-3-26}$$

因此，气隙中的矢量磁位 A 为

$$A=\frac{\mu_0 K_{\mathrm{m}} b}{\pi\,\mathrm{sh}\dfrac{\pi a}{b}}\sin\frac{\pi x}{b}\mathrm{ch}\frac{\pi y}{b} \tag{6-3-27}$$

气隙中磁感应强度的分量为

$$\begin{aligned}\boldsymbol{B}&=\boldsymbol{e}_x\frac{\partial A}{\partial y}-\boldsymbol{e}_y\frac{\partial A}{\partial x}\\&=\frac{\mu_0 K_{\mathrm{m}}}{\mathrm{sh}\dfrac{\pi a}{b}}\left(\boldsymbol{e}_x\sin\frac{\pi x}{b}\mathrm{sh}\frac{\pi y}{b}-\boldsymbol{e}_y\cos\frac{\pi x}{b}\mathrm{ch}\frac{\pi y}{b}\right)\end{aligned} \tag{6-3-28}$$

气隙中磁力线的分布已在图 6-1-11 中给出。

6.3.2 柱坐标系中的分离变量法

求解圆形、环形或扇形区域时，可以选择柱坐标系。

例 6.3.3 在均匀外电场 $\boldsymbol{E}_0$ 中，垂直于电场方向置入半径为 r_0 的无限长介质圆柱，柱内、外介质的介电常数分别为 ε_1 和 ε_2，如图 6-3-3 所示。求柱内外的电场。

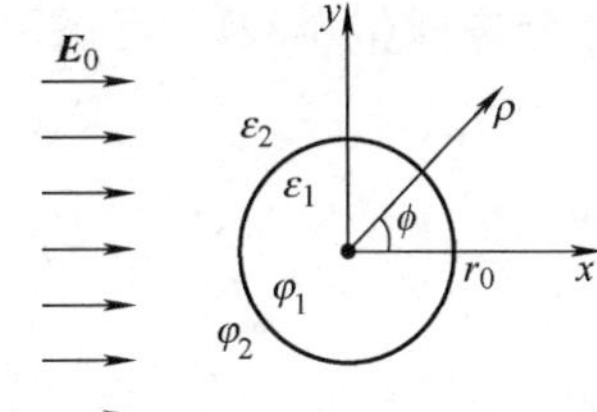

图 6-3-3 均匀外电场中的介电圆柱体

解：根据界面形状取柱坐标系如图。设介质圆柱内、外电位分别用 φ_1、φ_2 表示，当二者不需要区分的时候统一用 φ 表示。φ 满足的边值问题为

$$\nabla^2\varphi=\frac{1}{\rho}\frac{\partial}{\partial\rho}\left(\rho\frac{\partial\varphi}{\partial\rho}\right)+\frac{1}{\rho^2}\frac{\partial^2\varphi}{\partial\phi^2}=0 \tag{6-3-29a}$$

介质分界面的边界条件

$$\varphi_1\big|_{\rho=r_0}=\varphi_2\big|_{\rho=r_0} \tag{6-3-29b}$$

$$\varepsilon_1\frac{\partial\varphi_1}{\partial\rho}\bigg|_{\rho=r_0}=\varepsilon_2\frac{\partial\varphi_2}{\partial\rho}\bigg|_{\rho=r_0} \tag{6-3-29c}$$

取坐标原点为电位参考点，有

$$\varphi\big|_{\rho=0}=0 \tag{6-3-29d}$$

由于场的畸变仅在介质柱内及附近，远离圆柱处 $\boldsymbol{E}=\boldsymbol{E}_0$，故电位的无穷远处边界条件为

$$\varphi\big|_{\rho\to\infty}=\int_x^0\boldsymbol{E}\cdot\mathrm{d}\boldsymbol{l}=-E_0x=-E_0\rho\cos\phi \tag{6-3-29e}$$

此外，电位是变量 ϕ 的周期性函数，满足

$$\varphi(\rho,\phi)=\varphi(\rho,\phi+2\pi) \tag{6-3-29f}$$

令待求电位函数

$$\varphi(\rho,\phi)=R(\rho)Q(\phi) \tag{6-3-30}$$

将式(6-3-30)代入拉普拉斯方程，并在方程两边同乘以$\dfrac{\rho^2}{R(\rho)Q(\phi)}$，得

$$\frac{\rho}{R}\frac{\mathrm{d}}{\mathrm{d}\rho}\left(\rho\frac{\mathrm{d}R}{\mathrm{d}\rho}\right)=-\frac{1}{Q}\frac{\mathrm{d}^2Q}{\mathrm{d}\phi^2}$$

上式左边仅含变量ρ，右边仅含变量ϕ，仅当左右两边同等于一个与ρ、ϕ都无关的任意常数时，方程才成立。设该任意常数为λ，有

$$\rho\frac{\mathrm{d}}{\mathrm{d}\rho}\left(\rho\frac{\mathrm{d}R}{\mathrm{d}\rho}\right)-\lambda R=0 \tag{6-3-31}$$

$$\frac{\mathrm{d}^2Q}{\mathrm{d}\phi^2}+\lambda Q=0 \tag{6-3-32}$$

将式(6-3-30)代入周期性边界条件式(6-3-29f)，消掉R得到

$$Q(\phi)=Q(\phi+2\pi) \tag{6-3-33}$$

即Q是关于ϕ的周期为2π的周期函数。

寻找满足周期性条件式(6-3-33)的、常微分方程(6-3-32)的非零解(本征函数)。当$\lambda=0$时，常微分方程(6-3-32)的通解为

$$Q_0=A_0+B_0\phi$$

代入周期性条件式(6-3-33)得$B_0=0$。故$\lambda=0$对应的特解为

$$Q_0=A_0 \tag{6-3-34}$$

当$\lambda=k^2>0$时，方程(6-3-32)的通解为

$$Q=A\cos k\phi+B\sin k\phi$$

代入周期性条件式(6-3-33)，得$k=n$，n为正整数。故$\lambda=n^2$对应的特解为

$$Q_n=A_n\cos n\phi+B_n\sin n\phi \quad (n=1,\ 2,\ 3,\ \cdots) \tag{6-3-35}$$

当$\lambda=-k^2<0$时，方程(6-3-32)的通解为

$$Q=A\mathrm{ch}k\phi+B\mathrm{sh}k\phi$$

代入周期性条件式(6-3-33)，得$A=B=0$，不是需要的解。

将$\lambda=0$及$\lambda=n^2$代入方程(6-3-31)，得到R的特解

$$R_0=C_0+D_0\ln\rho \tag{6-3-36}$$

$$R_n=C_n\rho^n+D_n\rho^{-n} \quad (n=1,\ 2,\ 3,\ \cdots) \tag{6-3-37}$$

这样，φ的一般解为

$$\varphi=A_0(C_0+D_0\ln\rho)+\sum_{n=1}^{\infty}(C_n\rho^n+D_n\rho^{-n})(A_n\cos n\phi+B_n\sin n\phi) \tag{6-3-38}$$

对于柱内区域($0<\rho<r_0$)，合并有关常数，φ_1为

$$\varphi_1 = C_{10} + D_{10}\ln\rho + \sum_{n=1}^{\infty}(C_{1n}\rho^n + D_{1n}\rho^{-n})(A_{1n}\cos n\phi + B_{1n}\sin n\phi)$$

由φ_1在$\rho=0$处的条件式(6-3-29d)，可知φ_1中不能包含$\ln\rho$项和ρ^{-n}项，故相应的系数$D_{10}=0$，$D_{1n}=0$；并且由于$\varphi|_{\rho=0}=0$，常数C_{10}也为0。合并相关系数，φ_1简化为

$$\varphi_1 = \sum_{n=1}^{\infty}\rho^n(a_n\cos n\phi + b_n\sin n\phi) \tag{6-3-39}$$

对于柱外区域($\rho>r_0$)，φ_2写成

$$\varphi_2 = C_{20} + D_{20}\ln\rho + \sum_{n=1}^{\infty}\rho^n(A_{2n}\cos n\phi + B_{2n}\sin n\phi) + \sum_{n=1}^{\infty}\rho^{-n}(C_{2n}\cos n\phi + D_{2n}\sin n\phi)$$

由无穷远处边界条件式(6-3-29e)，知常数项C_{20}和$\ln\rho$项必须为 0，即$C_{20}=0$，$D_{20}=0$；在三角函数项中，由于$\rho\to\infty$时仅存留$\rho\cos\phi$项，因此在ρ^n各项中，$A_{2n}=\begin{cases}-E_0 & (n=1)\\ 0 & (n\neq 1)\end{cases}$，$B_{2n}=0$；但$\rho^{-n}$各项都予以保留，因为这些项在$\rho\to\infty$时都趋于0，不影响无穷远边界条件。合并相关系数，$\varphi_2$简化为

$$\varphi_2 = -E_0\rho\cos\phi + \sum_{n=1}^{\infty}\rho^{-n}(c_n\cos n\phi + d_n\sin n\phi) \tag{6-3-40}$$

然后，考虑由媒质分界面条件式(6-3-29b)、式(6-3-29c)确定剩余的待定系数。将式(6-3-39)、式(6-3-40)代入式(6-3-29b)、式(6-3-29c)得

$$\sum_{n=1}^{\infty}r_0^n(a_n\cos n\phi + b_n\sin n\phi) = -E_0 r_0\cos\phi + \sum_{n=1}^{\infty}a^{-n}(c_n\cos n\phi + d_n\sin n\phi)$$

$$\varepsilon_1\sum_{n=1}^{\infty}nr_0^{n-1}(a_n\cos n\phi + b_n\sin n\phi) = \varepsilon_2\left[-E_0\cos\phi - \sum_{n=1}^{\infty}nr_0^{-n-1}(c_n\cos n\phi + d_n\sin n\phi)\right]$$

利用三角函数的正交性，令$\cos n\phi$、$\sin n\phi$对应项的系数分别相等，得到

$$\begin{cases}a_1 = -E_0 + r_0^{-2}c_1\\ a_n r_0^n = r_0^{-n}c_n \qquad (n\neq 1)\\ b_n r_0^n = r_0^{-n}d_n\\ \varepsilon_1 a_1 = -\varepsilon_2 E_0 - \varepsilon_2 r_0^{-2}c_1\\ \varepsilon_1 r_0^{n-1}a_n = -\varepsilon_2 r_0^{-n-1}c_n \qquad (n\neq 1)\\ \varepsilon_1 r_0^{n-1}b_n = -\varepsilon_2 r_0^{-n-1}d_n\end{cases}$$

解之，得

$$a_1 = \frac{-2\varepsilon_2}{\varepsilon_1+\varepsilon_2}E_0$$

$$c_1 = \frac{\varepsilon_1-\varepsilon_2}{\varepsilon_1+\varepsilon_2}E_0 r_0^2$$

$$a_n = c_n = 0 \quad (n = 2,\ 3,\ 4,\ \cdots)$$

$$b_n = d_n = 0 \quad (n = 1,\ 2,\ 3,\ \cdots)$$

因此，φ的解为

$$\varphi_1 = \frac{-2\varepsilon_2}{\varepsilon_1+\varepsilon_2}E_0\rho\cos\phi = \frac{-2\varepsilon_2}{\varepsilon_1+\varepsilon_2}E_0 x \quad (0<\rho<r_0) \tag{6-3-41a}$$

$$\varphi_2 = -E_0\rho\cos\phi + \frac{\varepsilon_1-\varepsilon_2}{\varepsilon_1+\varepsilon_2}\frac{E_0 r_0^2\cos\phi}{\rho} \quad (\rho>r_0) \tag{6-3-41b}$$

圆柱内外的电场强度

$$\boldsymbol{E}_1 = -\nabla\varphi_1 = \boldsymbol{e}_x\frac{2\varepsilon_2 E_0}{\varepsilon_1+\varepsilon_2} \tag{6-3-42a}$$

$$\begin{aligned}\boldsymbol{E}_2 &= -\nabla\varphi_2 \\ &= \boldsymbol{e}_x\left(1+\frac{(2x^2-\rho^2)k}{\rho^2}\right)E_0 + \boldsymbol{e}_y\frac{2xykE_0}{\rho^2} \\ &= \boldsymbol{e}_\rho(1+k)E_0\cos\phi - \boldsymbol{e}_\phi(1-k)E_0\sin\phi\end{aligned} \tag{6-3-42b}$$

其中$k=\dfrac{\varepsilon_1-\varepsilon_2}{\varepsilon_1+\varepsilon_2}\dfrac{r_0^2}{\rho^2}$。均匀外电场中介电圆柱体引起的等位线和电力线畸变如图 6-3-4 所示。

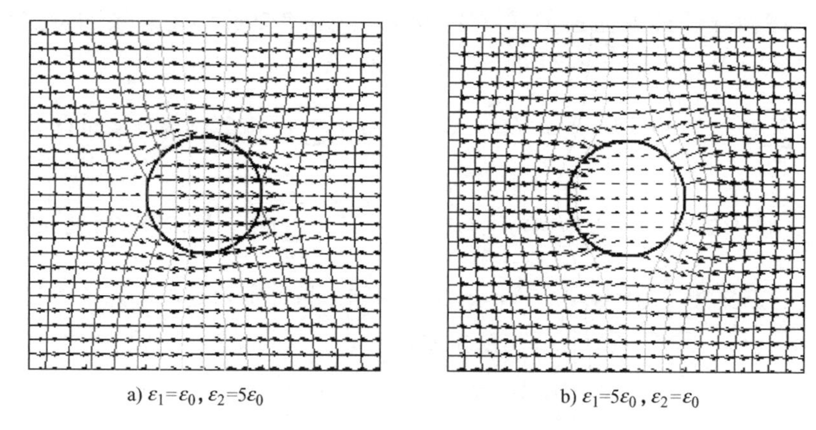

a) $\varepsilon_1=\varepsilon_0$, $\varepsilon_2=5\varepsilon_0$　　b) $\varepsilon_1=5\varepsilon_0$, $\varepsilon_2=\varepsilon_0$

图 6-3-4　均匀外电场中介电圆柱体引起的等位线和电力线畸变

对解答式(6-3-41)和式(6-3-42)作如下分析：

（1）介质圆柱内的电场E_1是均匀电场，方向与外电场E_0的方向相同。当$\varepsilon_1>\varepsilon_2$时，$E_1<E_0$；当$\varepsilon_1<\varepsilon_2$时，$E_1>E_0$。

（2）如果绝缘介质内部存在细长的气泡，$\varepsilon_1=\varepsilon_0<\varepsilon_2$，气泡内的电场可能显著增强；极限情况($\varepsilon_2\gg\varepsilon_1$)下，$E_1$可以达到$2E_0$。

（3）在介质圆柱表面($\rho=r_0$)，若$\varepsilon_1>\varepsilon_2=\varepsilon_0$，则

$$\boldsymbol{E}_2 = \boldsymbol{e}_\rho\left(1+\frac{\varepsilon_1-\varepsilon_2}{\varepsilon_1+\varepsilon_2}\right)E_0\cos\phi - \boldsymbol{e}_\phi\left(1-\frac{\varepsilon_1-\varepsilon_2}{\varepsilon_1+\varepsilon_2}\right)E_0\sin\phi$$

在$\phi=0$和π处，场强最大，$E_{2\max}=(1+\dfrac{\varepsilon_1-\varepsilon_2}{\varepsilon_1+\varepsilon_2})E_0$；极限情况（$\varepsilon_1\gg\varepsilon_2$）下，$E_{2\max}$也可以达到$2E_0$。

因此，在绝缘材料内部混入了杂质，无论其介电常数大于还是小于绝缘材料的介电常数，都会引起局部电场增强，在某些情况下可能导致绝缘材料击穿，造成绝缘损坏。

例 6.3.4 在例 6.1.3 与例 6.3.2 中使用矢量磁位 $\boldsymbol{A}$ 计算旋转电动机定转子气隙中的磁场，忽略了转子表面的曲率。本例使用标量磁位，并且考虑转子表面曲率，重新分析气隙中的磁场。

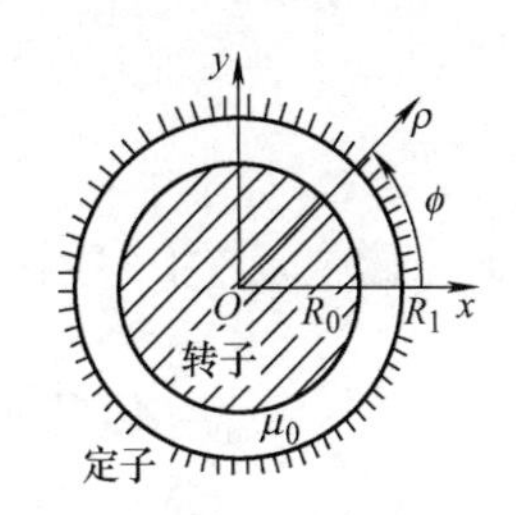

图 6-3-5 旋转电动机气隙

解： 设转子外半径为R_0，定子内半径为R_1。建立柱坐标系如图 6-3-5 所示。气隙中φ_{m}满足拉普拉斯方程

$$\nabla^2\varphi_{\mathrm{m}}=\frac{1}{\rho}\frac{\partial}{\partial\rho}(\rho\frac{\partial\varphi_{\mathrm{m}}}{\partial\rho})+\frac{1}{\rho^2}\frac{\partial^2\varphi_{\mathrm{m}}}{\partial\phi^2}=0\quad(R_0<\rho<R_1)\tag{6-3-43a}$$

转子表面没有电流，忽略铁心饱和作用，可以认为转子表面是一等磁位面，选取磁位参考点位于该等磁位面上，有

$$\varphi_{\mathrm{m}}\big|_{\rho=R_0}=0\tag{6-3-43b}$$

在定子表面，面电流密度为$\boldsymbol{K}=\boldsymbol{e}_z K_{\mathrm{m}}\sin p\phi$，$p$ 为极对数。由媒质分界面条件得$H_\phi=-K=-K_{\mathrm{m}}\sin p\phi$。以$\varphi_{\mathrm{m}}$表示为

$$\left.\frac{\partial\varphi_{\mathrm{m}}}{\partial\phi}\right|_{\rho=R_1}=K_{\mathrm{m}}R_1\sin p\phi\tag{6-3-43c}$$

此外，φ_{m}是一个周期函数

$$\varphi_{\mathrm{m}}(\rho,\phi)=\varphi_{\mathrm{m}}\left(\rho,\phi+\frac{2\pi}{p}\right)\tag{6-3-43d}$$

设$\varphi_{\mathrm{m}}(\rho,\phi)=R(\rho)Q(\phi)$，代入方程(6-3-43a)，得到

$$\rho\frac{\mathrm{d}}{\mathrm{d}\rho}\left(\rho\frac{\mathrm{d}R}{\mathrm{d}\rho}\right)-\lambda R=0\tag{6-3-44a}$$

$$\frac{\mathrm{d}^2Q}{\mathrm{d}\phi^2}+\lambda Q=0\tag{6-3-44b}$$

将$\varphi_{\mathrm{m}}(\rho,\phi)=R(\rho)Q(\phi)$代入周期性边界条件式(6-3-43d)得到

$$Q(\phi)=Q\left(\phi+\frac{2\pi}{p}\right)\tag{6-3-45}$$

求满足条件式(6-3-45)的方程(6-3-44b)的非零解(本征函数)，得

$\lambda=0$时，$Q_0=A_0$；

$\lambda=k^2>0$时，$Q=A\cos k\phi+B\sin k\phi$；因为要求周期为$\dfrac{2\pi}{p}$，故 k 取值为$k=np$，则

$$Q_n=A_n\cos np\phi+B_n\sin np\phi\quad(n=1,\ 2,\ 3,\ \cdots)$$

$\lambda=-k^2<0$ 时，$Q=A\text{ch}k\phi+B\text{sh}k\phi$，无法满足周期性条件式(6-3-45)，故 λ 不能为负值。将 $\lambda=0$ 和 $\lambda=(np)^2$ 分别代入方程(6-3-44a)，得到 R 的特解

$$R_0=C_0+D_0\ln\rho$$

$$R_n=C_n\rho^{np}+D_n\rho^{-np}\quad(n=1,\ 2,\ 3,\ \cdots)$$

因此，磁位 φ_{m} 的一般解为

$$\begin{aligned}\varphi_{\mathrm{m}}&=A_0(C_0+D_0\ln\rho)+\sum_{n=1}^{\infty}(C_n\rho^{np}+D_n\rho^{-np})(A_n\cos np\phi+B_n\sin np\phi)\\&=a_0+b_0\ln\rho+\sum_{n=1}^{\infty}(a_n\rho^{np}+b_n\rho^{-np})\cos np\phi+\sum_{n=1}^{\infty}(c_n\rho^{np}+d_n\rho^{-np})\sin np\phi\end{aligned}\tag{6-3-46}$$

将式(6-3-46)代入边界条件式(6-3-43b)和式(6-3-43c)，得

$$a_0+b_0\ln R_0+\sum_{n=1}^{\infty}(a_nR_0^{\ np}+b_nR_0^{\ -np})\cos np\phi+\sum_{n=1}^{\infty}(c_nR_0^{\ np}+d_nR_0^{\ -np})\sin np\phi=0$$

$$-\sum_{n=1}^{\infty}np(a_nR_1^{np}+b_nR_1^{-np})\sin np\phi+\sum_{n=1}^{\infty}np(c_nR_1^{np}+d_nR_1^{-np})\cos np\phi=K_{\mathrm{m}}R_1\sin p\phi$$

利用三角函数的正交性，得到

$$a_0+b_0\ln R_0=0\text{，}\quad a_nR_0^{\ np}+b_nR_0^{\ -np}=0$$

$$c_nR_0^{\ np}+d_nR_0^{\ -np}=0\text{，}\quad -p(a_1R_1^p+b_1R_1^{-p})=K_{\mathrm{m}}R_1$$

$$np(c_nR_1^{np}+d_nR_1^{-np})=0\text{，}\quad np(a_nR_1^{np}+b_nR_1^{-np})=0\quad(n\neq1)$$

解得

$$a_0+b_0\ln R_0=0$$

$$a_1=-\frac{K_{\mathrm{m}}R_0^{-p}R_1}{p(R_0^{-p}R_1^p-R_0^pR_1^{-p})}\text{，}\quad b_1=\frac{K_{\mathrm{m}}R_0^pR_1}{p(R_0^{-p}R_1^p-R_0^pR_1^{-p})}$$

$$a_n=b_n=0\quad(n=2,\ 3,\ 4,\ \cdots)$$

$$c_n=d_n=0\quad(n=1,\ 2,\ 3,\ \cdots)$$

至此，尚有一对参数 $(a_0,\ b_0)$ 无法唯一确定，而所有的边界条件都已经用到。这意味着前面给出的边界条件可能存在一些问题。问题出在式(6-3-43c)，它给出了函数 φ_{m} 在边界 $\rho=R_1$ 上的切向导数。如果知道了边界 $\rho=R_1$ 上任意一点的 φ_{m} 值，则可利用 φ_{m} 的切向导数求得整个边界 $\rho=R_1$ 上的函数值，成为第一类边界条件。但是我们无从知道 $\rho=R_1$ 上任意一点的 φ_{m} 值。这说明，前面给出的边界条件是不充分的，必须加以补充。在本题中，可以将磁场高斯定律作为约束条件，即

$$0=\oint_S\boldsymbol{B}\cdot\mathrm{d}\boldsymbol{S}=-\int_0^{2\pi}\mu_0\frac{\partial\varphi_{\mathrm{m}}}{\partial\rho}\rho\mathrm{d}\phi$$

将 φ_{m} 的表达式代入上式可得到 $b_0=0$，从而 $a_0=0$。

因此，气隙内的标量磁位 φ_{m} 为

$$\varphi_{\mathrm{m}}=-\frac{R_0^{-p}\rho^p-R_0^p\rho^{-p}}{R_0^{-p}R_1^p-R_0^pR_1^{-p}}\frac{K_{\mathrm{m}}R_1}{p}\cos p\phi \tag{6-3-47}$$

气隙中磁场强度为

$$\boldsymbol{H}=-\nabla\varphi_{\mathrm{m}}=\frac{K_{\mathrm{m}}R_1}{\rho}\left(\boldsymbol{e}_r\frac{R_0^{-p}\rho^p+R_0^p\rho^{-p}}{R_0^{-p}R_1^p-R_0^pR_1^{-p}}\cos p\phi-\boldsymbol{e}_\phi\frac{R_0^{-p}\rho^p-R_0^p\rho^{-p}}{R_0^{-p}R_1^p-R_0^pR_1^{-p}}\sin p\phi\right) \tag{6-3-48}$$

读者可自行将本题的结果与例 6.3.2 进行比较。

6.4 有限差分法

一般说来，解析法只能求解具有规则边界形状的边值问题。绝大部分工程电磁场问题无法用解析法求解，此时数值法提供了一个有力的工具。有限差分法是出现最早、发展最成熟的一种数值方法，是一种最直观、最好理解的数值方法，至今仍然广泛用于各种常微分方程和偏微分方程的求解。有限差分法对连续方程离散化处理的思想，成为后来各种数值方法的发展基础。

有限差分法的数学基础是差分原理。应用于电磁场边值问题的求解时，大致可分为四个步骤：①场域离散：将求解场域划分为若干的网格和节点；②方程离散：用差商代替微商，将场域中的偏微分方程转化成以节点上的函数值为未知量的线性代数方程组(称为差分方程组)；③矩阵计算：解方程组，得到各离散节点待求函数的数值解，该数值解是近似解，逼近场域的真实解；④后处理：利用得到的数值解完成进一步分析，例如绘制场图、分析受力、计算电路参数等。这四个步骤也是其他场域离散型数值方法(如有限元法)所遵循的路线。不同方法的核心区别在于离散方程所依据的原理不同。此外，根据生成的方程组的不同特点，会采取不同的求解方法。

下面以矩形区域平行平面场的求解为例，介绍有限差分法的基本原理及其实施步骤。如图 6-4-1 所示，设矩形求解区域 ABCD 内电位函数边值问题为

$$\begin{cases}\dfrac{\partial^2\varphi}{\partial x^2}+\dfrac{\partial^2\varphi}{\partial y^2}=-\dfrac{\rho}{\varepsilon_0}\\ \varphi\big|_{\mathrm{AB+BC+AD}}=f\\ \dfrac{\partial\varphi}{\partial x}\bigg|_{\mathrm{CD}}=0\end{cases} \tag{6-4-1}$$

（1）场域离散

如图 6-4-1 所示，以正方形网格对求解区域进行离散，设正方形边长为 h。为简单起见，设所有的边界正好通过网格节点。场域剖分要对所有的节点进行编号，并记录节点的坐标位置、节点的介质属性、与边界关系等信息。通常还需要给出节点与网格(单元)的拓扑关系。

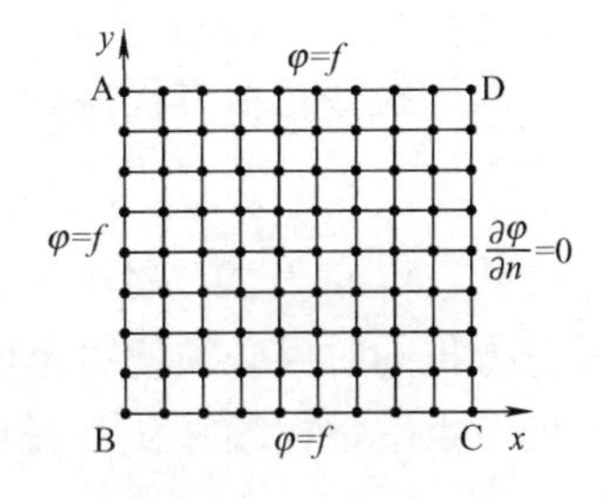

图 6-4-1　场域的离散

（2）方程离散

1) **内部节点的离散**。对于场域中的一个内部节点，它与周

围四个相邻节点的关系如图 6-4-2 所示。0、1、2、3、4 是节点的局部编号，表示节点间的相对位置，0 在中央，其他 4 点分居右、上、左、下。设各点的电位分别为 φ_0、φ_1、φ_2、φ_3、φ_4。

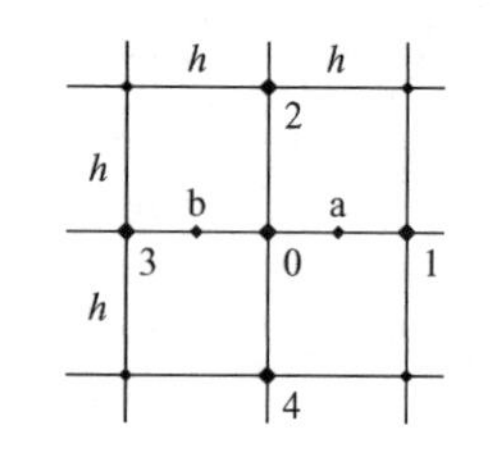

图 6-4-2　内部节点的离散

以差分代替微分，有如下近似：

$$\varphi'_x=\frac{\partial\varphi}{\partial x}\approx\frac{\Delta\varphi}{\Delta x},\quad \varphi''_{xx}=\frac{\partial^2\varphi}{\partial x^2}\approx\frac{\Delta\varphi'_x}{\Delta x}$$

对于图 6-4-2 中边 01 的中点 a 及边 30 的中点 b，采用中心差分，有

$$\varphi'_x\big|_{\mathrm{a}}\approx\frac{\Delta\varphi}{\Delta x}=\frac{\varphi_1-\varphi_0}{h},\quad \varphi'_x\big|_{\mathrm{b}}\approx\frac{\Delta\varphi}{\Delta x}=\frac{\varphi_0-\varphi_3}{h} \tag{6-4-2}$$

于是得到函数 φ 在 0 点关于 x 的二阶偏导数为

$$\left.\frac{\partial^2\varphi}{\partial x^2}\right|_0\approx\frac{\Delta\varphi'_x}{\Delta x}=\frac{\varphi'_x\big|_{\mathrm{a}}-\varphi'_x\big|_{\mathrm{b}}}{h}\approx\frac{\dfrac{\varphi_1-\varphi_0}{h}-\dfrac{\varphi_0-\varphi_3}{h}}{h}=\frac{\varphi_1+\varphi_3-2\varphi_0}{h^2} \tag{6-4-3}$$

类似可得到函数 φ 在 0 点关于 y 的二阶偏导数为

$$\left.\frac{\partial^2\varphi}{\partial y^2}\right|_0\approx\frac{\varphi_2+\varphi_4-2\varphi_0}{h^2} \tag{6-4-4}$$

只要 h 足够小，上述近似就有很好的精度。

φ 在 0 点满足泊松方程，即

$$\left.\left(\frac{\partial^2\varphi}{\partial x^2}+\frac{\partial^2\varphi}{\partial y^2}=-\frac{\rho}{\varepsilon_0}\right)\right|_0 \tag{6-4-5}$$

将式(6-4-3)、式(6-4-4)代入式(6-4-5)，得到

$$\frac{\varphi_1+\varphi_3-2\varphi_0}{h^2}+\frac{\varphi_2+\varphi_4-2\varphi_0}{h^2}\approx-\frac{\rho_0}{\varepsilon_0}$$

将上式中的“≈”换成“=”，得到 0 点的差分方程，它意味着差分方程是对原微分方程的近似。整理得到

$$\varphi_1+\varphi_2+\varphi_3+\varphi_4-4\varphi_0=-\frac{\rho_0}{\varepsilon_0}h^2 \tag{6-4-6}$$

式中，ρ_0 是 ρ 在 0 点的取值(已知)。这样就把连续的微分方程(6-4-5)转变成了离散的差分方程(6-4-6)。再强调一次，这种转变的前提是网格宽度 h 足够小。

对于拉普拉斯方程，$\rho=0$，差分方程为

$$\varphi_1+\varphi_2+\varphi_3+\varphi_4-4\varphi_0=0 \tag{6-4-7}$$

式(6-4-6)及式(6-4-7)中的下标编号是一种表征邻近节点位置关系的局部编号，在实际列差分方程的时候必须使用全局统一编号。例如，在求解矩形区域问题时，采用如图 6-4-3 所示的节点双下标编号 (i,j) 是比较方便的。此时，差分方程(6-4-7)应写为

$$\varphi_{i+1,j}+\varphi_{i,j+1}+\varphi_{i-1,j}+\varphi_{i,j-1}-4\varphi_{i,j}=0 \tag{6-4-7$'$}$$

之所以使用局部编号，一是为了表达的简捷，二是因为双下标编号并不是在所有情况下都适用。

对于每一个内部节点都可以建立一个形如式(6-4-6)或式(6-4-7)的差分方程。下面讨论边界节点的离散。

2) **第一类边界节点的离散**。第一类边界条件是指给定了边界上的函数值。因此，当节点落在第一类边界上时，函数值是已知的，可以直接写出

$$\varphi_i = f_i \ （已知） \tag{6-4-8}$$

3) **第二类边界节点的离散**。第二类边界条件是指给定函数在边界上的外法向导数。为简单起见，此处只讨论齐次第二类边界条件，即法向导数为0。

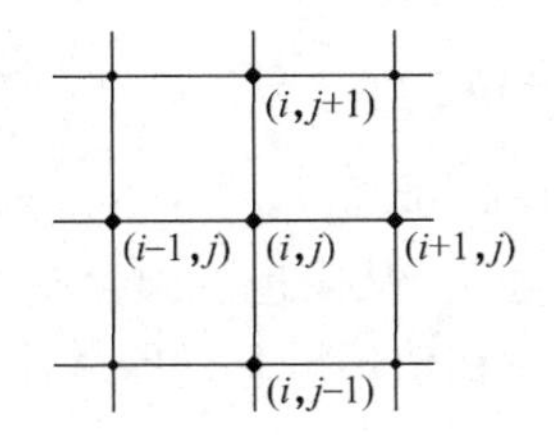

图 6-4-3　节点双下标编号

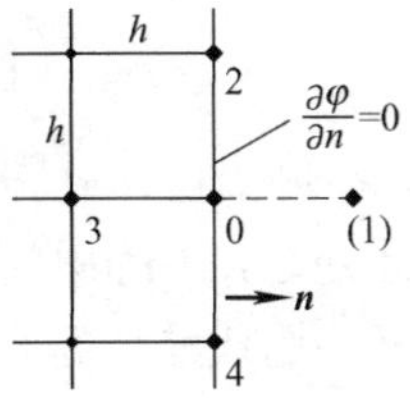

图 6-4-4　齐次第二类边界节点

设想在边界外侧对称补充一个节点，如图 6-4-4 所示中的（1）点，那么根据边界条件 $\dfrac{\partial \varphi}{\partial n}=0$ 不难理解，（1）点的电位值 $\varphi_{(1)}=\varphi_3$；从而就可以对齐次第二类边界节点 0 采取与式(6-4-6)类似的离散格式，只要把 $\varphi_{(1)}$ 用 φ_3 代替即可：

$$\varphi_2 + 2\varphi_3 + \varphi_4 - 4\varphi_0 = -\frac{\rho_0}{\varepsilon_0}h^2 \tag{6-4-9}$$

容易理解，当齐次第二类边界节点位于其他位置时，根据边界外法向方向 $\boldsymbol{n}$ 的具体指向，式(6-4-9)的具体形式会有所不同。

这样，对所有的节点，不管它是位于场域内部还是场域边界上，都建立了一个代数方程。N 个节点有 N 个未知数，建立了 N 个方程。N 个方程联立得到一个 N 阶的线性代数方程组，解之即得每个节点上的电位值。只要节点足够密集，这些离散点上的电位值就可以很好地反映场的分布情况。

从有限差分法的原理可以看到，网格划分越细，差分方程对微分方程的逼近精度就越高，计算结果越准确，但是计算量也就越大。实际应用中，应根据解决问题的需要确定合适的网格规模。即使求解一个不很复杂的三维问题，N 也经常可以达到 10^5 以上。

（3）代数方程组求解

几乎所有的数值方法最终都归结为求解一个形如

$$[\boldsymbol{A}][\boldsymbol{x}]=[\boldsymbol{b}] \tag{6-4-10}$$

的线性代数方程组。方程组的求解方法可分为直接法和迭代法两大类。我们熟知的消元法(高斯消去法)即是典型的直接法。从原理上来说，直接法可以得到方程组的精确解。但是，直接法的计算量比较大。以高斯消去法为例，计算量正比于 N^3（N 为未知数个数）。如果 $N=10^5$，则 $N^3=10^{15}$，即使大型计算机亦难以承受。因此直接法主要适用于小型、稠密方程组的求解。“稠密”是与下文的“稀疏”相对而言的。

从微分方程出发离散得到的代数方程组，系数矩阵$[\boldsymbol{A}]$中往往含有大量的 0 元素，这种矩阵称为稀疏矩阵。在二维有限差分法中，如果采用矩形网格，如上面看到的，每个节点最多与周围四个节点发生关系，因此系数阵每行最多只有五个元素不为 0。设想这样一个10^5阶的矩阵，非 0 元素占的比例最多只有$5/10^5$。如果使用直接法求解，则如此大量的 0 元素都要存储并参加运算，浪费惊人。因此，大型、稀疏方程组通常用迭代法求解。

迭代法的基本思想是构造一个等价的方程组

$$[\boldsymbol{x}]=[\boldsymbol{A}'][\boldsymbol{x}]+[\boldsymbol{b}'] \tag{6-4-11}$$

从一组选定的初值$\boldsymbol{x}^{(0)}$出发，按照

$$[\boldsymbol{x}^{(k+1)}]=[\boldsymbol{A}'][\boldsymbol{x}^{(k)}]+[\boldsymbol{b}'] \tag{6-4-12}$$

进行迭代，直到$\boldsymbol{x}^{(k)}$不再变化，就得到了方程组的解(称为收敛)。

迭代法的最大好处是，矩阵中的 0 元素不必参与运算，从而也无须存储，既节约了内存，又降低了计算量。好的迭代法应符合这样的要求：①对初值不敏感，即从任意给定的初值开始迭代都可以得到真解；②收敛速度快。

高斯－塞德尔迭代是求解方程组的一种迭代解法，但并不是有限差分法所必需的，因为原则上可以选择任何方法；而且它也不是收敛最快的迭代方法[⊖]。但是它的原理简单，实施方便，因此很受青睐。

观察方程(6-4-6)，可以改写为

$$\varphi_0=\frac{\varphi_1+\varphi_2+\varphi_3+\varphi_4}{4}+\frac{\rho_0 h^2}{4\varepsilon_0} \tag{6-4-13}$$

这就是高斯－塞德尔迭代公式。从一组给定的初始值$\{\varphi_i^{(0)}\}$ ($i=1, 2, \cdots, N$)出发，对所有的节点i，反复执行迭代公式

$$\varphi_0^{(k+1)}=\frac{\varphi_1^{(k)}+\varphi_2^{(k)}+\varphi_3^{(k)}+\varphi_4^{(k)}}{4}+\frac{\rho_0 h^2}{4\varepsilon_0}\ (\text{对内部节点}) \tag{6-4-14a}$$

$$\varphi_0^{(k+1)}=\frac{\varphi_2^{(k)}+2\varphi_3^{(k)}+\varphi_4^{(k)}}{4}+\frac{\rho_0 h^2}{4\varepsilon_0}\ (\text{对齐次第二类边界节点}) \tag{6-4-14b}$$

式中，上标(k)表示第 k 次迭代得到的值；下标为节点的局部编号，实际执行时要换成节点的整体编号。第一类边界节点上的函数值是强加的，因此不参与迭代，它的值通过迭代过程作用到内部节点。迭代到一定次数，当$\{\varphi_i\}$值前后两次的差值小于某一事先设定的精度阈值ε，就认为得到了方程组的解。

迭代公式(6-4-14)的右边不是必须全部使用第k次的结果；如果某个φ_i已经有了$k+1$次的新值$\varphi_i^{(k+1)}$，直接参与迭代，还可以加快收敛速度。

（4）后处理

后处理是对计算结果做进一步分析，以便从中得到定性和定量的有用信息，例如分析受

⊖ 目前处理稀疏矩阵的最好的迭代方法大概是带条件预优的共轭梯度法(如 ICCG 法)。感兴趣的同学可以参看有关资料，例如：徐树方. 矩阵计算的理论与方法[M]. 北京：北京大学出版社，1995.

力、能量分布、功率损耗、计算电路参数等。这是电磁场计算的目的所在。由于有限差分法的计算结果是一堆离散的数据，不能直观地反映场的分布规律和参数依赖关系，通常要借助于可视化技术，以观察场的分布。

由离散的电位值计算电场强度，根据 $\boldsymbol{E}=-\nabla\varphi$，对于内部节点0，使用中心差分法有

$$E_{0x}=-\left.\frac{\partial\varphi}{\partial x}\right|_0\approx\frac{\varphi_3-\varphi_1}{2h} \tag{6-4-15a}$$

$$E_{0y}=-\left.\frac{\partial\varphi}{\partial y}\right|_0\approx\frac{\varphi_4-\varphi_2}{2h} \tag{6-4-15b}$$

一般说来，中心差分比前向或后向差分具有更高一阶的精度。域中任一点的电位或者电场强度可以由邻近节点的解插值得到。

例 6.4.1 使用图6-4-5所示的网格划分，用有限差分法计算矩形接地金属槽内的电位分布。

解： 节点编号如图所示。列出差分方程为

$$\begin{aligned}
&\varphi_1=50 && \varphi_9=100\\
&\varphi_2=0 && \varphi_{14}+\varphi_9+\varphi_6+\varphi_{11}-4\varphi_{10}=0\\
&\varphi_3=0 && \varphi_{15}+\varphi_{10}+\varphi_7+\varphi_{12}-4\varphi_{11}=0\\
&\varphi_4=0 && \varphi_{12}=0\\
&\varphi_5=100 && \varphi_{13}=100\\
&\varphi_{10}+\varphi_5+\varphi_2+\varphi_7-4\varphi_6=0 && \varphi_{13}+2\varphi_{10}+\varphi_{15}-4\varphi_{14}=0\\
&\varphi_{11}+\varphi_6+\varphi_3+\varphi_8-4\varphi_7=0 && \varphi_{14}+2\varphi_{11}+\varphi_{16}-4\varphi_{15}=0\\
&\varphi_8=0 && \varphi_{16}=0
\end{aligned}$$

有两点需要说明：①关于节点1的电位值，可取为100，也可以取为0，此处取二者的平均值。只要剖分足够密，该点电位值不至于对整个分析结果造成显著影响；②关于第一类节点1、2、3、4、5、8、9、12、13、16，电位值是已知的。如果不把它们列在方程组里，则方程数只剩六个，复杂程度大大降低。但这只是就本例而言。在实际问题中网格数目常常很大，边界节点占的比例可以忽略，把所有节点都列出来，有利于程序的统一处理。

如果消掉第一类边界节点，得到了瘦身的方程组为

$$\begin{cases}
4\varphi_6-\varphi_7-\varphi_{10}=100\\
-\varphi_6+4\varphi_7-\varphi_{11}=0\\
-\varphi_6+4\varphi_{10}-\varphi_{11}-\varphi_{14}=100\\
-\varphi_7-\varphi_{10}+4\varphi_{11}-\varphi_{15}=0\\
-2\varphi_{10}+4\varphi_{14}-\varphi_{15}=100\\
-2\varphi_{11}-\varphi_{14}+4\varphi_{15}=0
\end{cases}$$

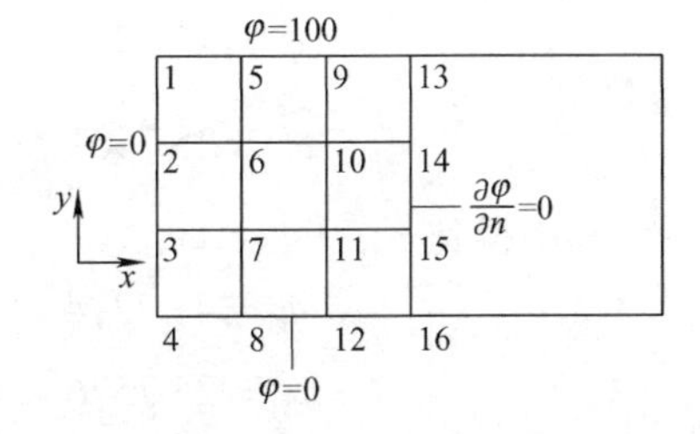

图6-4-5　矩形接地金属槽的一个网格划分

写成矩阵形式为

$$\begin{bmatrix} 4 & -1 & -1 & 0 & 0 & 0 \\ -1 & 4 & 0 & -1 & 0 & 0 \\ -1 & 0 & 4 & -1 & -1 & 0 \\ 0 & -1 & -1 & 4 & 0 & -1 \\ 0 & 0 & -2 & 0 & 4 & -1 \\ 0 & 0 & 0 & -2 & -1 & 4 \end{bmatrix} \begin{bmatrix} \varphi_6 \\ \varphi_7 \\ \varphi_{10} \\ \varphi_{11} \\ \varphi_{14} \\ \varphi_{15} \end{bmatrix} = \begin{bmatrix} 100 \\ 0 \\ 100 \\ 0 \\ 100 \\ 0 \end{bmatrix} \tag{6-4-16}$$

观察式(6-4-16)中的系数矩阵，有三个特点：①矩阵中有大量的零元素，方程阶数越高，零元素占的比例就越大；②非零元素呈带状分布在主对角线周围；③主对角线上的元素值显著大于同一行的其他元素值(称为主元占优)。特点①和②也是其他一些场域离散型数值方法所共有的特点；特点③是拉普拉斯算子离散得到的系数阵所具有的特点，也正是因为这一特点，高斯—塞德尔迭代方可收敛。

使用直接法(高斯消去法)求解方程组(6-4-16)得到

$$\varphi_6 = 43.7374,\quad \varphi_7 = 17.3737,\quad \varphi_{10} = 57.5758$$

$$\varphi_{11} = 25.7576,\quad \varphi_{14} = 60.8081,\quad \varphi_{15} = 28.0808$$

使用高斯一塞德尔迭代求解方程组，迭代格式为

$$\varphi_6^{(k+1)} = \frac{\varphi_7^{(k)} + \varphi_{10}^{(k)} + 100}{4}$$

$$\varphi_7^{(k+1)} = \frac{\varphi_6^{(k)} + \varphi_{11}^{(k)}}{4}$$

$$\varphi_{10}^{(k+1)} = \frac{\varphi_6^{(k)} + \varphi_{11}^{(k)} + \varphi_{14}^{(k)} + 100}{4}$$

$$\varphi_{11}^{(k+1)} = \frac{\varphi_7^{(k)} + \varphi_{10}^{(k)} + \varphi_{15}^{(k)}}{4}$$

$$\varphi_{14}^{(k+1)} = \frac{2\varphi_{10}^{(k)} + \varphi_{15}^{(k)} + 100}{4}$$

$$\varphi_{15}^{(k+1)} = \frac{\varphi_{14}^{(k)} + 2\varphi_{11}^{(k)}}{4}$$

取初始值 $\varphi_6^{(0)} = \varphi_7^{(0)} = \varphi_{10}^{(0)} = \varphi_{11}^{(0)} = \varphi_{14}^{(0)} = \varphi_{15}^{(0)} = 0$，迭代 10 次得到

$$\varphi_6 = 43.7157,\quad \varphi_7 = 17.3589,\quad \varphi_{10} = 57.5501$$

$$\varphi_{11} = 25.7401,\quad \varphi_{14} = 60.7879,\quad \varphi_{15} = 28.0670$$

迭代 20 次得到

$$\varphi_6 = 43.7374,\quad \varphi_7 = 17.3737,\quad \varphi_{10} = 57.5757$$

$$\varphi_{11} = 25.7576,\quad \varphi_{14} = 60.8081,\quad \varphi_{15} = 28.0808$$

跟直接法的结果已经基本一致。

最后需要说明的是，本节只是有限差分法最基本的原理介绍。在实际使用中，还有很多复

杂的技术问题需要解决，例如使用非矩形网格的情况，场域边界不通过网格节点的情况，存在多种媒质的情况，矩阵的非零元素存储与计算技术，以及三维问题、时变场问题的求解等。这些问题将在以后的课程中讨论。鉴于当前数值法已成为解决工程电磁场问题的主要手段，具有十分重要的意义，通过本节对有限差分法的学习，更重要的是了解数值法的解题思想和基本特点，为今后进一步学习电磁场后续课程，和使用数值分析软件解决工程电磁场问题奠定基础。

习　题

6.1　画出习题6.1图中各类平行平面场的场图。设 U_0 为正，下同。

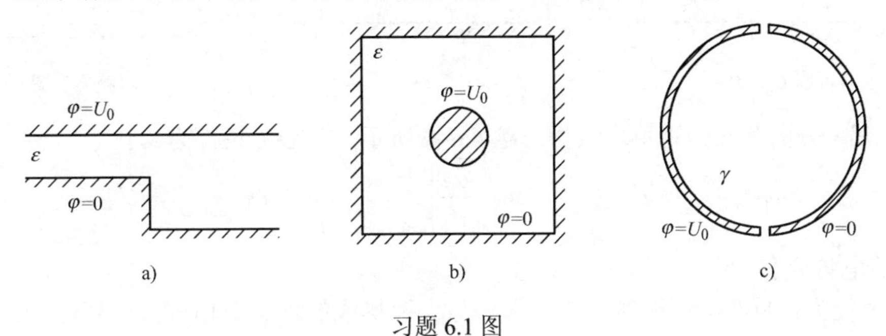

习题6.1图

6.2　一长直电缆的横截面示意图如习题6.2图所示，内导体是一圆柱，表面为 S_1，电位为 U_0；外导体是一变形了的接地导体壳，表面为 S_2，电位为0。内外导体之间充满均匀的理想介质。

（1）试定性画出内外导体之间等位线和电力线的分布。电力线要标明方向；

（2）以电位 φ 为求解量，列出求解导体之间电场的边值问题。

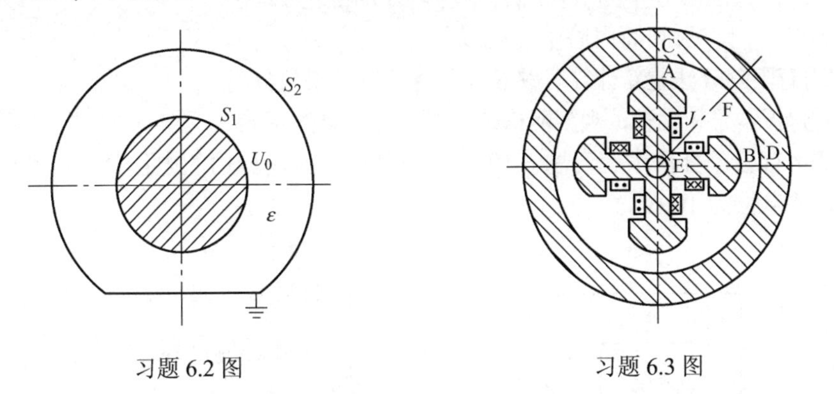

习题6.2图　　习题6.3图

6.3　习题6.3图为一台4极同步电机剖面图，要计算它的空载磁场（负载电流为0，励磁电流密度 $\boldsymbol{J}=J\boldsymbol{e}_z$ 已知）。

（1）试定性画出磁力线分布图；

（2）以矢量磁位 $\boldsymbol{A}$ 为求解量，分别以①整个剖面，②1/4剖面，为求解区域，列出边值问题。

6.4　在习题6.3中，如果激励电流以面电流形式 $\boldsymbol{K}=K\boldsymbol{e}_z$ 分布于铁心表面，则区域中的磁场可以用标量磁位 φ_{m} 作为求解变量，而把激励面电流作为边界条件处理。试列出与习题6.3对应的边值问题。

6.5 习题 6.5 图所示为极长的正方形金属槽，边宽为 1m，除顶盖电势为 $100\sin\pi x$ V 外，其他三面的电势为零，试求槽内的电势分布。

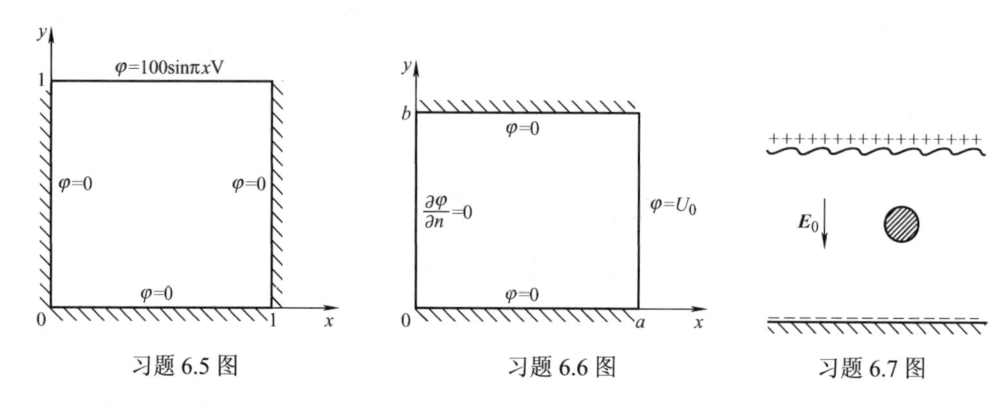

习题 6.5 图　　习题 6.6 图　　习题 6.7 图

6.6 沿 z 方向极长的矩形场域如习题 6.6 图所示，其边界条件为

$$\varphi\Big|_{y=0,0<x<a}=\varphi\Big|_{y=b,0<x<a}=0\,,\quad \frac{\partial\varphi}{\partial x}\Big|_{x=0,0<y<b}=0\,,\quad \varphi\Big|_{x=a,0<y<b}=U_0$$

求场域内的电势分布。

6.7 半径为 a 的架空输电线，位于雷云与大地形成的均匀电场（电场强度为 $\boldsymbol{E}_0$）中，如习题 6.7 图所示，若以架空输电线为电势参考点，求输电线周围空间的电势分布以及输电线表面最大电场强度的位置和数值。

6.8 设有一长直铁圆筒（磁屏蔽腔），放在均匀外磁场中，圆筒的轴线与磁场垂直，如习题 6.8 图所示。圆筒的内、外半径分别为 R_1 和 R_2，铁的磁导率为 $\mu=\mu_r\mu_0$。均匀外加磁场 $\boldsymbol{H}_0$ 已知，方向沿 x 轴正向。求圆筒内腔中的磁场。

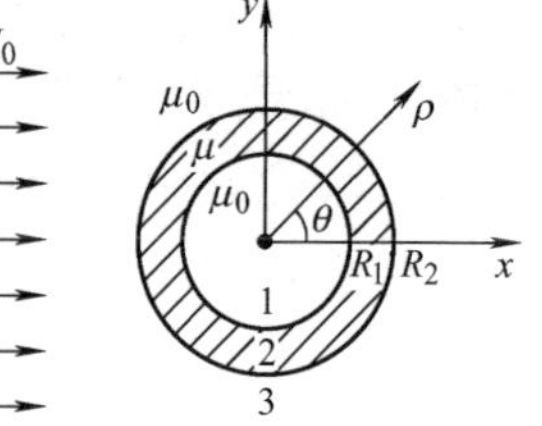

习题 6.8 图

6.9 试用有限差分法重新计算习题 6.5，并将计算结果与分离变量法得到的解析结果相比较，观察网格疏密对计算结果的影响。

6.10 试用有限差分法求解习题 6.10 图所示平行平面场域内的电位分布，其中外导体电位为 0，内导体电位为 100V。

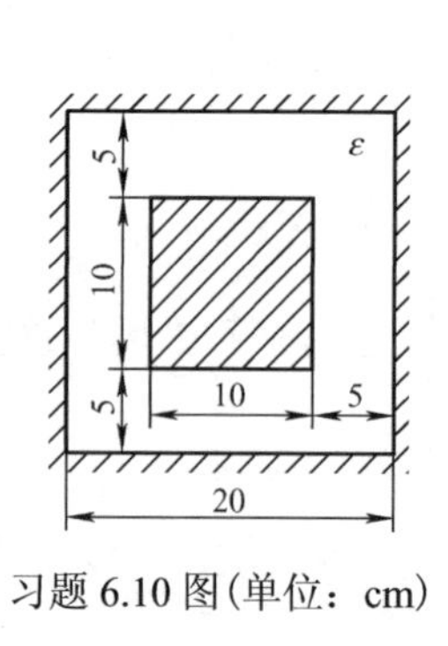

习题 6.10 图（单位：cm）

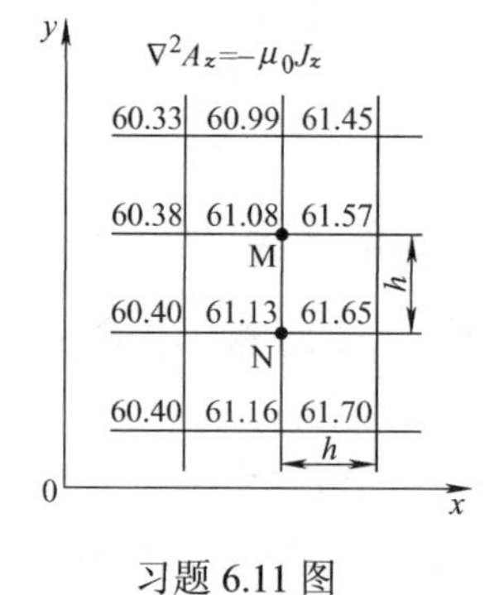

习题 6.11 图

6.11 习题 6.11 图所示为用有限差分法得到的一平行平面载流区域矢量磁位 A_z 的数值解（单位为 10^{-3} Wb/m）。设 $\mu_0 J_z h^2=2.4\times10^{-4}$ Wb/m，试验证 M、N 两点的结果是否满足求解要求（图中数据为数字右侧节点的 A_z 值；设高斯—赛德尔迭代要求的收敛精度为 10^{-3}）。

第7章 时变电磁场基本方程

变化的电场可以产生磁场，变化的磁场可以产生电场，这种时变的电场和磁场是相互依存的，因为无法将它们分开来讨论，所以直接称为电磁场。如果是存在于无源空间，变化又比较快，一般称为电磁波。法拉第发现的变化磁场产生电场的电磁感应现象，为电磁场理论的建立提供了丰富的“原材料”；麦克斯韦根据对称性的考虑：变化的电场是否也会产生磁场，创造性地提出了位移电流的假设，完整地表示了电场和磁场互相转化的规律，并用数学语言首次建立了电磁场的理论体系“大厦”；赫兹的电磁波实验证实了麦克斯韦的预言：电磁场可以独立于电荷(源)存在，可以说“点亮”了这座大厦。麦克斯韦方程组形式华美，内涵深刻，被公认为经典科学理论的典范。

描述宏观时变电磁现象的基本规律是麦克斯韦方程组，其微分形式和物质本构方程、分界面上的边界条件成为求解电磁场边值问题必不可少的场方程。本章以电磁感应定律、全电流定律和电荷守恒定律为基础首先推演麦克斯韦方程组；随后讨论电磁场在空间传播时的波动方程，位函数表示的电磁场方程；还讨论电磁场能量传播定律(坡印廷定律)，并以此为基础给出时变电磁场的定解问题和唯一性定理。

7.1 麦克斯韦方程组

7.1.1 电磁感应定律和全电流定律

1. 电磁感应定律

在闭合的导线内，如果磁场发生变化(没有考虑媒质的运动)，则会产生感应电动势从而产生感应电流，如图7-1-1a所示，这就是法拉第电磁感应现象，其感应电动势满足**法拉第电磁感应定律**(Faraday's Law)：闭合回路中产生的感应电动势的大小与穿过回路的磁通量(磁链)的变化率成正比，其形成的感应电流的磁通(磁链)总是力图阻碍引起感应电流的磁通(磁链)变化。定律的表达式为

$$e=-\frac{\mathrm{d}\Psi}{\mathrm{d}t}=-\frac{\mathrm{d}}{\mathrm{d}t}\int_S \boldsymbol{B}\cdot\mathrm{d}\boldsymbol{S} \tag{7-1-1}$$

式中，e为感应电动势；Ψ为磁链；$\boldsymbol{S}$为导体回路所限定的截面。约定电动势e与磁链Ψ的参考方向满足右手螺旋定则。注意感应电流的方向和感应电动势的参考方向一致，图7-1-1a中标示的电流是实际电流方向(因为磁场增加)。如果导体回路不运动，可写成[㊀]

㊀ 此处为感生电动势(变压器电动势)，实际上还可能存在动生电动势(发电机电动势)，完整的表示为：$-\frac{\mathrm{d}}{\mathrm{d}t}\int_S \boldsymbol{B}\cdot\mathrm{d}\boldsymbol{S}=-\int_S\frac{\partial\boldsymbol{B}}{\partial t}\cdot\mathrm{d}\boldsymbol{S}+\int_l(\boldsymbol{v}\times\boldsymbol{B})\cdot\mathrm{d}\boldsymbol{l}$。

$$e=-\frac{\mathrm{d}}{\mathrm{d}t}\int_S \boldsymbol{B}\cdot\mathrm{d}\boldsymbol{S}=-\int_S\frac{\partial \boldsymbol{B}}{\partial t}\cdot\mathrm{d}\boldsymbol{S} \tag{7-1-2}$$

在导体回路中形成电流自然可以理解为有电场存在，提供电荷运动的推动力。麦克斯韦将法拉第电磁感应定律从导体推广到介质、甚至真空中，认为仍然存在电场，如图 7-1-1b 所示，称之为**感应电场 $\boldsymbol{E}_{\mathrm{i}}$**，感应电场的变化规律满足电磁感应定律

$$e=\oint_l \boldsymbol{E}_i\cdot\mathrm{d}\boldsymbol{l}=-\int_S\frac{\partial \boldsymbol{B}}{\partial t}\cdot\mathrm{d}\boldsymbol{S} \tag{7-1-3}$$

式中，$\boldsymbol{l}$ 为任意回路；$\boldsymbol{S}$ 为 l 限定的截面。约定 $\boldsymbol{l}$ 和 $\boldsymbol{S}$ 的正方向满足右手螺旋定则。式(7-1-3)说明变化的磁场也能产生电场，而且此电场是有旋的，因此感应电场又称涡旋电场(电力线可以闭合)。

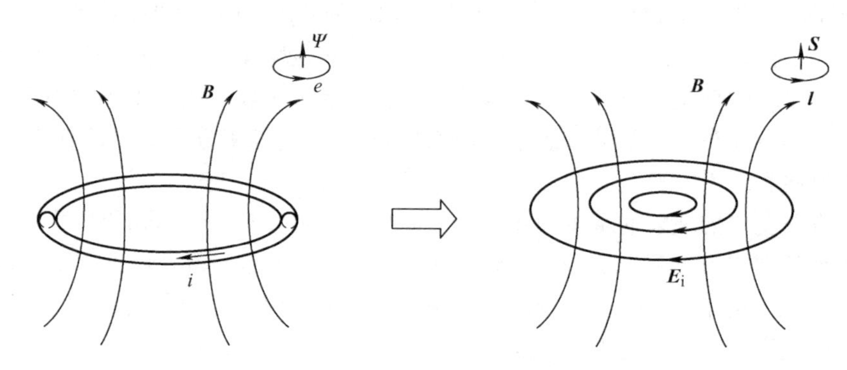

a) 变化的磁场(增加)在导体中产生电流　　b) 变化的磁场在空间产生感应电场

图 7-1-1　电磁感应定律的演变

另外一方面，电荷产生电场(库仑场) $\boldsymbol{E}_{\mathrm{c}}$ 满足电场的环路定理，也就是无旋场，即

$$\oint_l \boldsymbol{E}_{\mathrm{c}}\cdot\mathrm{d}\boldsymbol{l}=0 \tag{7-1-4}$$

库仑场和感应电场合成起来可以得到

$$\oint_l(\boldsymbol{E}_i+\boldsymbol{E}_{\mathrm{c}})\cdot\mathrm{d}\boldsymbol{l}=\oint_l \boldsymbol{E}\cdot\mathrm{d}\boldsymbol{l}=-\int_S\frac{\partial \boldsymbol{B}}{\partial t}\cdot\mathrm{d}\boldsymbol{S} \tag{7-1-5}$$

麦克斯韦将其作为电磁场的基本方程之一，也称为**电磁感应定律**。根据数学中的斯托克斯定理，其微分形式为

$$\nabla\times\boldsymbol{E}=-\frac{\partial \boldsymbol{B}}{\partial t} \tag{7-1-6}$$

式(7-1-6)说明时变电场是有旋的，也就是说在时变情况下，不能引入电位，或者说电位已经不是位函数，而和路径有关。至于**基尔霍夫电压定律**如何由此得到，将在准静态场中介绍。

例 7.1.1　在长直线圈内部形成的均匀磁场中心，放置一个垂直磁场方向的金属圆环，假设磁场均匀缓慢增加($\mathrm{d}B/\mathrm{d}t=c$)，金属圆环半径为 a，电阻为 R，如图 7-1-2a 所示；或放置由两种等长、等粗的不同金属材料组合而成的圆环，左边半环电导率为右边半环电导率的 1/2，如图 7-1-2b 所示。求感应电流，并分别计算沿直径 AOB、半弧 ACB 和半弧 ADB 的电场积分。

解:(1)图 7-1-2a 所示情况。根据电磁感应定律，计算得到感应电动势为

$$e=-\frac{\mathrm{d}\psi}{\mathrm{d}t}=-\frac{\mathrm{d}B}{\mathrm{d}t}\pi a^2=-\pi a^2 c$$

电动势的参考方向和图中标示的 $\boldsymbol{e}_\phi$方向一致。圆环中的电流为[⊖]

$$i=\frac{e}{R}=-\frac{\pi a^2 c}{R}$$

a) 均匀电导率的圆环

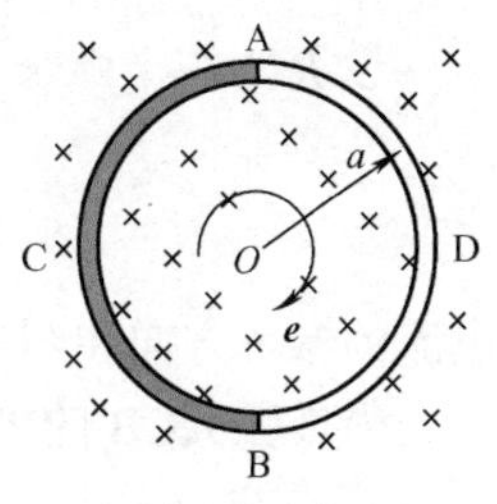

b) 不同电导率的两段半环

图 7-1-2　变化的磁场在不同导电圆环中产生感应电流

电流的参考方向和图中标示的 $\boldsymbol{e}_\phi$方向一致。

沿半弧 ACB 的电场积分为

$$U_{\mathrm{ACB}}=\int_{\mathrm{ACB}}\boldsymbol{E}\cdot\mathrm{d}\boldsymbol{l}=\int_{\mathrm{ACB}}\frac{\boldsymbol{J}}{\gamma}\cdot\mathrm{d}\boldsymbol{l}=\int_{\mathrm{A}}^{\mathrm{B}}\frac{i}{\gamma S}\boldsymbol{e}_\phi\cdot(-\mathrm{d}l\boldsymbol{e}_\phi)$$
$$=-i\int_{\mathrm{A}}^{\mathrm{B}}\frac{\mathrm{d}l}{\gamma S}=-i\frac{R}{2}=\frac{\pi a^2 c}{2}$$

其中，γ为导线电导率；S 为导线的横截面积，并假设截面 S 上的电流均匀分布。

同样可求得沿半弧 ADB 的电场积分为

$$U_{\mathrm{ADB}}=\int_{\mathrm{ADB}}\boldsymbol{E}\cdot\mathrm{d}\boldsymbol{l}=\int_{\mathrm{ADB}}\frac{\boldsymbol{J}}{\gamma}\cdot\mathrm{d}\boldsymbol{l}=\int_{\mathrm{A}}^{\mathrm{B}}\frac{i}{\gamma S}\boldsymbol{e}_\phi\cdot\mathrm{d}l\boldsymbol{e}_\phi$$
$$=i\int_{\mathrm{A}}^{\mathrm{B}}\frac{\mathrm{d}l}{\gamma S}=i\frac{R}{2}=-\frac{\pi a^2 c}{2}$$

沿直径 AOB 的电场积分采用电磁感应定律来求，沿路径 AOBCA 积分一周应该等于通过半圆面积的磁通的减少率：

$$\int_{\mathrm{AOB}}\boldsymbol{E}\cdot\mathrm{d}\boldsymbol{l}+\int_{\mathrm{BCA}}\boldsymbol{E}\cdot\mathrm{d}\boldsymbol{l}=-\frac{\pi a^2}{2}c$$

则

$$U_{\mathrm{AOB}}=\int_{\mathrm{AOB}}\boldsymbol{E}\cdot\mathrm{d}\boldsymbol{l}=-\frac{\pi a^2}{2}c+\int_{\mathrm{ACB}}\boldsymbol{E}\cdot\mathrm{d}\boldsymbol{l}=-\frac{\pi a^2}{2}c+\frac{\pi a^2}{2}c=0$$

当然也可以直接分析知道感应电场沿 $\boldsymbol{e}_\phi$的方向，始终垂直直径 AB 这条线，自然积分为零。

上述三个积分的结果说明同样的 A、B 两点，沿不同路径的积分不一样，这说明不存在“位”。因而一般不在时变场中引入电位差的概念，只在准静态场中才有，这一点在第 8 章会有陈述。

(2)图 7-1-2b 所示情况。变化的磁场形成感应电场的大小只和磁场变化率有关，和导体参数并无关系，因此电动势仍然为

$$e=-\frac{\mathrm{d}\psi}{\mathrm{d}t}=-\frac{\mathrm{d}B}{\mathrm{d}t}\pi a^2=-\pi a^2 c$$

⊖ 低频下准静态近似下的结果，见第 8 章。

设 R 为右半弧长的电阻，$2R$ 为左半弧长的电阻，感应电流为

$$i=\frac{e}{3R}=-\frac{\pi a^2 c}{3R}$$

电流的参考方向和图中标示的 $\boldsymbol{e}_\phi$ 方向一致。

沿半弧 ACB 的电场积分为

$$U_{\mathrm{ACB}}=\int_{\mathrm{ACB}}\boldsymbol{E}\cdot\mathrm{d}\boldsymbol{l}=-2Ri=\frac{2\pi a^2 c}{3}$$

沿半弧 ADB 的电场积分为

$$U_{\mathrm{ADB}}=\int_{\mathrm{ADB}}\boldsymbol{E}\cdot\mathrm{d}\boldsymbol{l}=Ri=-\frac{\pi a^2 c}{3}$$

沿直径 AOB 的电场积分采用电磁感应定律来求，沿路径 AOBCA 积分一周应该等于通过半圆面积的磁通的减少率：

$$\int_{\mathrm{AOB}}\boldsymbol{E}\cdot\mathrm{d}\boldsymbol{l}+\int_{\mathrm{BCA}}\boldsymbol{E}\cdot\mathrm{d}\boldsymbol{l}=-\frac{\pi a^2}{2}c$$

则

$$U_{\mathrm{AOB}}=\int_{\mathrm{AOB}}\boldsymbol{E}\cdot\mathrm{d}\boldsymbol{l}=-\frac{\pi a^2}{2}c+\int_{\mathrm{ACB}}\boldsymbol{E}\cdot\mathrm{d}\boldsymbol{l}=-\frac{\pi a^2}{2}c+\frac{2\pi a^2}{3}c=\frac{\pi a^2}{6}c$$

上述三个积分结果除了说明同样的 A、B 两点，沿不同路径的积分不一样以外，比较奇怪的是沿直径 AOB 的电场积分不为零。这是因为两个半环的电导率不相等，在两种金属交界面上将产生面电荷，(金属环表面上也会产生电荷)，这样空间任一点的电场既有感应电场的贡献，也有库仑电场的贡献，不同于前面均匀金属环的情况，沿直径 AB 线上的总电场不再是沿 $\boldsymbol{e}_\phi$ 的方向，自然积分不为零。

2. 由电磁感应定律导出磁场的“高斯”定理

对方程(7-1-6)取散度，因为

$$\nabla\cdot(\nabla\times\boldsymbol{E})=0$$

所以

$$\frac{\partial(\nabla\cdot\boldsymbol{B})}{\partial t}=0\text{，}$$

即

$$\nabla\cdot\boldsymbol{B}=\mathrm{C}\ (\text{时间恒量})$$

实验证实在有限空间内的任何区域，至少在某一个瞬间磁场可以为零，这样为了保持在不同时间 $\nabla\cdot\boldsymbol{B}$ 都是常数，C 必须为零(当然磁荷如果存在，则方程(7-1-6)右边还有一项磁流，同时还需补充一个磁荷守恒方程，此时 C 为磁荷密度)，则得到**磁通连续性原理**或**磁场的“高斯定理”**

$$\nabla\cdot\boldsymbol{B}=0 \tag{7-1-7}$$

其积分形式为

$$\oint_S \boldsymbol{B}\cdot\mathrm{d}\boldsymbol{S}=0 \tag{7-1-8}$$

它说明时变磁场是无源场，和恒定磁场一样，但从上面的推导来看，它来自于电磁感应定律，不是独立的方程[⊖]。需要指出的是，如果 $\partial\boldsymbol{B}/\partial t=0$，则无法通过方程(7-1-6)得到方程(7-1-7)，即无法通过电磁感应定律得到高斯定理，这也说明在恒定场中高斯定理是独立的定理，磁通连续性原理方程(7-1-7)是独立的方程。

3. 全电流定律

恒定的传导电流 $\boldsymbol{J}_\mathrm{c}$ 产生磁场，并满足安培环路定理

$$\nabla\times\boldsymbol{H}=\boldsymbol{J}_\mathrm{c} \tag{7-1-9}$$

对其取散度，可得到

$$\nabla\cdot\boldsymbol{J}_\mathrm{c}=0 \tag{7-1-10}$$

积分形式为

$$\oint_S \boldsymbol{J}_\mathrm{c}\cdot\mathrm{d}\boldsymbol{S}=0 \tag{7-1-11}$$

此即为静态场中的电流连续性方程。而**电荷守恒定律**为

$$\oint_S \boldsymbol{J}_\mathrm{c}\cdot\mathrm{d}\boldsymbol{S}=-\frac{\mathrm{d}q}{\mathrm{d}t} \tag{7-1-12}$$

其意义是单位时间内从一个封闭区域流出的电荷等于单位时间内该区域中减少的电荷，其微分形式为

$$\nabla\cdot\boldsymbol{J}_\mathrm{c}=-\frac{\partial\rho}{\partial t} \tag{7-1-13}$$

这与安培环路定理方程(7-1-10)有矛盾，而电荷守恒定律是更基本的实验定律，因此在时变情况下，安培环路定理就暴露出只能处理静态场的缺陷。

麦克斯韦在前人研究工作的基础上大胆引入位移电流的假设，如图 7-1-3 所示，外加交变电源在电容器两电极间产生交变电场，将这个变化的电场也等效为一种电流——位移电流，位移电流密度为

$$\boldsymbol{J}_\mathrm{D}=\frac{\partial\boldsymbol{D}}{\partial t} \tag{7-1-14}$$

既然这种变化的电场是电流，相应也就能产生磁场，推广一下，不一定是电容器中的变化电场，在介质或导电媒质甚至真空中的变化电场也能产生磁场，由此将传导电流和位移电流合成起来后(如是导电媒质，则同时存在传导电流)，扩充安培环路定理为

$$\oint_l \boldsymbol{H}\cdot\mathrm{d}\boldsymbol{l}=\int_S(\boldsymbol{J}_\mathrm{c}+\boldsymbol{J}_\mathrm{D})\cdot\mathrm{d}\boldsymbol{S} \tag{7-1-15}$$

其微分形式为

⊖ 散度方程也可以认为是旋度方程的初始条件：$(\nabla\cdot\boldsymbol{B})\big|_{t=0}=0$。

$$\nabla \times \boldsymbol{H} = \boldsymbol{J}_{\mathrm{c}} + \frac{\partial \boldsymbol{D}}{\partial t} \tag{7-1-16}$$

对其取散度，可得到

$$\nabla \cdot \left(\boldsymbol{J}_{\mathrm{c}} + \frac{\partial \boldsymbol{D}}{\partial t} \right) = 0 \tag{7-1-17}$$

其积分形式为

$$\oint_S \left(\boldsymbol{J}_{\mathrm{c}} + \frac{\partial \boldsymbol{D}}{\partial t} \right) \cdot \mathrm{d}\boldsymbol{S} = 0 \tag{7-1-18}$$

扩充后的安培环路定理方程(7-1-15)或方程(7-1-18)称为**全电流定律**。它反映除了传导电流产生磁场外，变化的电场也能产生磁场，与前面的电磁感应现象联系起来，就为电磁波的产生提供了理论基础。它也是**基尔霍夫电流定律**的“场”基础，这样在时变情况下，使电流连续性都得以保持，只有传导电流和位移电流合成后的全电流才是连续的。

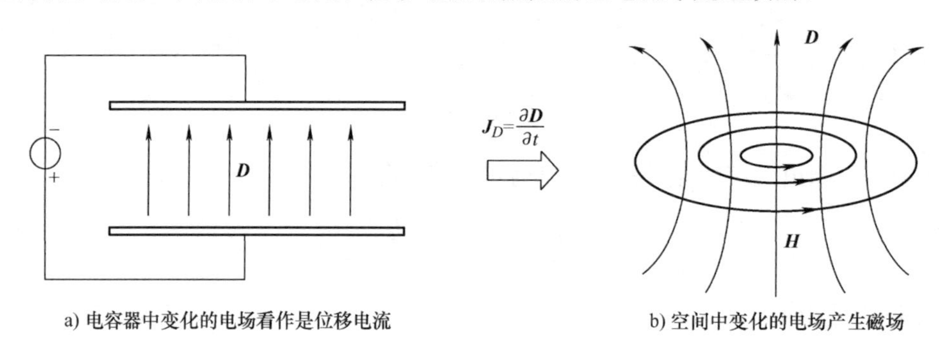

图 7-1-3 全电流定律的演变

电荷守恒定律方程(7-1-12)如果用在两种媒质分界面上，例如作包含分界面的闭合面积分，可以得到分界面上可能有自由电荷积累的结果，而全电流定律方程(7-1-18)如果用在同样场合，似乎没有自由电荷积累的可能，怎么解释大家可以思考一下。

另外全电流定律方程(7-1-18)不能写成$i_{\mathrm{c}} + \partial \boldsymbol{D}/\partial t = 0$，因为一个是双向标量，一个是矢量，不能做这种运算，方程(7-1-18)是对一个闭合曲面积分才有效。

这里总结一下电流的分类。

1) **自由电流**：由自由电荷的宏观运动形成的电流，它包括**传导电流**和**运流电流**。传导电流$\boldsymbol{J}_c = \gamma \boldsymbol{E}$中，运动的电荷可以是金属中的自由电子，电解质溶液中的正负离子，半导体中的电子和空穴。需要说明的是，在均匀导体中有传导电流，但导体内的净电荷密度为零(导体表面有净电荷)，在恒定电流场中已经说明这一现象，在时变场中，由于驰豫过程(后面要介绍)净电荷也很快为零。另外工程实际中有时还会出现一个作为外部激励源的传导电流$\boldsymbol{J}_{\mathrm{ext}}$或$i_{\mathrm{ext}}$，它不用本构方程描述，大部分情况下其大小是已知的、只受外部电源控制(近似认为与场无关)，例如天线上的电流、绕组的匝电流等。

运流电流$\boldsymbol{J}_v = \rho \boldsymbol{v}$是电荷在真空或气体中运动产生，净电荷密度不一定为零，例如气体放电中的电流；也可能为零，例如一种等离子体中，有两种带电量相等，极性相反，运动速度大小相等、方向相反的离子，则$\boldsymbol{J}_v = \rho_+ \boldsymbol{v}_+ + \rho_- \boldsymbol{v}_- = (\rho_+ - \rho_-)\boldsymbol{v} \neq 0$，但$\rho_+ + \rho_- = 0$。

2) **束缚电流**：物质在外加电磁场的作用下产生的**磁化电流**和**极化电流**，电荷没有宏观运动。磁化电流在恒定磁场中已经描述($\boldsymbol{J}_{\mathrm{m}}=\nabla\times\boldsymbol{M}$)，实际是分子环流的宏观效果(不是电荷宏观运动)。又因为$\nabla\cdot\boldsymbol{J}_{\mathrm{m}}=0$，所以磁化电流不会引起电荷积累㊀。通过辅助物理量磁场强度 $\boldsymbol{H}$ 的引入，代替可直接测量的物理量——磁感应强度 $\boldsymbol{B}$，因为$\nabla\times\boldsymbol{H}=\nabla\times(\boldsymbol{B}/\mu_0-\boldsymbol{M})=\boldsymbol{J}_{\mathrm{c}}$，所以磁化电流不必单独考虑，时变场中也如此。

极化电荷在静电场中介绍过，是非均匀分布或分界面上的电偶极子的宏观效果。如果电场变化，极化状态会变化，极化电荷就会变化，形成所谓的极化电流，这里定义极化电流$\boldsymbol{J}_p=\partial\boldsymbol{P}/\partial t$，不过是极化电荷在时变电场中的行为。它满足电荷守恒定律$\nabla\cdot\boldsymbol{J}_p=-\partial\rho_p/\partial t$，会引起电荷积累。刚才介绍的位移电流实际上是$\partial\boldsymbol{D}/\partial t=\varepsilon_0\partial\boldsymbol{E}/\partial t+\partial\boldsymbol{P}/\partial t$，就包含了极化电流，同样是辅助物理量 $\boldsymbol{D}$ 代替了物理量(可直接测量的)$\boldsymbol{E}$，因而也不必单独考虑。

总之磁化电流和极化电流在引入辅助物理量 $\boldsymbol{H}$ 和 $\boldsymbol{D}$ 的表达式中是不必考虑的。至于位移电流本身，除了可以包括极化电流外，还包括变化电场产生的电流，即使在真空中它也存在，在导体中和传导电流一起存在。

在本书中运流电流不做研究，束缚电流包含在辅助物理量中，这样全电流定律也可表示为

$$\oint_l \boldsymbol{H}\cdot\mathrm{d}\boldsymbol{l}=i_{\mathrm{ext}}+\int_S(\boldsymbol{J}_{\mathrm{c}}+\boldsymbol{J}_{\mathrm{D}})\cdot\mathrm{d}\boldsymbol{S} \quad \text{或} \quad \nabla\times\boldsymbol{H}=\boldsymbol{J}_{\mathrm{ext}}+\boldsymbol{J}_{\mathrm{c}}+\frac{\partial\boldsymbol{D}}{\partial t} \tag{7-1-19}$$

需要指出的是在积分形式中加外部激励源电流项 i_{ext} 是正确的和方便的，但在微分形式中由于是“逐点”的方程，不可能在同一“点”存在外部激励源电流和传导电流(位移电流是可以分别和激励源电流或传导电流同时存在的)，只是有时为了方便可写成这样。注意，不同的书上电流的写法不一样，有的笼统写为 $\boldsymbol{J}$，有的分区域写(源区和涡流区)，本书后面的写法依所讨论的问题而定，如果是理想介质的无激励源问题，则$\boldsymbol{J}=0$；如果是导电媒质的无激励源问题，则$\boldsymbol{J}=\gamma\boldsymbol{E}$；如果是导电媒质含外部激励源的问题，则$\boldsymbol{J}=\boldsymbol{J}_{\mathrm{ext}}+\gamma\boldsymbol{E}$。

4. 全电流定律导出的电场高斯定理

将全电流定律方程(7-1-17)和电荷守恒定律方程(7-1-13)比较，容易得到

$$\frac{\partial}{\partial t}(\nabla\cdot\boldsymbol{D}-\rho)=0$$

即

$$\nabla\cdot\boldsymbol{D}-\rho=C\ (\text{时间恒量})$$

上式在任何时变场中都成立，而实验证实在有限空间内的任何区域，至少在某一瞬间，电场可以等于零，则$\nabla\cdot\boldsymbol{D}(t_0)=0$，同样经实验证实所有的电荷都可从有限的空间区域内移开，即$\rho(t_0)=0$，于是在同一区域内为了保持在不同时间时都是常数，C 必须为零，得到

$$\nabla\cdot\boldsymbol{D}=\rho \tag{7-1-20}$$

其积分形式为

$$\oint_S \boldsymbol{D}\cdot\mathrm{d}\boldsymbol{S}=q \tag{7-1-21}$$

㊀ 如果存在磁荷 ρ_{m}，则有磁荷守恒定律$\nabla\cdot\boldsymbol{J}_{\mathrm{m}}=-\partial\rho_{\mathrm{m}}/\partial t$。

这样静电场的**高斯定理**在时变电磁场中仍然成立，但从上面的推导来看，它来自于全电流定律和电荷守恒定律，不是独立的方程㊀。

注意，如果$\partial \boldsymbol{D} / \partial t = 0$，则无法通过方程(7-1-13)和方程(7-1-17)得到方程(7-1-20)，即无法通过全电流定律和电荷守恒定律得到高斯定理，这也说明在静态场中高斯定理是独立的定理，方程(7-1-20)是独立的方程。

例 7.1.2 海水的电导率$\gamma = 4.2\mathrm{S/m}$，相对介电常数$\varepsilon_\mathrm{r} = 81$。分别求频率$f = 1\mathrm{MHz}$和$f = 1\mathrm{GHz}$时位移电流密度与传导电流密度最大值的比值。

解：首先明确，海水是导体，对时变场而言，同时存在传导电流和位移电流。设电场强度为

$$E = E_\mathrm{m} \sin(\omega t)$$

则位移电流密度为

$$J_\mathrm{D} = \frac{\partial D}{\partial t} = \omega \varepsilon_0 \varepsilon_\mathrm{r} E_\mathrm{m} \cos(\omega t)$$

传导电流密度为

$$J_\mathrm{c} = \gamma E = \gamma E_\mathrm{m} \sin(\omega t)$$

两者最大值的比值为

$$\frac{J_\mathrm{Dmax}}{J_\mathrm{cmax}} = \frac{\omega \varepsilon_0 \varepsilon_r}{\gamma}$$

当$f = 1\mathrm{MHz}$时，有

$$\frac{J_\mathrm{Dmax}}{J_\mathrm{cmax}} = 1.072 \times 10^{-3}$$

当$f = 1\mathrm{GHz}$时，有

$$\frac{J_\mathrm{Dmax}}{J_\mathrm{cmax}} = 1.072$$

可见，低于兆赫兹，海水里的传导电流还是远大于位移电流的。

7.1.2 时变电磁场方程组

麦克斯韦在前人研究工作的基础上提出的感应电场概念和位移电流假设使得变化的电场和磁场联系起来，并预言了电磁波的现象(稍后由赫兹的实验证实)，揭示了电磁场可以独立于电荷存在，也就进一步反映了电磁场的物质性。他在近150年前建立的电磁场理论体系至今仍是非常完美和有用的。

时变电磁场基本方程包括麦克斯韦方程组和电荷守恒方程，其中麦克斯韦方程组的现代形式已和麦克斯韦当初总结的不一样了(实质没有变)，其积分形式为

㊀ 散度方程也可以认为是旋度方程的初始条件：$(\nabla \cdot \boldsymbol{D} - \rho)\big|_{t=0} = 0$

$$\begin{cases}\oint_S \boldsymbol{D}\cdot \mathrm{d}\boldsymbol{S}=\int_V \rho \mathrm{d}V & (7\text{-}1\text{-}22\mathrm{a})\\ \oint_l \boldsymbol{E}\cdot \mathrm{d}\boldsymbol{l}=-\int_S \frac{\partial \boldsymbol{B}}{\partial t}\cdot \mathrm{d}\boldsymbol{S} & (7\text{-}1\text{-}22\mathrm{b})\\ \oint_l \boldsymbol{H}\cdot \mathrm{d}\boldsymbol{l}=\int_S \boldsymbol{J}\cdot \mathrm{d}\boldsymbol{S}+\int_S \frac{\partial \boldsymbol{D}}{\partial t}\cdot \mathrm{d}\boldsymbol{S} & (7\text{-}1\text{-}22\mathrm{c})\\ \oint_S \boldsymbol{B}\cdot \mathrm{d}\boldsymbol{S}=0 & (7\text{-}1\text{-}22\mathrm{d})\end{cases}$$

$$\oint_S \boldsymbol{J}\cdot \mathrm{d}\boldsymbol{S}=-\frac{\mathrm{d}q}{\mathrm{d}t} \tag{7-1-22e}$$

第一个方程是电场的高斯定理，和静电场的高斯定理一样；第二个方程是电磁感应定律，不同于静电场中的“环路定理”，时变电场是有旋场；第三个方程是全电流定律，不同于恒定磁场中的安培环路定理，时变场包含位移电流，也可以写成方程(7-1-18)；第四个方程是磁场的“高斯定理”，和恒定磁场的“高斯定理”一致。由四个方程组成的麦克斯韦方程组实际上每个方程的地位不一样，两个具有散度性质的方程是非限定的(可导出的)。两个限定性麦克斯韦方程——电磁感应定律方程(7-1-22b)和全电流定律方程(7-1-22c)，和电荷守恒定律方程(7-1-22e)组成具有基础地位的限定性方程。其逻辑关系见第1章内容。因为对静态场，四个方程又变成独立的方程，所以习惯上仍放在一起。另外需要注意的是方程(7-1-22a)、方程(7-1-22d)和方程(7-1-22e)中闭合曲面 $\boldsymbol{S}$ 是体积 V 的“包裹面”，闭合曲面积分时 $\boldsymbol{S}$ 的正方向是朝外；方程(7-1-22b)和方程(7-1-22c)中曲面积 $\boldsymbol{S}$ 是 $\boldsymbol{l}$ 限定的面，面积分时 $\boldsymbol{S}$ 的正方向和闭合曲线 $\boldsymbol{l}$ 的正向满足右手螺旋定则。

时变电磁场方程组的微分形式为

$$\begin{cases}\nabla\cdot \boldsymbol{D}=\rho & (7\text{-}1\text{-}23\mathrm{a})\\ \nabla\times \boldsymbol{E}=-\frac{\partial \boldsymbol{B}}{\partial t} & (7\text{-}1\text{-}23\mathrm{b})\\ \nabla\times \boldsymbol{H}=\boldsymbol{J}+\frac{\partial \boldsymbol{D}}{\partial t}\quad 或\quad \nabla\cdot\left(\boldsymbol{J}+\frac{\partial \boldsymbol{D}}{\partial t}\right)=0 & (7\text{-}1\text{-}23\mathrm{c})\\ \nabla\cdot \boldsymbol{B}=0 & (7\text{-}1\text{-}23\mathrm{d})\end{cases}$$

$$\nabla\cdot \boldsymbol{J}=-\frac{\partial \rho}{\partial t} \tag{7-1-23e}$$

其中，方程(7-1-23a)表示电荷密度是电场的散度源，方程(7-1-23b)表示变化的磁场是电场的旋度源，方程(7-1-23c)表示全电流密度是磁场的旋度源，方程(7-1-23d)表示磁场是无散场，方程(7-1-23e)表示变化的电荷密度是电流密度的散度源。注意这些方程中的 $\boldsymbol{J}$ 是传导电流密度。

麦克斯韦方程组并不是描述电磁现象的唯一方案，尽管到目前为止并无实验证实存在磁荷，但是不能排除可能性，如果引入磁荷，只要不涉及磁荷本身，则并不会引起本质的变化，而且电磁规律显得更加完美和对称。另外，麦克斯韦方程组反映的是电荷、电流如何激发场和电磁场本身的变化规律，而场与电荷、电流还同时存在电与磁的相互作用，此时还要考虑洛仑兹力的作用，即

$$\boldsymbol{F}=q\boldsymbol{E}+q\boldsymbol{v}\times \boldsymbol{B} \tag{7-1-24}$$

例 7.1.3 电子感应加速器示意图如图 7-1-4 所示，线圈中的交流电提供变化的磁场，产生感应电场，电子在里面被加速。求证电子圆周运动轨道处的磁感应强度应该等于轨道包围面积内磁感应强度的平均值的一半。

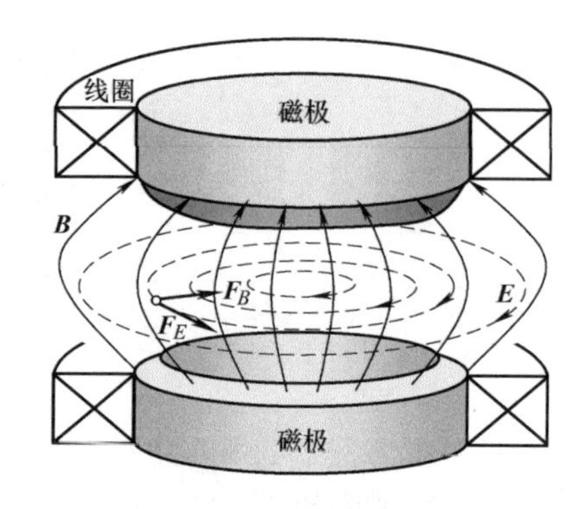

图 7-1-4 电子感应加速器示意图

证：洛仑兹力中的磁场力提供使电子作圆周运动的向心力 $\boldsymbol{F}_B$，洛仑兹力中的电场力 $\boldsymbol{F}_E$ 提供电子沿轨道的切向加速度。当电子切向速度被电场力加速到某一个值 $\boldsymbol{v}(t)$ 时，磁场力必须提供相应的向心力维持它在轨道上。

首先计算感应电场，电子所在径向位置半径为 R，根据电磁感应定律，将感应电场沿圆周轨道积分一周得

$$\oint_l \boldsymbol{E}_i \cdot \mathrm{d}\boldsymbol{l} = -\int_S \frac{\partial \boldsymbol{B}}{\partial t} \cdot \mathrm{d}\boldsymbol{S}$$

其中 l 为周长，S 为 l 包围的圆面积πR^2。令 $\bar{B} = (1/\pi R^2)\int_S \boldsymbol{B} \cdot \mathrm{d}\boldsymbol{S}$，得到

$$E_i(R) \cdot 2\pi R = -\pi R^2 \frac{\mathrm{d}\bar{B}}{\mathrm{d}t}$$

再根据计算的感应电场得到电场力，代入牛顿第二定理，得到

$$F_E = m\frac{\mathrm{d}v}{\mathrm{d}t} = -eE_i(R) = \frac{eR}{2}\frac{\mathrm{d}\bar{B}}{\mathrm{d}t}$$

如果 $v\big|_{t=0} = 0, \bar{B}\big|_{t=0} = 0$，求解微分方程得到某一时刻的速度

$$v = \frac{eR}{2m}\bar{B}$$

要想维持这个速度，必须提供相应的向心力——磁场力。根据圆周运动的向心力公式

$$F_B = evB(R) = \frac{mv^2}{R}$$

得到维持圆周运动的速度

$$v = \frac{eR}{m}B(R)$$

和前面结果比较得到

$$B(R) = \frac{\bar{B}}{2}$$

此即为维持稳定需要满足的磁场条件。注意，实际情况下，还有其他条件要满足才能维持稳定，另外电子在电场改变方向前要被引出来。

麦克斯韦方程组中的电场强度和电位移矢量，磁感应强度和磁场强度之间的关系，仍然通过电磁材料的本构方程来表达。如果是线性、各向同性的材料，则本构方程为

$$\boldsymbol{D} = \varepsilon \boldsymbol{E} \tag{7-1-25}$$

$$\boldsymbol{B} = \mu \boldsymbol{H} \tag{7-1-26}$$

$$\boldsymbol{J} = \gamma \boldsymbol{E} \tag{7-1-27}$$

此时如果媒质是均匀的，全电流定理式(7-1-23c)可变为

$$\gamma \nabla \cdot \boldsymbol{E} + \varepsilon \frac{\partial}{\partial t} \nabla \cdot \boldsymbol{E} = 0$$

将高斯定理式(7-1-23a)再代回，得到

$$\frac{\partial \rho}{\partial t} + \frac{\gamma}{\varepsilon} \rho = 0$$

其解为

$$\rho = \rho_0 \mathrm{e}^{-t/\tau_e} \tag{7-1-28}$$

式中，ρ_0 为零时刻的电荷体密度；τ_e 为**电荷驰豫时间**，是电荷衰减到原大小 ρ_0 的 1/e 倍(可认为已足够小)的时刻，式(7-1-28)实际反映了具有一定导电性的材料中的自由电荷将随着时间的增加而逐渐衰减，此过程也称为电荷驰豫过程[㊀]。

电荷驰豫时间大小为

$$\tau_e = \frac{\varepsilon}{\gamma} \tag{7-1-29}$$

驰豫时间越短，电荷衰减越快。图 7-1-5 反映了两种不同媒质中电荷随时间的演变过程。

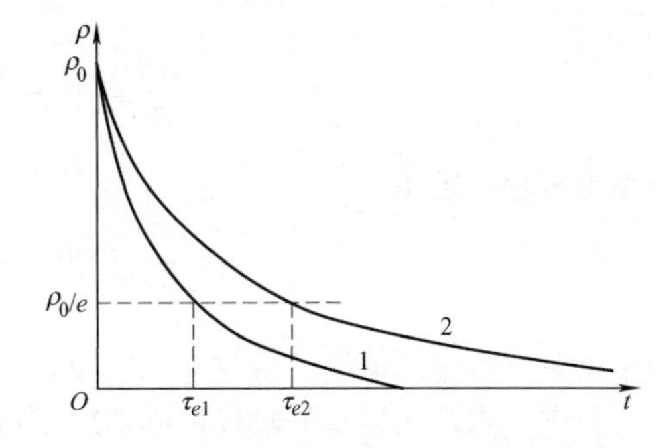

图 7-1-5　两种不同媒质中的电荷驰豫过程

如果某区域内电磁场变化的时间(例如周期)远大于这个驰豫时间，即电磁场变化足够慢，则在研究电磁场时可以认为区域内无电荷积累。例如对铜，其介电常数 $\varepsilon = \varepsilon_0 = 8.85 \times 10^{-12}\,\mathrm{F/m}$，电导率 $\gamma = 5.8 \times 10^7\,\mathrm{S/m}$，则驰豫时间 $\tau_e = 1.53 \times 10^{-19}\,\mathrm{s}$，而一般常用的电磁波，例如微波周期 T 不过 10^{-10}s，即 $T >> \tau_e$，显然导体内部可以认为无自由电荷积累。反过来，如果以内部有无电荷积累为标准判断导体是否良导体，则一般金属都可看作是良导体，对后面要讲到的时谐电磁场，条件为

$$T \gg \tau_e \quad 或 \quad \frac{\gamma}{\omega \varepsilon} \gg 1 \tag{7-1-30}$$

式中，ω为时谐电磁场的频率。需要注意的是，由于 γ 与 ω 有关，有些媒质在低频下是导体，但在高频时就是绝缘介质，因此驰豫过程更复杂。

从第 4 章静电比拟中的关系式 $RC = \varepsilon / \gamma$，知道驰豫过程相当于一阶 RC 电路的动态过程，驰豫时间就是电路的时间常数。所以在时变情况下，导电媒质相当于一个电阻和电容的串联。

另一方面，如果是已经达到稳态的时谐电磁场(见 7.1.3 节)，即使存在电流，均匀导电媒质中自由电荷体密度直接就为零，相关证明留作习题。

㊀ 严格来说，均匀导体内部是不可能存在净电荷的，因为无法放置进去。如果存在也是因为局部偶然的涨落，很快就和周围相反的净电荷中和，驰豫时间很短。另外，从理论上说，对内部有净电荷聚集的导体，电荷在迁移和扩散的过程中，由于载流子密度一直在变化，其电导率也不是常数，因此上述推导过程中假定电导率是常数的前提也是不够严谨的，相应结论只是近似分析的结果。

例 7.1.4 证明由相距为 d 的两圆盘构成的电容器，当外加电压是 $U=\sqrt{2}U_0\sin(\omega t)$，内部电场不能是 $\boldsymbol{E}=\sqrt{2}(U_0/d)\sin(\omega t)\boldsymbol{e}_z$。

证明： 先假设这样的电场成立，则

$$\boldsymbol{J}_\mathrm{D}=\frac{\partial \boldsymbol{D}}{\partial t}=\frac{\varepsilon_0\omega\sqrt{2}U_0}{d}\cos(\omega t)\boldsymbol{e}_z$$

电容器内无传导电流，磁场由位移电流产生，且方向只有 $\boldsymbol{e}_\phi$，根据全电流定律 $\oint_l \boldsymbol{H}\cdot\mathrm{d}\boldsymbol{l}=\int_S(\boldsymbol{J}+\boldsymbol{J}_\mathrm{D})\cdot\mathrm{d}\boldsymbol{S}$，沿半径为 ρ 的圆周积分，得到

$$H2\pi\rho=\frac{\varepsilon_0\omega\sqrt{2}U_0}{d}\cos(\omega t)\pi\rho^2$$

则

$$\frac{\partial \boldsymbol{B}}{\partial t}=-\frac{\mu_0\varepsilon_0\omega^2\sqrt{2}U_0}{2d}\rho\sin(\omega t)\boldsymbol{e}_\phi$$

根据电磁感应定律

$$\nabla\times\boldsymbol{E}=-\frac{\partial \boldsymbol{B}}{\partial t}=\frac{\mu_0\varepsilon_0\omega^2\sqrt{2}U_0}{2d}\rho\sin(\omega t)\boldsymbol{e}_\phi$$

而根据题目给定的电场，得到 $\nabla\times\boldsymbol{E}=0$，与此矛盾。

补充一点，如果是低频场，则 $\partial\boldsymbol{B}/\partial t$ 可以忽略，此时这样的电场分布还是近似成立。

7.1.3 时谐电磁场中的复数表示

当电磁场的激发源以大致确定的频率作正弦振荡，空间(包括介质)中的电磁场也就以相同的频率作正弦振荡。这种以一定频率作正弦振荡的电磁场称为**时谐电磁场**(定态电磁场)。在一般情况下，即使电磁场不是单一频率，它也可以用傅里叶分析方法分解为不同频率的多次谐波分量的叠加。

1. 时谐矢量的复数表示

这里只讨论一定频率的电磁场。设角频率为 ω，电磁场对时间的依赖关系为

$$\begin{aligned}\boldsymbol{E}(x,y,z,t)=&\sqrt{2}E_x(x,y,z)\sin(\omega t+\varphi_x)\boldsymbol{e}_x+\\&\sqrt{2}E_y(x,y,z)\sin(\omega t+\varphi_y)\boldsymbol{e}_y+\\&\sqrt{2}E_z(x,y,z)\sin(\omega t+\varphi_z)\boldsymbol{e}_z\end{aligned}\tag{7-1-31}$$

用复数形式($\mathrm{e}^{\mathrm{j}x}=\cos x+\mathrm{j}\sin x$)表示，取虚部为

$$\begin{aligned}\boldsymbol{E}(x,y,z,t)=\mathrm{Im}[&\sqrt{2}E_x(x,y,z)\mathrm{e}^{\mathrm{j}(\omega t+\varphi_x)}\boldsymbol{e}_x+\\&\sqrt{2}E_y(x,y,z)\mathrm{e}^{\mathrm{j}(\omega t+\varphi_y)}\boldsymbol{e}_y+\\&\sqrt{2}E_z(x,y,z)\mathrm{e}^{\mathrm{j}(\omega t+\varphi_z)}\boldsymbol{e}_z]\end{aligned}\tag{7-1-32}$$

如果将每一个分量用复数表示

$$\begin{cases}\dot{E}_x = E_x(x,y,z)\mathrm{e}^{\mathrm{j}\varphi_x} & (7\text{-}1\text{-}33\mathrm{a}) \\ \dot{E}_y = E_y(x,y,z)\mathrm{e}^{\mathrm{j}\varphi_y} & (7\text{-}1\text{-}33\mathrm{b}) \\ \dot{E}_z = E_z(x,y,z)\mathrm{e}^{\mathrm{j}\varphi_z} & (7\text{-}1\text{-}33\mathrm{c})\end{cases}$$

这三个复数也称为电场强度分量的相量，模表示时谐量的有效值，幅角表示时谐量的初相位。由此得到

$$\begin{aligned}\boldsymbol{E}(x,y,z,t) &= \mathrm{Im}[\sqrt{2}\dot{E}_x\mathrm{e}^{\mathrm{j}\omega t}\boldsymbol{e}_x + \sqrt{2}\dot{E}_y\mathrm{e}^{\mathrm{j}\omega t}\boldsymbol{e}_y + \sqrt{2}\dot{E}_z\mathrm{e}^{\mathrm{j}\omega t}\boldsymbol{e}_z] \\ &= \mathrm{Im}[\sqrt{2}\dot{\boldsymbol{E}}\,\mathrm{e}^{\mathrm{j}\omega t}]\end{aligned} \tag{7-1-34}$$

其中

$$\dot{\boldsymbol{E}} = \dot{E}_x\boldsymbol{e}_x + \dot{E}_y\boldsymbol{e}_y + \dot{E}_z\boldsymbol{e}_z \tag{7-1-35}$$

称为**复矢量**或**矢量相量**。如果三个分量的初相位相等($\varphi_x=\varphi_y=\varphi_z=\varphi$)，则⊖

$$\dot{\boldsymbol{E}} = \boldsymbol{E}\mathrm{e}^{\mathrm{j}\varphi} = E\mathrm{e}^{\mathrm{j}\varphi}\boldsymbol{e}_r \tag{7-1-36}$$

注意复矢量仅为空间函数，与时间无关，而且，只有频率相同的正弦量之间才能使用复矢量的方法进行运算。

例 7.1.5 已知电场强度如下，求其复数表示。

$$\begin{aligned}\boldsymbol{E}_1 &= \sqrt{2}E_{10}\sin(\omega t-\beta z)\boldsymbol{e}_z \\ \boldsymbol{E}_2 &= \sqrt{2}E_{20}\sin(\beta z)\sin(\omega t)\boldsymbol{e}_z \\ \boldsymbol{E}_3 &= \sqrt{2}E_{30}\sin(\beta z)\cos(\omega t)\boldsymbol{e}_z\end{aligned}$$

解：

$$\boldsymbol{E}_1 = \sqrt{2}E_{10}\sin(\omega t-\beta z)\boldsymbol{e}_z \qquad \dot{\boldsymbol{E}}_1 = E_{10}\mathrm{e}^{-\mathrm{j}\beta z}\boldsymbol{e}_z$$

$$\boldsymbol{E}_2 = \sqrt{2}E_{20}\sin(\beta z)\sin(\omega t)\boldsymbol{e}_z \qquad \dot{\boldsymbol{E}}_2 = E_{20}\sin(\beta z)\boldsymbol{e}_z$$

对 $\boldsymbol{E}_3$，先将其变化成标准形式，即时变部分是正弦函数

$$\boldsymbol{E}_3 = \sqrt{2}E_{30}\sin(\beta z)\sin\left(\omega t+\frac{\pi}{2}\right)\boldsymbol{e}_z$$

其复数形式为

$$\dot{\boldsymbol{E}}_3 = E_{30}\sin(\beta z)\mathrm{e}^{\mathrm{j}\pi/2}\boldsymbol{e}_z = \mathrm{j}E_{30}\sin(\beta z)\boldsymbol{e}_z$$

注意，反过来求瞬时表达式时，容易对上式直接取虚部再加谐振因子，写成

$$\boldsymbol{E}_3 = \sqrt{2}E_{30}\sin(\beta z)\sin(\omega t)\boldsymbol{e}_z$$

很明显是错误的，应该先写成 $\sqrt{2}\dot{\boldsymbol{E}}_3\mathrm{e}^{\mathrm{j}\omega t}$，再取虚部才是正确的。

2. 时谐电磁场的复数表示

将式(7-1-34)对时间求导，得到

⊖ 这里正弦变化的矢量的每个分量可以称为相量(一个方向上做正弦振荡)，但其合成后的矢量实际是一个旋转矢量式(7-1-35)，不是一个严格意义上的相量，只有在三个方向上的分量的初相位相等时，才是一个严格的相量式(7-1-36)，注意和电路中相量的区别和联系。

$$\frac{\partial}{\partial t}\boldsymbol{E}(x,y,z,t)=\mathrm{Im}[\mathrm{j}\omega(\sqrt{2}\dot{E}_x\mathrm{e}^{\mathrm{j}\omega t}\boldsymbol{e}_x+\sqrt{2}\dot{E}_y\mathrm{e}^{\mathrm{j}\omega t}\boldsymbol{e}_y+\sqrt{2}\dot{E}_z\mathrm{e}^{j\omega t}\boldsymbol{e}_z)] \\ =\mathrm{Im}[\mathrm{j}\omega(\sqrt{2}\dot{\boldsymbol{E}}\,\mathrm{e}^{\mathrm{j}\omega t})] \tag{7-1-37}$$

同样可以得到

$$\frac{\partial}{\partial t}\boldsymbol{B}(x,y,z,t)=\mathrm{Im}[\mathrm{j}\omega(\sqrt{2}\dot{\boldsymbol{B}}\,\mathrm{e}^{\mathrm{j}\omega t})] \tag{7-1-38}$$

因此对时间求导的算子$\partial/\partial t$相当于$\mathrm{j}\omega$[⊖]。另外对均匀、各向同性材料来说，在一定频率下，有

$$\dot{\boldsymbol{D}}=\varepsilon\dot{\boldsymbol{E}} \tag{7-1-39}$$

$$\dot{\boldsymbol{B}}=\mu\dot{\boldsymbol{H}} \tag{7-1-40}$$

$$\dot{\boldsymbol{J}}=\gamma\dot{\boldsymbol{E}} \tag{7-1-41}$$

将式(7-1-37)～式(7-1-41)代入麦克斯韦微分方程组得到其复数形式

$$\begin{cases}\nabla\cdot\dot{\boldsymbol{D}}=\dot{\rho} & (7\text{-}1\text{-}42\mathrm{a})\\ \nabla\times\dot{\boldsymbol{E}}=-\mathrm{j}\omega\mu\dot{\boldsymbol{H}} & (7\text{-}1\text{-}42\mathrm{b})\\ \nabla\times\dot{\boldsymbol{H}}=\gamma\dot{\boldsymbol{E}}+\mathrm{j}\omega\varepsilon\dot{\boldsymbol{E}} & (7\text{-}1\text{-}42\mathrm{c})\\ \nabla\cdot\dot{\boldsymbol{B}}=0 & (7\text{-}1\text{-}42\mathrm{d})\end{cases}$$

如果定义复介电常数为

$$\varepsilon_{\mathrm{c}}=\varepsilon\left(1-\mathrm{j}\frac{\gamma}{\omega\varepsilon}\right) \tag{7-1-43}$$

则时谐电磁场的全电流定律微分形式可简化为

$$\nabla\times\dot{\boldsymbol{H}}=\mathrm{j}\omega\varepsilon_{\mathrm{c}}\dot{\boldsymbol{E}} \tag{7-1-42c$'$}$$

这种形式表明在导电媒质中，同时存在传导电流和位移电流(相当于电阻和电容的并联)，其合成电流可以等效为一种介质中的位移电流(相当于一个电容)，该介质的介电常数是复数，实部代表介质，虚部代表导体。

另外电荷守恒定律的复数表达式可以写成

$$\nabla\cdot\dot{\boldsymbol{J}}=-\mathrm{j}\omega\dot{\rho} \tag{7-1-44}$$

同理得到时变电磁场积分方程组的复数形式

$$\begin{cases}\oint_S\dot{\boldsymbol{D}}\cdot\mathrm{d}\boldsymbol{S}=\int_V\dot{\rho}\mathrm{d}V & (7\text{-}1\text{-}45\mathrm{a})\\ \oint_l\dot{\boldsymbol{E}}\cdot\mathrm{d}\boldsymbol{l}=-\mathrm{j}\omega\int_S\dot{\boldsymbol{B}}\cdot\mathrm{d}\boldsymbol{S} & (7\text{-}1\text{-}45\mathrm{b})\\ \oint_l\dot{\boldsymbol{H}}\cdot\mathrm{d}\boldsymbol{l}=\int_S\dot{\boldsymbol{J}}\cdot\mathrm{d}\boldsymbol{S}+\mathrm{j}\omega\int_S\dot{\boldsymbol{D}}\cdot\mathrm{d}\boldsymbol{S} & (7\text{-}1\text{-}45\mathrm{c})\\ \oint_S\dot{\boldsymbol{B}}\cdot\mathrm{d}\boldsymbol{S}=0 & (7\text{-}1\text{-}45\mathrm{d})\end{cases}$$

⊖ 部分教材中规定时谐电磁场是$\mathrm{e}^{-\mathrm{j}\omega t}$，则取虚部运算后，对时间求导的算子对应的是$-\mathrm{j}\omega$。

$$\oint_S \dot{\boldsymbol{J}} \cdot \mathrm{d}\boldsymbol{S} = -\mathrm{j}\omega\dot{q} \tag{7-1-45e}$$

方程(7-1-45c)也可以引入复介电常数，写成新的电流连续方程。

7.2 分界面上的边界条件

从原则上说，麦克斯韦方程组和电荷守恒方程的积分形式，再加上本构方程可以解决时变电磁场的问题。但是对微分方程来说，由于在介质分界面上材料参数ε、μ、γ发生突变，一些场量也会发生突变，显然微分方程已经不再适用，此时又需要回到积分方程来导出分界面上的场变量满足的方程，即分界面上边界条件，它实质上也是一种场方程。

7.2.1 边界条件的一般形式

1. 电场的边界条件

根据麦克斯韦方程组中关于电场的高斯定理，第一个方程(7-1-22a)，参照静电场推导法向边界条件的方法，可以同样得到电位移矢量在法向上的边界条件

$$D_{2n} - D_{1n} = \sigma \quad 或 \quad \boldsymbol{e}_n \cdot (\boldsymbol{D}_2 - \boldsymbol{D}_1) = \sigma \tag{7-2-1}$$

式中，分界面上的法向 $\boldsymbol{e}_n$ 由介质 1 指向 2。

根据麦克斯韦方程组中的电磁感应定律，第二个方程(7-1-22b)，参照静电场推导边界条件的方法，并考虑到$\partial\boldsymbol{B}/\partial t$在分界面上是有限值，当闭合矩形趋近无限小时，该量的面积分也趋近零，因此可以同样得到电场强度在切向上的边界条件

$$E_{2t} - E_{1t} = 0 \quad 或 \quad \boldsymbol{e}_n \times (\boldsymbol{E}_2 - \boldsymbol{E}_1) = 0 \tag{7-2-2}$$

2. 磁场的边界条件

根据麦克斯韦方程组中的全电流定律，第三个方程(7-1-22c)，参照恒定磁场推导边界条件的方法，并考虑到$\partial\boldsymbol{D}/\partial t$在分界面上是有限值，当闭合矩形趋近无限小时，该量的面积分也趋近零，因此可以同样得到磁场强度在切向上的边界条件

$$H_{2t} - H_{1t} = K_u \quad 或 \quad \boldsymbol{e}_n \times (\boldsymbol{H}_2 - \boldsymbol{H}_1) = \boldsymbol{K} \tag{7-2-3}$$

其中$\boldsymbol{e}_u = \boldsymbol{e}_n \times \boldsymbol{e}_t$。这里 $\boldsymbol{e}_t$ 是分界面上任意一个切向单位矢量。注意如果不是理想导体(理想导体电导率无穷大)，电导率是有限值，电流只能是体电流模型，此时不存在面电流，式(7-2-3)右边为零，这反而是工程中常遇见的情况。

根据麦克斯韦方程组中关于磁场的高斯定理，第四个方程(7-1-22d)，参照恒定磁场推导法向边界条件的方法，可以同样得到磁感应强度在法向上的边界条件

$$B_{2n} = B_{1n} \quad 或 \quad \boldsymbol{e}_n \cdot (\boldsymbol{B}_2 - \boldsymbol{B}_1) = 0 \tag{7-2-4}$$

3. 传导电流的边界条件

根据电荷守恒定律方程(7-1-22e)，参照电场推导法向边界条件的方法，可以同样得到电流密度在法向上的边界条件

$$J_{2n}-J_{1n}=-\frac{\partial\sigma}{\partial t}\quad 或\quad \boldsymbol{e}_n\cdot(\boldsymbol{J}_2-\boldsymbol{J}_1)=-\frac{\partial\sigma}{\partial t} \tag{7-2-5}$$

式中，分界面上的法向 $\boldsymbol{e}_n$ 由媒质 1 指向 2。注意，式(7-2-5)要求电导率有限且不为零，此时才有 $\boldsymbol{J}$ 即处理的不是理想导体。

从上面的推导中可知，分界面上的边界条件实际上都隐含在相应物理定律的积分形式中，由于麦克斯韦方程组本身的独立性问题，只有式(7-1-22b)和式(7-1-22c)是独立的，对时变电磁场而言，除了传导电流的边界条件外，只有两个切向场条件是必需的，而法向场条件不具备独立性，也就是说只要切向条件得到满足，法向条件自然满足。当然法向条件也有其作用，它有时用于检验切向场所得的结果。需要注意的是对恒定场而言，全部积分方程都是独立的，边界条件也就独立，对静电场需要同时满足法向和切向的边界条件，对恒定磁场也如此。

例 7.2.1　证明在时谐电磁场中，两种均匀的、各向同性的导电媒质分界面上，有边界条件 $\varepsilon_{c1}\dot{E}_{1n}=\varepsilon_{c2}\dot{E}_{2n}$。

证明：根据方程(7-2-5)，在时谐电磁场中得到

$$\dot{J}_{2n}-\dot{J}_{1n}=-\mathrm{j}\omega\dot{\sigma}$$

根据方程(7-2-1)，在时谐电磁场中得到

$$\dot{D}_{2n}-\dot{D}_{1n}=\dot{\sigma}$$

所以

$$\dot{J}_{2n}-\dot{J}_{1n}=-\mathrm{j}\omega(\dot{D}_{2n}-\dot{D}_{1n})$$

对线性媒质有 $\dot{\boldsymbol{J}}=\gamma\dot{\boldsymbol{E}}$ 和 $\dot{\boldsymbol{D}}=\varepsilon\dot{\boldsymbol{E}}$，所以

$$\gamma_2\dot{E}_{2n}-\gamma_1\dot{E}_{1n}=-\mathrm{j}\omega(\varepsilon_2\dot{E}_{2n}-\varepsilon_1\dot{E}_{1n})$$

即

$$\mathrm{j}\omega\varepsilon_2\left(1-\mathrm{j}\frac{\gamma_2}{\omega\varepsilon_2}\right)\dot{E}_{2n}=\mathrm{j}\omega\varepsilon_1\left(1-\mathrm{j}\frac{\gamma_1}{\omega\varepsilon_1}\right)\dot{E}_{1n}$$

引入复介电常数 $\varepsilon_{\mathrm{c}}=\varepsilon(1-\mathrm{j}\gamma/\omega\varepsilon)$,所以 $\varepsilon_{c1}\dot{E}_{1n}=\varepsilon_{c2}\dot{E}_{2n}$。

两边同乘以 $\mathrm{j}\omega$，就可以想象出它代表的含义。

7.2.2　理想导体的边界条件

理想导体也称完纯导体，指的是材料导电率为无穷大。这是根据某些真实材料在电磁场中的特性提炼出的物理模型，它为分析具体的电磁场问题带来很多方便，例如将待求区域边界上的良导体当作理想导体。

1. 理想导体的性质

在前面讨论电荷驰豫过程时，曾以媒质内部有无电荷积累为标准判断是否是良导体，对时谐电磁场，如果 $\gamma/\omega\varepsilon\gg1$，则一般金属导体都可看作是良导体。从全电流定律方程(7-1-42c)可以看出，该条件实际反映了传导电流远大于位移电流，以致位移电流可以忽略。

在现实世界中只存在“良导体”，例如银、铜、金和铝，为简化场分析，常将其考虑为理想导体，特别是在分析边界条件的时候。

根据$\gamma=\infty$可以得到理想导体的特殊性质。理想导体内部不可能存在电场，否则将会导致电流无限大（$\boldsymbol{J}=\gamma\boldsymbol{E}$，$\infty=\infty\times$有限值）。理想导体内部不可能存在磁场，根据$\nabla\times\boldsymbol{E}=-\partial\boldsymbol{B}/\partial t$，电场既然为零，磁场只能为常数，如果不考虑与时间无关的量，则可将磁场设为零。

理想导体内部没有磁场和电场，根据全电流定律的微分形式，则不可能有传导电流。基于此点，理想导体的电流模型只有面电流模型，而没有体电流模型(在有限电导率导体中，没有面电流模型、只有体电流模型)。

总之，理想导体内部不可能存在电磁场和传导电流，注意这里指的是内部，不包括外部和表面。

2. 理想导体的边界条件

假设物质1为理想导体($\gamma_1=\infty$)，物质2为理想介质($\gamma_2=0$)，则$\boldsymbol{E}_1=0$，$\boldsymbol{D}_1=0$；$\boldsymbol{B}_1=0$，$\boldsymbol{H}_1=0$。代入前面边界条件式(7-2-1)～式(7-2-4)，得到

$$D_{2n}=\sigma \quad 或 \quad \boldsymbol{e}_n\cdot\boldsymbol{D}_2=\sigma \tag{7-2-6}$$

$$E_{2t}=0 \quad 或 \quad \boldsymbol{e}_n\times\boldsymbol{E}_2=0 \tag{7-2-7}$$

$$H_{2t}=K_u \quad 或 \quad \boldsymbol{e}_n\times\boldsymbol{H}_2=\boldsymbol{K} \tag{7-2-8}$$

$$B_{2n}=0 \quad 或 \quad \boldsymbol{e}_n\cdot\boldsymbol{B}_2=0 \tag{7-2-9}$$

可以看出，理想导体表面时变电场必须垂直导体表面，而磁场必须与其表面相切，且垂直面电流方向，理想导体和理想介质的分界如图7-2-1所示。

对于电流的边界条件，由于理想导体电导率不是有限值，不满足方程(7-2-5)的要求，不能直接套用，需依靠积分方程(7-1-22e)对面电流进行分析。

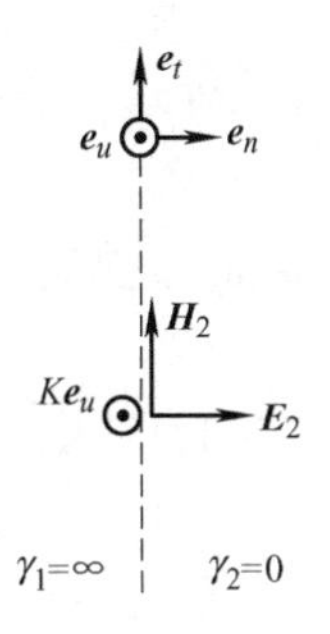

图7-2-1 理想导体和理想介质的分界

7.3 无源空间的电磁场方程

由四个方程组成的麦克斯韦方程组在解决具体问题时还是难以求解的。当然，如果已知场的某些性质时，还是可以解决一些简单的、对称性较强的问题，例如只有某个方向上的量。对场在无源($\rho=0, \boldsymbol{J}_{\text{ext}}=0$)空间传播时，有时借助于两个二阶微分方程可能更加方便，特别是在理想介质或良导体内部，方程组还可以进一步简化，下面予以介绍。

7.3.1 波动方程组

当电磁场在无源的空间传播时，变化的电场和磁场互相耦合以波动的形式传播，因此描述其变化规律的方程也称为波动方程组，注意这里的所谓无源是指无电荷和无外在激励电流源，而媒质本身还是导电的、有电流的。由麦克斯韦方程($\rho=0, \boldsymbol{J}_{\text{ext}}=0$)得到

$$
\begin{cases}
\nabla \cdot \boldsymbol{D} = 0 & \text{(7-3-1a)} \\
\nabla \times \boldsymbol{E} = -\dfrac{\partial \boldsymbol{B}}{\partial t} & \text{(7-3-1b)} \\
\nabla \times \boldsymbol{H} = \gamma \boldsymbol{E} + \dfrac{\partial \boldsymbol{D}}{\partial t} & \text{(7-3-1c)} \\
\nabla \cdot \boldsymbol{B} = 0 & \text{(7-3-1d)}
\end{cases}
$$

对线性、各向同性均匀介质可以得到波动方程

$$
\begin{cases}
\nabla^2 \boldsymbol{E} - \mu\varepsilon \dfrac{\partial^2 \boldsymbol{E}}{\partial t^2} - \mu\gamma \dfrac{\partial \boldsymbol{E}}{\partial t} = 0 & \text{(7-3-2a)} \\
\nabla^2 \boldsymbol{H} - \mu\varepsilon \dfrac{\partial^2 \boldsymbol{H}}{\partial t^2} - \mu\gamma \dfrac{\partial \boldsymbol{H}}{\partial t} = 0 & \text{(7-3-2b)}
\end{cases}
$$

证明如下：

对(7-3-1b)取旋度，得

$$\nabla \times \nabla \times \boldsymbol{E} = -\mu \nabla \times \left(\frac{\partial \boldsymbol{H}}{\partial t} \right)$$

可以变换为

$$\nabla \times \nabla \times \boldsymbol{E} = -\mu \frac{\partial}{\partial t} (\nabla \times \boldsymbol{H})$$

利用矢量恒等式

$$\nabla \times \nabla \times \boldsymbol{E} = \nabla(\nabla \cdot \boldsymbol{E}) - \nabla^2 \boldsymbol{E}$$

及式(7-3-1a)，得到

$$\nabla \times \nabla \times \boldsymbol{E} = -\nabla^2 \boldsymbol{E}$$

再利用(7-3-1c)，则

$$\nabla^2 \boldsymbol{E} - \mu\varepsilon \frac{\partial^2 \boldsymbol{E}}{\partial t^2} - \mu\gamma \frac{\partial \boldsymbol{E}}{\partial t} = 0$$

同理可以得到

$$\nabla^2 \boldsymbol{H} - \mu\varepsilon \frac{\partial^2 \boldsymbol{H}}{\partial t^2} - \mu\gamma \frac{\partial \boldsymbol{H}}{\partial t} = 0$$

波动方程组可以分解为 6 个标量方程，这些方程支配着无源均匀媒质中电磁场的行为。方程(7-3-2a)两边同乘以电导率γ，可以得到关于电流密度 $\boldsymbol{J}$ 的方程。

7.3.2 波动方程组的复数表示

如果用复数表示正弦稳态时变场的麦克斯韦方程组(利用了本构方程)

$$
\begin{cases}
\nabla \cdot \dot{\boldsymbol{D}} = 0 & \text{(7-3-3a)} \\
\nabla \times \dot{\boldsymbol{E}} = -\mathrm{j}\omega\mu \dot{\boldsymbol{H}} & \text{(7-3-3b)} \\
\nabla \times \dot{\boldsymbol{H}} = \mathrm{j}\omega\varepsilon_{\mathrm{c}} \dot{\boldsymbol{E}} & \text{(7-3-3c)} \\
\nabla \cdot \dot{\boldsymbol{B}} = 0 & \text{(7-3-3d)}
\end{cases}
$$

则可直接从方程(7-3-2)得到

$$\begin{cases}\nabla^2 \dot{\boldsymbol{E}} + \omega^2 \mu\varepsilon_c \dot{\boldsymbol{E}} = 0 & (7\text{-}3\text{-}4a)\\ \nabla^2 \dot{\boldsymbol{H}} + \omega^2 \mu\varepsilon_c \dot{\boldsymbol{H}} = 0 & (7\text{-}3\text{-}4b)\end{cases}$$

这就是矢量形式的**亥姆霍兹方程**。

在理想介质中$\gamma = 0$，则$\varepsilon_c = \varepsilon$，方程可以进一步简化为

$$\begin{cases}\nabla^2 \dot{\boldsymbol{E}} + \omega^2 \mu\varepsilon \dot{\boldsymbol{E}} = 0 & (7\text{-}3\text{-}5a)\\ \nabla^2 \dot{\boldsymbol{H}} + \omega^2 \mu\varepsilon \dot{\boldsymbol{H}} = 0 & (7\text{-}3\text{-}5b)\end{cases}$$

在良导体中$\gamma / \omega\varepsilon \gg 1$，则$\varepsilon_c = -\mathrm{j}\gamma/\omega$，方程可以进一步简化为

$$\begin{cases}\nabla^2 \dot{\boldsymbol{E}} - \mathrm{j}\omega\mu\gamma \dot{\boldsymbol{E}} = 0 & (7\text{-}3\text{-}6a)\\ \nabla^2 \dot{\boldsymbol{H}} - \mathrm{j}\omega\mu\gamma \dot{\boldsymbol{H}} = 0 & (7\text{-}3\text{-}6b)\end{cases}$$

这是今后经常用到的两个方程组。求解上述方程组还必须知道边界条件，初始条件。一般说这种方程难以得到解析解，但对某些特殊情况则可以得到。

例 7.3.1 理想介质中，假设沿$\boldsymbol{e}_z$方向传播的平面电磁波的电场强度只有x方向分量，且大小与x和y变量无关，求其解。

解：根据方程(7-3-5a)知道电场的波动方程为

$$\frac{\mathrm{d}^2 \dot{E}_x(z)}{\mathrm{d}z^2} + \omega^2 \mu\varepsilon \dot{E}_x(z) = 0$$

令$\mathrm{d}\dot{E}_x(z) / \mathrm{d}z = M(\dot{E}_x)$，对其求导得到$\mathrm{d}^2 \dot{E}_x(z) / \mathrm{d}z^2 = M'(\dot{E}_x)M(\dot{E}_x)$，代入原方程，二阶微分方程化为一阶

$$M'(\dot{E}_x)M(\dot{E}_x) + \omega^2 \mu\varepsilon \dot{E}_x = 0$$

这样可求出$M(\dot{E}_x)$，再解一阶微分方程，进一步求出$\dot{E}_x(z)$，得到

$$\dot{E}_x(z) = A\mathrm{e}^{\mathrm{j}\omega\sqrt{\mu\varepsilon} z} + B\mathrm{e}^{-\mathrm{j}\omega\sqrt{\mu\varepsilon} z}$$

其中A和B是待定常数。写成瞬时表达式

$$E_x(z,t) = \sqrt{2}A\sin\left(\omega t + \omega\sqrt{\mu\varepsilon} z\right) + \sqrt{2}B\sin\left(\omega t - \omega\sqrt{\mu\varepsilon} z\right)$$

后面课程中会发现，它实际代表着沿两个相反方向传播的电磁波。

7.4 位函数表示的电磁场方程

7.4.1 动态位

在静电场和恒定磁场中，有电位函数和磁位函数协助解决问题，在时变场中同样可以借助一些位函数来方便时变方程组的求解。

先来看在静电场和恒定磁场中的位函数。

静电场中的定义

$$\boldsymbol{E} = -\nabla \varphi_{静}$$

恒定磁场中的定义

$$\begin{cases}\boldsymbol{B}=\nabla\times\boldsymbol{A}_{恒}\\ \nabla\cdot\boldsymbol{A}_{恒}=0\end{cases}$$

相应的电磁场方程为

$$\nabla^2\varphi_{静}=-\frac{\rho}{\varepsilon}$$

$$\nabla^2\boldsymbol{A}_{恒}=-\mu\boldsymbol{J}$$

在时变场中，磁场仍然保持无散性，即$\nabla\cdot\boldsymbol{B}=0$，则继续定义

$$\boldsymbol{B}=\nabla\times\boldsymbol{A} \tag{7-4-1}$$

所以和恒定磁场一致，仍有磁通表达式

$$\Phi=\int_S\boldsymbol{B}\cdot\mathrm{d}\boldsymbol{S}=\oint_l\boldsymbol{A}\cdot\mathrm{d}\boldsymbol{l} \tag{7-4-2}$$

根据电磁感应定律和感应电场的定义，电动势为

$$e=-\frac{\mathrm{d}\Phi}{\mathrm{d}t}=-\frac{\mathrm{d}}{\mathrm{d}t}\oint_l\boldsymbol{A}\cdot\mathrm{d}\boldsymbol{l}=\oint_l\boldsymbol{E}_i\cdot\mathrm{d}\boldsymbol{l} \tag{7-4-3}$$

所以可以有

$$\boldsymbol{E}_\mathrm{i}=-\frac{\partial\boldsymbol{A}}{\partial t} \tag{7-4-4}$$

另外电荷建立的库仑电场仍是无旋的，静电位继续定义为

$$\boldsymbol{E}_\mathrm{c}=-\nabla\varphi \tag{7-4-5}$$

考虑到$\boldsymbol{E}=\boldsymbol{E}_\mathrm{c}+\boldsymbol{E}_\mathrm{i}$，所以合并定义如下动态位

$$\begin{cases}\boldsymbol{E}=-\dfrac{\partial\boldsymbol{A}}{\partial t}-\nabla\varphi & (7\text{-}4\text{-}6\text{a})\\ \boldsymbol{B}=\nabla\times\boldsymbol{A} & (7\text{-}4\text{-}6\text{b})\end{cases}$$

即电场由变化的磁场和电荷产生。

也可以从另一个角度来看，将式(7-4-6b)代入电磁感应定律$\nabla\times\boldsymbol{E}=-\partial\boldsymbol{B}/\partial t$，得到

$$\nabla\times\left(\boldsymbol{E}+\frac{\partial\boldsymbol{A}}{\partial t}\right)=0$$

上述关系表明存在一个标量函数φ，它满足

$$\boldsymbol{E}+\frac{\partial\boldsymbol{A}}{\partial t}=-\nabla\varphi$$

此即为式(7-4-6a)。由于此处$\boldsymbol{A}$和φ不仅是位置的函数，也是时间的函数，所以称为**动态位函数**，简称**动态位**，其中$\boldsymbol{A}$称为矢量磁位，φ称为标量位，注意不是标量电位。

将式(7-4-6)代入麦克斯韦方程组，可以得到用动态位表示的方程组(略去推导)

$$\begin{cases}\nabla^2\varphi+\dfrac{\partial}{\partial t}\nabla\cdot\boldsymbol{A}=-\dfrac{\rho}{\varepsilon} & (7\text{-}4\text{-}7a)\\ \nabla^2\boldsymbol{A}-\mu\varepsilon\dfrac{\partial^2\boldsymbol{A}}{\partial t^2}-\nabla\left(\nabla\cdot\boldsymbol{A}+\mu\varepsilon\dfrac{\partial\varphi}{\partial t}\right)=-\mu\boldsymbol{J} & (7\text{-}4\text{-}7b)\end{cases}$$

再次强调，这里 $\boldsymbol{J}$ 可以是外加激励源电流，可以是传导电流，也可以是其他场源的等效电流。

由于矢量 $\boldsymbol{A}$ 仅定义了旋度，还需对 $\boldsymbol{A}$ 的散度进行定义(否则 $\boldsymbol{A}$ 不可能具有唯一性)。对它的定义应用最广的有两种方式。

（1）库仑规范

和恒定磁场中的方式一样，仍然定义

$$\nabla\cdot\boldsymbol{A}=0 \tag{7-4-8}$$

方程组(7-4-7)可以变化为动态位方程组

$$\begin{cases}\nabla^2\varphi=-\dfrac{\rho}{\varepsilon} & (7\text{-}4\text{-}9a)\\ \nabla^2\boldsymbol{A}-\mu\varepsilon\dfrac{\partial^2\boldsymbol{A}}{\partial t^2}-\mu\varepsilon\dfrac{\partial(\nabla\varphi)}{\partial t}=-\mu\boldsymbol{J} & (7\text{-}4\text{-}9b)\end{cases}$$

注意这里 $\boldsymbol{J}=-\gamma\partial\boldsymbol{A}/\partial t-\gamma\nabla\varphi$，并不一定是已知的外部激励源。

库仑规范在低频电磁场中使用得较多，例如涡流问题，这与其来源于恒定磁场有关。

（2）洛仑兹规范

定义

$$\nabla\cdot\boldsymbol{A}=-\mu\varepsilon\frac{\partial\varphi}{\partial t} \tag{7-4-10}$$

方程组(7-4-7)可以变化为动态位方程组

$$\begin{cases}\nabla^2\varphi-\mu\varepsilon\dfrac{\partial^2\varphi}{\partial t^2}=-\dfrac{\rho}{\varepsilon} & (7\text{-}4\text{-}11a)\\ \nabla^2\boldsymbol{A}-\mu\varepsilon\dfrac{\partial^2\boldsymbol{A}}{\partial t^2}=-\mu\boldsymbol{J} & (7\text{-}4\text{-}11b)\end{cases}$$

方程组形式上体现了高度的一致性，但是由于 $\boldsymbol{J}$ 与 $\boldsymbol{A}$ 都和 φ 有关，方程(7-4-11b)实际是

$$\begin{aligned}\nabla^2\boldsymbol{A}-\mu\varepsilon\frac{\partial^2\boldsymbol{A}}{\partial t^2}&=-\mu(\gamma\boldsymbol{E})-\mu\boldsymbol{J}_{\text{ext}}\\&=-\mu\gamma\left(-\nabla\varphi-\frac{\partial\boldsymbol{A}}{\partial t}\right)-\mu\boldsymbol{J}_{\text{ext}}\end{aligned} \tag{7-4-11b′}$$

仍然较为烦琐。但如果是理想介质中($\gamma=0$)含外部激励源问题，则变为[⊖]

$$\nabla^2\boldsymbol{A}-\mu\varepsilon\frac{\partial^2\boldsymbol{A}}{\partial t^2}=-\mu\boldsymbol{J}_{\text{ext}} \tag{7-4-11b″}$$

⊖ 也可以通过边界条件给出外加激励源的作用，此时不需在方程中加该项。

不但和方程(7-4-11b)具有一致性，而且如果 $\boldsymbol{J}_{\text{ext}}$ 是已知的，方程求解也简单。如果知道电荷密度分布，可以单独求出动态标量位；知道电流密度分布，可以单独求出动态矢量位。但是电场强度并非像静电场一样，可以单独由标量位求出，而需由式(7-4-6a)求出。这组方程保持了高度的一致性，其解也就具有一致性。

洛仑兹规范在高频电磁场中使用得较多，例如天线辐射问题、雷电流的电磁场。

在不同的规范下，根据求出的位函数，再求出的电场强度(或磁感应强度)并没有不同，这种物理量和物理规律保持不变的特性称为**规范不变性**。正因为位函数是辅助物理量，在不同的问题中，为了使方程和计算简化，采用不同的规范都是允许的。如果动态位都与时间无关，两个规范下的方程组就都可以过渡到静电场和恒定磁场的位方程。

7.4.2 动态位方程组及推迟项的意义

在理想介质中，利用洛仑兹规范，外部激励电流源和外部电荷源(都是时变的，但假设不受电磁场影响)激励的动态位方程组是

$$\begin{cases}\nabla^2\varphi-\mu\varepsilon\dfrac{\partial^2\varphi}{\partial t^2}=-\dfrac{\rho}{\varepsilon} & (7\text{-}4\text{-}12\text{a})\\[2ex] \nabla^2\boldsymbol{A}-\mu\varepsilon\dfrac{\partial^2\boldsymbol{A}}{\partial t^2}=-\mu\boldsymbol{J}_{\text{ext}} & (7\text{-}4\text{-}12\text{b})\end{cases}$$

进一步定义

$$v=\frac{1}{\sqrt{\mu\varepsilon}} \tag{7-4-13}$$

得到

$$\begin{cases}\nabla^2\varphi-\dfrac{1}{v^2}\dfrac{\partial^2\varphi}{\partial t^2}=-\dfrac{\rho}{\varepsilon} & (7\text{-}4\text{-}14\text{a})\\[2ex] \nabla^2\boldsymbol{A}-\dfrac{1}{v^2}\dfrac{\partial^2\boldsymbol{A}}{\partial t^2}=-\mu\boldsymbol{J}_{\text{ext}} & (7\text{-}4\text{-}14\text{b})\end{cases}$$

方程(7-4-14)为非齐次的波动方程，称为动态位的**达朗贝尔方程**。下面通过一个简单的例子来分析其解所具有的特性。设点电荷 $q(t)$ 激发的标量位为 φ，则除 $q(t)$ 所在点外，φ 满足如下方程

$$\nabla^2\varphi-\frac{1}{v^2}\frac{\partial^2\varphi}{\partial t^2}=0 \tag{7-4-15}$$

因为

$$\nabla^2\varphi=\frac{1}{r}\frac{\partial^2(r\varphi)}{\partial r^2}+\frac{1}{r^2\sin\theta}\frac{\partial}{\partial\theta}\left(\sin\theta\frac{\partial\varphi}{\partial\theta}\right)+\frac{1}{r^2\sin^2\theta}\frac{\partial^2\varphi}{\partial\phi^2}$$

考虑到 $q(t)$ 激发的场具有球对称性，故在球坐标系统中，φ 仅与坐标 r 有关。所以得到

$$\nabla^2\varphi=\frac{1}{r}\frac{\partial^2(r\varphi)}{\partial r^2}$$

则方程(7-4-15)变为

$$\frac{1}{r}\frac{\partial^2(r\varphi)}{\partial r^2}=\frac{1}{v^2}\frac{\partial^2\varphi}{\partial t^2}$$

或

$$\frac{\partial^2(r\varphi)}{\partial r^2}=\frac{1}{v^2}\frac{\partial^2(r\varphi)}{\partial t^2}$$

通解为

$$r\varphi=F_1(r-vt)+F_2(r+vt)$$

可以变换为

$$\varphi=\frac{f_1\left(t-\dfrac{r}{v}\right)}{r}+\frac{f_2\left(t+\dfrac{r}{v}\right)}{r} \tag{7-4-16}$$

式中，f_1 和 f_2 是具有二阶连续偏导数的两个任意函数，其具体形式由点电荷的变化规律及周围介质情况而定。

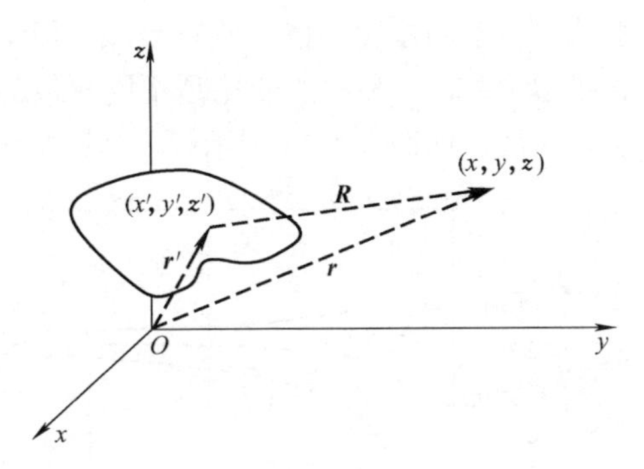

图 7-4-1　源分布与空中某一点的关系

对于体积 V' 中的任意体电荷、体电流分布，如图 7-4-1 所示，方程的解可以写为[⊖]

$$\begin{cases}\varphi=\dfrac{1}{4\pi\varepsilon}\displaystyle\int_{V'}\frac{\rho\left(x',y',z',t-\dfrac{R}{v}\right)}{R}\mathrm{d}V' & \text{(7-4-17a)}\\ \boldsymbol{A}=\dfrac{\mu}{4\pi}\displaystyle\int_{V'}\frac{\boldsymbol{J}_{\text{ext}}\left(x',y',z',t-\dfrac{R}{v}\right)}{R}\mathrm{d}V' & \text{(7-4-17b)}\end{cases}$$

式(7-4-17)没有讨论 $f(t+R/v)$ 项。与静电场和恒定磁场中的位函数比较

$$\begin{cases}\varphi_{\text{静}}=\dfrac{1}{4\pi\varepsilon}\displaystyle\int_{V'}\frac{\rho(x',y',z')}{R}\mathrm{d}V' & \text{(7-4-18a)}\\ \boldsymbol{A}_{\text{恒}}=\dfrac{\mu}{4\pi}\displaystyle\int_{V'}\frac{\boldsymbol{J}(x',y',z')}{R}\mathrm{d}V' & \text{(7-4-18b)}\end{cases}$$

有一个时间推迟项 $(t-R/v)$，它非常重要。注意例 7.3.1 中也曾经出现这样的一项，$\sqrt{2}A\sin(\omega(t-\sqrt{\mu\varepsilon}z))$，$z$ 就是这里的 R，$\sqrt{\mu\varepsilon}$ 的含义后面讨论。现在来讨论这一区别。如果 $q(t)=q_0\sin(\omega t)$ 在原点，即 $r=R$ 则动态位可近似为[⊜]

⊖ 根据已知源有两种求电磁场的方法：①单极子法，已知源电流、源电荷的分布，分别求矢量位和标量位，再求电场和磁场,但电流和电荷的设置需满足电荷守恒的关系；②偶极子法。已知源电流分布，求矢量位 $\boldsymbol{A}$，再求磁场，最后根据磁场求电场(所满足的方程来源于麦克斯韦方程，自动满足电荷守恒)。

⊜ 一个点电荷是不可能单独发生电量谐振的，不满足电荷守恒；球对称分布也不能辐射电磁波，这里只是为了简单说明推迟位的作用。在第 9 章将说明正负点电荷的谐振变化——电偶极子振荡。

$$\varphi = \frac{1}{4\pi\varepsilon}\frac{q_0 \sin\left(\omega\left(t - \frac{r}{v}\right)\right)}{r} \tag{7-4-19}$$

如果无推迟项(仅有时间)，则为

$$\varphi = \frac{1}{4\pi\varepsilon}\frac{q_0 \sin(\omega t)}{r} \tag{7-4-20}$$

可以通过计算这两个表达式的结果来看一下区别，图 7-4-2 表示了当 f=5×10^{9}Hz 时在自由空间中 t_1、t_2和 t_3三个时刻的φ随位置的分布。显然，不含推迟项时，φ是实时跟随激励源变化，即不同位置的值虽然有衰减，但都是和源同时达到最大或最小，如图 7-4-2a 所示；而含推迟项时，φ和源的变化是不同相位的(随位置不同而不同)，且呈现振动在空中传播的感觉——波，如图 7-4-2b 所示。

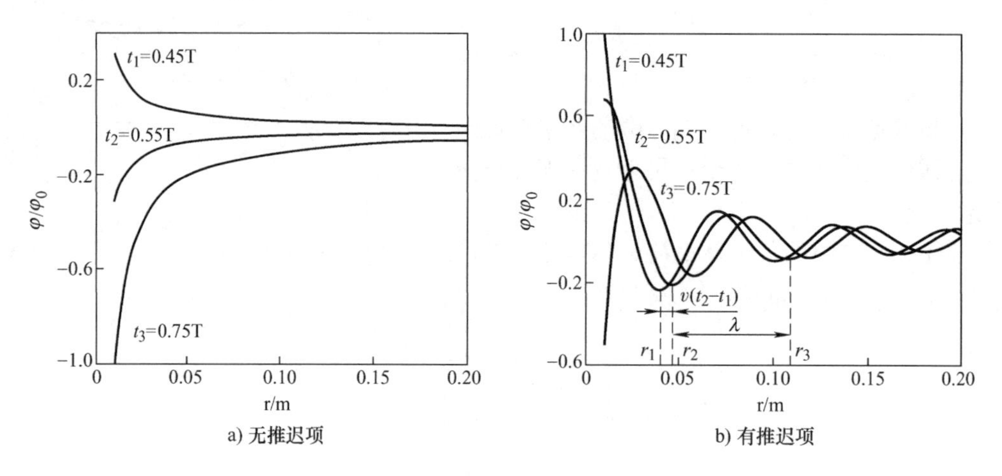

图 7-4-2　自由空间中点电荷激发的标量位在不同时刻随位置的变化(f=5×10^{9}Hz, T=1/f)

单独看不同时刻两同相位点的变化，即不同时间不同位置，但相位相同的两点。为清楚起见选择极大值点，例如图 7-4-2b 中两极大值点 r_1、r_2 的相位

$$\omega\left(t_1 - \frac{r_1}{v}\right) = \omega\left(t_2 - \frac{r_2}{v}\right)$$

得到

$$r_2 - r_1 = v(t_2 - t_1) \tag{7-4-21}$$

这个不同时刻两同相位点的位置差异，说明了 v 就是速度，波的相位速度，简称**相速**，对本例这种单一频率的情况，实际也就是波速。如果是自由空间，据式(7-4-13)得到

$$v = \frac{1}{\sqrt{\mu\varepsilon}} = \frac{1}{\sqrt{\mu_0 \varepsilon_0}} = 3\times10^8\,\text{m/s} \tag{7-4-22}$$

恰好就是测量得到的光速，即在自由空间中传播的电磁场以光速前进，光波本身就是电磁波。

再来看同一时刻，相位相差 2π的不同位置点的距离，例如图 7-4-2b 中 t_2 时刻相邻极大值点 r_3，r_2 的相位差为 2π，即

$$\omega\left(t_2-\frac{r_3}{v}\right)+2\pi=\omega\left(t_2-\frac{r_2}{v}\right)$$

得到

$$r_3-r_2=v\cdot\frac{2\pi}{\omega}=\frac{v}{f}=\lambda \tag{7-4-23}$$

即同一时刻相位相差 2π的两位置点的距离是**波长**，这也说明了时变的电磁场是波。

回过头来看推迟项$(t-r/v)$的意义，例如图 7-4-2b 中 t_2 时刻 r_2 的状态(不考虑幅值的衰减)为

$$\begin{aligned}q_0\sin[\omega(t_2-r_2/v)]&=q_0\sin[\omega(t_2-\Delta t)]\\&=q_0\sin(\omega t_0)\end{aligned} \tag{7-4-24}$$

即在时刻 t_2，场中 r_2 处的电磁量并不是决定于该时刻激励源的情况，而是决定于在此之前的某一时刻 t_0，即(t_2-r_2/v)时激励源的情况，也就是说激励源的作用要经过一个推迟时间 Δt 才能传到 r_2 处，这一推迟时间也就是电磁波传递的时间r_2/v。举个例子，太阳到地球的距离，光需要走 8 分钟，因此地球上现在看到的光其实是 8 分钟前太阳发射的，而不是此时太阳发出的。基于此原因，洛仑兹规范下的动态位又称为**推迟位**。含推迟项$(t-r/v)$，表示的是沿正 r 方向传输的波，被认为是**入射波**；反过来$(t+r/v)$表示的就是负 r 方向传输的波，即**反射波**。

7.4.3 动态位方程组的复数表示

如果激励源做正弦变化，在理想介质中洛仑兹规范下的动态位方程组可用复数形式

$$\begin{cases}\nabla^2\dot{\varphi}+\dfrac{\omega^2}{v^2}\dot{\varphi}=-\dfrac{\dot{\rho}}{\varepsilon} & \text{(7-4-25a)}\\[2ex] \nabla^2\dot{\boldsymbol{A}}+\dfrac{\omega^2}{v^2}\dot{\boldsymbol{A}}=-\mu\dot{\boldsymbol{J}}_{\text{ext}} & \text{(7-4-25b)}\end{cases}$$

如果定义相位常数

$$\beta=\frac{\omega}{v}=\omega\sqrt{\mu\varepsilon} \tag{7-4-26}$$

其单位是弧度/米(rad/m)。则方程组可以变为

$$\begin{cases}\nabla^2\dot{\varphi}+\beta^2\dot{\varphi}=-\dfrac{\dot{\rho}}{\varepsilon} & \text{(7-4-27a)}\\[2ex] \nabla^2\dot{\boldsymbol{A}}+\beta^2\dot{\boldsymbol{A}}=-\mu\dot{\boldsymbol{J}}_{\text{ext}} & \text{(7-4-27b)}\end{cases}$$

其解为

$$\begin{cases}\dot{\varphi}=\dfrac{1}{4\pi\varepsilon}\displaystyle\int_{V'}\frac{\dot{\rho}\,\mathrm{e}^{-\mathrm{j}\beta r}}{r}\mathrm{d}V' & \text{(7-4-28a)}\\[2ex] \dot{\boldsymbol{A}}=\dfrac{\mu}{4\pi}\displaystyle\int_{V'}\frac{\dot{\boldsymbol{J}}_{\text{ext}}\,\mathrm{e}^{-\mathrm{j}\beta r}}{r}\mathrm{d}V' & \text{(7-4-28b)}\end{cases}$$

显然，如果在某些条件下

$$e^{-j\beta r} \approx 1 \tag{7-4-29}$$

则动态位的解就和静电场、恒定磁场的电位、磁矢位一致，即推迟作用没有了，电磁波的传播不需要时间。下面讨论这一条件。当我们将研究的区域限制在尺度 L 范围内时，如果

$$\beta L \ll 1 \tag{7-4-30}$$

可以满足式(7-4-29)，即

$$\frac{\omega}{v}L \ll 1 \quad 或 \quad 2\pi L \ll \lambda \tag{7-4-31}$$

假设 $\tau_{em} = L/v$ 是 L 范围内电磁场**传播时间**，$\tau \approx 1/\omega$ 是电磁场变化的**特性时间**，λ 是正弦电磁波在一个周期内传播的距离，即波长，式(7-4-31)也可写为

$$\omega << \frac{1}{\tau_{em}} \quad (\tau \gg \tau_{em}) \quad 或 \quad L \ll \lambda \tag{7-4-32}$$

本质是如果电磁波在所研究系统的范围内传播时间 τ_{em} 远小于特性时间 τ，就认为电磁场的传播不需要时间，推迟效应是可以忽略的。就特性时间非常大这一点来说，也可以认为是电磁场变化非常缓慢；就波长非常大这一点来说，我们关心的空间范围远远小于一个波长，有时也说 1/4 波长内可以忽略推迟效应。

还是前面的点电荷变化的例子，图 7-4-3 给出了在某一时刻，自由空间中点电荷激发的标量位在不同频率时随位置的变化。对 L=0.2m 这个研究范围，当 f_1=5×10^{9}Hz 时，$\lambda_1 = v/f = 0.06\text{m}$，$\beta_1 L = 2\pi f_1 L/v = 20.9$ 仍然很大，此时 $e^{-j\beta_1 L} = -0.4614 - j0.8871$，推迟项尚不能忽略；当频率降低到 f_3=5×10^{6}Hz 时，$\lambda_3 = 60\text{m} \gg L$，$\beta_3 L = 0.0209$，此时 $e^{-j\beta_3 L} = 0.9998 - j0.0208 \approx 1$，即推迟项可以忽略，图 7-4-3 中 f_3 的曲线也表明它和无推迟项的图 7-4-2a 类似，只有随时间的振动，而无波的感觉。

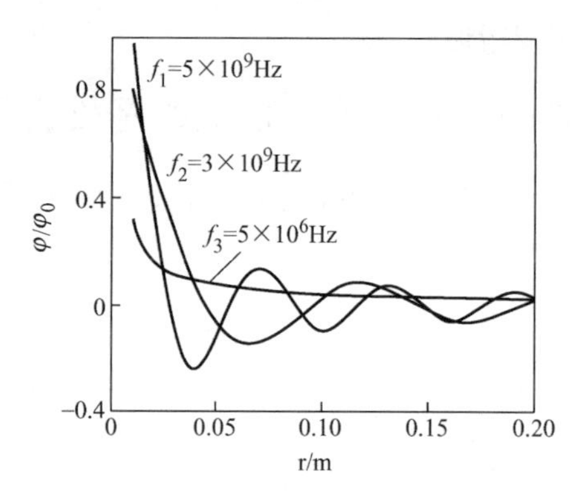

图 7-4-3 自由空间中点电荷激发的标量位在不同频率时随位置的变化(t=0.45T)

7.5 电磁场能量守恒定律

电磁场是一种物质，它具有内部运动，这种运动形式和其他物质运动形式之间能够通过能量互相转换。从能量守恒定律和电荷守恒定律出发，通过定义一些基本量，如电场强度、磁感应强度、物质本构方程(模型)，可以推导出电磁场的基本规律，即麦克斯韦方程组。另外，从力出发(库仑定律、安培力定理)，加上一些定义，可以推出静电场和恒定磁场方程组。由能量、电荷守恒定律或关于力的定律出发来推导、建立电磁场理论是人们认识世界，建构理论的基本方法。无论是能量、电荷守恒定律，还是关于力的库仑定律、安培力定律都是实验定律，换句话说实验是基础。

7.5.1 坡印廷定律

在静电场和恒定磁场中，已经讨论过电场能量和磁场能量，分别得到它们的体密度为

$$w_{\mathrm{e}}=\frac{1}{2}\boldsymbol{E}\cdot\boldsymbol{D} \tag{7-5-1}$$

$$w_{\mathrm{m}}=\frac{1}{2}\boldsymbol{B}\cdot\boldsymbol{H} \tag{7-5-2}$$

对时变电磁场能量的体密度可做如下假设

$$w=w_{\mathrm{e}}+w_{\mathrm{m}}=\frac{1}{2}\boldsymbol{E}\cdot\boldsymbol{D}+\frac{1}{2}\boldsymbol{B}\cdot\boldsymbol{H} \tag{7-5-3}$$

实验已经证明该假设的正确性。为简单起见，下面由麦克斯韦方程组及能量的体密度假设来推出能量守恒定律。当然从本质上说，应该是倒过来推导，如同在第 1 章给出的逻辑关系图。

因为在闭合区域 V 内，电磁场能量为

$$W=\int_V w\mathrm{d}V=\int_V\left(\frac{1}{2}\varepsilon E^2+\frac{1}{2}\mu H^2\right)\mathrm{d}V$$

$$\frac{\partial W}{\partial t}=\int_V\left(\varepsilon\boldsymbol{E}\cdot\frac{\partial\boldsymbol{E}}{\partial t}+\mu\boldsymbol{H}\cdot\frac{\partial\boldsymbol{H}}{\partial t}\right)\mathrm{d}V=\int_V\left(\boldsymbol{E}\cdot\frac{\partial\boldsymbol{D}}{\partial t}+\boldsymbol{H}\cdot\frac{\partial\boldsymbol{B}}{\partial t}\right)\mathrm{d}V$$

又因为麦克斯韦方程

$$\boldsymbol{E}\cdot(\nabla\times\boldsymbol{H})=\boldsymbol{E}\cdot\boldsymbol{J}+\boldsymbol{E}\cdot\frac{\partial\boldsymbol{D}}{\partial t}$$

$$\boldsymbol{H}\cdot(\nabla\times\boldsymbol{E})=-\boldsymbol{H}\cdot\frac{\partial\boldsymbol{B}}{\partial t}$$

及数学变换公式

$$\nabla\cdot(\boldsymbol{E}\times\boldsymbol{H})=\boldsymbol{H}\cdot(\nabla\times\boldsymbol{E})-\boldsymbol{E}\cdot(\nabla\times\boldsymbol{H})$$

得到

$$\boldsymbol{E}\cdot\frac{\partial\boldsymbol{D}}{\partial t}+\boldsymbol{H}\cdot\frac{\partial\boldsymbol{B}}{\partial t}=-\nabla\cdot(\boldsymbol{E}\times\boldsymbol{H})-\boldsymbol{E}\cdot\boldsymbol{J}$$

则

$$\frac{\partial W}{\partial t}=-\int_V\nabla\cdot(\boldsymbol{E}\times\boldsymbol{H})\,\mathrm{d}V-\int_V\boldsymbol{E}\cdot\boldsymbol{J}\,\mathrm{d}V$$

根据散度定理，有

$$\frac{\partial W}{\partial t}=-\oint_s(\boldsymbol{E}\times\boldsymbol{H})\cdot\mathrm{d}\boldsymbol{S}-\int_V\boldsymbol{E}\cdot\boldsymbol{J}\,\mathrm{d}V$$

又因为 $\boldsymbol{J}=\gamma\boldsymbol{E}$ ，所以

$$\frac{\partial W}{\partial t}=-\oint_S(\boldsymbol{E}\times\boldsymbol{H})\cdot\mathrm{d}\boldsymbol{S}-\int_V\frac{J^2}{\gamma}\,\mathrm{d}V$$

即

$$\oint_S (\boldsymbol{E}\times\boldsymbol{H})\cdot \mathrm{d}\boldsymbol{S} = -\frac{\partial W}{\partial t} - \int_V \frac{J^2}{\gamma}\mathrm{d}V \tag{7-5-4}$$

式中，$\oint_S (\boldsymbol{E}\times\boldsymbol{H})\cdot \mathrm{d}\boldsymbol{S}$ 为通过包围体积 V 的闭合面 $\boldsymbol{S}$ 向外传输的功率；$\partial W/\partial t$ 为体积 V 内电磁能量的增加率；$\int_V (J^2/\gamma)\mathrm{d}V$ 为体积 V 内由于传导电流而损耗的热功率。

方程(7-5-4)是一个功率平衡方程，实际上就是能量守恒定律，通常称为**坡印廷定律**(**Poynting's Theorem**)[㊀]，也有教材称为**伍莫夫-坡印廷定律**。其微分形式为

$$\begin{aligned}\nabla\cdot(\boldsymbol{E}\times\boldsymbol{H}) &= -\boldsymbol{E}\cdot\frac{\partial \boldsymbol{D}}{\partial t} - \boldsymbol{H}\frac{\partial \boldsymbol{B}}{\partial t} - \boldsymbol{J}\cdot\boldsymbol{E} \\ &= -\frac{\partial w}{\partial t} - \boldsymbol{J}\cdot\boldsymbol{E}\end{aligned} \tag{7-5-5}$$

定义**坡印廷矢量**(**Poynting vector**)为

$$\boldsymbol{S} = \boldsymbol{E}\times\boldsymbol{H} \tag{7-5-6}$$

表示单位时间内穿出与能流方向相垂直的单位面积上的能量，单位是 $\mathrm{W/m^2}$(瓦/米^2)，但是写成 $\mathrm{J/(m^2\cdot s)}$(焦/米^2·秒)意思更明确。它是一个能量流密度(可称为能流密度)，不是传统意义上的单位面积功率的密度含义，反映的是能流。另外，即使在恒定场中也有能流，例如直流输电线路，但如果是永磁铁和静电场并存的空间，则无能流，此时坡印廷矢量没有物理意义(空间有能量，但无能流)，也就是说并非有 $\boldsymbol{E}$ 和 $\boldsymbol{H}$ 就有能流。坡印廷矢量在和面积同时出现时，面积用小写 $\boldsymbol{s}$，坡印廷矢量用大写 $\boldsymbol{S}$。

坡印廷矢量的物理意义是明确的，但数学上如果定义 $\boldsymbol{S}' = \boldsymbol{S} + \nabla\times\boldsymbol{M}$，有 $\nabla\cdot\boldsymbol{S}' = \nabla\cdot\boldsymbol{S}$，即这个新坡印廷矢量并没有违反坡印廷定律，也就是说坡印廷矢量并非唯一，但是考虑到 $\oint_s \boldsymbol{S}'\cdot \mathrm{d}\boldsymbol{s} = \oint_s \boldsymbol{S}\cdot\mathrm{d}\boldsymbol{s}$，即任意闭合面的总能流是不变的，也就是说闭合面的总能流才是唯一的定值，闭合面积分的物理意义就更加明确一些了。

另外坡印廷矢量不能直接测量，需分别测出电场强度和磁感应强度再做计算。

下面通过两个例子来说明电磁场中的能流情况。

例 7.5.1 直流电源对电阻供电，电流为 I。将两根平行、近似为无穷长的导线放大，如图 7-5-1 所示，半径为 a。试分析导体内外的能流密度。

解：在柱坐标系中，左边导体圆柱中的电流密度为

$$\boldsymbol{J} = \frac{I}{\pi a^2}(\boldsymbol{e}_z)$$

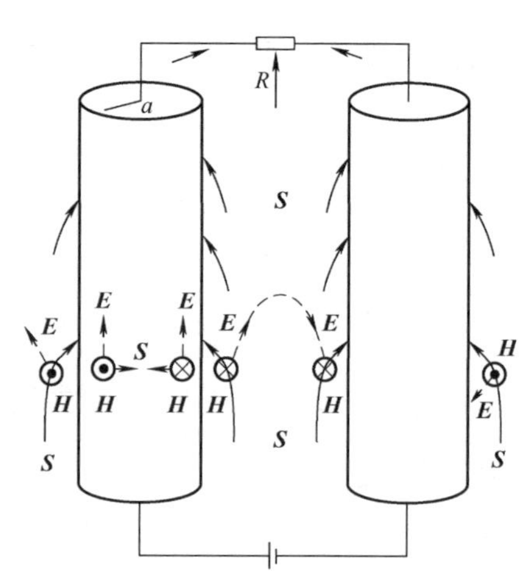

图 7-5-1 直流电路能流示意图

㊀ 一般称之为坡印廷定理，因为实质是能量守恒，在逻辑关系图中居于更基础的地位，所以这里将定理改为定律似乎更恰当一些。

导体内的电场强度(用虚箭头表示)为

$$\boldsymbol{E}=\frac{\boldsymbol{J}}{\gamma}=\frac{I}{\pi a^2\gamma}(\boldsymbol{e}_z)$$

导体内的磁场强度(用圆圈表示)为

$$\boldsymbol{H}=\frac{I\rho}{2\pi a^2}(\boldsymbol{e}_\phi)$$

坡印廷矢量(用实箭头表示)为

$$\boldsymbol{S}=\boldsymbol{E}\times\boldsymbol{H}=\frac{I^2\rho}{2\pi^2a^4\gamma}(-\boldsymbol{e}_\rho)$$

显然能流密度的方向垂直电流方向，由导体表面流向轴心，而并非在导体内有沿电流方向的能流。下面计算这部分能量的大小。

由长为 l 的导体表面($\rho=a$，法向朝外)流入导体内的功率为

$$-\oint_s\boldsymbol{S}\cdot\mathrm{d}\boldsymbol{s}=-\frac{I^2a}{2\pi^2a^4\gamma}(-\boldsymbol{e}_\rho)\cdot2\pi al(\boldsymbol{e}_\rho)=\frac{1}{\gamma}\cdot\frac{l}{\pi a^2}\cdot I^2=R'I^2$$

很明显，由导体表面流入导体内的能量完全转化为导体电阻(R')消耗的热能，即导体本身并不传输能量，这是完全不同于电路方法的认识。

下面来看坡印廷定律在这里的表现。由于是恒定电场和磁场，所以时变量为零，则 $\partial W/\partial t=0$，因而有

$$\oint_s\boldsymbol{S}\cdot\mathrm{d}\boldsymbol{s}=-\int_V\frac{J^2}{\gamma}\mathrm{d}V=-R'I^2$$

关于导线外的电场可通过边界条件及恒定电流场中电力线由高电位指向低电位得出。电源对负载电阻(R)的供能是通过导体外的空间传输，导体仅起着定向引导电磁能流的作用，这是我们对场的一个新认识。

例 7.5.2 无界理想介质中沿 $\boldsymbol{e}_z$ 方向传播的均匀平面电磁波电场和磁场如下，其中 $\eta=\sqrt{\mu/\varepsilon},\beta=\omega\sqrt{\mu\varepsilon}$，验证坡印廷定律。

$$\begin{cases}E_x^+(z,t)=\sqrt{2}E_{x0}^+\sin(\omega t-\beta z)\\H_y^+(z,t)=\dfrac{\sqrt{2}E_{x0}^+}{\eta}\sin(\omega t-\beta z)\end{cases}$$

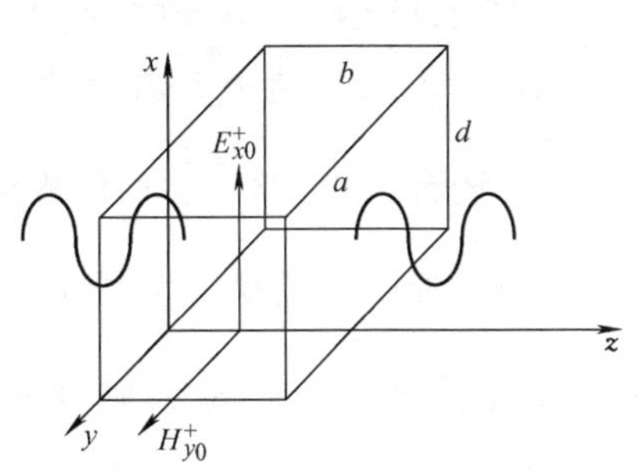

图 7-5-2 均匀平面电磁波

证明： 取一个长、宽、高分别为 a、b、d 的闭合区域作为研究对象，如图 7-5-2 所示。

能量体密度为

$$\begin{aligned}w&=\frac{1}{2}\varepsilon E^2+\frac{1}{2}\mu H^2=\frac{1}{2}\left(2\varepsilon E_{x0}^{+\,2}+2\mu\frac{E_{x0}^{+\,2}}{\eta^2}\right)\sin^2(\omega t-\beta z)\\&=2\varepsilon E_{x0}^{+\,2}\sin^2(\omega t-\beta z)\end{aligned}$$

闭合区域体内的总能量为

$$W = ad \cdot \int_0^b w \cdot \mathrm{d}z = 2ad\varepsilon E_{x0}^{+\,2} \int_0^b \sin^2(\omega t - \beta z) \cdot \mathrm{d}z$$
$$= \frac{2ad\varepsilon E_{x0}^{+\,2}}{\beta} \left[\frac{\beta b}{2} + \frac{\sin(2\omega t - 2\beta b) - \sin(2\omega t)}{4} \right]$$

则体积内能量的变化率为

$$\frac{\mathrm{d}W}{\mathrm{d}t} = \frac{ad\varepsilon E_{x0}^{+\,2}}{\beta} \omega[\cos(2\omega t - 2\beta b) - \cos(2\omega t)]$$
$$= -\frac{2adE_{x0}^{+\,2}}{\eta}[\sin^2(\omega t - \beta b) - \sin^2(\omega t)]$$

空间某点的能流密度为

$$\boldsymbol{S} = \boldsymbol{E} \times \boldsymbol{H} = 2\frac{E_{x0}^{+\,2}}{\eta} \sin^2(\omega t - \beta z) \boldsymbol{e}_z$$

能流的方向是$\boldsymbol{e}_z$，所以单位时间流出闭合区域的能量只和两个横截面有关，则

$$\oint_s \boldsymbol{S} \cdot \mathrm{d}\boldsymbol{s} = 2\frac{E_{x0}^{+\,2}}{\eta} \sin^2(\omega t - \beta b) \cdot ad - 2\frac{E_{x0}^{+\,2}}{\eta} \sin^2(\omega t) ad$$
$$= 2\frac{adE_{x0}^{+\,2}}{\eta}[\sin^2(\omega t - \beta b) - \sin^2(\omega t)]$$

显然

$$\oint_S (\boldsymbol{E} \times \boldsymbol{H}) \cdot \mathrm{d}\boldsymbol{s} = -\frac{\mathrm{d}W}{\mathrm{d}t}$$

此即为坡印廷定律，这里不含发热损耗项是因为理想介质无损耗。从这个例子可以看到电磁波从一个侧面流进，又从另一个侧面流出，能量差异就是闭合区域体内能量的变化。

下面用具体变化过程再说明一下。图 7-5-3 是闭合区域两侧面位置电场强度随时间的变化过程（f =500kHz, b=0.25λ)，图 7-5-4 是闭合区域体内总能量$W(t) = \int_V w(t) \cdot \mathrm{d}V$随时间的变化过程和闭合区域表面单位时间内流出能量$\oint_s \boldsymbol{S} \cdot \mathrm{d}\boldsymbol{s}$随时间的变化过程（为图示清楚，纵坐标未按比例设置）。可以发现，在 t=0.25×10^{-6}～0.75×10^{-6}s 时间段，$\oint_s \boldsymbol{S} \cdot \mathrm{d}\boldsymbol{s}<0$，能量总是流进（因为规定了流出为正，流进则为负），体内总能量$W(t) = \int_V w(t) \cdot \mathrm{d}V$一直是增加的；在 t=0.75×10^{-6}～1.25×10^{-6}s 时间段，$\oint_s \boldsymbol{S} \cdot \mathrm{d}\boldsymbol{s}>0$，能量总是流出，体内能量一直减少；在 t=0.75×10^{-6}s 时，即流进转流出时，体内总能量变化率为零。对于该例，一个周期内，流进闭合区域体内的能量等于流出能量，则其平均值$(1/T)\int_0^T \left(\oint_s \boldsymbol{S} \cdot \mathrm{d}\boldsymbol{s} \right) \mathrm{d}t = 0$，这是因为是理想介质，没有能量损耗。如果是导电媒质，则一个周期内流进体内能量大于流出体内能量。另外，此处闭合区域体内一个周期总能量的平均值$(1/T)\int_0^T W(t) \mathrm{d}t = abd \cdot \varepsilon E_{x0}^{+\,2}$，是一个常数，即有

一个固定的能量储存在区域内，它是在建立正旋稳态场的初始过程中就已经建立的，与此时流进流出的能量无关。需要注意的是不能拿图 7-5-3 中单独一个位置的电场去分析图 7-5-4 的变化，因为图 7-5-3 是侧面位置的电场，是一个场点，而图 7-5-4 是一个闭合区域，相当于一个具有体积的器件，这里就是后面我们要讨论的无功功率，有功功率的对象。

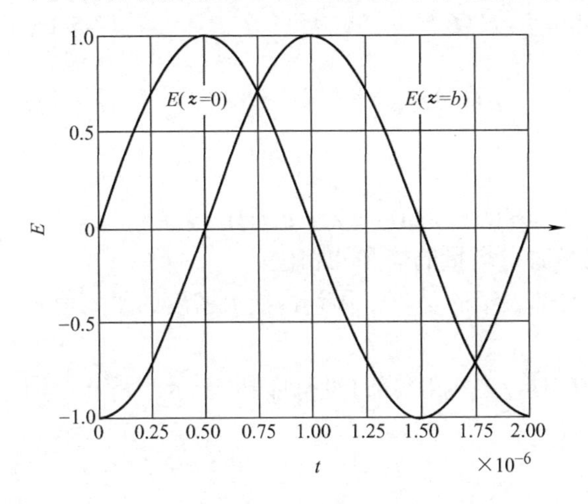

图 7-5-3　闭合区域两侧面位置电场强度的随时间的变化过程

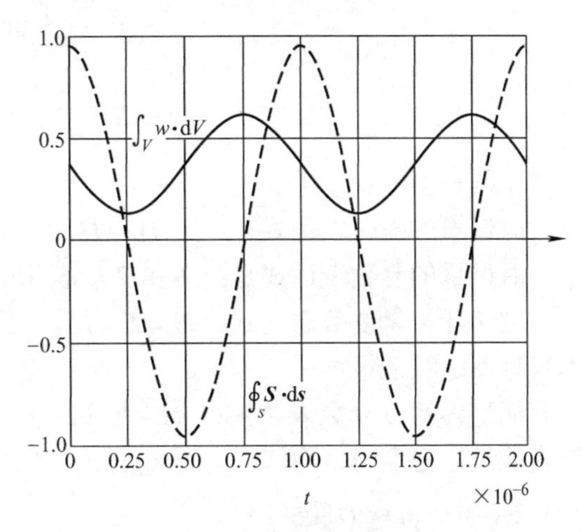

图 7-5-4　闭合区域体内总能量(实线)和闭合区域表面单位时间内流出能量(虚线)随时间的变化过程

该例还有一个特点是电场和磁场是同相位的，即电场增加时，磁场也在增加，换句话说电场能量增加时，磁场能量也在增加，因此对这种平面波，不是电场能量和磁场能量在相互转换，而是外部能量在流进流出。至于通常意义上说的“变化的电场产生磁场”，是因果关系，并非指能量的互相转化，大小上指的是磁场的旋度等于变化的电场；“变化的磁场产生电场”，大小上是电场的旋度等于变化的磁场。当然，也有电场和磁场不同相位的电磁场，例如在导体中传播的电磁场。

7.5.2　坡印廷定律的复数形式

1. 复数表达式与周期内平均值

对于正弦时变电磁场，若 x, y, z 方向的初相位都相同，且 $\boldsymbol{E}$、$\boldsymbol{H}$ 仅随 z 和 t 变化，坡印廷矢量的瞬时表达式为

$$\boldsymbol{S}(t)=\boldsymbol{E}(z,t)\times\boldsymbol{H}(z,t)=\sqrt{2}\boldsymbol{E}(z)\sin(\omega t+\varphi_E)\times\sqrt{2}\boldsymbol{H}(z)\sin(\omega t+\varphi_H) \tag{7-5-7}$$

它在一个周期内沿 $(\boldsymbol{E}\times\boldsymbol{H})$ 方向能流密度的平均值为

$$\begin{aligned}\boldsymbol{S}_{\text{av}}&=\frac{1}{T}\int_0^T\boldsymbol{S}(t)\mathrm{d}t\\&=\frac{1}{T}\int_0^T\boldsymbol{E}(z)\times H(z)[-\cos(2\omega t+\varphi_E+\varphi_H)+\cos(\varphi_E-\varphi_H)]\mathrm{d}t\\&=\boldsymbol{E}(z)\times\boldsymbol{H}(z)\cos(\varphi_E-\varphi_H)\end{aligned} \tag{7-5-8}$$

显然

$$\mathrm{Re}(\dot{\boldsymbol{E}}\times\dot{\boldsymbol{H}}^*)=\boldsymbol{S}_{\text{av}} \tag{7-5-9}$$

其中右上角的*表示取复数的共轭。定义坡印廷矢量的复数形式为

$$\tilde{\boldsymbol{S}} = \dot{\boldsymbol{E}} \times \dot{\boldsymbol{H}}^* \tag{7-5-10}$$

则可以表示为 $\mathrm{Re}(\tilde{\boldsymbol{S}}) = \boldsymbol{S}_{\mathrm{av}}$。还可以求得电场、磁场能量体密度在一个周期内的平均值。

$$w_{\mathrm{eav}} = \frac{1}{T}\int_0^T w_{\mathrm{e}} \mathrm{d}t = \frac{1}{2}\varepsilon \dot{\boldsymbol{E}} \cdot \dot{\boldsymbol{E}}^* \tag{7-5-11}$$

$$w_{\mathrm{mav}} = \frac{1}{T}\int_0^T w_{\mathrm{m}} \mathrm{d}t = \frac{1}{2}\mu \dot{\boldsymbol{H}} \cdot \dot{\boldsymbol{H}}^* \tag{7-5-12}$$

小结一下：

时谐量的瞬时表达式是：$\boldsymbol{E}(t)$，$\boldsymbol{H}(t)$，$\boldsymbol{E}(t) \times \boldsymbol{H}(t)$，$\varepsilon E(t)^2/2$，$\mu H(t)^2/2$。

时谐量的复数表达式是：$\dot{\boldsymbol{E}}$和$\dot{\boldsymbol{H}}$，表示的是时谐场量的模和初相位。

坡印廷矢量复数表达式：$\tilde{\boldsymbol{S}} = \dot{\boldsymbol{E}} \times \dot{\boldsymbol{H}}^*$，其实部表示的是一个周期内能流密度的平均值，本身也不是时谐量[㊀]。

能量体密度复数表达式：$\varepsilon \dot{\boldsymbol{E}} \cdot \dot{\boldsymbol{E}}^*/2$，$\mu \dot{\boldsymbol{H}} \cdot \dot{\boldsymbol{H}}^*/2$，其实部（没有虚部）表示的是一个周期内能量体密度的平均值 w_{eav}、w_{mav}。

2. 闭合区域的复功率

式（7-5-8）讨论的是流过某一个点的平均能流，实际上更多情况需要讨论的是一个封闭区域，定义流进某闭合区域或某闭合区域吸收的复功率为

$$-\oint_S \tilde{\boldsymbol{S}} \cdot \mathrm{d}\boldsymbol{s} = P + \mathrm{j}Q \tag{7-5-13}$$

式中，P 为**有功功率**，是区域内媒质发热消耗的功率（一个周期内的平均功率）；Q 为**无功功率**，含义将在下面讨论；而将模 $\sqrt{P^2 + Q^2}$ 定义为**视在功率**（表观功率）。注意复坡印廷矢量的实部本身不代表有功功率，闭合区域的体积分（相当于一个器件或者一个二端网络）的实部才代表有功功率。

3. 坡印廷定律的复数形式

对 $\tilde{\boldsymbol{S}} = \dot{\boldsymbol{E}} \times \dot{\boldsymbol{H}}^*$ 取散度，并利用数学公式 $\nabla \cdot (\boldsymbol{A} \times \boldsymbol{B}) = \boldsymbol{B} \cdot (\nabla \times \boldsymbol{A}) - \boldsymbol{A} \cdot (\nabla \times \boldsymbol{B})$，得到

$$\nabla \cdot (\dot{\boldsymbol{E}} \times \dot{\boldsymbol{H}}^*) = \dot{\boldsymbol{H}}^* \cdot (\nabla \times \dot{\boldsymbol{E}}) - \dot{\boldsymbol{E}} \cdot (\nabla \times \dot{\boldsymbol{H}}^*) \tag{7-5-14}$$

利用麦克斯韦方程 $\nabla \times \dot{\boldsymbol{E}} = -\mathrm{j}\omega \dot{\boldsymbol{B}}$，$\nabla \times \dot{\boldsymbol{H}} = \dot{\boldsymbol{J}} + \mathrm{j}\omega \dot{\boldsymbol{D}}$，其中第二个方程取共轭复数，变换为 $\nabla \times \dot{\boldsymbol{H}}^* = \dot{\boldsymbol{J}}^* - \mathrm{j}\omega \dot{\boldsymbol{D}}^*$，注意这中间关键的负号，则得到

$$\nabla \cdot (\dot{\boldsymbol{E}} \times \dot{\boldsymbol{H}}^*) = -\dot{\boldsymbol{H}}^* \cdot \mathrm{j}\omega \dot{\boldsymbol{B}} - \dot{\boldsymbol{E}} \cdot (\dot{\boldsymbol{J}}^* - \mathrm{j}\omega \dot{\boldsymbol{D}}^*) \tag{7-5-15}$$

整理后得到

$$-\nabla \cdot (\dot{\boldsymbol{E}} \times \dot{\boldsymbol{H}}^*) = \mathrm{j}2\omega \left(\frac{1}{2}\mu \dot{\boldsymbol{H}} \cdot \dot{\boldsymbol{H}}^* - \frac{1}{2}\varepsilon \dot{\boldsymbol{E}} \cdot \dot{\boldsymbol{E}}^* \right) + \dot{\boldsymbol{E}} \cdot \dot{\boldsymbol{J}}^* \tag{7-5-16}$$

写成积分方程，得到坡印廷定律的复数形式

㊀ 其虚部有的教材也称为无功功率密度。无功功率来自于电路，电压、电流本来就是一个积分的概念，没有点分布的意义，因此能流密度的闭合区域积分才和有功功率、无功功率有对应联系。单独某一点和无功功率的对应不是那么贴切。这和前面能流密度闭合面积分比能流密度本身的意义更清楚是一致的。

$$-\oint_s(\dot{\boldsymbol{E}}\times\dot{\boldsymbol{H}}^*)\cdot\mathrm{d}\boldsymbol{s}=\mathrm{j}2\omega\int_V\left(\frac{1}{2}\mu\dot{\boldsymbol{H}}\cdot\dot{\boldsymbol{H}}^*-\frac{1}{2}\varepsilon\dot{\boldsymbol{E}}\cdot\dot{\boldsymbol{E}}^*\right)\mathrm{d}V+\int_V\frac{\dot{\boldsymbol{J}}\cdot\dot{\boldsymbol{J}}^*}{\gamma}\mathrm{d}V \tag{7-5-17}$$

方程左边为流入闭合面的复功率，右边第一项(是虚数)表示无功功率

$$\mathrm{j}Q=\mathrm{j}2\omega\int_V\left(\frac{1}{2}\mu\dot{\boldsymbol{H}}\cdot\dot{\boldsymbol{H}}^*-\frac{1}{2}\varepsilon\dot{\boldsymbol{E}}\cdot\dot{\boldsymbol{E}}^*\right)\mathrm{d}V \tag{7-5-18}$$

表示闭合区域体内电场和磁场能量一个周期内的平均值差异($w_{\mathrm{mav}}-w_{\mathrm{eav}}$的体积分)的变化速率(因为含有 $\mathrm{j}\omega$表示$\partial/\partial t$)，即无功功率。如果电能和磁能相等，则区域内无功功率总量为零 Q=0(但区域内有能量，只是周期平均值不变化)；如果电能和磁能不相等，则区域内无功功率总量不为零，即电能和磁能周期平均值的差值还需要外部提供无功，即方程左边流进的复功率的虚部。

方程(7-5-17)右边第二项(是实数)表示闭合面内导电媒质消耗的功率，即有功功率，发热消耗，它与左边的实部($\boldsymbol{S}_{\mathrm{av}}$沿闭合面积分)是一致的

$$P=\int_V\frac{\dot{\boldsymbol{J}}\cdot\dot{\boldsymbol{J}}^*}{\gamma}\mathrm{d}V \tag{7-5-19}$$

以例 7.5.2 来看，某一点的$\tilde{\boldsymbol{S}}=\dot{\boldsymbol{E}}\times\dot{\boldsymbol{H}}^*=E_{x0}^{+\,2}/\eta\boldsymbol{e}_z$，虚部为零，只有实部，代表该点有周期平均能流，由于与位置无关，空间每处一样。

对闭合区域的复坡印廷矢量积分$-\oint_S\tilde{\boldsymbol{S}}\cdot\mathrm{d}\boldsymbol{s}=0$，即无功功率、有功功率都为零。虽然$(1/T)\int_0^T W(t)\mathrm{d}t=abd\cdot\varepsilon E_{x0}^{+\,2}$，表示区域内储存了能量，但是由于电场能量和磁场能量的周期平均值是相等的(适时能量也是相等的)，所以$\mathrm{j}Q=\mathrm{j}2\omega\int_V(\mu\dot{\boldsymbol{H}}\cdot\dot{\boldsymbol{H}}^*/2-\varepsilon\dot{\boldsymbol{E}}\cdot\dot{\boldsymbol{E}}^*/2)\mathrm{d}V=0$，不需要外部提供无功功率。同时由于是理想介质，没有能量消耗。因此流进来的瞬时能量和流出去的瞬时能量虽然不相等，但在一个周期内的平均值是相等的，因此有功功率为零。今后还会学习导电媒质中的平面波，那个时候就会有无功功率需要外部补偿。

再回顾一下电路中的说法。在 RLC 串联电路中，无功功率也写为

$$Q=Q_L+Q_C=\omega LI^2-\omega CU^2=2\omega\left(\frac{1}{2}LI^2-\frac{1}{2}CU^2\right)=2\omega(W_L-W_C) \tag{7-5-20}$$

式中两项分别是器件的磁场能量和电场能量，从一端口网络的端口看过去，这个系统就相当于一个闭合区域，和上面无功功率的结果是一样的[㊀]。由此也可以借用电路阻抗的定义，得到该**“闭合区域”**(相当于一个器件)的等效阻抗

$$Z=\frac{P+\mathrm{j}Q}{I^2}=\frac{-\oint_s\tilde{\boldsymbol{S}}\cdot\mathrm{d}\boldsymbol{s}}{I^2}=R+\mathrm{j}X \tag{7-5-21}$$

其中等效电阻为

㊀ 电能和磁能在电路中的转换过程是清晰的，是因为在电路中将电场集中在电容器中、磁场集中在电感器中，因此它们之间因为空间的区隔才有互相转换，而在场中它们分布在每一点，不存在这样一个空间区隔和能量转换的问题，即使在某一点还可能同时增加或减少。因此所谓无功功率的意义还是与电路略有不同。

$$R = \frac{-\mathrm{Re}\left(\oint_s \tilde{\boldsymbol{S}} \cdot \mathrm{d}\boldsymbol{s}\right)}{I^2} = \frac{-\mathrm{Re}\left[\oint_s (\dot{\boldsymbol{E}} \times \dot{\boldsymbol{H}}^*) \cdot \mathrm{d}\boldsymbol{s}\right]}{I^2} \tag{7-5-22}$$

等效电抗为

$$X = \frac{-\mathrm{Im}\left(\oint_s \tilde{\boldsymbol{S}} \cdot \mathrm{d}\boldsymbol{s}\right)}{I^2} = \frac{-\mathrm{Im}\left[\oint_s (\dot{\boldsymbol{E}} \times \dot{\boldsymbol{H}}^*) \cdot \mathrm{d}\boldsymbol{s}\right]}{I^2} \tag{7-5-23}$$

7.6 定解条件与唯一性定理

麦克斯韦方程组的微分形式、电荷守恒方程的微分形式以及分界面上的边界条件是时变电磁场必须满足的基本方程，但这组方程的解是通解，要想得到具体物理问题的定解——特解，还必须给定初始条件和边界条件，这些条件称为**定解条件**，与此相关的问题称为定解问题，至于在什么条件下才有唯一的解，由唯一性定理回答。必须牢记的是，物理量本身是确定存在的，因此定解问题的解应该是存在和唯一的，如果解不存在或不唯一，就说明定解问题的推导可疑，需要重新研究。另外解是否符合实际，还得由实践来检验，毕竟定解问题是在一定近似条件下从物理过程中提炼出来的，物理模型本身是否合适也决定了数学模型最后结果的可靠性。

唯一性定理：在$t>0$的所有时刻，闭和区域V内的电磁场是由整个V内电和磁矢量的初始值，以及$t \geqslant 0$时边界上电矢量(或磁矢量)之切向分量的值所唯一确定。

证明：设满足上述条件的电磁场的解不是唯一的，例如有两组$\boldsymbol{E}_1$、$\boldsymbol{H}_1$和$\boldsymbol{E}_2$、$\boldsymbol{H}_2$，令差场为

$$\boldsymbol{E}' = \boldsymbol{E}_1 - \boldsymbol{E}_2 \qquad \boldsymbol{H}' = \boldsymbol{H}_1 - \boldsymbol{H}_2$$

因为给定了初始值，所以电场和磁场分别具有两组相同的初始值，则

$$\boldsymbol{E}'\big|_{t=0} = \boldsymbol{E}_1\big|_{t=0} - \boldsymbol{E}_2\big|_{t=0} = 0 \qquad \boldsymbol{H}'\big|_{t=0} = \boldsymbol{H}_1\big|_{t=0} - \boldsymbol{H}_2\big|_{t=0} = 0$$

在$t>0$时，由于两组电场和磁场都满足麦克斯韦方程组，因此其合成矢量也满足，则根据坡印廷定律得到

$$\oint_S (\boldsymbol{E}' \times \boldsymbol{H}') \cdot \mathrm{d}\boldsymbol{S} = -\frac{\partial}{\partial t}\int_V \left(\frac{1}{2}\varepsilon E'^2 + \frac{1}{2}\mu H'^2\right)\mathrm{d}V - \int_V \gamma E'^2 \mathrm{d}V$$

又根据数学公式知道

$$[(\boldsymbol{E}' \times \boldsymbol{H}') \cdot \boldsymbol{e}_n]\big|_S = [(\boldsymbol{e}_n \times \boldsymbol{E}') \cdot \boldsymbol{H}']\big|_S = [(\boldsymbol{H}' \times \boldsymbol{e}_n) \cdot \boldsymbol{E}']\big|_S$$

如果边界上电矢量(或磁矢量)之切向分量的值确定，则差场在分界面上的切向分量$\boldsymbol{e}_n \times \boldsymbol{E}' = 0$或$\boldsymbol{H}' \times \boldsymbol{e}_n = 0$，所以上式为零，则

$$\frac{\partial}{\partial t}\int_V \left(\frac{1}{2}\varepsilon E'^2 + \frac{1}{2}\mu H'^2\right)\mathrm{d}V = -\int_V \gamma E'^2 \mathrm{d}V$$

显然上式右边总是小于零或等于零(电阻耗能)，而左边项中的能量积分本质上总是大于零或等于零，并在t=0 时等于零，所以

$$\int_V\left(\frac{1}{2}\varepsilon E'^2+\frac{1}{2}\mu H'^2\right)\mathrm{d}V=0$$

则容易得到

$$\boldsymbol{E}'=0 \quad \boldsymbol{H}'=0$$

即两组量必须相等。

习　题

7.1　设在半径分别为 a 和 b（$a<b$）的两个同心球之间充满理想介质，其介电常数为 ε_0，两球之间接有工频交变电源 $U=U_{\mathrm{m}}\sin(\omega t)$，电场假设只有库仑场，应用位移电流密度的定义，求通过介质中任意点的位移电流密度。

7.2　证明无源自由空间中仅随时间变化的场 $\boldsymbol{B}=\boldsymbol{B}_0\sin(\omega t)$，不满足麦克斯韦基本方程组。

7.3　将下列瞬时形式写成复数形式

（1）$\boldsymbol{E}(x,t)=E_0\cos(2x)\cos(\omega t)\boldsymbol{e}_x$

（2）$\boldsymbol{E}(x,t)=E_0\mathrm{e}^{-\alpha x}\sin(\omega t-\beta x)\boldsymbol{e}_y$

（3）$\boldsymbol{E}(r,t)=E_0\sin\left(\dfrac{\pi x}{d}\right)\sin(\omega t-\beta x)\boldsymbol{e}_x+E_0\cos\left(\dfrac{\pi x}{d}\right)\cos(\omega t-\beta x)\boldsymbol{e}_y$

7.4　在两块分别位于 $Z=d/2$，$-d/2$ 理想导电平板之间的空气中传播的电磁波的电场为

$$\boldsymbol{E}(\boldsymbol{r},t)=E_0\cos\left(\frac{\pi z}{d}\right)\cos(\omega t-\beta x)\boldsymbol{e}_y\ \text{V/m}$$

求：（1）此区域的磁场强度；（2）导电平板上面电流密度。

7.5　在柱坐标系中，分别为$\rho=a$，$\rho=b$，$z_1=0$，$z_2=h$ 处的理想导体(厚度不计)所构成的两端短路的同轴电缆如习题 7.5 图所示，内部理想介质的参数为 ε、μ。已知此封闭区域中的磁场

$$\boldsymbol{H}(\rho,t)=\frac{2}{\rho}\cos(\beta z)\sin(\omega t)\boldsymbol{e}_\phi(\text{A/m})$$

求：（1）此区域内的电场强度；（2）内壁上的表面电流密度和电荷密度。

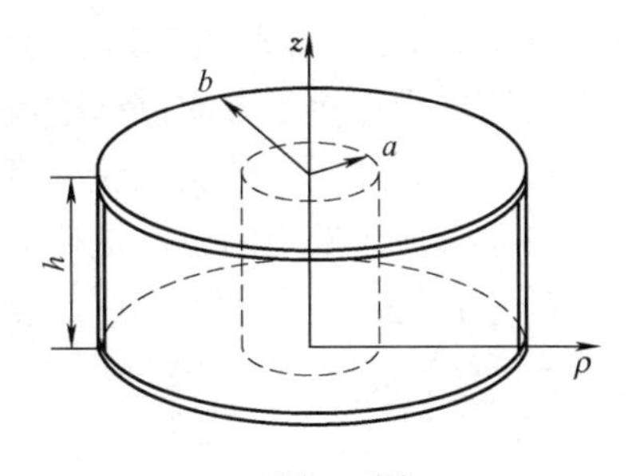

习题 7.5 图

7.6　两种媒质的分界面在 $y=0$ 平面上，$y<0$ 的媒质 μ_1 中的磁场强度为 $\boldsymbol{H}_1=A(\boldsymbol{e}_x+\boldsymbol{e}_y+\boldsymbol{e}_z)$，分界面上的面电流为 $\boldsymbol{K}_1=B\boldsymbol{e}_x$，求 $y>0$ 的媒质 μ_2 中的磁场强度。

7.7　已知动态位 $\boldsymbol{A}$ 和 φ 分别是(柱坐标系)

$$\boldsymbol{A}=\frac{1}{2}(x^2+y^2)\sin(\omega t)\boldsymbol{e}_z+\nabla\psi,\quad \varphi=-\frac{\partial\psi}{\partial t}$$

ψ 是任意函数，试求 $\boldsymbol{E}$、$\boldsymbol{B}$。

7.8　习题 7.8 图所示平板电容器，求两层介质中的电场强度。

（1）1、2 是理想介质，介电常数分别为ε_1，ε_2，接直流电压 U;

（2）1、2 是不良电介质，电导率分别为γ_1、γ_2，接直流电压 U;

（3）1、2 是不良电介质，介电常数分别为ε_1、ε_2，电导率分别为γ_1、γ_2，接角频率为ω的交流电压 U(忽略感应电场)。

7.9 利用电荷守恒定律，验证 $\boldsymbol{A}$ 和 φ 的推迟位满足洛仑兹规范。

7.10 试证明线性各向同性的均匀导电媒质在时谐电磁场中，即使存在电流，自由电荷体密度也为零。

7.11 已知自由空间中的电磁波的两个分量为

$$E^{+}_{x}(z,t)=1000\cos(\omega t-\beta z)\text{V/ m}$$

$$H^{+}_{y}(z,t)=2.65\cos(\omega t-\beta z)\text{A / m}$$

式中，$f=20\text{MHz}$，$\beta=0.42\text{rad/m}$。（1）写出坡印廷矢量的时间函数；（2）计算坡印廷矢量的平均值。

7.12 设长直同轴电缆的内外导体为完纯导体，中间的介质也无损耗，始端接有电压为 U 的电源，终端接有电阻负载 R，内导体半径为 a_1，介质层半径为 a_2，外导体半径为 a_3，如习题 7.12 图所示，求导体和介质中流过的能流。

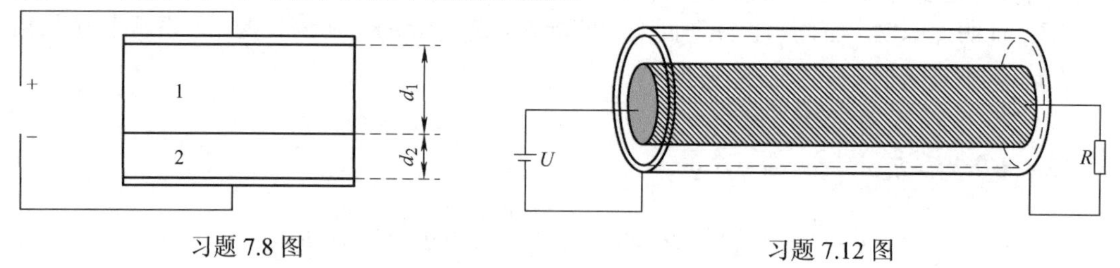

习题 7.8 图　　　　习题 7.12 图

7.13 试证明，在时变电磁场中，如果场量的切向分量满足分界面上的边界条件，则场量的法向分量也自然满足边界条件。

7.14 已知一无限大理想导体平板上方 $(x\geqslant 0)$ 的电磁场为

$$\begin{cases} E_x(z,t)=\dfrac{\sqrt{2}V_0}{h}\dfrac{\cos[\beta(z-b)]}{\cos(\beta b)}\sin\left(\omega t+\dfrac{\pi}{2}\right) \\ H_y(z,t)=-\dfrac{\sqrt{2}V_0}{h}\sqrt{\dfrac{\varepsilon}{\mu}}\dfrac{\sin[\beta(z-b)]}{\cos(\beta b)}\cos\left(\omega t+\dfrac{\pi}{2}\right) \end{cases}$$

其中 $\beta=\omega\sqrt{\mu\varepsilon}$ 。如习题 7.14 图所示。

（1）求导体板上方的位移电流体密度；

（2）求导体板上的面电流密度；

（3）求导体板上的自由电荷面密度；

（4）作围绕导体板上 $(0,y,z)$ 点的闭合面积 $S(m\times l\times n)$，验证 S 上满足全电流连续定律 $\oint_S\left(\boldsymbol{J}+\dfrac{\partial \boldsymbol{D}}{\partial t}\right)\cdot \text{d}\boldsymbol{S}=0$ 。

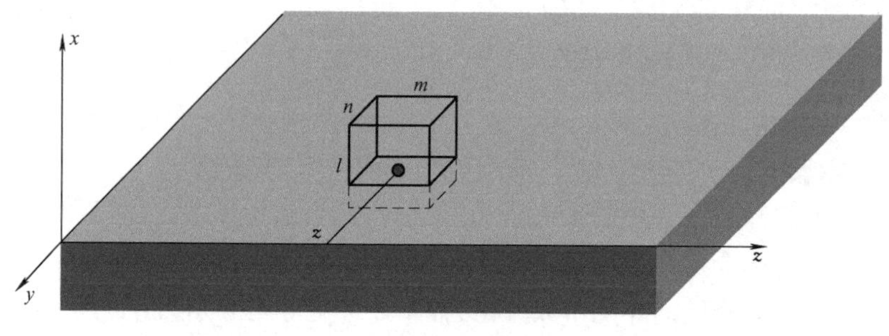

习题 7.14 图

第 8 章 低频电磁场——准静态场

电磁场基本方程中电场和磁场互相耦合在一起，时间和空间互相耦合在一起，虽然可以通过复数表示方法将时谐场的时间和空间解耦，但是电场和磁场仍然耦合在一起，不易求解。对一些特殊情况，人们尝试了一些近似方法使其部分解耦(先求电场，再求磁场，或反过来)，或者将其完全耦合称为一个物理量。前者就是下面要讲的**准静态近似，它主要是针对低频电磁场而言**；后者就是几何光学近似的射线理论，它主要是针对频率非常高的电磁波(如可见光)而言。

一根直导线，当频率很高时，它是发射电磁波的天线；降低频率，它呈现电感—电容—电阻三器件组合的特性；再降低频率，它只呈现电感—电阻的特性；如果频率为零，即直流情况，它就相当于一个电阻。又例如，一对平行板，当外加高频电压源时，它是一个传播电磁波的导波装置；当频率降低时，它将只呈现电容的特性，就是电路中常用的电容器件。显然，电磁装置本身的特性除了依赖结构、材料以外，也依赖外加电磁场的频率变化。

在电磁场缓慢变化的条件下，时变场方程中电场和磁场可以部分解耦，方程具有部分静态场方程的性质，由此带来一些简化的分析计算方法，这就是准静态场近似。科学探索与工程实际中有很多电磁场满足这个条件，集总参数电路理论也是以准静态近似为基础。

本章首先分析准静态场方程的基本形式，导出近似条件，接着通过对平板电磁装置的时变场、准静态场、二阶近似的举例分析和讨论，说明集总参数电路理论的基础；最后对趋肤效应、三相输电线的电磁场计算给出说明。

8.1 准静态场方程

在科学探索和工程实际中经常遇到随时间缓慢变化的电磁场，它们的电磁场方程经过简化处理后往往和静态场方程类似，因而称其为**准静态场**。它分为两类：第一类，某些电磁装置产生的感应电场远小于库仑电场，以致感应电场可以忽略，只剩下时变的库仑电场(类似静电场)，而磁场部分仍具有时变场的全部特点，这类准静态场称为**电准静态场**(Electroquasistatic，EQS)。第二类，某些电磁装置产生的位移电流可以忽略，磁场仅由时变的传导电流建立(类似恒定磁场)，而电场部分仍具有时变场的全部特点，则称为**磁准静态场**(Magnetoquasistatic，MQS)。在 EQS 近似条件下，电路的基本元件——电容器，高电压小电流的电工设备——晶体管、静电除尘器以及静电传感器，电偶极子天线的近场，等离子体中的郎谬尔波、离子声波等现象都可按电准静态场处理。在 MQS 近似条件下，电路的基本元件——电感器，低电压大电流电工设备——继电器、电动机和磁记录媒质，磁偶极子天线的近场，金属导体中的趋肤效应、涡流效应，等离子体中磁约束、磁流体(当作良导体的等离子体)、阿尔芬波等现象都可按磁准静态场处理。我们熟悉的集总参数电路理论实际上也是两种准静态近似的结果。

8.1.1　电准静态场方程

在时变场中，如果感应电场远小于库仑电场，例如电容器中，变化磁场产生的感应电场远小于极板上电荷产生的库仑电场，即磁场的变化率非常小，可认为

$$\frac{\partial \boldsymbol{B}}{\partial t} \approx 0 \tag{8-1-1}$$

代入时变电磁场方程组，得到

$$\begin{cases} \nabla \cdot \boldsymbol{D} = \rho & \text{(8-1-2a)} \\ \nabla \times \boldsymbol{E} \approx 0 & \text{(8-1-2b)} \\ \nabla \times \boldsymbol{H} = \boldsymbol{J} + \dfrac{\partial \boldsymbol{D}}{\partial t} & \text{(8-1-2c)} \\ \nabla \cdot \boldsymbol{B} = 0 & \text{(8-1-2d)} \end{cases}$$

电荷守恒方程不变，仍然是

$$\nabla \cdot \boldsymbol{J} = -\frac{\partial \rho}{\partial t} \tag{8-1-2e}$$

而在静电场中有

$$\begin{cases} \nabla \cdot \boldsymbol{D} = \rho \\ \nabla \times \boldsymbol{E} = 0 \end{cases}$$

与方程(8-1-2a)和方程(8-1-2b)类似，此类电磁场被称为**电准静态场**。此时方程已经单向解耦，电场部分可以先求出来，并且完全可以用静电场的解来代替，只需将电荷源用时变电荷源代替即可，然后根据方程(8-1-2c)和 $\boldsymbol{J} = \gamma \boldsymbol{E}$ 求出磁场。特别重要的是此时电场是无旋场，因此是有位场。另外，电准静态场近似条件还可以改为 $\nabla \times \boldsymbol{E}_{\mathrm{i}} \approx 0$，也同样可以得到准静态方程，即感应电场 $\boldsymbol{E}_{\mathrm{i}}$ 的旋度非常小也可以。由于磁场部分仍和时变磁场一样，位移电流仍保留，则电荷的驰豫过程还是存在的。

对方程组(8-1-2)进行数学变换并利用本构方程，可以得到(推导略)

$$\begin{cases} \nabla^2 \boldsymbol{E} = \nabla\left(\dfrac{\rho}{\varepsilon}\right) & \text{(8-1-3a)} \\ \nabla^2 \boldsymbol{H} = 0 & \text{(8-1-3b)} \end{cases}$$

从形式上看已经与时间求导项无关了，也相当于“静态”。

再来回顾一下一般时变电磁场的动态位

$$\begin{cases} \boldsymbol{E} + \dfrac{\partial \boldsymbol{A}}{\partial t} = -\nabla \varphi \\ \boldsymbol{B} = \nabla \times \boldsymbol{A} \end{cases}$$

如果设定为洛仑兹规范 $\nabla \cdot \boldsymbol{A} = -\mu \varepsilon \dfrac{\partial \varphi}{\partial t}$ 时，一般的动态位方程是

$$\begin{cases}\nabla^2\varphi-\mu\varepsilon\dfrac{\partial^2\varphi}{\partial t^2}=-\dfrac{\rho}{\varepsilon}\\ \nabla^2\boldsymbol{A}-\mu\varepsilon\dfrac{\partial^2\boldsymbol{A}}{\partial t^2}=-\mu\boldsymbol{J}\end{cases}$$

如果 $\boldsymbol{J}$ 是已知的电流激励源 $\boldsymbol{J}_{\text{ext}}$，方程的解将具有 $f(r,t-r/v)$ 的形式。现在引入电准场近似式(8-1-1)，根据方程(8-1-2 b)可以直接设动态位为

$$\begin{cases}\boldsymbol{E}=-\nabla\varphi & (8\text{-}1\text{-}4\text{a})\\ \boldsymbol{B}=\nabla\times\boldsymbol{A} & (8\text{-}1\text{-}4\text{b})\end{cases}$$

仍然采用洛仑兹规范则得到

$$\begin{cases}\nabla^2\varphi=-\dfrac{\rho}{\varepsilon} & (8\text{-}1\text{-}5\text{a})\\ \nabla^2\boldsymbol{A}=-\mu\boldsymbol{J}_{\text{ext}} & (8\text{-}1\text{-}5\text{b})\end{cases}$$

方程和静态场的位函数方程一致，只需将其解中的电荷源用时变电荷源、电流源用时变电流源代替即可，方程的解具有 $f(r,t)$ 的形式，而不是 $f(r,t-r/v)$ 形式，也相当于忽略了推迟效应。

如果采用库仑规范，则得到电准场的动态位方程组

$$\begin{cases}\nabla^2\varphi=-\dfrac{\rho}{\varepsilon} & (8\text{-}1\text{-}6\text{a})\\ \nabla^2\boldsymbol{A}-\nabla\left(\mu\varepsilon\dfrac{\partial\varphi}{\partial t}\right)=-\mu\boldsymbol{J} & (8\text{-}1\text{-}6\text{b})\end{cases}$$

从形式上说不具备静态场的特点，因此在电准场中采用洛仑兹规范更易显示准静态场特点。

如果在电荷守恒方程(8-1-2e)中引入近似后的动态位(8-1-4a)，得到

$$\left(\gamma+\varepsilon\frac{\partial}{\partial t}\right)\nabla^2\varphi=0 \tag{8-1-7}$$

注意，左边括号中的项是算符，不能删掉。

8.1.2 磁准静态场方程

研究两类磁准静态场，一类是金属导体以及相当于良导体的等离子体中，由于传导电流远大于位移电流，使得位移电流项可以忽略不计，例如后面要讨论的趋肤效应、涡流问题等；另一类是理想介质中，虽然在所讨论的区域没有传导电流，但域外传导电流在此建立的磁场远大于此处位移电流建立的磁场，因此可以认为域内位移电流很小，例如线圈中的磁场，线圈传导电流在线圈中间产生的磁场远较位移电流产生的磁场大，此时位移电流也可以忽略。两类近似条件可以写成

$$\gamma E\gg\frac{\partial\boldsymbol{D}}{\partial t}\quad\text{或}\quad\frac{\partial\boldsymbol{D}}{\partial t}\approx 0 \tag{8-1-8}$$

但和电准静态场不同的是保留了感应电场，这种场的基本方程为

$$\begin{cases}\nabla\cdot\boldsymbol{D}=\rho & (8\text{-}1\text{-}9a)\\ \nabla\times\boldsymbol{E}=-\dfrac{\partial\boldsymbol{B}}{\partial t} & (8\text{-}1\text{-}9b)\\ \nabla\times\boldsymbol{H}\approx\boldsymbol{J} & (8\text{-}1\text{-}9c)\\ \nabla\cdot\boldsymbol{B}=0 & (8\text{-}1\text{-}9d)\end{cases}$$

电荷守恒方程近似为电流连续方程的形式

$$\nabla\cdot\boldsymbol{J}\approx 0 \tag{8-1-10}$$

而在恒定磁场中

$$\begin{cases}\nabla\times\boldsymbol{H}=\boldsymbol{J}\\ \nabla\cdot\boldsymbol{B}=0\end{cases}$$

与方程(8-1-9c)和方程(8-1-9d)类似，此类电磁场称为**磁准静态场**。方程也已经单向解耦，磁场部分完全可以用恒定磁场的解来代替，只需将电流源用时变电流源代替即可，然后根据方程(8-1-9b)求出电场。由于$\nabla\cdot\boldsymbol{J}=0$，也就是说电荷没有驰豫过程，或者说驰豫过程很快结束。

对第一类近似(导体中)，根据方程组(8-1-9)可以得到(推导略)

$$\begin{cases}\nabla^2\boldsymbol{E}-\mu\gamma\dfrac{\partial\boldsymbol{E}}{\partial t}=\nabla\left(\dfrac{\rho}{\varepsilon}\right) & (8\text{-}1\text{-}11a)\\ \nabla^2\boldsymbol{H}-\mu\gamma\dfrac{\partial\boldsymbol{H}}{\partial t}=0 & (8\text{-}1\text{-}11b)\end{cases}$$

由于在时谐场中均匀导体不可能有自由电荷存在(无驰豫过程)，因而可以写为

$$\begin{cases}\nabla^2\boldsymbol{E}-\mu\gamma\dfrac{\partial\boldsymbol{E}}{\partial t}=0 & (8\text{-}1\text{-}12a)\\ \nabla^2\boldsymbol{H}-\mu\gamma\dfrac{\partial\boldsymbol{H}}{\partial t}=0 & (8\text{-}1\text{-}12b)\end{cases}$$

方程称为**磁扩散方程**。如果是时谐场，写成复数形式，就是第 7 章中方程(7-3-6a)和方程(7-3-6b)表示的良导体中的波动方程。涉及的现象包括趋肤效应、涡流等(公式中的括号表示该项本来是可忽略掉的)。

对第二类近似(理想介质中$\gamma=0$)，可以得到

$$\begin{cases}\nabla^2\boldsymbol{E}=\nabla\left(\dfrac{\rho}{\varepsilon}\right) & (8\text{-}1\text{-}13a)\\ \nabla^2\boldsymbol{H}=0 & (8\text{-}1\text{-}13b)\end{cases}$$

和方程(8-1-3)一致，从形式上看已经与时间无关了，也相当于“静态”。电准静态场方程和磁准静态场方程在这种情况中完全一致，并不意味着其解就完全一致，因为确定解需要知道定解边界条件，更何况二者处理的电磁结构不同，才会取不同的近似。

再来看动态位，在设定为库仑规范$\nabla\cdot\boldsymbol{A}=0$时，一般时变电磁场的动态位方程是

$$\begin{cases}\nabla^2\varphi=-\dfrac{\rho}{\varepsilon}\\ \nabla^2\boldsymbol{A}-\mu\varepsilon\dfrac{\partial^2\boldsymbol{A}}{\partial t^2}-\mu\varepsilon\dfrac{\partial(\nabla\varphi)}{\partial t}=-\mu\boldsymbol{J}\end{cases}$$

如果在推导中代入条件式(8-1-8)，则可以得到

$$\begin{cases}\nabla^2\varphi=-\dfrac{\rho}{\varepsilon} & (8\text{-}1\text{-}14a)\\ \nabla^2\boldsymbol{A}=-\mu\boldsymbol{J} & (8\text{-}1\text{-}14b)\end{cases}$$

如果 $\boldsymbol{J}$ 是已知的电流激励源 $\boldsymbol{J}_{\text{ext}}$，方程也和静态场的位函数方程一致，只需将其解中的电荷源用时变电荷源、电流源用时变电流源代替即可。方程的解具有 $f(r,t)$ 的形式，而不是 $f(r,t-r/v)$ 形式，相当于忽略了推迟效应。电准静态场和磁准静态场的位函数方程在这种情况中完全一致，并不意味着其解就完全一致，因为确定解也需要知道电磁结构的定解边界条件。如果 $\boldsymbol{J}$ 是未知的导电媒质电流(涡流)，则方程(8-1-14b)应该是

$$\nabla^2\boldsymbol{A}=\mu\gamma\left(\nabla\varphi+\frac{\partial\boldsymbol{A}}{\partial t}\right) \tag{8-1-14b′}$$

如果采用洛仑兹规范，则得到磁准场中动态位方程组

$$\begin{cases}\nabla^2\varphi-\mu\varepsilon\dfrac{\partial^2\varphi}{\partial t^2}=-\dfrac{\rho}{\varepsilon} & (8\text{-}1\text{-}15a)\\ \nabla\times(\nabla\times\boldsymbol{A})=\mu\boldsymbol{J} & (8\text{-}1\text{-}15b)\end{cases}$$

从形式上说不具备静态场的特点，因此在磁准场中采用库仑兹规范更易显示准静态场特点。

如果在电荷守恒方程近似后的电流连续方程(8-1-10)中引入动态位，得到

$$\nabla\cdot\gamma\left(-\frac{\partial\boldsymbol{A}}{\partial t}-\nabla\varphi\right)=0 \tag{8-1-16}$$

8.2 低频电磁场的近似

8.2.1 准静态近似

如果从准静态场的动态位看，都是和静态场类似的位函数方程(虽然是在不同规范下)。另一方面，在第 7 章时谐场动态位方程的复数表达式中也得到和静态场类似的解的形式，其近似条件是

$$\omega\ll\frac{1}{\tau_{em}}\quad(\tau\gg\tau_{em})\quad 或\quad L\ll\lambda\quad 或\quad \beta L\ll 1 \tag{8-2-1}$$

此即为准静态近似条件。电磁场首先必须变化缓慢，也就是说电磁波在研究范围内的传播时间 τ_{em} 远小于特性时间 τ(对时谐场而言是周期 T)，或空间尺度 L 远小于波长 λ，即认为电磁场的传播不需要时间，推迟效应是可以忽略的[㊀]。对在自由空间传播的工频电磁场而言，波

㊀ 严格地说忽略推迟项是必要条件，不是充分条件，例如驻波就没有推迟项，但不是准静态场。

长为 $\lambda = vT = 3\times10^8/50\text{m} = 6000\text{km}$，显然在几十公里以下的范围内，对工频电磁波而言，推迟作用都可以忽略不计，可以直接利用静态场的方法求解；在微波领域，波长以 cm 或 mm 计，即使一根半米长的同轴电缆都不满足这个条件。

在满足这个条件后，有些方程组看起来完全一样，具体电磁装置产生的电磁场究竟是电准静态场，还是磁准静态场，需要进一步研究，也就是要根据源的性质、材料的性质和装置的拓扑结构来判定。对由理想导体（$\gamma=\infty$）和理想介质（$\gamma=0$）组成的系统，可做如下判别：在满足式(8-2-1)的前提下，降低激励源的频率，使得场变为恒定，如果此时磁场消失，则场是电准静态场，如图 8-2-1a 所示；如果电场消失，场就是磁准静态场，如图 8-2-1b 所示。在此基础上可以直接利用恒定场的方法求解。

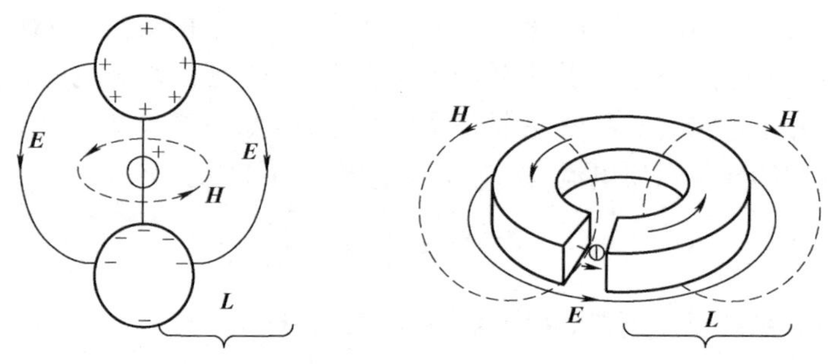

a) 电压源激励的理想导体球(电准静态场)　b) 电流源激励的理想导体圆环(磁准静态场)

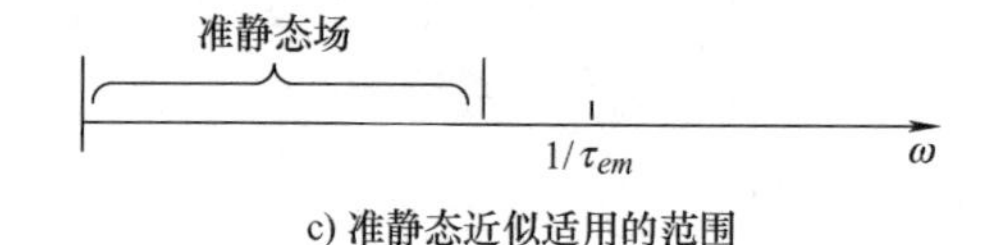

c) 准静态近似适用的范围

图 8-2-1　准静态系统

下面针对一个具体的电磁装置来做分析。如图 8-2-2 所示，将一电压源 $V(t)=\sqrt{2}V_0\sin(\omega t+\pi/2)$ 加到理想导体开路平行板的一侧，为了使问题对称性更强，加了一排等振幅的电压源。假定 $b>>h$ 和 $d>>h$，忽略边缘效应，求解两板之间的场分布。

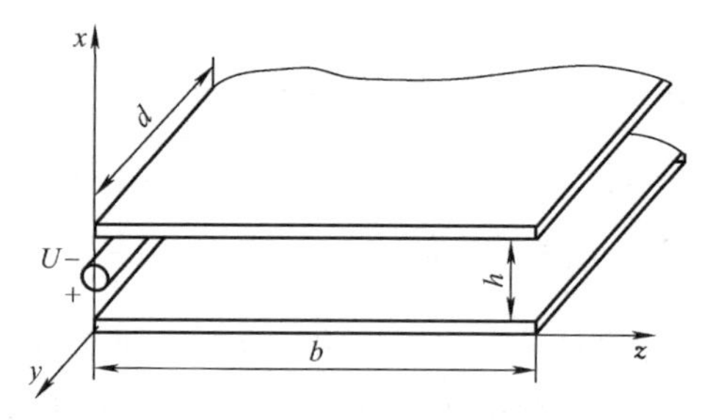

图 8-2-2　电压源激励的开路平行板（$\gamma=\infty$）传输线

首先列出时谐场的边值问题，其次确定解的初步形式，然后再根据理想电介质中的波动方程确定最终解，最后再讨论准静态条件下解的形式。

1）该问题研究的是理想介质中的电磁场，则满足波动方程(7-3-5a)和方程(7-3-5b)

$$\begin{cases}\nabla^2\dot{\boldsymbol{E}}+\omega^2\mu\varepsilon\dot{\boldsymbol{E}}=0\\ \nabla^2\dot{\boldsymbol{H}}+\omega^2\mu\varepsilon\dot{\boldsymbol{H}}=0\end{cases}$$

根据唯一定理，只需确定两板之间长方体区域的下列边界条件。

左侧端口电压源激励，则该处

$$E_x(x,y,0,t)=\frac{V(t)}{h} \tag{8-2-2}$$

上理想导体板下表面电场只能垂直表面，则该处

$$E_z(h, y, z, t) = E_y(h, y, z, t) = 0 \tag{8-2-3}$$

下理想导体板上表面电场也只能垂直表面，则该处

$$E_z(0, y, z, t) = E_y(0, y, z, t) = 0 \tag{8-2-4}$$

右侧端口近似为无辐射场，则该处

$$H_y(x, y, b, t) = 0 \tag{8-2-5}$$

其中右侧端口近似为无辐射场，指的是无能量流出去，即 $\boldsymbol{S} = \boldsymbol{E} \times \boldsymbol{H} = 0$，而根据理想导体的边界条件，电场只能垂直导体表面，即此处电场只有 x 方向，所以 $H_y(x, y, b, t) = 0$。

2) 由于 d 非常大，可以确定场量与坐标 y 无关。根据理想导体边界条件，除了电场垂直表面外，磁场只能平行表面，因而有㊀

$$\begin{cases} \boldsymbol{E} = E_x(x,z,t)\boldsymbol{e}_x & (8\text{-}2\text{-}6a) \\ \boldsymbol{H} = H_y(x,z,t)\boldsymbol{e}_y + H_z(x,z,t)\boldsymbol{e}_z & (8\text{-}2\text{-}6b) \end{cases}$$

因为 $\nabla \cdot \boldsymbol{D} = 0$，即 $\nabla \cdot \boldsymbol{E} = \partial E_x / \partial x = 0$，所以 $\boldsymbol{E}$ 与 x 无关。根据电磁感应定律 $\nabla \times \boldsymbol{E} = -\partial \boldsymbol{B}/\partial t$，即

$$\nabla \times \boldsymbol{E} = \begin{vmatrix} \boldsymbol{e}_x & \boldsymbol{e}_y & \boldsymbol{e}_z \\ \dfrac{\partial}{\partial x} & \dfrac{\partial}{\partial y} & \dfrac{\partial}{\partial z} \\ E_x(z,t) & 0 & 0 \end{vmatrix} = \frac{\partial E_x(z,t)}{\partial z}\boldsymbol{e}_y = -\mu \frac{\partial}{\partial t}(H_y\boldsymbol{e}_y + H_z\boldsymbol{e}_z)$$

所以 $\partial H_z / \partial t = 0$，也就是说 H_z 只可能是恒定场㊁，这里假设 $H_z=0$。根据全电流定律 $\nabla \times \boldsymbol{H} = \partial \boldsymbol{D}/\partial t$，即

$$\nabla \times \boldsymbol{H} = \begin{vmatrix} \boldsymbol{e}_x & \boldsymbol{e}_y & \boldsymbol{e}_z \\ \dfrac{\partial}{\partial x} & \dfrac{\partial}{\partial y} & \dfrac{\partial}{\partial z} \\ 0 & H_y(x,z,t) & 0 \end{vmatrix} = \frac{\partial H_y(x,z,t)}{\partial x}\boldsymbol{e}_z - \frac{\partial H_y(x,z,t)}{\partial z}\boldsymbol{e}_x = \varepsilon \frac{\partial}{\partial t}(E_x\boldsymbol{e}_x)$$

所以 $\partial H_y / \partial x = 0$，即与 x 无关。$\nabla \cdot \boldsymbol{B} = 0$ 自动满足。

这样初步确定解具有下列形式

$$\begin{cases} \boldsymbol{E} = E_x(z,t)\boldsymbol{e}_x \\ \boldsymbol{H} = H_y(z,t)\boldsymbol{e}_y \end{cases} \quad \text{或} \quad \begin{cases} \dot{\boldsymbol{E}} = \dot{E}_x(z)\boldsymbol{e}_x & (8\text{-}2\text{-}7a) \\ \dot{\boldsymbol{H}} = \dot{H}_y(z)\boldsymbol{e}_y & (8\text{-}2\text{-}7b) \end{cases}$$

3) 根据上面分析得到的解的特点，采用复数表示，此时波动方程变为

$$\begin{cases} \dfrac{\mathrm{d}^2\dot{E}_x}{\mathrm{d}z^2} + \omega^2\mu\varepsilon\dot{E}_x = 0 & (8\text{-}2\text{-}8a) \\ \dfrac{\mathrm{d}^2\dot{H}_y}{\mathrm{d}z^2} + \omega^2\mu\varepsilon\dot{H}_y = 0 & (8\text{-}2\text{-}8b) \end{cases}$$

㊀ 这里讨论的只是其中一种模式，TEM 波，详见第 9 章。

㊁ 即使有恒定磁场，由于是线性系统，也可以将独立的恒定磁场和时变场分开来求解，最后叠加。

令 $\beta=\omega\sqrt{\mu\varepsilon}$，该方程组的通解为

$$\begin{cases}\dot{E}_x(z)=\dot{A}\cos(\beta z)+\dot{B}\sin(\beta z) & (8\text{-}2\text{-}9\text{a})\\ \dot{H}_y(z)=\dot{C}\cos(\beta z)+\dot{D}\sin(\beta z) & (8\text{-}2\text{-}9\text{b})\end{cases}$$

利用前面的边界条件，并利用电磁感应定律和全电流定律，可以确定常数，得到特解为

$$\begin{cases}\dot{E}_x(z)=\dfrac{\dot{V}_0}{h}\cos(\beta z)+\dfrac{\dot{V}_0}{h}\dfrac{\sin(\beta b)}{\cos(\beta b)}\sin(\beta z)\\ \dot{H}_y(z)=\mathrm{j}\dfrac{\dot{V}_0}{h}\sqrt{\dfrac{\varepsilon}{\mu}}\dfrac{\sin(\beta b)}{\cos(\beta b)}\cos(\beta z)-\mathrm{j}\dfrac{\dot{V}_0}{h}\sqrt{\dfrac{\varepsilon}{\mu}}\sin(\beta z)\end{cases}$$

利用三角函数关系，得到

$$\begin{cases}\dot{E}_x(z)=\dfrac{\dot{V}_0}{h}\dfrac{1}{\cos(\beta b)}\cos[\beta(z-b)] & (8\text{-}2\text{-}10\text{a})\\ \dot{H}_y(z)=-\mathrm{j}\dfrac{\dot{V}_0}{h}\sqrt{\dfrac{\varepsilon}{\mu}}\dfrac{1}{\cos(\beta b)}\sin[\beta(z-b)] & (8\text{-}2\text{-}10\text{b})\end{cases}$$

瞬时表达式为

$$\begin{cases}E_x(z,t)=\dfrac{\sqrt{2}V_0}{h}\dfrac{\cos[\beta(z-b)]}{\cos(\beta b)}\sin\left(\omega t+\dfrac{\pi}{2}\right) & (8\text{-}2\text{-}11\text{a})\\ H_y(z,t)=-\dfrac{\sqrt{2}V_0}{h}\sqrt{\dfrac{\varepsilon}{\mu}}\dfrac{\sin[\beta(z-b)]}{\cos(\beta b)}\cos\left(\omega t+\dfrac{\pi}{2}\right) & (8\text{-}2\text{-}11\text{b})\end{cases}$$

$\omega t=\pi/4$ 时，场分布如图 8-2-3a 所示。此解的相位仅与时间有关，无推迟位，振幅是随位置而变的周期函数，是驻波，实际上是两种相反方向传播的行波的叠加，也可以写成 $E_x(z,t)=u(z,t)/h$，与横向坐标 x、y 无关，即积分在横向上与路径无关，还是满足横向无旋的，可以在横向上引入电压 $u(z,t)$ 的概念，详细分析见第 9 章例 9.5.3。

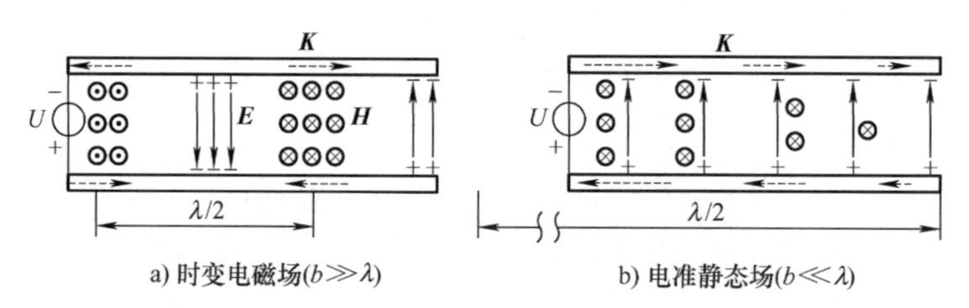

a) 时变电磁场($b\gg\lambda$)　　b) 电准静态场($b\ll\lambda$)

图 8-2-3　电压源激励的开路平行板的场分布（$\omega t=\pi/4$）

如果采用幂级数展开，根据

$$\sin(\beta y)=\beta y-\frac{(\beta y)^3}{3!}+\frac{(\beta y)^5}{5!}-\cdots \tag{8-2-12}$$

$$\cos(\beta y)=1-\frac{(\beta y)^2}{2!}+\frac{(\beta y)^4}{4!}-\cdots \tag{8-2-13}$$

可得到

$$\begin{cases} E_x(z,t)=\dfrac{\sqrt{2}V_0}{h}\dfrac{1}{\cos(\beta b)}\sin\left(\omega t+\dfrac{\pi}{2}\right)\left[1-\dfrac{[\beta(z-b)]^2}{2!}+\dfrac{\beta(z-b)]^4}{4!}-\cdots\right] & (8\text{-}2\text{-}14\text{a}) \\ H_y(z,t)=-\dfrac{\sqrt{2}V_0}{h}\sqrt{\dfrac{\varepsilon}{\mu}}\dfrac{1}{\cos(\beta b)}\cos\left(\omega t+\dfrac{\pi}{2}\right)\left[\beta(z-b)-\dfrac{[\beta(z-b)]^3}{3!}+\dfrac{[\beta(z-b)]^5}{5!}-\cdots\right] & (8\text{-}2\text{-}14\text{b}) \end{cases}$$

可以看出电场有零阶、二阶、四阶等项，而一阶、三阶等项为零；磁场的零阶、二阶等项为零，但有一阶、三阶等项。

另外，根据导体表面的边界条件，导体表面的磁场强度 $H_{2t}=K_u$，及方向规则 $\boldsymbol{e}_u=\boldsymbol{e}_n\times\boldsymbol{e}_t$，如果令 $\boldsymbol{e}_t=\boldsymbol{e}_y$，在下板上表面 $\boldsymbol{e}_n=\boldsymbol{e}_x$，则 $\boldsymbol{e}_u=\boldsymbol{e}_z$，得到下板上表面的电流面密度为

$$K_z=H_y(0,y,z,t) \tag{8-2-15}$$

可以发现同一时刻导体板上的面电流在不同位置是不一样的，那电流如何连续呢？从全电流连续方程上说，就是要考虑传导电流和位移电流在某闭合面的“连续”，采用的是包含某处的导体表面闭合区域积分的电流，特别要注意垂直导体板的位移电流密度“矢量”要做面积积分变成“双向标量”的位移电流；从电荷守恒方程上说，导体板上传导电流不连续是因为导体板每个地方积累的自由电荷是不相等的，至于自由电荷面密度可以根据附近的电场及边界条件计算出来。

在上板下表面 $\boldsymbol{e}_n=-\boldsymbol{e}_x$，则 $\boldsymbol{e}_u=-\boldsymbol{e}_z$，得到上板下表面的电流面密度为

$$K_z=-H_y(h,y,z,t) \tag{8-2-16}$$

可以发现，这个和下板上表面的面电流密度大小一样，方向相反，也就是说如果有一个垂直导体板的横截面，电流流进截面等于流出截面，如果截面移动到导体板端口，就是端口电流。

4) 如果满足准静态近似条件，即 $\beta(z-b)\ll 1$，近似计算只需保留到一阶，则

$\sin[\beta(z-b)]\approx\beta(z-b)$，$\cos[\beta(z-b)]\approx 1$，$\cos(\beta b)\approx 1$，所以有

$$\begin{cases} E_x(z,t)=\dfrac{\sqrt{2}V_0}{h}\sin\left(\omega t+\dfrac{\pi}{2}\right) & (8\text{-}2\text{-}17\text{a}) \\ H_y(z,t)=-\dfrac{\sqrt{2}V_0}{h}\omega\varepsilon(z-b)\cos\left(\omega t+\dfrac{\pi}{2}\right) & (8\text{-}2\text{-}17\text{b}) \end{cases}$$

$\omega t=\pi/4$ 时，场分布如图 8-2-3b 所示。将该式与前面的幂级数展开式比较，可以发现准静态电场是零阶项，而磁场是一阶项。另外可以看出电场与 z 无关，是均匀的，如果利用导体表面的边界条件还可以知道导体表面的电荷分布也是均匀的，电场也可以写成 $E_x(z,t)=u(t)/h$，且 $u(t)=V(t)$，即是无旋的（不仅仅是横向上的无旋，整体上都是无旋），可以引入电压 $u(t)$，也就是**电准静态场**。由于 $\beta(z-b)\ll 1$，实际上磁场是可以忽略的，即平板之间主要是电场。现在从前面精确的表达式来看磁场的时间变化率

$$\frac{\partial B}{\partial t}=\sqrt{2}\omega\frac{V_0}{h}\sqrt{\mu\varepsilon}\frac{\sin[\beta(z-b)]}{\cos(\beta b)}\sin\left(\omega t+\frac{\pi}{2}\right) \tag{8-2-18}$$

根据近似条件，发现变化的磁场本就非常小，则忽略感应电场是正确的，电场是无旋场，

也就是电准静态场[⊖]。如果一开始就按满足电准场的方程求解(按平板电容器，认为电压源施加的电压在整个导体板都是一样的)，然后利用$\nabla\times\boldsymbol{H}=\partial\boldsymbol{D}/\partial t$解出磁场，结果和上面的一样。

同样可以求出在左端口(z=0)的理想导体下平板的上表面(x=0)的面电流密度

$$K_z=H_y(0,y,0,t)=\sqrt{2}\omega\varepsilon\frac{V_0}{h}b\cos\left(\omega t+\frac{\pi}{2}\right) \tag{8-2-19}$$

在左端口(z=0)的理想导体上平板的下表面(x=h)的面电流密度

$$K_z=-H_y(h,y,0,t)=-\sqrt{2}\omega\varepsilon\frac{V_0}{h}b\cos\left(\omega t+\frac{\pi}{2}\right) \tag{8-2-20}$$

上下表面的面电流密度相等，方向相反。这样求出的端口电流会给我们带来很多惊喜的结果，下面解释。

8.2.2 高阶近似

8.2.1节说明了时变电磁场和准静态的电磁场分布，下面来看准静态近似下的一些推论，以及保留二阶项时的结果。

1. 一阶近似(准静态近似)

设定关联电流方向，流进左端口的理想导体下平板的上表面的电流为正方向，大小为电流面密度乘以导体板横向宽度，得到

$$i=K_zd=\sqrt{2}\omega\frac{\varepsilon bd}{h}V_0\cos\left(\omega t+\frac{\pi}{2}\right) \tag{8-2-21}$$

如果把导体板想象为平板电容器，并定义平板电容器的静态电容

$$C_{\mathrm{d}}=\varepsilon\frac{bd}{h} \tag{8-2-22}$$

则式(8-2-21)变为

$$i=K_zd=\sqrt{2}\omega C_{\mathrm{d}}V_0\cos\left(\omega t+\frac{\pi}{2}\right)=C_{\mathrm{d}}\frac{\mathrm{d}V}{\mathrm{d}t} \tag{8-2-23}$$

即在准静态近似条件下，电压源激励的开路平行板呈现理想平板电容器的端口特性，如图8-2-4a所示。

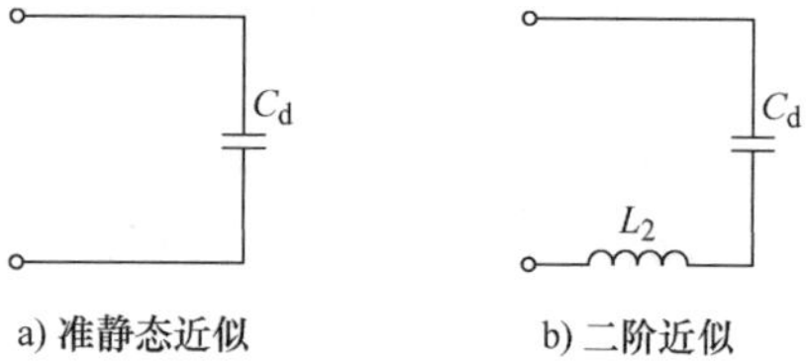

图8-2-4 电压源激励的开路平行板的电路模型

2. 二阶近似

对式(8-2-14)保留到二阶项，得到电磁场的分布

$$\begin{cases}E_x(z,t)=\dfrac{\sqrt{2}V_0}{h}\dfrac{1-\dfrac{[\beta(z-b)]^2}{2!}}{1-\dfrac{(\beta b)^2}{2!}}\sin\left(\omega t+\dfrac{\pi}{2}\right) & (8\text{-}2\text{-}24\mathrm{a})\\ H_y(z,t)=-\dfrac{\sqrt{2}V_0}{h}\sqrt{\dfrac{\varepsilon}{\mu}}\dfrac{\beta(z-b)}{1-\dfrac{(\beta b)^2}{2!}}\cos\left(\omega t+\dfrac{\pi}{2}\right)=-\dfrac{\sqrt{2}V_0}{h}\dfrac{\omega\varepsilon(z-b)}{1-\dfrac{(\beta b)^2}{2!}}\cos\left(\omega t+\dfrac{\pi}{2}\right) & (8\text{-}2\text{-}24\mathrm{b})\end{cases}$$

⊖ 如果频率为零，则只有电场，而无磁场，这和前面提出的判断标准是一致的。

同样可以求出在左端口(z=0)的理想导体下平板的上表面(x=0)的面电流密度

$$K_z = H_y(0,y,0,t) = \frac{\sqrt{2}\omega\varepsilon b}{1-\dfrac{(\beta b)^2}{2!}}\frac{V_0}{h}\cos\left(\omega t+\frac{\pi}{2}\right) \tag{8-2-25}$$

想象平板结构另一端口短路，则形成长度为 d，总匝数为 1，单位长度匝数为 $1/d$，横截面积为 bh 的线圈，定义该器件的电感为(只是多一个 1/2 因子)

$$L_2 = \frac{\mu bh}{2d} \tag{8-2-26}$$

同时利用上面的平板电容器的静态电容，则流进左端口的理想导体下平板的上表面的电流

$$\begin{aligned} i = K_z d &= \frac{\sqrt{2}\omega\varepsilon bd}{1-\dfrac{\omega^2\varepsilon\mu b^2}{2}}\frac{V_0}{h}\cos\left(\omega t+\frac{\pi}{2}\right) \\ &= \frac{\sqrt{2}\omega\dfrac{\varepsilon bd}{h}}{1-\omega^2\dfrac{\mu bh}{2d}\dfrac{\varepsilon bd}{h}}V_0\cos\left(\omega t+\frac{\pi}{2}\right) = \frac{\sqrt{2}\omega C_\mathrm{d}}{1-\omega^2 L_2 C_\mathrm{d}}V_0\cos\left(\omega t+\frac{\pi}{2}\right) \end{aligned} \tag{8-2-27}$$

写成相量形式

$$\dot{I} = \frac{\mathrm{j}\omega C_\mathrm{d}}{1-\omega^2 L_2 C_\mathrm{d}}\dot{V} \tag{8-2-28}$$

得到电路阻抗

$$Z = \frac{1-\omega^2 L_2 C_\mathrm{d}}{\mathrm{j}\omega C_\mathrm{d}} = \frac{1}{\mathrm{j}\omega C_\mathrm{d}} + \mathrm{j}\omega L_2 \tag{8-2-29}$$

即电压源激励的开路平行板如果保留到二阶，则开路平行板等效为电容串联一个电感的电路模型，如图 8-2-4b 所示。串联的电感一般称为“引线”电感，虽然引线的字面意思不对(这里的电感并非来自引线)，但表示出高频时仅使用电容对该装置进行电路分析并不准确，需要加以修正，要补充一个电感。

3. 讨论

由上面的分析可知，传统意义上的平板电容器实际并不是人们原先理解的电容器(直流电容)，它的端口特性在直流或低频下近似呈现出电容器的特性，在高频下近似呈现出电容器和电感器串联的特性，而在更高频下，虽然仍具有电容特性(求出极板上的总电荷与外加的端口电压的比值)，但电容的大小与频率相关(不是前面说的静态电容)，可以证明

$$C = \frac{q}{V(t)} = C_\mathrm{d}\frac{\sin(\beta b)}{\beta b\cos(\beta b)} \quad (\beta = \omega\sqrt{\mu\varepsilon}) \tag{8-2-30}$$

一个值得注意的事实是，如果我们求出通过截面 xOz 的磁通，可以得到该装置的电感

$$L = \frac{\psi}{i(t)} = L_\mathrm{d}\left(\frac{1-\cos(\beta b)}{\beta b\sin(\beta b)}\right) \quad (\beta = \omega\sqrt{\mu\varepsilon}) \tag{8-2-31}$$

其中静态电感为

$$L_{\mathrm{d}}=\frac{\mu hb}{d}=2L_{2} \tag{8-2-32}$$

那么该装置究竟是电容还是电感呢？详细的分析见表 8-2-1。

表 8-2-1　电压源激励的开路平行板的等效端口特性

时　变	零　阶	保留到一阶	保留到二阶
C	C_{d}	C_{d}	C_{d} 与 L_2 串联
L	0	0	L_2

显然，该装置端口更多呈现电容特性。注意零阶相当于加直流电压源，不是从式(8-2-30)和式(8-2-31)直接得到的。

如果是电流源激励的短路平行板，如图 8-2-5 所示，其解也是一个驻波。在满足准静态近似条件下(保留到一阶)，磁场也是均匀的，面电流也是均匀的环流，其端口特性为

$$V=L_{\mathrm{d}}\frac{\mathrm{d}i}{\mathrm{d}t} \tag{8-2-33}$$

即呈现一个(单匝)理想螺管线圈电感的端口特性，如图 8-2-6a 所示。

如果保留到二阶，则短路平行板等效为静态电感并联一个电容，如图 8-2-6b 所示，大小为

$$C_{2}=\frac{\varepsilon bd}{2h} \tag{8-2-34}$$

一般称为“寄生”电容或“杂散”电容，同样是一个容易引起误解的名称，但它也反映了高频时该装置用电路模型分析时需要加以修正。

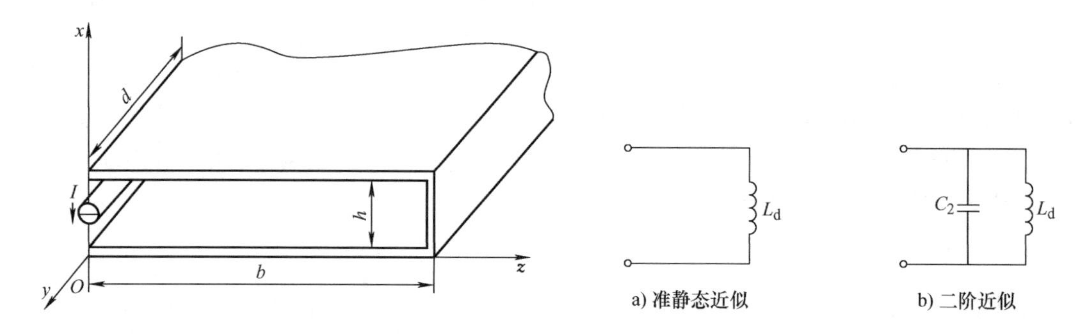

图 8-2-5　电流源激励的短路平行板　　图 8-2-6　电流源激励的短路平行板的电路模型

实际电容和电感器件由于具有引线电感和寄生电容，以及还有一部分电阻(导体板不是理想导体时)，其阻抗-频率特性和理想器件有很大不同，其线性度较好的频谱范围是有限的。

电磁装置有时候并不能简单划分为电场或磁场为主，特别是在高频时，因而不能轻易用准静态或电路模型近似描述，但在大多数工作条件下，可以对局部作一些简化，一些近似的电路模型分析手段还是能提供足够的信息，毕竟一阶、二阶还是主要部分。

图 8-2-7a 所示为普通变压器的等效电路模型，变压器主要由线圈组成，因此必然有电感元件，如果还考虑线圈导线本身的电阻，则用电阻元件补充；图 8-2-7b 所示为高频变压器或脉冲变压器的等效电路模型，和普通变压器相比，区别在于后者补充了三个电容，这些电容

并不是装置上真有电容器，而是对电磁特性的一种描述，这反映了线圈匝间电容 C_1 和 C_2(含对地电容)、线圈间电容 C_{12} 的影响，它们在高频时影响会加强。

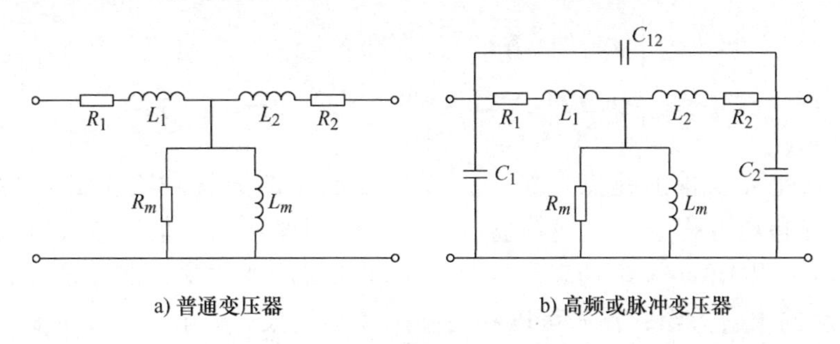

图 8-2-7　变压器的等效电路模型

8.2.3　准静态场的数学含义

前面介绍了准静态场忽略 $\partial \boldsymbol{D}/\partial t$ 和 $\partial \boldsymbol{B}/\partial t$ 项的物理意义，8.2.2 节介绍了将场量围绕 $\beta z=\omega z/v$ 展成幂基数得到保留不同阶次项的结果。现在从数学角度来看这两部分论述的意义。首先探讨时变场的幂级数表示方法。电磁装置的特性依赖频率的变化，因此可以认为，在时谐场中，除了空间坐标 $\boldsymbol{r}$、时间坐标 t 以外，频率 ω 也是电磁场依赖的一个附加量，即全部场量包括电荷、电流等都是 $\boldsymbol{r}$、τ、ω 的函数，其中 $\tau=\omega t$。这里 ω 出现两次，一次是为了表示场量随时间 t 作正弦变化，另一次是为了表示场量的振幅将随频率 ω 变化，例如相量表达式中场量对时间变化率的结果就是场量乘以 $\mathrm{j}\omega$，这相当于给振幅乘了一个因子 ω。将场量围绕 $\omega=0$ 展开成幂级数

$$\boldsymbol{E}(\boldsymbol{r},\tau,\omega)=\sum_{m=0}^{\infty}\frac{\omega^m}{m!}\left[\frac{\partial^m}{\partial\omega^m}\boldsymbol{E}(\boldsymbol{r},\tau,\omega)\right]_{\omega=0}=\sum_{m=0}^{\infty}\boldsymbol{E}^{(m)}(\boldsymbol{r},\tau,\omega) \tag{8-2-35}$$

$$\boldsymbol{B}(\boldsymbol{r},\tau,\omega)=\sum_{m=0}^{\infty}\frac{\omega^m}{m!}\left[\frac{\partial^m}{\partial\omega^m}\boldsymbol{B}(\boldsymbol{r},\tau,\omega)\right]_{\omega=0}=\sum_{m=0}^{\infty}\boldsymbol{B}^{(m)}(\boldsymbol{r},\tau,\omega) \tag{8-2-36}$$

其他场量与此类似。其中零阶项，例如电场 $\boldsymbol{E}^{(0)}(\boldsymbol{r},\tau,\omega)=\boldsymbol{E}^{0}(r,\tau)$ 仍然是随时间做正弦振荡，只是所谓“振幅”部分没有频率的影响；对比一阶项 $\boldsymbol{E}^{(1)}(\boldsymbol{r},\tau,\omega)=\omega\boldsymbol{E}^{1}(r,\tau)$ 可以看清楚这个区别。这样展开的前提是要知道场量的解析式，而这本身是待求量，因此需另寻方法来解决。另一方面将反映电磁场变化基本规律的麦克斯韦方程组展开成幂级数(推导略)，得到

$$\begin{cases}\nabla\cdot\boldsymbol{D}^{(0)}=\rho^{(0)} & (8\text{-}2\text{-}37\text{a})\\ \nabla\cdot\boldsymbol{D}^{(m)}=\rho^{(m)}\qquad(m=1,2,3,\cdots) & (8\text{-}2\text{-}37\text{b})\end{cases}$$

$$\begin{cases}\nabla\times\boldsymbol{E}^{(0)}=0 & (8\text{-}2\text{-}38\text{a})\\ \nabla\times\boldsymbol{E}^{(m)}=-\dfrac{\partial}{\partial t}\boldsymbol{B}^{(m-1)}\qquad(m=1,2,3,\cdots) & (8\text{-}2\text{-}38\text{b})\end{cases}$$

$$\begin{cases}\nabla\times\boldsymbol{H}^{(0)}=\boldsymbol{J}^{(0)} & (8\text{-}2\text{-}39\text{a})\\ \nabla\times\boldsymbol{H}^{(m)}=\boldsymbol{J}^{(m)}+\dfrac{\partial}{\partial t}\boldsymbol{D}^{(m-1)}\qquad(m=1,2,3,\cdots) & (8\text{-}2\text{-}39\text{b})\end{cases}$$

$$\begin{cases}\nabla\cdot\boldsymbol{B}^{(0)}=0 & (8\text{-}2\text{-}40a)\\ \nabla\cdot\boldsymbol{B}^{(m)}=0 \quad (m=1,2,3,\cdots) & (8\text{-}2\text{-}40b)\end{cases}$$

$$\begin{cases}\nabla\cdot\boldsymbol{J}^{(0)}=0 & (8\text{-}2\text{-}41a)\\ \nabla\cdot\boldsymbol{J}^{(m)}=-\dfrac{\partial}{\partial t}\rho^{(m-1)} \quad (m=1,2,3,\cdots) & (8\text{-}2\text{-}41b)\end{cases}$$

从上面的方程可以看出几点：第一，零阶场满足的方程(8-2-37a)、(8-2-38a)及方程(8-2-39a)和静态场方程一致，尽管场本身是随时间变化的，但完全没有时间导数。第二，第 m 阶场可以用第 m–1 阶场表示，且低阶场的时间变化率形成高阶场。这两个结论可以形成一种新的求解方法：首先可以利用静态场的结果，求出零阶场的解；然后将其当作一阶场方程的已知源(一阶场方程中的时间导数项是关于零阶项的已知量)，从而求出一阶场的解；继续逐步扩展到二阶、三阶和更高阶，最后将所有阶的项相加就是它的解，当然是一个无穷级数(它有时可以收敛为一个简单函数)。这种方法不用去求解完全耦合的严格的时变方程组，而是由静态场开始，一步步逐次逼近。需要注意的是大部分情况下得到的是一个无法用解析函数表达的级数，但是对工程问题来说，也许并不需要取太多项，只是取前面几项，就可能满足工程要求。这种取前面几项就可能满足要求的情况，实际就是准静态近似，原因是级数是围绕频率展开。

现在来看近似处理的结果。如果场的零阶项远大于高阶项，则可以忽略一阶及以上的高阶项，即

$$\begin{cases}\boldsymbol{E}(\boldsymbol{r},\tau,\omega)\approx\boldsymbol{E}^{(0)}(r,\tau,\omega) & (8\text{-}2\text{-}42a)\\ \boldsymbol{B}(\boldsymbol{r},\tau,\omega)\approx\boldsymbol{B}^{(0)}(r,\tau,\omega) & (8\text{-}2\text{-}42b)\\ \boldsymbol{J}(\boldsymbol{r},\tau,\omega)\approx\boldsymbol{J}^{(0)}(r,\tau,\omega) & (8\text{-}2\text{-}42c)\\ \rho(\boldsymbol{r},\tau,\omega)\approx\rho^{(0)}(r,\tau,\omega) & (8\text{-}2\text{-}42d)\end{cases}$$

此时电磁场方程组形式上完全和静态场方程组一致，因为此时实际结果还是含有时间因子，所以称为**似静场**。

如果只需取到零阶和一阶，即

$$\begin{cases}\boldsymbol{E}(\boldsymbol{r},\tau,\omega)\approx\boldsymbol{E}^{(0)}(\boldsymbol{r},\tau,\omega)+\boldsymbol{E}^{(1)}(\boldsymbol{r},\tau,\omega) & (8\text{-}2\text{-}43a)\\ \boldsymbol{B}(\boldsymbol{r},\tau,\omega)\approx\boldsymbol{B}^{(0)}(\boldsymbol{r},\tau,\omega)+\boldsymbol{B}^{(1)}(\boldsymbol{r},\tau,\omega) & (8\text{-}2\text{-}43b)\\ \boldsymbol{J}(\boldsymbol{r},\tau,\omega)\approx\boldsymbol{J}^{(0)}(\boldsymbol{r},\tau,\omega)+\boldsymbol{J}^{(1)}(\boldsymbol{r},\tau,\omega) & (8\text{-}2\text{-}43c)\\ \rho(\boldsymbol{r},\tau,\omega)\approx\rho^{(0)}(\boldsymbol{r},\tau,\omega)+\rho^{(1)}(\boldsymbol{r},\tau,\omega) & (8\text{-}2\text{-}43d)\end{cases}$$

精度就足以满足要求，则逐次逼近只需一次，该时变场就是前面提到的**准静态场**。对两种简单的准静态场，例如频率降到零没有磁场的情况，据式(8-2-38)，则电场就是无旋的，即为电准场，$\boldsymbol{E}\approx\boldsymbol{E}^{(0)}+\boldsymbol{E}^{(1)}$，$\boldsymbol{B}\approx\boldsymbol{B}^{(1)}$，可以对照式(8-2-14)来分析这一类场的特点；如果频率降到零没有电场的情况，据式(8-2-39)，则磁场就和恒定磁场一致，即为磁准场，$\boldsymbol{E}\approx\boldsymbol{E}^{(1)}$，$\boldsymbol{B}\approx\boldsymbol{B}^{(0)}+\boldsymbol{B}^{(1)}$。

总之，似静场完全忽略了时间导数项，电场和磁场解耦；准静态场部分忽略了时间导数项，电场和磁场部分解耦，可以先求出电场或磁场，再求磁场或电场。准静态近似是由于电磁场本身的特点形成的一种近似计算方法。

8.3 集总参数电路近似

集总参数电路理论和电磁场理论都是研究一个物理系统中所发生的电磁过程。电磁场更多是以场的观点，逐点研究空间发生的电磁过程，**电路理论则以一个区域的场量积分为对象，研究无空间电磁结构的电磁过程**。显然“场”的问题是一般问题，而“路”的问题仅仅是“场”的问题在某种特殊情况下的能够近似处理的问题，实际上电路理论就是准静态场近似下的一种处理方法。虽然从历史上来说，电路理论的概念和定律要比麦克斯韦方程组古老一些，但它最初就是在研究缓慢变化的电磁现象中发展出来的近似理论。如今，继续使用或偏爱电路理论的主要原因是它固有的简单性，特别是当现代科学技术能够制造出满足这种近似条件的电路元器件、电路布置方式和电源时，它继续方便有用。但一旦电路不再满足近似条件，例如速度越来越快的高速电路或脉冲电路、体积越来越小的集成电路、必须考虑电磁兼容的电路、非线性的器件等，就需要回到电磁场的基本原理来解决问题,当然电路理论本身也在尝试解决其中的部分问题。因此掌握电路理论近似的起源是必要的，也是发展电路理论的重要基础。

集总参数电路理论作为电磁场理论的一种近似，需要解决两个问题。第一，基本电路元件的端口特性是如何从电磁特性得到的？它要满足哪些近似条件？第二，基本电路元件相互连接时要满足哪些约束条件，即基尔霍夫定律是如何从电磁场基本定律得到的？它要满足哪些近似条件？

8.3.1 器件近似——元件的端口特性

电路中的基本元件是电容、电感和电阻，从电磁场的观点看，它们都是电磁装置，而在电路中它们是一些具有一定端口特性的元件，且没有体积。要将具有空间分布的电磁特性转化为端口特性，物理量必须转换，即电场、磁场要转换为电压、电流等。具有体积分布特性的装置还要转换和简化为点状的**集总元件**——没有空间尺寸和空间电磁场，也就是说电磁现象集中在元件内部，为了简单起见，每种元件只假设具有一种电磁现象。由集总元件构成的电路称为**集总参数电路**。

8.2 节中已经举例说明了平板器件在准静态近似条件下的电容端口特性，电感和电阻器件也可循此得到，说明如下：

电容器件：这类电磁装置近似为无体积的电容元件，并认为在满足准静态近似条件下，其中的电磁场是电准静态场：$\partial \boldsymbol{B} / \partial t = 0$，有 $i = C\mathrm{d}U / \mathrm{d}t$ 的端口特性。电路中的电场集中在电容器中。

电感器件：这类电磁装置近似为无体积的电感元件，并认为在满足准静态近似条件下，其中的电磁场是磁准静态场：$\partial \boldsymbol{D} / \partial t = 0$，有 $U = L\mathrm{d}i / \mathrm{d}t$ 的端口特性。电路中的磁场集中在电感器中。

电阻器件：这类电磁装置近似为无体积的电阻元件，并认为在满足准静态近似条件下，其中的电磁场是似静场：$\partial \boldsymbol{B} / \partial t = 0$，$\partial \boldsymbol{D} / \partial t = 0$，有 $U = Ri$ 的端口特性。电路中的能量只消耗在电阻中。

8.3.2 基本规律近似——基尔霍夫定律

在上面准静态近似条件和集总元件近似条件下，基尔霍夫电流定律来自于全电流定律，而基尔霍夫电压定律来自于电磁感应定律。由于两个电磁场定律的独立性，两个基尔霍夫定律也是独立的。

1. 基尔霍夫电流定律

基尔霍夫电流定律指出，从一个节点流出的电流总和必须等于零。下面通过全电流定律来证明在准静态近似条件下它是成立的。

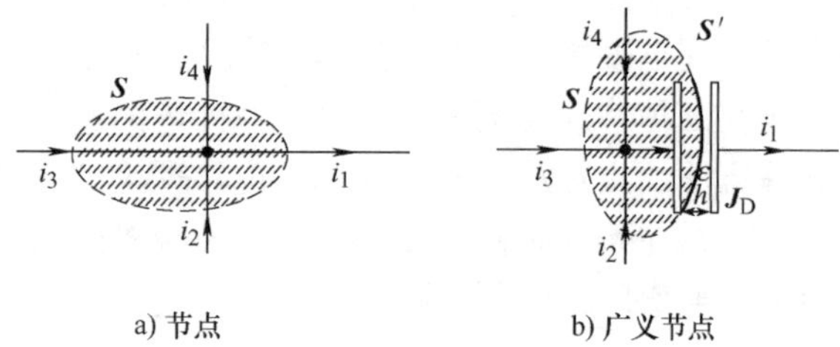

图 8-3-1 基尔霍夫电流定律应用的节点

对图 8-3-1a 所示节点作封闭曲面 S(节点本身就是一个具有体积的电磁结构的简化)，根据全电流定律

$$\oint_S \left(\boldsymbol{J} + \frac{\partial \boldsymbol{D}}{\partial t} \right) \cdot \mathrm{d}\boldsymbol{S} = 0 \tag{8-3-1}$$

$\boldsymbol{S}$ 为包围节点的封闭曲面，根据约定，闭合曲面的法向向外为正。导线区域外空中无电场(电场集中在电容器中和导线中)，因此位移电流本就没有，绝缘空间也无传导电流；导线区域内由于传导电流远大于位移电流，位移电流可以忽略不计，则 $\partial \boldsymbol{D} / \partial t = 0$，因此整个电磁结构可以认为是磁准静电场。面积分分别是 i_1、i_2、i_3 和 i_4，则积分结果是

$$i_1 - i_2 - i_3 - i_4 \approx 0 \tag{8-3-2}$$

其一般形式为

$$\sum_{k=1}^{n} i_k \approx 0 \tag{8-3-3}$$

式(8-3-3)就是基尔霍夫电流定律，也可以从电荷守恒定律出发得到。

如果是广义节点，电路中的任何一个闭合曲面，甚至包括电容的一部分都可以作为节点，基尔霍夫电流定律也是成立的。如图 8-3-1b 所示，$\boldsymbol{S}'$是闭合曲面在电容器内的部分，h 是电容器的间距，ε是电介质的介电常数，C 为静态电容，则在 $\boldsymbol{S}'$部分的积分为(无传导电流)

$$\int_{S'} \frac{\partial \boldsymbol{D}}{\partial t} \cdot \mathrm{d}\boldsymbol{S} = \frac{\mathrm{d}\boldsymbol{D}}{\mathrm{d}t} \cdot \boldsymbol{S}' = \frac{\varepsilon S'}{h} \frac{\mathrm{d}}{\mathrm{d}t}(Eh) = C \frac{\mathrm{d}U}{\mathrm{d}t} = i_1 \tag{8-3-4}$$

再带到方程(8-3-1)作全 $\boldsymbol{S}$ 积分，电流连续性仍然成立，式(8-3-4)实际是电容器的端口特性。

2. 基尔霍夫电压定律

基尔霍夫电压定律指出：沿电路的任意闭合路径，支路电压的总和必须等于零。下面通过电磁感应定律，证明在准静态近似条件下是成立的。

因为

$$\oint_l \boldsymbol{E} \cdot \mathrm{d}\boldsymbol{l} = -\int_S \frac{\partial \boldsymbol{B}}{\partial t} \cdot \mathrm{d}\boldsymbol{S} \tag{8-3-5}$$

对图 8-3-2a 所示回路沿闭合路径 1-2-3-4-5-6-7-8-1 积分。由于路径所包围的面 $\boldsymbol{S}$ 上并无磁场(磁场集中在电感器中)，则 $\partial \boldsymbol{B}/\partial t = 0$，因此整个电磁结构可以认为是电准静态场。积分结果是

$$\oint_l \boldsymbol{E} \cdot \mathrm{d}\boldsymbol{l} \approx 0 \tag{8-3-6}$$

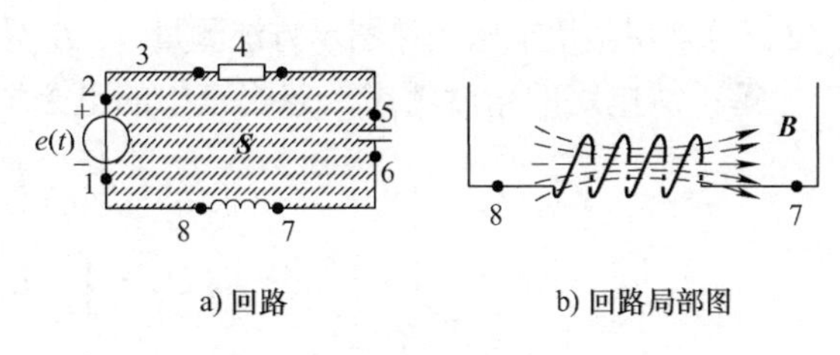

a) 回路　　b) 回路局部图

图 8-3-2　基尔霍夫电压定律应用的回路

利用每个元件和电源的端口特性，得到

$$e(t) = Ri + U_C + U_L \tag{8-3-7}$$

或写为

$$\sum_{k=1}^{n} U_k \approx 0 \tag{8-3-8}$$

式(8-3-8)便是基尔霍夫电压定律。注意到此处闭合回路所包围的面 $\boldsymbol{S}$ 并不包括电感器的截面(垂直纸面)，如图 8-3-2b 所示，因此在电感器内仍然有变化的磁场，端口特性如前所述采用准静态近似；电容器也如此。

指导电路理论分析最基础的两个原理是基尔霍夫电压定律和基尔霍夫电流定律。电路中几乎所有的问题都可以通过这两个定律解决，然而总有一些问题似乎还是需要其他定律来帮忙，比如电荷守恒定律，原因在哪里？从电磁场的理论体系来看(见第 1 章的逻辑关系图)，电磁感应定律和全电流定律均来自于能量守恒定律，而电荷守恒定律并没有直接在其中体现出来，大部分时候两个基尔霍夫定律就足够了，但是电荷守恒定律仍是一个基础定律，所以电荷守恒定律的偶尔出现也是理论体系自洽的体现。这样引出的另一个问题是，能量守恒定律在电路中有没有体现呢？实际上电路中的特勒根定律 $\sum_{k=1}^{n} U_k i_k = 0$ 可以认为反映了能量守恒的特性，而它也可以推出两个基尔霍夫定律(电路书籍中是从两个基尔霍夫定律推出特勒根定律)。

总之，当电源频率足够低或波长很长，而电路尺寸又比较小时，电路中电磁场的波动性表现得不是很突出，每一时刻每一地方的电磁场由该时刻激励电荷、电流分布决定，即没有推迟效应，光速相当于无限，此时准静态近似得以成立，电路理论可以使用。电磁场频率具体低到何种程度才有效，需要具体情况具体分析，有些情况频率高到微波都成立；如果尺寸大到和波长相当，**分布参数电路**理论会过来“帮忙”。

其实即使到了微波频率，仍然有一种和集总参数电路理论类似的分析方法——**微波网络分析**出现，它与集总参数电路理论不同的地方在于：①在将微波系统等效为网络时，同一电磁结构因为电磁场不同的模式而等效为不同的网络，且具有不同的网络参量；②微波网络中的连接段(波导)都是具有分布参数的传输线；③微波元件可以等效为电容、电感和电阻，但它们的大小都是频率的函数。

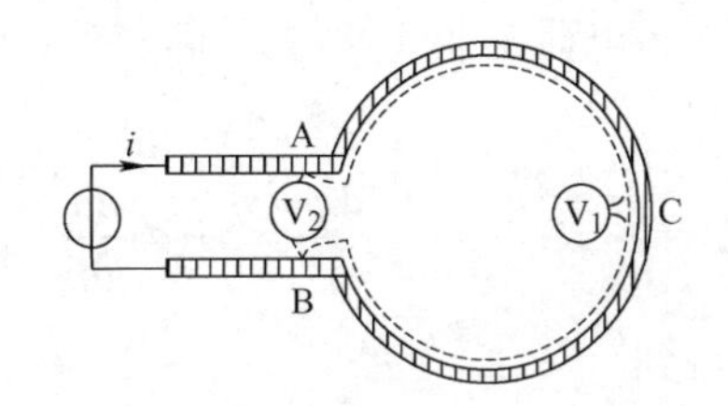

图 8-3-3　电压表不同布置方式测量电位差

例 8.3.1　通电流于图 8-3-3 所示的环形电路，其中磁场是由电流 i 产生。线路电阻为 R，线路电感

为 L。分别用两块电压表按图示方法测量 A、B 两点之间的电压(虚线为电表引线)，求电位差。

解：从电路的角度考虑，忽略空中的电磁场，显然两块表的测量结果应该相同，即

$$U_1=\int_{ACB}\boldsymbol{E}\cdot\mathrm{d}\boldsymbol{l}=Ri$$

$$U_2=\int_{AB}\boldsymbol{E}\cdot\mathrm{d}\boldsymbol{l}=Ri$$

从电磁场的角度看，对电压表 1，由于表笔的引线紧贴导线表面，所以由表笔引线和回路导线组成的闭合回路的面积为零，利用电磁感应定律得到

$$\int_{AV_1B}\boldsymbol{E}\cdot\mathrm{d}\boldsymbol{l}+\int_{BCA}\boldsymbol{E}\cdot\mathrm{d}\boldsymbol{l}=0$$

所以有

$$U_1=\int_{AV_1B}\boldsymbol{E}\cdot\mathrm{d}\boldsymbol{l}=-\int_{BCA}\boldsymbol{E}\cdot\mathrm{d}\boldsymbol{l}=Ri$$

对电压表 2，由表笔引线和回路导线组成的闭合回路的面积较大，不能忽略，利用电磁感应定律得到

$$\int_{BV_2A}\boldsymbol{E}\cdot\mathrm{d}\boldsymbol{l}+\int_{ACB}\boldsymbol{E}\cdot\mathrm{d}\boldsymbol{l}=-\frac{\mathrm{d}\Psi}{\mathrm{d}t}=-L\frac{\mathrm{d}i}{\mathrm{d}t}$$

即

$$U_2=\int_{AV_2B}\boldsymbol{E}\cdot\mathrm{d}\boldsymbol{l}=-\int_{BV_2A}\boldsymbol{E}\cdot\mathrm{d}\boldsymbol{l}=\int_{ACB}\boldsymbol{E}\cdot\mathrm{d}\boldsymbol{l}+L\frac{\mathrm{d}i}{\mathrm{d}t}=Ri+L\frac{\mathrm{d}i}{\mathrm{d}t}$$

所以

$$U_2-U_1=L\frac{\mathrm{d}i}{\mathrm{d}t}$$

显然，如果是低频场，$\mathrm{d}i/\mathrm{d}t$ 非常小，不会出现这种误差。

8.3.3 忆阻器——第四个电路器件

三个一端口电路元件：电阻(R)、电容(C)、电感(L)，四个电路变量：电压(U)、电流(i)、磁通(ψ)和电荷(q)，如果组成图 8-3-4 所示的逻辑关系，缺的一块需要引入一个新的器件，它就是华裔科学家蔡少棠(Leon O. Chua) 1971 年预言的器件——忆阻器(Memristor)。它反映了电荷与磁通之间的关系

$$\psi=Mq \tag{8-3-9}$$

如果磁通和电荷是一个线性时不变的关系，则 M 是常数，就是电阻，因此在线性系统内没有必要引入。但如果磁通和电荷是非线性的关系，或者说 M 是电荷 q 的函数，则

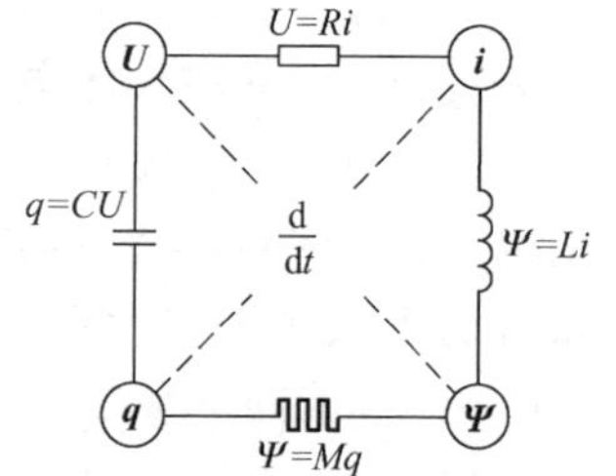

图 8-3-4 四种电路元件的一种关系

$$\frac{\mathrm{d}\psi}{\mathrm{d}t}=M(q)\frac{\mathrm{d}q}{\mathrm{d}t} \tag{8-3-10}$$

得到

$$U=M(q)i \tag{8-3-11}$$

由于 $q=\int_{-\infty}^{t} i\mathrm{d}\tau$，则忆阻 M 在某一时刻 t 的忆阻阻值决定于通过它的电流从$-\infty$到 t 的时间积分，从而呈现出电阻的时间记忆特性。

2008 年美国惠普公司实验室的斯坦利·威廉姆斯(R.Stanley Williams)和同事在进行极小型电路实验时，终于制造出忆阻的实物模型。将一层纳米级的二氧化钛半导体薄膜夹在由铂制成的两个金属薄片之间，忆阻大小为

$$M(q)=A(1-Bq) \tag{8-3-12}$$

其中 A 和 B 是常数，该表达式正好符合忆阻的特性。蔡少棠当年发表的论文题目是《Memristor-The Missing Circuit Element》，而威廉姆斯等人发表的论文题目是《The missing memristor found》，回应了蔡少棠当年的预言。

在成功制作了具有忆阻功能的器件后，忆阻器开始引起更多学者的兴趣，并可望成为电子学、材料科学等领域研究的新热点。忆阻器最简单的应用就是构造新型的非易失性随机存储器,简单地说，就是当计算机关闭后不会忘记它们曾经所处的能量状态的存储芯片。另外从系统的角度来说，还可用于忆感系统、忆容系统等。

8.4 趋肤效应和交流阻抗

在时谐场中的导体，不但内部无净电荷(但有电流)，而且电流的分布还呈现集中在导体表面的趋势，即沿导体纵深方向逐渐衰减，该现象称为**趋肤效应**(skin effect)。它的根源在于电磁感应。

首先回顾一下良导体的基本特点。在良导体中，由于传导电流远大于位移电流，使得位移电流项可以忽略不计，因而其电磁场成为磁准静态场。在时谐场中，也就是要求

$$\frac{\gamma}{\omega\varepsilon}\gg 1 \tag{8-4-1}$$

对铜而言，$\gamma=5.8\times10^{7}$，$\varepsilon_r=10$，则

$$当\omega=10^{3}时,\quad \frac{\gamma}{\omega\varepsilon}=6.55\times10^{14}\gg 1$$

$$当\omega=10^{8}时,\quad \frac{\gamma}{\omega\varepsilon}=6.55\times10^{9}\gg 1$$

$$当\omega=10^{14}时,\quad \frac{\gamma}{\omega\varepsilon}=6.55\times10^{3}\gg 1$$

可见即使频率高到接近可见光，也仍然满足这个条件，也就是说电磁场可以变化得非常快，良导体内部仍然是磁准静态场。需要指出的是良导体和理想导体也有不同，良导体可以设置体电流模型，而理想导体不能设置（$\gamma=\infty$，则 $\boldsymbol{J}$=0)，理想导体只有面电流模型，良导体的极限就是理想导体。

8.4.1 趋肤效应

根据这个近似条件，无源($\rho=0,\boldsymbol{J}_{\text{ext}}=0$)导体中电磁场的波动方程简化为方程组(7-3-6)。下面针对一个具体的问题，半无穷大导体中(x>0)有时谐电流 i 沿 y 方向，并在 yoz 平面上处处相等($\boldsymbol{J}_0$)，如图 8-4-1 所示。采用波动方程(磁扩散方程)

$$\begin{cases}\nabla^2 \dot{\boldsymbol{E}} - \mathrm{j}\omega\mu\gamma \dot{\boldsymbol{E}} = 0 & \text{(8-4-2a)} \\ \nabla^2 \dot{\boldsymbol{H}} - \mathrm{j}\omega\mu\gamma \dot{\boldsymbol{H}} = 0 & \text{(8-4-2b)}\end{cases}$$

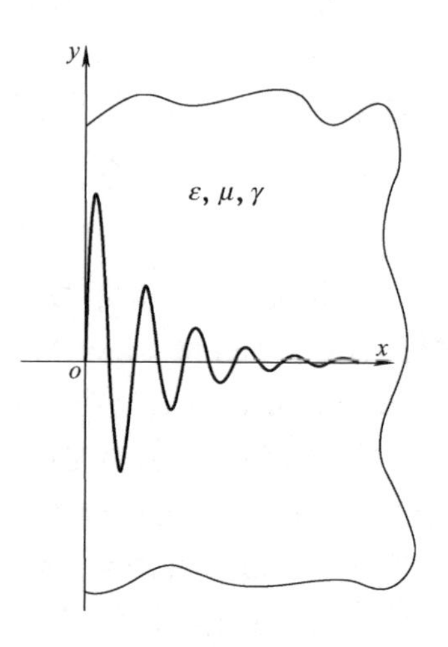

图 8-4-1 半无穷大良导体($x>0$)

假定

$$\Gamma = \sqrt{\mathrm{j}\omega\mu\gamma} = \sqrt{\omega\mu\gamma}\,e^{\mathrm{j}\pi/4} = \alpha + \mathrm{j}\beta \tag{8-4-3}$$

则㊀

$$\alpha = \beta = \sqrt{\frac{\omega\mu\gamma}{2}} \tag{8-4-4}$$

由于 y、z 方向为无穷大，场量只与 x 有关，且 $\boldsymbol{E}$ 只有 y 方向分量，$\boldsymbol{H}$ 只有 z 方向分量㊁。利用 $\boldsymbol{J} = \gamma\boldsymbol{E}$ 得到关于电流密度的方程

$$\frac{\mathrm{d}^2 \dot{J}_y}{\mathrm{d}x^2} - \Gamma^2 \dot{J}_y = 0 \tag{8-4-5}$$

其通解为

$$\dot{J}_y = C_1 \mathrm{e}^{-\Gamma x} + C_2 \mathrm{e}^{\Gamma x} \tag{8-4-6}$$

根据半无穷大的特点，$C_2 = 0$，否则 $x = \infty$时，$J = \infty$。

根据边界上的电流密度，得到

$$\dot{J}_y = J_0 \mathrm{e}^{-\alpha x} \mathrm{e}^{-\mathrm{j}\beta x} \tag{8-4-7}$$

则

$$\dot{E}_y = E_0 \mathrm{e}^{-\alpha x} \mathrm{e}^{-\mathrm{j}\beta x} \tag{8-4-8}$$

再根据时谐场中的电磁感应定律，得到

$$\dot{\boldsymbol{H}} = -\frac{\nabla \times \dot{\boldsymbol{E}}}{\mathrm{j}\omega\mu} = \begin{vmatrix} \boldsymbol{e}_x & \boldsymbol{e}_y & \boldsymbol{e}_z \\ \dfrac{\partial}{\partial x} & \dfrac{\partial}{\partial y} & \dfrac{\partial}{\partial z} \\ 0 & \dot{E}_y & 0 \end{vmatrix} = \frac{\mathrm{j}}{\omega\mu}\frac{\mathrm{d}\dot{E}_y}{\mathrm{d}x}\boldsymbol{e}_z = -\frac{\mathrm{j}\Gamma}{\omega\mu} E_0 \mathrm{e}^{-\alpha x} \mathrm{e}^{-\mathrm{j}\beta x} \boldsymbol{e}_z \tag{8-4-9}$$

比较式(8-4-7)～式(8-4-9)，电流、电场和磁场的振幅沿导体的纵深都是按指数规律衰减，显然电磁场主要是集中在导体表面，这就是**趋肤效应**。规定当振幅衰减到其表面值的 1/e 时的深度为电磁场透入深度。由 $\mathrm{e}^{-\alpha d} = 1/\mathrm{e}$，得到透入深度为

$$d = \frac{1}{\alpha} = \sqrt{\frac{2}{\omega\mu\gamma}} = \sqrt{\frac{1}{\pi f \mu\gamma}} \tag{8-4-10}$$

即随着频率、磁导率和电导率的增加，透入深度减小，也就是说电磁场渗透更少，更多地集中在导体表面。举例来说：

㊀ 关于α、β更全面的定义见第 9 章。

㊁ 这里只研究这种简单模式，第 9 章将介绍其他模式。

$\gamma_{铜}=5.8\times10^{7}\,\mathrm{S/m},\ \mu_{铜}=\mu_0$，当 $f=50\times10^{4}\,\mathrm{Hz}$ 时，$d=0.094\mathrm{mm}$；$f=50\mathrm{Hz}$ 时，$d=9.45\mathrm{mm}$。

$\gamma_{铁}=10^{7}\,\mathrm{S/m},\ \mu_{铁}=1000\mu_0$，当 $f=50\times10^{4}\,\mathrm{Hz}$ 时，$d=0.0071\mathrm{mm}$；$f=50\mathrm{Hz}$ 时，$d=0.71\mathrm{mm}$。

如果将这些材料用作电磁屏蔽(电磁场渗透进去很少)，对无线电信号，用铜或铝已经可以了。但对工频信号，用铜或铝就需要很厚的材料，也就不太合适，而用铁磁材料就可以满足要求。

对理想导体 $\gamma=\infty$，则 $d=0$，电磁场进不去，只能在表面上，这就是为什么理想导体只能有面电流模型的原因。注意，如果说 $f\to\infty$ 时，透入深度为零，电磁场完全渗透不进去则是错误的结论。首先因为式(8-4-10)的前提条件是 $\gamma/\omega\varepsilon>>1$，单纯说 $f\to\infty$ 不满足这个条件，例如铜，当 $\omega=10^{18}$ 时，$\gamma/\omega\varepsilon=0.655$，并没有大于1；其次实验发现良导体对伽玛射线段是完全透明的，相当于理想介质，因此对公式应用的条件必须小心谨慎[1]。

例 8.4.1 分析变压器铁心中的电磁场，外部激励源电流为 $\dot{I}$，求铁心中的电流分布。

解：变压器铁心如图 8-4-2a 所示，这里取简化模型如 8-4-2b 所示，在磁准静态条件下，同样满足方程组(8-4-2)。

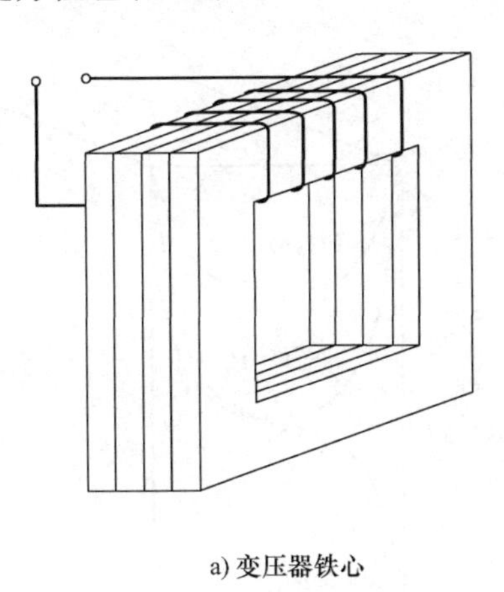

a) 变压器铁心

b) 简化模型

图 8-4-2 变压器铁心及计算模型

由于 y、z 方向的尺寸相对板的厚度 a 要大很多，因而可以认为场量只与 x 有关。即磁场方程为

$$\frac{\mathrm{d}^2}{\mathrm{d}x^2}\dot{H}_z-\mathrm{j}\omega\mu\gamma\dot{H}_z=0$$

令 $\Gamma=\sqrt{\mathrm{j}\omega\mu\gamma}$，得到通解为

$$\dot{H}_z=C_1\mathrm{e}^{-\Gamma x}+C_2\mathrm{e}^{\Gamma x}$$

由于是磁准场，并假设磁场都在铁心中，可在边界上作安培环路求边界条件，得到[2]

$$\dot{H}_z(x=\pm a/2)=\frac{N\dot{I}}{l}$$

[1] 这样一些问题在工程实际中经常会出现，例如罗果夫斯基线圈可用于测电流，频率越高信号越强，好像测量越准，实际上，如果频率高到一定值时，建立在准静态近似下的测量原理(以安培环路原理为基础)都有问题，因此高频电流或脉冲电流的测量如果仍依据现有方法是有问题的。

[2] 有限长的线圈和铁心不满足这个结果，这里只是近似结果。虽然有限长均匀分布的线圈电流对磁场的均匀性影响较小，但非均匀分布的磁化电流将严重影响磁场分布的均匀性。

代入通解，确定常数，得到磁场强度

$$\dot{H}_z = \frac{N\dot{I}}{l}\frac{\mathrm{e}^{-\Gamma x}+\mathrm{e}^{\Gamma x}}{\mathrm{e}^{-\Gamma a/2}+\mathrm{e}^{\Gamma a/2}} = \frac{N\dot{I}}{l}\frac{\cosh(\Gamma x)}{\cosh\left(\Gamma \frac{a}{2}\right)}$$

磁感应强度为

$$\dot{B}_z = \mu \dot{H}_z = \mu\frac{N\dot{I}}{l}\frac{\cosh(\Gamma x)}{\cosh\left(\Gamma \frac{a}{2}\right)}$$

电流密度为

$$\dot{J}_{cy} = \gamma \dot{E}_y = (\nabla\times\dot{\boldsymbol{H}})_y = -\frac{\partial \dot{H}_z}{\partial x} = -\frac{N\dot{I}}{l}\frac{\Gamma\sinh(\Gamma x)}{\cosh\left(\Gamma \frac{a}{2}\right)}$$

其中 $\cosh(x)=(\mathrm{e}^x+\mathrm{e}^{-x})/2, \sinh(x)=(\mathrm{e}^x-\mathrm{e}^{-x})/2$ 。

铁心中电流和磁场的分布如图 8-4-3 所示(为了区别反向电流，电流在两侧给出了正负)。显然导体内部场量较小，主要集中在表面，即趋肤效应。图中还给出了 9 倍 $f\mu\gamma$ 时磁场的分布，可见随着频率、磁导率和电导率的增加，磁场(包括电场和电流)更多地集中在导体表面。导体内的电流在导体两边是相反的，呈环流，一般也称为**涡流效应**(涡流仍是传导电流)。

变压器铁心在工作时会产生涡流，发热、增加能耗。为了解决这个问题，一般轧制成薄的板材，表面涂上绝缘材料，再叠放在一起形成铁心，这样每一片材料的回路很小，涡流就降低。对在 z 向的电场，也就是长直导体中有电流的情况，一般称为**电趋肤**。

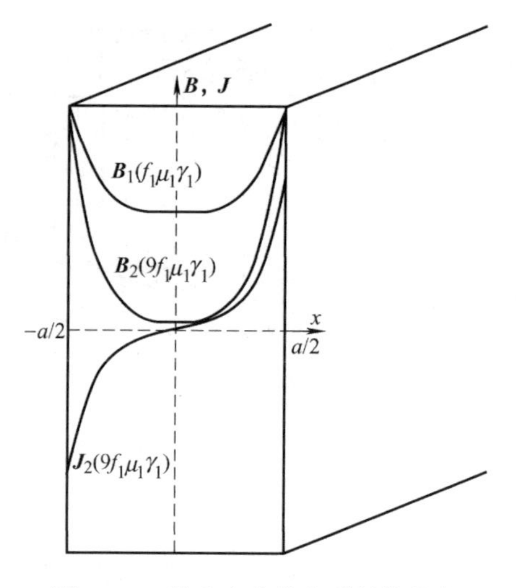

图 8-4-3 铁心中电流和磁场的分布

8.4.2 交流阻抗

在交流情况下，由于趋肤效应的出现，电磁场(包括电流)大部分集中在导线的表面，因此在交流情况下，导线的电阻和直流的情况不一样。例如对图 8-4-4a 所示的导线，由于时变的传导电流 i 在导体中产生变化的磁场 $\boldsymbol{B}$，进而再产生变化的电场，这个感应电场在导体中又产生传导电流 i'，(电流的形状只是示意图)，结果最终形成的电流在导线中间小、边上大，也就是趋肤[㊀]。

因为是良导体，忽略位移电流，根据磁准静态场方程得到

$$\nabla^2\dot{\boldsymbol{J}} - \mathrm{j}\omega\mu\gamma\dot{\boldsymbol{J}} = 0 \tag{8-4-11}$$

设定电流只有 z 向，且考虑到与 z 和 ϕ 无关，则可以在柱坐标系中得到

㊀ 分析表明，在轴心 i' 落后 i 相位在 $\pi/2$ 到 π 之间，即在一个周期内，有一半以上时间两个电流是反向的，因此轴心总电流减少；在靠近表面处则正好相反。图 8-4-4 中感应电流只是示意图。

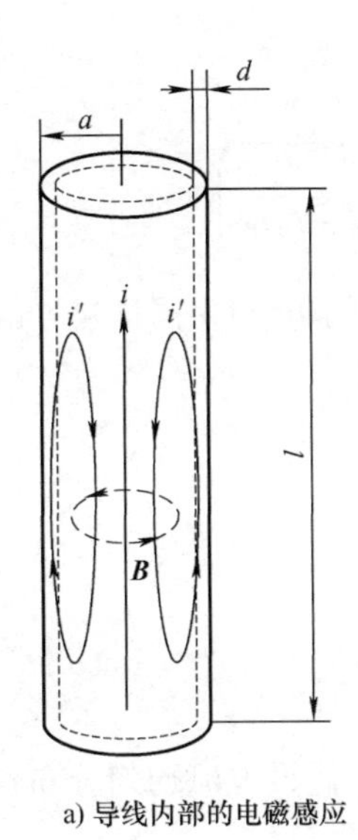

a) 导线内部的电磁感应

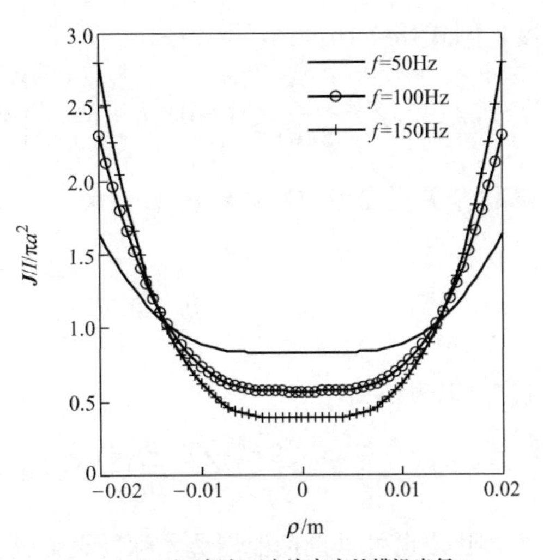

b) 不同频率下电流密度的模沿半径ρ的分布曲线(ρ的负值没有意义)

图 8-4-4　长直导体交流阻抗的形成

$$\frac{\mathrm{d}^2\dot{J}_z}{\mathrm{d}\rho^2}+\frac{1}{\rho}\frac{\mathrm{d}\dot{J}_z}{\mathrm{d}\rho}-\mathrm{j}\omega\mu\gamma\dot{J}_z=0 \tag{8-4-12}$$

这里不详细求解，只给出结果

$$\dot{J}_z=\frac{k\dot{I}}{2\pi a}\frac{Bessel_0(k\rho)}{Bessel_1(ka)}\ (k=\sqrt{-\mathrm{j}\omega\mu\gamma}\ ) \tag{8-4-13}$$

式中，$Bessel_0$是零阶第一类贝塞尔函数，$Bessel_1$是一阶第一类贝塞尔函数，这里不必关心它们具体形式，也不是我们的重点。对于电导率$\gamma=5.8\times10^7$S/m，磁导率$\mu=\mu_0$，半径$a=20$mm的铜棒，电流$\dot{I}=100$A，可以计算出电流分布规律。归一化电流密度的模(与平均电流密度的比值)，在不同频率下沿半径的分布曲线如图 8-4-4b 所示。我们可以看到趋肤效应，且随着频率的增加，趋肤效应越来越明显。

此时电场和磁场分别为

$$\dot{\boldsymbol{E}}=\frac{k\dot{I}}{2\pi a\gamma}\frac{Bessel_0(k\rho)}{Bessel_1(ka)}\boldsymbol{e}_z \tag{8-4-14}$$

$$\dot{\boldsymbol{H}}=-\frac{1}{\mathrm{j}\omega\mu}\nabla\times\dot{\boldsymbol{E}}=\frac{\dot{I}}{2\pi a}\frac{Bessel_1(k\rho)}{Bessel_1(ka)}\boldsymbol{e}_\varphi \tag{8-4-15}$$

上面的计算中利用到贝塞尔函数的公式$\mathrm{d}[Bessel_0(z)]/\mathrm{d}z=-Bessel_1(z)$。再来看这段导体的阻抗。根据式(7-5-21)还可计算长为l的导体阻抗，由于能流垂直于柱面，因此闭合曲面的积分不必计算横截面部分，得到

$$Z=\frac{-\oint_s\tilde{\boldsymbol{S}}\cdot\mathrm{d}\boldsymbol{s}}{\dot{I}^2}=\frac{-\oint_s(\dot{\boldsymbol{E}}\times\dot{\boldsymbol{H}}^*)\cdot\mathrm{d}\boldsymbol{s}}{\dot{I}^2}=\frac{kl}{2\pi a\gamma}\frac{Bessel_0(ka)}{Bessel_1(ka)} \tag{8-4-16}$$

显然这是一个复数，有实部和虚部。如果讨论的是趋肤效应较明显的情况，即导体半径

远大于透入深度，则式(8-4-16)可以简化为

$$Z \approx \frac{l}{2\pi a\gamma d}(1+\mathrm{j}) = R + \mathrm{j}X \qquad \left(d = \sqrt{\frac{1}{\pi f \mu\gamma}}\right) \tag{8-4-17}$$

式中，d 为透入深度；R 是交流电阻；X 是电抗(来源于导线的电感)。同样尺寸的导线在直流情况下的电阻为

$$R_{\mathrm{DC}} = \frac{l}{\gamma(\pi a^2)} \tag{8-4-18}$$

则式(8-4-17)可以表示为

$$Z \approx \frac{a}{2d}(1+\mathrm{j})R_{\mathrm{DC}} \tag{8-4-19}$$

实际上交流电阻 R 也可以直接根据透入深度近似计算，假设电流均匀分布在渗透层中，其交流电阻可以近似求出

$$R = \frac{l}{\gamma(2\pi a d)} \tag{8-4-20}$$

式中 d 为透入深度，与直流电阻的比值为

$$\frac{R}{R_{\mathrm{DC}}} = \frac{a}{2d} = \frac{a\sqrt{\pi f\mu\gamma}}{2} \tag{8-4-21}$$

还是前面的例子

$$\gamma_{铜} = 5.8\times10^7\,\mathrm{S/m},\quad \mu_{铜} = \mu_0,\quad f = 50\times10^4\,\mathrm{Hz},\quad d = 0.094\mathrm{mm}。$$

$$\gamma_{铁} = 10^7\,\mathrm{S/m},\quad \mu_{铁} = 1000\mu_0,\quad f = 50\times10^4\,\mathrm{Hz},\quad d = 0.0071\mathrm{mm}。$$

对半径 2mm 的导线而言，交流电阻与直流电阻的比值分别为

$$铜：\ \frac{R}{R_{\mathrm{DC}}} = 10.638,\qquad 铁：\ \frac{R}{R_{\mathrm{DC}}} = 140.84$$

这说明同一根导线的交流电阻比直流电阻要大得多。实际上即使对工频，有时也要考虑这个影响，例如 500kV 变电站入口母线就是中空的，外半径 8.5cm，内半径 7.7cm，前面算出的透入深度是 0.945cm。

例 8.4.2 证明如果 N 股并联细导线的截面积和单根粗导线的截面积相等，材料相同，则 N 股并联导线的交流电阻只是单股导线的 $1/\sqrt{N}$ 。

证明：设粗导线半径为 a，细导线半径为 b，电导率都是γ。因为

$$\pi a^2 = N\pi b^2$$

所以

$$a = \sqrt{N}b$$

单根粗导线的单位长度交流电阻为

$$R = \frac{1}{\gamma(2\pi a d)}$$

单根细导线的单位长度交流电阻为

$$R_1=\frac{1}{\gamma(2\pi bd)}$$

细导线并联后的电阻为

$$R_N=\frac{1}{\gamma(2\pi bd)}\cdot\frac{1}{N}=\frac{1}{\gamma(2\pi ad)}\cdot\frac{1}{\sqrt{N}}$$

所以相同截面积的 N 股细导线的交流电阻只是单股导线的$1/\sqrt{N}$。即在截面积一样的情况下，为了减少高频电阻，可以增加导体的表面积，这就是采用相互绝缘的多股线的优点。

8.5 三相输电线的似静场

工频三相输电线的电磁环境问题日益受到重视，因此它的检测和计算是工程设计的重要依据。因为是工频，可以采用似静场近似，利用相电压计算电场，利用相电流计算磁场。下面先详细分析电场的计算方法，磁场的计算方法只做简单介绍。

8.5.1 三相输电线的等效电荷

假设无限长输电线半径为 a，并平行于地面，离地高度为 h，输电线产生的似静场采用等效电荷和镜像电荷(考虑大地的影响)的方法计算。由于输电线的半径远小于相线间距和对地距离，因此输电线等效电荷(τ)的电轴和线轴重合，同时在地面下设置镜像电荷($-\tau$)，如图 8-5-1 所示。

等效电荷的求法：设置三根等效电荷在每相导线内部，然后写出它们在每相输电线表面的电位表达式，再根据导线表面的实际电位通过一个代数方程组$[V_i]=[L_{ij}][\tau_i]$求得，其中$[V_i]$为三相输电线的表面电位，$[L_{ij}]$为电位系数矩阵，$[\tau_i]$为等效电荷矩阵。

设 A、B、C 三相，每相电位的相位间隔 120°，写成复数形式

$$\begin{cases}\dot{U}_{\mathrm{A}}=U\\ \dot{U}_{\mathrm{B}}=U\mathrm{e}^{\mathrm{j}2\pi/3}\\ \dot{U}_{\mathrm{C}}=U\mathrm{e}^{\mathrm{j}4\pi/3}\end{cases}\tag{8-5-1}$$

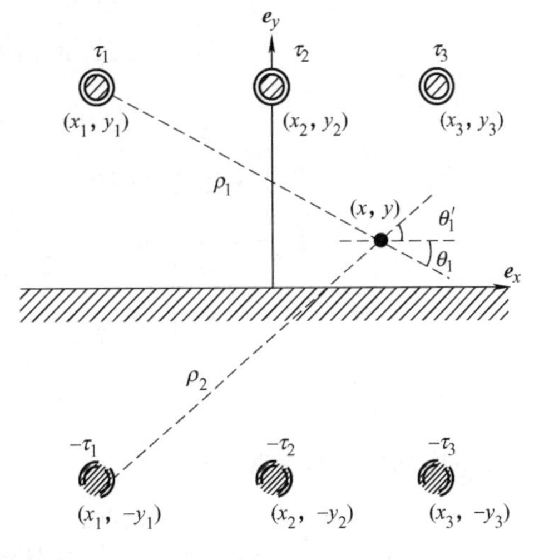

图 8-5-1　三相输电线及其镜像电荷分布

电位按照静电场中无限长线电荷和其镜像线电荷在空中某一点电位的公式计算

$$\varphi=\frac{\tau}{2\pi\varepsilon_0}\ln\frac{\rho_2}{\rho_1}\tag{8-5-2}$$

式中，ρ_1为某相源电荷到场点的距离，ρ_2为某相镜像电荷到场点的距离，每相导线表面的电位均由六根线电荷贡献，则导线表面电位的系数矩阵为

$$[L_{ij}] = \frac{1}{2\pi\varepsilon_0}\begin{bmatrix} \ln 2h/a & \ln L'_{12}/L_{12} & \ln L'_{13}/L_{13} \\ \ln L'_{21}/L_{21} & \ln 2h/a & \ln L'_{23}/L_{23} \\ \ln L'_{31}/L_{31} & \ln L'_{32}/L_{32} & \ln 2h/a \end{bmatrix} \tag{8-5-3}$$

式中，L_{ij}为第i相源电荷到第j相导线表面的距离，L'_{ij}为i相像电荷到第j相导线的距离。注意自己到自己的距离取为半径 a，邻相到自己的距离、镜像电荷到自己的距离都近似取为轴心到轴心的距离。$1/2\pi\varepsilon_0$作为一个常数会在后面的求解中消掉，所以有时可以不写。

因为$[V_i]$有实部U_{AR}、U_{BR}、U_{CR}和虚部U_{AI}、U_{BI}、U_{CI}，因此求出的$[\tau_i]$也有实部和虚部两部分，满足的方程组为

$$\begin{bmatrix} U_{\mathrm{AR}} \\ U_{\mathrm{BR}} \\ U_{\mathrm{CR}} \end{bmatrix} = \frac{1}{2\pi\varepsilon_0}\begin{bmatrix} \ln 2h/a & \ln L'_{12}/L_{12} & \ln L'_{13}/L_{13} \\ \ln L'_{21}/L_{21} & \ln 2h/a & \ln L'_{23}/L_{23} \\ \ln L'_{31}/L_{31} & \ln L'_{32}/L_{31} & \ln 2h/a \end{bmatrix}\begin{bmatrix} \tau_{\mathrm{AR}} \\ \tau_{\mathrm{BR}} \\ \tau_{\mathrm{CR}} \end{bmatrix} \tag{8-5-4}$$

$$\begin{bmatrix} U_{\mathrm{AI}} \\ U_{\mathrm{BI}} \\ U_{\mathrm{CI}} \end{bmatrix} = \frac{1}{2\pi\varepsilon_0}\begin{bmatrix} \ln 2h/a & \ln L'_{12}/L_{12} & \ln L'_{13}/L_{13} \\ \ln L'_{21}/L_{21} & \ln 2h/a & \ln L'_{23}/L_{23} \\ \ln L'_{31}/L_{31} & \ln L'_{32}/L_{32} & \ln 2h/a \end{bmatrix}\begin{bmatrix} \tau_{\mathrm{AI}} \\ \tau_{\mathrm{BI}} \\ \tau_{\mathrm{CI}} \end{bmatrix} \tag{8-5-5}$$

8.5.2　三相输电线的电场

假设等效电荷已经求出，即

$$\tau_1(t) = \sqrt{2}\tau_1\sin(\omega t + \varphi_1)\text{，复数形式为 } \dot{\tau}_1 = \tau_1\mathrm{e}^{\mathrm{j}\varphi_1} \tag{8-5-6a}$$

$$\tau_2(t) = \sqrt{2}\tau_2\sin(\omega t + \varphi_2)\text{，复数形式为 } \dot{\tau}_2 = \tau_2\mathrm{e}^{\mathrm{j}\varphi_2} \tag{8-5-6b}$$

$$\tau_3(t) = \sqrt{2}\tau_3\sin(\omega t + \varphi_3)\text{，复数形式为 } \dot{\tau}_3 = \tau_3\mathrm{e}^{\mathrm{j}\varphi_3} \tag{8-5-6c}$$

单相无限长输电线及其镜像电荷(假设带电量为τ_1)在空中一点x方向的电场分量为

$$\begin{aligned} \dot{E}_{x1} &= \frac{\dot{\tau}_1}{2\pi\varepsilon_0\rho_1}\cos\theta_1 - \frac{\dot{\tau}_1}{2\pi\varepsilon_0\rho_2}\cos\theta'_1 \\ &= \frac{\tau}{2\pi\varepsilon_0}\left(\frac{x-x_1}{\rho_1^2} - \frac{x-x_1}{\rho_2^2}\right)\cos\varphi_1 + \mathrm{j}\frac{\tau}{2\pi\varepsilon_0}\left(\frac{x-x_1}{\rho_1^2} - \frac{x-x_1}{\rho_2^2}\right)\sin\varphi_1 \\ &= E_{xR1} + \mathrm{j}E_{xI1} \end{aligned} \tag{8-5-7}$$

y方向的电场分量为

$$\begin{aligned} \dot{E}_{y1} &= -\frac{\dot{\tau}_1}{2\pi\varepsilon_0\rho_1}\sin\theta_1 + \frac{\dot{\tau}_1}{2\pi\varepsilon_0\rho_2}\sin\theta'_1 \\ &= \frac{\tau}{2\pi\varepsilon_0}\left(-\frac{y-y_1}{\rho_1^2} + \frac{y-y_1}{\rho_2^2}\right)\cos\varphi_1 + \mathrm{j}\frac{\tau}{2\pi\varepsilon_0}\left(-\frac{y-y_1}{\rho_1^2} + \frac{y-y_1}{\rho_2^2}\right)\sin\varphi_1 \\ &= E_{yR1} + \mathrm{j}E_{yI1} \end{aligned} \tag{8-5-8}$$

三相无限长输电线及其镜像电荷在空中一点x方向的电场分量为

$$\begin{aligned} \dot{E}_x &= (E_{xR1} + E_{xR2} + E_{xR3}) + \mathrm{j}(E_{xI1} + E_{xI2} + E_{xI3}) \\ &= E_{xR} + \mathrm{j}E_{xI} = \sqrt{E_{xR}^2 + E_{xI}^2}\,\mathrm{e}^{\mathrm{j}\phi_x} \end{aligned} \tag{8-5-9}$$

式中，$\phi_x = \tan^{-1}(E_{xI} / E_{xR})$ 是电荷和位置的函数，也就是说相位与位置有关。

同理，可得到 y 方向的电场分量为

$$\begin{aligned}\dot{E}_y &= (E_{yR1} + E_{yR2} + E_{yR3}) + \mathrm{j}(E_{yI1} + E_{yI2} + E_{yI3}) \\ &= E_{yR} + \mathrm{j}E_{yI} = \sqrt{E_{yR}^2 + E_{yI}^2}\,\mathrm{e}^{\mathrm{j}\phi_y}\end{aligned} \tag{8-5-10}$$

式中，$\phi_y = \tan^{-1}(E_{yI} / E_{yR})$。

合成电场强度为

$$\begin{aligned}\dot{\boldsymbol{E}} &= \dot{E}_x \boldsymbol{e}_x + \dot{E}_y \boldsymbol{e}_y \\ &= \left(\sqrt{E_{xR}^2 + E_{xI}^2}\,\mathrm{e}^{\mathrm{j}\phi_x}\right)\boldsymbol{e}_x + \left(\sqrt{E_{yR}^2 + E_{yI}^2}\,\mathrm{e}^{\mathrm{j}\phi_y}\right)\boldsymbol{e}_y\end{aligned} \tag{8-5-11}$$

变换为瞬时表达式为

$$\begin{aligned}\boldsymbol{E} &= E_x(t)\boldsymbol{e}_x + E_y(t)\boldsymbol{e}_y \\ &= \sqrt{2}\sqrt{E_{xR}^2 + E_{xI}^2}\sin(\omega t + \phi_x)\boldsymbol{e}_x + \sqrt{2}\sqrt{E_{yR}^2 + E_{yI}^2}\sin(\omega t + \phi_y)\boldsymbol{e}_y \\ &= \sqrt{2}E_x \sin(\omega t + \phi_x)\boldsymbol{e}_x + \sqrt{2}E_y \sin(\omega t + \phi_y)\boldsymbol{e}_y\end{aligned} \tag{8-5-12}$$

注意这里，$E_x(t)$ 和 E_x 是两个不同的量，$E_y(t)$ 和 E_y 也是两个不同的量。

由式(8-5-12)可见，合成电场在两个方向上的分量都是时谐场，根据动力学中的振动规律，两个互相垂直的同频率的简谐振动合成后，合振动在直线上或椭圆上进行，如图 8-5-2 所示，当两个分振动的振幅相等时(此处为 $\sqrt{2}E_x = \sqrt{2}E_y$)，椭圆轨迹就成为圆形轨迹。由于一般情况下 $\phi_y - \phi_x \neq 0$ 或π，则这里的合成电场是一个旋转电场(合成场并非一般意义上的时谐场，只在每个方向上是可用相量表示的时谐场)，有时也称为椭圆极化场。值得注意的是 $\sqrt{E_x(t)^2 + E_y(t)^2}$ 有意义，是空间一点实时电场的大小，但 $\sqrt{2}\sqrt{E_x{}^2 + E_y{}^2}$ 并非最大值，本身也没有意义，除非 $\phi_y - \phi_x = 0$ 或π(此时椭圆极化场退化为线极化电场)。

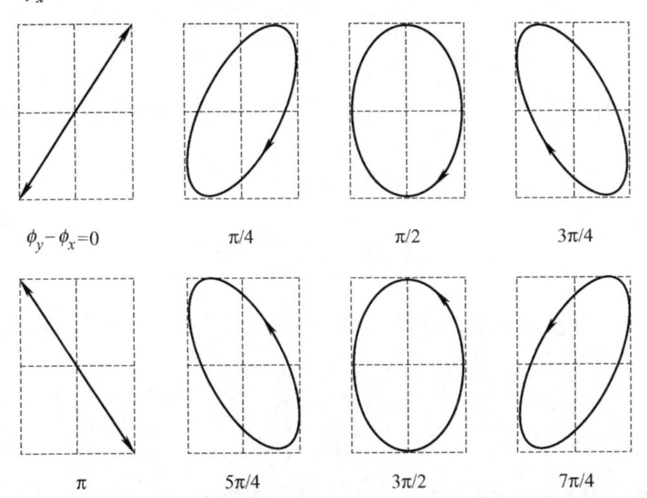

图 8-5-2　不同相位差时，两垂直同频率振动的合成轨迹

图 8-5-3 表示了一个平行排列三相输电线系统空间旋转电场的矢量轨迹(实线)和等位线(虚线)，显然大部分地方是椭圆极化场，个别地方是圆极化场和线极化场。一般来说在地面

附近(1.5m 内)电场的水平分量相对于垂直分量要小很多，可以忽略，因此在地面检测时可以当作线极化场，直接检测垂直方向的分量(也是相量)。

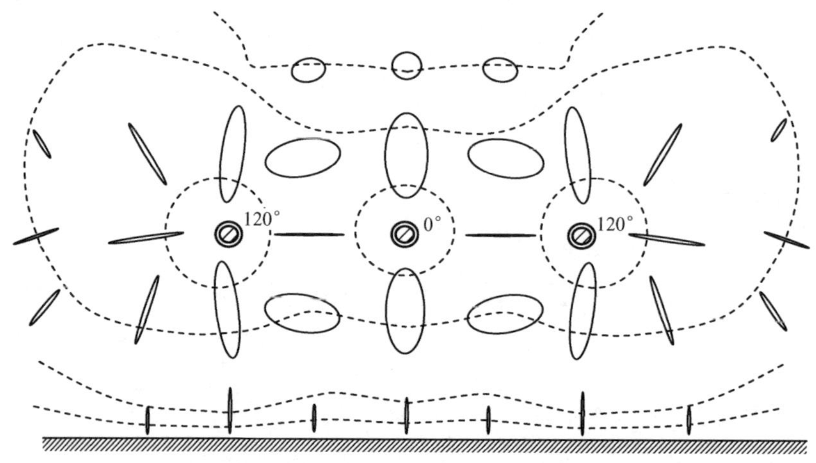

图 8-5-3 平行排列三相输电线空间旋转电场的矢量轨迹和等位线

8.5.3 三相输电线的磁场

传输线的磁场由传输线电流、大地的磁化电流和感应电流产生。其中磁化电流可由镜像法求解，但大地磁导率一般近似为 $\mu=\mu_0$，所以磁化电流可以不予考虑。而感应电流也可以等效为线电流，考虑到电磁场渗透深度 $d=\sqrt{1/\pi f\mu\gamma}$，则等效导线的位置应该正比于 $\sqrt{1/\pi f\mu\gamma}$。国际大电网会议第 36.01 工作组推荐的方法中 $d=660\sqrt{1/f\gamma}$，如果取 f=50Hz，γ=0.01Ωm，则 d=933m，非常大，以致影响可以忽略。所以计算磁场时一般就以空中传输线电流为主，按似静场方法计算。

习 题

8.1 试从麦克斯韦方程组出发，推导忽略位移电流(磁准场)时的波动方程。

$$\begin{cases}\nabla^2\boldsymbol{E}-\mu\gamma\dfrac{\partial\boldsymbol{E}}{\partial t}=0\\[2ex]\nabla^2\boldsymbol{H}-\mu\gamma\dfrac{\partial\boldsymbol{H}}{\partial t}=0\end{cases}$$

8.2 试从麦克斯韦方程组出发，推导忽略位移电流(磁准场)时的动态位方程。

$$\begin{cases}\nabla^2\varphi=-\dfrac{\rho}{\varepsilon}\\[2ex]\nabla^2\boldsymbol{A}=-\mu\boldsymbol{J}\end{cases}$$

8.3 一均匀绕制(每单位长度中有 n 匝)的细长螺管线圈，螺管半径为 a，螺管长度为 L，且 $a\ll L$，如习题 8.3 图所示，已知线圈中通有缓变电流 $i(t)=I_{\mathrm{m}}\sin(\omega t)$，求：

（1）螺管线圈内外的磁感应强度 $\boldsymbol{B}(t)$；

（2）螺管线圈内外任意点的感应电场强度 $\boldsymbol{E}(t)$。

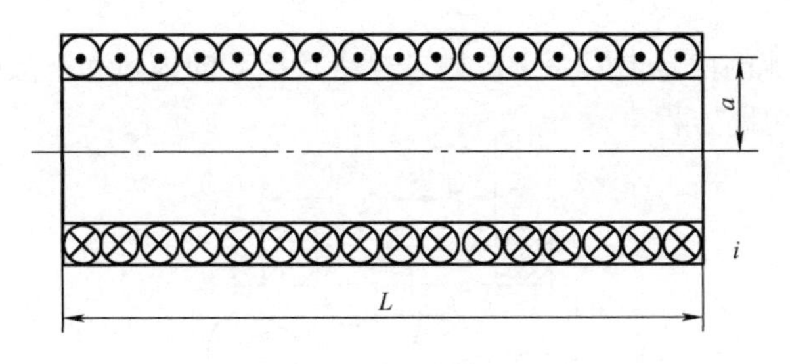

习题 8.3 图

8.4　圆形平板电容器，如习题 8.4 图所示，媒质参数为 ε、μ、γ；外加工频电压 $U = U_{\mathrm{m}}\sin(\omega t)$，求准静态近似条件下的 $\boldsymbol{D}$ 和 $\boldsymbol{B}$。

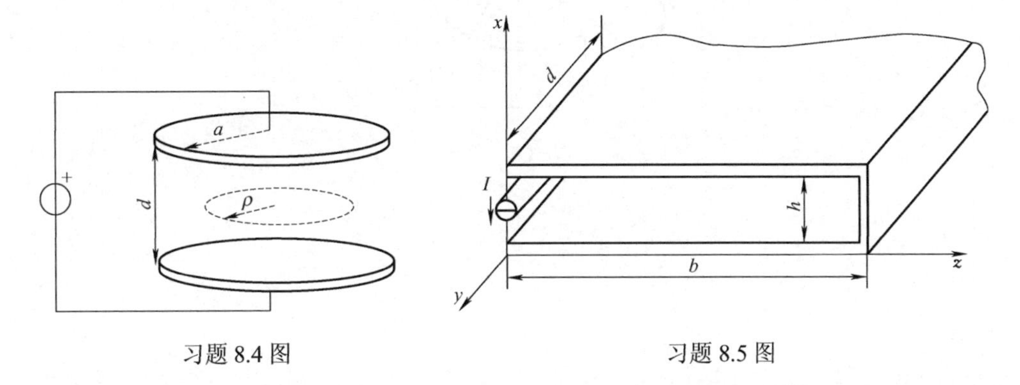

习题 8.4 图　　　　习题 8.5 图

8.5　将一电流源 $i(t) = I_0\sin(\omega t + \pi/2)$ 加到理想导体短路平行板传输线上，为了使问题对称性更强，加了一排等振幅的电流源，如习题 8.5 图所示。假定 $b \gg h$ 和 $d \gg h$，忽略边缘效应。计算准静态近似条件下的磁场、电场(可用螺管线圈计算磁场的公式)。

8.6　理想导体组成的同轴电缆内径和外径分别为 a 和 b，形成的传输线如习题 8.6 图所示。

（1）如果导体在 $z=0$ 处开路，且在 $z=-L$ 处由电压源激励。证明电准场是径向的，且为 $\dfrac{U}{\rho\ln(a/b)}$；

（2）如果导体在 $z=0$ 处短路，且在 $z=-L$ 处由电流源激励。证明磁准场是 ϕ 向的，且为 $I/2\pi\rho$。

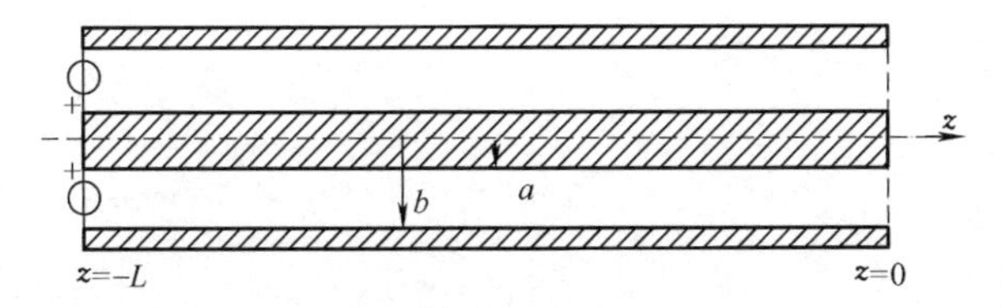

习题 8.6 图

8.7　利用电磁感应现象可以测量电流。习题 8.7 图所示螺绕环(设内部骨架的磁导率为 μ_0)的总匝数为 N，其截面是高为 h 的矩形，被测无限长导体圆柱上有缓变电流 $i_1(t)$，求

（1）载流直导体和螺绕环之间的互感；

（2）螺绕环的自感；

（3）用于测量电流的信号电阻为 R，如果忽略螺绕环的内阻和杂散电容，画出测量回路的等效电路，并列写电路方程。

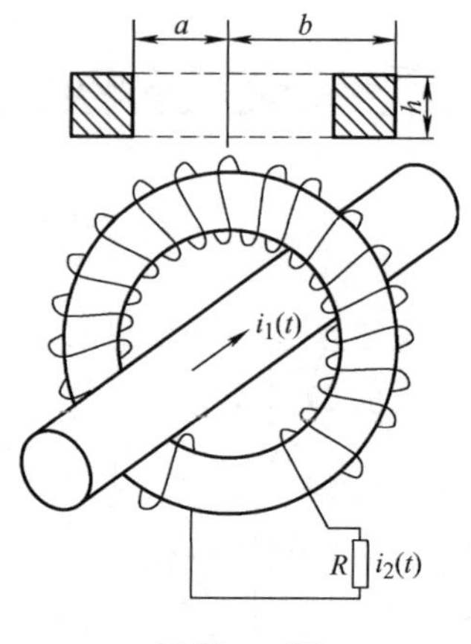

习题 8.7 图

第 9 章 高频电磁场——电磁波

如果说第 8 章谈的是几何尺寸为一个波长以下区域的电磁场，本章讨论的就是几个波长以上区域的电磁场，一种高频电磁场。时变电磁场其实就是电磁波，只是人们习惯将无源空间中变化较快的电磁场叫波。它与我们日常所见的水波、弦的振动、声波一样，也是一种物质存在的形态，但不同的地方在于这种物质形态不是实物物质的波动，而是由电场和磁场两个互相耦合在一起的物理量的波动，它有能量也有动量。

这里谈的电磁波局限在空间(自由空间和无界媒质)和波导中，主要用于信号的传输和能量的传输。信号的传输包括无线电信息传输(天线和遥感)，和导波装置中的传输；能量的传输就是高功率无线电电力传输，虽然由于技术困难曾经停滞不前，但现今在电磁武器中也取得长足进步。在这些传输中，材料的电磁特性起到很重要的作用，所以本章在一开始就介绍了材料的电磁特性。空间和波导中电磁场的定向传播是本章的重点内容，我们首先将其分为两个问题，一个是波形，涉及波的结构或模式，属于时变电磁场的边值问题；一个是波动，涉及波纵向传播的方式，电路中讲述的传输线问题就只涉及波动问题；然后在无界空间中和波导中加以深入分析；再在这个基础上介绍传输线的基础理论。最后分析电磁波的辐射问题。

9.1 波与媒质电磁特性

9.1.1 波与频率

波一般是指周期性的振动在空间或介质中的传播，例如 $E=\sqrt{2}E_0\sin(\omega t-\beta z)$ 。但是科学研究和工程实际中，未必都是周期性的振动在传播，如电磁干扰、杂波、核电磁脉冲等。举例来说，高空核爆(高 30km)形成电磁脉冲的电场随时间的分布为 $E(t)=E_0k(\mathrm{e}^{-\beta t}-\mathrm{e}^{-\alpha t})$ ，此时可以将它们分解为一个个周期性的函数，这些函数的叠加就是原来非周期性的波。总之，无论是周期性的波还是非周期性的电磁脉冲，最终都可以用周期性的波来研究。

周期性波的时间特征量有三个：频率、波长和速度，它们互相关联，但最常用的特征量就是它的频率。因为大部分研究对象都是由具有固定频率的激励源产生，而波长和速度随媒质不同而不同，所以频率实际是不变量。不同频率的波在同一媒质中的传播特性有很大不同，在同一导波装置中也有不同模式的传播方式，在应用中由于能量的不同也有很多区别，因此频率也是一个很重要的参量。

频率是振动在单位时间的重复次数，常用符号 f，单位 Hz。频率的倒数是周期，符号是 T，单位是 s。频率的 2π倍是角频率，符号是ω，单位是 rad/s。

$$\omega=2\pi f \tag{9-1-1}$$

在无界空间中，同一介质传播电磁波的速度是一样的，都是

$$v=\frac{1}{\sqrt{\mu\varepsilon}} \tag{9-1-2}$$

波长是同一时刻，相位差为2π的两个等相位面之间的距离，频率与波长的关系为

$$v=f\lambda \tag{9-1-3}$$

显然频率高的波长短，频率低的波长长。电磁波的不同性能来源于不同频率(波长)。例如长波能绕过高山、房屋，而波长较短的可见光却只能走直线。图9-1-1表示了按频率顺序(或波长)排列的电磁波。

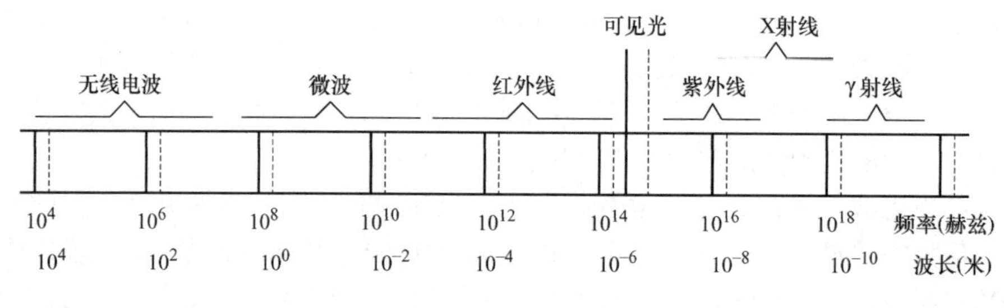

图9-1-1 电磁波谱

9.1.2 媒质电磁特性

媒质在外加电磁场的作用下，有三种电磁现象：传导、极化和磁化，传导是自由电荷(电子或离子)的定向运动现象；极化是束缚电荷形成的偶极子电特性现象；磁化是分子环流形成的偶极子磁特性现象。其特性分别用电导率γ、介电常数ε和磁导率μ来描述。

在静态场中，极化和磁化是已经达到稳定状态时的情况，然而极化或磁化本身是一种过程，需要经过一定的时间才能达到平衡态，这个时间称为极化或磁化的**响应时间**。在时变电磁场中，由于各种极化或磁化的响应时间不同，因而外加场随时间变化的快慢会影响介质极化或磁化的状态。另外在静态场中，只考虑媒质传导电流会产生的热损耗，但在时变场中，由于媒质内带电粒子之间和原子之间的相互作用，时变场中的极化和磁化也会产生热损耗且不断在变化。损耗的大小除了与媒质的材料特性有关外，还与外加电磁场变化的快慢有关，对时谐场而言就是与频率有关，这些特点在静态场或低频场可以忽略，在高频场有些就不能忽略了。

媒质的电磁特性涉及和电子、离子、原子和分子相关的学科，一般来说应该用量子力学的方法去处理更合适，但经典的理论模型也有直观的优势。这里对电介质、金属和等离子体经典模型的结果做一介绍，但不去深究它们的建立过程，它们也并非最准确的模型，只是简单而已。

1. 电介质

在时变电磁场中，电介质的特性不能再用静态场中的物性方程描述，需要考虑过程的变化。介质的极化根据极化机制可以分为两类，一类是弹性极化，一类是驰豫极化。所谓**弹性极化**是指极化响应时间快于电磁场变化时间的极化，也就是说极化过程来得及跟上电磁场的变化，电偶极子和外电场同步来回振荡。典型的如前面曾经介绍的电子位移极化和原子位移

极化，响应时间短到$10^{-15}\sim10^{-12}$s，对5×10^{12}Hz以下的时谐电磁场来说，都可以瞬时完成。与此相对，**驰豫极化**也就是极化响应时间慢于电磁场变化时间的极化，即极化过程跟不上电磁场的变化，电偶极子有点像在泥浆中振荡，会产生滞后现象，这种"泥浆"的阻尼来源于粒子间的相互作用。典型的如极性分子的偶极子转向极化，响应时间为$10^{-10}\sim10^{-6}$s，对10^{6}Hz以下的时谐电磁场来说，可以瞬时完成，但高于这个频率的就有驰豫过程。

显然，对于一般的弹性极化，因为极化和电场同步，包含很多电偶极子的电位移矢量和电场强度相位就相同，即

$$\dot{\boldsymbol{E}}=\frac{\boldsymbol{E}_{\mathrm{m}}}{\sqrt{2}}\qquad \dot{\boldsymbol{D}}=\frac{\boldsymbol{D}_{\mathrm{m}}}{\sqrt{2}} \tag{9-1-4}$$

而驰豫极化，由于阻尼作用，极化滞后于电场，电位移矢量落后于电场强度，即

$$\dot{\boldsymbol{E}}=\frac{\boldsymbol{E}_{\mathrm{m}}}{\sqrt{2}}\qquad \dot{\boldsymbol{D}}=\frac{\boldsymbol{D}_{\mathrm{m}}}{\sqrt{2}}\mathrm{e}^{-\mathrm{j}\varphi} \tag{9-1-5}$$

则介电常数变成了复数，表示为[㊀]

$$\varepsilon_{\mathrm{c}}=\frac{D_{\mathrm{m}}}{E_{\mathrm{m}}}\mathrm{e}^{-\mathrm{j}\varphi}=\varepsilon'-\mathrm{j}\varepsilon'' \tag{9-1-6}$$

式中，实部反映极化($\varepsilon'=\varepsilon$)，虚部反映"泥浆"阻尼造成的极化损耗。

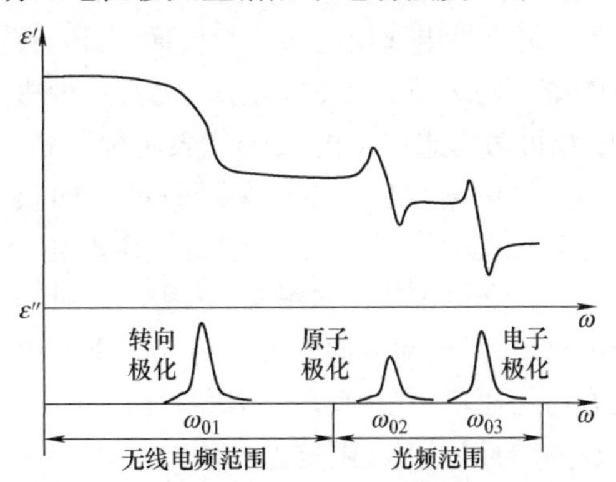

图 9-1-2　均匀电介质的介电常数与频率的关系

图9-1-2表示均匀电介质的介电常数与频率的关系，只有在频率较低时，ε'才与频率无关，而ε''很小，可以忽略[㊁]。一个简单的计算公式是德拜模型的结果

$$\begin{aligned}\varepsilon_{\mathrm{c}}&=\varepsilon_{\infty}+\frac{\varepsilon_S-\varepsilon_{\infty}}{1+\mathrm{j}\omega\tau}\\&=\varepsilon_{\infty}+\frac{\varepsilon_S-\varepsilon_{\infty}}{1+\omega^2\tau^2}-\mathrm{j}\frac{(\varepsilon_S-\varepsilon_{\infty})\omega\tau}{1+\omega^2\tau^2}\\&=\varepsilon'-\mathrm{j}\varepsilon''\end{aligned} \tag{9-1-7}$$

式中，ε_S是静态时的介电常数，ε_{∞}就是光频下的介电常数，τ是驰豫极化的响应时间，不同的极化方式，响应时间也不同，式(9-1-7)表明ε'随频率增加而逐渐减少；ε''在$\omega_0=1/\tau$时有一个突变，存在极大值即图9-1-2中ε''的三个突变处就是在三个$\omega_0=1/\tau$处，由于ε''反映的是"泥浆"造成的损耗，因此在ω_{01}处分子的转向极化首先跟不上外加电场的变化，产生损耗；继续增加频率，转向极化完全跟不上，则转向极化反而不造成损耗。再增加频率到ω_{02}，原子或离子的位移极化产生极大损耗，频率增加到ω_{03}，电子云的位移极化也跟不上了。

介电热损耗的原因就有两种，第一种就是刚才讨论的驰豫损耗，是由于偶极子在交变电场中振荡时，克服介质的内黏滞阻力形成的损耗，"泥浆"阻尼会带来热损耗。第二种是非理想介质的电导损耗，由泄漏的传导电流引起，有离子电导(包括空格点)，电泳电导(液态电介质中的带电分子团)和电子电导三种形式，其中离子电导是主要的形式。电介质泄漏电流的电

㊀ 有些教科书写为$\varepsilon_{\mathrm{c}}=\varepsilon'+\mathrm{j}\varepsilon''$，原因是时谐场采用的是$\mathrm{e}^{-\mathrm{j}\omega t}$，这里采用的是$\mathrm{e}^{\mathrm{j}\omega t}$。

㊁ 在非均匀介质中还存在空间电荷极化。

导率一般和频率无关，主要和温度有关，一个简单的模型公式是

$$\gamma = A\mathrm{e}^{-B/kT} \tag{9-1-8}$$

式中，A、B 是常数。第 8 章曾引入含电导率的复介电常数

$$\varepsilon_{\mathrm{c}} = \varepsilon - \mathrm{j}\frac{\gamma}{\omega} \tag{9-1-9}$$

来描述。这里将同样形成热损耗的驰豫损耗也等效为一种电导过程，则复介电常数扩充为

$$\varepsilon_c = \varepsilon' - \mathrm{j}\left(\varepsilon'' + \frac{\gamma}{\omega}\right) \tag{9-1-10}$$

实部仍表示介质的介电特性，虚部则表示介质的总损耗特性。就热损耗的外部效果来看，很难将电导损耗和驰豫损耗分开，有时就统一写为式(9-1-6)，用ε''代表两种机制；也可写为式(9-1-9)，用γ代表两种机制。

复介电常数也可以用某一频率下的损耗角正切表示。下面通过一个简单等效电路来描述复介电常数，如图 9-1-3 所示。对同一电介质(沿电流方向的长度为 d，垂直电流方向的面积为 s)而言，电容和泄漏电阻分别为$C=\varepsilon S/d$，$R=d/\gamma S=\varepsilon/\gamma C$，在交变电压$U(\omega)$的作用下，阻抗为

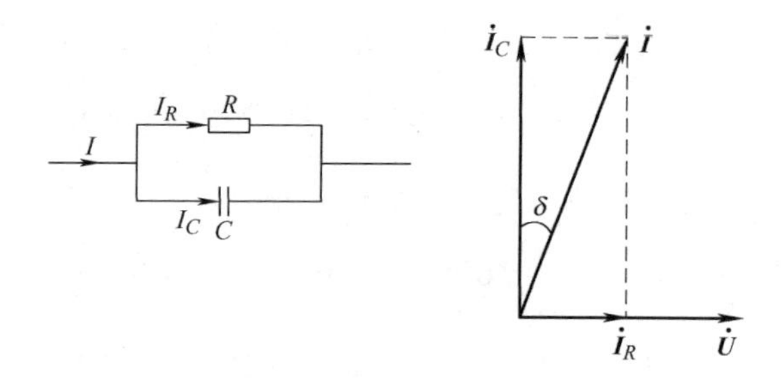

图 9-1-3 电介质的等效电路

$$\begin{aligned} Z(\omega) &= \frac{1}{\dfrac{1}{R}+\mathrm{j}\omega C} = \frac{1}{\dfrac{\gamma C}{\varepsilon}+\mathrm{j}\omega C} = \frac{1}{\mathrm{j}\omega\left[\varepsilon\left(1-\mathrm{j}\dfrac{\gamma}{\omega\varepsilon}\right)\right]\dfrac{s}{d}} \\ &= \frac{1}{\mathrm{j}\omega\tilde{C}} \end{aligned} \tag{9-1-11}$$

因此复电容为

$$\tilde{C} = \varepsilon\left(1-\mathrm{j}\frac{\gamma}{\omega\varepsilon}\right)\frac{s}{d} \tag{9-1-12}$$

复介电常数结果和式(9-1-9)一致。它的损耗角正切(有功功率和无功功率的比值)为

$$\tan\delta = \frac{I_R}{I_C} = \frac{\dfrac{\gamma C}{\varepsilon}}{\omega C} = \frac{\gamma}{\omega\varepsilon} \tag{9-1-13}$$

故复介电常数也可表示为

$$\varepsilon_{\mathrm{c}} = \varepsilon(1-\mathrm{j}\tan\delta) = \varepsilon' - \mathrm{j}\varepsilon'' \tag{9-1-14}$$

也就是说虚部实际是反映了电容器介质发热损耗的热量和储存的能量之比，其物理意义也更清楚，同时因为损耗角正切是一个可测量的量而带来很多方便。另外反过来可以认为损耗角正切实际是介电常数的虚部与实部之比。

2. 金属

金属是导体，我们最熟悉的电磁参数是导电率或电阻率,但是在静电场中有时说金属的介

电常数是无穷大，这里就产生两个问题：第一，金属有极化特性吗？第二，金属介电常数是多大？

金属模型由离子实和自由电子组成，总电荷为零(这里假设离子实净电荷为一，可移动的自由电子只有一个)。离子实包括原子核和壳层电子，都不能移动，组成晶核模型，图9-1-4a中的立方体固定了离子实。自由电子在无外场时，可以认为在离子实周围杂乱无章随机运动，因此导体内部每个地方的净电荷为零。下面根据这个简单的模型过渡到电导率和极化产生介电常数的两个简化模型。

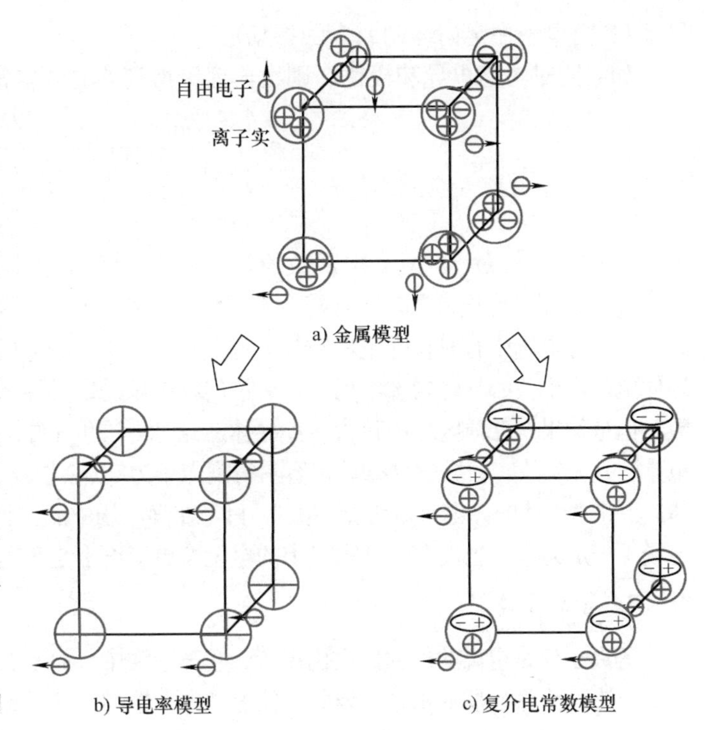

图 9-1-4　金属电磁参数简化模型

金属的导电模型。有外场时，金属里面的自由电子在随机运动基础上叠加一个定向运动，由于只关心载流子，即自由电子，因此简化一下离子实晶核的内部，认为就是一个正电荷，金属模型可以演变为导电率模型，如图9-1-4b所示，外部自由电子定向运动，大部分情况下离子实周围移走一个自由电子，马上就移来一个新的自由电子，导体内部不会积累电荷，参见驰豫过程的说明。由于自由电子在定向运动的过程中会碰撞到离子实，因此会有阻力，形成电阻率，也就是电导率的来源。注意由于离子实不运动，因此金属内部即使有电流(自由电子运动)，也可以无净电荷(离子实电荷和它周围定向运动的自由电子的电荷抵消)；在静电场中，由于部分自由电子移动到导体表面，以及在导体表面的离子实形成的感应电荷，这两部分电荷和外场的共同作用，在导体内部的场强为零，内部离子实周围的自由电子又开始随机运动，它们和离子实电荷又抵消，导体内还是无净电荷。

经典理论分析可以得到电导率，在这里无须深究，只需知道其表达式

$$\gamma=\frac{ne^2\tau}{m}\frac{1}{1+\omega^2\tau^2}=\frac{\gamma_0}{1+\omega^2\tau^2} \tag{9-1-15}$$

式中，n是电子浓度；τ是电子与其他粒子相邻两次碰撞的时间；γ_0是直流电导率。显然电导率是频率的函数。

下面介绍金属的极化模型。以一价金属为例，离子实内部其实有一个壳层电子，两个质子，其中一个壳层电子和一个质子可以看作是一个偶极子(因为都不能离开自己的位置，可以认为是成对的)，因此在外场作用下，特别是交变电场作用下，这个离子实中的偶极子和所有其他离子实中的偶极子一起变化，形成定向排列的偶极子，随交变电场来回振动，其复介电常数模型如图9-1-4c所示。因此，我们说金属也有极化产生的介电常数，当然它还是存在电

导率(自由电子在定向运动或来回振动)。

如果同时考虑电导和极化，则经典理论得到的复介电常数为

$$\begin{aligned}\varepsilon_{\mathrm{mc}} &= \varepsilon_0\left(1-\frac{\omega_0^2\tau^2}{1+\omega^2\tau^2}-\mathrm{j}\frac{\omega_0^2\tau}{\omega(1+\omega^2\tau^2)}\right) \\ &= \varepsilon'-\mathrm{j}\varepsilon''\end{aligned} \tag{9-1-16}$$

式中，$\omega_0^2 = ne^2/m\varepsilon_0$。复介电常数的实部反映了极化机制，虚部反映了电导机制。

显然金属有介电常数，而且随频率变化，一般来说并不很大，例如铜的介电常数为 $10\varepsilon_0$。那为什么在静电场中有时说介电常数是无穷大呢？其实，静电场中导体内部的电场为零，如果知道导体电位，不关心导体内部电场，在边值问题中只需定义导体边界电位，不用关心导体的介电常数；但是如果是介质区域中包含悬浮导体，此时无法预先知道导体电位，于是可以假设导体的介电常数是无穷大，根据 $\boldsymbol{E}=\boldsymbol{D}/\varepsilon$，很容易得到电场为零(除非 $\boldsymbol{D}$ 也是无穷大)，自然导体也就是等位体。因此“导体的介电常数为无穷大”，只是在静电场中的一种等效计算方法；时变场中，导体内电场不一定为零，也没有严格意义上的电位，更谈不上是等电位了，所以介电常数不是无穷大。

3. 等离子体

等离子体是电离的气体。它由电子、正离子和中性原子、分子或自由基所组成。由于电子和正离子的电荷总数基本相等，因此总体上是电中性的。基于这种电中性，才称为“等”离子体。在等离子体中，电子密度 n_e 和正离子密度 n_i 一般是不同的。但对于只带一价离子的等离子体，$n_e=n_i$。

如果只考虑简单模型，则在前面的金属模型中，去掉“固化”离子实的“立方体”，就可以理解成等离子体的模型。在非磁化等离子体中，如果认为离子是静止的，电子运动，其复介电常数为

$$\begin{aligned}\varepsilon_{\mathrm{pc}} &= \varepsilon_0\left(1-\frac{\omega_{\mathrm{e0}}^2}{\omega^2+\nu_{\mathrm{eff\text{-}e}}^2}-\mathrm{j}\frac{\omega_{\mathrm{e0}}^2\nu_{\mathrm{eff\text{-}e}}}{\omega(\omega^2+\nu_{\mathrm{eff\text{-}e}}^2)}\right) \\ &= \varepsilon'-\mathrm{j}\varepsilon''\end{aligned} \tag{9-1-17}$$

式中，ω_{e0} 为等离子体电子振荡频率，$\nu_{\mathrm{eff\text{-}e}}$ 为电子与电子、离子、分子等的有效碰撞频率。

9.2 电磁波的定向传播

电磁波在无界空间(自由空间和无界媒质)和波导中的传播有很多种方式，先讨论一种沿固定方向传播的电磁波，它是将在 9.3 节介绍的无界空间中传播的平面电磁波、是 9.5 节介绍的波导和传输线的基础。

研究定向传播电磁波的问题有两个方面，一个是研究电磁波在垂直传播方向的横截面内的分布规律，也就是波形问题(场结构或模式)；一个是研究电磁波沿传播方向的波动问题(行波、驻波以及与负载的匹配等)。波形问题实际就是时变电磁场的边值问题，波动问题实际就是研究波的传播方式问题(包含了传输线理论)。

9.2.1 定向传播的波动方程

对于沿固定方向传播的波，其波动方程可以进一步简化。做如下假设：传播方向(纵向 $\boldsymbol{e}_z$)

上装置结构和媒质特性是均匀的。在这种情况下，电场强度可写成$\dot{\boldsymbol{E}}=\dot{\boldsymbol{E}}_0(x,y)\dot{Z}(z)$的形式，其中$\dot{\boldsymbol{E}}_0(x,y)$反映了横截面内(垂直$z$轴的限定面)的分布规律，它不随坐标$z$变化，这里称为**波形因子**；$\dot{Z}(z)$反映了沿传播方向$z$轴的分布规律，它不随横向坐标$x,y$变化，这里称为**波动因子**(传播因子)。注意这两个因子都是复数，且互相关联。由此可以采用分离变量法处理波动方程。

重写第7章的波动方程(7-3-4)

$$\begin{cases}\nabla^2\dot{\boldsymbol{E}}+\omega^2\mu\varepsilon_c\dot{\boldsymbol{E}}=0 & (9\text{-}2\text{-}1a)\\ \nabla^2\dot{\boldsymbol{H}}+\omega^2\mu\varepsilon_c\dot{\boldsymbol{H}}=0 & (9\text{-}2\text{-}1b)\end{cases}$$

假定电磁波沿纵向$\boldsymbol{e}_z$传播，则

$$\begin{aligned}\dot{\boldsymbol{E}}(x,y,z)&=\dot{\boldsymbol{E}}_0(x,y)\dot{Z}(z)\\&=[\dot{E}_{0x}(x,y)\boldsymbol{e}_x+\dot{E}_{0y}(x,y)\boldsymbol{e}_y+\dot{E}_{0z}(x,y)\boldsymbol{e}_z]\dot{Z}(z)\end{aligned}\tag{9-2-2}$$

注意波形因子$\dot{\boldsymbol{E}}_0(x,y)$有三个方向上的分量；波动因子$\dot{Z}(z)$如果是复数，它有幅值和相位。以后为了方便，有时将$\dot{\boldsymbol{E}}(x,y,z)$和$\dot{\boldsymbol{E}}_0(x,y)$分别写为$\dot{\boldsymbol{E}}$和$\dot{\boldsymbol{E}}_0$。另外还有几种写法：

$$\begin{aligned}\dot{\boldsymbol{E}}(x,y,z)&=[\dot{\boldsymbol{E}}_{0\mathrm{T}}(x,y)+\dot{E}_{0z}(x,y)\boldsymbol{e}_z]\dot{Z}(z)\\&=\dot{\boldsymbol{E}}_{\mathrm{T}}(x,y,z)+\dot{E}_z(x,y,z)\boldsymbol{e}_z\end{aligned}\tag{9-2-3}$$

式中，$\dot{\boldsymbol{E}}_{0\mathrm{T}}(x,y)$和$\dot{\boldsymbol{E}}_{\mathrm{T}}(x,y,z)$都表示的是横截面方向上的分量，是矢量(相量)，$\dot{E}_{0z}(x,y)$和$\dot{E}_z(x,y,z)$是标量(相量)。需要指出的是，这里采用的是直角坐标系，如果采用柱坐标系也可以。

为了运算方便，引入横向算子

$$\nabla_T=\boldsymbol{e}_x\frac{\partial}{\partial x}+\boldsymbol{e}_y\frac{\partial}{\partial y}\tag{9-2-4}$$

则

$$\begin{aligned}\nabla&=\boldsymbol{e}_x\frac{\partial}{\partial x}+\boldsymbol{e}_y\frac{\partial}{\partial y}+\boldsymbol{e}_z\frac{\partial}{\partial z}\\&=\nabla_T+\boldsymbol{e}_z\frac{\partial}{\partial z}\end{aligned}\tag{9-2-5}$$

$$\begin{aligned}\nabla^2&=\frac{\partial^2}{\partial x^2}+\frac{\partial^2}{\partial y^2}+\frac{\partial^2}{\partial z^2}\\&={\nabla_T}^2+\frac{\partial^2}{\partial z^2}\end{aligned}\tag{9-2-6}$$

代入方程(9-2-1a)中，得到

$$-\dot{Z}(z)(\nabla_{\mathrm{T}}^2+\omega^2\mu\varepsilon_c)\dot{\boldsymbol{E}}_0(x,y)=\dot{\boldsymbol{E}}_0(x,y)\frac{\partial^2}{\partial z^2}\dot{Z}(z)$$

可以变换为

$$-(\nabla_{\mathrm{T}}^2+\omega^2\mu\varepsilon_{\mathrm{c}})\dot{\boldsymbol{E}}_0(x,y)=\dot{\boldsymbol{E}}_0(x,y)\frac{\dfrac{\partial^2}{\partial z^2}\dot{Z}(z)}{\dot{Z}(z)}\tag{9-2-7}$$

方程左边与 z 无关，右边与 z 有关的项应该等于常数，设为Γ，即

$$\frac{\frac{\partial^2}{\partial z^2}\dot{Z}(z)}{\dot{Z}(z)}=\Gamma^2 \tag{9-2-8}$$

或写为

$$\frac{\mathrm{d}^2}{\mathrm{d}z^2}\dot{Z}(z)-\Gamma^2\dot{Z}(z)=0 \tag{9-2-8′}$$

该方程的通解为

$$\dot{Z}(z)=A^{+}\mathrm{e}^{-\Gamma z}+A\ \mathrm{e}^{\Gamma z} \tag{9-2-9}$$

式中，第一项表示沿纵向 $\boldsymbol{e}_z$ 传播的波；第二项表示沿 $-\boldsymbol{e}_z$ 传播的波；Γ是**传播常数**，在一般情况下是复数，可以表示为

$$\Gamma=\alpha+\mathrm{j}\beta \tag{9-2-10}$$

式中，α 称为**衰减常数**，β 称为**相位常数或波数**，后面会介绍，对理想介质$\alpha=0$，$\Gamma=\mathrm{j}\beta$。传播常数显然是波动因子中最重要的物理量，大部分波动问题都与此有关㊀。

方程(9-2-7)变为

$$\nabla_{\mathrm{T}}^2\dot{\boldsymbol{E}}_0(x,y)+(\omega^2\mu\varepsilon_{\mathrm{c}}+\Gamma^2)\dot{\boldsymbol{E}}_0(x,y)=0 \tag{9-2-11}$$

令

$$K_{\mathrm{c}}^2=\omega^2\mu\varepsilon_{\mathrm{c}}+\Gamma^2 \tag{9-2-12}$$

称为**截止波数**，则关于波形因子的方程可以写为

$$\nabla_{\mathrm{T}}^2\dot{\boldsymbol{E}}_0(x,y)+K_{\mathrm{c}}^2\dot{\boldsymbol{E}}_0(x,y)=0 \tag{9-2-13}$$

在直角坐标系(和柱坐标系)中，还可以写成横截面和纵向方向分量的方程

$$\begin{cases}\nabla_{\mathrm{T}}^2\dot{\boldsymbol{E}}_{0\mathrm{T}}(x,y)+K_{\mathrm{c}}^2\dot{\boldsymbol{E}}_{0\mathrm{T}}(x,y)=0 & \text{(9-2-14a)}\\ \nabla_{\mathrm{T}}^2\dot{E}_{0z}(x,y)+K_{\mathrm{c}}^2\dot{E}_{0z}(x,y)=0 & \text{(9-2-14b)}\end{cases}$$

同理，也可以定义

$$\begin{aligned}\dot{\boldsymbol{H}}(x,y,z)&=\dot{\boldsymbol{H}}_0(x,y)\dot{Z}(z)\\&=[\dot{H}_{0x}(x,y)\boldsymbol{e}_x+\dot{H}_{0y}(x,y)\boldsymbol{e}_y+\dot{H}_{0z}(x,y)\boldsymbol{e}_z]\dot{Z}(z)\end{aligned} \tag{9-2-15}$$

则关于磁场强度的方程为

$$\nabla_{\mathrm{T}}^2\dot{\boldsymbol{H}}_0(x,y)+K_{\mathrm{c}}^2\dot{\boldsymbol{H}}_0(x,y)=0 \tag{9-2-16}$$

也可以写成横截面方向和纵向方向分量的方程

$$\begin{cases}\nabla_{\mathrm{T}}^2\dot{\boldsymbol{H}}_{0\mathrm{T}}(x,y)+K_{\mathrm{c}}^2\dot{\boldsymbol{H}}_{0\mathrm{T}}(x,y)=0 & \text{(9-2-17a)}\\ \nabla_{\mathrm{T}}^2\dot{H}_{0z}(x,y)+K_{\mathrm{c}}^2\dot{H}_{0z}(x,y)=0 & \text{(9-2-17b)}\end{cases}$$

㊀ 这里的传播常数描述的是沿 $\boldsymbol{e}_z$ 向传播的波，如果是任意方向，则 Γ 是矢量，$\boldsymbol{\Gamma}=\Gamma_x\boldsymbol{e}_x+\Gamma_y\boldsymbol{e}_y+\Gamma_z\boldsymbol{e}_z$，它本身又是复数，因此 $\boldsymbol{\Gamma}=\boldsymbol{\alpha}+\mathrm{j}\boldsymbol{\beta}=(\alpha_x\boldsymbol{e}_x+\alpha_y\boldsymbol{e}_y+\alpha_z\boldsymbol{e}_z)+\mathrm{j}(\beta_x\boldsymbol{e}_x+\beta_y\boldsymbol{e}_y+\beta_z\boldsymbol{e}_z)$。

对于波形因子的方程(9-2-13)和方程(9-2-16)，除了方程的形态外，最重要的参量就是这个截止波数 K_c，也就是说一样的方程需要一个特定的参数 K_c 确定方程解的特殊形式(但仍不是特解，特解还需要边界条件)。根据式(9-2-12)，截止波数 K_c 与传播常数 Γ 、激励源频率 ω 以及媒质电磁参数 ε、μ 有关，那么到底哪个是最基本的因变量呢？显然激励源频率 ω 以及媒质电磁参数 ε、μ 是最基本的因变量，但是电磁装置的结构难道不起作用吗？后面的介绍将告诉我们，截止波数 K_c 实际是由装置的几何结构和边界条件决定，这样传播常数 Γ 由截止波数 K_c 和参数 $\omega^2\mu\varepsilon_c$ 决定就会显得合理些。当然，如果 K_c=0(后面要讲到的一种波形)，传播常数就仅由 $\omega^2\mu\varepsilon_c$ 决定，此时装置无结构(例如无界空间)，或相当于无结构(波动因子不受特定结构影响)。图 9-2-1 反映了传播常数 Γ 、截止波数 K_c 和参数 $\omega^2\mu\varepsilon_c$ 之间的关系。

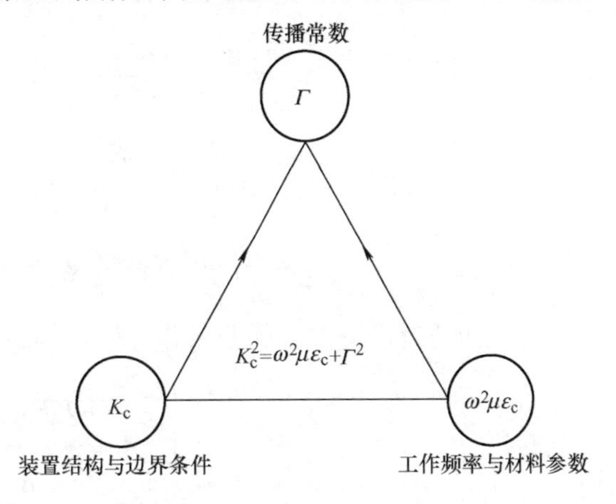

图 9-2-1　三个传播参数之间的关系

波形因子是复数，波动因子也是复数，如果暂且不管它们的具体形式，只是简单认为是两个复数，则场量某一方向的分量可写成 $E_{0m}(x,y)e^{-j\psi(x,y)}$ 和 $Z_m(z)e^{-j\zeta(z)}$ 两部分的乘积，它们模的乘积应该说组成最终的振动幅值 $E_{0m}(x,y)Z_m(z)$，只是波形因子的模 $E_{0m}(x,y)$ 是幅值的"幅值"，而波动因子的模 $Z_m(z)$ 是幅值沿传播方向变化的因子，多半是"衰减"因子；波形因子和波动因子的幅角部分 $e^{-j\psi(x,y)-j\zeta(z)}$ 组成振动 $\sin[\omega t-\psi(x,y)-\zeta(z)]$ 的相位，只是波形因子的幅角部分 $e^{-j\psi(x,y)}$ 形成初相位，而波动因子的幅角部分 $e^{-j\zeta(z)}$ 因为是沿 $\boldsymbol{e}_z$ 方向传播,所以具有波动特征的相位(推迟位)。**关于波形的问题就是围绕截止波数 K_c 来研究，关于波动的问题就是围绕传播常数 Γ 来研究，而这两个参数是有关系的，也就是说波形和波动实际是互相牵连的**(即使 K_c=0，也有波形，只是较为特殊，例如柱形波导中，但此时传播常数与截止波数无关)。9.3 节先介绍了无界空间最简单的定向波——平面电磁波(K_c=0)；熟悉了基本特性后，9.4 节再分析截止波数和传播常数的一般特性和关系；据此，在 9.5 节再讨论有界空间中的定向波——也就是工程中应用的波导。

9.2.2　波形因子的纵向解法

对于定向传播而言，沿相反方向传播的两个行波，除方向不同外，并无本质的区别，因此有些讨论只需考虑一个方向的行波就可以了，即

$$\begin{cases}\dot{\boldsymbol{E}}(x,y,z)=\dot{\boldsymbol{E}}_0(x,y)e^{-\Gamma z}\\ \dot{\boldsymbol{H}}(x,y,z)=\dot{\boldsymbol{H}}_0(x,y)e^{-\Gamma z}\end{cases} \tag{9-2-18}$$

到目前为止，场量的自变量虽然分离出了一个，但还是有三个方向的分量，下面利用电磁感应定律和全电流定律作进一步变化。

因为 $\nabla\times\dot{\boldsymbol{E}}=-j\omega\mu\dot{\boldsymbol{H}}$，则

$$\nabla\times\dot{\boldsymbol{E}}(x,y,z)=\begin{vmatrix}\boldsymbol{e}_x & \boldsymbol{e}_y & \boldsymbol{e}_z\\ \dfrac{\partial}{\partial x} & \dfrac{\partial}{\partial y} & \dfrac{\partial}{\partial z}\\ \dot{E}_{0x}(x,y)\mathrm{e}^{-\Gamma z} & \dot{E}_{0y}(x,y)\mathrm{e}^{-\Gamma z} & \dot{E}_{0z}(x,y)\mathrm{e}^{-\Gamma z}\end{vmatrix}$$

$$=\boldsymbol{e}_x\left(\mathrm{e}^{-\Gamma z}\frac{\partial\dot{E}_{0z}}{\partial y}+\Gamma\mathrm{e}^{-\Gamma z}\dot{E}_{0y}\right)+\boldsymbol{e}_y\left(-\Gamma\mathrm{e}^{-\Gamma z}\dot{E}_{0x}-\mathrm{e}^{-\Gamma z}\frac{\partial\dot{E}_{0z}}{\partial x}\right)+ \tag{9-2-19}$$

$$\boldsymbol{e}_z\left(\mathrm{e}^{-\Gamma z}\frac{\partial\dot{E}_{0y}}{\partial x}-\mathrm{e}^{-\Gamma z}\frac{\partial\dot{E}_{0x}}{\partial y}\right)$$

$$=-\mathrm{j}\omega\mu\left(\dot{H}_{0x}\mathrm{e}^{-\Gamma z}\boldsymbol{e}_x+\dot{H}_{0y}\mathrm{e}^{-\Gamma z}\boldsymbol{e}_y+H_{0z}\mathrm{e}^{-\Gamma z}\boldsymbol{e}_z\right)$$

方程两边对应方向上的分量作比较，得到

$$\frac{\partial\dot{E}_{0z}}{\partial y}+\Gamma\dot{E}_{0y}=-\mathrm{j}\omega\mu\dot{H}_{0x} \tag{9-2-20a}$$

$$-\Gamma\dot{E}_{0x}-\frac{\partial\dot{E}_{0z}}{\partial x}=-\mathrm{j}\omega\mu\dot{H}_{0y} \tag{9-2-20b}$$

$$\frac{\partial\dot{E}_{0y}}{\partial x}-\frac{\partial\dot{E}_{0x}}{\partial y}=-\mathrm{j}\omega\mu H_{0z} \tag{9-2-20c}$$

又因为$\nabla\times\dot{\boldsymbol{H}}=\mathrm{j}\omega\varepsilon_{\mathrm{c}}\dot{\boldsymbol{E}}$，则

$$\nabla\times\dot{\boldsymbol{H}}(x,y,z)=\begin{vmatrix}\boldsymbol{e}_x & \boldsymbol{e}_y & \boldsymbol{e}_z\\ \dfrac{\partial}{\partial x} & \dfrac{\partial}{\partial y} & \dfrac{\partial}{\partial z}\\ \dot{H}_{0x}(x,y)\mathrm{e}^{-\Gamma z} & \dot{H}_{0y}(x,y)\mathrm{e}^{-\Gamma z} & \dot{H}_{0z}(x,y)\mathrm{e}^{-\Gamma z}\end{vmatrix}$$

$$=\boldsymbol{e}_x\left(\mathrm{e}^{-\Gamma z}\frac{\partial\dot{H}_{0z}}{\partial y}+\Gamma\mathrm{e}^{-\Gamma z}\dot{H}_{0y}\right)+\boldsymbol{e}_y\left(-\Gamma\mathrm{e}^{-\Gamma z}\dot{H}_{0x}-\mathrm{e}^{-\Gamma z}\frac{\partial\dot{H}_{0z}}{\partial x}\right)+ \tag{9-2-21}$$

$$\boldsymbol{e}_z\left(\mathrm{e}^{-\Gamma z}\frac{\partial\dot{H}_{0y}}{\partial x}-\mathrm{e}^{-\Gamma z}\frac{\partial\dot{H}_{0x}}{\partial y}\right)$$

$$=\mathrm{j}\omega\varepsilon_{\mathrm{c}}(\dot{E}_{0x}\mathrm{e}^{-\Gamma z}\boldsymbol{e}_x+\dot{E}_{0y}\mathrm{e}^{-\Gamma z}\boldsymbol{e}_y+\dot{E}_{0z}\mathrm{e}^{-\Gamma z}\boldsymbol{e}_z)$$

方程两边对应方向上的分量作比较，得到

$$\frac{\partial\dot{H}_{0z}}{\partial y}+\Gamma\dot{H}_{0y}=\mathrm{j}\omega\varepsilon_{\mathrm{c}}\dot{E}_{0x} \tag{9-2-22a}$$

$$-\Gamma\dot{H}_{0x}-\frac{\partial\dot{H}_{0z}}{\partial x}=\mathrm{j}\omega\varepsilon_{\mathrm{c}}\dot{E}_{0y} \tag{9-2-22b}$$

$$\frac{\partial\dot{H}_{0y}}{\partial x}-\frac{\partial\dot{H}_{0x}}{\partial y}=\mathrm{j}\omega\varepsilon_{\mathrm{c}}\dot{E}_{0z} \tag{9-2-22c}$$

由式(9-2-20a)和式(9-2-22b)得到

$$\frac{\partial \dot{E}_{0z}}{\partial y}+\frac{\Gamma}{\mathrm{j}\omega\varepsilon_{\mathrm{c}}}\left(-\Gamma\dot{H}_{0x}-\frac{\partial \dot{H}_{0z}}{\partial x}\right)=-\mathrm{j}\omega\mu\dot{H}_{0x}$$

即

$$\dot{H}_{0x}=\frac{1}{\Gamma^2+\omega^2\mu\varepsilon_{\mathrm{c}}}\left(\mathrm{j}\omega\varepsilon_{\mathrm{c}}\frac{\partial \dot{E}_{0z}}{\partial y}-\Gamma\frac{\partial \dot{H}_{0z}}{\partial x}\right) \tag{9-2-23}$$

由式(9-2-20b)和式(9-2-22a)同样得到

$$\dot{H}_{0y}=\frac{-1}{\Gamma^2+\omega^2\mu\varepsilon_{\mathrm{c}}}\left(\mathrm{j}\omega\varepsilon_{\mathrm{c}}\frac{\partial \dot{E}_{0z}}{\partial x}+\Gamma\frac{\partial \dot{H}_{0z}}{\partial y}\right) \tag{9-2-24}$$

由式(9-2-20b)和式(9-2-22a)也可以得到

$$\dot{E}_{0x}=\frac{-1}{\Gamma^2+\omega^2\mu\varepsilon_{\mathrm{c}}}\left(\mathrm{j}\omega\mu\frac{\partial \dot{H}_{0z}}{\partial y}+\Gamma\frac{\partial \dot{E}_{0z}}{\partial x}\right) \tag{9-2-25}$$

由式(9-2-20a)和式(9-2-22b)也可以得到

$$\dot{E}_{0y}=\frac{1}{\Gamma^2+\omega^2\mu\varepsilon_{\mathrm{c}}}\left(\mathrm{j}\omega\mu\frac{\partial \dot{H}_{0z}}{\partial x}-\Gamma\frac{\partial \dot{E}_{0z}}{\partial y}\right) \tag{9-2-26}$$

上面四个方程可以写成

$$\begin{cases}\dot{E}_{0x}=\dfrac{-1}{K_{\mathrm{c}}^2}\left(\mathrm{j}\omega\mu\dfrac{\partial \dot{H}_{0z}}{\partial y}+\Gamma\dfrac{\partial \dot{E}_{0z}}{\partial x}\right) & (9\text{-}2\text{-}27\mathrm{a})\\ \dot{E}_{0y}=\dfrac{1}{K_{\mathrm{c}}^2}\left(\mathrm{j}\omega\mu\dfrac{\partial \dot{H}_{0z}}{\partial x}-\Gamma\dfrac{\partial \dot{E}_{0z}}{\partial y}\right) & (9\text{-}2\text{-}27\mathrm{b})\end{cases}$$

$$\begin{cases}\dot{H}_{0x}=\dfrac{1}{K_{\mathrm{c}}^2}\left(\mathrm{j}\omega\varepsilon_{\mathrm{c}}\dfrac{\partial \dot{E}_{0z}}{\partial y}-\Gamma\dfrac{\partial \dot{H}_{0z}}{\partial x}\right) & (9\text{-}2\text{-}28\mathrm{a})\\ \dot{H}_{0y}=\dfrac{-1}{K_{\mathrm{c}}^2}\left(\mathrm{j}\omega\varepsilon_{\mathrm{c}}\dfrac{\partial \dot{E}_{0z}}{\partial x}+\Gamma\dfrac{\partial \dot{H}_{0z}}{\partial y}\right) & (9\text{-}2\text{-}28\mathrm{b})\end{cases}$$

仔细分析上面两个方程组可以发现，只要求出波形因子的纵向“分量”(不含波动因子$\dot{Z}(z)$)，就可以根据它们求出横向“分量”，此即为求解定向传播电磁波的纵向分量法。如果“碰巧”纵向分量为零，则此法不行，还是要回到波动方程(9-2-13)和方程(9-2-16)寻求解。

实际上将式(9-2-19)和式(9-2-21)变化一下，还可以得到

$$\nabla_{\mathrm{T}}\times\dot{\boldsymbol{E}}_{\mathrm{T}}(x,y,z)=-\mathrm{j}\omega\mu\dot{H}_z(x,y,z)\boldsymbol{e}_z \tag{9-2-29}$$

$$\nabla_{\mathrm{T}}\times\dot{\boldsymbol{H}}_{\mathrm{T}}(x,y,z)=\mathrm{j}\omega\varepsilon_{\mathrm{c}}\dot{E}_z(x,y,z)\boldsymbol{e}_z \tag{9-2-30}$$

最后将前面各种方程和解的形式总结成表9-2-1。

例 9.2.1 以空气为介质，相距为 d 的两块无限大金属平行板间导行波的纵向分量为 $\dot{E}_z=0$， $\dot{H}_z=H_0\cos(m\pi x/d)\mathrm{e}^{-\mathrm{j}\beta z}$，求其余各场分量。

解：利用式(9-2-27)和式(9-2-28)可知

$$\begin{cases}\dot{E}_{0x}=0\\ \dot{E}_{0y}=\dfrac{1}{K_{\mathrm{c}}^2}\left(\mathrm{j}\omega\mu\dfrac{\partial \dot{H}_{0z}}{\partial x}\right)\end{cases}\qquad\begin{cases}\dot{H}_{0x}=-\dfrac{1}{K_{\mathrm{c}}^2}\left(\Gamma\dfrac{\partial \dot{H}_{0z}}{\partial x}\right)\\ \dot{H}_{0y}=0\end{cases}$$

表 9-2-1 定向传播电磁波的波动方程

波动方程 $\begin{cases}\nabla^2\dot{\boldsymbol{E}}+\omega^2\mu\varepsilon_c\dot{\boldsymbol{E}}=0\\\nabla^2\dot{\boldsymbol{H}}+\omega^2\mu\varepsilon_c\dot{\boldsymbol{H}}=0\end{cases}$ 定向传播波的形式 $\begin{cases}\dot{\boldsymbol{E}}(x,y,z)=\dot{\boldsymbol{E}}_0(x,y)\dot{Z}(z)=\dot{\boldsymbol{E}}_{\mathrm{T}}(x,y,z)+\dot{E}_z(x,y,z)\boldsymbol{e}_z\\\dot{\boldsymbol{H}}(x,y,z)=\dot{\boldsymbol{H}}_0(x,y)\dot{Z}(z)=\dot{\boldsymbol{H}}_{\mathrm{T}}(x,y,z)+\dot{H}_z(x,y,z)\boldsymbol{e}_z\end{cases}$ 横向分量的电磁感应定律和全电流定律 $\begin{cases}\nabla_{\mathrm{T}}\times\dot{\boldsymbol{E}}_{\mathrm{T}}(x,y,z)=-\mathrm{j}\omega\mu\dot{H}_z(x,y,z)\boldsymbol{e}_z\\\nabla_{\mathrm{T}}\times\dot{\boldsymbol{H}}_{\mathrm{T}}(x,y,z)=\mathrm{j}\omega\varepsilon_c\dot{E}_z(x,y,z)\boldsymbol{e}_z\end{cases}$	
波形因子的波动方程 $\begin{cases}\nabla_{\mathrm{T}}^2\dot{\boldsymbol{E}}_0(x,y)+K_c^2\dot{\boldsymbol{E}}_0(x,y)=0\\\nabla_{\mathrm{T}}^2\dot{\boldsymbol{H}}_0(x,y)+K_c^2\dot{\boldsymbol{H}}_0(x,y)=0\end{cases}$	波动因子的形式 $\dot{Z}(z)=A^+\mathrm{e}^{-\Gamma z}+A^-\mathrm{e}^{\Gamma z}$ （$K_c^2=\omega^2\mu\varepsilon_c+\Gamma^2$）

代入磁场纵向分量 $\dot{H}_{0z}=H_0\cos(m\pi x/d)$，得到

$$\begin{cases}\dot{E}_{0y}=-\dfrac{\mathrm{j}\omega\mu}{K_c^2}\dfrac{m\pi}{d}H_0\sin\left(\dfrac{m\pi}{d}x\right)\mathrm{e}^{-\mathrm{j}\beta z}\\\dot{H}_{0x}=\dfrac{\mathrm{j}\beta}{K_c^2}\dfrac{m\pi}{d}H_0\sin\left(\dfrac{m\pi}{d}x\right)\mathrm{e}^{-\mathrm{j}\beta z}\end{cases}$$

截止波数 $K_c^2=\omega^2\mu\varepsilon+(\mathrm{j}\beta)^2$（实际问题中，先根据装置结构确定 K_c，再确定相位常数β）。

9.3 无界空间中的均匀平面电磁波

下面来讨论一种最简单的定向传播的电磁波——均匀平面电磁波。它的应用背景是当辐射出去的球面波在无界空间中传播到很远处，一个局部球面可以近似等效为平面。例如，来自空中的无线电信号和海水里传播的电磁波都可以看作是平面波；另外电磁场在很大的金属导体中传播时，由于趋肤效应，一般只在导体表面很窄的范围内出现，这个渗透深度相对于导体的横向尺寸非常小，可以认为电磁场(也可以认为是电磁波)是在无限大平面内传播。

9.3.1 均匀平面电磁波

首先介绍几个名词。

1) **等相位面**：在同一时刻，相位相同的点构成的面。

2) **等振幅面**：在同一时刻，振幅相同的点构成的面。

3) **平面波**：等相位面为平面的波。例如 $\boldsymbol{E}(r)\sin(\omega t-\beta z)$，其等相位面就是垂直于 z 轴的平面，是平面波；而 $\boldsymbol{E}(r)\sin(\omega t-\beta r)$，等相位面为球面，是球面波。

4) **均匀平面波**：不但等相位面为平面，而且等相位面上各点的场强都相等的电磁波，即等相位面和等振幅面相重合的平面波。例如 $\sqrt{2}E_0\mathrm{e}^{-\alpha z}\sin(\omega t-\beta z)$ 是均匀平面波，而 $\sqrt{2}E_0\mathrm{e}^{-\alpha x}\sin(\omega t-\beta z)$ 是非均匀平面波，它的等相位面为 z 等于常数的平面，等振幅面为 x 等于常数的平面。

讨论的方法是先假定这种波具有均匀平面波的特征，然后带入麦克斯韦方程组，研究它的特性。注意这里没有考虑初始条件，是一种纯理想化的电磁波。

如果设定传播方向为 $\boldsymbol{e}_z$，对均匀平面波而言，等相位面为垂直于 z 轴的平面且与变量 x、

y 无关，可设

$$\begin{cases} \boldsymbol{E}=\boldsymbol{E}(z,t) & (9\text{-}3\text{-}1\text{a}) \\ \boldsymbol{H}=\boldsymbol{H}(z,t) & (9\text{-}3\text{-}1\text{b}) \end{cases}$$

及复数形式

$$\begin{cases} \dot{\boldsymbol{E}}=\dot{\boldsymbol{E}}(z) & (9\text{-}3\text{-}2\text{a}) \\ \dot{\boldsymbol{H}}=\dot{\boldsymbol{H}}(z) & (9\text{-}3\text{-}2\text{b}) \end{cases}$$

根据电磁感应定律和全电流定律

$$\begin{cases} \nabla\times\dot{\boldsymbol{E}}=-\mathrm{j}\omega\mu\dot{\boldsymbol{H}} \\ \nabla\times\dot{\boldsymbol{H}}=\mathrm{j}\omega\varepsilon_{\mathrm{c}}\dot{\boldsymbol{E}} \end{cases}$$

所以

$$\begin{cases} \dot{H}_z=0 & (9\text{-}3\text{-}3\text{a}) \\ \dot{E}_z=0 & (9\text{-}3\text{-}3\text{b}) \end{cases}$$

即 $\boldsymbol{E}$ 和 $\boldsymbol{H}$ 只有垂直传播方向的分量而且波形因子与 x、y 无关，是常数(可能是复常数)，主要是波动问题。如果选取特定的坐标系，使得 $\boldsymbol{E}$ 只有一个坐标方向分量，例如 $\boldsymbol{e}_x$ 方向，则 $\boldsymbol{H}$ 只有 $\boldsymbol{e}_y$ 方向的分量，换句话说 $\boldsymbol{E}$ 和 $\boldsymbol{H}$ 互相垂直，并都垂直运动方向($\boldsymbol{E}\times\boldsymbol{H}$ 为 v 向)，这种波称为**横电磁波**(Transverse Electric and Magnetic Wave，TEM)。

因为 $\dot{E}_z=0, \dot{H}_z=0$，考虑到方程(9-2-27)和方程(9-2-28)，可知只有 $K_{\mathrm{c}}=0$ 时，场的横向分量才有非零解，再根据式(9-2-12)得到传播常数为

$$\begin{aligned} \Gamma &= \mathrm{j}\omega\sqrt{\mu\varepsilon_{\mathrm{c}}}=\mathrm{j}\omega\sqrt{\mu\varepsilon\left(1-\mathrm{j}\frac{\gamma}{\omega\varepsilon}\right)} \\ &= \alpha+\mathrm{j}\beta \end{aligned} \tag{9-3-4}$$

数学变换后可以求得衰减常数为

$$\alpha=\omega\sqrt{\frac{\mu\varepsilon}{2}\left[\sqrt{1+\left(\frac{\gamma}{\omega\varepsilon}\right)^2}-1\right]} \tag{9-3-5}$$

相位常数为

$$\beta=\omega\sqrt{\frac{\mu\varepsilon}{2}\left[\sqrt{1+\left(\frac{\gamma}{\omega\varepsilon}\right)^2}+1\right]} \tag{9-3-6}$$

根据 9.2 节的介绍，这里先讨论入射波的形式

$$\dot{\boldsymbol{E}}^+(z)=\dot{\boldsymbol{E}}_{0x}^+(x,y)\dot{Z}(z)=\dot{E}_{0x}^+\mathrm{e}^{-\Gamma z}\hat{\boldsymbol{e}}_x=E_{0x}^+\mathrm{e}^{\mathrm{j}\varphi_{x0}}\mathrm{e}^{-\Gamma z}\hat{\boldsymbol{e}}_x \tag{9-3-7}$$

φ_{x0}是初相位，传播常数 $\Gamma=\mathrm{j}\omega\sqrt{\mu\varepsilon_{\mathrm{c}}}=\alpha+\mathrm{j}\beta$ 是复数，其瞬时表达式为

$$\boldsymbol{E}^+(z,t)=\sqrt{2}E_{0x}^+\mathrm{e}^{-\alpha z}\sin(\omega t-\beta z+\varphi_{x0})\hat{\boldsymbol{e}}_x \tag{9-3-8}$$

根据电磁感应定律，容易求得磁场

$$\nabla \times \dot{\boldsymbol{E}}^{+}(z)=\begin{vmatrix} \hat{\boldsymbol{e}}_x & \hat{\boldsymbol{e}}_y & \hat{\boldsymbol{e}}_z \\ \dfrac{\partial}{\partial x} & \dfrac{\partial}{\partial y} & \dfrac{\partial}{\partial z} \\ E_{0x}^{+}\mathrm{e}^{\mathrm{j}\varphi_{x0}}\mathrm{e}^{-\Gamma z} & 0 & 0 \end{vmatrix}=-\Gamma E_{0x}^{+}\mathrm{e}^{\mathrm{j}\varphi_{x0}}\mathrm{e}^{-\Gamma z}\hat{\boldsymbol{e}}_y=-\mathrm{j}\omega\mu\dot{\boldsymbol{H}}^{+}(z) \tag{9-3-9}$$

显然磁场只有 y 方向分量，即

$$\dot{\boldsymbol{H}}^{+}(z)=\dot{H}_{0y}^{+}\mathrm{e}^{-\Gamma z}\hat{\boldsymbol{e}}_y=\frac{\Gamma}{\mathrm{j}\omega\mu}E_{0x}^{+}\mathrm{e}^{\mathrm{j}\varphi_{x0}}\mathrm{e}^{-\Gamma z}\hat{\boldsymbol{e}}_y \tag{9-3-10}$$

定义 Z_{TEM} 为电场和磁场横向分量的复振幅之比，称为**波形阻抗**，简称**波阻抗**，即

$$Z_{\mathrm{TEM}}=\frac{\dot{E}_{0x}^{+}}{\dot{H}_{0y}^{+}}=\frac{\mathrm{j}\omega\mu}{\Gamma} \tag{9-3-11}$$

它是复数，但一般不在符号 Z 上打点，注意和波动因子 $\dot{Z}(z)$ 不是一回事。经过复数运算可以得到

$$Z_{\mathrm{TEM}}=\frac{\eta}{\sqrt{2}\sqrt{1+\left(\dfrac{\gamma}{\omega\varepsilon}\right)^2}}\left[\frac{\dfrac{\gamma}{\omega\varepsilon}}{\sqrt{\sqrt{1+\left(\dfrac{\gamma}{\omega\varepsilon}\right)^2}-1}}+\mathrm{j}\sqrt{\sqrt{1+\left(\dfrac{\gamma}{\omega\varepsilon}\right)^2}-1}\right]=\left|Z_{\mathrm{TEM}}\right|\mathrm{e}^{\mathrm{j}\psi} \tag{9-3-12}$$

式中，$\eta=\sqrt{\mu/\varepsilon}$。计算得到幅值为

$$\left|Z_{\mathrm{TEM}}\right|=\frac{\eta}{\sqrt[4]{1+(\gamma/\omega\varepsilon)^2}} \tag{9-3-13}$$

幅角 ψ 表示电场和磁场在同一位置的相位差，不是初相位 φ_{x0}，可以计算得到

$$\tan\psi=\frac{\sqrt{1+\left(\dfrac{\gamma}{\omega\varepsilon}\right)^2}-1}{\dfrac{\gamma}{\omega\varepsilon}} \quad 或 \quad \psi=\frac{1}{2}\arctan\left(\frac{\gamma}{\omega\varepsilon}\right) \tag{9-3-14}$$

对应理想介质和理想导体，幅角的取值范围在 0～π/4。

此时磁场可以求得

$$\dot{\boldsymbol{H}}^{+}(z)=\frac{1}{Z_{\mathrm{TEM}}}\dot{E}_{0x}^{+}\mathrm{e}^{-\Gamma z}\hat{\boldsymbol{e}}_y=\frac{1}{Z_{\mathrm{TEM}}}E_{0x}^{+}\mathrm{e}^{\mathrm{j}\varphi_{x0}}\mathrm{e}^{-\Gamma z}\hat{\boldsymbol{e}}_y=\frac{1}{\left|Z_{\mathrm{TEM}}\right|}E_{0x}^{+}\mathrm{e}^{\mathrm{j}\varphi_{x0}}\mathrm{e}^{-\Gamma z}\mathrm{e}^{-\mathrm{j}\psi}\hat{\boldsymbol{e}}_y \tag{9-3-15}$$

场量的瞬时表达式为

$$\boldsymbol{H}^{+}(z,t)=\sqrt{2}\frac{E_{0x}^{+}}{\left|Z_{\mathrm{TEM}}\right|}\mathrm{e}^{-\alpha z}\sin(\omega t-\beta z+\varphi_{x0}-\psi)\hat{\boldsymbol{e}}_y \tag{9-3-16}$$

图 9-3-1 是均匀平面波在某一个时刻的空中波形分布，可以看出电场和磁场都沿传播方向有衰减，相位差为 ψ。

再来看反射波，向 $-z$ 方向传播电场

$$\dot{\boldsymbol{E}}^{-}(z)=\dot{\boldsymbol{E}}_{0x}^{-}(x,y)\dot{Z}(z)=\dot{E}_{0x}^{-}\mathrm{e}^{\Gamma z}\hat{\boldsymbol{e}}_x=E_{0x}^{-}\mathrm{e}^{\mathrm{j}\varphi_{x0}}\mathrm{e}^{\Gamma z}\hat{\boldsymbol{e}}_x \tag{9-3-17}$$

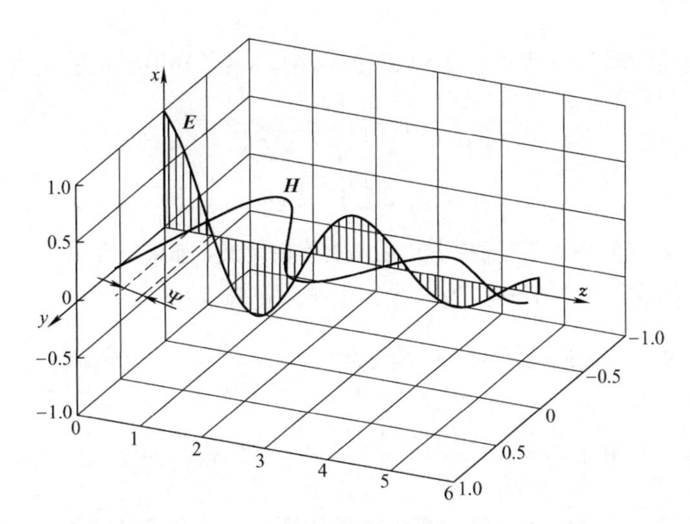

图 9-3-1 均匀平面波在某一时刻的空中波形分布

其瞬时表达式为

$$\boldsymbol{E}^{-}(z,t)=\sqrt{2}E_{0x}^{-}\mathrm{e}^{\alpha z}\sin(\omega t+\beta z+\varphi_{x0})\hat{\boldsymbol{e}}_x \tag{9-3-18}$$

同样方法，可以求得磁场

$$\dot{\boldsymbol{H}}^{-}(z)=\frac{\Gamma}{-\mathrm{j}\omega\mu}\dot{E}_{0x}^{-}\mathrm{e}^{\Gamma z}\hat{\boldsymbol{e}}_y=\frac{1}{-Z_{\mathrm{TEM}}}E_{0x}^{-}\mathrm{e}^{\mathrm{j}\varphi_{x0}}\mathrm{e}^{\Gamma z}\hat{\boldsymbol{e}}_y=\frac{1}{-|Z_{\mathrm{TEM}}|}E_{0x}^{-}\mathrm{e}^{\mathrm{j}\varphi_{x0}}\mathrm{e}^{\Gamma z}\mathrm{e}^{-\mathrm{j}\Psi}\hat{\boldsymbol{e}}_y \tag{9-3-19}$$

场量的瞬时表达式为

$$\begin{aligned}\boldsymbol{H}^{-}(z,t)&=-\sqrt{2}\frac{E_{0x}^{-}}{|Z_{\mathrm{TEM}}|}\mathrm{e}^{\alpha z}\sin(\omega t+\beta z+\varphi_{x0}-\psi)\hat{\boldsymbol{e}}_y\\&=\sqrt{2}\frac{E_{0x}^{-}}{|Z_{\mathrm{TEM}}|}\mathrm{e}^{\alpha z}\sin(\omega t+\beta z+\varphi_{x0}-\psi-\pi)\hat{\boldsymbol{e}}_y\end{aligned} \tag{9-3-20}$$

注意波阻抗不变，但可以写成

$$Z_{\mathrm{TEM}}=\frac{\dot{E}_{0x}^{+}}{\dot{H}_{0y}^{+}}=\frac{\mathrm{j}\omega\mu}{\Gamma}=|Z_{\mathrm{TEM}}|\mathrm{e}^{\mathrm{j}\psi}=-\frac{\dot{E}_{0x}^{-}}{\dot{H}_{0y}^{-}} \tag{9-3-21}$$

两个相反方向传播的波，如图 9-3-2 所示，其中沿 $\boldsymbol{e}_z$ 向为入射波，沿 $-\boldsymbol{e}_z$ 向为反射波。

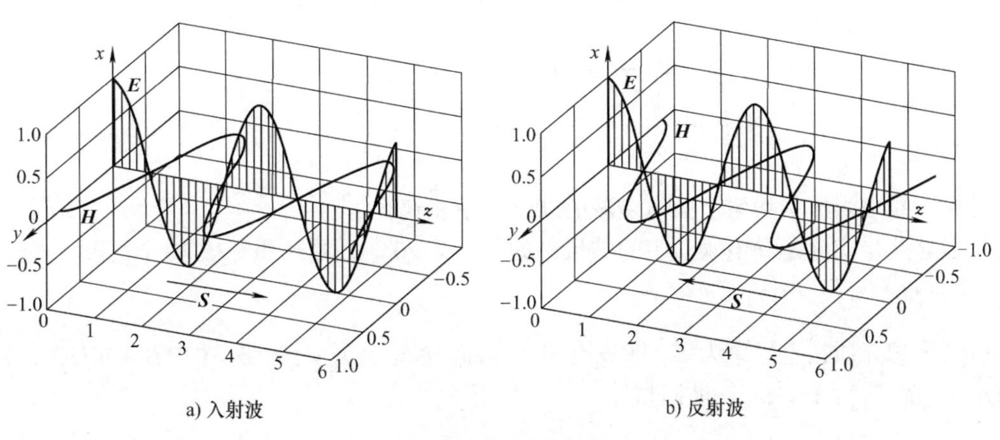

图 9-3-2 均匀平面波的入射和反射（$\alpha=0$, $\Psi=0$）

根据电场和磁场的瞬时表达式(9-3-8)和(9-3-16)，容易知道相位的速度，即相速度为

$$v_{\mathrm{p}}=\frac{\omega}{\beta}=\frac{1}{\sqrt{\frac{\mu\varepsilon}{2}\left[\sqrt{1+\left(\frac{\gamma}{\omega\varepsilon}\right)^{2}}+1\right]}} \tag{9-3-22}$$

这比式(7-4-21)定义的相速要复杂，是一般情况下的定义，如果是理想介质，$\gamma=0$，则一样。现在来看一下能速。对入射波来说，先来求平均能流速度

$$\begin{aligned}\boldsymbol{S}_{\mathrm{av}}&=\mathrm{Re}(\dot{\boldsymbol{E}}\times\dot{\boldsymbol{H}}^{*})=\mathrm{Re}\left(E_{x0}^{+}\mathrm{e}^{-(\alpha+\mathrm{j}\beta)z}\boldsymbol{e}_{x}\times\frac{E_{x0}^{+}}{|Z_{\mathrm{TEM}}|}\mathrm{e}^{-(\alpha-\mathrm{j}\beta)z+\mathrm{j}\psi}\boldsymbol{e}_{y}\right)\\&=\mathrm{Re}\left(\frac{E_{x0}^{+\,2}}{|Z_{\mathrm{TEM}}|}\mathrm{e}^{-2\alpha z+\mathrm{j}\psi}\boldsymbol{e}_{z}\right)=\frac{E_{x0}^{+\,2}}{|Z_{\mathrm{TEM}}|}\mathrm{e}^{-2\alpha z}\cos(\psi)\boldsymbol{e}_{z}\end{aligned} \tag{9-3-23}$$

一个周期内的平均能量体密度包含电场能量体密度 w_{eav} 和磁场能量体密度 w_{mav}

$$w_{\mathrm{eav}}=\frac{1}{T}\int_{0}^{T}\frac{1}{2}\varepsilon E_{x}^{+2}\mathrm{d}t=\frac{1}{2}\varepsilon E_{x0}^{+\,2}\mathrm{e}^{-2\alpha z} \tag{9-3-24}$$

$$\begin{aligned}w_{\mathrm{mav}}&=\frac{1}{T}\int_{0}^{T}\frac{1}{2}\mu H_{x}^{+2}\mathrm{d}t=\frac{1}{2}\mu H_{x0}^{+\,2}\mathrm{e}^{-2\alpha z}=\frac{1}{2}\mu\frac{E_{x0}^{+\,2}}{|Z_{\mathrm{TEM}}|^{2}}\mathrm{e}^{-2\alpha z}\\&=\frac{1}{2}\varepsilon E_{x0}^{+\,2}\mathrm{e}^{-2\alpha z}\sqrt{1+\left(\frac{\gamma}{\omega\varepsilon}\right)^{2}}\end{aligned} \tag{9-3-25}$$

其和为

$$w_{\mathrm{av}}=w_{\mathrm{eav}}+w_{\mathrm{mav}}=\frac{1}{2}\varepsilon E_{x0}^{+\,2}\mathrm{e}^{-2\alpha z}\left(1+\sqrt{1+\left(\frac{\gamma}{\omega\varepsilon}\right)^{2}}\right) \tag{9-3-26}$$

定义能速为

$$\begin{aligned}\boldsymbol{v}_{\mathrm{eng}}&=\frac{\boldsymbol{S}_{\mathrm{av}}}{w_{\mathrm{av}}}=\frac{\dfrac{E_{x0}^{+\,2}}{\eta_{c}}\mathrm{e}^{-2\alpha z}\cos(\psi)\boldsymbol{e}_{z}}{\dfrac{1}{2}\varepsilon E_{x0}^{+\,2}\mathrm{e}^{-2\alpha z}\left(1+\sqrt{1+\left(\frac{\gamma}{\omega\varepsilon}\right)^{2}}\right)}=\frac{2\cos(\psi)\boldsymbol{e}_{z}}{\varepsilon|Z_{\mathrm{TEM}}|\left(1+\sqrt{1+\left(\frac{\gamma}{\omega\varepsilon}\right)^{2}}\right)}\\&=\frac{1}{\sqrt{\frac{\mu\varepsilon}{2}\left[\sqrt{1+\left(\frac{\gamma}{\omega\varepsilon}\right)^{2}}+1\right]}}\boldsymbol{e}_{z}=\boldsymbol{v}_{\mathrm{p}}\end{aligned} \tag{9-3-27}$$

可见，导电媒质中均匀平面电磁波的能速等于相速。

上面这些量实际是导电媒质中的结果，如果取 $\gamma=0$，则是理想介质中的结果。

1. 理想介质($\gamma=0$)

所谓理想介质指电导率为零，即没有传导电流。参数为 $\varepsilon_{\mathrm{c}}=\varepsilon$，$\alpha=0$，$\beta=\omega\sqrt{\mu\varepsilon}$，$\Gamma=\mathrm{j}\omega\sqrt{\mu\varepsilon}=\mathrm{j}\beta$，$v_{\mathrm{p}}=1/\sqrt{\mu\varepsilon}$，波阻抗

$$Z_{\mathrm{TEM}}=\sqrt{\frac{\mu}{\varepsilon}}=\eta \tag{9-3-28}$$

是实数，意味着 $\boldsymbol{E}$ 和 $\boldsymbol{H}$ 相位相同。对真空或空气而言，$\eta = \sqrt{\mu_0 / \varepsilon_0} = 377\Omega$。

入射波的瞬时表达式可表示为

$$\begin{cases} E_x^+(z,t) = \sqrt{2} E_{x0}^+ \sin(\omega t - \beta z) & (9\text{-}3\text{-}29\text{a}) \\ H_y^+(z,t) = \dfrac{\sqrt{2} E_{x0}^+}{\eta} \sin(\omega t - \beta z) & (9\text{-}3\text{-}29\text{b}) \end{cases}$$

波形如图 9-3-2a 所示，电场和磁场是同相位，且振幅无衰减。

根据式(9-3-23)可以知道理想媒质中的平均能流，即平均坡印廷矢量（$|Z_{\text{TEM}}| = \eta, \psi = 0$）

$$\boldsymbol{S}_{\text{av}} = \frac{E_{x0}^{+\,2}}{\eta} \boldsymbol{e}_z \tag{9-3-30}$$

平均电场能量体密度和磁场能量体密度为

$$w_{\text{eav}} = \frac{1}{2} \varepsilon E_{x0}^{+\,2} = w_{\text{mav}} \tag{9-3-31}$$

即在理想介质中，均匀平面波的平均电场能量密度和平均磁场能量密度是相等的，实际上瞬时能量体密度也是相等的。总能量体密度为

$$w_{\text{av}} = \varepsilon E_{x0}^{+\,2} \tag{9-3-32}$$

能流速度为

$$\boldsymbol{v}_{\text{eng}} = \frac{\boldsymbol{S}_{\text{av}}}{w_{\text{av}}} = \frac{1}{\sqrt{\mu\varepsilon}} \boldsymbol{e}_z = \boldsymbol{v}_{\text{p}} \tag{9-3-33}$$

即能流速度和相速度也是相等的。

例 9.3.1 在线性、均匀、各向同性的理想介质（$\mu_{\text{r}} = 1$）中，已知均匀平面波的瞬时值 $\boldsymbol{E} = 40\pi\cos(\omega t + 4y/3)\boldsymbol{e}_x$，$\boldsymbol{H} = 1.0\cos(\omega t + 4y/3)\boldsymbol{e}_z$，求波的传播方向和角频率。

解：根据相位因子，传播方向为 $-\boldsymbol{e}_y$。

因为

$$\beta = \omega\sqrt{\mu\varepsilon} = \frac{4}{3}$$

所以

$$\omega = \frac{\frac{4}{3}}{\sqrt{\mu\varepsilon}} = \frac{\frac{4}{3}}{\sqrt{1 \times 4\pi \times 10^{-7} \times \varepsilon_r \times \dfrac{1}{36\pi} \times 10^9}}$$

注意到本题并没有明确给出相对介电常数，不能简单认为是 1。可以从波阻抗求出

$$Z = \frac{E_y^+}{H_z^+} = \frac{40\pi}{1.0} = \sqrt{\frac{\mu}{\varepsilon}}$$

代入前式，得到

$$\omega = \frac{40}{3} \times 10^7 \text{ rad/s}$$

2. 良导体（$\gamma/\omega\varepsilon \gg 1$）

所谓良导体指导体的电导率非常大，传导电流较大，以至可以忽略位移电流。参数为 $\varepsilon_c = -j\gamma/\omega$，$\alpha = \beta = \sqrt{\omega\mu\gamma/2}$，$\Gamma = \sqrt{\omega\mu\gamma/2}(1+j) = \sqrt{j\omega\mu\gamma}$，$v_p = \sqrt{2\omega/\mu\gamma}$，波阻抗

$$Z_{TEM} = \sqrt{\frac{\mu}{-j\dfrac{\gamma}{\omega}}} = (1+j)\sqrt{\frac{\omega\mu}{2\gamma}} = \sqrt{\frac{\omega\mu}{\gamma}}e^{j\frac{\pi}{4}} \tag{9-3-34}$$

波阻抗是虚数，意味着 $\boldsymbol{E}$ 和 $\boldsymbol{H}$ 相位不同。

入射波的瞬时表达式为

$$\begin{cases} E_x^+(z,t) = \sqrt{2}E_{x0}^+ e^{-\alpha z}\sin(\omega t - \beta z) & \text{(9-3-35a)} \\ H_y^+(z,t) = \dfrac{\sqrt{2}E_{x0}^+}{\sqrt{\dfrac{\omega\mu}{\gamma}}} e^{-\alpha z}\sin\left(\omega t - \beta z - \dfrac{\pi}{4}\right) & \text{(9-3-35b)} \end{cases}$$

波形如图 9-3-1 所示，显然电场和磁场不同相位，且振幅逐渐衰减。

第 8 章在讨论准静态近似时，曾经介绍半无穷大导体存在趋肤效应，其结论和这里的一致，只是这里明确是无界空间中传播的 TEM 波。

9.3.2 均匀平面电磁波的正入射

所谓正入射指电磁波的传播方向垂直介质分界面，如图 9-3-3 所示。媒质的波阻抗分别为 Z_{01}、Z_{02}，入射波场量为 $\dot{\boldsymbol{E}}^+$、$\dot{\boldsymbol{H}}^+$，反射波场量为 $\dot{\boldsymbol{E}}^-$、$\dot{\boldsymbol{H}}^-$，透射波场量为 $\dot{\boldsymbol{E}}'$、$\dot{\boldsymbol{H}}'$。即

$$\begin{cases} \boldsymbol{E}^+ = E_{x0}^+ e^{-\Gamma_1 z}\boldsymbol{e}_x & \text{(9-3-36a)} \\ \boldsymbol{H}^+ = \dfrac{E_{x0}^+}{Z_{01}} e^{-\Gamma_1 z}\boldsymbol{e}_y & \text{(9-3-36b)} \end{cases}$$

$$\begin{cases} \boldsymbol{E}^- = E_{x0}^- e^{\Gamma_1 z}\boldsymbol{e}_x & \text{(9-3-37a)} \\ \boldsymbol{H}^- = -\dfrac{E_{x0}^-}{Z_{01}} e^{\Gamma_1 z}\boldsymbol{e}_y & \text{(9-3-37b)} \end{cases}$$

$$\begin{cases} \boldsymbol{E}' = E_{x0}' e^{-\Gamma_2 z}\boldsymbol{e}_x & \text{(9-3-38a)} \\ \boldsymbol{H}' = \dfrac{E_{x0}'}{Z_{02}} e^{-\Gamma_2 z}\boldsymbol{e}_y & \text{(9-3-38b)} \end{cases}$$

一般情况下，媒质里是体电流，因此面电流密度为零，边界条件为

$$\begin{cases} \dot{E}_{1t}\big|_{z=0} = \dot{E}_{2t}\big|_{z=0} & \text{(9-3-39a)} \\ \dot{H}_{1t}\big|_{z=0} = \dot{H}_{2t}\big|_{z=0} & \text{(9-3-39b)} \end{cases}$$

又因为分界面两侧的场量分别为

$$\dot{E}_{1t} = \dot{E}^+ + \dot{E}^- \qquad \dot{E}_{2t} = \dot{E}' \tag{9-3-40}$$

$$\dot{H}_{1t} = \dot{H}^+ + \dot{H}^- \qquad \dot{H}_{2t} = \dot{H}' \tag{9-3-41}$$

代入方程组(9-3-39)中，并定义反射系数

$$r=\frac{E_{x0}^{-}}{E_{x0}^{+}} \tag{9-3-42}$$

定义透射系数

$$t=\frac{E_{x0}'}{E_{x0}^{+}} \tag{9-3-43}$$

可以求得

$$r=\frac{Z_{02}-Z_{01}}{Z_{02}+Z_{01}} \tag{9-3-44}$$

$$t=\frac{2Z_{02}}{Z_{02}+Z_{01}} \tag{9-3-45}$$

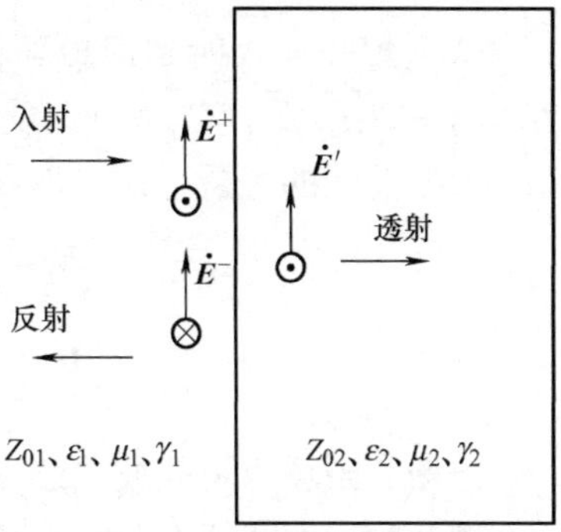

图 9-3-3　平面波的正入射

显然

$$t-r=1 \tag{9-3-46}$$

式(9-3-46)实际上是能量守恒的关系。

1. 理想介质—理想介质

从理想介质入射到理想介质，此时传播常数为 $\Gamma_1=\mathrm{j}\beta_1=\mathrm{j}\omega\sqrt{\mu_1\varepsilon_1}$，$\Gamma_2=\mathrm{j}\beta_2=\mathrm{j}\omega\sqrt{\mu_2\varepsilon_2}$；波阻抗为 $Z_{01}=\eta_1=\sqrt{\mu_1/\varepsilon_1}$，$Z_{02}=\eta_2=\sqrt{\mu_2/\varepsilon_2}$；反射系数为 $r=(\eta_2-\eta_1)/(\eta_2+\eta_1)$。

如果 $\eta_2>\eta_1$，则 $r>0$，电场为

$$\begin{cases}\boldsymbol{E}^{+}=E_{x0}^{+}\mathrm{e}^{-\mathrm{j}\beta_1 z}\boldsymbol{e}_x & \text{(9-3-47a)}\\ \boldsymbol{E}^{-}=rE_{x0}^{+}\mathrm{e}^{\mathrm{j}\beta_1 z}\boldsymbol{e}_x & \text{(9-3-47b)}\end{cases}$$

可以发现入射的电场和反射的电场是同相位，称为**全波反射**，此时在分界面上合振动振幅加强。磁场为

$$\begin{cases}\boldsymbol{H}^{+}=\dfrac{E_{x0}^{+}}{\eta_1}\mathrm{e}^{-\mathrm{j}\beta_1 z}\boldsymbol{e}_y & \text{(9-3-48a)}\\ \boldsymbol{H}^{-}=-r\dfrac{E_{x0}^{+}}{\eta_1}\mathrm{e}^{\mathrm{j}\beta_1 z}\boldsymbol{e}_y & \text{(9-3-48b)}\end{cases}$$

考虑到 $-1=\mathrm{e}^{\mathrm{j}\pi}$，入射的磁场和反射的磁场相位相差π，称为**半波反射**，此时在分界面上合振动振幅削弱。

如果 $\eta_2<\eta_1$，则 $r<0$。电场是半波反射，磁场是全波反射。

上述两种情况在入射边的合矢量可以统一表示为

$$\begin{cases}\boldsymbol{E}_1=E_{x0}^{+}(\mathrm{e}^{-\mathrm{j}\beta_1 z}+r\mathrm{e}^{\mathrm{j}\beta_1 z})\boldsymbol{e}_x=E_{x0}^{+}[(1+r)\mathrm{e}^{-\mathrm{j}\beta_1 z}+2\mathrm{j}r\sin(\beta_1 z)]\boldsymbol{e}_x & \text{(9-3-49a)}\\ \boldsymbol{H}_1=\dfrac{E_{x0}^{+}}{\eta_1}(\mathrm{e}^{-\mathrm{j}\beta_1 z}-r\mathrm{e}^{\mathrm{j}\beta_1 z})\boldsymbol{e}_y=\dfrac{E_{x0}^{+}}{\eta_1}[(1-r)\mathrm{e}^{-\mathrm{j}\beta_1 z}-2\mathrm{j}r\sin(\beta_1 z)]\boldsymbol{e}_y & \text{(9-3-49b)}\end{cases}$$

可以发现电场和磁场的第一项仍是行波，第二项实际是驻波，这种波称为**行驻波**。

2. 理想介质—理想导体

从理想介质入射到理想导体，此时传播常数为 $\Gamma_1 = \mathrm{j}\beta_1 = \mathrm{j}\omega\sqrt{\mu_1\varepsilon_1}$ ， $\Gamma_2 = 0$ ；波阻抗为 $Z_{01} = \eta_1 = \sqrt{\mu_1 / \varepsilon_1}$ ， $Z_{02} = 0$ ；反射系数为 $r = -1$ 。

根据前面的分析可知，电场是半波反射，磁场是全波反射。在入射边的合矢量表示为

$$\begin{cases} \boldsymbol{E}_1 = E_{x0}^{+}(\mathrm{e}^{-\mathrm{j}\beta_1 z} + r\mathrm{e}^{\mathrm{j}\beta_1 z})\boldsymbol{e}_x = -2\mathrm{j}E_{x0}^{+}\sin(\beta_1 z)\boldsymbol{e}_x & \text{(9-3-50a)} \\ \boldsymbol{H}_1 = \dfrac{E_{x0}^{+}}{\eta_1}(\mathrm{e}^{-\mathrm{j}\beta_1 z} - r\mathrm{e}^{\mathrm{j}\beta_1 z})\boldsymbol{e}_y = 2\dfrac{E_{x0}^{+}}{\eta_1}\cos(\beta_1 z)\boldsymbol{e}_y & \text{(9-3-50b)} \end{cases}$$

电场和磁场都是驻波。

例 9.3.2 图 9-3-4 表示场域中的两块理想介质。求分界面上的反射系数和透射系数。

解：先计算各区域的波阻抗

$$Z_{01} = \sqrt{\frac{\mu_0}{\varepsilon_0}} = 377\Omega$$

$$Z_{02} = \sqrt{\frac{\mu_0}{2\varepsilon_0}} = 266.62\Omega$$

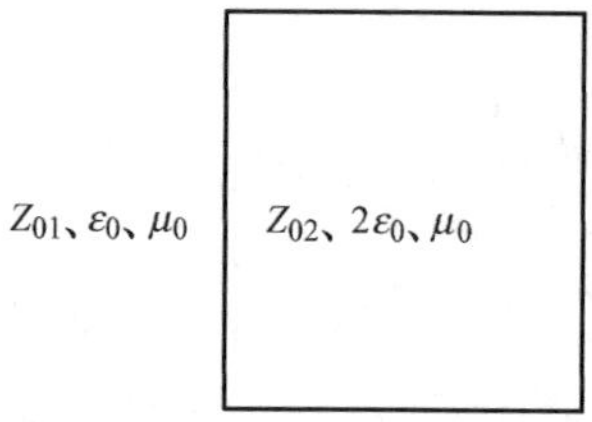

图 9-3-4 场域中的两块理想介质

反射系数为

$$r = \frac{Z_{02} - Z_{01}}{Z_{02} + Z_{01}} = -0.1715$$

透射系数为

$$t = \frac{2Z_{02}}{Z_{02} + Z_{01}} = 0.8285$$

显然 $t - r = 1$ 。

9.3.3 等离子体中的均匀平面电磁波

下面介绍等离子体中均匀平面电磁波的特性。等离子体的复介电常数为

$$\begin{aligned} \varepsilon_{\mathrm{pc}} &= \varepsilon_{\mathrm{p}} - \mathrm{j}\frac{\gamma_p}{\omega} = \varepsilon_0\left(1 - \frac{\omega_{\mathrm{e0}}^2}{\omega^2 + \nu_{\text{eff-e}}^2} - \mathrm{j}\frac{\omega_{\mathrm{e0}}^2\nu_{\text{eff-e}}}{\omega(\omega^2 + \nu_{\text{eff-e}}^2)}\right) \\ &= \varepsilon' - \mathrm{j}\varepsilon'' \end{aligned}$$

式中， ω_{e0} 为等离子体电子振荡频率(离子近似不动，以电子的振荡频率代替)

$$\omega_{\mathrm{e0}} = \sqrt{\frac{n_e e^2}{\varepsilon_0 m_{\mathrm{e}}}}$$

$\nu_{\text{eff-e}}$ 为电子与电子、离子、分子等的有效碰撞频率。如果只讨论无碰撞的等离子体，即 $\nu_{\text{eff-e}} = 0$ ，则

$$\varepsilon_{\mathrm{p}} = \varepsilon_0\left(1 - \frac{\omega_{\mathrm{e0}}^2}{\omega^2}\right) \tag{9-3-51}$$

它意味着介电常数只有实部，介电损耗没有，是无损媒质(相当于导电率为零)。

此时波动方程组为

$$\begin{cases}\nabla^2\dot{\boldsymbol{E}}+\omega^2\mu_0\varepsilon_{\rm p}\dot{\boldsymbol{E}}=0 & (9\text{-}3\text{-}52a)\\ \nabla^2\dot{\boldsymbol{H}}+\omega^2\mu_0\varepsilon_{\rm p}\dot{\boldsymbol{H}}=0 & (9\text{-}3\text{-}52b)\end{cases}$$

这样可以用前面的理想介质中均匀平面波的解变换过来，注意**等离子体介电常数虽然不是复数，但有可能是负数，**因此下面分两种情况来讨论。

1. $\omega>\omega_{\rm e0}$

此时$\varepsilon_{\rm p}>0$，和普通理想介质相比，除了与频率有关以外，差异不大。传播常数为

$$\Gamma=\sqrt{-\omega^2\mu_0\varepsilon_{\rm p}}={\rm j}\omega\sqrt{\mu_0\varepsilon_0\left(1-\frac{\omega_{\rm e0}^2}{\omega^2}\right)}={\rm j}\beta \tag{9-3-53}$$

是一个纯虚数，因此电磁波无衰减。波阻抗为

$$Z_{\text{TEM-p}}=\sqrt{\frac{\mu_0}{\varepsilon_{\rm p}}}=\sqrt{\frac{\mu_0}{\varepsilon_0\left(1-\frac{\omega_{\rm e0}^2}{\omega^2}\right)}} \tag{9-3-54}$$

波动方程的解为

$$\begin{cases}E_x=\sqrt{2}E_0^+\sin(\omega t-\beta z) & (9\text{-}3\text{-}55a)\\ H_y=\dfrac{\sqrt{2}E_0^+}{Z_{\text{TEM-p}}}\sin(\omega t-\beta z) & (9\text{-}3\text{-}55b)\end{cases}$$

相速度为

$$v_{\text{p-p}}=\frac{\omega}{\beta}=\frac{1}{\sqrt{\mu_0\varepsilon_0\left(1-\frac{\omega_{\rm e0}^2}{\omega^2}\right)}}=\frac{c}{\sqrt{1-\frac{\omega_{\rm e0}^2}{\omega^2}}} \tag{9-3-56}$$

群速度为(见式(9-4-30))

$$v_{\text{g-p}}=\frac{{\rm d}\omega}{{\rm d}\beta}=\frac{1}{\frac{{\rm d}\beta}{{\rm d}\omega}}=c\sqrt{1-\frac{\omega_{\rm e0}^2}{\omega^2}} \tag{9-3-57}$$

可以发现

$$v_{\text{p-p}}v_{\text{g-p}}=c^2 \tag{9-3-58}$$

相速度大于光速，群速度小于光速，群速度是波的真实速度，小于光速合乎实际。

注意，如果$\omega\gg\omega_{\rm e0}$，则过渡为理想介质中的电磁波，此种情况一是对应电子密度为零，即没有等离子体，自然是理想介质；二是时谐场频率极高，电子无法响应，也相当于理想介质。

2. $\omega<\omega_{\rm e0}$

此时，$\varepsilon_{\rm p}<0$，介电常数是一个负数。传播常数为

$$\Gamma=\sqrt{-\omega^2\mu_0\varepsilon_{\mathrm{p}}}=\omega\sqrt{\mu_0\varepsilon_0\left(\frac{\omega_{\mathrm{e0}}^2}{\omega^2}-1\right)}=\alpha \tag{9-3-59}$$

是一个实数，即有衰减，但无相位常数，波阻抗为

$$Z_{\mathrm{TEM\text{-}p}}=\sqrt{\frac{\mu_0}{\varepsilon_{\mathrm{p}}}}=\mathrm{j}\sqrt{\frac{\mu_0}{\varepsilon_0\left(\frac{\omega_{\mathrm{e0}}^2}{\omega^2}-1\right)}} \tag{9-3-60}$$

是一个虚数，说明会引起磁场与电场的相位差异。波动方程的解为

$$\begin{cases}E_x=\sqrt{2}E_0^+\mathrm{e}^{-\alpha z}\sin(\omega t) & (9\text{-}3\text{-}61\mathrm{a})\\ H_y=\dfrac{\sqrt{2}E_0^+}{\left|Z_{\mathrm{TEM\text{-}p}}\right|}\mathrm{e}^{-\alpha z}\sin\left(\omega t-\dfrac{\pi}{2}\right) & (9\text{-}3\text{-}61\mathrm{b})\end{cases}$$

这是一个典型的**凋落波**，也就是说如果频率低于等离子体频率 ω_{e0}，则无法传播。另外，随着等离子体密度的增加，等离子体频率 ω_{e0} 增加。一般来说一个区域的等离子体，中间的密度要高于边缘的密度，当电磁波由边缘向内深入发展，它遇到的等离子体频率是逐渐增加的，到一定位置（$\omega=\omega_{\mathrm{e0}}$），则电磁波无法传播，这个位置可以称为反射点。

这里强调一下，虽然没有介电损耗(相当于电导率为零)但仍然有衰减，这是凋落波的机制。

如果存在碰撞（$\nu_{\mathrm{eff\text{-}e}}\neq 0$），也就是说有电导率，“运流”电流也有欧姆热损耗，可以想象为具有导电率和介电常数的媒质，用复介电常数来描述。此时传播常数有实部和虚部，相位常数和衰减常数包括了电导率的贡献。

9.4 定向波的特性

平面电磁波只是定向传播电磁波的一个特例，下面介绍一般定向传播的电磁波特性，包括波形、波速和传播特性。

9.4.1 波形

沿固定方向(纵向 $\boldsymbol{e}_z$)传播的波，可以在无界空间中传播，例如前面介绍的均匀平面波；也可以在有界的波导中传播，例如后面将要介绍的矩形波导和平板传输线等。前面讲述的定向传播电磁波的波动方程，在不同边界条件下的解不同，即电磁场的分布规律不同，平面电磁波只是特例。这些不同分布规律的波形经过分析总结，可以根据传播方向(纵向 $\boldsymbol{e}_z$)上分量的有无，划分为以下几种类型:

横电磁波(TEM)：电场和磁场均无纵向分量，即 $\dot{E}_z(x,y,z)=0,\dot{H}_z(x,y,z)=0$，电场和磁场完全在横向上(垂直 z 轴的限定面)，如图 9-4-1a 所示。例如 9.3 节介绍的均匀平面电磁波。

横磁波(TM)：磁场无纵向分量，但电场有纵向分量，即 $\dot{E}_z(x,y,z)\neq 0,\dot{H}_z(x,y,z)=0$，磁场完全在横向上，电场纵向和横向上都有，如图 9-4-1b 所示。

横电波(TE)：电场无纵向分量，但磁场有纵向分量，即 $\dot{E}_z(x,y,z)=0,\dot{H}_z(x,y,z)\neq 0$，电场完全在横向上，磁场纵向和横向上都有，如图 9-4-1c 所示。

混合波：电场和磁场均有纵向分量，即 $\dot{E}_z(x,y,z)\neq 0, \dot{H}_z(x,y,z)\neq 0$，电场和磁场在纵向和横向上都有。

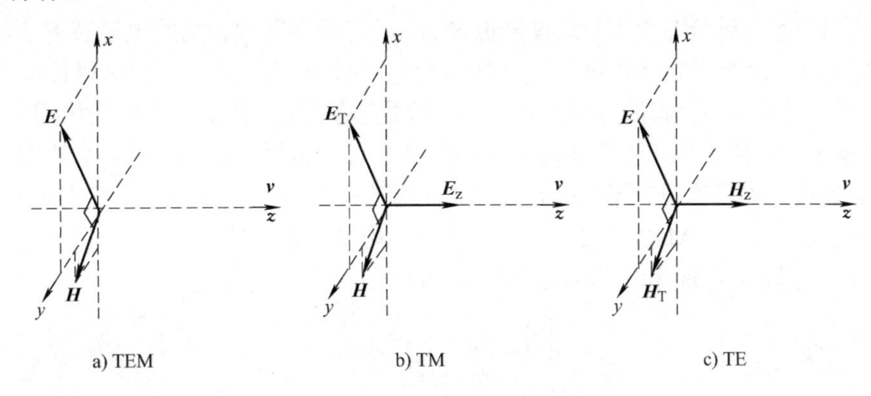

图 9-4-1　沿 z 向传播的波形

下面分别讨论几种波形的特点。

1. TEM 波形（$K_c=0$）

因为 $\dot{E}_z(x,y,z)=0, \dot{H}_z(x,y,z)=0$，自然 $\dot{E}_{0z}(x,y)=0, \dot{H}_{0z}(x,y)=0$，考虑到方程(9-2-27)和方程(9-2-28)，可知只有当 $K_c=0$ 时，场的横向分量才有非零解，TEM 波形才能存在，再根据式(9-2-12)得到

$$\Gamma=\mathrm{j}\omega\sqrt{\mu\varepsilon_c}\qquad (K_c=0) \tag{9-4-1}$$

显然 TEM 波形的传播常数仅由媒质电磁参数和激励源工作频率决定，而与电磁装置的结构无关。

根据方程(9-2-13)和方程(9-2-16)得到

$$\nabla_T^2\dot{\boldsymbol{E}}_0(x,y)=0 \tag{9-4-2}$$

$$\nabla_T^2\dot{\boldsymbol{H}}_0(x,y)=0 \tag{9-4-3}$$

考虑到此时 $\dot{\boldsymbol{E}}(x,y,z)=\dot{\boldsymbol{E}}_0(x,y)\dot{Z}(z)$，$\dot{\boldsymbol{H}}(x,y,z)=\dot{\boldsymbol{H}}_0(x,y)\dot{Z}(z)$，方程(9-4-2)和方程(9-4-3)也可以写成

$$\nabla_T^2\dot{\boldsymbol{E}}(x,y,z)=0 \tag{9-4-4}$$

$$\nabla_T^2\dot{\boldsymbol{H}}(x,y,z)=0 \tag{9-4-5}$$

另外，根据方程(9-2-29)和方程(9-2-30)还可以得到

$$\nabla_T\times\dot{\boldsymbol{E}}(x,y,z)=0 \tag{9-4-6}$$

$$\nabla_T\times\dot{\boldsymbol{H}}(x,y,z)=0 \tag{9-4-7}$$

方程(9-4-6)和方程(9-4-7)说明在横截面内电场和磁场是无旋的，由于静电场是无旋场，恒定磁场在无传导电流的区域也是无旋的，因此 TEM 波形的电场和磁场应该与静态场分布类似。实际上方程(9-4-4)和方程(9-4-5)表明场量在横截面内满足二维拉普拉斯方程，也说明

了这一点。因此，具有 TEM 波形特点的电磁场也可以叫作**横向似静场**，这是后续要介绍的传输线理论的基础。

TEM 波形与静态场分布类似，反过来也说明，只有能存在静态场的电磁装置才可能传播 TEM 波。对今后讨论的多导体系统，例如双传输线，可以存在静态场，故可以传播 TEM 波。而单导体系统，例如空心金属波导管，由于静态场不能存在(为零)，则不可能传播 TEM 波[⊖]。但是反过来就未必，因为能形成静电场的电磁装置也可以传播 TE/TM 波。需要注意的是，TEM 波与边界条件相同的静态场只是在横截面上分布(波形因子)一致，而它们对变量 z 和 t 的依赖关系完全不同，TEM 波有波动因子，而静态场没有。

另外根据方程(9-2-20a)和方程(9-2-20b)，得到

$$\begin{cases}\dot{H}_{0x}=-\dfrac{\Gamma}{\mathrm{j}\omega\mu}\dot{E}_{0y} & (9\text{-}4\text{-}8\mathrm{a})\\[2ex] \dot{H}_{0y}=\dfrac{\Gamma}{\mathrm{j}\omega\mu}\dot{E}_{0x} & (9\text{-}4\text{-}8\mathrm{b})\end{cases}$$

组合起来可以写成

$$\dot{\boldsymbol{H}}_0(x,y)=\frac{\Gamma}{\mathrm{j}\omega\mu}\boldsymbol{e}_z\times\dot{\boldsymbol{E}}_0(x,y) \tag{9-4-8$'$}$$

也可根据方程(9-2-22a)和方程(9-2-22b)，得到

$$\begin{cases}\dot{E}_{0x}=\dfrac{\Gamma}{\mathrm{j}\omega\varepsilon_\mathrm{c}}\dot{H}_{0y} & (9\text{-}4\text{-}9\mathrm{a})\\[2ex] \dot{E}_{0y}=-\dfrac{\Gamma}{\mathrm{j}\omega\varepsilon_\mathrm{c}}\dot{H}_{0x} & (9\text{-}4\text{-}9\mathrm{b})\end{cases}$$

同样组合起来可以得到

$$\dot{\boldsymbol{E}}_0(x,y)=-\frac{\Gamma}{\mathrm{j}\omega\varepsilon_\mathrm{c}}\boldsymbol{e}_z\times\dot{\boldsymbol{H}}_0(x,y) \tag{9-4-9$'$}$$

即 $\dot{\boldsymbol{E}}_0,\dot{\boldsymbol{H}}_0$ 与传播方向 $\boldsymbol{e}_z$ 成相互垂直，满足右手螺旋定则，$\dot{\boldsymbol{E}}_0\times\dot{\boldsymbol{H}}_0$ 是传播方向。如果选择特定坐标系，将电场设置在 $\boldsymbol{e}_x$ 方向，$\boldsymbol{e}_z$ 为传播方向，则磁场一定在 $\boldsymbol{e}_y$ 方向上。另外根据式(9-4-9)得到

$$\frac{\dot{E}_{0x}}{\dot{H}_{0y}}=-\frac{\dot{E}_{0y}}{\dot{H}_{0x}}=\frac{\Gamma}{\mathrm{j}\omega\varepsilon_\mathrm{c}}=\frac{\mathrm{j}\omega\mu}{\Gamma}=\sqrt{\frac{\mu}{\varepsilon_\mathrm{c}}} \tag{9-4-10}$$

式(9-4-10)中，当电场分量的方向和磁场分量的方向与传播方向满足右手螺旋定则时，其复振幅的比值为正，反之为负；这个比值是一个常数，定义为 TEM 波形的**波阻抗**

$$Z_{\mathrm{TEM}}=\sqrt{\frac{\mu}{\varepsilon_\mathrm{c}}} \tag{9-4-11}$$

一般情况下波阻抗是复数，完全由媒质的电磁参数决定，这一点不同于后面介绍的 TM 波和 TE 波。如果是理想介质，则

⊖ 无界空间中，假定其源在无穷远处，因而静态场能存在，TEM 在无界空间内也可以传播。

$$Z_{\mathrm{TEM}}=\sqrt{\mu/\varepsilon}=\eta \tag{9-4-12}$$

是实数。如果是自由空间，$\eta=\sqrt{\mu_0/\varepsilon_0}=377\Omega$，这是一个工程中经常要用到的参数。

2. TM 波形

因为 $\dot{H}_z(x,y,z)=0$，自然 $\dot{H}_{0z}(x,y)=0$，采用纵向解法，先根据方程(9-2-14b)和方程(9-2-17b)求解纵向分量 $\dot{E}_{0z}$，再利用式(9-2-27)和式(9-2-28)得到其他方向上的分量

$$\begin{cases}\dot{E}_{0x}=-\dfrac{\Gamma}{K_{\mathrm{c}}^2}\dfrac{\partial\dot{E}_{0z}}{\partial x} & \text{(9-4-13a)}\\[2ex] \dot{E}_{0y}=-\dfrac{\Gamma}{K_{\mathrm{c}}^2}\dfrac{\partial\dot{E}_{0z}}{\partial y} & \text{(9-4-13b)}\end{cases}$$

$$\begin{cases}\dot{H}_{0x}=\dfrac{\mathrm{j}\omega\varepsilon_{\mathrm{c}}}{K_{\mathrm{c}}^2}\dfrac{\partial\dot{E}_{0z}}{\partial y} & \text{(9-4-14a)}\\[2ex] \dot{H}_{0y}=-\dfrac{\mathrm{j}\omega\varepsilon_{\mathrm{c}}}{K_{\mathrm{c}}^2}\dfrac{\partial\dot{E}_{0z}}{\partial x} & \text{(9-4-14b)}\end{cases}$$

由式(9-4-13)得到 $\dot{\boldsymbol{E}}_{0\mathrm{T}}=-(\Gamma/K_{\mathrm{c}}^2)\nabla_{\mathrm{T}}\dot{E}_{0z}$，由式(9-4-14)得到 $\dot{\boldsymbol{H}}_{0\mathrm{T}}=-(\mathrm{j}\omega\varepsilon_{\mathrm{c}}/K_{\mathrm{c}}^2)\boldsymbol{e}_z\times\nabla_{\mathrm{T}}\dot{E}_{0z}$，则

$$\dot{\boldsymbol{H}}_{0\mathrm{T}}=\frac{\mathrm{j}\omega\varepsilon_{\mathrm{c}}}{\Gamma}\boldsymbol{e}_z\times\dot{\boldsymbol{E}}_{0\mathrm{T}} \tag{9-4-15}$$

也可以写成

$$\dot{\boldsymbol{E}}_{0\mathrm{T}}=-\frac{\Gamma}{\mathrm{j}\omega\varepsilon_{\mathrm{c}}}\boldsymbol{e}_z\times\dot{\boldsymbol{H}}_{0\mathrm{T}} \tag{9-4-16}$$

即 $\dot{\boldsymbol{E}}_{0\mathrm{T}}$、$\dot{\boldsymbol{H}}_{0\mathrm{T}}$ 与传播方向 $\boldsymbol{e}_z$ 成相互垂直，并满足右手螺旋定则。由式(9-4-13a)和式(9-4-14b)的比值、式(9-4-13b)和式(9-4-14a)的比值可以发现

$$\frac{\dot{E}_{0x}}{\dot{H}_{0y}}=-\frac{\dot{E}_{0y}}{\dot{H}_{0x}}=\frac{\Gamma}{\mathrm{j}\omega\varepsilon_{\mathrm{c}}} \tag{9-4-17}$$

同样说明当电场分量的方向和磁场分量的方向与传播方向满足右手螺旋定则时，其复振幅的比值为正，反之为负；这个比值是一个“常数”，定义为 TM 波形的**波阻抗**

$$Z_{\mathrm{TM}}=\frac{\Gamma}{\mathrm{j}\omega\varepsilon_{\mathrm{c}}} \tag{9-4-18}$$

注意 $K_{\mathrm{c}}^2=\omega^2\mu\varepsilon_{\mathrm{c}}+\Gamma^2$，$K_{\mathrm{c}}$ 不等于零，即波阻抗并非仅由媒质参数决定，还受边界条件 K_{c} 影响。

3. TE 波形

因为 $\dot{E}_z(x,y,z)=0$，自然 $\dot{E}_{0z}(x,y)=0$，采用纵向解法，先根据方程(9-2-14b)和方程(9-2-17b)求解纵向分量 $\dot{H}_{0z}$，再利用式(9-2-27)和式(9-2-28)得到其他方向上的分量

$$\begin{cases}\dot{E}_{0x}=-\dfrac{\mathrm{j}\omega\mu}{K_{\mathrm{c}}^2}\dfrac{\partial\dot{H}_{0z}}{\partial y} & \text{(9-4-19a)}\\[2ex] \dot{E}_{0y}=\dfrac{\mathrm{j}\omega\mu}{K_{\mathrm{c}}^2}\dfrac{\partial\dot{H}_{0z}}{\partial x} & \text{(9-4-19b)}\end{cases}$$

$$\begin{cases} \dot{H}_{0x} = -\dfrac{\varGamma}{K_c^2}\dfrac{\partial \dot{H}_{0z}}{\partial x} & \text{(9-4-20a)} \\ \dot{H}_{0y} = -\dfrac{\varGamma}{K_c^2}\dfrac{\partial \dot{H}_{0z}}{\partial y} & \text{(9-4-20b)} \end{cases}$$

由式(9-4-19)得到$\dot{\boldsymbol{E}}_{0\mathrm{T}} = (\mathrm{j}\omega\mu / K_c^2)\boldsymbol{e}_z \times \nabla_{\mathrm{T}}\dot{H}_{0z}$，由式(9-4-20)得到$\dot{\boldsymbol{H}}_{0\mathrm{T}} = -(\varGamma / K_c^2)\nabla_{\mathrm{T}}\dot{H}_{0z}$，则

$$\dot{\boldsymbol{E}}_{0\mathrm{T}} = -\frac{\mathrm{j}\omega\mu}{\varGamma}\boldsymbol{e}_z \times \dot{\boldsymbol{H}}_{0\mathrm{T}} \tag{9-4-21}$$

同样也可以写成

$$\boldsymbol{H}_{0\mathrm{T}} = \frac{\varGamma}{\mathrm{j}\omega\mu}e_z \times \dot{\boldsymbol{E}}_{0\mathrm{T}} \tag{9-4-22}$$

即$\dot{\boldsymbol{E}}_{0\mathrm{T}}$、$\dot{\boldsymbol{H}}_{0\mathrm{T}}$与传播方向$\boldsymbol{e}_z$成相互垂直，并满足右手螺旋定则。由式(9-4-19a)和式(9-4-20b)的比值、式(9-4-19b)和式(9-4-20a)的比值可以发现

$$\frac{\dot{E}_{0x}}{\dot{H}_{0y}} = -\frac{\dot{E}_{0y}}{\dot{H}_{0x}} = \frac{\mathrm{j}\omega\mu}{\varGamma} \tag{9-4-23}$$

说明当电场分量的方向和磁场分量的方向与传播方向满足右手螺旋定则时，其复振幅的比值为正，反之为负；这个比值是一个“常数”，定义为 TE 波形的波阻抗

$$Z_{\mathrm{TE}} = \frac{\mathrm{j}\omega\mu}{\varGamma} \tag{9-4-24}$$

同样有$K_c^2 = \omega^2\mu\varepsilon_c + \varGamma^2$，$K_c$不等于零。

9.4.2 波速

波的传播速度分为三种，相位运动的速度、波包(很多频率波的叠加)运动的速度和能流运动的速度，在有些情况下，三者一样，有些则完全不同，因此波速的名称只是笼统的说法。

1. 相速

前面根据沿纵向$\boldsymbol{e}_z$传播电磁波的表达式

$$\begin{cases} \dot{\boldsymbol{E}}(x,y,z) = \dot{\boldsymbol{E}}_0(x,y)\mathrm{e}^{-\varGamma z} \\ \dot{\boldsymbol{H}}(x,y,z) = \dot{\boldsymbol{H}}_0(x,y)\mathrm{e}^{-\varGamma z} \end{cases}$$

定义$\varGamma = \alpha + \mathrm{j}\beta$为传播常数。为了看清楚其意义，下面假定电场只在$\boldsymbol{e}_y$方向上，波形因子也假设为$\dot{\boldsymbol{E}}_0(x,y) = E_0(x,y)\mathrm{e}^{\mathrm{j}\psi}\boldsymbol{e}_y$，则电场的瞬时表达式为

$$\boldsymbol{E}(x,y,z,t) = \sqrt{2}E_0(x,y)\mathrm{e}^{-\alpha z}\sin(\omega t - \beta z - \psi)\boldsymbol{e}_y$$

显然指数函数项$\mathrm{e}^{-\alpha z}$是振幅的衰减项，因此α称为衰减常数；$\omega t - \beta z - \psi$是相位，因此$\beta$称为相位常数，$\psi$是初相位。其等相位面方程为

$$\omega t - \beta z - \psi = C$$

对时间求导，可得到等相位面运动的速度，也就是**相速度**

$$v_p = \frac{dz}{dt} = \frac{\omega}{\beta} \tag{9-4-25}$$

相位常数可以表示为

$$\beta = \frac{2\pi f}{v_p} = \frac{2\pi}{\lambda} \tag{9-4-26}$$

表示了波传播单位距离相位的变化，或者说在空间距离 2π内所包含的波长数，因此有时相位常数β又称为**波数**或**空间频率**(与时间频率相对应)。

相速与频率相关会导致色散。色散一词来源于光学，当一束白光通过棱镜之后，可以分解为七种不同颜色(频率)的光，这种现象就是**色散**。出现这种现象的原因是不同频率的光(白光由不同频率的光组成)通过同一种介质的传播速度不同而造成，仅与媒质特性有关。在这里，相速与频率相关是本质，但相速与频率相关的原因可能是媒质特性造成，也可能是电磁装置的结构造成，和光学中的解释已经有很大不同。9.4.3 节将介绍相速与频率相关的原因。

2. 群速

上面描述的是单色波，即只有一个频率的波，实际上大部分电磁波都含有很多频率成分，即由很多单色波叠加而成，由于每个单色波的频率、初相位都不同，叠加而成的波不再是一个规则的波，可能呈现一个波包的形状向前运动，称为波包。波包的整体运动速度称为**群速度**。群速度表示传递波的真实速度，而相速度只是表示同相位点的传播速度。电介质中的相速度小于真空中的光速，但在等离子体中相速度可以超过真空中的光速度，无论介质或等离子体中，群速度小于真空中的光速度。

为了说明波包的运动，举一个简单的例子，设有两个频率非常接近的单色波，电场在同一个方向上，沿 $\boldsymbol{e}_z$ 方向传播，它们的角频率分别为 $\omega+\Delta\omega$、$\omega-\Delta\omega$，相位常数分别为 $\beta+\Delta\beta$、$\beta-\Delta\beta$，其中 $\Delta\omega \ll \omega$、$\Delta\beta \ll \beta$，即电场分别为

$$\boldsymbol{E}_1 = \sqrt{2}E_0 \sin[(\omega+\Delta\omega)t-(\beta+\Delta\beta)z]\boldsymbol{e}_y \tag{9-4-27a}$$

$$\boldsymbol{E}_2 = \sqrt{2}E_0 \sin[(\omega-\Delta\omega)t-(\beta-\Delta\beta)z]\boldsymbol{e}_y \tag{9-4-27b}$$

合成后的电场为

$$\begin{aligned}\boldsymbol{E} &= \boldsymbol{E}_1 + \boldsymbol{E}_2 \\ &= \sqrt{2}E_0 \sin[(\omega t-\beta z)+(\Delta\omega\cdot t-\Delta\beta\cdot z)]\boldsymbol{e}_y + \\ &\quad \sqrt{2}E_0 \sin[(\omega t-\beta z)-(\Delta\omega\cdot t-\Delta\beta\cdot z)]\boldsymbol{e}_y \\ &= 2\sqrt{2}E_0 \sin(\omega t-\beta z)\cos(\Delta\omega\cdot t-\Delta\beta\cdot z)\boldsymbol{e}_y\end{aligned}$$

引入符号

$$E_A = 2E_0 \cos(\Delta\omega\cdot t-\Delta\beta\cdot z) \tag{9-4-28}$$

则合成后的电场可以写为

$$\boldsymbol{E} = \sqrt{2}E_A \sin(\omega t-\beta z)\boldsymbol{e}_y \tag{9-4-29}$$

需要注意现在这个“振幅”E_A不是常数，而是随时间和空间在改变，但改变得很缓慢，

因为$\Delta\omega$和$\Delta\beta$比起ω和β都是很小的量，实际是波的包络线。图 9-4-2a 给出了两个单色波独自传播时在某一时刻电场随位置的分布图，实线是一种，虚线是另一种；图 9-4-2b 给出了两个单色波合成后的电场在某一时刻随位置的分布图，实线是合成电场波形，虚线是包络线波形。波包的速度就是包络线的相速，这里称为**群速**。用同样的方法可求得它的大小，首先，包络线的等相位面方程为

$$\Delta\omega t - \Delta\beta z = C$$

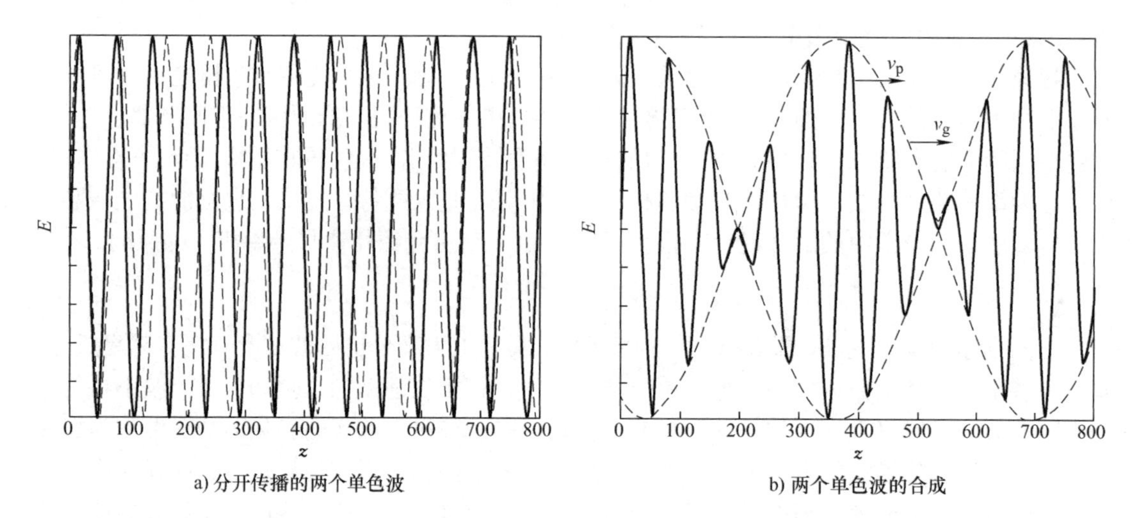

a) 分开传播的两个单色波

b) 两个单色波的合成

图 9-4-2　两个单色波的叠加，f=500kHz，$\Delta\omega = 0.1\omega$，$\Delta\beta = 0.1\beta$，t=1μs 时电场随位置的分布

对时间求导，得到群速

$$v_g = \frac{dz}{dt} = \frac{\Delta\omega}{\Delta\beta} = \frac{d\omega}{d\beta} = \frac{d}{d\beta}(v_p\beta) = v_p + \beta\frac{dv_p}{d\beta}$$

$$= v_p + v_g\beta\frac{dv_p}{d\omega}$$

整理后可求得

$$v_g = \frac{d\omega}{d\beta} = \frac{v_p}{1 - \dfrac{\omega}{v_p}\dfrac{dv_p}{d\omega}} \tag{9-4-30}$$

可以发现群速不等于相速，但是如果相速与频率无关（$dv_p / d\omega = 0$），则群速等于相速。式(9-4-30)也适用于含有很多频率成分的波包[⊖]。

当$dv_p / d\omega = 0$时，$v_g = v_p$，即相速和频率无关时，各频率成分的相速都相等，则波包的运动速度——群速等于相速。

当$dv_p / d\omega < 0$时，$v_g < v_p$，群速小于相速，称为正常色散。

当$dv_p / d\omega > 0$时，$v_g > v_p$，群速大于相速，称为反常色散。

⊖ 也可写成 $v_g = v_p - \lambda(dv_p / d\lambda)$。

3. 能速

已知电磁场的能量体密度 $w=\boldsymbol{D}\cdot\boldsymbol{E}/2+\boldsymbol{B}\cdot\boldsymbol{H}/2$，一个周期内的平均能量体密度 $w_{\rm av}=\int_0^T w{\rm d}t/T$；时变电磁场能量是流动的，用坡印廷矢量 $\boldsymbol{S}=\boldsymbol{E}\times\boldsymbol{H}$ 描述，在一个周期内沿 $\boldsymbol{e}_z$ 方向通过单位横截面积的平均功率为 $\boldsymbol{S}_{\rm av}=\int_0^T \boldsymbol{S}{\rm d}t/T$，如果假设**能速**(能量流动速度)是 $v_{\rm en}$，则

$$\boldsymbol{v}_{\rm eng}=\frac{\boldsymbol{S}_{\rm av}}{w_{\rm av}} \tag{9-4-31}$$

详细的分析表明，

无色散：$\boldsymbol{v}_{\rm eng}=\boldsymbol{v}_{\rm g}=\boldsymbol{v}_{\rm p}$，三个速度一样。

正常色散：$\boldsymbol{v}_{\rm eng}=\boldsymbol{v}_{\rm g}<\boldsymbol{v}_{\rm p}$，群速就是能量传播的速度。

反常色散：$\boldsymbol{v}_{\rm eng}\neq\boldsymbol{v}_{\rm g}>\boldsymbol{v}_{\rm p}$，群速和能量传播的速度不一样。

9.4.3 传播特性

前面分析了波形因子的问题，本节将讨论波动因子的问题，也就是与传播常数有关的问题，在分析之前，首先介绍几种主要的波动方式。

行波：波要能够传播，除了随时间的振动外，最重要的是要有相位常数，实际上在第 8 章介绍动态位时，提到的推迟项作用也是这个含义，例如最简单的行波表达式

$$E_x=\sqrt{2}E_0\sin(\omega t-\beta z) \tag{9-4-32}$$

电场随位置的变化如图 9-4-3a 所示，给人感觉电磁波就是在沿 $\boldsymbol{e}_z$ 方向传播。

驻波：实际是两个相反方向行波的叠加，但形式上相位常数隐藏起来了，例如

$$\begin{aligned}E_x&=2\sqrt{2}E_0\cos(\beta z)\sin(\omega t)\\&=\sqrt{2}E_0\sin(\omega t-\beta z)+\sqrt{2}E_0\sin(\omega t+\beta z)\end{aligned} \tag{9-4-33}$$

电场随位置的变化如图 9-4-3b 所示，给人感觉电磁波似乎是停滞不前,振幅最大的地方总是最大，振幅最小的地方总是最小，因此称为驻波。表达式第二行表示驻波实际是两个相反方向行波的叠加。

衰减的行波：是一个标准的行波，但振幅部分有衰减，例如

$$E_x=\sqrt{2}E_0{\rm e}^{-\alpha z}\sin(\omega t-\beta z) \tag{9-4-34}$$

电场随位置的变化如图 9-4-3c 所示，给人感觉电磁波的振幅随着距离的增加是在逐渐衰减，但仍然在传播，也称为衰减波。

凋落波：没有相位常数 $\beta=0$，但有衰减常数 α，例如

$$E_x=\sqrt{2}E_0{\rm e}^{-\alpha z}\sin(\omega t) \tag{9-4-35}$$

电场随位置的变化如图 9-4-3d 所示，给人的感觉不但是电磁波的振幅在逐渐衰减，而且没有波动，这种波一般认为不能传播。注意和衰减的行波的区别。

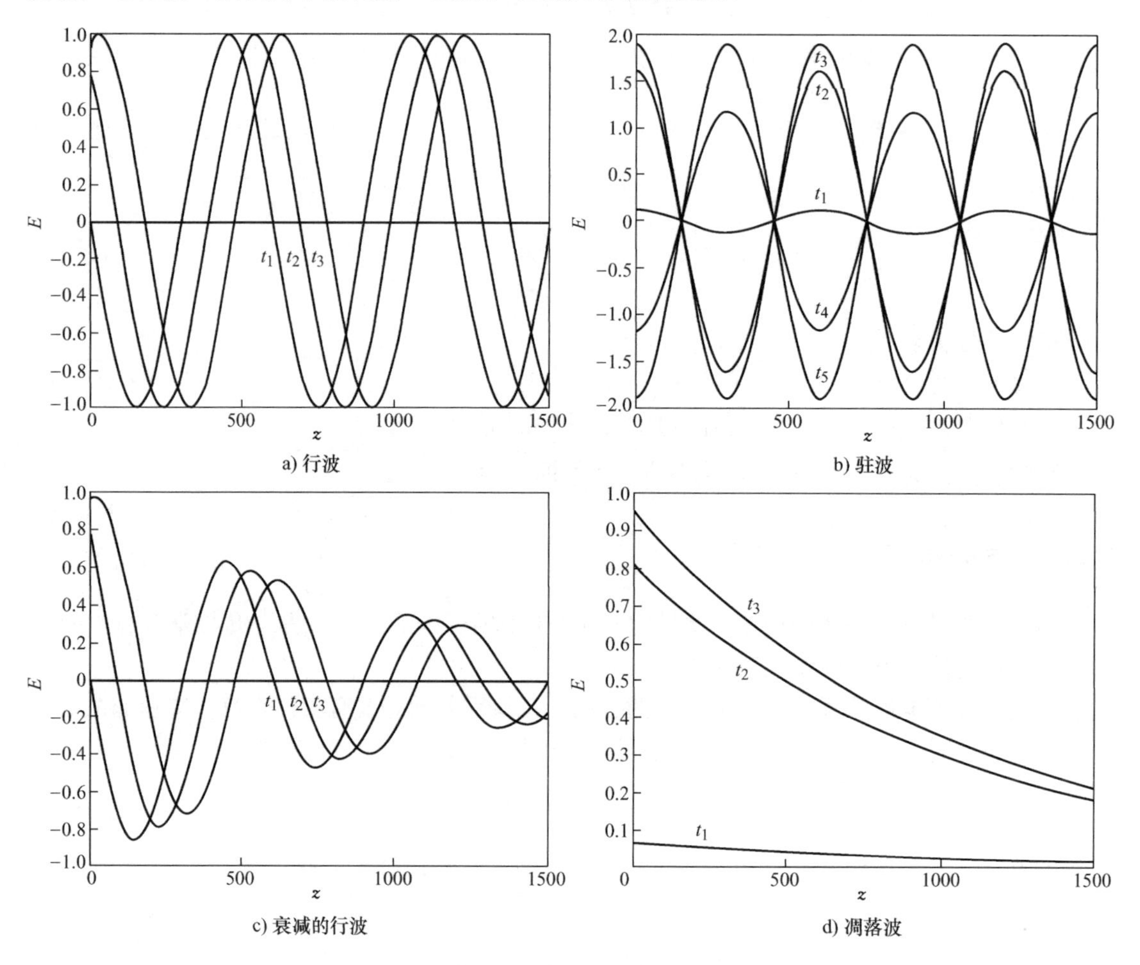

图 9-4-3　电磁波的几种类型（t_1～t_5 依次为不同时间）

显然，决定波动方式的主要因素是传播常数，现在再来看传播常数，包括衰减常数和相位常数，究竟和哪些因素有关。已经知道

$$\Gamma=\sqrt{K_{\mathrm{c}}^{2}-\omega^{2}\mu\varepsilon_{\mathrm{c}}}=\alpha+\mathrm{j}\beta \tag{9-4-36}$$

1. 在 TEM 波形中

因为 $K_{\mathrm{c}}^{2}=0$，所以

$$\Gamma=\mathrm{j}\omega\sqrt{\mu\varepsilon_{\mathrm{c}}} \tag{9-4-37}$$

由于介电常数是复数，因此传播常数也是复数。

1）在一般的导电媒质中 $\varepsilon_{\mathrm{c}}=\varepsilon(1-\mathrm{j}\gamma/\omega\varepsilon)$，则

$$\Gamma=\mathrm{j}\omega\sqrt{\mu\varepsilon_{\mathrm{c}}}=\mathrm{j}\omega\sqrt{\mu\varepsilon\left(1-\mathrm{j}\frac{\gamma}{\omega\varepsilon}\right)}=\alpha+\mathrm{j}\beta \tag{9-4-38}$$

由此得到衰减常数

$$\alpha=\omega\sqrt{\frac{\mu\varepsilon}{2}\left[\sqrt{1+\left(\frac{\gamma}{\omega\varepsilon}\right)^2}-1\right]} \tag{9-4-39}$$

相位常数

$$\beta=\omega\sqrt{\frac{\mu\varepsilon}{2}\left[\sqrt{1+\left(\frac{\gamma}{\omega\varepsilon}\right)^2}+1\right]} \tag{9-4-40}$$

由于衰减常数不为零，所以波在导电媒质中会有衰减。如果是良导体，即$\gamma/\omega\varepsilon\gg1$，则$\alpha=\sqrt{\omega\mu\gamma/2}$，这就是第 8 章中分析趋肤效应，求透入深度时用到的参数。

根据相位常数与相速度的关系，得到

$$v_{\mathrm{p}}=\frac{\omega}{\beta}=\frac{1}{\sqrt{\frac{\mu\varepsilon}{2}\left[\sqrt{1+\left(\frac{\gamma}{\omega\varepsilon}\right)^2}+1\right]}} \tag{9-4-41}$$

则相速度也与频率有关，显然**导电媒质是色散媒质**。计算表明$\mathrm{d}v_{\mathrm{p}}/\mathrm{d}\omega>0$，是反常色散媒质。

2) 在理想介质中，因为$\gamma=0$，则

$$\Gamma=\mathrm{j}\omega\sqrt{\mu\varepsilon} \tag{9-4-42}$$

得到衰减常数

$$\alpha=0 \tag{9-4-43}$$

由于衰减常数为零，因此波在理想介质中传播是不会衰减的。相位常数

$$\beta=\omega\sqrt{\mu\varepsilon}=\beta_0 \tag{9-4-44}$$

同样可以求出相速度为

$$v_{\mathrm{p}}=\frac{\omega}{\beta_0}=\frac{1}{\sqrt{\mu\varepsilon}}=v_{\mathrm{p0}} \tag{9-4-45}$$

显然与频率无关，因此无色散㊀。对自由空间，$\varepsilon=\varepsilon_0$，$\mu=\mu_0$，相速为$1/\sqrt{\mu_0\varepsilon_0}=3\times10^8\,\mathrm{m/s}$。

2. 在 TM/TE 波形中

根据式(9-4-36)，具体例子(见 9.5 节)显示K_{c}是由电磁结构和波的模式决定，所以传播常数$\Gamma=\alpha+\mathrm{j}\beta$的情况较为复杂。这里只研究理想介质，即无耗媒质的情况，此时$\gamma=0$，则$\varepsilon_{\mathrm{c}}=\varepsilon$，但未必$\alpha=0$，此时

$$\Gamma=\sqrt{K_{\mathrm{c}}^2-\omega^2\mu\varepsilon}=\alpha+\mathrm{j}\beta \tag{9-4-46}$$

㊀ 由于大部分 TEM 波都是在理想介质中传播，由此，有时直接就将 TEM 波称为无色散波。

α和β都是关于K_c、$\omega^2\mu\varepsilon$的函数，并不单单由媒质特性决定。在分析这些特性之前，先定义一个概念——**工作波长**，即 TEM 波在理想介质中的波长

$$\lambda_0=\frac{v_{p0}}{f}=\frac{\omega}{f\beta_0}=\frac{2\pi}{\omega\sqrt{\mu\varepsilon}} \tag{9-4-47}$$

其并非是这里要讨论的 TM/TE 波工作时的波长，当介质给定时，它与激励源工作频率是相对应的。

1）当$\omega^2\mu\varepsilon=K_c^2$时，根据式(9-4-46)，$\Gamma=0$，波无传播项，实际是无法传播的临界状态，电磁场仅随时间作简谐运动。因为K_c是由装置几何结构和边界条件决定，只有频率是可变的，也就是说当频率达到这个值时，波截止了，所以K_c称为**截止波数**。设此时频率为**临界（角）频率**

$$f_c=\frac{K_c}{2\pi\sqrt{\mu\varepsilon}},\qquad \omega_c=\frac{K_c}{\sqrt{\mu\varepsilon}} \tag{9-4-48}$$

相应的波长称为**临界波长**或截止波长

$$\lambda_c=\frac{v_{p0}}{f_c}=\frac{2\pi}{K_c}=\frac{2\pi}{\omega_c\sqrt{\mu\varepsilon}} \tag{9-4-49}$$

注意这是一个常数，相速用的是 TEM 在理想介质中的相速。截止波长与工作波长的关系为

$$\frac{\lambda_0}{\lambda_c}=\frac{\omega_c}{\omega}=\frac{f_c}{f} \tag{9-4-50}$$

2）当$\omega^2\mu\varepsilon<K_c^2$时，根据式(9-4-46)，$\Gamma=\alpha$，但$\beta$为零。这是理想介质情况下的结果，即媒质是无耗的，但由于装置结构的原因，波仍是衰减的，而且波动性的特征量——相位常数为零，这种波是**凋落波**。此时波的损耗不是由于能量损耗产生的，而是工作条件不满足。当$\omega^2\mu\varepsilon<K_c^2$时，意味着$f<f_c$，即工作频率低于临界频率时，无法工作。此时由于无波动性表征，因此也不存在波长这个量。

3）当$\omega^2\mu\varepsilon>K_c^2$时，根据式(9-4-46)，得到

$$\Gamma=\mathrm{j}\sqrt{\omega^2\mu\varepsilon-K_c^2}=\mathrm{j}\beta(K_c,\omega,\mu,\varepsilon) \tag{9-4-51}$$

这里特别标出相位常数β是装置结构、频率和媒质特性参数的函数，和 TEM 波形的不一样。工作频率与截止频率的关系为

$$f=\frac{\omega}{2\pi}=\frac{\omega\sqrt{\mu\varepsilon}}{2\pi\sqrt{\mu\varepsilon}}=\frac{\omega\sqrt{\mu\varepsilon}}{K_c}f_c \tag{9-4-52}$$

根据式(9-4-46)，当$\omega^2\mu\varepsilon>K_c^2$时，意味着$f>f_c$，即工作频率高于临界频率（工作波长小于临界波长），TM/TE 波才能够传播，是行波，波长叫**波导波长**，是实际波长，即某一时刻，沿传播方向相位差为 2π的两点之间的距离。波导波长为

$$\lambda=\frac{v_p}{f}=\frac{\omega}{f\beta}=\frac{2\pi}{\sqrt{\omega^2\mu\varepsilon-K_c^2}} \tag{9-4-53}$$

现在已经有临界波长λ_c、工作波长λ_0和波导波长λ三个波长量，考虑到$K_c^2=\omega^2\mu\varepsilon+\Gamma^2$，则

$$\left(\frac{2\pi}{\lambda_c}\right)^2=\left(\frac{2\pi}{\lambda_0}\right)^2-\left(\frac{2\pi}{\lambda}\right)^2$$

得到

$$\lambda=\frac{\lambda_0}{\sqrt{1-\left(\dfrac{\lambda_0}{\lambda_c}\right)^2}}=\frac{\lambda_0}{\sqrt{1-\left(\dfrac{f_c}{f}\right)^2}} \tag{9-4-54}$$

反过来，相位常数也可以用这两个波长表示

$$\beta=\frac{2\pi}{\lambda}=\frac{2\pi}{\lambda_0}\sqrt{1-\left(\frac{\lambda_0}{\lambda_c}\right)^2}=\frac{2\pi}{\lambda_0}\sqrt{1-\left(\frac{f_c}{f}\right)^2} \tag{9-4-55}$$

此时相速为

$$v_p=\frac{\omega}{\beta}=\frac{\omega}{\dfrac{2\pi}{\lambda_0}\sqrt{1-\left(\dfrac{\lambda_0}{\lambda_c}\right)^2}}=\frac{v_{p0}}{\sqrt{1-\left(\dfrac{\lambda_0}{\lambda_c}\right)^2}}=\frac{v_{p0}}{\sqrt{1-\left(\dfrac{f_c}{f}\right)^2}} \tag{9-4-56}$$

式中，$v_{p0}=1/\sqrt{\mu\varepsilon}$，为 TEM 波在理想介质中的相速。由于与频率有关，会出现色散现象。

因为$K_c^2=\omega^2\mu\varepsilon-\beta^2$，所以

$$\omega=\sqrt{\frac{K_c^2+\beta^2}{\mu\varepsilon}}=v_{p0}\sqrt{K_c^2+\beta^2}$$

则群速为

$$v_g=\frac{d\omega}{d\beta}=\frac{v_{p0}}{2}\frac{2\beta}{\sqrt{K_c^2+\beta^2}}=v_{p0}\sqrt{1-\left(\frac{\lambda_0}{\lambda_c}\right)^2}=v_{p0}\sqrt{1-\left(\frac{f_c}{f}\right)^2} \tag{9-4-57}$$

群速小于相速，是**正常色散**。

TM 波阻抗为

$$Z_{TM}=\frac{\Gamma}{j\omega\varepsilon_c}=\frac{\beta}{\omega\varepsilon}=\eta\sqrt{1-\left(\frac{\lambda_0}{\lambda_c}\right)^2} \tag{9-4-58}$$

式中，$\eta=\sqrt{\mu/\varepsilon}$。

TE 波阻抗为

$$Z_{TE}=\frac{j\omega\mu}{\Gamma}=\frac{\omega\mu}{\beta}=\frac{\eta}{\sqrt{1-\left(\dfrac{\lambda_0}{\lambda_c}\right)^2}} \tag{9-4-59}$$

在表 9-4-1 中总结了各种参数。注意的地方是导电媒质可以称为有耗媒质，损耗来源于

热损耗，理想介质是无损耗媒质，但存在有耗传播方式，即凋落波。TEM 波一般在理想介质中称为无色散波形，TM/TE 波称为色散波形，但在无限大导体(类似无界的近似)中，其波可认为是 TEM 波形，此时它是色散波形。

表 9-4-1 定向传播波的传播特性

<table>
<tr><td colspan="4">$\Gamma=\sqrt{K_c^2-\omega^2\mu\varepsilon_c}=\alpha+j\beta$， $v_p=\frac{\omega}{\beta}$， $\lambda=\frac{2\pi}{\beta}$</td></tr>
<tr><td rowspan="2">导电媒质
(有耗媒质)</td><td colspan="3">TEM (K_c=0) (色散波形)</td></tr>
<tr><td colspan="3">$\Gamma=j\omega\sqrt{\mu\varepsilon_c}=\alpha+j\beta$
$\alpha=\omega\sqrt{\frac{\mu\varepsilon}{2}\left[\sqrt{1+\left(\frac{\gamma}{\omega\varepsilon}\right)^2}-1\right]}$， $\beta=\omega\sqrt{\frac{\mu\varepsilon}{2}\left[\sqrt{1+\left(\frac{\gamma}{\omega\varepsilon}\right)^2}+1\right]}$
$v_p=\frac{1}{\sqrt{\frac{\mu\varepsilon}{2}\left[\sqrt{1+\left(\frac{\gamma}{\omega\varepsilon}\right)^2}+1\right]}}<v_g$ (反常色散)
$Z_{TEM}=\sqrt{\frac{\mu}{\varepsilon\left(1-j\frac{\gamma}{\omega\varepsilon}\right)}}$</td></tr>
<tr><td rowspan="3">理想介质
(无耗媒质)</td><td>TEM (K_c=0) (无色散波形)</td><td colspan="2">TM/ TE (色散波形)</td></tr>
<tr><td rowspan="2">$\Gamma=j\omega\sqrt{\mu\varepsilon}=j\beta$
$\beta=\omega\sqrt{\mu\varepsilon}$
$\lambda=\frac{2\pi}{\omega\sqrt{\mu\varepsilon}}=\lambda_0$
$v_p=\frac{1}{\sqrt{\mu\varepsilon}}=v_{p0}$ (无色散)
$v_g=v_p$
$Z_{TEM}=\sqrt{\frac{\mu}{\varepsilon}}=\eta$</td><td>$f>f_c$
$\omega^2\mu\varepsilon>K_c^2$</td><td>$\Gamma=j\sqrt{\omega^2\mu\varepsilon-K_c^2}=j\beta$
$\beta=\sqrt{\omega^2\mu\varepsilon-K_c^2}=\frac{2\pi}{\lambda_0}\sqrt{1-\left(\frac{\lambda_0}{\lambda_c}\right)^2}$
$\lambda=\frac{\lambda_0}{\sqrt{1-\left(\frac{\lambda_0}{\lambda_c}\right)^2}}$， $\lambda_c=\frac{2\pi}{K_c}$
$v_p=\frac{v_{p0}}{\sqrt{1-\left(\frac{\lambda_0}{\lambda_c}\right)^2}}>v_g$ (正常色散)
$v_g=v_{p0}\sqrt{1-\left(\frac{\lambda_0}{\lambda_c}\right)^2}$
$Z_{TE}=\frac{\eta}{\sqrt{1-\left(\frac{\lambda_0}{\lambda_c}\right)^2}}$， $Z_{TM}=\eta\sqrt{1-\left(\frac{\lambda_0}{\lambda_c}\right)^2}$</td></tr>
<tr><td>$f<f_c$
$\omega^2\mu\varepsilon<\mu_c^2$</td><td>$\Gamma=\sqrt{K_c^2-\omega^2\mu\varepsilon}=\alpha$ (凋落波，有耗方式)</td></tr>
</table>

9.5 波导与传输线

定向传播电磁波的工程应用包括能量和信号的传输，例如水力发电站和变压器之间的传输线、发射机和天线之间的连接线、高频条件下电路板上各个器件之间的连接线等。我们熟悉的双导线传输线在低频下的传输没有问题，但在高频时，由于趋肤效应，电流流过的有效截面积缩小，使得金属欧姆热损耗加大；又由于双导线裸露于空间，电磁波向外辐射，也造成辐射损耗；同时双导线需要靠绝缘介质分开，也有介电损耗；这三种损耗都会随频率增加而加大，以致当频率增加到一定数值时，双导线传输线已不适合于传输能量。同轴传输线和双导线传输线有些类似，内部圆柱导体是一根线，外部圆柱壳可看作是第二根线，因为电磁场被“包裹”在两导体之间，所以没有辐射损耗，同时由于表面积增加，欧姆热损耗减少(趋肤效应引起的欧姆热损耗仍存在)，可以工作到较高的频率。但是，因为是双线，所以仍要靠绝缘介质分隔，介电损耗还有。总之，同轴传输线虽然比双导线传输线损耗减少，但在频率较高时仍不能应用。例如在厘米波段上，50 米长的天线馈线输出功率降低到输入功率的 60%～80%。另外，后面将讲到为了保证同轴传输线只传输 TEM 波，其他波形截止，也即避免出现杂波，必须减少同轴传输线的横向尺寸，这带来的后果是导线间距缩短，容易引起介质击穿；还有就是随着间距的缩短，同轴传输线的制作也更加困难。一般来说，当波长低于 10 厘米时，同轴传输线就不能使用了。

由于双导线传输线和同轴传输线的这些缺陷，人们研制了一些新的、适用于高频的传输能量和信号的工具，这些传输方式称为**波导**，也称为**传输线**，如空心金属波导(矩形、圆形和椭圆形)，带状线、微带线和介质波导(包括光波导)等。一般来说波导是由一个或多个导体组成，也可能不用导体，例如介质波导(我们熟悉的光纤)；而传输线是由两个或两个以上的导体组成，通常用来传播 TEM 波。电路中的传输线一般指的是两个导体的波导，这里混合使用。图 9-5-1 给出了几种波导与传输线。

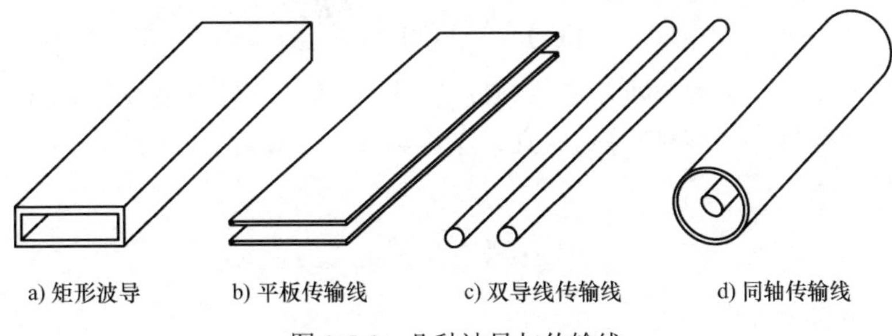

a) 矩形波导　b) 平板传输线　c) 双导线传输线　d) 同轴传输线

图 9-5-1　几种波导与传输线

下面对波导的分析都是以传播方向无限长为条件，不会存在反射波，即只考虑入射波，也不讨论电磁波是如何耦合进去的，也就是说纵向端口的边界条件这里完全不考虑，仅依赖横向边界条件，得到的解仍然有待定的常数。

9.5.1　矩形波导

矩形波导是微波技术中应用最广泛的一种波导。图 9-5-2 所示为一个横截面为矩形的空心金属波导管，高为 b，宽为 a，波导内填充理想介质，参数为ε、μ，波导内壁为理想导体。

1. 波动方程在直角坐标系中的分离变量法

根据前面介绍的定向传播波的分类可知，该单一金属波导管不能传播 TEM 波形，只能是 TM 和 TE 波形。定向传播的波的表达式可写成

$$\begin{cases}\dot{\boldsymbol{E}}(x,y,z)=\dot{\boldsymbol{E}}_0(x,y)\mathrm{e}^{-\Gamma z}\\ \dot{\boldsymbol{H}}(x,y,z)=\dot{\boldsymbol{H}}_0(x,y)\mathrm{e}^{-\Gamma z}\end{cases}$$

将波形因子满足的波动方程(9-2-13)和方程(9-2-16)重新列写出来

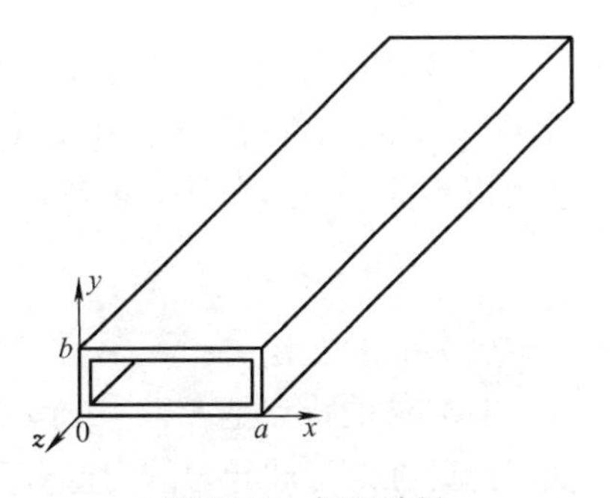

图 9-5-2　矩形波导

$$\begin{cases}\nabla_{\mathrm{T}}^2\dot{\boldsymbol{E}}_0(x,y)+K_{\mathrm{c}}^2\dot{\boldsymbol{E}}_0(x,y)=0\\ \nabla_{\mathrm{T}}^2\dot{\boldsymbol{H}}_0(x,y)+K_{\mathrm{c}}^2\dot{\boldsymbol{H}}_0(x,y)=0\end{cases}$$

可以先求出其纵向分量，再由此求横向分量。纵向分量满足的方程为

$$\begin{cases}\nabla_{\mathrm{T}}^2\dot{E}_{0z}(x,y)+K_{\mathrm{c}}^2\dot{E}_{0z}(x,y)=0\\ \nabla_{\mathrm{T}}^2\dot{H}_{0z}(x,y)+K_{\mathrm{c}}^2\dot{H}_{0z}(x,y)=0\end{cases}$$

式中，$K_{\mathrm{c}}^2=\omega^2\mu\varepsilon+\Gamma^2$，单独研究电场波形因子的纵向分量(不含传播因子)，即

$$\frac{\partial^2\dot{E}_{0z}}{\partial x^2}+\frac{\partial^2\dot{E}_{0z}}{\partial y^2}+K_{\mathrm{c}}^2\dot{E}_{0z}=0 \tag{9-5-1}$$

采用分离变量法，设

$$\dot{E}_{0z}(x,y)=\dot{X}(x)\dot{Y}(y) \tag{9-5-2}$$

带入到方程(9-5-1)中，得到

$$\frac{\dfrac{\mathrm{d}^2\dot{X}(x)}{\mathrm{d}x^2}}{\dot{X}(x)}+\frac{\dfrac{\mathrm{d}^2\dot{Y}(y)}{\mathrm{d}y^2}}{\dot{Y}(y)}=-K_{\mathrm{c}}^2 \tag{9-5-3}$$

等号左边第一项仅是 x 的函数，第二项仅是 y 的函数，等号右边是与 x、y 无关的函数，也可以说成是“常数”。因此要使等式成立，左边第一、二项应分别等于一个“常数”，这两个“常数”满足关系

$$K_x^2+K_y^2=K_{\mathrm{c}}^2 \tag{9-5-4}$$

则得到两个常微分方程

$$\frac{\mathrm{d}^2\dot{X}(x)}{\mathrm{d}x^2}+K_x^2\dot{X}(x)=0 \tag{9-5-5}$$

$$\frac{\mathrm{d}^2\dot{Y}(y)}{\mathrm{d}y^2}+K_y^2\dot{Y}(y)=0 \tag{9-5-6}$$

方程的通解为

$$\dot{X}(x)=A\sin(K_x x)+B\cos(K_x x) \tag{9-5-7}$$

$$\dot{Y}(y)=C\sin(K_y y)+D\cos(K_y y) \tag{9-5-8}$$

电场传播方向分量为 $\dot{E}_z(x,y)=\dot{X}(x)\dot{Y}(x)\mathrm{e}^{-\Gamma z}$，同样可以求得磁场传播方向分量的形式 $\dot{H}_z(x,y)=\dot{X}(x)\dot{Y}(y)\mathrm{e}^{-\Gamma z}$。其中 $\dot{X}(x),\dot{Y}(y)$ 的形式应该和上面的一样，只是所含常数不同。下面根据不同的波形来具体求解。

2. 波形与结构

(1) TM 波形

TM 波的特点是 $\dot{E}_z(x,y,z)\neq 0,\dot{H}_z(x,y,z)=0$。由于理想导体表面的电场只能垂直导体表面，因此在矩形波导管的内壁有关于 $\dot{E}_z$ 的边界条件

$$\begin{cases}\dot{E}_z(0,y)=0 & (9\text{-}5\text{-}9a)\\ \dot{E}_z(a,y)=0 & (9\text{-}5\text{-}9b)\\ \dot{E}_z(x,0)=0 & (9\text{-}5\text{-}9c)\\ \dot{E}_z(x,b)=0 & (9\text{-}5\text{-}9d)\end{cases}$$

将通解 $\dot{E}_{0z}(x,y)=\dot{X}(x)\dot{Y}(y)$ 代入后(传播因子相当于常数)，得到

$$K_x=\frac{m\pi}{a}\qquad (m=1,2,3,\cdots) \tag{9-5-10}$$

$$X(x)=A\sin\left(\frac{m\pi}{a}x\right) \tag{9-5-11}$$

$$K_y=\frac{n\pi}{b}\qquad (n=1,2,3,\cdots) \tag{9-5-12}$$

$$Y(y)=C\sin\left(\frac{n\pi}{b}y\right) \tag{9-5-13}$$

因此电场强度的纵向分量可以求出(补充了波动因子)

$$\dot{E}_z(x,y)=E_0\sin\left(\frac{m\pi}{a}x\right)\sin\left(\frac{n\pi}{b}y\right)\mathrm{e}^{-\varGamma z} \tag{9-5-14}$$

注意 m，n 不能为零，否则无纵向电场。截止波数

$$K_\mathrm{c}=\sqrt{\omega^2\mu\varepsilon+\varGamma^2}=\sqrt{K_x^2+K_y^2}=\sqrt{\left(\frac{m\pi}{a}\right)^2+\left(\frac{n\pi}{b}\right)^2}\qquad (m=1,2,3,\cdots;n=1,2,3,\cdots) \tag{9-5-15}$$

再来求其他分量，根据式(9-4-13)和式(9-4-14)，并补充波动因子，得到

$$\begin{cases}\dot{E}_x=-\dfrac{\varGamma}{K_\mathrm{c}^2}\dfrac{m\pi}{a}E_0\cos\left(\dfrac{m\pi}{a}x\right)\sin\left(\dfrac{n\pi}{b}y\right)\mathrm{e}^{-\varGamma z} & (9\text{-}5\text{-}16a)\\ \dot{E}_y=-\dfrac{\varGamma}{K_\mathrm{c}^2}\dfrac{n\pi}{b}E_0\sin\left(\dfrac{m\pi}{a}x\right)\cos\left(\dfrac{n\pi}{b}y\right)\mathrm{e}^{-\varGamma z} & (9\text{-}5\text{-}16b)\end{cases}$$

$$\begin{cases}\dot{H}_x=\dfrac{\mathrm{j}\omega\varepsilon}{K_\mathrm{c}^2}\dfrac{n\pi}{b}E_0\sin\left(\dfrac{m\pi}{a}x\right)\cos\left(\dfrac{n\pi}{b}y\right)\mathrm{e}^{-\varGamma z} & (9\text{-}5\text{-}17a)\\ \dot{H}_y=-\dfrac{\mathrm{j}\omega\varepsilon}{K_\mathrm{c}^2}\dfrac{m\pi}{a}E_0\cos\left(\dfrac{m\pi}{a}x\right)\sin\left(\dfrac{n\pi}{b}y\right)\mathrm{e}^{-\varGamma z} & (9\text{-}5\text{-}17b)\end{cases}$$

（2）TE 波形

TE 波的特点是 $\dot{E}_z(x,y,z)=0,\dot{H}_z(x,y,z)\neq 0$，可以先求出 $\dot{H}_z$，但关于 $\dot{E}_z$ 的边界条件此时无法利用，好在矩形波导管的内壁还有关于 $\dot{E}_y$ 的边界条件可以利用

$$\begin{cases}\dot{E}_y(0,y)=0 & (9\text{-}5\text{-}18a)\\ \dot{E}_y(a,y)=0 & (9\text{-}5\text{-}18b)\\ \dot{E}_x(x,0)=0 & (9\text{-}5\text{-}18c)\\ \dot{E}_x(x,b)=0 & (9\text{-}5\text{-}18d)\end{cases}$$

再根据式(9-4-19)得到

$$\begin{cases}\left.\dfrac{\partial H_z}{\partial x}\right|_{x=0}=0 & \text{(9-5-19a)}\\ \left.\dfrac{\partial H_z}{\partial x}\right|_{x=a}=0 & \text{(9-5-19b)}\\ \left.\dfrac{\partial H_z}{\partial y}\right|_{y=0}=0 & \text{(9-5-19c)}\\ \left.\dfrac{\partial H_z}{\partial y}\right|_{y=b}=0 & \text{(9-5-19d)}\end{cases}$$

这个边界条件有时写为(n 为法向)

$$\left.\frac{\partial \dot{H}_z(x,y)}{\partial n}\right|_s=0 \tag{9-5-19'}$$

这样将通解 $\dot{H}_{0z}(x,y)=\dot{X}(x)\dot{Y}(y)$ 代入后得到

$$\dot{H}_z(x,y)=H_0\cos\left(\frac{m\pi}{a}x\right)\cos\left(\frac{n\pi}{b}y\right)\mathrm{e}^{-\Gamma z} \tag{9-5-20}$$

$$K_{\mathrm{c}}=\sqrt{\omega^2\mu\varepsilon+\Gamma^2}=\sqrt{K_x^2+K_y^2}=\sqrt{\left(\frac{m\pi}{a}\right)^2+\left(\frac{n\pi}{b}\right)^2}\quad (m=0,1,2,3,\cdots;n=0,1,2,3,\cdots) \tag{9-5-21}$$

注意此时 m、n 不能同时为零。再根据式(9-4-43)和式(9-2-44),并补充波动因子,得到

$$\begin{cases}\dot{E}_x=\dfrac{\mathrm{j}\omega\mu}{K_{\mathrm{c}}^2}\left(\dfrac{n\pi}{b}\right)H_0\cos\left(\dfrac{m\pi}{a}x\right)\sin\left(\dfrac{n\pi}{b}y\right)\mathrm{e}^{-\Gamma z} & \text{(9-5-22a)}\\ \dot{E}_y=-\dfrac{\mathrm{j}\omega\mu}{K_{\mathrm{c}}^2}\left(\dfrac{m\pi}{a}\right)H_0\sin\left(\dfrac{m\pi}{a}x\right)\cos\left(\dfrac{n\pi}{b}y\right)\mathrm{e}^{-\Gamma z} & \text{(9-5-22b)}\end{cases}$$

$$\begin{cases}\dot{H}_x=\dfrac{\Gamma}{K_{\mathrm{c}}^2}\dfrac{m\pi}{a}H_0\sin\left(\dfrac{m\pi}{a}x\right)\cos\left(\dfrac{n\pi}{b}y\right)\mathrm{e}^{-\Gamma z} & \text{(9-5-23a)}\\ \dot{H}_y=\dfrac{\Gamma}{K_{\mathrm{c}}^2}\dfrac{n\pi}{b}H_0\cos\left(\dfrac{m\pi}{a}x\right)\sin\left(\dfrac{n\pi}{b}y\right)\mathrm{e}^{-\Gamma z} & \text{(9-5-23b)}\end{cases}$$

图 9-5-3 给出了矩形波导中主模 TE_{10} 波形场结构的立体图。

3. 传播特性

矩形波导中的 TM 波和 TE 波的截止波数是相同的,除了 m、n 的取法略有差异。

$$K_c=\sqrt{\left(\frac{m\pi}{a}\right)^2+\left(\frac{n\pi}{b}\right)^2} \tag{9-5-24}$$

显然它和装置的结构有关,另外它是由理想导体边界条件导出的,因此和边界条件也是相关的。

由此得到的截止波长为

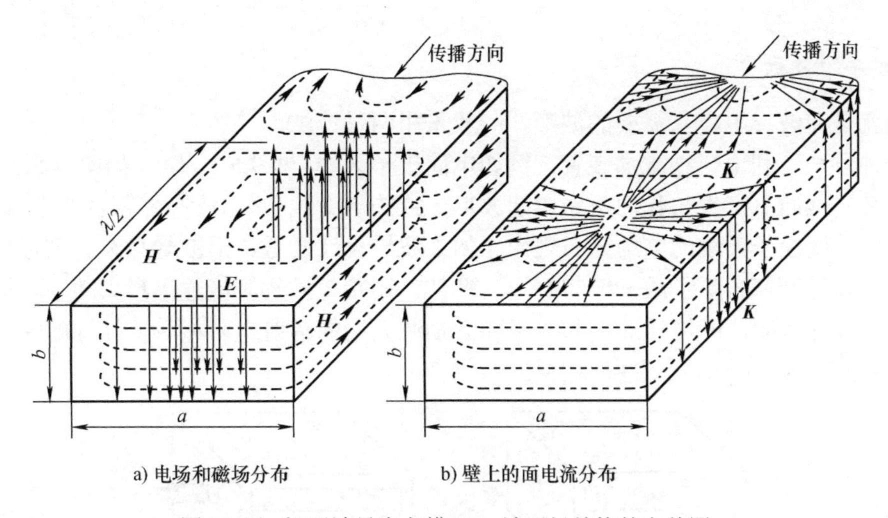

图 9-5-3　矩形波导中主模 TE_{10} 波形场结构的立体图

$$\lambda_c = \frac{2\pi}{K_c} = \frac{2\pi}{\sqrt{\left(\frac{m\pi}{a}\right)^2 + \left(\frac{n\pi}{b}\right)^2}} \tag{9-5-25}$$

显然截止波数和波长都是电磁装置结构参数和波形模式的函数。当 TM 和 TE 波 m、n 均不为零且分别相等时，则有相同的 K_c 和λ_c。对于这种 K_c 或λ_c 相同，但波形不同的情况，称为波形的**简并现象**。还可以推出简并波形的相速、群速和波导波长是相同的结论。

当波能够传播时，传播常数为

$$\Gamma = \mathrm{j}\sqrt{\omega^2\mu\varepsilon - K_c^2} = \mathrm{j}\beta \tag{9-5-26}$$

相位常数为

$$\beta = \sqrt{\omega^2\mu\varepsilon - \left(\frac{m\pi}{a}\right)^2 - \left(\frac{n\pi}{b}\right)^2} \tag{9-5-27}$$

前面的分析已知当工作波长小于临界波长，或工作频率高于截止频率时，波导是能够传播电磁波的。m 和 n 的每一种组合，对应一种可能的传播模式：TM_{mn} 或 TE_{mn}，称为 TM_{mn} 模或 TE_{mn} 模。一般来说，不同的波形，其截止波长是不相同的，其中最低次的波形称为**主波形**或**主模**，而其他波形称为**高次波形**或**高次模**。在矩形波导中，当 $a>b$，时，最低次的 TM 波形是 TM_{11}，最低次的 TE 波形是 TE_{10}，图 9-5-4 是矩形波导中的模式分布图。显然，当 $\lambda_0 > 2a$ 时，不能传播任何模式的波；当 $2a > \lambda_0 > a$ 时，只能传播一个模式；其他条件下是多模工作方式。

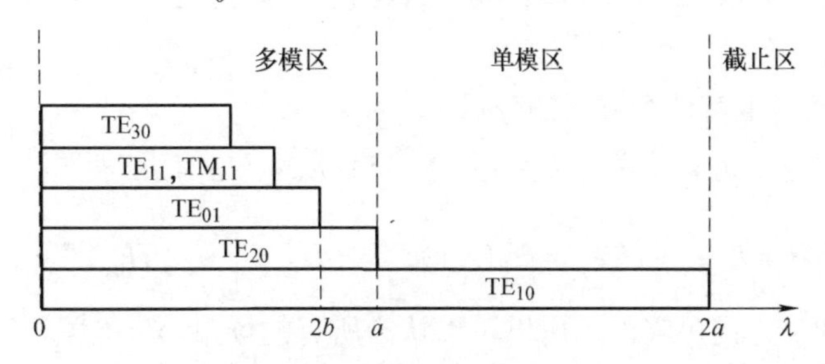

图 9-5-4　矩形波导中的模式分布图

4. 波导的激励

激励就是在波导中建立需要的波形，一般采用两种方法。

第一种方法，利用一种激励装置，例如电偶极子天线(见 9.6.1 节)，如图 9-5-5a 所示。在波导的某一截面上产生与我们所希望的波形一致的电力线(磁力线必然符合要求)，当然首先需要知道电偶极子天线的电场分布规律。如果波导设计合适，沿波导只有该波形传输，其他波形很快被抑制掉。除了激励所需要的波形外，还希望激励源能输出最大功率，这需要激励源天线与波导匹配，即波导的输入电阻和激励源天线的辐射电阻相等，波导的输入电抗和激励源天线的辐射电抗相等，性质相反。

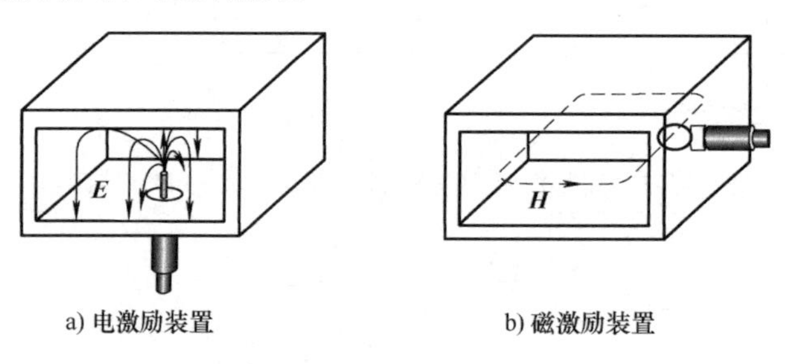

a) 电激励装置　　b) 磁激励装置

图 9-5-5 矩形波导中主模 TE_{10} 的激励装置

第二种方法，利用磁偶极子(小电流环)天线，如图 9-4-5b 所示。建立的磁力线和所希望的波形一致(电力线必然也符合要求)，磁偶极子的环面应在波导的横截面上。

9.5.2 平板波导

双平行板波导一般用得比较少，但它的电磁分析能够很好地从电磁场的角度说明传输线理论，因此这里也进行详细介绍。图 9-5-6 所示为一个双平行板波导，高为 h，宽为 d，一般情况下 $h<<d$，长度方向认为是无限长，波导内填充参数为ε、μ的理想介质，波导内壁为理想导体。由于是双导体，因此存在 TEM 波形和 TM/TE 波形。对 TEM 波形，从麦克斯韦方程组出发求解，对 TM/TE 波形采用和前面类似的纵向分量法求解。

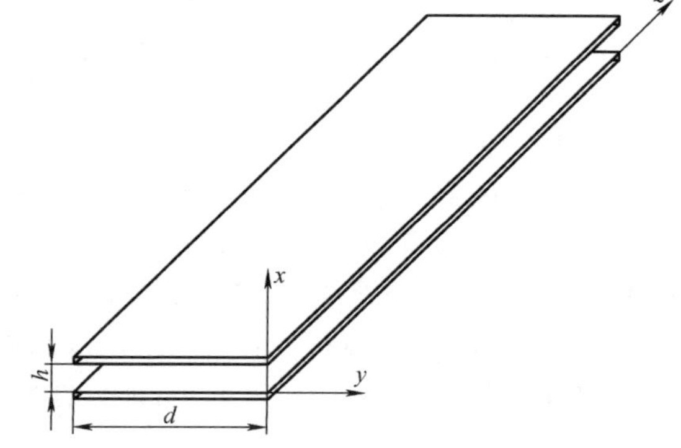

图 9-5-6 双平行板波导

1. 波形和结构

(1) TEM 波形

先假设场量在横向上有两个方向的分量

$$\dot{\boldsymbol{E}}=\dot{E}_x\boldsymbol{e}_x+\dot{E}_y\boldsymbol{e}_y=\dot{\boldsymbol{E}}_0(x,y)\mathrm{e}^{-\Gamma z}=\dot{E}_{0x}\mathrm{e}^{-\Gamma z}\boldsymbol{e}_x+\dot{E}_{0y}\mathrm{e}^{-\Gamma z}\boldsymbol{e}_y \tag{9-5-28}$$

$$\dot{\boldsymbol{H}}=\dot{H}_x\boldsymbol{e}_x+\dot{H}_y\boldsymbol{e}_y=\dot{\boldsymbol{H}}_0(x,y)\mathrm{e}^{-\Gamma z}=\dot{H}_{0x}\mathrm{e}^{-\Gamma z}\boldsymbol{e}_x+\dot{H}_{0y}\mathrm{e}^{-\Gamma z}\boldsymbol{e}_y \tag{9-5-29}$$

因为 $h\ll d$，即 y 方向足够长，所以可以认为所有的场量与 y 无关。

根据 $\nabla\cdot\dot{\boldsymbol{E}}=0$，得到

$$\frac{\partial \dot{E}_x(x)}{\partial x}+\frac{\partial \dot{E}_y(x)}{\partial y}=0 \tag{9-5-30}$$

显然第二项微分为零，所以第一项也为零，则$\dot{E}_x$也与x无关，即$\dot{E}_{0x}$是常数。

根据$\nabla\cdot\dot{\boldsymbol{H}}=0$，同样可以得到$\dot{H}_{0x}$是常数。

再根据式(9-4-9b) $\dot{E}_{0y}=-(\varGamma/\mathrm{j}\omega\varepsilon)\dot{H}_{0x}$，知道$\dot{E}_{0y}$是常数，又因为理想导体的边界条件$\dot{E}_y\big|_{x=0}=\dot{E}_y\big|_{x=h}=0$，所以$\dot{E}_{0y}=0$。

又由式(9-4-8a) $\dot{H}_{0x}=-\varGamma/\mathrm{j}\omega\mu\dot{E}_{0y}$，得到$\dot{H}_{0x}=0$。

最终场量只有两个分量：

$$\dot{E}_x=A\mathrm{e}^{-\mathrm{j}\beta z} \tag{9-5-31}$$

$$\dot{H}_y=\frac{A}{Z_{\mathrm{TEM}}}\mathrm{e}^{-\mathrm{j}\beta z} \tag{9-5-32}$$

波形因子是常数，写成瞬时表达式

$$\begin{cases}E_x=\sqrt{2}A\sin(\omega t-\beta z) & (9\text{-}5\text{-}33\text{a})\\ H_y=\dfrac{\sqrt{2}A}{Z_{\mathrm{TEM}}}\sin(\omega t-\beta z) & (9\text{-}5\text{-}33\text{b})\end{cases}$$

可以说式(9-5-33)是最简单的行波了。传播常数和相位常数也容易写出来，即$\varGamma=\mathrm{j}\omega\sqrt{\mu\varepsilon}$，$\beta=\omega\sqrt{\mu\varepsilon}$。波阻抗是$Z_{\mathrm{TEM}}=\eta$。注意它们仍然含有待定常数，由纵向端口边界条件确定，它们在传输线理论中会有简单的方法确定，这里重点关心的是波的结构或模式问题。

（2）TM 波形

采用直角坐标系中的纵向分量法求解。首先波形因子纵向分量的波动方程是

$$\nabla_{\mathrm{T}}^2\dot{E}_{0z}(x,y)+K_{\mathrm{c}}^2\dot{E}_{0z}(x,y)=0 \tag{9-5-34}$$

同样可以认定所有的场量与y无关，则方程变为常微分方程

$$\frac{\mathrm{d}^2}{\mathrm{d}x^2}\dot{E}_{0z}(x)+K_{\mathrm{c}}^2\dot{E}_{0z}(x)=0 \tag{9-5-35}$$

前面已经用分离变量法求过这样的方程，知道通解为

$$\dot{E}_{0z}(x)=A\cos(K_{\mathrm{c}}x)+B\sin(K_{\mathrm{c}}x) \tag{9-5-36}$$

再根据理想导体板边界条件

$$\begin{cases}\dot{E}_z\big|_{x=0}=0 & (9\text{-}5\text{-}37\text{a})\\ \dot{E}_z\big|_{x=h}=0 & (9\text{-}5\text{-}37\text{b})\end{cases}$$

得到

$$\dot{E}_{0z}(x)=B\sin(K_{\mathrm{c}}x) \tag{9-5-38}$$

$$K_{\mathrm{c}}=\frac{m\pi}{h}\qquad(m=1,2,\cdots) \tag{9-5-39}$$

注意，如果m=0，则只有零解，无法进行后续的工作，暂且令m≠0(物理上似乎可以，后面再分析)。

如果不是凋落波，即能够传播时，传播常数为$\Gamma=\sqrt{K_c^2-\omega^2\mu\varepsilon}=\mathrm{j}\sqrt{\omega^2\mu\varepsilon-K_c^2}=\mathrm{j}\beta$，代入截止波数，得到相位常数为

$$\beta=\sqrt{\omega^2\mu\varepsilon-\left(\frac{m\pi}{h}\right)^2} \tag{9-5-40}$$

知道了纵向分量，再来求横向分量，根据式(9-4-13)和式(9-4-14)，并补充传播因子，得到

$$\dot{E}_x=-\frac{\mathrm{j}\beta}{K_c}B\cos\left(\frac{m\pi}{h}x\right)\mathrm{e}^{-\mathrm{j}\beta z} \tag{9-5-41}$$

$$\dot{H}_y=-\frac{\mathrm{j}\omega\varepsilon}{K_c}B\cos\left(\frac{m\pi}{h}x\right)\mathrm{e}^{-\beta z} \tag{9-5-42}$$

瞬时表达式为

$$\begin{cases}E_x=-\dfrac{\sqrt{2}\beta}{K_c}B\cos\left(\dfrac{m\pi}{h}x\right)\cos(\omega t-\beta z) & \text{(9-5-43a)}\\ E_z=\sqrt{2}B\sin\left(\dfrac{m\pi}{h}x\right)\sin(\omega t-\beta z) & \text{(9-5-43b)}\\ H_y=-\dfrac{\sqrt{2}\omega\varepsilon}{K_c}B\cos\left(\dfrac{m\pi}{h}x\right)\cos(\omega t-\beta z) & \text{(9-5-43c)}\end{cases}$$

现在来看 m=0 的意思。如果令 H_y 的幅值为$-\omega\varepsilon B/K_c=A$，则场量变为

$$\begin{cases}E_x=\dfrac{\sqrt{2}\beta A}{\omega\varepsilon}B\cos\left(\dfrac{m\pi}{h}x\right)\cos(\omega t-\beta z) & \text{(9-5-43a′)}\\ E_z=-\dfrac{\sqrt{2}K_cA}{\omega\varepsilon}\sin\left(\dfrac{m\pi}{h}x\right)\sin(\omega t-\beta z) & \text{(9-5-43b′)}\\ H_y=\sqrt{2}A\cos\left(\dfrac{m\pi}{h}x\right)\cos(\omega t-\beta z) & \text{(9-5-43c′)}\end{cases}$$

m=0 意味着 K_c=0，则式(9-5-43)中电场 z 方向分量为零，波变成 TEM 波，即

$$\begin{cases}E_x=\dfrac{\sqrt{2}\beta A}{\omega\varepsilon}B\cos(\omega t-\beta z)\\ H_y=\sqrt{2}A\cos(\omega t-\beta z)\end{cases}$$

这和式(9-5-33)本质是一样的。上面的结果说明 TM_0 其实也是 TEM 波。

（3）TE 波形

还是采用直角坐标系中的纵向分量法求解。首先纵向分量的波动方程是

$$\nabla_T^2\dot{H}_{0z}(x,y)+K_c^2\dot{H}_{0z}(x,y)=0 \tag{9-5-44}$$

同样可以认定所有的场量与 y 无关，则方程变为

$$\frac{\mathrm{d}^2}{\mathrm{d}x^2}\dot{H}_{0z}(x)+K_c^2\dot{H}_{0z}(x)=0 \tag{9-5-45}$$

通解为

$$\dot{H}_{0z}(x)=A\cos(K_c x)+B\sin(K_c x) \tag{9-5-46}$$

根据边界条件

$$\begin{cases}\dot{E}_y\big|_{x=0}=0 & \text{(9-5-47a)}\\ \dot{E}_y\big|_{x=h}=0 & \text{(9-5-47b)}\end{cases}$$

和式(9-4-19b)可知

$$\begin{cases}\left.\dfrac{\partial H_z}{\partial x}\right|_{x=0}=0 & \text{(9-5-48a)}\\ \left.\dfrac{\partial H_z}{\partial x}\right|_{x=d}=0 & \text{(9-5-48b)}\end{cases}$$

代入通解，得到

$$\dot{H}_{0z}(x)=A\sin(K_c x) \tag{9-5-49}$$

$$K_c=\frac{m\pi}{h}\qquad (m=1,2,\cdots) \tag{9-5-50}$$

注意，m 不能为零，否则为零解。传播常数和相位常数与TM波形一致。根据式(9-4-19)和式(9-4-20)，并补充波动因子，得到

$$\dot{E}_{0y}=-\frac{j\omega\mu}{K_c}A\sin\left(\frac{m\pi}{h}x\right)e^{-j\beta z} \tag{9-5-51}$$

$$\dot{H}_{0x}=\frac{j\beta}{K_c}A\sin\left(\frac{m\pi}{h}x\right)e^{-\beta z} \tag{9-5-52}$$

瞬时表达式为

$$\begin{cases}E_y=\dfrac{\sqrt{2}\omega\mu}{K_c}A\sin\left(\dfrac{m\pi}{h}x\right)\cos(\omega t-\beta z) & \text{(9-5-53a)}\\ H_x=-\dfrac{\sqrt{2}\beta}{K_c}A\sin\left(\dfrac{m\pi}{h}x\right)\cos(\omega t-\beta z) & \text{(9-5-53b)}\\ H_z=\sqrt{2}A\cos\left(\dfrac{m\pi}{h}x\right)\sin(\omega t-\beta z) & \text{(9-5-53c)}\end{cases}$$

2. 传播特性

TEM 波形全波长或全频率都可以工作，TM/TE 波形有限制条件，其截至波数为 $K_c=m\pi/h$，则截止波长为

$$\lambda_c=\frac{2\pi}{K_c}=\frac{2h}{m}\qquad (m=1,2,\cdots) \tag{9-5-54}$$

最大截止波长为 $2h$，工作波长超过 $2h$ 时只有传播TEM波形。图9-5-7给出了两平行板传输线中的模式分布图。显然当 $\lambda_0\geqslant 2h$，**既工作波长大于 $2h$ 时，只能传播 TEM 波形**，这也告诉我们，当传输线的间距远远小于波长时，双传输线只能传播TEM波形，这是9.5.4节双传输线的理论基础。

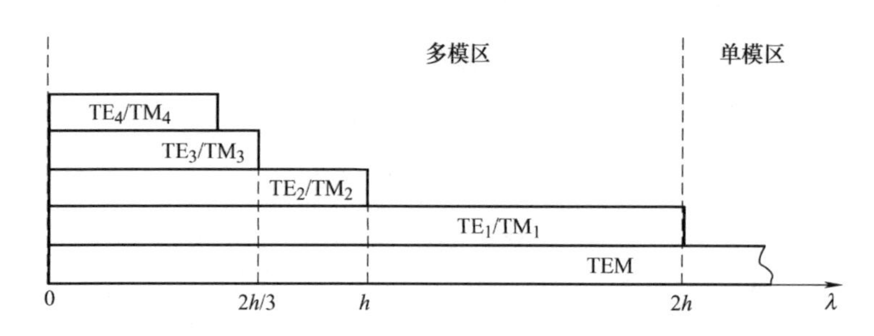

图 9-5-7 两平行板传输线中的模式分布图

例 9.5.1 已知间距为 1cm，相对介电常数为 10，相对磁导率为 1 的平板波导，求只能传播 TEM 波形的最大工作频率。如果工作频率为 50GHz，求能够传播的波导模式。

解：截止波数为

$$K_c = \frac{m\pi}{h}$$

截止频率为

$$f_c = \frac{K_c}{2\pi\sqrt{\mu\varepsilon}} = \frac{m}{2h\sqrt{\mu\varepsilon}}$$

也就是说能够传播 TM/TE 波形的工作频率必须高于这个值，低于它的只能传播 TEM 波形。则这个截止频率的最小值，就是只能传播 TEM 波形的最大工作频率。

$$f_c = \frac{1}{2h\sqrt{\mu\varepsilon}} = \frac{3\times10^8}{2\times0.01\times\sqrt{10}} = 0.47\times10^{10} = 4.7\text{GHz}$$

工作波长为

$$\lambda_0 = \frac{2\pi}{\omega\sqrt{\mu\varepsilon}} = \frac{1}{f\sqrt{\mu\varepsilon}}$$

截止波长为

$$\lambda_c = \frac{2\pi}{K_c} = \frac{2h}{m}$$

当工作波长小于截止波长 $\lambda_0 < \lambda_c$ 时，波导才能正常工作，即

$$\frac{1}{f\sqrt{\mu\varepsilon}} < \frac{2h}{m}$$

代入数值，计算得到 m<10.54，取 m=10，不包括 TEM 波形，共有 20 个模式。

9.5.3 同轴传输线

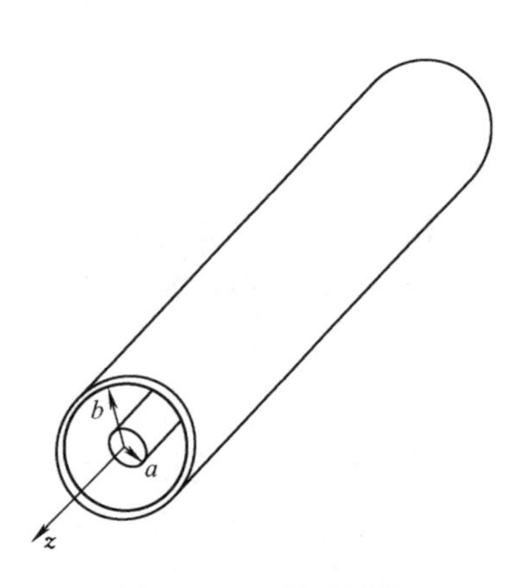

图 9-5-8 同轴传输线

同轴传输线由一个金属圆柱和一个金属圆筒组成，中间填充理想介质，如图 9-5-8 所示，由于双导体的结构，因

此也存在 TEM 波形和 TM/TE 波形。采用柱坐标系，问题似乎会简单，即使如此，其电磁场分布的求解仍然较为繁杂。对 TEM 波，$K_c=0$，柱坐标系中波形因子满足的方程是

$$\begin{cases}\nabla_T^2 \dot{\boldsymbol{E}}_0(\rho,\phi)=0 & (9\text{-}5\text{-}55a)\\ \nabla_T^2 \dot{\boldsymbol{H}}_0(\rho,\phi)=0 & (9\text{-}5\text{-}55b)\end{cases}$$

注意，柱坐标系中方程的特定形式，这里不去求解，只写出 TEM 波形的结果(补充了波动因子)

$$\begin{cases}\dot{E}_\rho=\dfrac{E_0 a}{\rho}\mathrm{e}^{-\mathrm{j}\beta z} & (9\text{-}5\text{-}56a)\\ \dot{H}_\phi=\dfrac{E_0 a}{\eta\rho}\mathrm{e}^{-\mathrm{j}\beta z} & (9\text{-}5\text{-}56b)\end{cases}$$

式中，E_0 是待定常数；η是无界空间理想介质的波阻抗$\eta=\sqrt{\mu/\varepsilon}$。前面曾说，$K_c=0$ 时，波动因子不受特定结构影响，这里$\beta=\omega\sqrt{\mu\varepsilon}$，和波形因子没有关系。显然，虽然是双传输线的 TEM 波形，但不同于无限大媒质中的 TEM 波形和双平板传输线的 TEM 波形，横截面内并不是均匀的。除此以外，其他 TEM 波形的特点都一样，包括波阻抗、相位常数、相速等。

同轴传输线还可以出现其他 TM 或 TE 高次模。为了保证只传输 TEM 波形，计算表明最短的工作波长应和同轴线的几何尺寸满足下面的关系式

$$\lambda_0 \geqslant \pi(a+b) \tag{9-5-57}$$

反过来，也说明当工作波长接近同轴传输线的横向尺寸时，会出现 TM 或 TE 高次模。随着工作波长的减少，为了确保只传播 TEM 单模，不得不缩小同轴传输线的横向尺寸，这将导致最大传输功率下降，从而限制了同轴传输线应用的频率上限。同轴传输线一般用于分米波或米波。

9.5.4 传输线理论基础

从上面对双平板传输线和同轴线传输线的结论看，传输线的横向尺寸小于工作波长时[$\lambda_0 \geqslant 2h$，$\lambda_0 \geqslant \pi(a+b)$]，只能传输 TEM 波形。虽然双平板 TEM 波形的横向分布是均匀的，但同轴传输线 TEM 波形横向上却是非均匀的，即使如此，如果重点不是各类传输线横截面内的场结构问题，即不关心波形问题，而是纵向变化问题，即波动因子的问题，则可以用等效的简单双传输线来代替。最初对 TEM 波形的分析时，强调过它是横向似静场，也就是说在横向上类似静电场和恒定磁场，没有波动性。实际上横向尺寸远小于波长，也说明准静态近似成立，只是这里不是“近似”，而是“就是”，虽然仅在横向上。这样在横向上可以引入电路中的常用参量：电压和电流，用人们熟悉的电路理论来解决问题。

传输线理论在电路中已有详细的分析，这里只简单介绍其电磁场理论的基础。另外需注意的是，传输线理论还研究了激励源和负载与传输线参数的关系，这一点电磁场理论分析起来较为困难，这是电路理论的优势所在。

1. 均匀无损传输线

还是来处理平板传输线，如图 9-5-9 所示，假设$\lambda \geqslant 2h$。针对 TEM 波，根据式(9-5-33)知道电磁场分布规律只与传输方向变量 z 有关，可写成

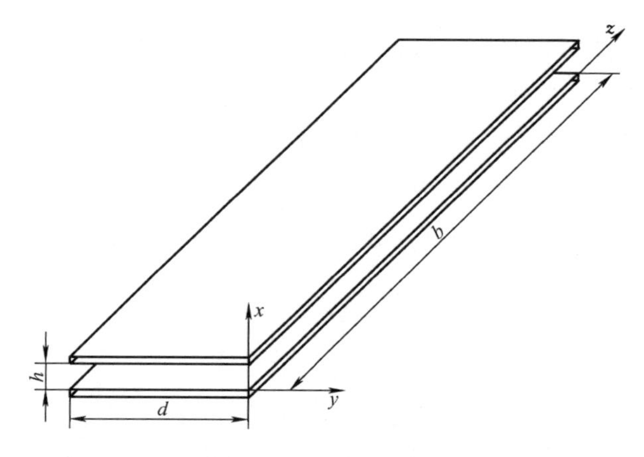

图 9-5-9　平板传输线

$$
\begin{cases}
\boldsymbol{E}(z,t)=E_x(z,t)\boldsymbol{e}_x & (9\text{-}5\text{-}58a)\\
\boldsymbol{H}(z,t)=H_y(z,t)\boldsymbol{e}_y & (9\text{-}5\text{-}58b)
\end{cases}
$$

根据电磁感应定律得到

$$
\nabla\times\boldsymbol{E}=\begin{vmatrix}\boldsymbol{e}_x & \boldsymbol{e}_y & \boldsymbol{e}_z\\ \dfrac{\partial}{\partial x} & \dfrac{\partial}{\partial y} & \dfrac{\partial}{\partial z}\\ E_x(z,t) & 0 & 0\end{vmatrix}=\frac{\partial}{\partial z}E_x(z,t)\boldsymbol{e}_y=-\mu\frac{\partial}{\partial t}H_y(z,t)\boldsymbol{e}_y \tag{9-5-59}
$$

根据全电流定律得到

$$
\nabla\times\boldsymbol{H}=\begin{vmatrix}\boldsymbol{e}_x & \boldsymbol{e}_y & \boldsymbol{e}_z\\ \dfrac{\partial}{\partial x} & \dfrac{\partial}{\partial y} & \dfrac{\partial}{\partial z}\\ 0 & H_y(z,t) & 0\end{vmatrix}=-\frac{\partial}{\partial z}H_y(z,t)\boldsymbol{e}_x=\varepsilon\frac{\partial}{\partial t}E_x(z,t)\boldsymbol{e}_x \tag{9-5-60}
$$

由于是横向似静场，因此可定义**分布电压**和**分布电流**，**分布电压指的是某一纵向位置处两板间的电压，当然不同位置电压不同；电流指的是某一纵向位置两板上的电流，不同位置电流不同**。即

$$
E_x(z,t)h=U(z,t) \tag{9-5-61}
$$

$$
H_y(z,t)d=i(z,t) \tag{9-5-62}
$$

其中式(9-5-62)利用了理想导体边界条件 $H_t=K_u=i/d$ 。则方程(9-5-59)和方程(9-5-60)变为

$$
\begin{cases}
\dfrac{\partial}{\partial z}U(z,t)=-\dfrac{\mu h}{d}\dfrac{\partial}{\partial t}i(z,t) & (9\text{-}5\text{-}63a)\\
\dfrac{\partial}{\partial z}i(z,t)=-\dfrac{\varepsilon d}{h}\dfrac{\partial}{\partial t}U(z,t) & (9\text{-}5\text{-}63b)
\end{cases}
$$

已经知道平板结构的电容 $C_{\mathrm{d}}=\varepsilon bd/h$ ，电感 $L_{\mathrm{d}}=\mu bh/d$ 。电感的计算参考准静态近似场中的分析，不一定要有传导电流的回路才能计算电感，只要有电流(含位移电流)，就有磁场，就有电感。则单位纵向长度的电感和电容分别为

$$C_0 = \varepsilon d / h \tag{9-5-64}$$

$$L_0 = \mu h / d \tag{9-5-65}$$

利用上面表达式，方程组(9-5-63)变为

$$\begin{cases} \dfrac{\mathrm{d}}{\mathrm{d}z}\dot{U} = -\mathrm{j}\omega L_0 \dot{I} \\ \dfrac{\mathrm{d}}{\mathrm{d}z}\dot{I} = -\mathrm{j}\omega C_0 \dot{U} \end{cases}$$

分别求导，可以得到

$$\begin{cases} \dfrac{\mathrm{d}^2}{\mathrm{d}z^2}\dot{U} = -\omega^2 L_0 C_0 \dot{U} & (9\text{-}5\text{-}66\mathrm{a}) \\ \dfrac{\mathrm{d}^2}{\mathrm{d}z^2}\dot{I} = -\omega^2 L_0 C_0 \dot{I} & (9\text{-}5\text{-}66\mathrm{b}) \end{cases}$$

令 $\beta = \omega\sqrt{\mu\varepsilon}$ ，则

$$\begin{cases} \dfrac{\mathrm{d}^2}{\mathrm{d}z^2}\dot{U} = -\beta^2 \dot{U} & (9\text{-}5\text{-}66\mathrm{a}') \\ \dfrac{\mathrm{d}^2}{\mathrm{d}z^2}\dot{I} = -\beta^2 \dot{I} & (9\text{-}5\text{-}66\mathrm{b}') \end{cases}$$

这就是典型的**传输线方程**。因为是理想介质，TEM 波形，所以相位常数 β 和前面的分析也是一致的。

例 9.5.2 同轴传输线如图 9-5-8 所示，$\lambda \geqslant \pi(a+b)$ ，根据电磁场分析的结果证明其满足传输线方程。

解：根据式(9-5-56)知道电磁场分布规律为

$$\begin{cases} \boldsymbol{E}(\rho,z,t) = \dfrac{\sqrt{2}E_0 a}{\rho}\sin(\omega t - \beta z)\boldsymbol{e}_\rho \\ \boldsymbol{H}(\rho,z,t) = \dfrac{\sqrt{2}E_0 a}{\eta\rho}\sin(\omega t - \beta z)\boldsymbol{e}_\phi \end{cases}$$

所以有

$$\begin{cases} \dfrac{\partial}{\partial z}E_\rho = -\mu\dfrac{\partial}{\partial t}H_\phi \\ \dfrac{\partial}{\partial z}H_\phi = -\varepsilon\dfrac{\partial}{\partial t}E_\rho \end{cases}$$

求得电压和电流

$$U_{ab}(z,t) = \int_a^b E_\rho \mathrm{d}\rho = \sqrt{2}E_0 a \ln\left(\frac{b}{a}\right)\sin(\omega t - \beta z)$$

$$i(z,t) = \int_0^{2\pi} K_u \mathrm{d}l = \int_0^{2\pi} H_\phi\Big|_{\rho=b} b\mathrm{d}\phi = 2\pi\frac{\sqrt{2}E_0 a}{\eta}\sin(\omega t - \beta z)$$

分别求导

$$\begin{cases}\dfrac{\partial}{\partial z}U_{\text{ab}}(z,t)=-\dfrac{\mu\ln(b/a)}{2\pi}\dfrac{\partial}{\partial t}i(z,t)\\ \dfrac{\partial}{\partial z}i(z,t)=-\dfrac{2\pi\varepsilon}{\ln(b/a)}\dfrac{\partial}{\partial t}U(z,t)\end{cases}$$

令

$$C_0=\frac{2\pi\varepsilon}{\ln\dfrac{b}{a}}\qquad L_0=\frac{\mu\ln\dfrac{b}{a}}{2\pi}$$

这实际就是在静态场中求得的同轴电缆的电容和外自感。由此得到传输线方程为

$$\begin{cases}\dfrac{\partial}{\partial z}U_{\text{ab}}(z,t)=-L_0\dfrac{\partial}{\partial t}i(z,t)\\ \dfrac{\partial}{\partial z}i(z,t)=-C_0\dfrac{\partial}{\partial t}U(z,t)\end{cases}\quad 或\quad \begin{cases}\dfrac{\mathrm{d}}{\mathrm{d}z}\dot{U}_{\text{ab}}=-\mathrm{j}\omega L_0\dot{I}\\ \dfrac{\mathrm{d}}{\mathrm{d}z}\dot{I}=-\mathrm{j}\omega C_0\dot{U}\end{cases}$$

对于其他类型的双传输线，方程一致。

2. 均匀有耗传输线

对于有损耗的传输线，在传输 TEM 波的情况下，直接用分布参数电路模型来描述要简单一些。为此可把双导线看作是有很多长度的微元段 dz 连接而成，设定的$\mathrm{d}z\ll\lambda$，这样就可以把这一小段作为集总参数电路来处理。假设双线间的单位长度电容为 C_0，双线的单位长度电感(外自感)为 L_0，双线间的单位长度电导(媒质间泄漏电流流经的电导)为 G_0，双线本身的电阻(来回)为 R_0，图 9-5-10 给出了微元段传输线的等效电路模型。

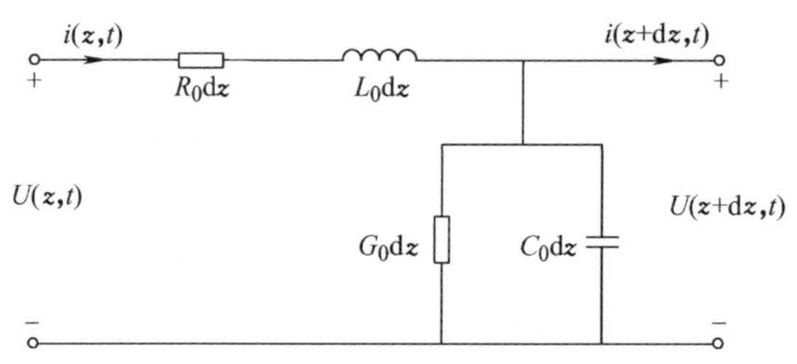

图 9-5-10 微元段传输线的等效电路模型

根据 KVL 和 KCL 定律，可以得到均匀传输线的偏微分方程

$$\begin{cases}\dfrac{\partial U}{\partial z}=-R_0 i-L_0\dfrac{\partial i}{\partial t} & \text{(9-5-67a)}\\ \dfrac{\partial i}{\partial z}=-G_0U-C_0\dfrac{\partial U}{\partial t} & \text{(9-5-67b)}\end{cases}$$

引入相量形式，得到

$$\begin{cases}\dfrac{\mathrm{d}\dot{U}}{\mathrm{d}z}=-R_0\dot{I}-\mathrm{j}\omega L_0\dot{I}=-Z_0\dot{I} & \text{(9-5-68a)}\\ \dfrac{\mathrm{d}\dot{I}}{\mathrm{d}z}=-G_0\dot{U}-\mathrm{j}\omega C_0\dot{U}=-Y_0\dot{U} & \text{(9-5-68b)}\end{cases}$$

式中，$Z_0 = R_0 + \mathrm{j}\omega L_0$ 为传输线单位长度的阻抗；$Y_0 = G_0 + \mathrm{j}\omega C_0$ 为传输线单位长度的导纳，可以进一步表示为

$$\begin{cases} \dfrac{\mathrm{d}^2 \dot{U}}{\mathrm{d}z^2} = \varGamma^2 \dot{U} & \text{(9-5-69a)} \\ \dfrac{\mathrm{d}^2 \dot{I}}{\mathrm{d}z^2} = \varGamma^2 \dot{I} & \text{(9-5-69b)} \end{cases}$$

定义$\varGamma$

$$\varGamma = \sqrt{Z_0 Y_0} = \sqrt{(R_0 + \mathrm{j}\omega L_0)(G_0 + \mathrm{j}\omega C_0)} = \alpha + \mathrm{j}\beta \tag{9-5-70}$$

是一个复数，下面将看到它就是前面多次用到的传播常数，其中衰减常数和相位常数为

$$\alpha = \sqrt{\frac{1}{2}\left[(R_0 G_0 - \omega^2 L_0 C_0) + \sqrt{(R_0{}^2 + \omega^2 L_0{}^2)(G_0{}^2 + \omega^2 C_0{}^2)}\right]} \tag{9-5-71}$$

$$\beta = \sqrt{\frac{1}{2}\left[(-R_0 G_0 + \omega^2 L_0 C_0) + \sqrt{(R_0{}^2 + \omega^2 L_0{}^2)(G_0{}^2 + \omega^2 C_0{}^2)}\right]} \tag{9-5-72}$$

方程组(9-5-69)的通解为

$$\begin{cases} \dot{U}(z) = \dot{U}_0^+ \mathrm{e}^{-\varGamma z} + \dot{U}_0^- \mathrm{e}^{\varGamma z} & \text{(9-5-73a)} \\ \dot{I}(z) = I_0^+ \mathrm{e}^{-\varGamma z} + I_0^- \mathrm{e}^{\varGamma z} = \dfrac{U_0^+}{Z_\mathrm{c}} \mathrm{e}^{-\varGamma z} - \dfrac{U_0^-}{Z_\mathrm{c}} \mathrm{e}^{\varGamma z} & \text{(9-5-73b)} \end{cases}$$

看起来，还是有入射波和反射波。其中 Z_c 为**特性阻抗**(注意不是前面介绍的波阻抗)

$$Z_\mathrm{c} = \frac{U_0^+}{I_0^+} = -\frac{U_0^-}{I_0^-} = \sqrt{\frac{Z_0}{Y_0}} = \sqrt{\frac{R_0 + \mathrm{j}\omega L_0}{G + \mathrm{j}\omega C_0}} \tag{9-5-74}$$

3. 传输特性

如果导线的电导率是γ_1、磁导率是μ_1，空间媒质的电导率是γ_2、介电常数是ε、磁导率是μ_2，根据传输线的几何结构可以求得 C_0、L_0、G_0、R_0。

如果是无损传输线(导线是理想导体，线间媒质是理想介质)，$R_0 = 0, G_0 = 0$，则

$$\alpha = 0 \tag{9-5-75}$$

$$\beta = \omega\sqrt{L_0 C_0} \tag{9-5-76}$$

$$\varGamma = \mathrm{j}\omega\sqrt{L_0 C_0} = \mathrm{j}\beta \tag{9-5-77}$$

如果传输线间媒质仍是有损(泄漏电流)，只是 $R_0 = 0$ (传输线本身是理想导体)，可以得到

$$\begin{aligned} \alpha &= \sqrt{\frac{1}{2}\left[-\omega^2 L_0 C_0 + \sqrt{\omega^2 L_0{}^2 (G_0{}^2 + \omega^2 C_0{}^2)}\right]} \\ &= \omega\sqrt{\frac{1}{2}\left[L_0 C_0 \sqrt{\left(\frac{G_0}{\omega C_0}\right)^2 + 1} - L_0 C_0\right]} \qquad \text{(9-5-78)} \\ &= \omega\sqrt{\frac{\mu_2 \varepsilon}{2}\left[\sqrt{\left(\frac{\gamma_2}{\omega\varepsilon}\right)^2 + 1} - 1\right]} \end{aligned}$$

$$\beta=\omega\sqrt{\frac{\mu_2\varepsilon}{2}\left[\sqrt{\left(\frac{\gamma_2}{\omega\varepsilon}\right)^2+1}+1\right]} \tag{9-5-79}$$

其中用到双传输线的关系 $L_0C_0=\mu_2\varepsilon$ 和 $C_0/G_0=\varepsilon/\gamma_2$。这和前面导电媒质中 TEM 波的结果是一样的。

下面总结一下双平板、双导线和同轴传输线的基本参数，见表 9-5-1。

传输线本身的电阻 R_0 考虑了趋肤效应，透入深度为 $\sqrt{2/\omega\mu_1\gamma_1}$，假设电流均匀分布在该深度内，这样可计算出交流电阻 R_0，只是注意对双导线是单位长度上的来回电阻，同轴电缆是包括内柱体(电流在表面)和外柱壳(电流在内表面)的单位长度电阻。

表 9-5-1　双平板、双导线和同轴传输线的基本参数

	C_0	L_0	G_0	R_0
双平板	$\frac{\varepsilon d}{h}$	$\frac{\mu_2 h}{d}$	$\frac{\gamma_2 d}{h}$	$2\times\frac{1}{d}\sqrt{\frac{\omega\mu_1}{2\gamma_1}}$
双导线	$\frac{\pi\varepsilon}{\ln\frac{d-a}{a}}$	$\frac{\mu_2\ln\frac{d-a}{a}}{\pi}$	$\frac{\pi\gamma_2}{\ln\frac{d-a}{a}}$	$2\times\frac{1}{2\pi a}\sqrt{\frac{\omega\mu_1}{2\gamma_1}}$
同轴传输线	$\frac{2\pi\varepsilon}{\ln\frac{b}{a}}$	$\frac{\mu_2\ln\frac{b}{a}}{2\pi}$	$\frac{2\pi\gamma_2}{\ln\frac{b}{a}}$	$\frac{1}{2\pi}\left(\frac{1}{a}+\frac{1}{b}\right)\sqrt{\frac{\omega\mu_1}{2\gamma_1}}$

波阻抗(wave impedance)和特性阻抗(characteristic impedance)的意义不同。波阻抗是电场和磁场的横向复振幅之比，是电磁分析参数；特性阻抗是电压与电流之比，是电路分析参数。但二者也有联系，表 9-5-2 对无损传输线做了一个简单对比，可以发现特性阻抗都含有这样一个因子，就是 TEM 波阻抗，只是不同传输线结构，前面要乘以不同的结构参数，因此可以想象存在一个无界空间的特性阻抗，此时电场和磁场可以想像为 $U=Ed$，$I=Hd$(磁场和面电流密度 K 有关，因此电流和磁场有关)，则 $Z_c=\sqrt{\mu/\varepsilon}$，也就是波阻抗。另外，这里只比较了 TEM 波的波阻抗，如果考虑 TE/TM 波的波阻抗，它们实际也和结构参数有关。

表 9-5-2　无损双传输线的阻抗

	无损传输线的特性阻抗	无损传输线 TEM 波的波阻抗
一般定义	$Z_c=\frac{\dot U}{\dot I}=\sqrt{\frac{Z_0}{Y_0}}=\sqrt{\frac{R_0+j\omega L_0}{G_0+j\omega C_0}}=\sqrt{\frac{L_0}{C_0}}$	$Z_{TEM}=\frac{\dot E}{\dot H}=\sqrt{\frac{\mu}{\varepsilon_c}}=\sqrt{\frac{\mu}{\varepsilon}}$
双平板	$Z_c=\frac{h}{d}\sqrt{\frac{\mu}{\varepsilon}}$	$Z_{TEM}=\sqrt{\frac{\mu}{\varepsilon}}$
双导线	$Z_c=\frac{\ln[(d-a)/a]}{\pi}\sqrt{\frac{\mu}{\varepsilon}}$	
同轴传输线	$Z_c=\frac{\ln(b/a)}{2\pi}\sqrt{\frac{\mu}{\varepsilon}}$	
无界空间	$Z_c=\frac{U}{I}=\frac{Ed}{Hd}=\frac{E}{H}=\sqrt{\frac{\mu}{\varepsilon}}$	

例 9.5.3 对图 9-5-9 所示的无损平板传输线，如果入端施加电压为 $V(t)=V_0\sin(\omega t+\pi/2)$，终端开路，求其电和磁场分布。

解：根据通解和边界条件，得到

$$\begin{cases}\dot{U}(0)=\dot{U}_0^+ +\dot{U}_0^- =\dot{V}\\ \dot{I}(b)=\dfrac{U_0^+}{Z_c}\mathrm{e}^{-\Gamma b}-\dfrac{U_0^-}{Z_c}\mathrm{e}^{\Gamma b}=0\end{cases}$$

求得常数为

$$\begin{cases}U_0^+ =\dfrac{\dot{V}\mathrm{e}^{\Gamma b}}{\mathrm{e}^{-\Gamma b}+\mathrm{e}^{\Gamma b}}\\ U_0^- =\dfrac{\dot{V}\mathrm{e}^{-\Gamma b}}{\mathrm{e}^{-\Gamma b}+\mathrm{e}^{\Gamma b}}\end{cases}$$

所以定解为

$$\begin{cases}\dot{U}(z)=\dfrac{\dot{V}}{\mathrm{e}^{-\Gamma b}+\mathrm{e}^{\Gamma b}}\mathrm{e}^{-\Gamma(z-b)}+\dfrac{\dot{V}}{\mathrm{e}^{-\Gamma b}+\mathrm{e}^{\Gamma b}}\mathrm{e}^{\Gamma(z-b)}\\ \dot{I}(z)=\dfrac{\dot{V}\mathrm{e}^{\Gamma b}}{\mathrm{e}^{-\Gamma b}+\mathrm{e}^{\Gamma b}}\dfrac{1}{Z_c}\mathrm{e}^{-\Gamma(z-b)}-\dfrac{\dot{V}}{\mathrm{e}^{-\Gamma b}+\mathrm{e}^{\Gamma b}}\dfrac{1}{Z_c}\mathrm{e}^{\Gamma(z-b)}\end{cases}$$

因为是无损传输线，所以 $\Gamma=\mathrm{j}\beta$，$Z_c=\sqrt{L_0/C_0}$，则

$$\begin{cases}\dot{U}(z)=\dfrac{\dot{V}}{2\cos(\beta b)}\mathrm{e}^{-\mathrm{j}\beta(z-b)}+\dfrac{\dot{V}}{2\cos(\beta b)}\mathrm{e}^{\mathrm{j}\beta(z-b)}=\dfrac{\dot{V}\cos[\beta(z-b)]}{\cos(\beta b)}\\ \dot{I}(z)=\dfrac{\dot{V}}{2\cos(\beta b)}\dfrac{1}{Z_c}\mathrm{e}^{-\mathrm{j}\beta(z-b)}-\dfrac{\dot{V}}{2\cos(\beta b)}\dfrac{1}{Z_c}\mathrm{e}^{-\mathrm{j}\beta(z-b)}=-\dfrac{\mathrm{j}\dot{V}\sin[\beta(z-b)]}{\cos(\beta b)}\dfrac{1}{Z_c}\end{cases}$$

因为 $E_x(z,t)h=U(z,t)$，$H_y(z,t)d=i(z,t)$，$C_0=\varepsilon d/h$，$L_0=\mu h/d$，所以

$$\begin{cases}E_x(z,t)=\dfrac{V_0}{h}\dfrac{\cos[\beta(z-b)]}{\cos(\beta b)}\sin\left(\omega t+\dfrac{\pi}{2}\right)\\ H_y(z,t)=-\dfrac{V_0}{h}\sqrt{\dfrac{\varepsilon}{\mu}}\dfrac{\sin[\beta(z-b)]}{\cos(\beta b)}\cos\left(\omega t+\dfrac{\pi}{2}\right)\end{cases}$$

这和第 8 章用场分析方法得到的结果是一致的，注意是和精确解一致，不是和准静态近似解一致。但是传输线理论的分析方法有自己的近似条件和对应的模式。

9.6 辐射

电磁波的能量能够脱离辐射源在空间传播，但电磁波在空中连续不断地传播是需要辐射源的。辐射源的种类有很多，基本的估算方法可以用一根很短的直线元上流动的电流(电偶极子)或一个足够小面积上流动的电流环(磁偶极子)所产生的时变电磁场来表示。

9.6.1 电偶极子产生的时变电磁场

以电荷为基础的电偶极子单元辐射如图 9-6-1 所示。它的长度比电磁波的波长要小很多，因此在导线上可以不考虑推迟效应，同时假定场中任意一点到导线上各点的距离相等。设

$$q(t)=\sqrt{2}q_0\sin(\omega t) \tag{9-6-1}$$

$$\dot{q}=q_0 \tag{9-6-2}$$

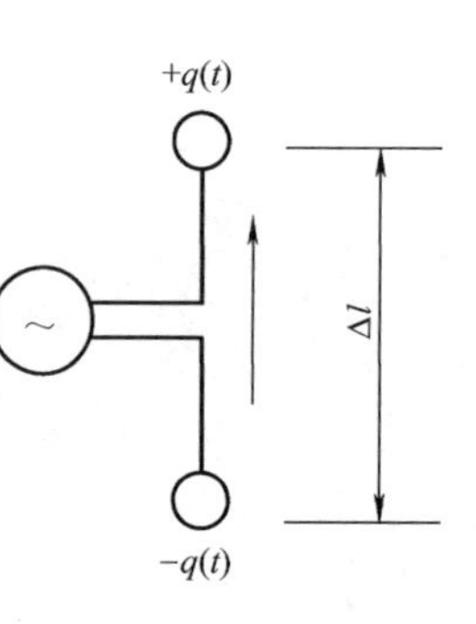
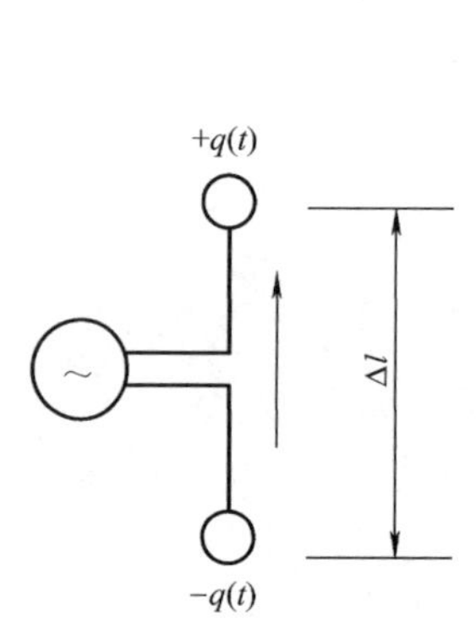

图 9-6-1　电偶极子单元辐射

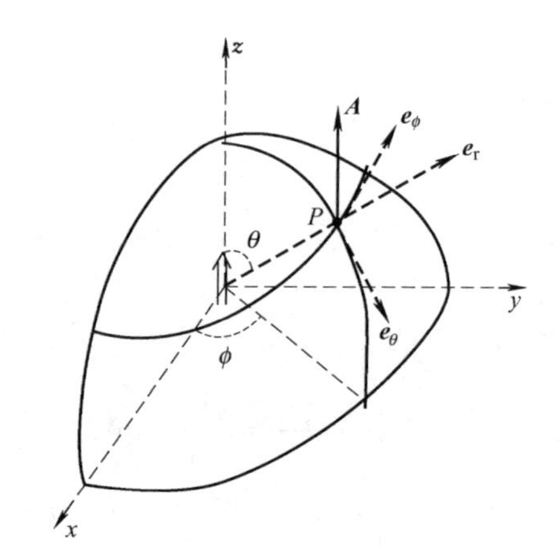

图 9-6-2　坐标示意图

$$i(t)=\frac{\mathrm{d}q}{\mathrm{d}t}=\sqrt{2}\omega q_0\cos(\omega t)=\sqrt{2}I_0\sin\left(\omega t+\frac{\pi}{2}\right) \tag{9-6-3}$$

$$\dot{I}=I_0\mathrm{e}^{\mathrm{j}\frac{\pi}{2}} \tag{9-6-4}$$

由于电流只有 z 向，考虑到 $\Delta l \ll r$，则该电流元在 P 点的动态位(如图 9-6-2 所示)为

$$\boldsymbol{A}=\frac{\mu_0}{4\pi}\int_l \frac{i\left(t-\frac{r}{v}\right)}{r}\mathrm{d}l(\boldsymbol{e}_z)=\frac{\mu_0}{4\pi}\frac{i\left(t-\frac{r}{v}\right)\Delta l}{r}(\boldsymbol{e}_z) \tag{9-6-5}$$

$$\dot{\boldsymbol{A}}=\frac{\mu_0\dot{I}\mathrm{e}^{-\mathrm{j}\beta r}\Delta l}{4\pi r}(\boldsymbol{e}_z) \tag{9-6-6}$$

其中

$$\beta=\frac{\omega}{v} \tag{9-6-7}$$

是相位常数。动态位的三个分量为

$$\begin{cases}\dot{A}_r=\dot{A}\cos\theta=\dfrac{\mu_0\dot{I}\mathrm{e}^{-\mathrm{j}\beta r}\Delta l\cos\theta}{4\pi r} & (9\text{-}6\text{-}8\mathrm{a})\\ \dot{A}_\theta=-\dot{A}\sin\theta=-\dfrac{\mu_0\dot{I}\mathrm{e}^{-\mathrm{j}\beta r}\Delta l\sin\theta}{4\pi r} & (9\text{-}6\text{-}8\mathrm{b})\\ \dot{A}_\phi=0 & (9\text{-}6\text{-}8\mathrm{c})\end{cases}$$

因为

$$\dot{\boldsymbol{H}}=\frac{1}{\mu_0}\nabla\times\dot{\boldsymbol{A}}=\frac{1}{\mu_0 r^2\sin\theta}\begin{vmatrix}\boldsymbol{e}_r & r\boldsymbol{e}_\theta & r\sin\theta\,\boldsymbol{e}_\phi\\ \dfrac{\partial}{\partial r} & \dfrac{\partial}{\partial\theta} & \dfrac{\partial}{\partial\phi}\\ \dot{A}_r & r\dot{A}_\theta & 0\end{vmatrix}$$

得到磁场强度的三个分量为

$$\begin{cases}\dot{H}_r=0 & \text{(9-6-9a)}\\ \dot{H}_\theta=0 & \text{(9-6-9b)}\\ \dot{H}_\phi=\dfrac{\dot{I}\Delta l\beta^2\mathrm{e}^{-\mathrm{j}\beta r}\sin\theta}{4\pi}\left[\dfrac{1}{-\mathrm{j}\beta r}+\dfrac{1}{(\beta r)^2}\right] & \text{(9-6-9c)}\end{cases}$$

写成瞬时表达式，即

$$H_\phi=\frac{\sqrt{2}I_0\Delta l\beta^2\sin\theta}{4\pi}\left[\frac{1}{\beta r}\sin(\omega t-\beta r+\pi)+\frac{1}{\beta^2r^2}\sin\left(\omega t-\beta r+\frac{\pi}{2}\right)\right] \quad \text{(9-6-10)}$$

又因为

$$\dot{\boldsymbol{E}}=\frac{1}{\mathrm{j}\omega\varepsilon_0}\nabla\times\dot{\boldsymbol{H}}$$

可以求出电场强度的三个分量为

$$\begin{cases}\dot{E}_r=\dfrac{\dot{I}\Delta l\beta^3\mathrm{e}^{-\mathrm{j}\beta r}\cos\theta}{2\pi\omega\varepsilon_0}\left[\dfrac{1}{(\beta r)^2}+\dfrac{1}{\mathrm{j}(\beta r)^3}\right] & \text{(9-6-11a)}\\ \dot{E}_\theta=\dfrac{\dot{I}\Delta l\beta^3\mathrm{e}^{-\mathrm{j}\beta r}\sin\theta}{4\pi\omega\varepsilon_0}\left[\dfrac{1}{-\mathrm{j}\beta r}+\dfrac{1}{(\beta r)^2}+\dfrac{1}{\mathrm{j}(\beta r)^3}\right] & \text{(9-6-11b)}\\ \dot{E}_\phi=0 & \text{(9-6-11c)}\end{cases}$$

两个分量的瞬时表达式为

$$\begin{cases}E_r=\dfrac{\sqrt{2}I_0\Delta l\beta^3\cos\theta}{2\pi\omega\varepsilon_0}\left[\dfrac{1}{(\beta r)^2}\sin\left(\omega t-\beta r+\dfrac{\pi}{2}\right)+\dfrac{1}{(\beta r)^3}\sin(\omega t-\beta r)\right] & \text{(9-6-12a)}\\ E_\theta=\dfrac{\sqrt{2}I_0\Delta l\beta^3\sin\theta}{4\pi\omega\varepsilon_0}\left[\dfrac{1}{\beta r}\sin(\omega t-\beta r+\pi)+\dfrac{1}{(\beta r)^2}\sin\left(\omega t-\beta r+\dfrac{\pi}{2}\right)+\dfrac{1}{(\beta r)^3}\sin(\omega t-\beta r)\right] & \text{(9-6-12b)}\end{cases}$$

这样我们得到电偶极子产生的时变电磁场为

$$\begin{cases}\dot{E}_r=\dfrac{\dot{I}\Delta l\beta^3\mathrm{e}^{-\mathrm{j}\beta r}\cos\theta}{2\pi\omega\varepsilon_0}\left[\dfrac{1}{(\beta r)^2}+\dfrac{1}{\mathrm{j}(\beta r)^3}\right] & \text{(9-6-13a)}\\ \dot{E}_\theta=\dfrac{\dot{I}\Delta l\beta^3\mathrm{e}^{-\mathrm{j}\beta r}\sin\theta}{4\pi\omega\varepsilon_0}\left[\dfrac{1}{-\mathrm{j}\beta r}+\dfrac{1}{(\beta r)^2}+\dfrac{1}{\mathrm{j}(\beta r)^3}\right] & \text{(9-6-13b)}\\ \dot{H}_\phi=\dfrac{\dot{I}\Delta l\beta^2\mathrm{e}^{-\mathrm{j}\beta r}\sin\theta}{4\pi}\left[\dfrac{1}{-\mathrm{j}\beta r}+\dfrac{1}{(\beta r)^2}\right] & \text{(9-6-13c)}\end{cases}$$

电偶极子产生的时变电磁场变化如图 9-6-3 所示。显然在远区，电磁场已经具有波动的形式(电场线闭合)。

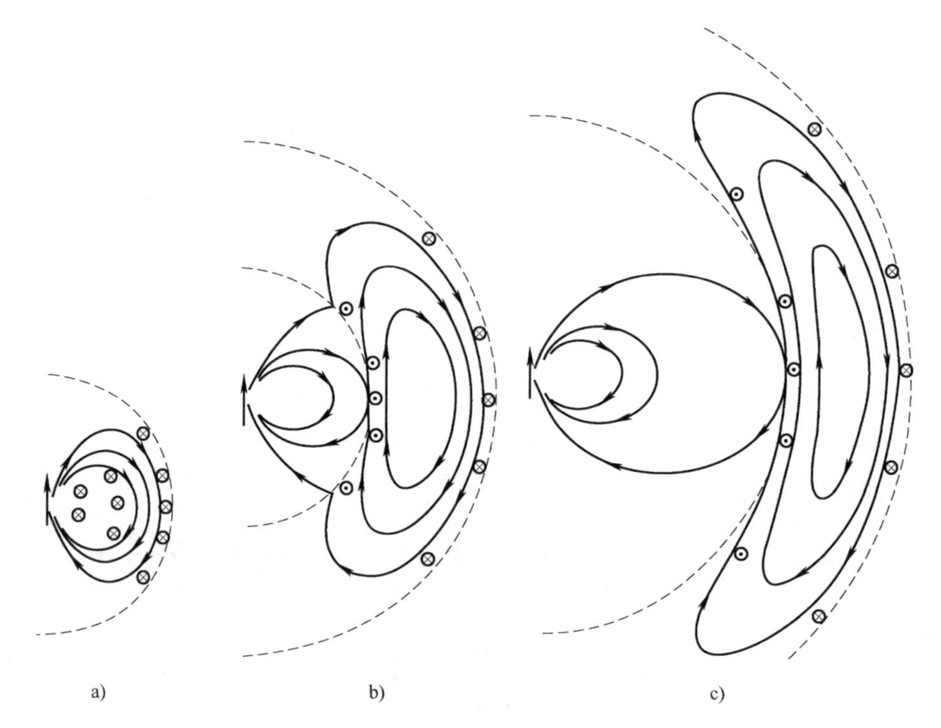

图 9-6-3 电偶极子产生的时变电磁场变化

（实线为电场，垂直纸面的为磁场）

9.6.2 磁偶极子产生的时变电磁场

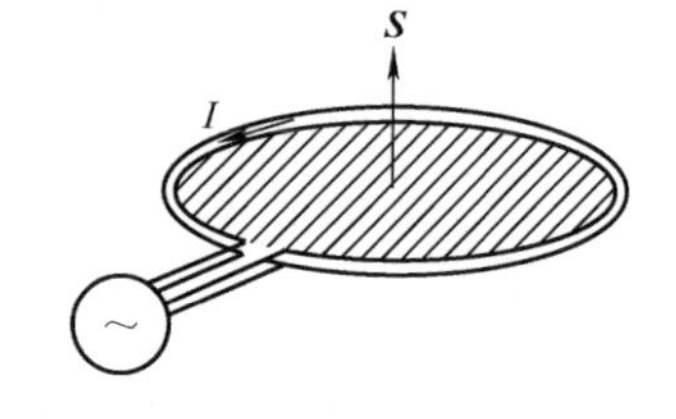

图 9-6-4 磁偶极子单元辐射

以电流为基础的磁偶极子单元辐射子如图 9-6-4 所示。设电流环的面积为 $\boldsymbol{S}$，面元法矢和电流方向满足右手螺旋定则，定义磁偶极矩为 $\boldsymbol{m}=I\boldsymbol{S}$。

磁偶极子产生的时变电磁场可以同样求得

$$\begin{cases} \dot{H}_r=\dfrac{\dot{I}S\beta^3\,\mathrm{e}^{-\mathrm{j}\beta r}\cos\theta}{2\pi}\left[\dfrac{1}{-\mathrm{j}(\beta r)^2}+\dfrac{1}{(\beta r)^3}\right] & \text{(9-6-14a)} \\ \dot{H}_\theta=\dfrac{\dot{I}S\beta^3\,\mathrm{e}^{-\mathrm{j}\beta r}\sin\theta}{4\pi}\left[\dfrac{1}{-\beta r}+\dfrac{1}{-\mathrm{j}(\beta r)^2}+\dfrac{1}{(\beta r)^3}\right] & \text{(9-6-14b)} \\ \dot{E}_\phi=\dfrac{\dot{I}S\beta^2\,\omega\mu_0\,\mathrm{e}^{-\mathrm{j}\beta r}\sin\theta}{4\pi}\left[\dfrac{1}{-\beta r}+\dfrac{1}{-\mathrm{j}(\beta r)^2}\right] & \text{(9-6-14c)} \end{cases}$$

由此可见电偶极子与磁偶极子的电场强度和磁场强度互为对应。

9.6.3 近场和远场

电偶极子的时变电磁场，磁偶极子的时变电磁场都和 βr 的级次有关系，而

$$\beta r=\frac{\omega}{v}r=\frac{2\pi r}{vT}=\frac{2\pi r}{\lambda}$$

因此可以通过距离与波长的关系来研究不同场区的特性。

1. 远场($\beta r \gg 1$ 或 $r \gg \lambda$)

(1) 电偶极子的辐射场

首先考虑电偶极子的时变电磁场。取 βr 的低次项，则可以略去 E_r。得到

$$\begin{cases} \dot{E}_r = 0 & (9\text{-}6\text{-}15a) \\ \dot{E}_\theta = \dfrac{\dot{I}\Delta l \beta^3 \mathrm{e}^{-\mathrm{j}\beta r}\sin\theta}{4\pi\omega\varepsilon_0}\left[\dfrac{1}{-\mathrm{j}\beta r}\right] & (9\text{-}6\text{-}15b) \\ \dot{H}_\phi = \dfrac{\dot{I}\Delta l \beta^2 \mathrm{e}^{-\mathrm{j}\beta r}\sin\theta}{4\pi}\left[\dfrac{1}{-\mathrm{j}\beta r}\right] & (9\text{-}6\text{-}15c) \end{cases}$$

瞬时表达式为

$$\begin{cases} E_r = 0 & (9\text{-}6\text{-}16a) \\ E_\theta = \dfrac{\sqrt{2}I_0\Delta l\beta^2\sin\theta}{4\pi\omega\varepsilon_0 r}\sin(\omega t - \beta r + \pi) & (9\text{-}6\text{-}16b) \\ H_\phi = \dfrac{\sqrt{2}I_0\Delta l\beta\sin\theta}{4\pi r}\sin(\omega t - \beta r + \pi) & (9\text{-}6\text{-}16c) \end{cases}$$

考虑到电场强度和磁场强度同相位，而等相位面为球面的称为球面波，等相位面为平面的称为平面波，因此这里称其为球面波。

由于在此区域只有这两个分量，且相互垂直并都垂直于传播方向($\boldsymbol{S} = \boldsymbol{E} \times \boldsymbol{H}$)，而传播方向向外，即能量完全向外辐射，因此这个区域称为辐射区(远区)。

能流密度为

$$\boldsymbol{S}(r,t) = \left(\frac{\sqrt{2}I_0\Delta l\sin\theta}{4\pi r}\right)^2 \frac{\beta^3}{\omega\varepsilon_0}\sin^2(\omega t - \beta r + \pi)(\boldsymbol{e}_r) \tag{9-6-17}$$

在一个周期内的平均值为

$$\boldsymbol{S}_{\mathrm{av}} = \frac{1}{T}\int_0^T \boldsymbol{S}(r,t)\mathrm{d}t = \frac{1}{4}\sqrt{\frac{\mu_0}{\varepsilon_0}}\left(\frac{I_0\Delta l}{r\lambda}\right)^2 \sin^2\theta(\boldsymbol{e}_r) \tag{9-6-18}$$

可以看出，是一个正值，不仅与距离有关，而且与方向有关。考虑到

$$I_0 \propto \omega q_0$$

因此

$$S_{\mathrm{av}} \propto \omega^4 \tag{9-6-19}$$

这说明频率越高，辐射出去的能量越大。

在讨论电磁辐射周围的场时，也引入波阻抗的概念

$$Z_0 = \frac{\dot{E}_\theta}{\dot{H}_\phi} = \frac{\beta}{\omega\varepsilon_0} = \sqrt{\frac{\mu_0}{\varepsilon_0}} = \eta = 120\pi = 377\Omega \tag{9-6-20}$$

下面进一步来讨论辐射出去的总功率。对 r 处闭合球面进行积分，得

$$P = \oint_s \boldsymbol{S}_{av} \cdot d\boldsymbol{s} = \int_0^{\pi} \int_0^{2\pi} \frac{1}{4} \sqrt{\frac{\mu_0}{\varepsilon_0}} \left(\frac{I_0 \Delta l}{r\lambda} \right)^2 \sin^2\theta r^2 \sin\theta d\theta d\phi$$

$$= \frac{2\pi Z_0}{3} \left(\frac{I_0 \Delta l}{\lambda} \right)^2$$

将 Z_0 的值代入，可得

$$P = 80\pi^2 \left(\frac{\Delta l}{\lambda} \right)^2 I_0^{\ 2} \tag{9-6-21}$$

可知，电偶极子的辐射功率 P 不仅与 I 有关，还与 $\Delta l / \lambda$ 的大小有关。把式(9-6-21)与 $P = R_e I^2$ 相比较，辐射功率可看作是电源向电阻 R_e 输出的功率。其中

$$R_e = 80\pi^2 \left(\frac{\Delta l}{\lambda} \right)^2 \tag{9-6-22}$$

称为电偶极子天线的**辐射电阻**，它表示了天线辐射电磁能量的能力。注意它与天线本身结构的任何电阻都无关，可理解为一种物理上不存在的视在电阻，是将天线耦合到无限远处空间的视在传输线的一个量。

（2）磁偶极子的辐射场

近似考虑，取 βr 的低次项，得到

$$\begin{cases} \dot{H}_r = 0 & (9\text{-}6\text{-}23a) \\ \dot{H}_\theta = \dfrac{\dot{I} S \beta^3 e^{-j\beta r} \sin\theta}{4\pi} \left[\dfrac{1}{-\beta r} \right] & (9\text{-}6\text{-}23b) \\ \dot{E}_\phi = \dfrac{\dot{I} S \beta^2 \omega \mu_0 e^{-j\beta r} \sin\theta}{4\pi} \left[\dfrac{1}{-\beta r} \right] & (9\text{-}6\text{-}23c) \end{cases}$$

也具有类似的性质，是非均匀球面波。波阻抗为

$$Z_0 = \frac{\dot{E}_\phi}{\dot{H}_\theta} = \sqrt{\frac{\mu_0}{\varepsilon_0}} = \eta = 377\Omega \tag{9-6-24}$$

2. 近场（$\beta r \ll 1$ 或 $r \ll \lambda$）

（1）电偶极子的准静态场

近似考虑，取 βr 的高次项(取最高次)，同时也忽略推迟项 $e^{-j\beta r}$，得到

$$\begin{cases} \dot{E}_r = \dfrac{\dot{I} \Delta l \beta^3 \cos\theta}{2\pi\omega\varepsilon_0} \left[\dfrac{1}{j(\beta r)^3} \right] & (9\text{-}6\text{-}25a) \\ \dot{E}_\theta = \dfrac{\dot{I} \Delta l \beta^3 \sin\theta}{4\pi\omega\varepsilon_0} \left[\dfrac{1}{j(\beta r)^3} \right] & (9\text{-}6\text{-}25b) \\ \dot{H}_\phi = \dfrac{\dot{I} \Delta l \beta^2 \sin\theta}{4\pi} \left[\dfrac{1}{(\beta r)^2} \right] & (9\text{-}6\text{-}25c) \end{cases}$$

这里磁场强度保留了二次项，否则只有电场。瞬时表达式为

$$\begin{cases} E_r = \dfrac{\sqrt{2}I_0\Delta l\cos\theta}{2\pi\omega\varepsilon_0 r^3}\sin(\omega t) & \text{(9-6-26a)} \\ E_\theta = \dfrac{\sqrt{2}I_0\Delta l\sin\theta}{4\pi\omega\varepsilon_0 r^3}\cos(\omega t) & \text{(9-6-26b)} \\ H_\phi = \dfrac{\sqrt{2}I_0\Delta l\sin\theta}{4\pi r^2}\sin\left(\omega t+\dfrac{\pi}{2}\right) & \text{(9-6-26c)} \end{cases}$$

由于在此区域电场和磁场不同相，能流的传播在不同的时间段会有完全相反的方向，即能量在波源和周围空间之间来回转换，波为束缚电磁波。

利用式(9-6-3)，将式(9-6-26)变换为

$$\begin{cases} E_r = \dfrac{2q(t)\Delta l\cos\theta}{4\pi\varepsilon_0 r^3} & \text{(9-6-27a)} \\ E_\theta = \dfrac{q(t)\Delta l\sin\theta}{4\pi\varepsilon_0 r^3} & \text{(9-6-27b)} \\ H_\phi = \dfrac{i(t)\Delta l\sin\theta}{4\pi r^2} & \text{(9-6-27c)} \end{cases}$$

而在静电场中电偶极子（$p=q\Delta l$）的电场强度为

$$\boldsymbol{E} = \frac{2q\Delta l\cos\theta}{4\pi\varepsilon_0 r^3}\boldsymbol{e}_r + \frac{q\Delta l\sin\theta}{4\pi\varepsilon_0 r^3}\boldsymbol{e}_\theta \tag{9-6-28}$$

由于式(9-6-27a)和式(9-6-27b)与它们保持高度一致，而磁场与恒定电流元产生的磁场一致(直接利用毕奥—沙伐定律)，因此这个区域称为**准静态区**。实际上，忽略推迟项即意味着波的传播不需要时间，和恒定磁场、静电场保持一致也就不难理解了。

能流密度为

$$\boldsymbol{S}(r,t) = E_r H_\phi(-\boldsymbol{e}_\theta) + E_\theta H_\phi \boldsymbol{e}_r \tag{9-6-29}$$

在一个周期内的平均值为

$$\begin{cases} S_{r\text{av}} = \dfrac{1}{T}\displaystyle\int_0^T S_r(r,t)\mathrm{d}t = 0 & \text{(9-6-30a)} \\ S_{\theta\text{av}} = \dfrac{1}{T}\displaystyle\int_0^T S_\theta(r,t)\mathrm{d}t = 0 & \text{(9-6-30b)} \end{cases}$$

这表明在近区只有能量的交换而无能量的传输。需要引起注意的是远区的能量是通过近区传输过去的，只是上述计算由于近似考虑，而没有计及这一部分相对较少的能量。

波阻抗为

$$Z = \frac{\dot{E}_\theta}{\dot{H}_\phi} = \frac{\beta}{\omega\varepsilon_0}\cdot\frac{1}{\beta r} = \eta\frac{1}{\beta r} \gg \eta \tag{9-6-31}$$

显然在这里是高阻抗场，磁场很小，主要是电场，电准静态场。

（2）磁偶极子的准静态场

保留高次项，同时也忽略含一次项的推迟项，得到

$$\begin{cases} \dot{H}_r = \dfrac{2\dot{I}S\beta^3\cos\theta}{4\pi}\left[\dfrac{1}{(\beta r)^3}\right] & \text{(9-6-32a)} \\ \dot{H}_\theta = \dfrac{\dot{I}S\beta^3\sin\theta}{4\pi}\left[\dfrac{1}{(\beta r)^3}\right] & \text{(9-6-32b)} \\ \dot{E}_\phi = \dfrac{\dot{I}S\beta^2\omega\mu_0\sin\theta}{4\pi}\left[\dfrac{1}{-\mathrm{j}(\beta r)^2}\right] & \text{(9-6-32c)} \end{cases}$$

在恒定磁场中磁偶极子($\boldsymbol{m}=I\boldsymbol{S}$)的磁场强度为

$$\boldsymbol{H} = \frac{2IS\cos\theta}{4\pi r^3}\boldsymbol{e}_r + \frac{IS\sin\theta}{4\pi r^3}\boldsymbol{e}_\theta \tag{9-6-33}$$

由于式(9-6-32a)和式(9-6-32b)与它们保持高度一致,因而这个区称为**准静态区**。

能流密度为

$$\boldsymbol{S}(r,t) = E_\phi H_\theta(-\boldsymbol{e}_r) + E_\phi H_r \boldsymbol{e}_\theta \tag{9-6-34}$$

在一个周期内的平均值为

$$\begin{cases} S_{r\mathrm{av}} = \dfrac{1}{T}\displaystyle\int_0^T S_r(r,t)\,\mathrm{d}t = 0 & \text{(9-6-35a)} \\ S_{\theta\mathrm{av}} = \dfrac{1}{T}\displaystyle\int_0^T S_\theta(r,t)\,\mathrm{d}t = 0 & \text{(9-6-35b)} \end{cases}$$

波阻抗为

$$Z = \frac{\dot{E}_\varphi}{\dot{H}_\theta} = \eta\beta r \ll \eta \tag{9-6-36}$$

即磁偶极子的近场是低阻抗场,电场很小,主要是磁场,磁准静态场。

(3)一般情况

一般来说将电磁场根据场量含 βr 的级次来划分。场量含 $[1/\beta r]$ 称为辐射场;场量含 $[1/(\beta r)^2]$ 称为感应场;场量含 $[1/(\beta r)^3]$ 称为准静态场。

应该说远场是辐射场,近场的计算中则含有感应场的作用。

9.6.4 *LC* 电路与偶极振子

下面来分析为了使电磁能量辐射出去,普通的振荡电路,例如 *LC* 电路,是如何演变为振荡的电偶极子。

从前面的分析知道辐射电磁波的功率是与振荡电路的频率 ω_0 的 4 次方成正比的。由 *LC* 电路的固有频率

$$\omega_0 = \frac{1}{\sqrt{LC}} \tag{9-6-37}$$

可知电路的 L、C 应该足够小,才能提高固有频率。而电感为

$$L = \mu_0 n^2 Sl \tag{9-6-38}$$

式中,n 为单位长度的匝数,Sl 为体积。电容为

$$C = \varepsilon_0 \frac{S}{d} \tag{9-6-39}$$

式中，S 为面积，d 为长度。因此对电感而言，当匝数越来越少、体积越来越小时，电感将变小；对电容而言，当面积越来越小、距离越来越大时，电容将变小。另一方面当电路越来越开放，电磁能量才能辐射出去。图 9-6-5 表示了这种变化。最后这一电路演变成偶极振子。

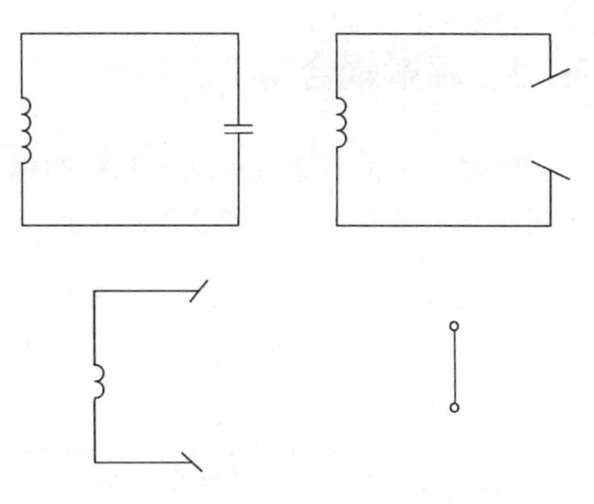

图 9-6-5　*LC* 电路演变为振荡的偶极振子

9.7　电磁辐射干扰与电磁屏蔽

9.7.1　电磁干扰

电磁干扰的传播途径一般有两种方式，传导方式和辐射方式，从受干扰的角度来看，耦合可以分为两类，传导偶合和辐射耦合，如图 9-7-1 所示。

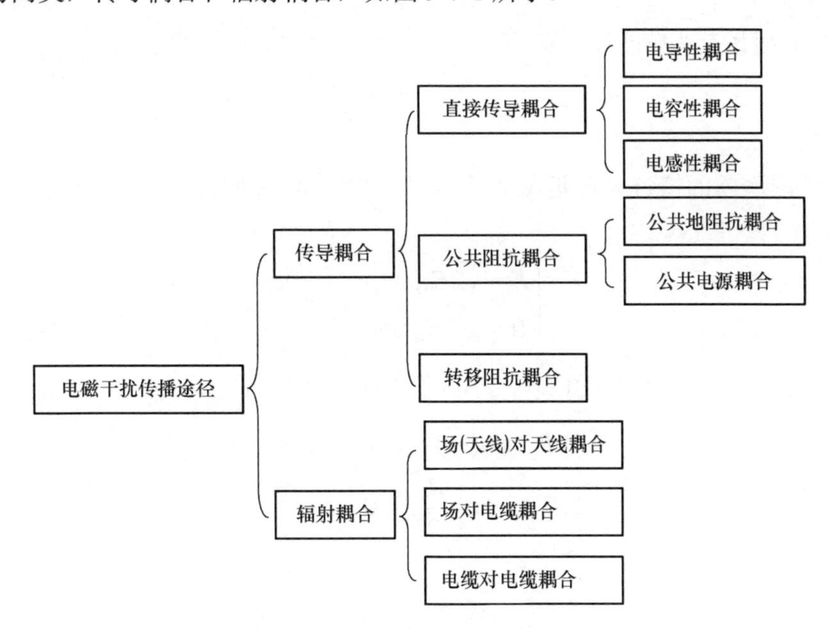

图 9-7-1　电磁干扰的传播途径

传导耦合指电磁能量以电压或电流的形式通过金属导线或集总元件(如电容器、变压器等)耦合至接收器。

辐射耦合指电磁干扰能量通过空间并以电磁场形式耦合至接收器。具体的辐射耦合形式主要有场耦合至接收天线，场耦合至电缆，电缆对电缆的耦合等。不论哪一种耦合形式，从发射器辐射电磁场到接收器接受电磁场都需要各自的闭合电路以实现电磁场的耦合。

在实际情况中，传导耦合和辐射耦合的划分也不是绝对的，它们可以互相转化。下面重点讨论辐射耦合。

9.7.2 辐射耦合

辐射干扰都是通过对某一回路的耦合进入接收器的。这里研究一种简单情况：设有一矩形线圈置于平面上，如图 9-7-2 所示。

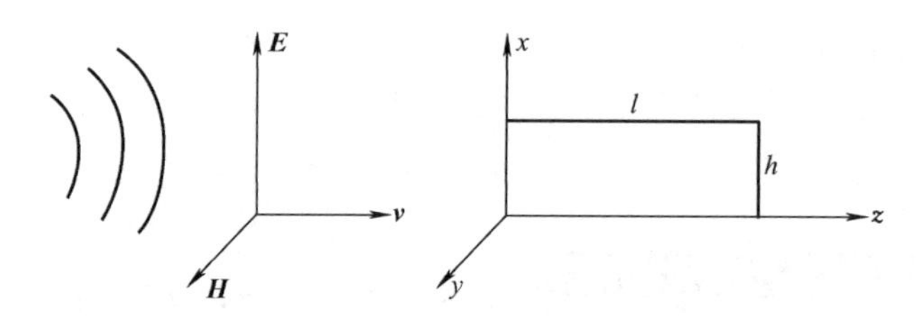

图 9-7-2 电磁波对矩形回路的耦合

设线圈的长度为 l，高为 h。环绕此回路将产生感生电动势。

$$U=\oint_l \boldsymbol{E}\cdot \mathrm{d}\boldsymbol{l} \tag{9-7-1}$$

由于电场和磁场互为感应，又有

$$U=-\frac{\partial}{\partial t}\int_s \boldsymbol{B}\cdot \mathrm{d}\boldsymbol{S} \tag{9-7-2}$$

这里只讨论远场的情况，即近似为平面波，对于正弦变化的平面电磁波的分量可以写为

$$\begin{cases}\boldsymbol{E}=\sqrt{2}E_0\sin(\omega t-\beta z)\boldsymbol{e}_x & \text{(9-7-3a)}\\ \boldsymbol{H}=\sqrt{2}H_0\sin(\omega t-\beta z)\boldsymbol{e}_y & \text{(9-7-3b)}\end{cases}$$

取电动势顺时针方向为正，将式(9-7-3a)代入式(9-7-1)可得

$$\begin{aligned}U&=\sqrt{2}E_0h\sin(\omega t)-\sqrt{2}E_0h\sin(\omega t-\beta l)\\&=2\sqrt{2}E_0h\sin\left(\frac{\beta l}{2}\right)\sin\left(\omega t-\frac{\beta l}{2}\right)\end{aligned} \tag{9-7-4}$$

幅值为

$$|U|=2\sqrt{2}E_0h\sin\left(\frac{\beta l}{2}\right) \tag{9-7-5}$$

实际上也可根据式(9-7-2)进行求解，只是注意上面规定的电动势正方向与此处磁场的反方向满足右手螺旋定则，计算结果一致。

当 $\beta l \ll 1$ 时，$\sin\beta l\approx\beta l$，则

$$|U|=\sqrt{2}E_0hl\beta=\frac{\sqrt{2}E_0hl\omega}{c} \tag{9-7-6}$$

式中，c 为光速。可以看出干扰与回路的面积及电磁波的频率成正比。

9.7.3 电磁屏蔽

抑制以场的形式造成干扰的有效方法是电磁屏蔽。所谓电磁屏蔽是指屏蔽体内的电磁场不能传出，外面的电磁场不能进入。其作用原理是利用屏蔽体对电磁能流的反射、吸收等作用。

对电磁屏蔽效能的估算，需要计算反射损耗和吸收损耗。

如图 9-7-3 所示，假设电磁波从介质 2 的左边入射，在左分界面上发生反射和透射，透射波在介质 2 中传播一段距离(一般会有吸收损耗)，在介质 2 的右边界又会发生反射和透射。

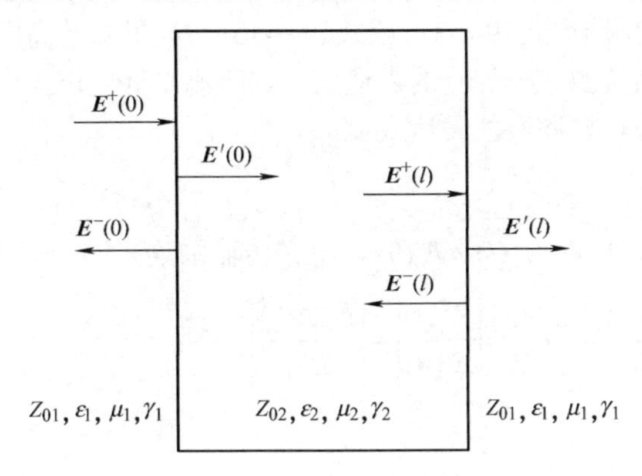

图 9-7-3 波的反射、透射、传播

1. 反射损耗(假定无吸收损耗)

首先，根据式(9-3-44)和式(9-3-45)来求出两个分界面的反射系数和透射系数

$$r(0)=\frac{Z_{02}-Z_{01}}{Z_{02}+Z_{01}} \qquad r(l)=\frac{Z_{01}-Z_{02}}{Z_{01}+Z_{02}}$$

$$t(0)=\frac{2Z_{02}}{Z_{02}+Z_{01}} \qquad t(l)=\frac{2Z_{01}}{Z_{01}+Z_{02}}$$

如果令

$$q=\frac{Z_{01}}{Z_{02}} \tag{9-7-7}$$

则得

$$r(0)=\frac{1-q}{1+q} \qquad r(l)=-\frac{1-q}{1+q}$$

$$t(0)=\frac{2}{1+q} \qquad t(l)=\frac{2q}{1+q}$$

定义传输系数

$$T=\frac{E'(l)}{E^{+}(0)}=\frac{E'(l)}{E'(0)}\cdot\frac{E'(0)}{E^{+}(0)}=t(l)\cdot t(0)=\frac{4q}{(1+q)^{2}} \tag{9-7-8}$$

其中假定

$$E^{+}(l)=E'(0)$$

定义反射损耗

$$R=20\lg\frac{1}{|T|}=20\lg\frac{(1+q)^2}{4q} \tag{9-7-9}$$

反射损耗表面上看仅与介质的波阻抗有关，但实际上波阻抗的选取是和屏蔽材料的位置有关的。对远场，可按平面波的波阻抗η计算；对近场，要根据辐射源的性质确定是高阻抗场，还是低阻抗场，分别选用式(9-6-31)或式(9-6-36)。如果源是高电压小电流(例如电偶极子、直导线)，采用高阻抗源(电场源)的表达式；如果源是低电压大电流(例如磁偶极子、环形电流)，采用低阻抗源(磁场源)的表达式。

2. 吸收损耗

当介质存在损耗时，此时$E^{+}(l)\neq E'(0)$，定义传输系数

$$|T_{吸}|=\left|\frac{E^{+}(l)}{E'(0)}\right|=\left|\frac{E'_{y0}\mathrm{e}^{-\Gamma l}}{E'_{y0}}\right|=\mathrm{e}^{-\alpha l}=\mathrm{e}^{-l/d} \tag{9-7-10}$$

吸收损耗

$$A=20\log\frac{1}{|T_{吸}|}=20\log\mathrm{e}^{l/d}=8.686\frac{l}{d}\mathrm{dB} \tag{9-7-11}$$

利用式(8-4-10)可得

$$A=8.686l\sqrt{\pi f\mu\gamma} \tag{9-7-12}$$

从式(9-7-12)可以看出，当频率较高时，吸收损耗是相当大的。表9-7-1给出了金属在不同损耗下所需的屏蔽体厚度。

表 9-7-1　几种金属的电导率、磁导率及屏蔽厚度[⊖]

金属	电阻率 $1/\gamma$ ($10^{-3}\Omega\cdot$mm)	相对磁导率 μ_r	频率 f/Hz	所需材料厚度 l(mm)		
				透入深度 d A=8.68dB	2.3d A=20dB	4.6d A=40dB
铜	0.0172	1	10^5	0.21	0.49	0.98
			10^6	0.067	0.154	0.308
			10^7	0.021	0.049	0.098
			10^8	0.0067	0.0154	0.0308
钢	0.1	50	10^5	0.071	0.163	0.327
			10^6	0.023	0.053	0.106
			10^7	0.007	0.016	0.032
			10^8	0.0023	0.0053	0.0106

⊖ 刘鹏程，邱杨. 电磁兼容原理及技术[M]. 北京：高等教育出版社，1993.

（续）

金属	电阻率 $1/\gamma$ ($10^{-3}\Omega\cdot$mm)	相对磁导率 μ_r	频率 f/Hz	所需材料厚度 l(mm)		
				透入深度 d A=8.68dB	2.3d A=20dB	4.6d A=40dB
铁镍合金	0.65	12000	10^2	0.38	0.85	1.7
			10^3	0.12	0.27	0.54
			10^4	0.038	0.085	0.17
			10^5	0.012	0.027	0.554

3. 总损耗

由于屏蔽效能(Shielding Effectiveness，SE)是由反射损耗、吸收损耗、多次反射损耗三部分组成，因此考虑总损耗时要计及这三部分：

$$T=|T_{吸}|\cdot|T_{反射}|\cdot|T_{多次反射}| \tag{9-7-13}$$

$$SE=20\log\frac{1}{|T_{吸}|}+20\log\frac{1}{|T_{反射}|}+20\log\frac{1}{|T_{多次反射}|} \tag{9-7-14}$$

或

$$SE=A+R+B \tag{9-7-15}$$

习　题

9.1　根据 TEM 波形 $\dot{\boldsymbol{H}}_0(x,y)=(\Gamma/\mathrm{j}\omega\mu)\boldsymbol{e}_z\times\dot{\boldsymbol{E}}_0(x,y)$，证明 $\dot{\boldsymbol{E}}_0\times\dot{\boldsymbol{H}}_0$ 方向是传播方向 $\boldsymbol{e}_z$。

9.2　证明导电媒质是反常色散媒质。

9.3　已知 $\boldsymbol{E}=\sqrt{2}E_0\sin(\omega t-\beta z)\boldsymbol{e}_y$，求磁感应强度，并证明在理想介质中 $\beta=\omega\sqrt{\mu\varepsilon}$。

9.4　已知自由空间中某一均匀平面波的电场强度为 $\dot{\boldsymbol{E}}=(100\boldsymbol{e}_x+\mathrm{j}100\boldsymbol{e}_y)\mathrm{e}^{-\mathrm{j}2\pi z/3}$，求该波的 β、v、ω、λ、φ_x、φ_y、$\dot{\boldsymbol{H}}$ 的表达式及 $\boldsymbol{E}$ 和 $\boldsymbol{H}$ 的瞬时表达式。

9.5　已知海水的 $\mu_\mathrm{r}=1$，$\gamma=1$S/m，试计算频率为 50、10^6 和 10^9Hz 的三种电磁波在海水中的透入深度。

9.6 有一均匀平面电磁波，f=100MHz，从自由空间垂直入射到以下不同平面上，分别求电场的反射系数、透射系数。

（1）无限大铜板（$\gamma=5.8\times10^7\mathrm{S/m}, \varepsilon=\varepsilon_0, \mu=\mu_0$）；

（2）无限大铁板（$\gamma=10^7\mathrm{S/m}, \varepsilon=\varepsilon_0, \mu=10000\mu_0$）；

（3）海水平面（$\gamma=4\mathrm{S/m}, \varepsilon=80\varepsilon_0, \mu=\mu_0$）。

9.7　已知矩形波导的横向尺寸为 a=22.86mm、b=10.16mm。求当波导内理想介质（$\mu_\mathrm{r}=1$）的相对介电常数为 4，工作频率为 10GHz 时，能够传播哪些模式？

9.8　对 TEM、TM 和 TE 模式，当工作频率为截止频率的两倍或一半时，分别求波导中的波阻抗和波长。

9.9 设一内阻为零的高频电源向某一单元辐射天线供电，该天线的长度为 $\Delta l = 5\text{m}$，天线中的电流 $I = 35\text{A}$，电源的频率 $f = 10^6\,\text{Hz}$，求电源的电压及其输出的功率。

9.10 已知电偶极子在 $\theta = 30°$、$r = 5\text{km}$ 处产生的电场为 2mV/m，求此电偶极子的辐射功率。

9.11 设有均匀平面波 $\boldsymbol{E} = \boldsymbol{E}_0 \mathrm{e}^{\mathrm{j}(\omega t - kx)}$ 照射到一个绝缘介质球上（$\boldsymbol{E}_0$ 在 z 方向），引起介质球极化，极化矢量 $\boldsymbol{P}$ 是随时间变化的，因而产生辐射。设平面波的波长远大于球半径 R_0，求介质球所产生的辐射场和能流。

提示：介质球内的电场可按拉氏方程解出，为均匀场，再求出其总电偶极矩 $\boldsymbol{p} = 4\pi\varepsilon_0 \dfrac{\varepsilon - \varepsilon_0}{\varepsilon + 2\varepsilon_0} R_0^3 \boldsymbol{E}_0 \mathrm{e}^{\mathrm{j}\omega t}$。

附　录

附录 A　主要矢量运算式及微分算子运算式

矢量恒等式

（1）$\boldsymbol{A}\cdot(\boldsymbol{B}\times\boldsymbol{C})=\boldsymbol{C}\cdot(\boldsymbol{A}\times\boldsymbol{B})=\boldsymbol{B}\cdot(\boldsymbol{C}\times\boldsymbol{A})$

（2）$\boldsymbol{A}\times(\boldsymbol{B}\times\boldsymbol{C})=\boldsymbol{B}(\boldsymbol{A}\cdot\boldsymbol{C})-\boldsymbol{C}(\boldsymbol{A}\cdot\boldsymbol{B})$

（3）$\nabla(\varphi\psi)=\varphi\nabla\psi+\psi\nabla\varphi$

（4）$\nabla\cdot(\varphi\boldsymbol{A})=\varphi\nabla\cdot\boldsymbol{A}+\boldsymbol{A}\cdot\nabla\varphi$

（5）$\nabla\times(\varphi\boldsymbol{A})=\varphi\nabla\times\boldsymbol{A}+\nabla\varphi\times\boldsymbol{A}$

（6）$\nabla\cdot(\nabla\times\boldsymbol{A})=0$

（7）$\nabla\times(\nabla\varphi)=0$

（8）$\nabla(\boldsymbol{A}\cdot\boldsymbol{B})=(\boldsymbol{A}\cdot\nabla)\boldsymbol{B}+(\boldsymbol{B}\cdot\nabla)\boldsymbol{A}+\boldsymbol{A}\times(\nabla\times\boldsymbol{B})+\boldsymbol{B}\times(\nabla\times\boldsymbol{A})$

（9）$\nabla\cdot(\boldsymbol{A}\times\boldsymbol{B})=\boldsymbol{B}\cdot(\nabla\times\boldsymbol{A})-\boldsymbol{A}\cdot(\nabla\times\boldsymbol{B})$

（10）$\nabla\times(\boldsymbol{A}\times\boldsymbol{B})=\boldsymbol{A}\nabla\cdot\boldsymbol{B}-\boldsymbol{B}\nabla\cdot\boldsymbol{A}+(\boldsymbol{B}\cdot\nabla)\boldsymbol{A}-(\boldsymbol{A}\cdot\nabla)\boldsymbol{B}$

（11）$\nabla\times(\nabla\times\boldsymbol{A})=\nabla(\nabla\cdot\boldsymbol{A})-\nabla^2\boldsymbol{A}$

梯度、散度、旋度和拉普拉斯算子的展开式

直角坐标系

（12）$\nabla h=\boldsymbol{e}_x\dfrac{\partial h}{\partial x}+\boldsymbol{e}_y\dfrac{\partial h}{\partial y}+\boldsymbol{e}_z\dfrac{\partial h}{\partial z}$

（13）$\nabla\cdot\boldsymbol{A}=\dfrac{\partial A_x}{\partial x}+\dfrac{\partial A_y}{\partial y}+\dfrac{\partial A_z}{\partial z}$

（14）$$\nabla\times\boldsymbol{A}=\begin{vmatrix}\boldsymbol{e}_x & \boldsymbol{e}_y & \boldsymbol{e}_z\\ \dfrac{\partial}{\partial x} & \dfrac{\partial}{\partial y} & \dfrac{\partial}{\partial z}\\ A_x & A_y & A_z\end{vmatrix}$$

$$=\boldsymbol{e}_x\left(\frac{\partial A_z}{\partial y}-\frac{\partial A_y}{\partial z}\right)+\boldsymbol{e}_y\left(\frac{\partial A_x}{\partial z}-\frac{\partial A_z}{\partial x}\right)+\boldsymbol{e}_z\left(\frac{\partial A_y}{\partial x}-\frac{\partial A_x}{\partial y}\right)$$

（15）$\nabla^2 h=\dfrac{\partial^2 h}{\partial x^2}+\dfrac{\partial^2 h}{\partial y^2}+\dfrac{\partial^2 h}{\partial z^2}$

（16）$\nabla^2\boldsymbol{A}=\boldsymbol{e}_x\nabla^2 A_x+\boldsymbol{e}_y\nabla^2 A_y+\boldsymbol{e}_z\nabla^2 A_z$

柱坐标系

（17）$\nabla h=\boldsymbol{e}_\rho\dfrac{\partial h}{\partial\rho}+\boldsymbol{e}_\phi\dfrac{1}{\rho}\dfrac{\partial h}{\partial\phi}+\boldsymbol{e}_z\dfrac{\partial h}{\partial z}$

（18）$\nabla\cdot\boldsymbol{A}=\dfrac{1}{\rho}\dfrac{\partial}{\partial\rho}(\rho A_\rho)+\dfrac{1}{\rho}\dfrac{\partial A_\phi}{\partial\phi}+\dfrac{\partial A_z}{\partial z}$

（19）$$\nabla\times\boldsymbol{A}=\begin{vmatrix}\dfrac{1}{\rho}\boldsymbol{e}_\rho & \boldsymbol{e}_\phi & \dfrac{1}{\rho}\boldsymbol{e}_z\\ \dfrac{\partial}{\partial\rho} & \dfrac{\partial}{\partial\phi} & \dfrac{\partial}{\partial z}\\ A_\rho & \rho A_\phi & A_z\end{vmatrix}$$

$$=\boldsymbol{e}_\rho\left(\frac{1}{\rho}\frac{\partial A_z}{\partial\phi}-\frac{\partial A_\phi}{\partial z}\right)+\boldsymbol{e}_\phi\left(\frac{\partial A_\rho}{\partial z}-\frac{\partial A_z}{\partial\rho}\right)+\boldsymbol{e}_z\left(\frac{1}{\rho}\frac{\partial(\rho A_\phi)}{\partial\rho}-\frac{1}{\rho}\frac{\partial A_\rho}{\partial\phi}\right)$$

（20）$\nabla^2 h=\dfrac{1}{\rho}\dfrac{\partial}{\partial\rho}(\rho\dfrac{\partial h}{\partial\rho})+\dfrac{1}{\rho^2}\dfrac{\partial^2 h}{\partial\phi^2}+\dfrac{\partial^2 h}{\partial z^2}$

（21）$\nabla^2\boldsymbol{A}=\boldsymbol{e}_\rho\left(\nabla^2 A_\rho-\dfrac{2}{\rho^2}\dfrac{\partial A_\phi}{\partial\phi}-\dfrac{A_\rho}{\rho^2}\right)+\boldsymbol{e}_\phi\left(\nabla^2 A_\phi+\dfrac{2}{\rho^2}\dfrac{\partial A_\rho}{\partial\phi}-\dfrac{A_\phi}{\rho^2}\right)+\boldsymbol{e}_z\nabla^2 A_z$

球坐标系

（22）$\nabla h=\boldsymbol{e}_r\dfrac{\partial h}{\partial r}+\boldsymbol{e}_\theta\dfrac{1}{r}\dfrac{\partial h}{\partial\theta}+\boldsymbol{e}_\phi\dfrac{1}{r\sin\theta}\dfrac{\partial h}{\partial\phi}$

（23）$\nabla\cdot\boldsymbol{A}=\dfrac{1}{r^2}\dfrac{\partial}{\partial r}(r^2A_r)+\dfrac{1}{r\sin\theta}\dfrac{\partial}{\partial\theta}(A_\theta\sin\theta)+\dfrac{1}{r\sin\theta}\dfrac{\partial A_\phi}{\partial\phi}$

（24）$$\nabla\times\boldsymbol{A}=\begin{vmatrix}\dfrac{1}{r^2\sin\theta}\boldsymbol{e}_r & \dfrac{1}{r\sin\theta}\boldsymbol{e}_\theta & \dfrac{1}{r}\boldsymbol{e}_\phi\\ \dfrac{\partial}{\partial r} & \dfrac{\partial}{\partial\theta} & \dfrac{\partial}{\partial\phi}\\ A_r & rA_\theta & r\sin\theta A_\phi\end{vmatrix}$$

$$=\boldsymbol{e}_r\frac{1}{r\sin\theta}\left[\frac{\partial}{\partial\theta}(\sin\theta A_\phi)-\frac{\partial A_\theta}{\partial\phi}\right]+\boldsymbol{e}_\theta\frac{1}{r}\left[\frac{1}{\sin\theta}\frac{\partial A_r}{\partial\phi}-\frac{\partial(rA_\phi)}{\partial r}\right]+\boldsymbol{e}_\phi\frac{1}{r}\left[\frac{\partial(rA_\theta)}{\partial r}-\frac{\partial A_r}{\partial\theta}\right]$$

（25）$\nabla^2 h=\dfrac{1}{r^2}\dfrac{\partial}{\partial r}\left(r^2\dfrac{\partial h}{\partial r}\right)+\dfrac{1}{r^2\sin\theta}\dfrac{\partial}{\partial\theta}\left(\sin\theta\dfrac{\partial h}{\partial\theta}\right)+\dfrac{1}{r^2\sin^2\theta}\dfrac{\partial^2 h}{\partial\phi^2}$

（26）$$\nabla^2\boldsymbol{A}=\boldsymbol{e}_r\left[\nabla^2A_r-\frac{2}{r^2}\left(A_r+\cot\theta A_\theta+\csc\theta\frac{\partial A_\phi}{\partial\phi}+\frac{\partial A_\theta}{\partial\theta}\right)\right]+$$
$$\boldsymbol{e}_\theta\left[\nabla^2A_\theta-\frac{1}{r^2}\left(\csc^2\theta A_\theta-2\frac{\partial A_r}{\partial\theta}+2\cot\theta\csc\theta\frac{\partial A_\phi}{\partial\phi}\right)\right]+$$
$$\boldsymbol{e}_\phi\left[\nabla^2A_\phi-\frac{1}{r^2}\left(\csc^2\theta A_\phi-2\csc\theta\frac{\partial A_r}{\partial\phi}-2\cot\theta\csc\theta\frac{\partial A_\theta}{\partial\phi}\right)\right]$$

附录 B　电磁学的量和单位

量的名称	符号	国际单位制单位名称	国际单位制单位符号	与国际单位制基本单位的关系
力	$\boldsymbol{F}$	牛[顿]	N	$m \cdot kg \cdot s^{-2}$
功	W	焦[尔]	J	$m^2 \cdot kg \cdot s^{-2}$
能[量]	E	焦[尔]	J	$m^2 \cdot kg \cdot s^{-2}$
功率	P	瓦[特]	W	$m^2 \cdot kg \cdot s^{-3}$
力矩	M	牛[顿]米	N·m	$m^2 \cdot kg \cdot s^{-2}$
电流	I	安[培]	A	A
电荷[量]	Q,q	库[仑]	C	s·A
电荷线密度	τ	库[仑]每米	C/m	$m^{-1} \cdot A \cdot s$
电荷面密度	σ	库[仑]每平方米	C/m^2	$m^{-2} \cdot A \cdot s$
电荷体密度	ρ	库[仑]每立方米	C/m^3	$m^{-3} \cdot A \cdot s$
电场强度	$\boldsymbol{E}$	伏[特]每米	V/m	$m \cdot kg \cdot s^{-3} \cdot A^{-1}$
电位(电势)	V, φ	伏[特]	V	$m^2 \cdot kg \cdot s^{-3} \cdot A^{-1}$
电位差(电势差)，电压	U	伏特	V	$m^2 \cdot kg \cdot s^{-3} \cdot A^{-1}$
介电常数(电容率)	ε	法[拉]每米	F/m	$m^{-3} \cdot kg^{-1} \cdot s^4 \cdot A^2$
真空介电常数(真空电容率)	ε_0	法[拉]每米	F/m	$m^{-3} \cdot kg^{-1} \cdot s^4 \cdot A^2$
相对介电常数(相对电容率)	ε_r	—	—	—
电偶极矩	$\boldsymbol{p}, \boldsymbol{p}_e$	库[仑]米	C·m	m·s·A
电极化强度	$\boldsymbol{P}$	库[仑]每平方米	C/ m^2	$m^{-2} \cdot s \cdot A$
电极化率	χ, χ_e	—	—	—
电通[量]密度(电位移)	D	库[仑]每平方米	C/ m^2	$m^{-2} \cdot s \cdot A$
电通[量](电位移通量)	Ψ	库[仑]	C	s·A
电容	C	法[拉]	F	$m^{-2} \cdot kg^{-1} \cdot s^4 \cdot A^2$
电流密度	J,S	安[培]每平方米	A/ m^2	$m^{-2} \cdot A$
电动势	E	伏[特]	V	$m^2 \cdot kg \cdot s^{-3} \cdot A^{-1}$
电阻	R	欧[姆]	Ω	$m^{-2} \cdot kg \cdot s^{-3} \cdot A^{-2}$
电导	G	西[门子]	S	$m^{-2} \cdot kg^{-2} \cdot s^3 \cdot A^2$
电阻率	ρ	欧[姆]米	Ω·m	$m^3 \cdot kg \cdot s^{-3} \cdot A^{-2}$
电导率	γ	西[门子]每米	S/m	$m^{-3} \cdot kg^{-1} \cdot s^3 A^2$

（续）

量的名称	符号	国际单位制单位名称	国际单位制单位符号	与国际单位制基本单位的关系
[直流]功率	P	瓦[特]	W	$m^2 \cdot kg \cdot s^{-3}$
磁通[量]密度，磁感应强度	$\boldsymbol{B}$	特[斯拉]	T	$kg \cdot s^{-2} \cdot A^{-1}$
磁导率	μ	亨[利]每米	H/m	$m \cdot kg \cdot s^{-2} \cdot A^{-2}$
真空磁导率	μ_0	亨[利]每米	H/m	$m \cdot kg \cdot s^{-2} \cdot A^{-2}$
相对磁导率	μ_r	—	—	—
磁通[量]	Φ	韦[伯]	Wb	$m^2 \cdot kg \cdot s^{-2} \cdot A^{-1}$
磁化强度	$\boldsymbol{M}$，$\boldsymbol{H}_i$	安[培]每米	A/m	$m^{-1} \cdot A$
磁场强度	$\boldsymbol{H}$	安[培]每米	A/m	$m^{-1} \cdot A$
磁矩	$\boldsymbol{m}$	安[培]平方米	$A \cdot m^2$	$m^2 \cdot A$
自感	L	亨[利]	H	$m^2 \cdot kg \cdot s^{-2} \cdot A^{-2}$
互感	M，L_{12}	亨[利]	H	$m^2 \cdot kg \cdot s^{-2} \cdot A^{-2}$
电场能量	W_e	焦[耳]	J	$m^2 \cdot kg \cdot s^{-2}$
磁场能量	W_m	焦[耳]	J	$m^2 \cdot kg \cdot s^{-2}$
电磁能密度	ω	焦[耳]每立方米	J/m^3	$m^{-1} \cdot kg \cdot s^{-2}$
周期	T	秒	s	s
频率	f，v	赫[兹]	Hz	S^{-1}
相角	ϕ	弧度	rad	—
波长	λ	米	m	m
波速	v	米每秒	m/s	$m \cdot s^{-1}$
坡印廷矢量	S	瓦[特]每平方米	W/m	$kg \cdot s^{-3}$
电磁波的相平面速度	c	米每秒	m/s	—
电磁波在真空中的传播速度	c，c_0	米每秒	m/s	—
元电荷	e	库[伦]	C	$A \cdot s$

物理常数

$\varepsilon_0 = 8.854 \times 10^{-12}$ F/m

$\mu_0 = 4\pi \times 10^{-7}$ H/m

$e = 1.602 \times 10^{-19}$ C

$c = 2.998 \times 10^8$ m/s

附录C　习题答案

第2章

2.1　（1）$(6x+2z,-2z,2x-2y+2z)$

（2）$n=\frac{1}{3}(2,-2,1)$

2.2　（1）$x^3+y^2+z=8$

（2）$0.588\boldsymbol{e}_x+0.784\boldsymbol{e}_y+0.196\boldsymbol{e}_z$，5.096

2.3　（1）$\frac{\boldsymbol{r}}{r^2}$

（2）$-\frac{\boldsymbol{r}}{r^3}$

2.4　略

2.5　（1）$\nabla\cdot\boldsymbol{A}=6xyz$

（2）$\nabla\cdot\boldsymbol{A}=3\mathrm{e}^{x+y+z}+(x+y+z)\mathrm{e}^{x+y+z}$

2.6　（1）$\nabla\times\boldsymbol{A}=0$

（2）$\nabla\times\boldsymbol{A}=\boldsymbol{e}_x(2xyz^3-3xy^2z^2)+\boldsymbol{e}_y(3xy^2z^2-y^2z^3)+\boldsymbol{e}_z(y^2z^3-2xyz^3)$

2.7　14

2.8　$\oint_s\boldsymbol{r}\cdot\mathrm{d}\boldsymbol{S}=4\pi r^3$

第3章

3.1　略

3.2　略

3.3　（1）$\varphi=\frac{\ln(a_2/\rho)}{\ln(a_2/a_1)}U_0$；（2）当$\rho=a_1$时，$E_{\max}=\frac{U_0}{a_1\ln(a_2/a_1)}$；将$E_{\max}$对$a_1$求导，令导数为0，得到$a_1=a_2/\mathrm{e}$时$E_{\max}$最小。

3.4　0.5cm，0.465cm

3.5　7.5μC，25μC，450kV

3.6　（1）①$L=155\,\text{mm}$；②$L=150\,\text{mm}$

（2）①$U=51.80\,\text{kV}$；②$U=52.68\,\text{kV}$

（3）45.97kV

3.7　略

3.8　$\varphi=\frac{U_0\ln\left(\tan\frac{\theta}{2}\right)}{\ln\left(\tan\frac{\theta_0}{2}\right)}$，$\boldsymbol{E}=-\frac{U_0}{r\sin\theta\ln\left(\tan\frac{\theta_0}{2}\right)}\boldsymbol{e}_\theta$

3.9　偏心有变化；同心无变化。结合唯一性定理说明

3.10 看似复杂，实际不难。按照微分方程—媒质交界面—场域边界的顺序次第写出即可

$$\begin{cases}\nabla^2\varphi_1=0,\quad \nabla^2\varphi_2=0\\ \varphi_1\big|_{S_{12}}=\varphi_2\big|_{S_{12}},\ \varepsilon_1\dfrac{\partial\varphi_1}{\partial n}\bigg|_{S_{12}}=\varepsilon_2\dfrac{\partial\varphi_2}{\partial n}\bigg|_{S_{12}}\\ \varphi_1\big|_{S_1}=U_1\\ \varphi_1\big|_{S_2}=U_{c2},\quad \oint_{S_2}\left(-\varepsilon_1\dfrac{\partial\varphi_1}{\partial n}\right)\mathrm{d}S=q_2\\ \varphi_1\big|_{S_3'}=\varphi_2\big|_{S_3''}=U_{c3},\quad \int_{S_3'}\left(-\varepsilon_1\dfrac{\partial\varphi_1}{\partial n}\right)\mathrm{d}S+\int_{S_3''}\left(-\varepsilon_2\dfrac{\partial\varphi_2}{\partial n}\right)\mathrm{d}S=q_3\\ \varphi_1\big|_{S_0'}=\varphi_2\big|_{S_0''}=0\end{cases}$$

3.11 $q=4h\sqrt{\pi\varepsilon_0 mg}$，$g$ 为重力加速度

3.12 q_1 受力 $\boldsymbol{F}_1=\dfrac{q_1}{16\pi\varepsilon_1 h^2(\varepsilon_1+\varepsilon_2)}[(\varepsilon_1-\varepsilon_2)q_1+2\varepsilon_1 q_2]\boldsymbol{e}_z$

q_2 受力 $\boldsymbol{F}_2=\dfrac{-q_2}{16\pi\varepsilon_2 h^2(\varepsilon_1+\varepsilon_2)}[(\varepsilon_2-\varepsilon_1)q_2+2\varepsilon_2 q_1]\boldsymbol{e}_z$

$\boldsymbol{F}_2\neq-\boldsymbol{F}_1$

3.13 （1）$q'=\dfrac{1-\varepsilon_r}{1+\varepsilon_r}q$，$\boldsymbol{E}_1=\dfrac{q\boldsymbol{r}_1}{4\pi\varepsilon_0 r_1^3}+\dfrac{q'\boldsymbol{r}_1'}{4\pi\varepsilon_0 r_1'^3}$（$\boldsymbol{r}_1$，$\boldsymbol{r}_1'$ 分别是 ε_0 中场点至 q 和 q' 的矢径）

（2）$q''=\dfrac{2\varepsilon_r}{1+\varepsilon_r}q$，$\boldsymbol{E}_2=\dfrac{q''\boldsymbol{r}_2}{4\pi\varepsilon_0\varepsilon_r r_2^3}$（$\boldsymbol{r}_2$ 是介质中场点至 q'' 的矢径）

（3）$E_{\max}=\dfrac{q}{4\pi\varepsilon_0 h^2}\left(\dfrac{2\varepsilon_r}{\varepsilon_r+1}\right)$

（4）$\sigma_p=\dfrac{2q(1-\varepsilon_r)}{4\pi h^2(1+\varepsilon_r)}$

3.14 q 受力大小为 $f=\dfrac{q}{4\pi\varepsilon_0}\left[\dfrac{Q}{d^2}+\dfrac{aq}{d^3}-\dfrac{adq}{(d^2-a^2)^2}\right]$

3.15 （1）$q'=-\dfrac{a}{d}q$，$b=\dfrac{a^2}{d}$

$$\sigma_A=\varepsilon_0 E_{An}=-\varepsilon_0\left[\frac{q}{4\pi\varepsilon_0(a-d)^2}-\frac{q'}{4\pi\varepsilon_0(b-a)^2}\right]=\frac{-(a+d)q}{4\pi a(a-d)^2}$$

$$\sigma_B=\varepsilon_0 E_{Bn}=-\varepsilon_0\left[\frac{q}{4\pi\varepsilon_0(a+d)^2}+\frac{q'}{4\pi\varepsilon_0(b+a)^2}\right]=\frac{-(a-d)q}{4\pi a(a+d)^2}$$

（2）$f_q=\dfrac{adq^2}{4\pi\varepsilon_0(a^2-d^2)^2}$（方向指向 A 点）

与腔体是否接地无关。与导体球壳所带电荷量无关。

3.16 （1）$\varphi = 228\ln\dfrac{(0.08+x)^2+y^2}{(0.08-x)^2+y^2}$

（2）$\sigma_{\max} = 0.134\times10^{-6}\,\text{C/m}^2$，$\sigma_{\min} = 0.336\times10^{-7}\,\text{C/m}^2$

（3）$f = \dfrac{\tau^2}{2\pi\varepsilon_0(2b)} = 7.19\times10^{-5}\,\text{N}$

3.17 （1）圆管内任意点的电场等于两根电轴和两根镜像电轴产生电场的矢量和：

$$\boldsymbol{E} = \frac{\tau}{2\pi\varepsilon_0}\left(\frac{1}{\rho_1}\boldsymbol{e}_{\rho_1} - \frac{1}{\rho_2}\boldsymbol{e}_{\rho_2} + \frac{1}{r_3}\boldsymbol{e}_{\rho_3} - \frac{1}{r_4}\boldsymbol{e}_{\rho_4}\right)$$

（2）对于其中一根电轴，单位长度受力为

$$\boldsymbol{F} = \frac{1}{2\pi\varepsilon_0}\left[-\frac{\tau^2}{2b} + \frac{\tau^2}{2d} - \frac{\tau^2}{2d+2b}\right]\boldsymbol{e}_x$$

由$h_1 = b$, $h_2^2 = a^2 + b^2$, $h_2 - h_1 = d$，知$b = \dfrac{a^2-d^2}{2d}$。

令$F = 0$得到$d = \sqrt{\sqrt{5}-2}a$

3.18 20.6kV

3.19 习题3.19图a)、c)、e）能。

3.20 $C_0 = \dfrac{2\pi\varepsilon_1\varepsilon_2}{\varepsilon_2\ln\dfrac{a_2}{a_1} + \varepsilon_1\ln\dfrac{a_3}{a_2}}$，增加

3.21 56.6pF

3.22 33.3pF

3.23 320pF；253pF

3.24 $\varphi_1 = \dfrac{q_1}{4\pi\varepsilon_0 a_1} - \dfrac{q_1}{4\pi\varepsilon_0 2h_1} + \dfrac{q_2}{4\pi\varepsilon_0(h_1-h_2)} - \dfrac{q_2}{4\pi\varepsilon_0(h_1+h_2)}$

$\varphi_2 = \dfrac{q_1}{4\pi\varepsilon_0(h_1-h_2)} - \dfrac{q_1}{4\pi\varepsilon_0(h_1+h_2)} + \dfrac{q_2}{4\pi\varepsilon_0 a_2} - \dfrac{q_2}{4\pi\varepsilon_0 2h_2}$

$C = \dfrac{4\pi\varepsilon_0}{\dfrac{1}{r_1} + \dfrac{1}{r_2} - \dfrac{1}{2h_1} - \dfrac{1}{2h_2} - \dfrac{2}{h_1-h_2} + \dfrac{2}{h_1+h_2}}$

3.25 $C_{20} = 5.64\,\text{pF/m}$，$C_{12} = C_{21} = 1.63\,\text{pF/m}$，$C_{10} = 5.44\,\text{pF/m}$，$C_{\text{p}} = 4.4\,\text{pF/m}$

3.26 $W_{\text{e}} = \dfrac{3q^2}{20\pi\varepsilon_0 a}$

3.27 略

3.28 965J/km

3.29 （1）2μJ；（2）0.4μJ（注意电荷变化及电源做功）

3.30 $1.53\times10^{-4}\,\text{N}$

3.31 $159.3\times10^{-6}\ \text{N}\cdot\text{m}$

第 4 章

4.1 （1）$\boldsymbol{J}=\dfrac{\gamma U_0}{\rho\ln\dfrac{b}{a}}\boldsymbol{e}_\rho$，$\boldsymbol{E}=\dfrac{U_0}{\rho\ln\dfrac{b}{a}}\boldsymbol{e}_\rho$；（2）$P=\dfrac{2\pi\gamma U_0^2L}{\ln\dfrac{b}{a}}$；（3）$G=\dfrac{2\pi\gamma L}{\ln\dfrac{b}{a}}$

4.2 （1）$\varphi=\left(\dfrac{1}{r}-10\right)\times10^2\ \text{V}$，$\boldsymbol{J}=\dfrac{10^{-7}}{r^2}\boldsymbol{e}_r$，$\boldsymbol{E}=\dfrac{10^2}{r^2}\boldsymbol{e}_r$；（2）$G=\dfrac{4\pi\gamma R_1R_2}{R_2-R_1}=1.256\times10^{-9}\ \text{S}$

4.3 （1）$\gamma_1=\gamma_3$；（2）$\sigma=\left(\dfrac{\varepsilon_2}{\gamma_2}-\dfrac{\varepsilon_1}{\gamma_1}\right)J_1\cos\alpha_1$

4.4 （1）电位分布：内层介质 $\varphi_1=\dfrac{I_0}{2\pi\gamma_1}\ln\dfrac{b}{\rho}+\dfrac{I_0}{2\pi\gamma_2}\ln\dfrac{c}{b}$，外层介质 $\varphi_2=\dfrac{I_0}{2\pi\gamma_2}\ln\dfrac{c}{\rho}$，其中

$I_0=\dfrac{2\pi U}{\ln(b/a)/\gamma_1+\ln(c/b)/\gamma_2}$ 是单位长度漏电流。

（2）$\sigma=\dfrac{I_0}{2\pi b}\left(\dfrac{\varepsilon_2}{\gamma_2}-\dfrac{\varepsilon_1}{\gamma_1}\right)$

（3）$P=UI_0$

4.5 （1）$\varphi_1=\dfrac{4\gamma_2U}{\pi(\gamma_1+\gamma_2)}\phi+\dfrac{(\gamma_1-\gamma_2)U}{\gamma_1+\gamma_2}$，$\varphi_2=\dfrac{4\gamma_1U}{\pi(\gamma_1+\gamma_2)}\phi$

（2）$I=3.137\times10^5\ \text{A}$，$R=9.58\times10^{-5}\ \Omega$

（3）$\boldsymbol{E}$、$\boldsymbol{D}$ 切向分量都为 0，法向分量有突变；$\boldsymbol{J}$ 切向分量为 0，法向分量连续

（4）$\sigma=\varepsilon_0(E_2-E_1)=\dfrac{4\varepsilon_0U}{\pi\rho}\dfrac{(\gamma_1-\gamma_2)}{(\gamma_1+\gamma_2)}$

4.6 （1）$\varphi=30\dfrac{\ln\dfrac{\rho}{45}}{\ln\dfrac{30}{45}}\ \text{V}=-74\ln\dfrac{\rho}{45}\ \text{V}$

（2）$I=8.95\times10^6\ \text{A}$，$R=3.35\times10^{-6}\Omega$

（3）$\boldsymbol{E}$、$\boldsymbol{D}$ 法向分量都为 0，切向分量连续；$\boldsymbol{J}$ 法向分量为 0，切向分量突变。

（4）$\sigma=0$

4.7 $R\approx\dfrac{1}{\pi\gamma a}$

4.8 32.6Ω

4.9 （1）94.69V；（2）208.1Ω

第 5 章

5.1 $\boldsymbol{B}=\dfrac{\mu_0I}{4}\left(\dfrac{1}{R_2}-\dfrac{1}{R_1}\right)\boldsymbol{e}_z$

5.2 $\boldsymbol{B}=\dfrac{\mu_0K_s\pi}{4}\boldsymbol{e}_z$

5.2 $\boldsymbol{B}=\frac{\mu_0 K_s \pi}{4}\boldsymbol{e}_z$

5.3 $\boldsymbol{B}=\frac{1}{2}\mu_0 J_0 c\boldsymbol{e}_y$

5.4 $\boldsymbol{B}=\frac{\mu_0 I}{2\pi}\left(\frac{1}{x}+\frac{1}{D-x}\right)\boldsymbol{e}_y$

5.5 $\boldsymbol{H}=\begin{cases} I\boldsymbol{e}_z \text{ A/m}，\ 0<\rho<R_1 \\ \dfrac{R_2-r}{R_2-R_1}I\boldsymbol{e}_z \quad \text{A/m}，R_1\leqslant\rho\leqslant R_2 \\ 0，\ \rho<R_2 \end{cases}$

5.6 $\boldsymbol{B}_2=0.0785\text{T}$；$\alpha_2=0.73°$

5.7 $\boldsymbol{B}_1=1.2\text{T}$

5.8 $\varphi_{\text{m}}=I/12$

5.9 $\varphi_{\text{m}}=-1.91\arctan\frac{y}{2}$ mA

5.10 $\varphi_{\text{m}}=5x$ A

5.11 （1）$\boldsymbol{H}_1=\boldsymbol{B}_1=\boldsymbol{M}_1=\boldsymbol{H}_3=\boldsymbol{B}_3=\boldsymbol{M}_3=0$

$\boldsymbol{H}_2=80\boldsymbol{e}_y$ A/m，$\boldsymbol{B}_2=0.988\mu_0 80\boldsymbol{e}_y=100.3\times10^{-6}\boldsymbol{e}_y$ T，$\boldsymbol{M}_2=-0.16\boldsymbol{e}_y$ A/m

（2）$\boldsymbol{H}_1=\boldsymbol{B}_1=\boldsymbol{M}_1=\boldsymbol{H}_3=\boldsymbol{B}_3=\boldsymbol{M}_3=0$

$\boldsymbol{H}_2=80\boldsymbol{e}_y$ A/m，$\boldsymbol{B}_2=1000\mu_0 80\boldsymbol{e}_y=0.1005\boldsymbol{e}_y$ T，$\boldsymbol{M}_2=7.99\times10^4\boldsymbol{e}_y$ A/m

5.12 （1）$\boldsymbol{H}=\frac{1}{2}K_s\boldsymbol{e}_x$ A/m

（2）$\boldsymbol{A}=-\frac{\mu_0}{2}(z-2)K_s\boldsymbol{e}_y$ Wb/m

（3）$\Phi=\mu_0 K_s$ Wb

5.13 $\boldsymbol{F}_1$不是，$\boldsymbol{F}_2$可能是

5.14 $\varphi_{\text{m}}=-\frac{\theta}{\theta_1}WI$，$H=\frac{WI}{\rho\theta_1}$

5.15 $\varphi_{\text{m}}=-\frac{\phi}{2\pi}I$，$\boldsymbol{A}=\frac{\mu_0 I}{2\pi}\ln\frac{R_2}{\rho}\boldsymbol{e}_z$，$(\rho>R_2)$

5.16 $\boldsymbol{B}=8.0\times10^{-9}$ $\text{T}(\rho=0)$，$\boldsymbol{B}=3.136\times10^{-6}$ $\text{T}(\rho=0.3\text{m})$

5.17 $\boldsymbol{B}=\frac{\mu_0}{\pi}\left(\frac{19.96x^2-0.08x+39.92}{x^4+4}\right)$

5.18 略

5.19 略

5.20 $M=\frac{\mu_0 d}{2\pi}\left(\frac{c}{c-b}\ln\frac{c}{b}-\frac{a}{b-a}\ln\frac{b}{a}\right)$

5.21 $L=6.2\times10^{-2}$ H

5.22 $M=\dfrac{\mu_0 c}{2\pi}\left[\ln\dfrac{a+b}{a}+\ln\dfrac{d-a}{d-(a+b)}\right]$

5.23 （1）$\boldsymbol{f}=\int I(\mathrm{d}\boldsymbol{l}\times\boldsymbol{B})=-I_2 c\times\dfrac{\mu_0 I_1}{2\pi}\left[\dfrac{1}{a}+\dfrac{1}{d-a}-\left(\dfrac{1}{a+b}+\dfrac{1}{d-a-b}\right)\right]\boldsymbol{e}_x$

（2）$f=I_1 I_2\dfrac{\partial M}{\partial a}=\dfrac{\mu_0 c I_1 I_2}{2\pi}\left[\dfrac{1}{a+b}-\dfrac{1}{a}-\dfrac{1}{d-a}+\dfrac{1}{d-a-b}\right]$，参考正方向为沿 a 增大的方向。与（1）一致。

第 6 章

6.1 略

6.2 （1）略；（2）边值问题：$\begin{cases}\nabla^2\varphi=0\\ \varphi\big|_{S_1}=U_0, \quad \varphi\big|_{S_2}=0\end{cases}$

6.3 （1）略；（2）边值问题：铁的磁导率无限大，磁力线垂直于其表面；求解区域只包括线圈绕组和空气即可。若选对称面作为边界，磁力线与之平行，满足 $A_z=$常数。

①整个剖面：$\begin{cases}\nabla^2 A_z=0 & (\text{空气区})\\ \nabla^2 A_z=-\mu_0 J & (\text{绕组区})\\ \left.\dfrac{\partial A_z}{\partial n}\right|_S=0 & (\text{铁表面})\end{cases}$

②1/4 剖面：$\begin{cases}\nabla^2 A_z=0 & (\text{空气区})\\ \nabla^2 A_z=-\mu_0 J & (\text{绕组区})\\ \left.\dfrac{\partial A_z}{\partial n}\right|_S=0 & (\text{铁表面})\\ A_z=0 & (\text{对称面BD}+\text{CA与磁力线平行})\end{cases}$

6.4 边值问题：$\begin{cases}\nabla^2\varphi_{\mathrm{m}}=0 & (\text{空气区})\\ \varphi_{\mathrm{m}}\big|_S=0 & (\text{定子表面与磁力线垂直})\\ \left.\dfrac{\partial\varphi_{\mathrm{m}}}{\partial t}\right|_T=K & (\text{转子表面分布有面电流})\\ \left.\dfrac{\partial\varphi_{\mathrm{m}}}{\partial n}\right|_{\mathrm{BD+CA}}=0 & (\text{对称面BD}+\text{CA与磁力线平行})\end{cases}$

6.5 $\varphi=\dfrac{100\sin\pi x\ \mathrm{sh}\pi y}{\mathrm{sh}\pi}\ \mathrm{V}$

6.6 $\varphi=\sum_{n=1}^{\infty}A_n\sin\dfrac{n\pi y}{b}\mathrm{ch}\dfrac{n\pi x}{b}$，$A_n=\dfrac{2(1-\cos n\pi)U_0}{n\pi\mathrm{ch}\dfrac{n\pi a}{b}}$

6.7 $\varphi=\dfrac{E_0(\rho^2-a^2)}{\rho}\sin\phi$，$E_{\max}=2E_0$，最上侧和最下侧。

6.8 管内：$\varphi_{m_1}=-H_i\rho\cos\phi$；管壁：$\varphi_{m_2}=\left(C_1\rho+C_2\dfrac{R_1^2}{\rho}\right)H_0\cos\phi$；管外：$\varphi_{m_3}=\left(-\rho+C_3\dfrac{R_2^2-R_1^2}{\rho}\right)H_0\cos\phi$。其中 $H_i=4\alpha\mu_r H_0$，$C_1=-2\alpha(1+\mu_r)$，$C_2=2\alpha(1-\mu_r)$，$C_3=-\alpha(1-\mu_r{}^2)$，$\alpha=\dfrac{R_2^2}{(1+\mu_r)^2R_2^2-(1-\mu_r)^2R_1^2}$

6.9 略

6.10 略

6.11 都满足

第7章

7.1 $\boldsymbol{J}_D=\dfrac{\varepsilon_0 abU_m\omega\cos\omega t}{(b-a)r^2\cos\omega t}\boldsymbol{e}_r$

7.2 略

7.3 （1）$\dot{\boldsymbol{E}}=\dfrac{E_0}{\sqrt{2}}\cos 2x\mathrm{e}^{\mathrm{j}\pi/2}\boldsymbol{e}_x$

（2）$\dot{\boldsymbol{E}}=\dfrac{E_0}{\sqrt{2}}\mathrm{e}^{-\alpha x-\mathrm{j}\beta x}\boldsymbol{e}_y$

（3）$\dot{\boldsymbol{E}}=\dfrac{E_0}{\sqrt{2}}\sin\dfrac{\pi x}{d}\mathrm{e}^{-\mathrm{j}\beta x}\boldsymbol{e}_x+\dfrac{E_0}{\sqrt{2}}\cos\dfrac{\pi x}{d}\mathrm{e}^{-\mathrm{j}\beta x}\mathrm{e}^{\mathrm{j}\pi/2}\boldsymbol{e}_y$

7.4 （1）$\boldsymbol{H}=\dfrac{E_0\beta}{\mu_0\omega}\cos\left(\dfrac{\pi z}{d}\right)\cos(\omega t-\beta x)\boldsymbol{e}_z-\dfrac{E_0\pi}{\mu_0\omega d}\sin\left(\dfrac{\pi z}{d}\right)\sin(\omega t-\beta x)\boldsymbol{e}_x$

（2）$\boldsymbol{K}_{Z=d/2}=\dfrac{E_0\pi}{\mu_0\omega d}\sin(\omega t-\beta x)\boldsymbol{e}_y$；$\boldsymbol{K}_{Z=-d/2}=-\dfrac{E_0\pi}{\mu_0\omega d}\sin(\omega t-\beta x)\boldsymbol{e}_y$

7.5 （1）$\boldsymbol{E}=-\dfrac{2}{\rho}\sqrt{\dfrac{\mu}{\varepsilon}}\sin(\beta z)\cos(\omega t)\boldsymbol{e}_\rho$

（2）$z_1=0$：$\boldsymbol{K}=-\dfrac{2}{\rho}\sin(\omega t)\boldsymbol{e}_\rho$，$\sigma=0$

$z_2=h$：$\boldsymbol{K}=\dfrac{2}{\rho}\cos(\beta h)\sin(\omega t)\boldsymbol{e}_\rho$，$\sigma=0$；

$\rho=a$：$\boldsymbol{K}=\dfrac{2}{a}\cos(\beta z)\sin(\omega t)\boldsymbol{e}_z$，$\sigma=-\dfrac{2\beta}{\omega a}\sin(\beta z)\cos(\omega t)$

$\rho=b$：$\boldsymbol{K}=-\dfrac{2}{b}\cos(\beta z)\sin(\omega t)\boldsymbol{e}_z$，$\sigma=\dfrac{2\beta}{\omega b}\sin(\beta z)\cos(\omega t)$

7.6 $\boldsymbol{H}_2=A\boldsymbol{e}_x+\dfrac{\mu_1 A}{\mu_2}\boldsymbol{e}_y+(A+B)\boldsymbol{e}_z$

7.7 $\boldsymbol{E}=-\dfrac{r^2\omega\cos\omega t}{2}\boldsymbol{e}_z,\boldsymbol{B}=-r\sin\omega t\boldsymbol{e}_\phi$

7.8 （1）$E_1=\dfrac{\varepsilon_2 U}{\varepsilon_2 d_1+\varepsilon_1 d_2}$，$E_2=\dfrac{\varepsilon_1 U}{\varepsilon_2 d_1+\varepsilon_1 d_2}$

（2）$E_1=\dfrac{\gamma_2 U}{\gamma_2 d_1+\gamma_1 d_2}$，$E_2=\dfrac{\gamma_1 U}{\gamma_2 d_1+\gamma_1 d_2}$

（3）$\dot{E}_1=\dfrac{(\gamma_2+\mathrm{j}\omega\varepsilon_2)\dot{U}}{(\gamma_2+\mathrm{j}\omega\varepsilon_2)d_1+(\gamma_1+\mathrm{j}\omega\varepsilon_1)d_2}$，$\dot{E}_2=\dfrac{(\gamma_1+\mathrm{j}\omega\varepsilon_1)\dot{U}}{(\gamma_2+\mathrm{j}\omega\varepsilon_2)d_1+(\gamma_1+\mathrm{j}\omega\varepsilon_1)d_2}$

7.9 略

7.10 略

7.11 （1）$\boldsymbol{S}(z,t)=1325[1+\cos(4\pi ft-0.84z)]\boldsymbol{e}_z$

（2）$\boldsymbol{S}_{\mathrm{av}}=1325\boldsymbol{e}_z$

7.12 导体中 $P=0$，介质中 $P=U^2/R$

7.13 可以假设 $\boldsymbol{E}=E_n\boldsymbol{e}+E_\tau\boldsymbol{e}_\tau$，利用电磁感应定律，分析方向，利用边界条件证明结果

7.14 （1）$\boldsymbol{J}_{\mathrm{D}}=\dfrac{\partial \boldsymbol{D}}{\partial t}=\dfrac{\sqrt{2}V_0}{h}\dfrac{\cos[\beta(z-b)]}{\cos(\beta b)}\omega\varepsilon\cos\left(\omega t+\dfrac{\pi}{2}\right)\boldsymbol{e}_x$

（2）$K_z=H_y(0,y,z,t)=-\dfrac{\sqrt{2}V_0}{h}\sqrt{\dfrac{\varepsilon}{\mu}}\dfrac{\sin[\beta(z-b)]}{\cos(\beta b)}\cos\left(\omega t+\dfrac{\pi}{2}\right)$

（3）$\sigma=D_{2n}=\varepsilon H_{2x}=\varepsilon\dfrac{\sqrt{2}V_0}{h}\dfrac{\cos[\beta(z-b)]}{\cos(\beta b)}\sin\left(\omega t+\dfrac{\pi}{2}\right)$

（4）略

第 8 章

8.1 略

8.2 略

8.3 $\boldsymbol{B}(t)=\begin{cases}\mu_0 n I_{\mathrm{m}}\sin\omega t, & r<a\\ 0, & r>a\end{cases}$，$\boldsymbol{E}(t)=\begin{cases}-\dfrac{\mu_0 n\omega r I_{\mathrm{m}}}{2}\cos\omega t, & r<a\\ -\dfrac{\mu_0 n\omega a^2 I_{\mathrm{m}}}{2r}\cos\omega t, & r>a\end{cases}$

8.4 $\boldsymbol{D}=-\dfrac{\varepsilon U_{\mathrm{m}}\sin(\omega t)}{d}\boldsymbol{e}_z$

$\boldsymbol{H}=\left(-\dfrac{\omega\varepsilon\rho U_{\mathrm{m}}\cos(\omega t)}{2d}-\dfrac{\gamma\rho U_m\sin(\omega t)}{2d}\right)\boldsymbol{e}_\phi$

8.5 直接利用线圈的磁场公式计算磁场，总匝数为一匝，然后利用麦克斯韦方程分析电场的方向，计算得到 $\boldsymbol{B}=\mu_0 ni\boldsymbol{e}_y=\mu_0\dfrac{I_0}{d}\sin(\omega t+\pi/2)\boldsymbol{e}_y$，$\boldsymbol{E}=\mu_0\dfrac{I_0}{d}\omega(z-b)\cos(\omega t+\pi/2)\boldsymbol{e}_x$

8.6 略

8.7 $M=\dfrac{\mu_0 Nh}{2\pi}\ln\dfrac{b}{a}$，$L=\dfrac{\mu_0 N^2 h}{2\pi}\ln\dfrac{b}{a}$，$e(t)=L\dfrac{\mathrm{d}i_2(t)}{\mathrm{d}t}+Ri_2(t)$

第9章

9.1　略

9.2　略

9.3　$\boldsymbol{B}=-\dfrac{\sqrt{2}\beta E_0}{\omega}\sin(\omega t-\beta z)\boldsymbol{e}_x$，证明略

9.4

$\beta=2\pi/3\text{rad/m},\ v=3\times10^8\text{m/s},\ \omega=2\pi\times10^8\text{rad/s},\ \lambda=3\text{m},\ \varphi_x=0,\ \varphi_y=90,\ \dot{\boldsymbol{H}}=(-\text{j}0.27\boldsymbol{e}_x+$
$0.27\boldsymbol{e}_y)\text{e}^{-\text{j}2\pi z/3}$，$\boldsymbol{H}=0.27\sqrt{2}\sin(\omega t-2\pi z/3-\pi/2)\boldsymbol{e}_x+0.27\sqrt{2}\sin(\omega t-2\pi z/3)\boldsymbol{e}_y$

$\boldsymbol{E}=100\sqrt{2}\sin(\omega t-2\pi z/3)\boldsymbol{e}_x+100\sqrt{2}\sin(\omega t-2\pi z/3+\pi/2)\boldsymbol{e}_y$

9.5　72m, 0.5m, 16mm。

9.6　（1）$R=-1$，$T=0$；（2）$R=-1$，$T=0$；（3）$R=0.946\text{e}^{\text{j}177.16^\circ},T=0.072\text{e}^{\text{j}40.45^\circ}$

9.7　TE_{10}, TE_{20}, TE_{01}, TE_{11}, TM_{11}, TE_{30}, TE_{21}, TM_{21} 共八种模式。

9.8　当 $f=2f_c$ 时：$Z_{\text{TEM}}=\sqrt{\mu/\varepsilon},\ \lambda_{\text{TEM}}=\lambda;\ Z_{\text{TM}}=0.866\sqrt{\mu/\varepsilon},\ \lambda_{\text{TM}}=1.155\lambda;\ Z_{\text{TE}}=$
$1.155\sqrt{\mu/\varepsilon},\ \lambda_{\text{TE}}=1.155\lambda$

当 $f=0.5f_c$ 时：$Z_{\text{TEM}}=\sqrt{\mu/\varepsilon}$；$Z_{\text{TM}}=-\text{j}\dfrac{K_\text{c}}{\omega\varepsilon}\sqrt{1-\left(\dfrac{f}{f_c}\right)^2}$；$Z_{\text{TE}}=\text{j}\dfrac{\omega\mu}{K_\text{c}\sqrt{1-\left(\dfrac{f}{f_c}\right)^2}}$

衰减模式，波导波长无意义。

9.9　$U=7.665\text{V}$，$P=268.275\text{W}$

9.10　$P=4.44\text{mW}$

9.11　略

参 考 文 献

[1] 赵凯华，陈熙谋. 电磁学[M]. 北京：人民教育出版社，1978.

[2] 郭硕鸿. 电动力学[M]. 北京：人民教育出版社，1979.

[3] 梁灿彬，秦光戎，梁竹健. 电磁学[M]. 北京：人民教育出版社，1980.

[4] 玛奇德. 电磁场、电磁能和电磁波[M]. 何国瑜，董金明，江贤祚，等译. 北京：高等教育出版社，1982.

[5] 冯慈璋. 电磁场[M]. 2 版. 北京：高等教育出版社，1983.

[6] 斯特莱顿. 电磁理论[M]. 方能航，译. 北京：北京航空学院出版社，1986.

[7] 旺斯纳斯. 电磁场[M]. 陈菊华，译. 北京：科学出版社，1987.

[8] 樊明武，颜威利. 电磁场积分方程法[M]. 北京：机械工业出版社，1988.

[9] 豪斯，梅尔彻. 电磁场与电磁能[M]. 江家麟，周佩白，钱秀英，等译. 北京：高等教育出版社，1992.

[10] 刘鹏程，邱杨. 电磁兼容原理及技术[M]. 北京：高等教育出版社，1993.

[11] 马信山，张济世，王平. 电磁场基础[M]. 北京：高等教育出版社，1995.

[12] 漆新民. 电磁理论[M]. 武汉：武汉大学出版社，1998.

[13] 邱关源. 电路[M]. 4 版. 北京：高等教育出版社，1999.

[14] 马西奎. 电磁场理论及应用[M]. 西安：西安交通大学出版社，2000.

[15] 孔金瓯. 电磁场理论[M]. 吴季，董晓龙，董维仁，等译. 北京：电子工业出版社，2003.

[16] Harrington R F. Introduction to Electromagnetic Engineering [M]. New York: Dover Publications, 2003.

[17] 吴崇试. 数学物理方法[M]. 2 版. 北京：北京大学出版社，2003.

[18] Jackson J D. Classical Electrodynamics[M]. 北京：高等教育出版社，2004.

[19] 沈熙宁. 电磁场与电磁波[M]. 北京：科学出版社，2006.

[20] 谢处芳，饶克谨. 电磁场与电磁波[M]. 4 版. 北京：高等教育出版社，2006.

[21] Guru B S, Hiziroglu H R. 电磁场与电磁波[M]. 周克定，等译. 北京：机械工业出版社，2006.

[22] Feynman R P, Leighton R B, Sands M. 费恩曼物理学讲义：第二卷[M]. 李洪芳，王子辅，钟万蘅，译. 上海：上海科学技术出版社，2006.

[23] 叶齐政，孙敏. 电磁场[M]. 武汉：华中科技大学出版社，2008.

[24] 雷银照. 电磁场[M]. 北京：高等教育出版社，2008.

[25] 倪光正. 工程电磁场原理[M]. 2 版. 北京：高等教育出版社，2009.

[26] Hayt W H, Buck J A. Engineering Electromagnetics[M]. 北京：清华大学出版社，2009.

[27] 钱尚武. 电磁学要义[M]. 北京：科学出版社，2010.

[28] Jin Jianming. Theory and Computation of Electromagnetic Fields[M]. New Jersey: Wiley-IEEE Press, 2010.